トランジスタ技術
SPECIAL
No.146

オシロ/SGからスペアナ/ネットアナ/ラジオまで

信号処理プログラミングで操る
ソフトウェア無線機&計測機

CQ出版社

トランジスタ技術SPECIAL No.146

雑音から1μV以下，MHz超の微弱信号を拾い上げて演算！
Introduction 電波も解読！ これからのセンシング計測マシン「SDR」 加藤 隆志，木幡 栄一，長野 昌生，安田 仁…6
■ 「ハードウェアは買ってきて，ソフトウェア開発」でOK…8
■ ざっくり理解！ SDRの基本構成…9
■ ディジタル変調の信号処理を概観する…11
Column 1 SDR開発に使えるハードウェア/ソフトウェア

第1部 【製作事例 その1】 マイコン・ボード+FPGAによる電波解読マシン
加藤 隆志

宇宙，太陽，気象衛星，電子回路… 万物のヒソヒソ声を電波で解読
第1章 ラズベリー・パイと拡張ボードで作るSDRマシン「Piラジオ」…17
■ ラズベリー・パイで電波を解読！…17
■ ハードウェア部分の設計はキット任せで始められる…18
■ Piラジオでできること…19

Appendix 1 SDRマシンが高性能である理由…20

受信50M～2GHz，帯域30MHz，感度－120dBm @ 10kHz帯域
第2章 Piラジオの仕様とハードウェア…22
■ 汎用性は高く！ 特殊な部品も使わない！…22
■ ポータブルなフィールド計測器仕上げ！…22
■ 入手できる部品に合わせて仕様を決めていく…23
■ SDRだから七変化…25

2GHzを15MHzに周波数ダウン＆ディジタル変換！ RFワンチップで手作り
第3章 Piレシーバ処理ブロック ① I/Qミキサと A-D変換回路…28
■ Piラジオの全体構成…28
■ 受信電波を扱いやすいレベルに増幅するロー・ノイズ・アンプ…29
■ 受信したい信号を低い周波数に変換するワンチップ直交復調器…30
■ ローパス・フィルタとA-Dコンバータ用バッファ…33
■ ミキサ用の局部発振周波数を作るワンチップPLLシンセサイザ…33
■ 帯域幅や感度を決めるA-Dコンバータ…34
Column 1 私流！ Piラジオのミキサ用ワンチップ発振IC ADF4351の周波数設定法

Appendix 2 無線機の感度や最大入力レベルの検討に欠かせないひずみやS/Nの机上計算…36

Appendix 3 受信したい周波数の「位相」,「ずれ」,「振幅」を一瞬で言い当てることができるI/Q復調技術…38

FPGAでA-D変換データの1サンプル周期を引き延ばしてからラズパイに進呈
第4章 Piレシーバ処理ブロック ② CICフィルタ ③データ出力タイミング調整バッファ…40
■ 受信機はどれもアンプとフィルタのお化け…41
■ Piレシーバ処理ブロック ② CICフィルタ…42
■ FPGAの選定…45
■ Piレシーバ処理ブロック ③データ出力タイミング調整バッファ…45
Column 1 回して受信周波数をチューニング！ ロータリ・エンコーダの読み取り回路

コンピュータは計算が大得意！ 復調したり，周波数分析したり，表示したり…
第5章 ラズパイ処理ブロック ④ FIRフィルタ ⑤復調 ⑥サウンド出力 ⑦ FFT演算 ⑧波形表示…49
■ ラズベリー・パイではFM復調と波形表示と周波数制御を行う…49
■ ラズパイ処理ブロック ④ FIRフィルタ…50
Column 1 回路は大きくなりがちだけどどんな周波数特性でも作れるFIRフィルタ
■ ラズパイ処理ブロック ⑤復調…52
■ ラズパイ処理ブロック ⑥サウンド出力…53
■ ラズパイ処理ブロック ⑦スペアナ表示用FFT演算…54
■ ラズパイ処理ブロック ⑧波形の画面表示…57
■ 受信能力の向上…アナログ直交復調回路の補正処理…58
Column 2 受信周波数変更はPLLシンセサイザへの周波数再設定で行う
Column 3 位相が回りがちで，周波数特性のしばりがアナログ・フィルタなみの「IIR」

Appendix 4 ソフトウェア無線機「Piラジオ」の七変化ぶり…62

CONTENTS

表紙／扉デザイン：ナカヤ デザインスタジオ（柴田 幸男）
表紙／扉写真：PIXTA　本文イラスト：神崎 真理子

台風Now！ 高気圧Now！ NOAAをダイレクト受信してWebより断然早く
第6章 Piラジオが雲の動きを速報！ リアルタイム気象衛星レシーバ …… 67
- 人工衛星の電波を受信する …… 67
- 準備するもの …… 69
- 受信実験 …… 70
- Column 1 無線機の送信電力や受信感度は電力［dBm］で比べる

太陽の表面や－270℃に冷え切った宇宙の果ての温度測定に挑戦
第7章 Piラジオ×BSアンテナで作るアストロ・サーモ・レシーバ …… 73
- 宇宙を飛び回る電波のうち数十M～十数GHzだけが地上に届く …… 73
- 天の川や太陽からの電波を受信してみたい …… 73
- うそのようなホントの話：太陽の温度や宇宙の果ての温度を測る …… 73
- Column 1 Piラジオで宇宙誕生時に起きた大爆発「ビッグバン」の足跡を見る
- 測定結果 …… 76

夢のRFコンピュータ・トランシーバ製作① 準備
第8章 アナログ変調／ディジタル変調の基礎と実験 …… 78
- 今やディジタル無線機は日用品 …… 78
- アナログ変調器 …… 78
- アナログ変調とその復調 …… 81
- Column 1 ソフトウェア無線ならではの可変フィルタ

夢のRFコンピュータ・トランシーバ製作② 送信機のアナログ・フロントエンド回路を作る
第9章 2つの信号を高周波に乗せる*I*/*Q*変調 …… 85
- 高周波の位相と振幅を制御するしくみ …… 85
- 直交変調に使う0°と90°の信号を作る方法 …… 87
- *I*/*Q*変調器の実際の回路 …… 88
- 変調器に入力した2つの信号が復調される条件を確認 …… 90
- Column 1 *I*/*Q*変調を使えばアナログ変調でも同じ帯域で倍の情報を送れる！

夢のRFコンピュータ・トランシーバ製作③ ベースバンド信号の生成 その1
第10章 疑似ノイズを加えて隠密通信！ スペクトラム拡散変調 …… 94
- ディジタル無線の定石「スペクトラム変調」 …… 94
- 疑似ノイズの生成法 …… 97
- Column 1 ベースバンド信号は帯域を狭める必要がある

夢のRFコンピュータ・トランシーバ製作④ ベースバンド信号の生成 その2
第11章 送信用ベースバンド信号の帯域を制限するディジタル・フィルタを作る … 101
- 疑似ノイズそのままのベースバンド信号は不要成分まみれ …… 101
- ベースバンド信号をフィルタに通してスプリアスを洗い落とす …… 103

夢のRFコンピュータ・トランシーバ製作⑤ 帯域制限フィルタの実装
第12章 送信側＋受信側で1人前！ Root Raised Cosineフィルタ …… 107
- 実際のSDRに実装されている定番の帯域制限フィルタ …… 108
- Root Raised Cosineフィルタをパソコンでバーチャル製作 …… 109
- Root Raised Cosineフィルタをラズベリー・パイで動かす …… 111

夢のRFコンピュータ・トランシーバ製作⑥ レシーバの信号処理技術 その1
第13章 シンボル同期の原理 …… 114
- シンボルに同期する方法 …… 115
- 変調信号の良否の評価法 …… 116

夢のRFコンピュータ・トランシーバ製作⑦ レシーバの信号処理技術 その2
第14章 動き回るシンボル点を止める位相＆周波数制御 …… 118
- 位相のずれを補正する …… 119
- 周波数のずれを補正する …… 121
- ラズベリー・パイのプログラムと実験 …… 122

夢のRFコンピュータ・トランシーバ製作⑧ ディジタル送受信機の完成
第15章 妨害に強い！ 広帯域スペクトラム拡散の実験 …… 124
- 軍事用の極秘通信技術として誕生！「スペクトラム拡散」 …… 124
- 実験の準備 …… 126
- Column 1 ［復習］スペクトラム拡散のメリットと応用
- 実験 …… 128
- Column 2 スペアナのノイズ・フロアを最小化する方法
- Column 3 広帯域ディジタル通信方式を採用する理由

第2部 【製作事例 その2】測定器として使える信号処理実験基板

小川 一朗

スペクトラム/ネットワーク解析からFMチューナ/SSBトランシーバまで実現できる
第1章 私が作ったUSB-FPGA信号処理実験基板 …… 131
■ 製作したUSB-FPGA信号処理実験基板の可能性 …… 131
Column 1 本稿で紹介する製作物について
■ 実際に使っているところ …… 132
■ 製作物の概要 …… 133
■ 設計コンセプト …… 133
Column 2 APB-3基板を組み込んだ完成品の例

ハイ・インピーダンス・バッファ，アンチエイリアシング・フィルタ，差動変換，A-D変換
第2章 スペクトラム・アナライザを作る① 全体構成と前段のアナログ回路 …… 141
■ アナログ・スペクトラム・アナライザの研究 …… 141
Column 1 初めて使ったスペクトラム・アナライザはHPの141T
■ ディジタル・スペクトラム・アナライザを作る …… 143
Column 2 アナログ・スペアナのしくみはラジオと同じ
Column 3 APB－3の測定周波数範囲を拡大するには…
Column 4 カットオフ周波数の変更方法
Column 5 素子感度の低い回路を目指す
Column 6 A-DコンバータとFPGAをLVDSでつないだ理由
Column 7 A-D変換の2つの顔

LVDS DDR信号，可変遅延回路，DS，複素周波数変換，CICフィルタ
第3章 スペクトラム・アナライザを作る② LVDS信号をFPGAに取り込んで周波数変換する … 149
■ 信号をFPGAに入力するまで …… 149
Column 1 FPGAの内部モジュール
Column 2 ミアンダ配線とは
■ ディジタル・ダウンコンバータを作る …… 152
Column 3 独立事象とマーフィーの法則
Column 4 0捨1入と最近接偶数への丸め
Column 5 イメージ信号とは
Column 6 負の周波数？

デシメーション，分解能帯域幅，エイリアシング，周波数変換，CICフィルタ，メモリ・コントロール
第4章 スペクトラム・アナライザを作る③ サンプリング周波数を落としてメモリに書き込む …. 158
■ 分解能帯域幅*RBW*設定機能の実装 …… 158
Column 1 デシメーションって怖い？
Column 2 *RBW*は何で決まる？
■ デシメーション前のエイリアシング対策「CICフィルタ」 …… 160
Column 3 選択肢はCICフィルタ以外にないの？
Column 4 CICフィルタを1クロックで実行できる？
Column 5 CICフィルタによるゲイン誤差の原因
Column 6 マジック・ナンバ
■ APB-3に実装した回路 …… 164
Column 7 サンプリング周波数は変えずにデシメーションする
Column 8 全体と細部を見ながら設計する

窓関数，フーリエ変換，周波数スイープ，プログラムの制作，測定誤差，測定例
第5章 スペクトラム・アナライザを作る④ パソコンで窓関数処理とFFT…スペアナ完成 …… 166
■ メモリ内のデータに窓関数処理をする …… 166
Column 1 矩形窓のスペクトラムの教科書と実際
■ APB-3に採用する窓関数の検討 …… 168
Column 2 コサイン加算窓
Column 3 窓関数を計算するならScilabがいい
■ パソコン上でFFT処理 …… 171
■ パソコンのアプリケーション・プログラムの制作 …… 171
Column 4 排他制御用の関数
■ スペクトラム・アナライザ完成！ …… 173
Column 5 オブジェクト指向は簡単だけど奥が深い
Column 6 APB-3のユーザ・インターフェース

インターフェース・モードを使いこなしてFPGAとパソコンを橋渡しする
第6章 USBインターフェースの実装 …… 175
■ USBインターフェースICの選定 …… 175
■ 使用するFT232Hのインターフェース・モード …… 175
Column 1 デフォルト・モードが8ビット・バスのFT245Hが欲しい
Column 2 APB-3のFPGAのコンフィグレーション・モード
■ FT232HとFPGAのインターフェース …… 179
Column 3 APB-3のFPGAのコンフィグレーションがうまくいかない!?
Column 4 ステート・マシンには必ずグレイ・コード？
■ PCからUSB（FT232H）を経由してFPGA内部モジュールにアクセス …… 181

CONTENTS

入出力伝達特性を測り，振幅 / 位相 / 群遅延を求める

第7章 **ネットワーク・アナライザを作る** …… **183**

- APB-3で測れるのは入出力の振幅と位相の関係 …… 183
- Column 1　50 Ωマッチングが必要なところ
- 実現の方法 …… 184
- 測定前は必ずキャリブレーションする …… 185
- Column 2　窓関数は本当に必要？ それとも不要？
- Column 3　APB-3は－100dBの信号を検出できる
- 群遅延の計算 …… 187
- APB-3のD-Aコンバータ周辺回路 …… 188
- 測定の準備 …… 189
- 測定例1…バンドパス・フィルタの周波数特性 …… 190
- 測定例2…コンデンサのインピーダンスの周波数特性 …… 190
- Column 4　APB-3と電子部品とのつなぎ方

20Hz～40MHzでAM/DSB/FM変調付き

第8章 **信号発生器を作る** …… **193**

- AM変調，DSB変調 …… 193
- FM変調 …… 194
- Column 1　狭帯域FM変調＝AM変調
- Column 2　APB-3で作るMy AM/FM放送局
- 外部オーディオ信号で変調する …… 197
- FM変調用プリエンファシス回路 …… 197
- Column 3　FM変調波をスロープ検波してみる
- Column 4　プリエンファシス用IIRフィルタの測定方法
- 手持ちのラジオの周波数特性を測ってみた …… 199
- Column 5　IIRフィルタの周波数特性の計算方法

周波数の時間変化を見る

第9章 **FMアナライザを作る** …… **200**

- 周波数とは何か？ …… 200
- Column 1　振動数と周波数
- FM復調（＝周波数検出）方法 …… 201
- Column 2　位相と周波数と時間
- FMアナライザ …… 204
- 実測例 …… 204
- Column 3　位相検出器の周波数測定への応用
- Column 4　PLLループ帯域はどうやって決めるのか
- Column 5　FMステレオ放送はAM-FM方式

音声帯域9kHzまで完全フラット！ スプリアス抑圧比80dB！

第10章 **SSB信号発生器を作る** …… **211**

- SSB変調のメリットとデメリット …… 211
- SSB信号の生成方法 …… 212
- Column 1　位相方式は複素信号処理と同じ
- 0°/90°の2相信号を作る …… 214
- Column 2　2で割るのに算術右シフトを使ってはいけない？
- 試作器のあらまし …… 215
- ①音声信号を正の周波数だけにする …… 215
- ②音声信号のサンプリング周波数を上げる …… 217
- ③音声信号をキャリアで周波数変換する …… 218
- ④SSB信号をD-A変換して実際の信号にする …… 219

USB-FPGA信号処理実験基板とRFフロントエンド・アダプタで作る

第11章 **1 GHzディジタル・シグナル・アナライザの製作** …… **220**

- APB-3用1GHz RFフロントエンド・アダプタの製作 …… 221
- Column 1　4.4GHz PLL ADF4351の不可解な仕様
- 信号発生器の実力 …… 225
- Column 2　フィルタ作りはできるだけインダクタを使わずに
- 応用例 …… 226
- APB-3周波数拡張スペクトラム・アナライザの製作 …… 227
- イメージ対策 …… 230
- 製作したAPB-3周波数拡張スペクトラム・アナライザの実力 …… 231
- Column 3　変換周波数f_{LO}を上手にずらしてインテリジェントにイメージ除去

Appendix 5 **ダイレクト・コンバージョン式SDRトランシーバ・キット「mcHF」** 小野 邦春 … **234**

▶ 本書は，「トランジスタ技術」に掲載された記事を再編集し，書き下ろしの章を追加して再構成したものです．初出誌は各記事の稿末に掲載してあります．

Introduction

雑音から1 μV以下，MHz超の微弱信号を拾い上げて演算！

電波も解読！これからのセンシング計測マシン「SDR」

加藤 隆志／木幡 栄一／長野 昌生
Takashi Kato/Eiichi Kowata/Masao Nagano

SDR(Software Defined Radio)は，ソフトウェアで定義する受信機という意味で，ソフトウェア・ラジオまたはソフトウェア無線機などと呼ばれています．名前に「ラジオ」という言葉が付いているので，無線や通信に関わっていない方は「私とは無関係…」と思われるかもしれません．でもそれは大きな誤解です．

SDRの応用範囲は幅広く，電子機器全般に関わる技術です．

そもそも無線通信は電子回路技術の集大成という側面があり，さまざまな分野の知識を必要とするため，習得がとてもたいへんでした．無線通信がソフトウェア処理できると生産性がこれまでよりも大きく上がるため，SDRはこの分野でとても期待されたわけです．

無線機器は，μV級の微弱な信号を雑音やキャリアの中から取り出して，解析するセンシング・マシンでもあります．SDRという言葉の定義からすると受信機(無線機)であるべきですが，その汎用性は通信機にとどまりません．

● 計測，医療から宇宙まで，応用は無限

アナログ信号をA-D変換してコンピュータで処理する機器であるなら，SDRですべて実現できます．

通信という枠にとらわれなければ，SDR技術は次のようなものに幅広く応用できます．

(1)脳波，心電図測定
(2)加速度，姿勢制御，振動解析装置
(3)広帯域なオーディオ機器
(4)超音波レーダ(魚群探知，流速計)
(5)超音波エコー診断装置
(6)信号発生装置(SG，AWG)
(7)電磁界可視化装置
(8)スペクトラム・アナライザ
(9)ネットワーク・アナライザ
(10)電波天文
(11)GPS
(12)TDR測定装置(反射波による伝送路の解析)
(13)マイクロ波レーダ

● 数百MHzまでダイレクト・サンプリングできる時代！ 広がるSDRの応用

図1に，縦軸を信号レベル，横軸を周波数として応用製品をプロットしてみました．

現在の多くのSDRがカバーする周波数範囲は50 M～6 GHzです．今後は，数百MHz以下は直接A-D変換(ダイレクト・サンプリング)するのが当たり前になり，柔軟性の高いSDRがたくさん誕生してきます．このタイプのSDRは，ミキシングや局部発振(NCO：Numerically Controlled Oscillator)などのRF信号処理はすべて，FPGA内でディジタル処理します．

dBm	dBu	W	V(50Ω)
30	137	1	7.071
20	127	0.1	2.236
10	117	0.01	0.707
0	107	0.001	0.224
−10	97	1×10^{-4}	7.071×10^{-2}
−20	87	1×10^{-5}	2.236×10^{-2}
−30	77	1×10^{-6}	7.071×10^{-3}
−40	67	1×10^{-7}	2.236×10^{-3}
−50	57	1×10^{-8}	7.071×10^{-4}
−60	47	1×10^{-9}	2.236×10^{-4}
−70	37	1×10^{-10}	7.071×10^{-5}
−80	27	1×10^{-11}	2.236×10^{-5}
−90	17	1×10^{-12}	7.071×10^{-6}
−100	7	1×10^{-13}	2.236×10^{-6}
−110	−3	1×10^{-14}	7.071×10^{-7}
−120	−13	1×10^{-15}	2.236×10^{-7}
−130	−23	1×10^{-16}	7.071×10^{-8}
−140	−33	1×10^{-17}	2.236×10^{-8}
−150	−43	1×10^{-18}	7.071×10^{-9}
−160	−53	1×10^{-19}	2.236×10^{-9}
−170	−63	1×10^{-20}	7.071×10^{-10}
−180	−73	1×10^{-21}	2.236×10^{-10}
−190	−83	1×10^{-22}	7.071×10^{-11}
−200	−93	1×10^{-23}	2.236×10^{-11}

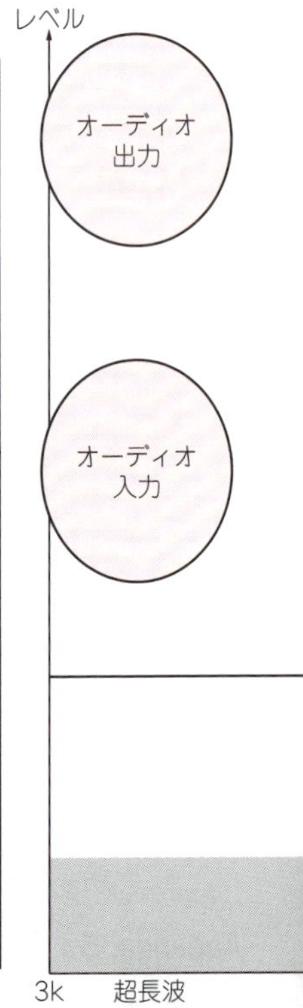

図1 信号の周波数／レベルと応用

ダイレクト・サンプリング型の柔軟性の高いSDRは，次のようなさまざまな製品やサービスに応用できます．

(1) 保守ができない僻地(海上，山岳，宇宙)での運用
(2) 生産数が少ないが複雑な無線通信システムの構築
(3) 緊急時の無線通信手段の確保
(4) アナログ部品が製造中止になった機器の代替
(5) 複数の機器を切り替えてコストとサイズを節約
(6) アナログ/高周波技術者が確保できない製品

シミュレーション検証に要するのと同じ工数で，リアルな無線設備が完成するのもSDRの凄い点です．遠隔地へデータを送ってリモートで再定義できるなどの離れ業も可能です．

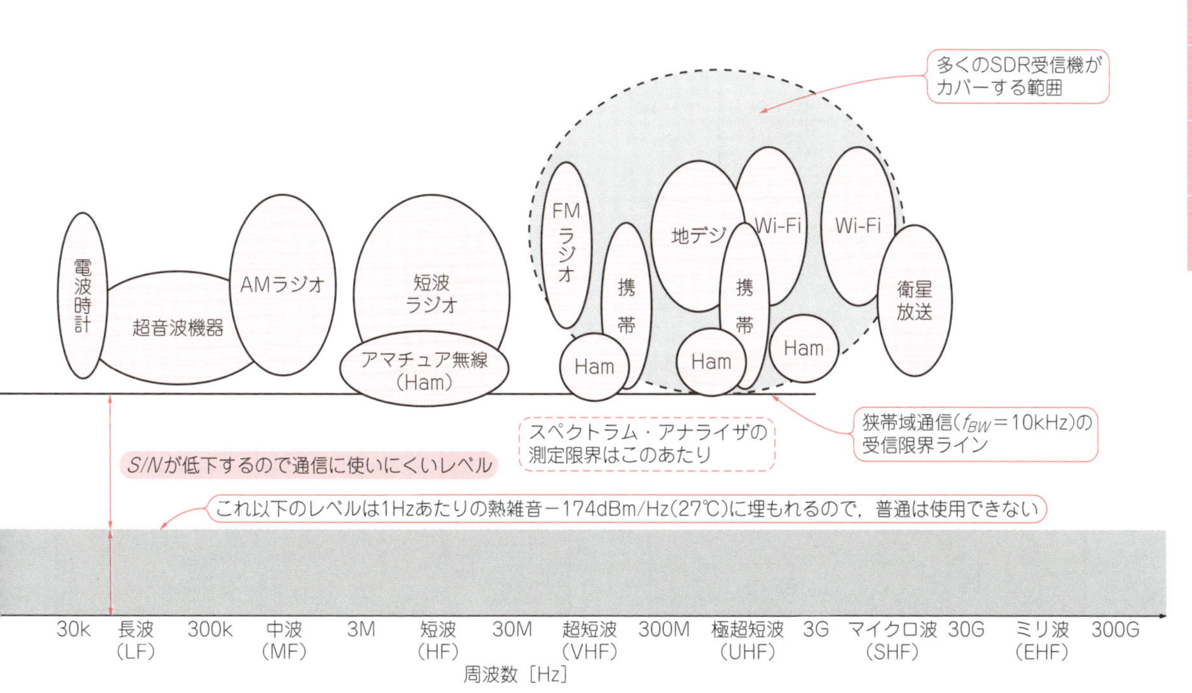

「ハードウェアは買ってきて，ソフトウェア開発」でOK

● SDRはμV，MHzの電波までもディジタル信号処理できるスーパー組み込みマシン

図2にSDRの定義を示します．

A-DコンバータとD-Aコンバータ，そしてソフトウェアを処理するコンピュータで構成されています．コンピュータ部分は，パソコンだったり，FPGAだったり，マイコンだったりです．これは，いわゆる組み込み装置となんら変わりません．

SDRは，関数$f(x)$を変えるだけで何にでも変身する信号処理装置でもあります．

SDRのハードウェアは，高周波の無線通信も可能なほど，高速，かつ高分解な性能をもっています．低周波，場合によってはDC(直流)でも動かすことも可能な，万能で汎用性の高い装置です．

● ソフトウェアがカギとなる

SDRの大部分はソフトウェアまたはFPGAで占められていますが，入出力回路(送受信機)とコンピュータ自体にハードウェアが必要です．ハードウェアは各種市販されていますから，買ってくればOKです(稿末のColumn 1を参照)．SDR開発において重要なのはソフトウェアです．

開発用のソフトウェアも無料のものがあり，ソフトウェア技術者だけで製品が作れるため，これまでよりも開発に携わる技術者の裾野が大きく広がります．

一番簡単でコストがかからないスタートアップの方法は，RTL2832UというSDRチップが搭載された1,500円程度のワンセグ受信用USBドングル(**図3**，**写真1**)を購入し，本デバイスに対応したフリーのパソコン用SDRソフトウェアを使う方法です．

▶無料のSDR開発アプリケーション「GNU Radio」

図4に示すのは，フリーのSDR開発環境「GNU Radio」です．GNU Radioを使うメリットは，無線通信のハードウェアの知識やノウハウがなくても複雑な無線システムを構築できる点です．完成度の高い信号処理ブロックのソフトウェア・ライブラリがすでに用意されています．コーディングしなくても，ブロック図を並べてパラメータを設定するだけで，オリジナルSDRを組むことができます．もちろん，自分でコーディングしてオリジナルのブロックを定義することも可能です．

GNU RadioはLinux専用でしたが，Windowsにも対応して，始めやすくなりました．パソコンのほかにSDR送受信機が必要ですが，前述のRTL2832Uドングルも使用できるので気軽に始められます．

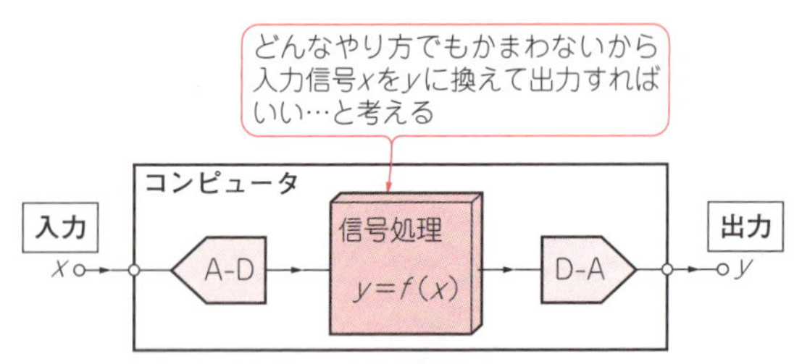

図2 SDRはA-DコンバータとD-Aコンバータ，そしてプロセッサで構成されている(一見，従来の組み込みマシンとなんら変わらない)

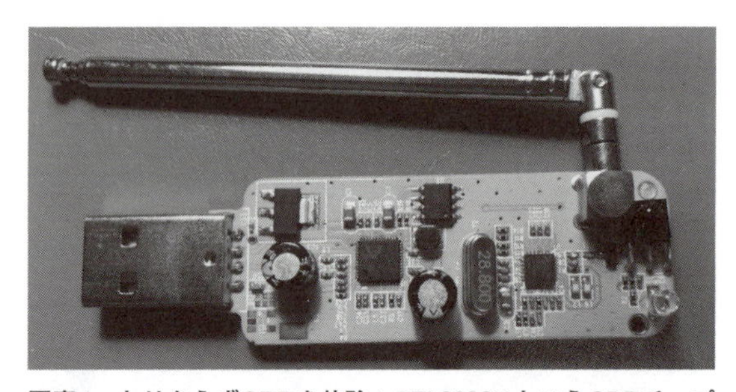

写真1 とりあえずSDRを体験！ RTL2832UというSDRチップが搭載されたワンセグ受信用USBドングル(1,500円程度)
一番簡単でコストがかからないSDRスタートアップの方法の1つ

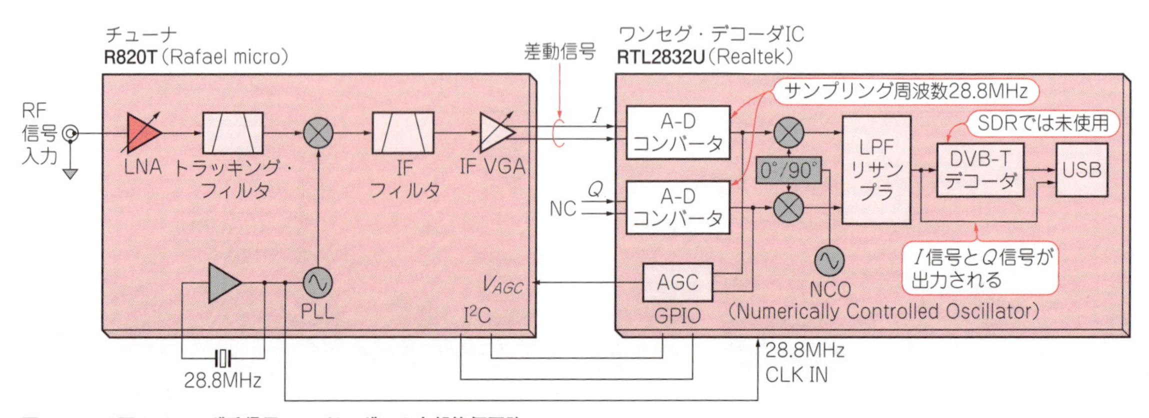

図3 1,500円のワンセグ受信用USBドングルの内部等価回路

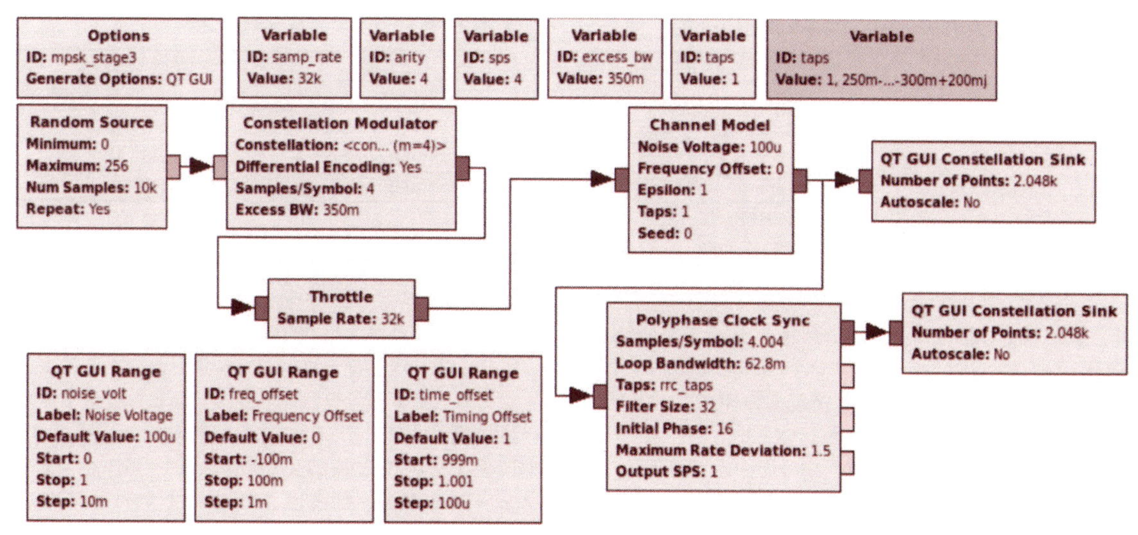

図4 ブロックを並べることでカスタム無線システムを開発できる！フリーのSDRソフトウェア「GNU Radio」

● ハードウェアも作れたらすごい

RTL2832Uドングルの受信帯域は50 M ～ 1 GHz，信号帯域は2 MHzです．この仕様では満足できないときは，10万円以上になりますが，USRP（Universal Software Radio Peripheral，ナショナル・インスツルメンツ）というSDRトランシーバ（**写真2**）を使うのが，SDR界では一般的なようです．最も安い製品でも信号帯域は56 MHz，送受信周波数帯域も6 GHzまでカバーします．また，Gspsを超える超高速A-Dコンバータと超高速D-Aコンバータを内蔵したFPGA（ザイリンクス社のRF SoC）もあります[1]．〈**加藤 隆志**〉

（初出：「トランジスタ技術」2018年9月号）

写真2 本格的にSDR開発をするならナショナル・インスツルメンツのUSRPがおすすめ

ざっくり理解！ SDRの基本構成

● アナログ受信機とSDRの違い

昔からあるアナログ受信機（ラジオ）は，聴きたい周波数に合わせる「同調回路」，AM/FMなどのモード（電波型式）ごとの「復調回路」などで構成されているため，受信する周波数やモードに合わせたハードウェアを組み込まなければなりません（**図5**）．受信できる周波数を広げたり受信するモードを増やしたりするためには，そのぶんだけ同調回路や復調回路が必要になるので，ハードウェアの構成が複雑になり，コストも上昇します．

機種にもよりますが，SDRは，チューナICで数百k～数GHzにまで及ぶ広帯域を受信し，その中から，復調したい数百k～数MHzもの帯域の信号を一気に

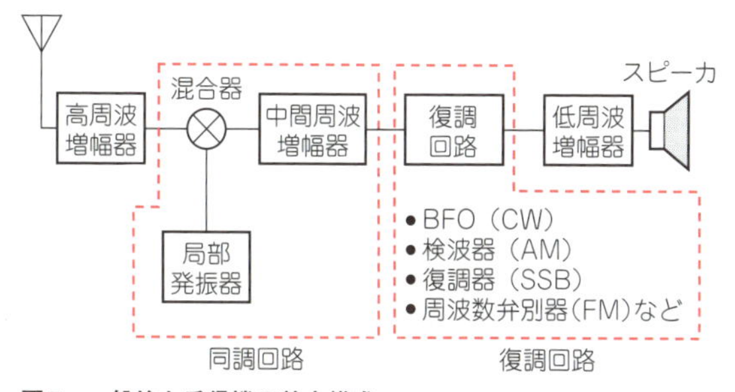

図5 一般的な受信機の基本構成
受信周波数や復調するモードにより専用の回路が必要となる

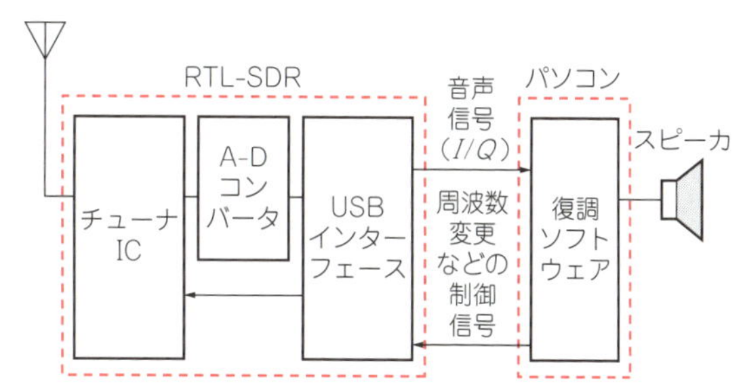

図6 SDR受信機の基本構成（RTL-SDRとパソコンを使った例）
受信できる周波数範囲はチューナICで決まるが広帯域に対応可能．復調もパソコンのソフトウェアで多様なモードに対応できる

表1　SDRplay社製RSP2とRTL-SDRの主な性能比較

項　目	RSP2	RTL-SDR(R820T)
受信周波数範囲	1 k ～ 2 GHz	24 M ～ 1.766 GHz
最大帯域幅	10 MHz	3.2 MHz
音声変換A-Dコンバータ	12ビット	8ビット
クロック	TCXO(0.5 ppm)	X'tal(誤差記載なし)
フィルタ	LPF, BPF, HPF	なし
参考価格	23,000円	1,280円

表2　チューナICと受信周波数範囲

チューナIC	周波数範囲 [Hz]
E4000	52 M ～ 1100 M, 1250 M ～ 2200 M
R820T/2	24 M ～ 1766 M
FC0012	22 M ～ 948.6 M
FC0013	22 M ～ 1100 M

取り出してI/Q信号に変え，復調ICに送ります(**図6**)．復調ICではI/Q信号をマイコンで処理して，パソコンへ送ります．ただし，USB接続型のSDRでは，ほとんどの復調処理をパソコンが行います．

パソコンでは，送り込まれた信号の中から再生したい信号をソフトウェアで選択して復調します．

これまでハードウェアで行っていた部分をソフトウェアで処理するようになったので，ハードウェアの構成を単純化できました．復調をソフトウェアで行うことにより，ハードウェアを変更しなくても，広帯域の周波数や多くのモードに対応する受信が可能になります．

● 安価なSDRと高価なSDRの違い

ひと口にSDRと言っても，価格によって多種多様な機種が選べます．一例として，「RTL-SDR(チューナICにR820Tを使用したもの)」と「RSP2(SDRplay社)」を比較してみます．

安価なSDRの代表は，パソコンのUSB端子に差し込んで使用するドングル・タイプの「RTL-SDR」です．シンプルな構成で周波数範囲は狭めですが，リーズナブルな価格です．Amazonやaitendoなどから1,300円ほどで買えて，入手性も良好です．

RSP2は，受信信号を処理するA-Dコンバータの性能が優れていて，受信する周波数以外の影響を減らすためLPF(ロー・パス・フィルタ)，BPF(バンドパス・フィルタ)，HPF(ハイ・パス・フィルタ)や，LNA(低ノイズの受信アンプ)，ATT(アッテネータ)などが内蔵されています．そのぶん，価格は上昇します．

この2機種の主な性能を比較してみます(**表1**)．RSP2は受信周波数範囲や最大帯域幅が広く，TCXOやフィルタ類の有無にも違いが見えます．

その他にも，パソコンを使わず通信機内ですべての処理を行える機種もあります．信号処理ソフトウェアを内蔵し，ダイヤルやボリューム，スイッチなどを装備した通常の受信機と変わらない形状をしています．当然このような機種はさらに価格が上昇します［AR-DV1(AOR)，価格155,000円など］．

● SDRの体験におすすめなUSBドングル型チューナ「RTL-SDR」

本稿では，SDR体験の第一歩として，お小遣いでも十分に買える値段の「RTL-SDR」を，Windowsパソコンで使う例を紹介します．

RTL-SDRは，ヨーロッパで採用されている地上ディジタル・テレビ「DVB-T方式」などを受信するために開発された，USBドングル型のチューナです．主にチューナICと復調IC(サウンドやUSBインターフェースも内蔵)で構成されています．復調ICにRTL2832U(Realtek)が使われていることから「RTL-SDR」と呼ばれています．

ひと口にRTL-SDRと言っても，搭載するチューナICの違いによって受信周波数の範囲が異なるいくつかの機種があります(**表2**)．ここでは，チューナICにR820T(Rafael Micro)を搭載した「DVB-T＋DAB＋FM」を使って説明します．改良版のR820T2を使ったものもありますが，使い方も周波数範囲も同じです[注1]．

DVB-T＋DAB＋FMの受信周波数範囲は24 M～1766 MHzです．この範囲には，FM放送の他にアマチュア無線や船舶，航空，鉄道，タクシー，バス，防災などの各種業務無線，ワイヤレス・マイク，特定小電力無線，簡易無線などがあります．AM/FM/SSB/CWなどのアナログ変調の無線であれば復調が可能ですが，ディジタル化されたため今回使用するSDRのソフトウェアでは復調できない無線もあります．

● RTL-SDRを動かすソフトウェア

RTL-SDRの使い方は，RTL-SDR.com(https://www.rtl-sdr.com/)にまとめられており，各OS用(Windows/Mac/Linux/iOS/Androidなど)のソフトウェアもこのWebサイトからダウンロードが可能です．

本稿では，Windows10用の「SDR＃(SDRシャープ)」をインストールして使う手順を説明します．パソコンの環境によっては，あらかじめ.NET(4.6以降．Windows10ではインストール済み)，VisualC++ Runtimeをインストールしておく必要があります．

SDR#のインストール方法は「クイックスタートガイド(https://www.rtl-sdr.com/rtl-sdr-quick-start-guide/)」に書かれています．英語のページですが，

注1：ワンセグTVチューナやFM受信用として安価(1,000円程度)に売られているその他のUSBドングル型チューナでも，復調ICにRTL2832Uを使用していれば代表的なRTL-SDRのソフトウェアで動作するようだ．

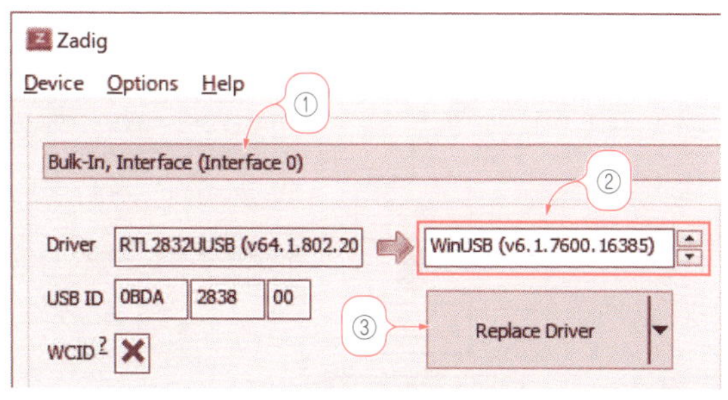

図7　zadig.exeで①［Bulk-In,Interface(Interface 0)］を選択，②ドライバを確認，③［Replace Driver］をクリックし正しいデバイス・ドライバを置き換える

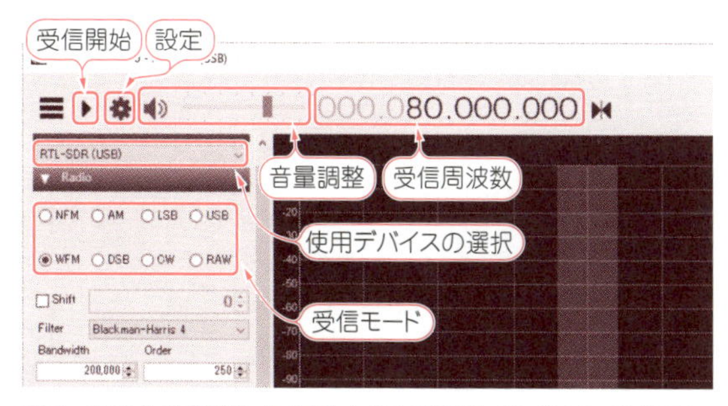

図8　SDR#を起動したらデバイスの選択プルダウンで［RTL-SDR(USB)］を選択する

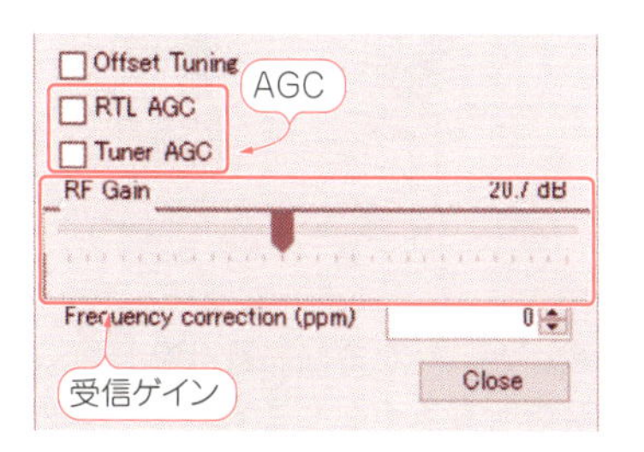

図9　設定画面でRTL AGCやRFゲインの調整が可能

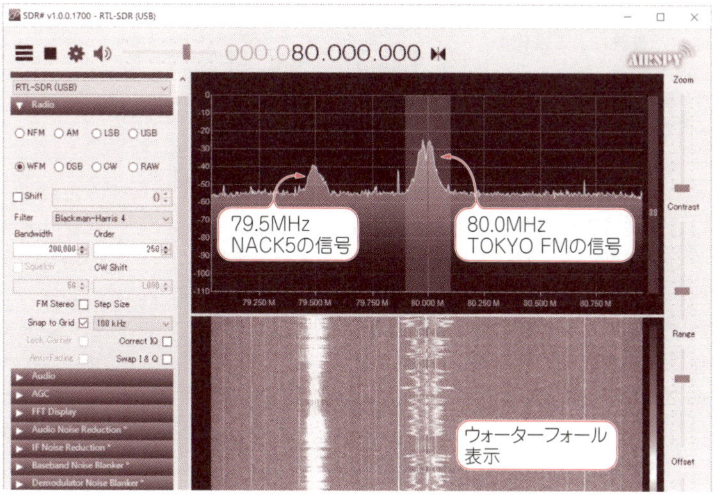

図10　SDR#で80.0 MHzのTOKYO FMを受信中
左側に79.5 MHzのNACK5の信号も見える

Webブラウザの翻訳機能を利用すれば十分理解できるでしょう．ここでは要点だけ説明します．

▶インストール手順

①RTL-SDRをパソコンに接続する前にhttps://airspy.com/download/からWindows SDR Software Packageの［Download］ボタンをクリックしてsdrsharp-x86.zipをダウンロードします．
②sdrsharp-x86.zipを解凍します．解凍したフォルダがインストール場所になります．
③解凍したフォルダにあるinstall-rtlsdr.batを実行します．
④RTL-SDRをパソコンに接続してから管理者権限で解凍したフォルダにあるzadig.exeを**図7**の手順で実行します[注2]．install-rtlsdr.batが自動的にダウンロードされてデバイス・ドライバを変更します．
⑤正しいドライバに変更後，解凍したフォルダにあるSDRSharp.exeを実行するとSDR#が起動します．

● SDR#の操作

ドロップダウン・ボックスから「RTL-SDR(USB)」を選択して，受信開始(Play)ボタンをクリックします．受信音が聞こえてくるので，周波数(80.000.000)や受信モード(WFM)を選択してください(**図8**)．必要に応じて歯車マーク(設定)をクリックして，ゲイン調整などを行います(**図9**)．

これで，美しいウォーターフォール画面が表示され，FM放送が聞こえてくると思います(**図10**)．周波数は地域によって異なるので，代表的な放送局の周波数に合わせてください．〈**木幡 栄一**〉

（初出：「トラ技ジュニア No.36」2019年春号）

ディジタル変調の信号処理を概観する

● SDRはいつから始まった？

ソフトウェア無線という言葉が使われ始めたのは，1990年代後半からだと記憶しています．きっかけは第2世代携帯電話の移動通信システム(ディジタル方

注2：ドロップダウンが選択できない場合，［Options］→［All Devices］にチェックを入れる．

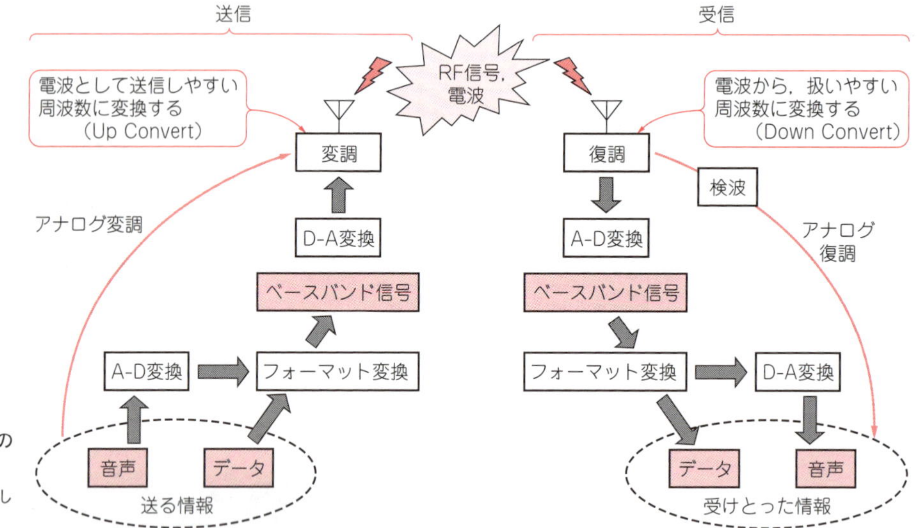

図11　電波による情報の伝達
携帯電話の音声通信を想定して図示した

式，いわゆる2G)の規格が決まり，通信機やそれに対応した測定器が開発され始めた段階でした．世界中で多くの関係者が「ハードウェアは同じままで，信号処理-ソフトウェアを変えるだけで，さまざまな変調方式に対応できる」と考えたのではないでしょうか．それ以前の無線はアナログ変調方式が主流で，多くがAM(振幅)変調かFM/PM(周波数/位相)変調方式でした．

● アナログ変調とディジタル変調の違い

ソフトウェア無線はディジタル変調方式を基盤技術として使っています．ではディジタル変調とはどのようなものでしょうか．

図11は，無線通信のアナログ方式とディジタル方式の両方をひっくるめた概念を描いたものです．両方式は，本質的にはそんなに違うものではありません．送受信する情報は，アナログ方式では主に音声となります．ディジタル方式の場合は，音声をA-D変換したデータ，もしくは最初からディジタルであるデータを送受信します．

アナログ方式では，送信側はアナログ信号である音声を直接変調し，その信号を搬送波周波数に変換してアンテナから放出します．受信では送信の逆処理を行いますが，復調したのち，検波という過程で元の音声信号を復元します．

一方，ディジタル方式の場合，A-D変換した情報を直接送信することはまずありません．誤り訂正が可能なように何らかの「フォーマット変換」を行ってベースバンド信号を生成したのち，さらにD-A変換でアナログ信号としてから，搬送波周波数に変換して(これを変調ということもある)，アンテナから放出します．受信側では送信と逆の過程で情報を復元します．

概してアナログ方式のほうがしくみとしては単純です．ただし，変調方式ごとに異なる回路設計をしなくてはなりません．調整箇所も多くなります．ディジタルの場合，実際の過程の大部分は計算で実現しますので，現在ではFPGAやDSPなどわずかな半導体でこれらを実装できるようになりました．

また，アナログ方式で音声の送受信をするとリアルタイムでしか送受信できませんが，ディジタル方式ではその制約がありません．10秒の音声を1秒に短縮して通信することもできれば，逆に100秒に通信時間を延ばすこともできます．そのような仕様変更をソフトウェアだけで実装することが可能です．送信と受信側であらかじめ情報の形式を決めておき，受信側でその形式に従って情報を元の形式に戻してやればいいわけです．

● アナログ変調のおさらい

アナログ変調は大きくAM(振幅)変調とFM(周波数)変調に大別されます．位相変調(PM)方式もありますが，本質的にFMと同じものです．ディジタル方式でも本質的にはAMとFMの組み合わせで動いているので，AMとFMは基本的概念として理解しておく必要があります．

▶ AM変調

図12はAM変調信号を時間軸で表したものです．周期の短い成分は搬送波周波数に対応し，振幅の変動であるゆっくりとしたうねりが音声信号に対応しています．

$\cos(\omega_m t)$を伝送の対象であるところの音声信号，ω_cを搬送波の角周波数とすると，AM変調信号$S_{AM}(t)$は次式のようになります．

$$S_{AM}(t) = V_c\{1+m\cos(\omega_m t)\} \times \cos(\omega_c t) \cdots\cdots (1)$$

ここで，mはAM変調の「変調度」と呼ばれている

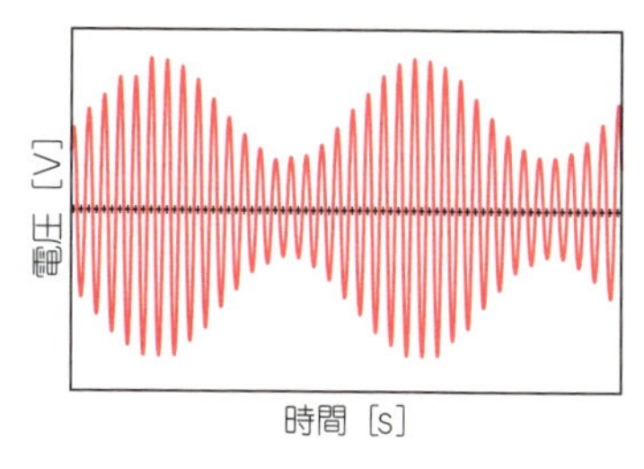

図12　AM変調信号

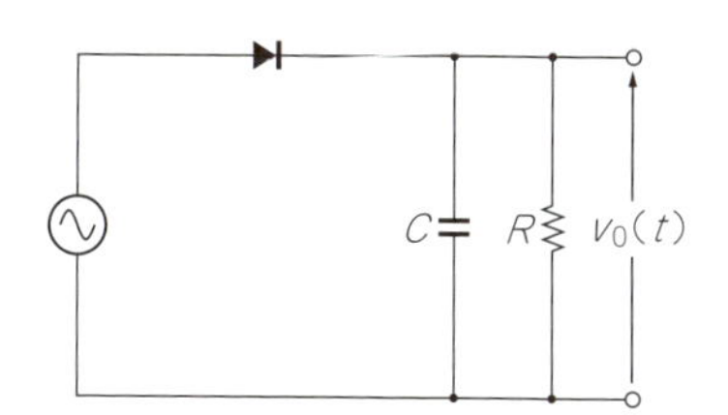

図13　AM検波回路

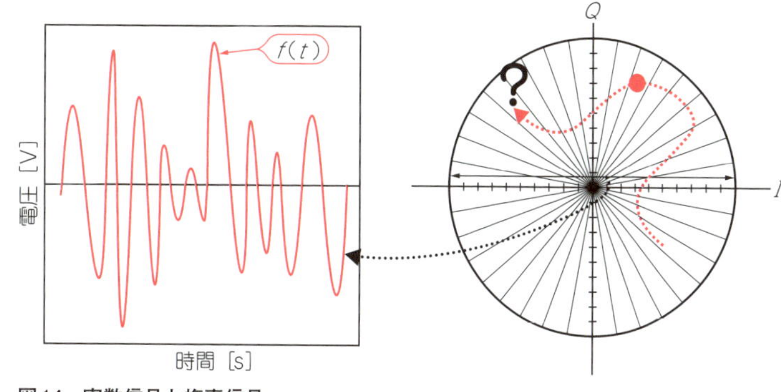

図14　実数信号と複素信号

パラメータであり，搬送波の振幅と被変調信号の比であると考えることができます．

これを検波する回路は，**図13**のような簡単なものです．

検波は，式(1)のうち搬送波周波数$\cos(\omega_m t)$の部分とバイアス成分であるV_cの成分を除去して，音声信号である$\cos(\omega_m t)$を復元することに対応します．

▶ FM変調

FM変調は，周波数の変化で送信信号を表すもので，式(2)のようになります．

$$S_{FM}(t) = V_c \cos\{\omega_c t + m\sin(\omega_m t)\} \cdots\cdots (2)$$

ここで，mは，「変調指数(Modulation Index)」と呼ばれているものであり，式(3)で表されます．

$$m = \frac{\Delta\omega_c}{\omega_m} \cdots\cdots (3)$$

FM変調では，周波数の変動に情報がのせられています．周波数は位相の時間微分であるので，式(2)の()内を微分すると，

$$\omega_c + \Delta\omega_c \times \cos(\omega_m t) \cdots\cdots (4)$$

となり，$\cos(\omega_m t)$が復元されています．FM検波回路は式(2)から式(4)を検出する回路です．AMに比べてかなり複雑な回路となります．詳細は参考文献(2)などを参照してください．

● ディジタル変調方式とAM，FM方式の違い

ディジタル変調方式においても，振幅と位相の変化で情報を伝達することは同じですが，ディジタル変調方式の場合は，振幅と位相の両方を使って情報を伝搬することが多いです．アナログ変調(AM変調，FM変調)方式の場合は，振幅か位相(微分すれば周波数)のどちらか一方だけに情報を乗せているので，**図13**のようなアナログ回路で検波が可能です．ディジタル変調方式は電波の周波数帯域を効率良く使えるのですが，振幅と位相の両方をアナログ回路で検出しようとすると回路規模が大きくなってしまいます．

● 振幅と位相を取り出すための変調方式，*I/Q*

ではここで，振幅と位相とはどのようなものかを考え直してみましょう．

図14の左側は，ある実数信号の電圧変化を時間軸で表したものとします．周波数も振幅も不規則に変化しているようですが，時間軸波形だけから瞬時の周波数と振幅を特定することは厳密には不可能です．そこで信号処理の世界では次のように考えます．

図14の左側の信号を$f(t)$とします．また，以下のような複素数の信号があるとします．

$$S(t) = I(t) + jQ(t) \cdots\cdots (5)$$

ここで，「$f(t)$は，式(5)の実数軸(**図14**の右側のI軸)への投影である」，つまり，

$$f(t) = \mathrm{Re}[S(t)] = I(t) \cdots\cdots (6)$$

と考えるわけです．これは正しいといえなくもないのですが．位相と振幅をパラメータとして抽出できません．

そこで，実数信号のフーリエ変換[注3]，つまりスペクトラム$F(\omega)$を求めると，

$$F(\omega) = \int_{-\infty}^{\infty} f(t) e^{-j\omega t} dt \cdots\cdots (7)$$

となります．これを図示すると**図15**のように，正の周波数成分$F_+(\omega)$と負の周波数成分$F_-(\omega)$が現れます．これらは共役複素数の関係にあり，虚数部の符号は逆になります(3)．$F_+(\omega)$と$F_-(\omega)$の逆フーリエ変換を$f_+(t)$，$f_-(t)$とすると，

注3：フーリエ変換や負の周波数についての説明は今回は省略する．参考文献(4)，(5)などを参照のこと．

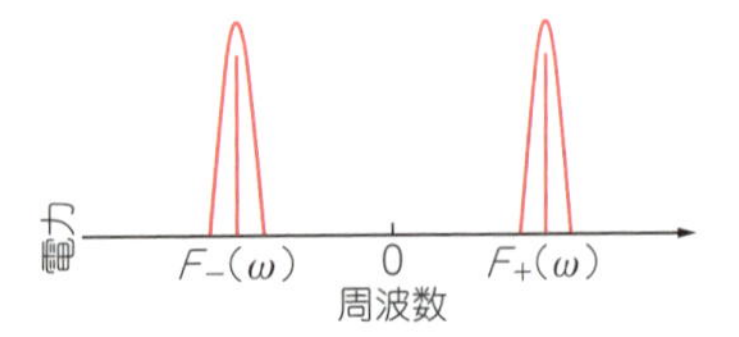

図15　実数信号のスペクトラム

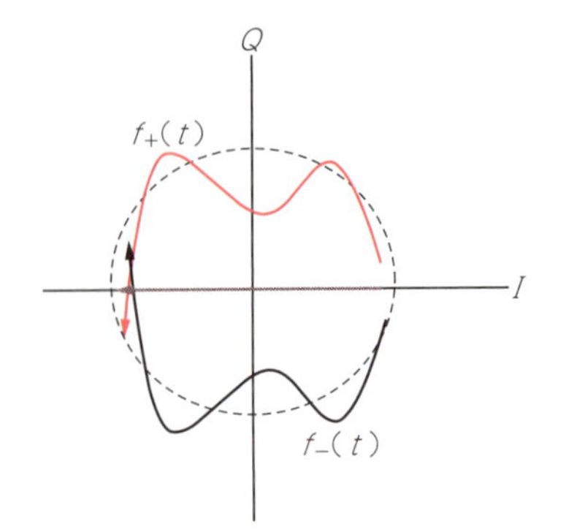

図16　共役な複素信号のI vs Qダイヤグラム

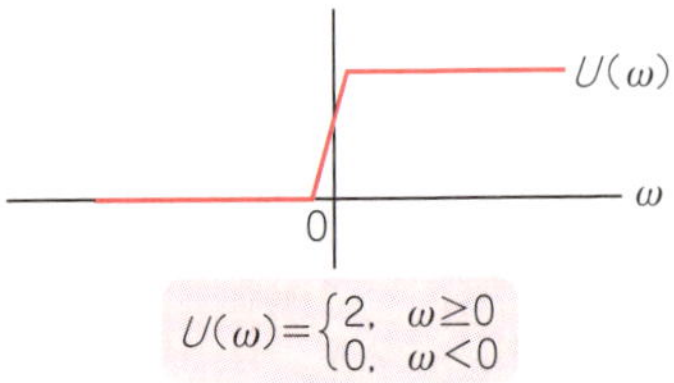

図17　負の周波数成分を除去するフィルタ

$$f_+(t) = I(t) + jQ(t) \cdots\cdots (8)$$
$$f_-(t) = I(t) - jQ(t) \cdots\cdots (9)$$

と考えることができます(共役な信号のフーリエ変換および逆変換も共役になる[(3)]).

実数信号$f(t)$はこれらの和で,

$$f(t) = f_+(t) + f_-(t) = I(t) \cdots\cdots (10)$$

と考えると，式(6)が成り立ちます.

つまり，**図14**のような実数信号$f(t)$を．**図16**のように「周波数が正負の共役な複素信号の和をとったところ虚数部が相殺されて，実数信号$I(t)$だけが残っているように見える」，と考えます.

式(10)の実数信号$f(t)$に対して，**図17**に示すような負の周波数を除去するフィルタがあったとして，それを掛けると$f_-(t)$が除去されて，$f_+(t)$だけが残り，式(8)の複素信号を得ることができます．このような信号が得られれば，振幅は,

$$A(t) = \sqrt{I^2(t) + Q^2(t)} \cdots\cdots (11)$$

位相は,

$$\theta(t) = \mathrm{atan}\left(\frac{Q(t)}{I(t)}\right) \cdots\cdots (12)$$

のように，ともに時系列で扱うことができます.

このように，信号を複素数で表すと，振幅と位相を連続した時系列で扱うことができます．それは実数信号に対して**図17**のUの特性を持ったフィルタを掛けてやればいいわけです.

誌面の都合で詳しい説明は割愛しますが，このように信号を複素数として扱い，振幅と位相を時系列に同時に扱えるようにすることが，ディジタル無線およびソフトウェア無線では必須事項となります.

● 送受信のモデル

式(6)の信号を無線機の受信信号として，これをソフトウェア無線装置で受信してIとQの信号を復元するモデルは**図18**のようになります.

A-D変換器以前のブロックは，従来通りアナログ回路で実装することになります．アンテナから受信した信号をIF(Intermediate Frequency；中間周波数)ω_{IF}に周波数変換し[注4]，IF BPFで，A-D変換器以降で扱える帯域に制限します(通常はサンプリング周波数の1/3～1/4程度となる).

注4：高速なA-D変換器を使用する場合，搬送波周波数がA-D変換器のサンプル・ホールド周波数以下であれば，**図18**左端の周波数変換は省くことができる．これを「ダイレクト・サンプリング」と呼ぶ.

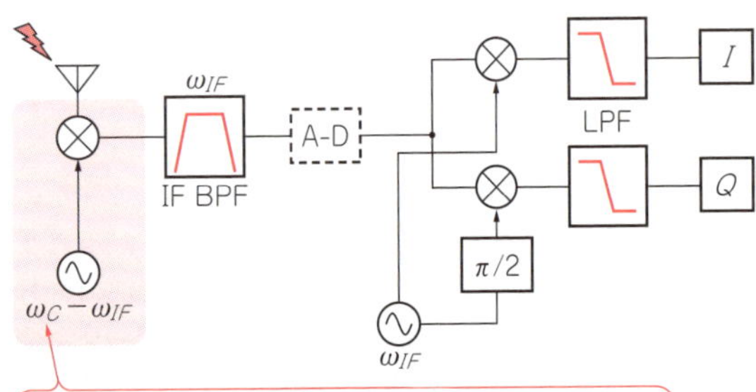

図18　ソフトウェア無線機の受信機の概要

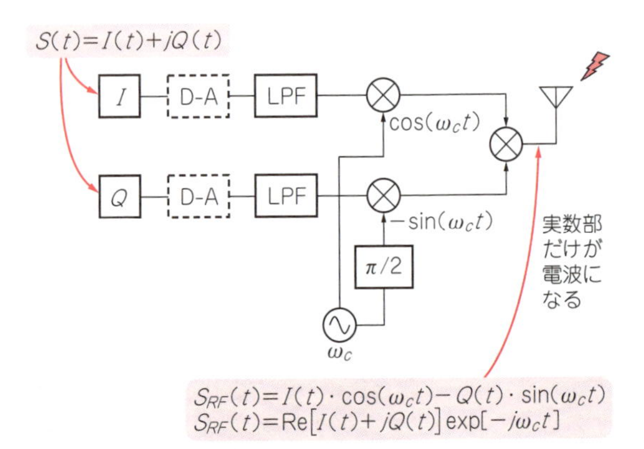

図19　ソフトウェア無線の送信器の概念

一方，送信機の概念は**図19**のようになります．

送信する信号は，複素数$S(t)=I(t)+jQ(t)$であり，I，Qの成分は個別にD-A変換され，LPFを経て，搬送波周波数の正弦(sin)と余弦(cos)を乗ぜられたのち加算され，アンテナから$S_{RF}(t)$として放出されます．これは，複素信号$S(t)$に複素数exp［$-j\omega_c t$］を乗算したものの実数部と同等となります．

アンテナから放射された電波は実数ですが，受信部では送信側のI，Qの複素信号が復元されます．**図18**，**図19**の装置で，振幅と位相を同時に扱える複素信号を送信側から受信側に送ることが可能となります．

複素信号の$I+jQ$にどのような形式で情報を伝えるかは，送信機と受信機のソフトウェアで決まります．ハードウェアの仕様が規定されるのは，電波となる搬送波周波数と，扱う信号の帯域幅の2点が主な要素となります．

＊

ここでは，信号を複素数で扱うことの意義を述べました．位相と振幅を同時に送受信するためには，複素数でないと時系列にこれらのパラメータを扱えません．また負の周波数は，信号を複素数で扱って初めて出現する概念です．

私たちが観測できる信号は実数しかありませんが，その向こう側に「虚数部をもった複素数の信号が(仮想的にでも)存在する」と考えると，すべてがうまくいきます．そのあたりの概念の理解の一助になれば幸いです．なお，本文では引用しませんでしたが，参考文献(7)，(8)を挙げておきます．〈**長野 昌生**〉

◆参考文献◆

(1) ザイリンクス；Zynq RFSoCのWebサイト，https://japan.xilinx.com/products/silicon-devices/soc/rfsoc.html
(2) F.R.Conner，［訳］高原 幹夫；「変調入門」，森北出版，1985年．
(3) Bringham，［訳］宮川 洋，［訳］今井 秀樹；「高速フーリエ変換」，科学技術出版，1985年．
(4) 長野 昌生；「ディジタル変調/復調の基礎と原理」，『Interface』2004年9月号，pp.90-104，CQ出版社．
(5) 別府伸耕；「本質理解！ 万能アナログ回路塾［数学編］第13回 オイラーの公式と複素正弦波③ オイラーの公式を活用する」，『トランジスタ技術』2018年9月号，pp.189-197．
(6) 西村 芳一；「第1章 データの符号化技術と誤り訂正」，『改訂新版 データの符号化技術と誤り訂正の基礎』，CQ出版社，2010年．https://cc.cqpub.co.jp/lib/system/doclib_item/1004
(7) 久保田周治；無線通信方式の基礎 Fundamentals of Wireless Communication Systems，https://apmc-mwe.org/MicrowaveExhibition2010/program/tutorial2009/TL04-01.pdf
(8) 唐沢 好男；無線技術者のためのヒルベルト変換，2018年，http://www.radio3.ee.uec.ac.jp/ronbun/Hilbert_TR-YK-013.pdf

SDR開発に使えるハードウェア/ソフトウェア　Column 1

表A　SDR開発ボード/SDR機器の例(2019年2月現在)

機能	タイトル(作者/製造元)	説　明	送受信周波数範囲	参考価格
受信のみ	AFEDRI SDR-Net (Alexander Trushkin 4Z5LV)	テキサス・インスツルメンツ製ICを使ったDDC SDRボード．回路やソース・コードなどを公開している．http://www.afedri-sdr.com/	100 k ～ 1.7 GHz	214米ドル～
	DDC-500 (安田 仁 JimCom)	16ビットA-DコンバータとザイリンクスのFPGA「Spartan-3E」を搭載したSDRボード．「PowerSDR」と組み合わせて使う．FMチューナとして使用可能．http://jimcom.net/	0.03M ～ 100 MHz	要問い合わせ
	KiwiSDR Board (製造元：Seeed Studio)	ニュージーランド発の，Webサーバ対応無線アドオン・ボード．BeagleBoneと組み合わせて使う．FPGA(Xilinx Artix-7)を搭載する．オープン・ソース/オープン・ハードウェア．http://kiwisdr.com/	10 k ～ 30 MHz	24,800円
	MAX10-DIP SDRモジュール SDR-Block AM-TG1 (加藤 隆志 ラジアン)	インテルのFPGA「MAX 10」とUSBブリッジICを搭載したSDRモジュール(28ピンDIP)．FPGA内にあらかじめ信号処理回路ブロックを内蔵しており，パソコン(専用Excelシート)から自在に組み替えられる．http://radiun.net/	DC ～ 1.6 MHz	13,000円
	RSP2 (SDRPlay)	12ビットのA-Dコンバータを搭載し，各種フィルタを内蔵するSDR受信機．復調ソフトウェア(SDRuno)付き．https://www.sdrplay.com/rsp2/	1 k ～ 2 GHz	25,000円
	RTL-SDR Blog V3 R820T2 RTL2832U 1PPM TCXO SMA Software Defined Radio (RTL-SDR.COM)	パソコンと接続して無線信号を受信できる，25米ドル以下の安価なUSBドングル．500 k ～ 1.75 GHzの電波を受信できる．この製品のほか，RTL-SDR互換をうたった安価な品(1,000 ～ 1,500円程度)が出回っている．https://www.rtl-sdr.com/buy-rtl-sdr-dvb-t-dongles/	500 k ～ 1.75 GHz (RTL-SDR互換品の多くは50M ～ 1 GHz程度)	21.95米ドル～
	2 GHz Piレシーバ拡張ボード TRPiR-A/ Piラジオ・フルキット TRPiR-B 【限定生産】 (加藤 隆志 ラジアン)	ラズベリー・パイ3に50M ～ 2 GHzの無線受信機能を追加するキット．ラズベリー・パイ3と拡張ボード，防水ケース，5インチLCDディスプレイ，SMAコネクタ，周波数チューニング用ロータリ・エンコーダなどの各種部品をそろえたフルキットもある(電源は別途必要)．http://radiun.net/	50M ～ 2 GHz	69,120円 (拡張ボード)， 108,000円 (フルキット)
送受信可能	bladeRF x40 (Nuand)	インテルのFPGA「Cyclone 4E」と200 MHz ARM9プロセッサを搭載したSDRボード．300M ～ 3.8 GHz RFの広帯域周波数レンジに対応．USB3.0バス・パワーで動作する．https://network.kke.co.jp/products/rrp/sdr_products.shtml#rrp__nuand	300M ～ 3.8 GHz	54,000円

Column 1

表A　SDR開発ボード/SDR機器の例(2019年2月現在)(つづき)

機能	タイトル(作者/製造元)	説　明	送受信周波数範囲	参考価格
送受信可能	Genesis G59 (Genesis Radio)	1.8～50 MHz帯のアマチュア無線が楽しめるトランシーバ・ボード．GENESIS GSDRを使いパソコンで操作を行う．http://www.genesisradio.com.au/G59/	1.8M～50 MHz	408米ドル
	HackRF One (Great Scott Gadgets)	1M～6 GHzの帯域で送受信できるSDR機器．ハードウェアはオープン・ソース．USB経由でパソコンから制御したり，スタンドアローン機器としてプログラミングすることもできる．http://akizukidenshi.com/catalog/g/gM-12353/	1M～6 GHz	33,000円
	Lime SDR-USB (MYRIAD RF)	オープン・ソースのSDRプラットホーム．100 k～3800 MHzの広帯域が魅力．https://myriadrf.org/projects/limesdr/	100 k～3800 MHz	299米ドル
	mcHF-SDR (Chris M0NKA)	コンパクトSDRトランシーバ・キットの定番．http://www.m0 nka.co.uk/	2M～30 MHz	249.72英ポンド
	Odyssey TRX 2 (Dfinitski)	ロシア発のSDRトランシーバ．http://ody-sdr.com/	―	50米ドル～
	OVI40-SDR (Andreas Richter DF8OE)	STM32F7を使ったSDRトランシーバ．ドイツのグループが設計．RF部は開発中．https://www.amateurfunk-sulingen.de/ovi40-sdr-en/	DC～75 MHz	242ユーロ～
	SDR-Block HF-TG1 (加藤 隆志　ラジアン)	DC～30 MHzをダイレクト・サンプリングできるHF帯対応のSDR開発ボード(28ピンDIP)．インテルのFPGA「MAX 10」を搭載．FPGA内にあらかじめ信号処理回路ブロックを内蔵しており，パソコン(専用Excelシート)から自在に組み替えられる．http://radiun.net/	10 k～32 MHz (IQ変復調可能なのは16 MHz以下)	54,000円
	SDR Cube Transceiver (N2APB)	dsPICを使ったSDRキット．スタンドアロンで動作する．http://www.sdr-cube.com/	3M～30 MHz	299ドル
	SSB SDRトランシーバ・キット SDR-3 (小川 一朗　おじさん工房)	FPU内蔵のワンチップ・マイコン(ARM Cortex-M4)を使ったSDR入門キット(要はんだ付け)．RFアナログ・フロントエンド基板「SDR-3A」とディジタル信号処理基板「SDR-3D」，製作用部品一式(カラーLCDを含む)を同梱している．http://ojisankoubou.web.fc2.com/	12 kHz(固定)，7M～25 MHz	16,200円
	Sun SDR2 Pro (SunSDR)	160 MHz-16 bitADコンバータを搭載したSDRトランシーバ．144 MHz帯の使用も可能．https://sunsdr.eu/product/sunsdr2-pro/	3M～30M，50M，144 MHz	1,856ドル
	TRX Eagle (SP3OSJ)	mcHF-SDRライクのSDRトランシーバ．オープン・ハードウェアで，回路図や部品表を公開している．http://sp3 osj.kooikerhondje.com.pl/eagle/	―	要問い合わせ
	TRX Tulip (SP3OSJ)	STM32Fを使ったSDRトランシーバ．ロシア発．EU圏ではmcHF-SDRと双璧をなす．http://www.sp3 osj.pl/	―	要問い合わせ
	USRP-2900 (National Instruments)	調節可能なUSRP(Universal Software Radio Peripheral)トランシーバ．LabVIEWで実装した無線を使用して，無線通信システムを試作できる．http://www.ni.com/ja-jp/shop/select/usrp-software-defined-radio-device	70M～6 GHz	132,000円
	Red Pitaya STEMLab board (Red Pitaya)	Webサーバ機能を搭載可能な計測用RFディジタル信号処理ボード．ARMコア内蔵のFPGA「Zynq 7010 SoC」を搭載．トランシーバ・モジュールと組み合わせたキット「SDR transceiver kit basic」も発売している．https://www.redpitaya.com/	DC～60 MHz	319ユーロ～
	VisAir (Gordienko R6DAN, George RX9CIM)	STM32F7を使った高機能復調コントローラ．HiQSDRなどと組み合わせる．同名のSDRトランシーバ(完成品)も発売されている．ロシア発．http://rus-sdr.ru/en/visair-2/，http://visair.ru/	―	要問い合わせ

表B　SDR用の変調/復調ソフトウェアの例(2019年2月現在)

タイトル(作者/製造元)	説　明
CubicSDR (Charles J. Cliffe)	オープン・ソース，クロスプラットフォームの復調ソフトウェア．https://cubicsdr.com/
CW Skimmer (Alex Shovkoplyas VE3NEA)	電信受信用復調ソフトウェア．ほかにサーバ対応版やRTTY対応版がある．http://www.dxatlas.com/cwskimmer/
HDSDR (HDSDR)	RTL-SDR，AirSpy HF+，RSP2など，多くのハードウェアに対応した復調ソフトウェア．http://www.hdsdr.de/
piHPSDR (G0ORX)	ラズベリーパイ用の変復調ソフトウェア．https://github.com/g0orx/pihpsdr
PowerSDR2.7.2 (Flex Radio)	Flex Radioの自社製品(トランシーバ)用のソフトウェア．メールで請求するとソース・コードが入手可能だったため，追加修正を行った派生バージョンが多数存在する．https://www.flexradio.com/
OpenHPSDR-PowerSDR (TAPR)	HPSDRプロトコルに対応した変復調ソフトウェア．https://github.com/TAPR/OpenHPSDR-PowerSDR
PowerSDR2.8.0 (Darrin KE9NS)	Flex Radioの旧製品に対応したPowerSDRの拡張版(非公式版)．https://www.ke9 ns.com/flexpage.html
SDR# (AIRSPY)	RTL-SDR用復調ソフトウェア．https://airspy.com/download/
SDRadio (Alberto, I2PHD)	復調ソフトウェアの元祖．復調音が良い．http://www.weaksignals.com/
SDRuno (SDRplay)	RSP2用の復調ソフトウェア．旧版(V1.22まで)に含まれるExtio版を使えば，ハードウェアに合わせたextio.dllを用意することで他のSDR機器を使用可能．https://www.sdrplay.com/downloads/
SoDiRa (Bernd Reiser)	シンプルな復調ソフトウェア．AMステレオ対応．http://www.dsp4 swls.de/
UHSDR (Andreas Richter DF8OE)	OVI40-SDR，mcHF-SDR用の変復調ソフトウェア．CWやRTTYのデコードに対応している．https://df8 oe.github.io/UHSDR/

〈安田 仁〉

第1部 【製作事例 その1】マイコン・ボード＋FPGAによる電波解読マシン

第1章 宇宙，太陽，気象衛星，電子回路…万物のヒソヒソ声を電波で解読

ラズベリー・パイと拡張ボードで作るSDRマシン「Piラジオ」

加藤 隆志 Takashi Kato

第1部では，アンテナでとらえた電波(アナログ信号)をA-Dコンバータでディジタル信号に変換し，ソフトウェア上の処理で人が理解できる情報に復調するまでの流れと実例を解説します．

ラズベリー・パイで電波を解読！

● ラズベリー・パイを使ったポータブルなソフトウェア受信機を製作！

ディジタルI/Oをもっていて安価で入手しやすいラズベリー・パイを使って，電波を受信できる無線機「Piラジオ」を製作しました(**写真1**)．

主要部分を**写真2**に示します．ご覧の通り，一見しただけでは受信機には見えません．高周波回路に付き物だったコイルやフィルタはほとんどありません．拡張基板の面積の半分以上はディジタル回路です．アナログ部分は高周波アンプ，I/Q復調ICなど，ごくわずかです．

● 電波をラズベリー・パイのプログラムで解読する

Piラジオは，宇宙から常に地上に降り注ぐ微弱な電波もしっかりとらえて，電気信号に変換します．太陽の温度を測ったり，気象衛星からの電波を受信して日本上空の画像(**図1**)を取得できます．

スペアナ機能があるので，地デジの電波のようすを

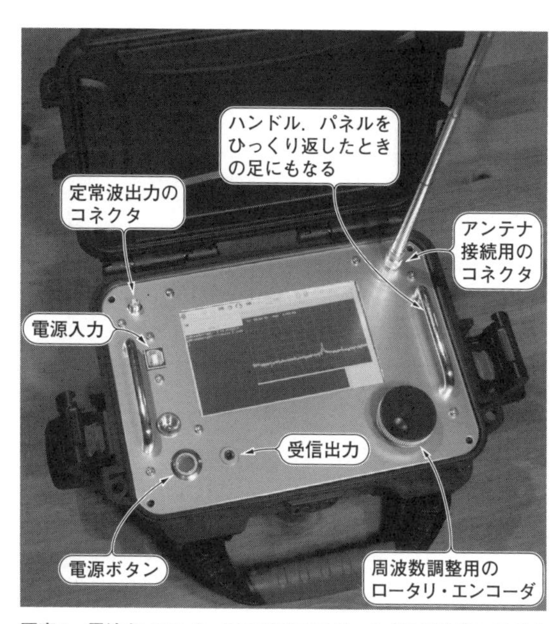

写真1　電波をソフトウェアで解読するポータブル受信機Piラジオ
受信周波数50 M～2 GHz，受信帯域幅30 MHz，感度－120 dBm(狭帯域FM受信)

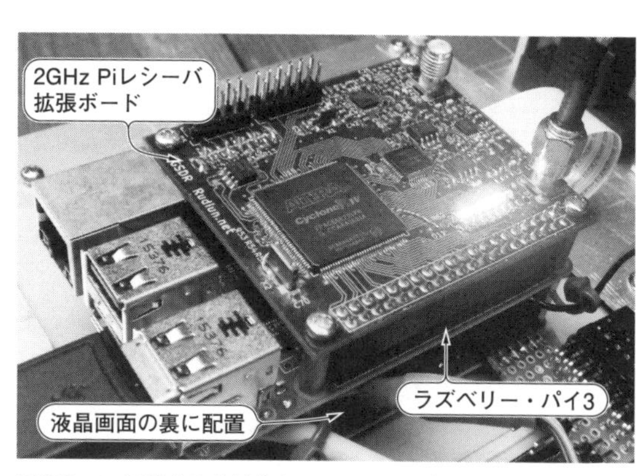

写真2　Piラジオは高性能なRFワンチップICとFPGA，そしてコンピュータでできている
PLLやミキサなどワンチップのRF ICでアナログ回路を構成し，ディジタル領域で信号を処理するソフトウェア無線(SDR)を実現

図1　気象衛星NOAAの電波をPiラジオで受信して得たリアルタイム衛星写真
今現在の日本上空の雲の動きを捕らえることができる

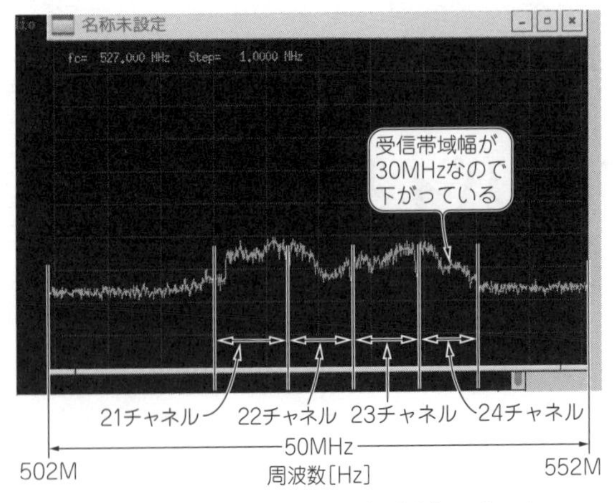

図2　地上デジタル・テレビ放送の電波を観測したところ
チャネル間にわずかに隙間があるのが見てとれる

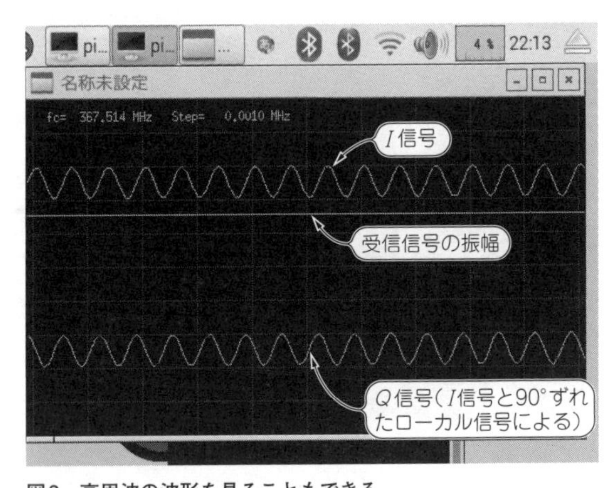

図3　高周波の波形を見ることもできる
この波形を元に信号処理で振幅や位相を求めていくと，電波に乗せてある情報を取り出せる．それを「復調」という

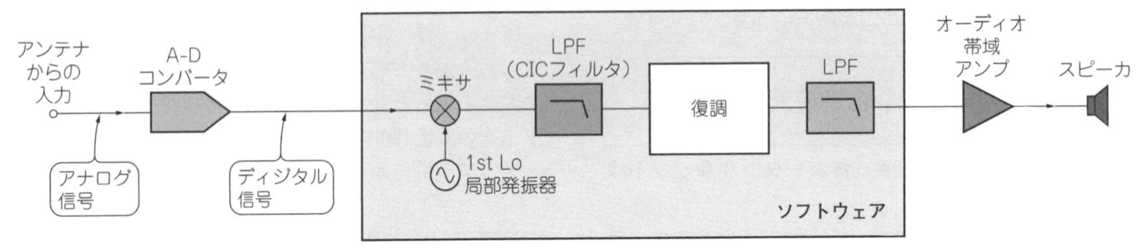

図4　理想的なソフトウェア受信機のブロック図
受信したい周波数が高いと，A-DコンバータもCPUも非現実的になってくる

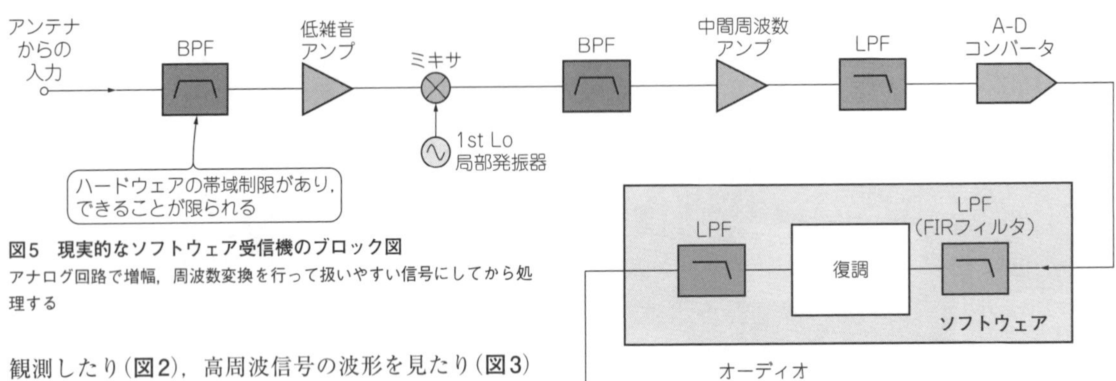

図5　現実的なソフトウェア受信機のブロック図
アナログ回路で増幅，周波数変換を行って扱いやすい信号にしてから処理する

観測したり(**図2**)，高周波信号の波形を見たり(**図3**)もできます．ネットワーク・アナライザの機能も実現できます．航空無線やアマチュア無線の受信も可能です．これらの機能はラズベリー・パイ上のソフトウェアを書き換えるだけで実現できます．

ハードウェア部分の設計はキット任せで始められる

● ソフトウェア無線の実現方法

理想的なSDRのハードウェアは，**図4**に示すようにアンテナにA-Dコンバータをつなぐだけ，後段はすべてソフトウェアで処理するような状態です．とはいえ，現状ではデバイスの性能的にちょっと無理です．

現時点のSDRは，**図5**のような構成が一般的です．アンテナの信号をアナログ回路による周波数変換器を通して低い周波数にしてからA-D変換し，FPGAなどのディジタル・ハードウェアで信号処理を行ってデータ量を減らしてから，ソフトウェア処理に入ります．

ソフトウェア無線機をすべて自分の手で設計するとなると，FPGAなどのディジタル信号処理の知識と，後段のソフトウェアでの信号処理の技術が不可欠です．

● RFワンチップICを組み合わせればOK

A-D変換の前はアナログ回路が必要ですが，最近

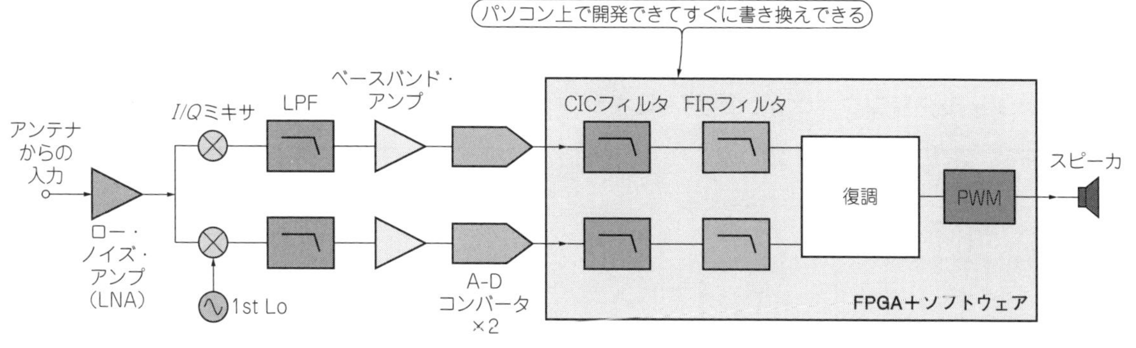

図6　ソフトウェア受信機「Piラジオ」のブロック図
なるべくフィルタを少なく，ソフトウェアでできることが多くなるように構成した

はRF回路のワンチップ化が進んでいるため，各デバイスを50Ω伝送路で接続するだけ，あまり設計らしいことをしなくても，フロントエンド部分を完成させられます．Piラジオのフロントエンドも RF ワンチップICを組み合わせてできています．

● ソフトウェア無線用の基板キットやICが利用できる

SDRに特化したワンチップのSoCや，ハードウェア部が完成しているSDRボードもいろいろと市販されています．FPGAとソフトウェアの開発環境さえあれば，SDRを始められます．

● 受けた電波を意味のある信号に戻す

無線通信の醍醐味は，無意味に見える雑音のような信号から，音声や画像，データが浮かび上がってくる瞬間です．ここでは，それらをすべてソフトウェアで実現します．

ディジタルのハードウェア部分もありますが，受信信号をソフトウェアで処理しやすいようにデータ量を減らす処理だけにしています．

肝心の信号処理はソフトウェアなので，自分のアイデアを実装して検証することが，簡単に素早く実現できます．いろいろな復調方法，電力の測定方法も紹介します．これらを応用すれば，さまざまなディジタル変調や新しい変調方式も実現可能です．

Piラジオでできること

● いろんな変調信号を1台で復調できる

Piラジオのブロック図を**図6**に示します．

50M～2GHzもの広帯域で，従来のアナログ受信機並みの感度が得られます．従来の受信機を知っている人からすると，この見た目でまともな受信機になるとは信じられない構成だろうと思います．

ソフトウェア無線機は帯域を制限するフィルタなどのハードウェアがほとんどないため，受信範囲を制限するものは使うデバイスの周波数範囲だけです．

復調できる変調方式も，従来のAM，FM，SSBなどはもちろん，FPGAの回路構成を変更すれば，広帯域のディジタル変調にも対応できます．

● オシロやスペアナ，ネットアナに七変化

ソフトウェア無線は，帯域や変調方式など自在に変更できる再定義可能な無線機ですが，実現できるのは，受信機や送信機だけではありません．

広帯域なオシロスコープやスペクトラム・アナライザになるのはもちろん，位相も解析できるので，ネットワーク・アナライザに定義することも可能です．

さすがに市販の数百万円もする計測器に比べれば機能は限られますが，信号の確認をする程度なら数万円程度の部品代で実現できます．

今回製作するPiラジオも，オシロスコープ，スペクトラム・アナライザ，ネットワーク・アナライザとして利用できます．

● 無線通信方式の研究/開発用に役立つ

一般的に，ソフトウェア無線は研究や開発用として大きな成果が得られます．ソフトウェアで検証できるSDRは，開発にかかる時間を大幅に短縮し，その余力をさらに高度な開発に向けることができます．過去の開発資産をハードウェアよりも効率的に利用できるのです．

● 未知の無線通信方式を作り出せる！

世の中に存在しない未知の変調方式を試してみる場合，ソフトウェア無線を使うことが最も近道になるでしょう．実は，これがソフトウェア無線の柔軟性を最も的確に表した例です．

ソフトウェア無線は，広帯域信号の強度と位相を高速にディジタル処理できる装置なので，それに置き換えられるアプリケーションなら，どんな応用でも可能です．

（初出：「トランジスタ技術」2017年1月号）

Appendix 1

SDRマシンが高性能である理由

フィルタリング，ゲイン調整，ミキシング…入り口から出口まで全部計算処理

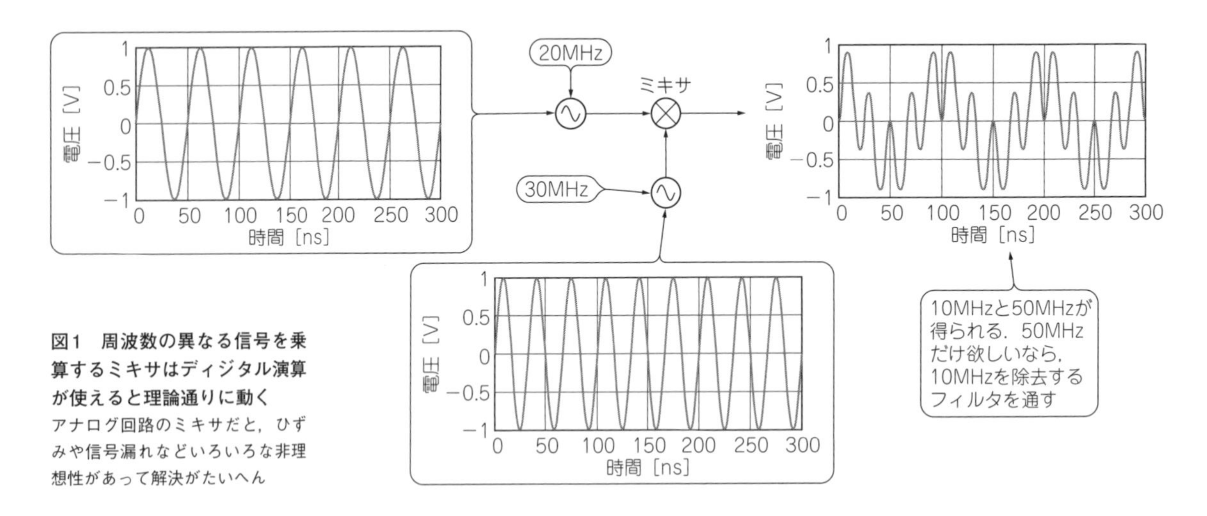

図1　周波数の異なる信号を乗算するミキサはディジタル演算が使えると理論通りに動く
アナログ回路のミキサだと，ひずみや信号漏れなどいろいろな非理想性があって解決がたいへん

● 思い通りのフィルタを設計できる

アナログの世界でもフィルタの知識は重要でしたが，ソフトウェア無線(SDR：Software Defined Radio)の世界では，さらに重要になります．

ディジタル・フィルタを理解して自分で設計できるようになれば，思い通りのSDRを作って試せます．アナログ回路にありがちなデバイス固有の問題に振り回されることはほとんどなく，パソコン上だけでいろいろな受信機を実験できます．これまでハードウェアで苦労してきた私にとっては，魔法のようです．

● 増幅や周波数変換に余計な誤差や信号が発生しない

アナログ・アンプで信号を増幅する場合，周波数帯域の平坦度など，いろいろな項目の検討が必要です．不要な信号を受信機内部で発生させる原因となるひずみ性能も，重要な検討項目です．

一方，ソフトウェアでは，信号を増幅するのと同等の処理は，ただの演算です．何の苦労もなく実現できます．非線形なひずみが発生することもありません．

図1は，Excelを使ってミキサをソフトウェアで処理するようすを示したものです．

アナログ・ミキサもアンプと同じように周波数特性やひずみが問題になりますが，ソフトウェア処理では問題になりません．

受信機の内部には，必ず数カ所のミキサが存在します．なるべくソフトウェアで実現できると，楽ができます．

● 周波数特性補正やひずみ補正などアナログ回路では実現が難しい処理も可能になる

ディジタル信号処理を施すことで，アナログ回路では実現できなかったさまざまな処理を実現できます．例えば，アナログ回路の周波数特性やひずみのために劣化した信号をディジタル処理で元に戻すこともできます．

▶周波数特性補正

図2に示すように，アナログ回路の周波数特性と逆特性のディジタル・フィルタを用意して信号を通すと，元の信号に戻すことが可能です．

ディジタル・フィルタの一種であるFIRフィルタは周波数特性を任意に設定できるので，どのような周波数特性でもほぼ補正できます．アナログ回路の特性に対してではありませんが，Piラジオでも周波数特性補正を利用しています．

加えて言うと，FIRフィルタは急峻な特性を持っていても位相特性が直線で(これを定群遅延と呼ぶ)，波形を崩すことなく信号処理が可能です．アナログ・フィルタは**図3**のような特性で，位相直線は不可能です．

▶送信波形のひずみを減らす

あらかじめディジタル処理によって，アンプで発生するはずのひずみと逆方向にひずみませた信号をアナログ・アンプに通すことで，理想的な波形を出力することもできます(**図4**)．

大きなパワーが必要な送信アンプは，電力を節約しようとするとひずみが多くなりがちです．その特性を改善するためにディジタル処理が用いられており，い

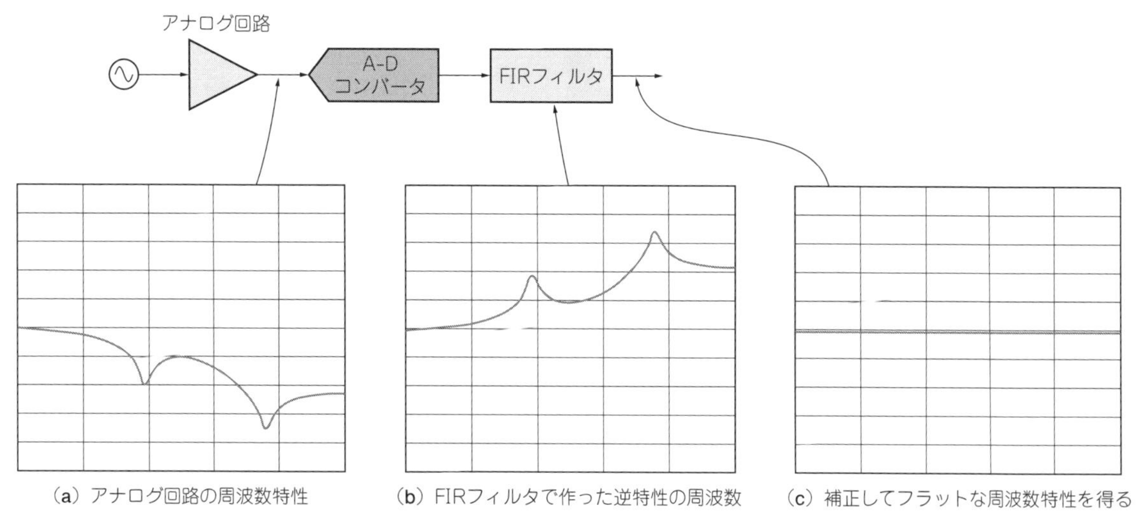

図2　SDRはすごい①…アナログ回路の周波数特性が平坦でない部分をディジタルでカバーする
アナログ回路で逆特性を作るのは難しいが，ディジタルなら可能

まや通信の世界では一般的な技術です．

● A-D変換前に信号がくずれないよう注意する

ソフトウェア処理およびディジタル処理固有の問題として，エイリアシングがあります．これは，エイリアシング・フィルタをうまく選ぶことで対処可能です．

むしろソフトウェア無線で問題になるのは，A-D変換するより前，一定のレベルにまでアナログ・アンプで増幅する部分です．この段階までにノイズが混入したりひずんだりしたら，後のソフトウェアで取り除くのが大変です．ここだけは，アナログ回路で頑張る必要があります．

〈加藤　隆志〉

（初出：「トランジスタ技術」2017年1月号）

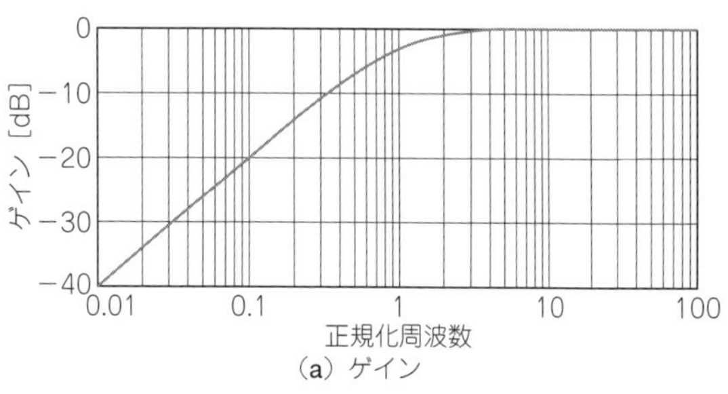

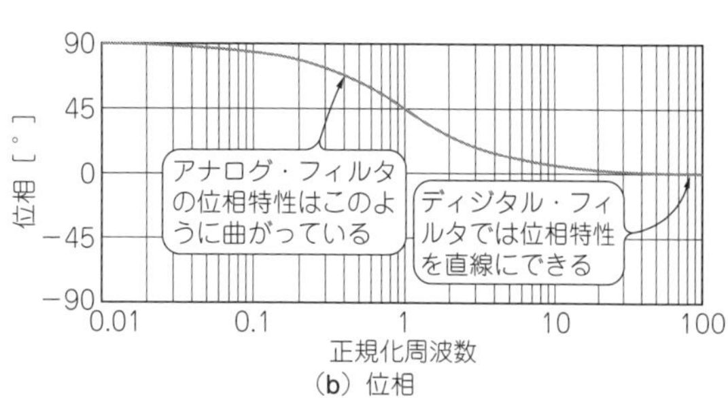

図3　SDRはすごい②…アナログ・フィルタの周波数特性は振幅も位相も曲線

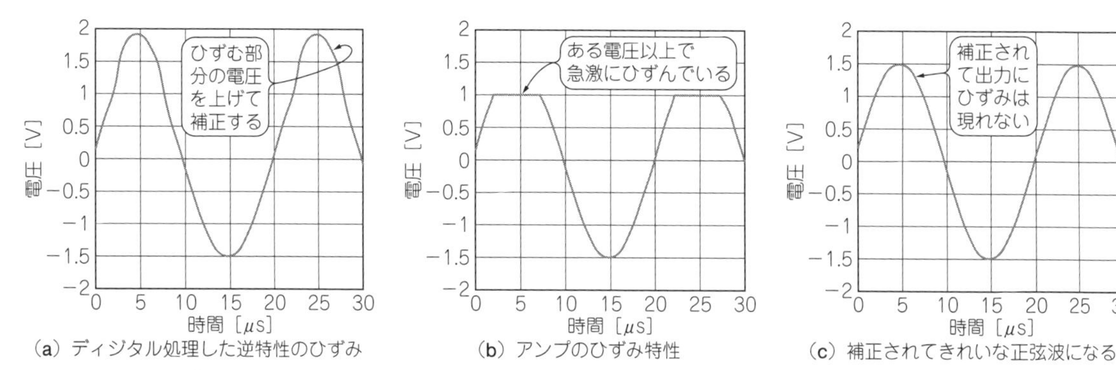

図4　SDRはすごい③…アンプのひずみ特性がわかっていれば逆にひずませた特性を作って理想に近い出力を得られる
プリディストーションと呼ばれ，高周波パワー・アンプでは一般的な技術．アナログ回路で逆特性のひずみを作るのは難しいが，ディジタルなら可能

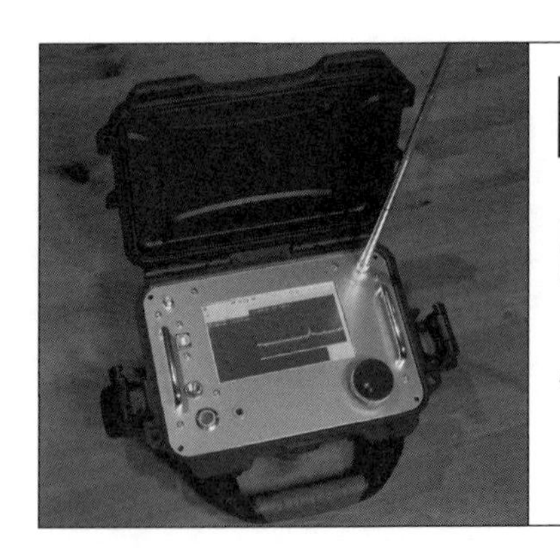

第2章 受信50M～2GHz，帯域30MHz，感度－120dBm@10kHz帯域

Piラジオの仕様とハードウェア

加藤 隆志 Takashi Kato

本章では，Piラジオの設計方針や具体的な仕様，回路図などについて解説します．

汎用性は高く！特殊な部品も使わない！

SDRは極めて柔軟性に富んだシステムですが，ある程度方向性を決めないと，高機能だがむやみに高価になったり，逆にシンプルにしすぎて用途が限定されたりします．できること，できないことを明確にして仕様を決める必要があります．今回製作したPiラジオの方針は以下のようにしました．

(1)受信範囲：50 M～2 GHz
(2)受信帯域幅：30 MHz
(3)受信感度：狭帯域FM受信時－120 dBm程度
(4)受信変調：ソフトウェアによって変更可能
(5)ラズベリー・パイでスタンドアロン動作する．拡張ボードのサイズは65×56 mm，電源は5 V
(6)簡易スペアナ機能を付ける
(7)簡易オシロスコープ機能を付ける
(8)簡易ネットワーク・アナライザ機能を付ける．そのためCW信号(定常波)の発生機能を追加，簡易信号発生器としても使える
(9)BGAは採用しない．腕に自信のある人なら部品交換できるようにする
(10)ロータリ・エンコーダで周波数可変
(11)送信機能は省略
(12)アナログ回路による帯域制限フィルタを付けない(汎用性を高めるため，あえて省略する)

ポータブルなフィールド計測器仕上げ！

● 屋外へ持ち出せる計測器風

アマチュア無線の経験がある方の中には，メータやボタンが並んだプロっぽい「通信機器」の雰囲気に憧れて無線を始めた方も多いのではないでしょうか．

自分もその一人で，無線機を自作していたころは，メーカ製の通信機器の外観を参考にしていました．外観は自作のモチベーションを上げるために大変重要だと思います．

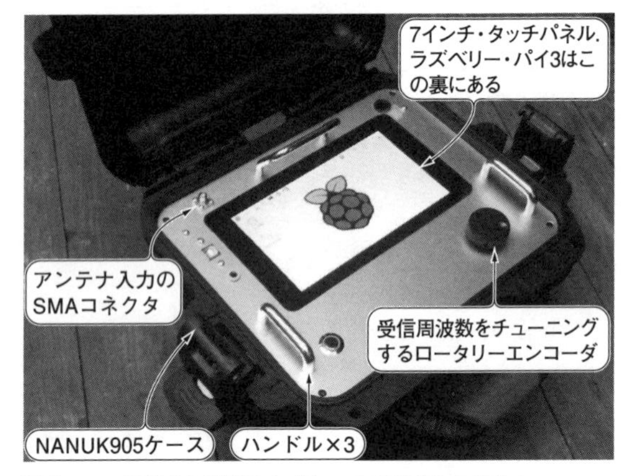

写真1　Piラジオの開発はまずケースの選定から始めた
最終的に，液晶画面も小型化し，これより一回り小さいケースに収めた

Piラジオをケースに実装するにあたり，本物っぽい外観を意識して，**写真1**のようにしてみました．屋外で使われる計測機器をイメージしています．Piラジオは無線受信機なので，アンテナを屋外に設置してのフィールド運用を考慮しています．

このケースはタカチでも扱っているNANUKというメーカの製品です．専用アルミ・パネルなどのオプション品も別売りされています．

● 回路はパネルの裏面に取り付ける

パネル裏面に液晶画面や回路基板を取り付けています．この構造は，外観が良いだけでなく，**写真2**のようにひっくり返して置くことも考慮しています．基板へのアクセスが簡単です．

写真2はPiラジオ開発中のようすです．内部をアルミ板で仕切って2階建て構造にすると，複数の評価ボードを配置して実験しやすくなります．可搬なので，打ち合わせやフィールドにも簡単に持っていけます．この構造なら，後から別のボードやフィルタを追加することも簡単です．

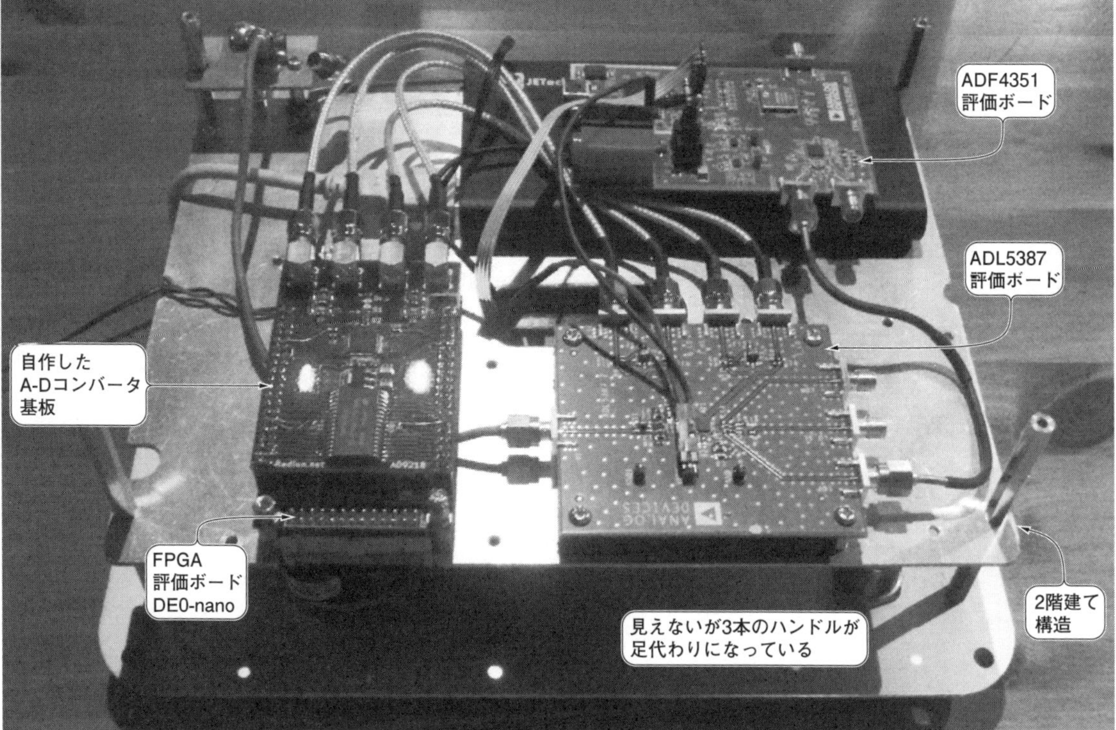

写真2　ハンドル付きパネルの裏面を2階建てにして基板を載せた
評価基板をつないで動作することを確認してから専用基板を起こした

入手できる部品に合わせて仕様を決めていく

回路図を図1(p.24～p.27)に示します．受信性能を決めているアナログ部の詳細は第3章で解説します．

● 受信可能な周波数範囲を決める復調IC

受信範囲は，入手が容易なPLLシンセサイザICと直交復調ICの周波数帯域から決定しています．

直交復調ICはアナログ・デバイセズ社のADL5387で，周波数範囲は50 M～2 GHzです．このデバイスの周波数範囲がPiラジオの受信周波数範囲になっています．

● 受信帯域幅を決めたのはA-Dコンバータ

受信帯域幅とは，1度にサンプリングできる周波数範囲のことで，A-Dコンバータの帯域で決まります．

なるべく安価で広く使われているICで広帯域，10ビット以上，2チャネル同時サンプリングができるもの…と考え，AD9218(アナログ・デバイセズ)の65 MHzグレード品を選定しました．50 MHzクロックで使用します．*I*/*Q*復調による帯域2倍化によって帯域幅は100 MHzとなりますが，アンチエイリアシング・フィルタが必要なので，使える帯域幅は30 MHzに制限されます．

● 受信感度はなるべく高く

気象衛星NOAAの信号を受信するためには，－100 dBm程度の信号を受信できる必要があります．必要な*S*/*N*から考えると，10 kHz帯域で－120 dBm程度の感度が必要です．実際にはこれでも少し足りず，アンプを追加することになりました．

ノイズには物理的に最低これだけは存在する，というレベルが決まっているため，受信感度には理論的な限界があります．－120 dBm@10 kHzは妥当な値です．

● アナログ回路による帯域制限フィルタを付けない

受信機の初段は通常，不要な信号を取り除く帯域制限フィルタを設けます．受信するつもりがない周波数の強い信号が入ってくると，受信機初段のアンプをひずみませてしまい，いろいろな周波数に不要信号が発生します．それを抑えるために，受信するつもりのない帯域はフィルタでカットしておくのです．

今回は，あえてアナログ回路による帯域制限フィルタを省略しました．こうすると，受信周波数はソフトウェアだけで決まります．

初段のアンプには，ひずみ特性の良いものを選択していますが，場合によっては外部に外付けフィルタを設ける必要が生じるかもしれません．近所に強力な送信設備がある場合や，強いノイズを出す電化製品が近

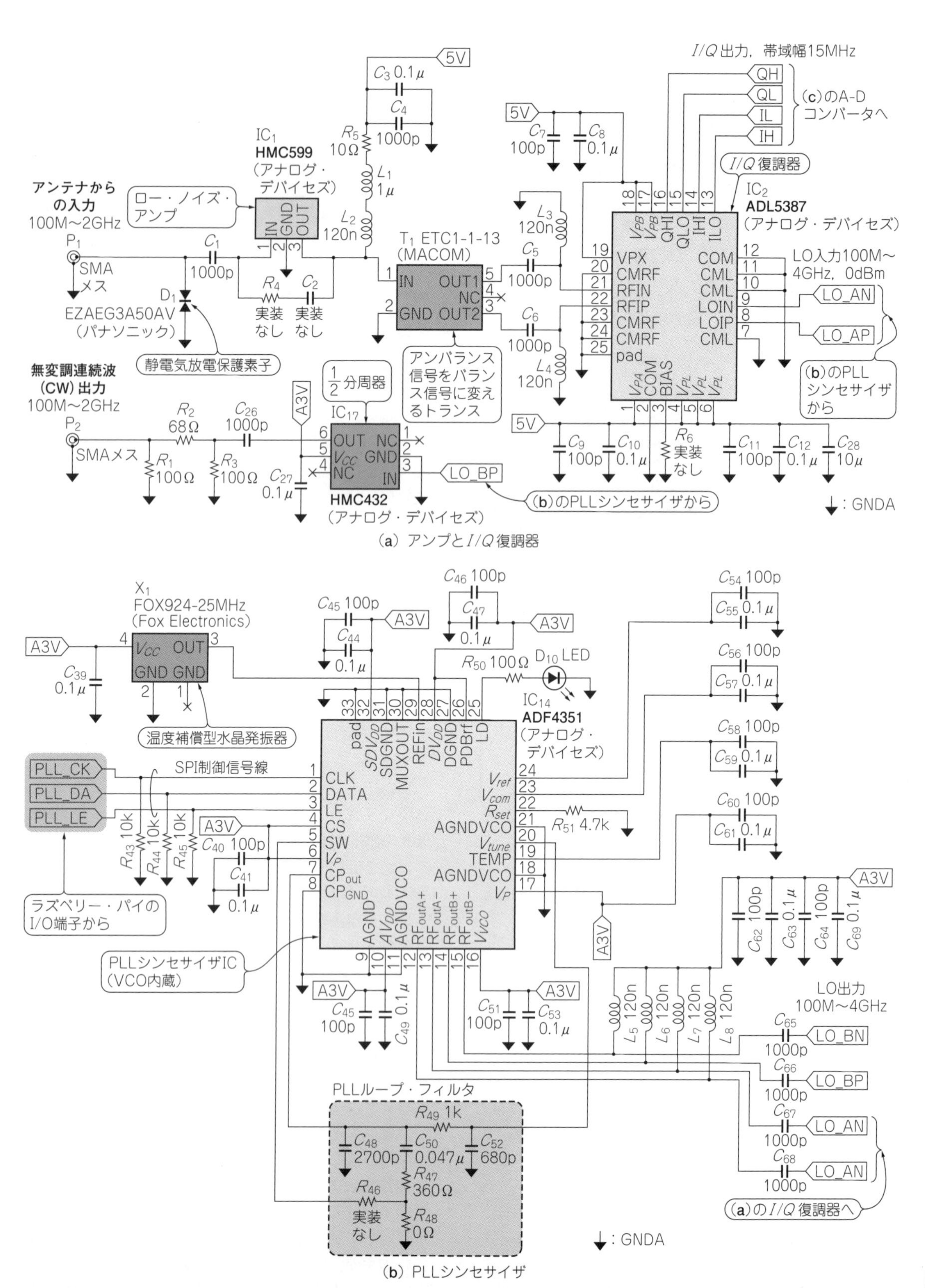

図1　Piラジオのラズベリー・パイ・アドオン基板「2 GHz Piレシーバ拡張ボード」の回路図

Piラジオは，この拡張基板とラズベリー・パイ3，ソフトウェアで構成される

くにある場合などです．微弱な信号を高品質に受信したいときもフィルタを追加したほうがよいでしょう．

SDRだから七変化

● スペクトラム・アナライザとオシロスコープ

受信帯域30 MHzの特徴を生かし，帯域幅30 MHzのリアルタイム簡易スペクトラム・アナライザ機能を設けました．スペクトラム・アナライザ用のバッファの内容をFFTをかけずに波形として表示させれば，簡易オシロスコープにもなります．どちらも，広帯域の30 MHzと狭帯域24 kHzを切り替えられます．

● ネットワーク・アナライザ機能

Piラジオは受信信号の振幅と位相を検出できます．局部発振器の出力を取り出せるようにすることで，50 M～2 GHzのネットワーク・アナライザとして機

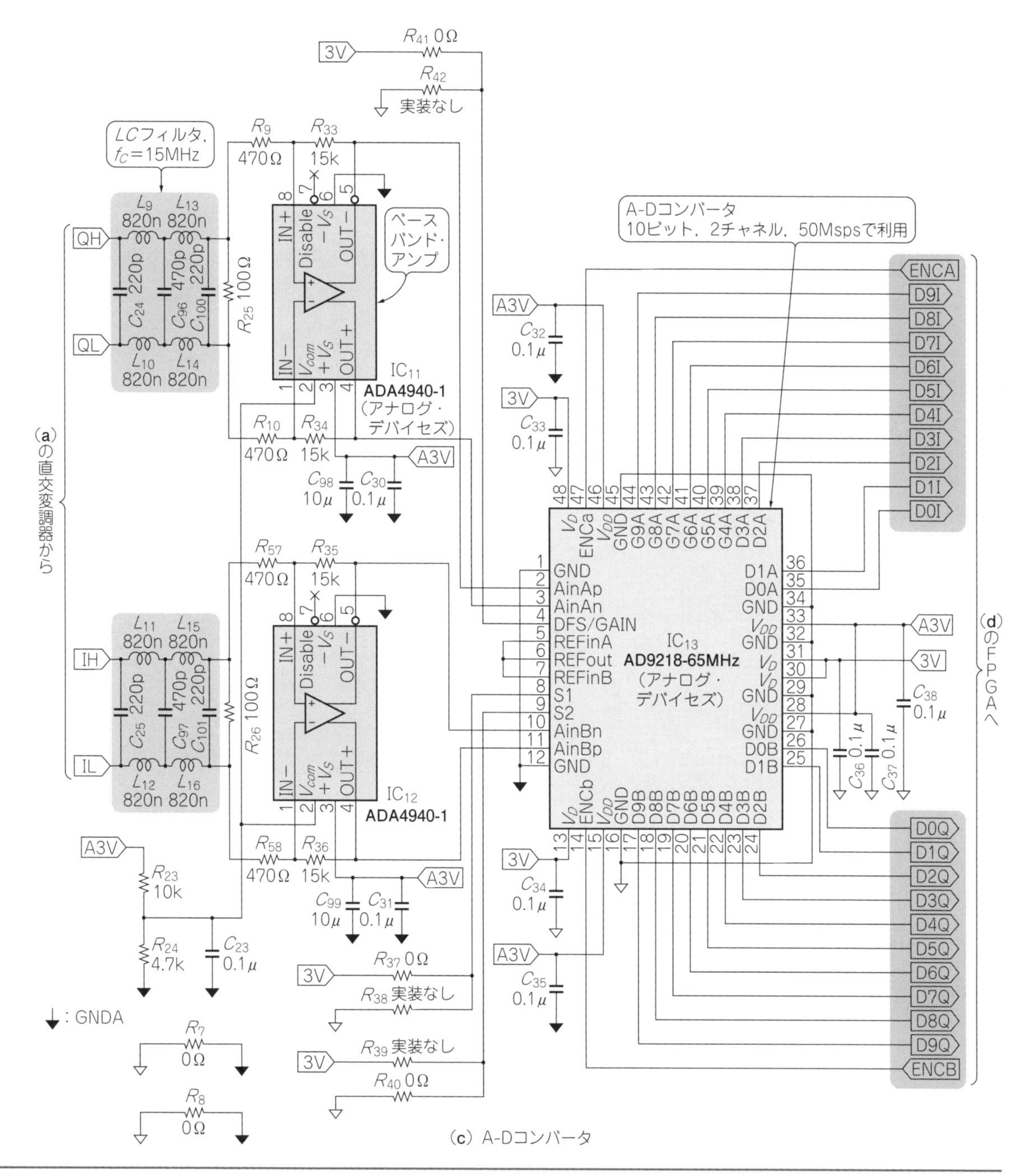

(c) A-Dコンバータ

能します．基本的には通過特性S_{21}の測定しかできませんが，ブリッジ回路や方向性結合器を外付けすれば，反射特性S_{11}も測定可能です．

● FPGAは回路規模が大きな品種への交換を考慮

ディジタル変調を試したい場合は，もっと回路規模の大きいFPGAが必要になるかと思われます．腕に自信のある人なら自分で取り替えることが可能なQFPパッケージにしました．

● ロータリ・エンコーダで受信周波数を調整する

通信機器の周波数チューニング・ダイヤルに似た操作感を実現するために，ロータリ・エンコーダを使い，PLLシンセサイザの出力周波数を設定できるようにし

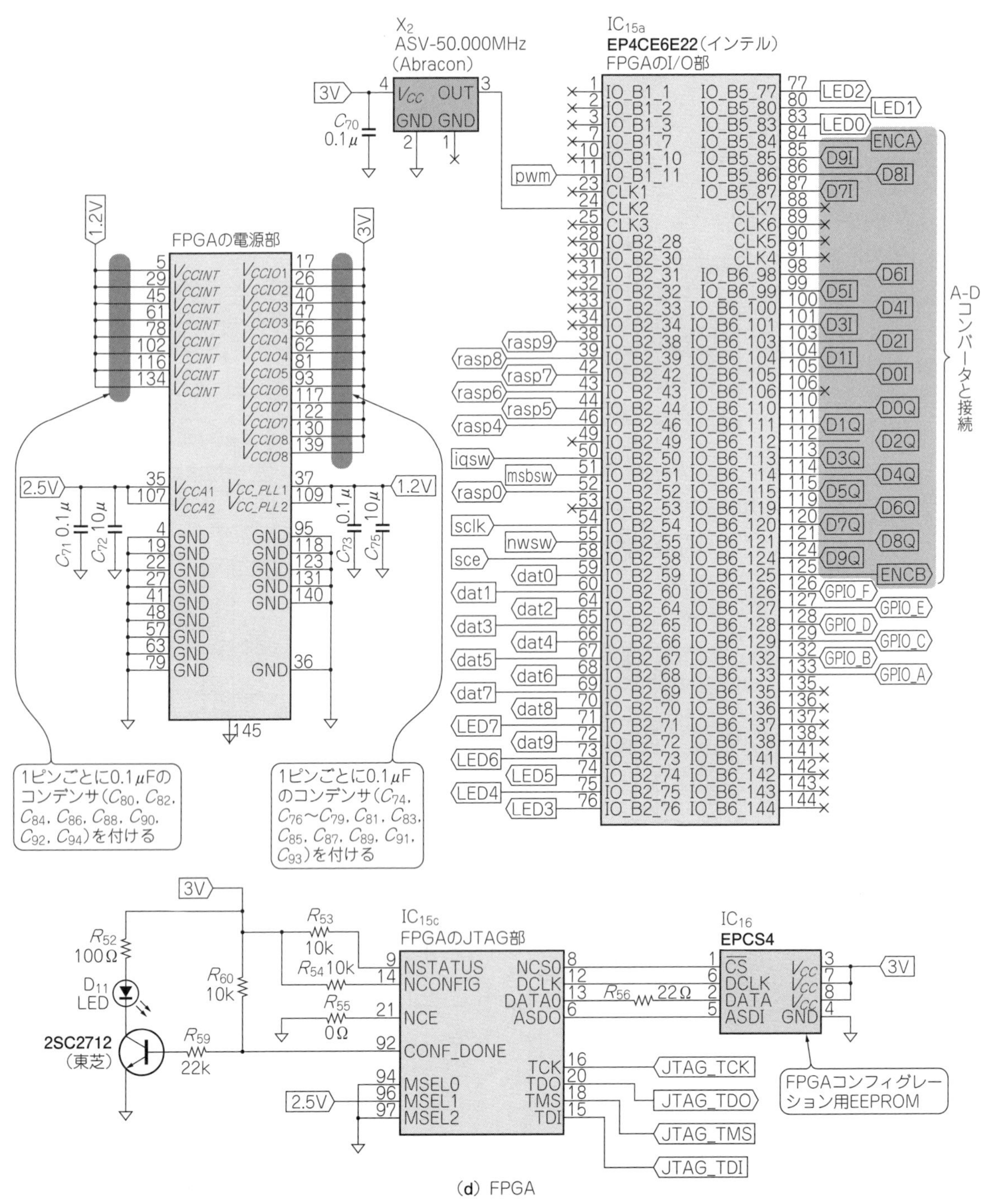

(d) FPGA

図1 Piラジオのラズベリー・パイ・アドオン基板「2 GHz Piレシーバ拡張ボード」の回路図(つづき)

Piラジオは，この拡張基板とラズベリー・パイ3，ソフトウェアで構成される

ました．

● **送信機能は省略**

国内で通信用に電波を出すには免許が必要です．送信機能が欲しい人は限られるため，今回は思い切って送信機能は省略しました．

（初出：「トランジスタ技術」2017年1月号）

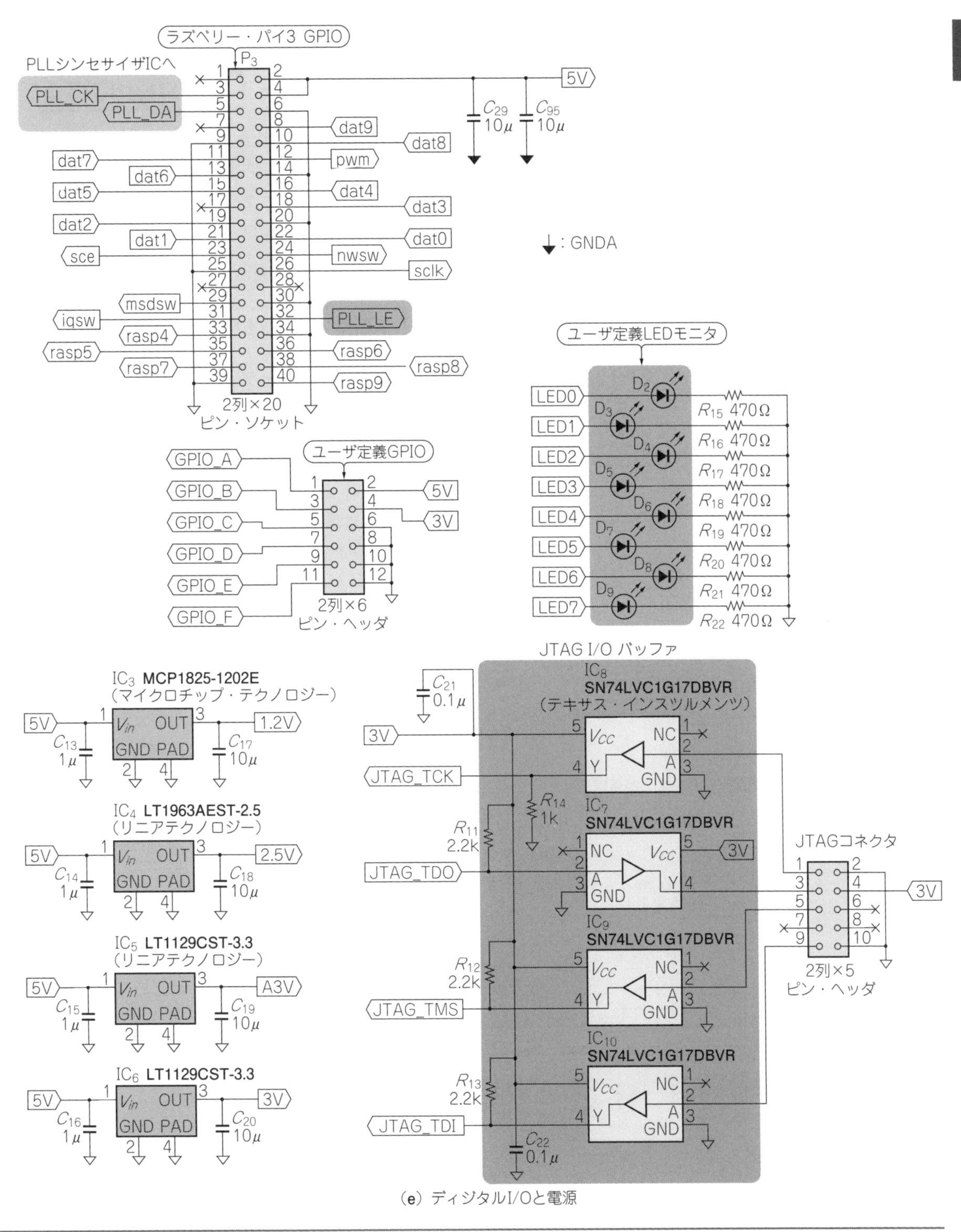

(e) ディジタルI/Oと電源

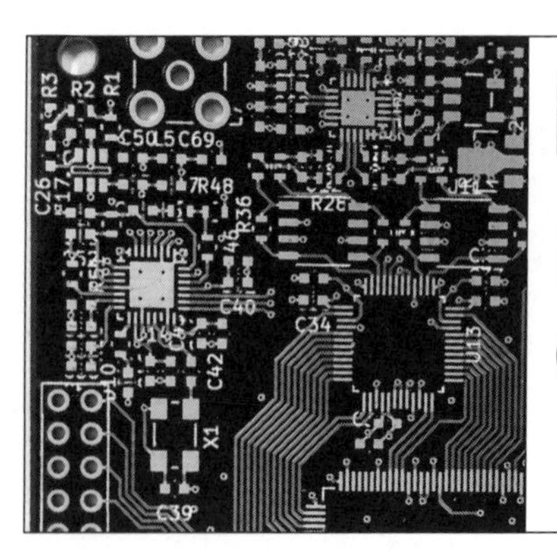

第3章 2GHzを15MHzに周波数ダウン&ディジタル変換! RFワンチップで手作り

Piレシーバ処理ブロック ①I/QミキサとA-D変換回路

加藤 隆志 Takashi Kato

Piラジオの高周波回路部分を担当する2GHz Piレシーバ拡張ボードのアナログ部分について解説します.

ソフトウェア無線はいろいろな周波数や変調方式にフレキシブルに対応できるのが特徴ですが,ハードウェア部分の限界で,対応可能な範囲が狭まってしまいます.2GHz Piレシーバ拡張ボードは,なるべくハードウェア側での制約が少なくなるように構成しています.

ロー・ノイズ・アンプ,直交復調器,PLLシンセサイザなど,RFワンチップICを使って,ラズベリー・パイの上に乗るコンパクトな基板に仕上げました.本ボードは広い周波数を受信できるレシーバになっています. 〈編集部〉

Piラジオの全体構成

● 手に入れやすい部品を組み合わせて2GHzまでカバー

Piラジオのブロック図を**図1**に示します.

アナログ部分はソフトウェアでは再定義できませんから,可能な限り帯域を制限しない構成にします.

受信周波数範囲は,入手性の良いデバイスを検討した結果,50M~2GHzになりました.FM放送,携帯電話,航空無線,地デジ,GPS,BSアンテナ出力の1GHz,気象衛星の137MHz,アマチュア無線の50MHz,144MHz,430MHz,1.2GHzなど,さまざまな無線電波を受信できます.

受信帯域幅は30MHzとしました.むやみに広げるとA-Dコンバータが高価になり,後の信号処理もたいへんで,FPGAまで高価な品種が必要になります.

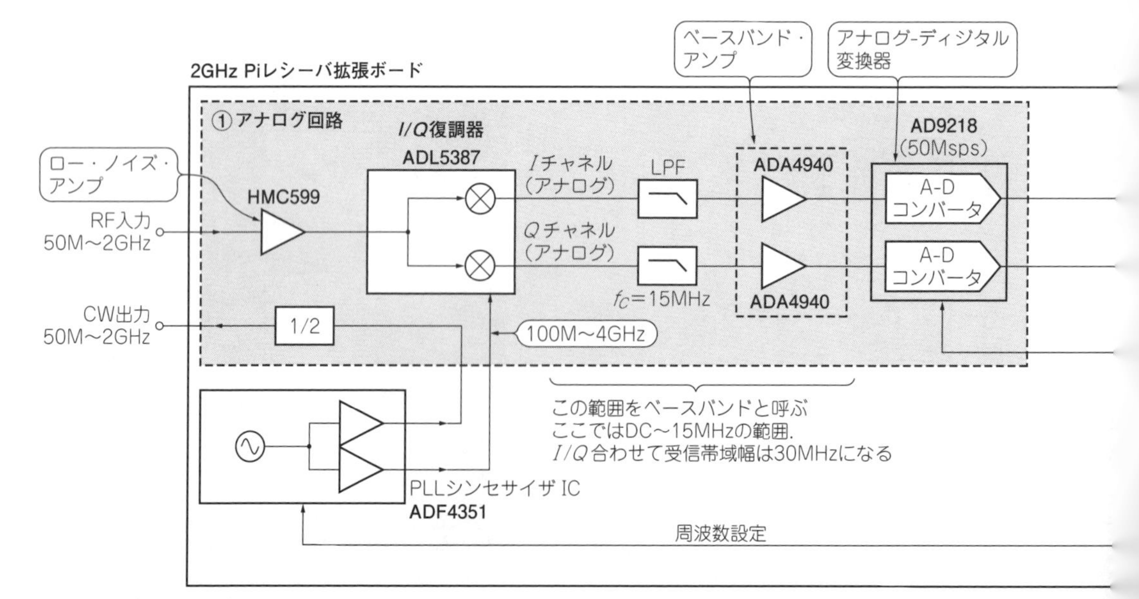

図1 Piラジオ基板のブロック図
受信周波数を広くとりたかったので,アナログ回路で周波数を下げてからA-D変換する方式を選んだ

受信電波を扱いやすいレベルに増幅するロー・ノイズ・アンプ

● ノイズの小さいアンプがいい

アンテナから最初に信号が入力される受信機のフロントエンドには，*S/N*を改善するために，ロー・ノイズ・アンプ(LNA)を配置します．ここで信号レベルを大きくしておけば，このアンプ以降の半導体が発生する熱雑音が相対的に信号より小さくなります．

初段のアンプだけは，ノイズ特性を表すパラメータ，ノイズ・フィギュア(*NF*)ができるだけ小さなアンプを選択します．初段以降は*NF*がある程度大きくなっても影響は小さくなるため，気にするのは初段だけで大丈夫です(Appendix 2参照)．

● ピン互換製品が多く入手性の良いパッケージを選ぶ

今回選んだのはHMC599(アナログ・デバイセズ，旧Hittite)です．主な仕様を**表1**に示します．**図2**のように，周波数範囲は1 GHzまでしか記載がありませんが2 GHzまで使います．長期入手性も考えて選びました．

図3のようなSOT-89パッケージ品を選ぶと，ピン互換で2 GHz以上まで周波数特性が伸びた高性能ロー・ノイズ・アンプが数多く選べます．

● 3次ひずみの小さいアンプがいい

受信機初段のアンプはひずみ特性も重要です．LNAで問題になるのは主に3次ひずみ特性で，これが悪いと，受信するつもりのない強い信号がアンテナ

表1　ロー・ノイズ・アンプLMC599の主な仕様
2 GHzでもある程度の特性が保たれていることを期待して選んでいる

パラメータ		最小値	典型値	最大値	単位
ゲイン(S_{21})	50-500 MHz 500-1000 MHz	13 12	14.5 14	−	dB dB
ゲインの温度変動	50-1000 MHz	−	0.005	−	dB/℃
入力リターン・ロス(S_{11})	50-500 MHz 500-1000 MHz	−	15 12	−	dB dB
出力リターン・ロス(S_{22})	50-500 MHz 500-1000 MHz	−	25 15	−	dB dB
リバース・アイソレーション(S_{12})	50-1000 MHz	−	20	−	dB
1 dBゲイン・コンプレッション出力($P_{1\,dB}$)	50-500 MHz	16	19	−	dBm
3次インターセプト出力(P_{OIP3}) (P_{out} = −10 dBm per tone，1 MHz間隔)	50-500 MHz 500-1000 MHz	−	39 36	−	dBm dBm
ノイズ・フィギュア(*NF*)	50-1000 MHz	−	2.2	−	dB
消費電流(I_{DD})		100	120	140	mA

ひずみ特性にも注目

ロー・ノイズ・アンプの良し悪しを表す重要なパラメータ

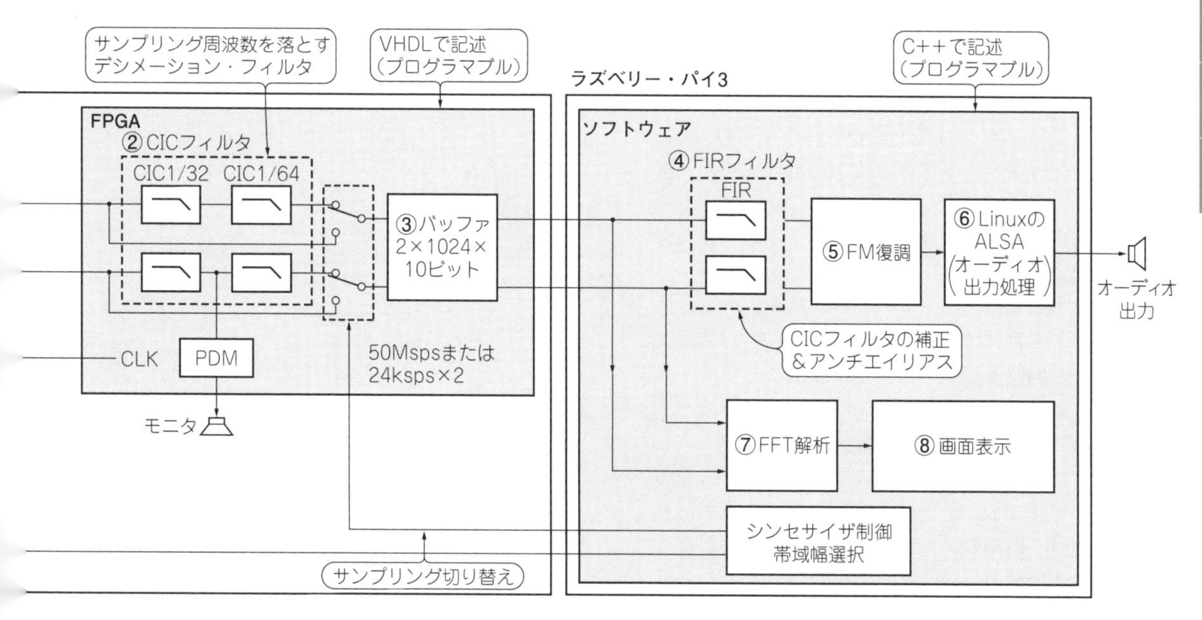

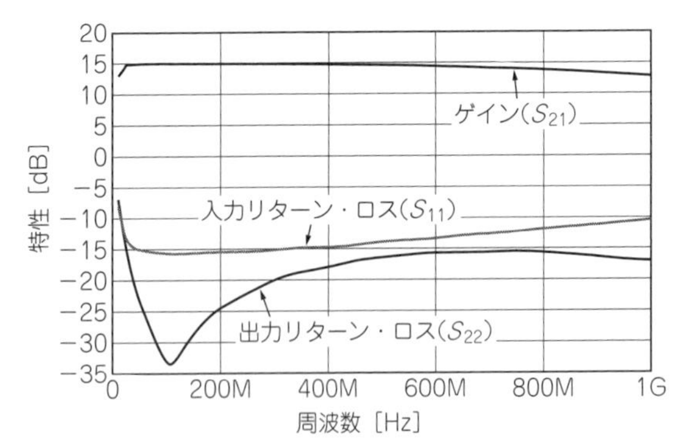

図2　ロー・ノイズ・アンプLMC599のゲインおよびリターン・ロス特性

周波数が高くなるとゲインは落ちていく．リターン・ロスは大きく，インピーダンス・マッチングは比較的取れている

から入ってきたときに，受信機内部に不要な周波数成分(スプリアス)が発生します(Appendix 2のひずみ特性の項目を参照)．

受信したい信号を低い周波数に変換するワンチップ直交復調器

■ 考え方

● 受信したい高周波信号を任意の周波数付近へ移動

直交復調器とは，いわゆるミキサ(乗算器)です．

周波数の違う正弦波f_1とf_2の乗算を行うと，和($f_1 + f_2$)と差($f_1 - f_2$)の周波数が得られます．受信機内部で作った周波数(局部発振周波数，ローカル周波数，LO周波数などという)を利用して，受信したい信号を任意の周波数付近の信号に変換します．

● 受信したGHzをA-D変換できる25 MHz以下までワンチップ・ミキサIC一発で落とす

今回は，受信したGHz帯の信号をいきなりDC付近までダウン・コンバートする方式を採用しました．ダウン・コンバートした後に得られる，A-Dコンバータの帯域制限フィルタの通過帯域上限までの周波数の信号(下はDCまで)をベースバンドと呼びます．

この方式の利点は，ベースバンド帯域を決めるローパス・フィルタだけで不要な信号(スプリアス)を除去できるので，回路がたいへん簡単になることです．スプリアスを気にせず広帯域をシンプルな回路でカバーできるため，ソフトウェア無線に向いています．

欠点は，受信周波数を決めるローカル(LO)信号の漏れなどが原因でDC成分が発生して受信性能が落ちたり，アナログ回路のミキサによる誤差で受信したくない周波数まで検出してしまい感度が落ちたりする可能性があることです．

特に今回は，Appendix 3で紹介する理由から0°と

図3　ロー・ノイズ・アンプLMC599のSOT89-3パッケージ

このパッケージを選ぶと，他社も含めてピン互換でロー・ノイズ・アンプがいろいろ選べる

90°の直交した2つのローカル信号を使うI/Q復調器(直交復調器ともいう)を利用します．この直交度の誤差が復調精度を悪化させるため，直交復調器のI/Q精度はたいへん重要です．

アナログ部で発生した誤差やひずみは，ディジタル処理で取り除くことは困難か不可能になるため，可能な限り高精度な回路が要求されます．

● 直交復調器の精度が悪いと不要なイメージ成分が発生して受信性能が落ちる

今回の方式では，一番理想から遠いデバイスがI/Q復調器になるので，ここで無線機としての性能が決まります．アナログ回路中で最も重要です．

一昔前は，低ひずみミキサを組み合わせて直交変調

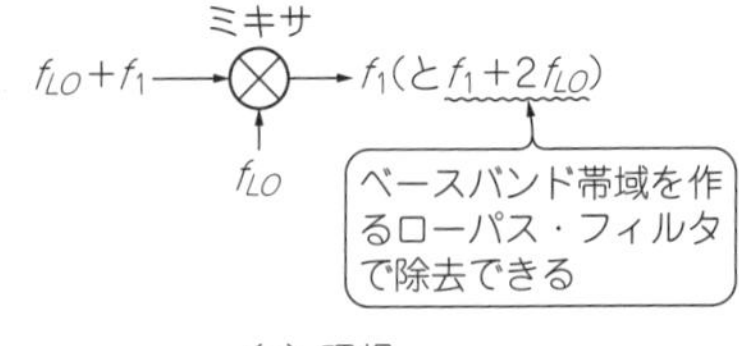

(a) 理想

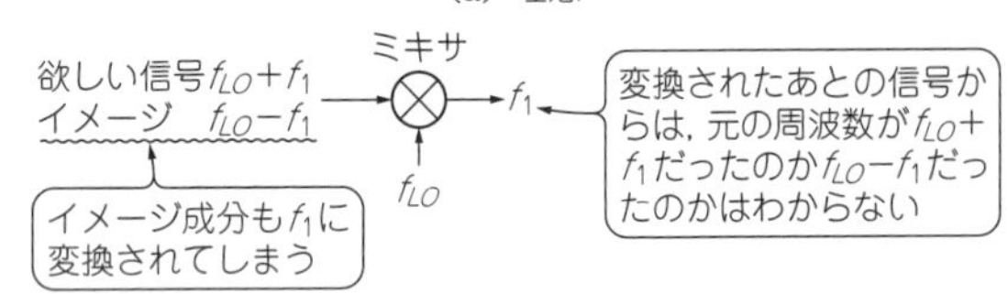

(b) 現実にはイメージ成分も周波数変換される

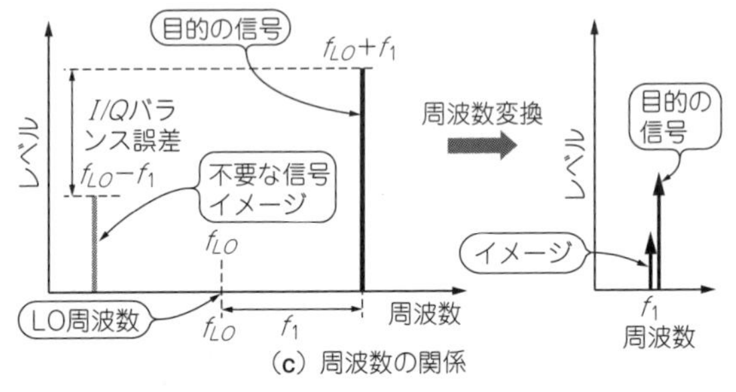

(c) 周波数の関係

図4　直交変調器のIとQの間に位相誤差やゲイン誤差があるとイメージ成分が現れる

周波数変換されてしまったら元に戻せないので，十分小さな誤差が必要

器や復調器を作っていました．しかし，アナログ回路で正確な直交位相差(90°)を作ることは至難の技なので，さまざまな回路上のノウハウを駆使し，頻繁な調整を行ってしのいでいました．

▶イメージ発生要因①…電波とミクスするIとQの直交位相差

直交位相差が理想的でない場合，ミキサ出力には**図4**に示す不要なイメージ成分が発生します．ミキサに入力されるローカル(LO)信号の周波数をf_{LO}，目的の信号の周波数を$f_{LO}+f_1$とした場合，$f_{LO}-f_1$の周波数からの不要なイメージが現れます．

直交位相差に1°の誤差があると，不要なイメージの強度は－35 dB程度になります．一般的に復調するときに問題にならないイメージ成分のレベルの目安は－30 dB程度なので，直交位相差を1°に抑えても，十分に余裕があるとは言えません．帯域幅の広いディジタル変調では，このイメージが自分の信号の中に重なってくるため，変調精度を劣化させます．

▶イメージ発生要因②…電波とミクスするIとQの振幅バランス

直交位相差だけでなく，I/Q信号の振幅バランスも同じようにイメージ成分を発生させます．I/Q振幅の1％のアンバランスは－40 dBのイメージを発生させます．

＊

当然，位相誤差によるイメージと，振幅誤差によるイメージは合成されるため，トータルのイメージ除去比で30 dBを得るためには，直交復調器のアナログ回路性能はかなり優秀なものが必要です．

ディスクリート部品による設計では，直交位相差が2～3°，ゲイン誤差が0.5 dB程度になることが多く，イメージ除却比30 dBは実現が困難でした．

ところが，最近のアナログICの性能向上は目まぐるしく，ワンチップでかなり理想に近い直交復調器が手に入ります．

■ 実際のIC

● 今はワンチップで高性能な直交復調器が手に入る！

今回選定したADL5387(アナログ・デバイセズ)は，

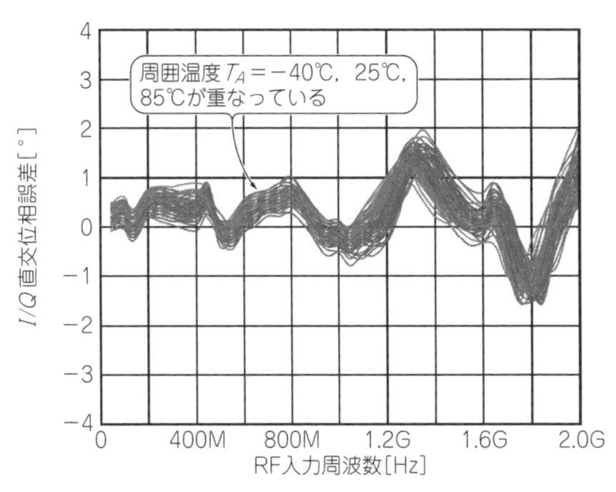

図5　直交変調器ADL5387のI/Q間位相誤差特性
1 GHz以下は±1°の誤差に収まりそう

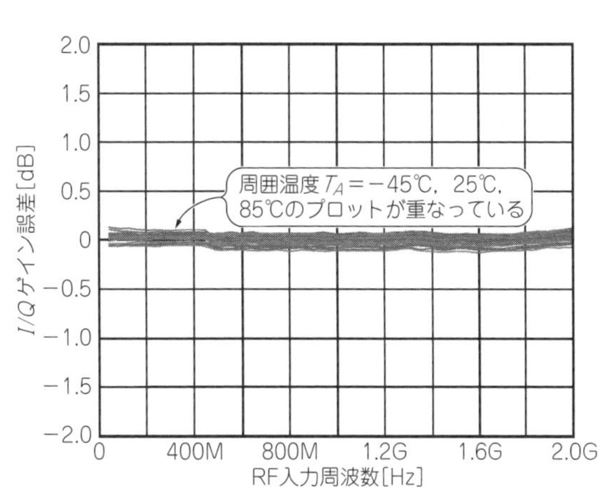

図6　直交変調器ADL5387のI/Q間ゲイン誤差
およそ±0.1 dB程度に収まっている

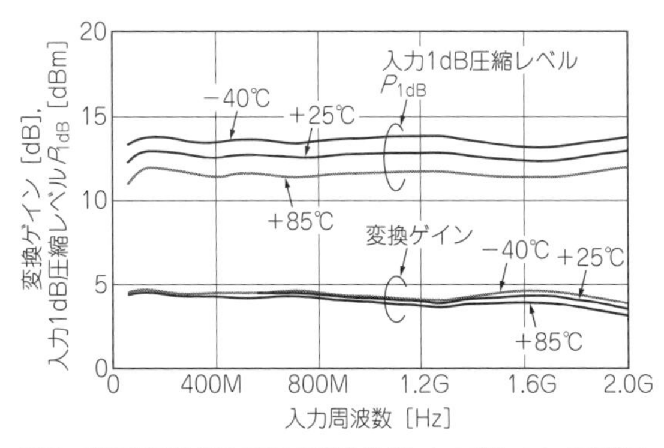

図7　直交変調器ADL5387の変換ゲインおよび入力1 dB圧縮レベル
変換ゲインは2 GHzまで十分大きい．入力1 dB圧縮レベルは最大入力レベルの目安になる

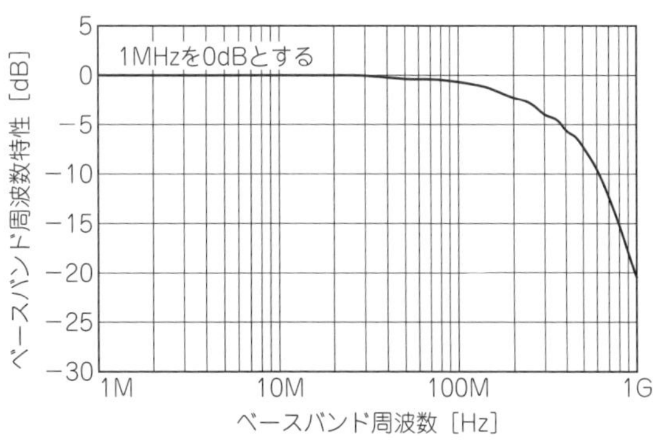

図8　直交変調器ADL5387のベースバンド周波数数特性
100 MHzあたりまでは十分使える

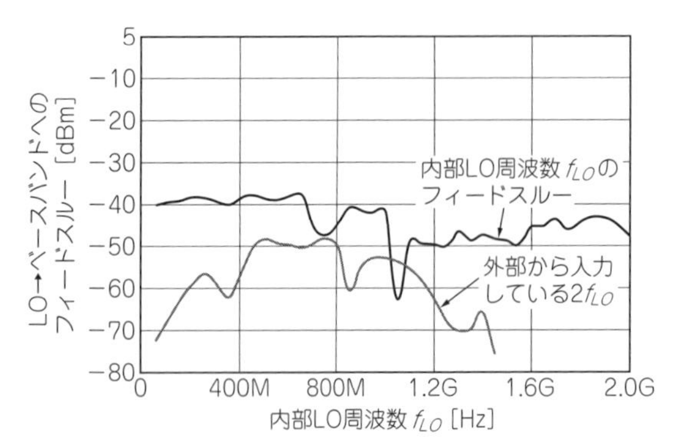

図9　直交変調器ADL5387のローカル入力→ベースバンド出力へのもれ(フィードスルー)特性
理想的には漏れないはずの信号の漏れなので小さいほど良い．誤差の原因になる

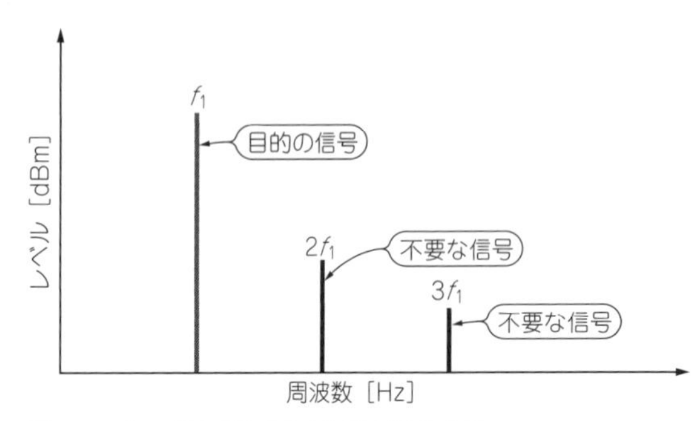

図11　2次ひずみがあると高調波が発生する
2倍の周波数が遠く離れた周波数になる高周波では2次ひずみをあまり気にしない．周波数が限られた範囲に収まるベースバンドでは直接影響する

直交位相誤差が1 GHz以下で1°以内を達成(**図5**)していて，I/Qゲイン誤差は**図6**のように0.1 dB程度(1 %)に収まっています．補正なしでも実用になります．

周波数帯域も十分に広く，RF帯域は**図7**のように50 M～2 GHz，ベースバンド帯域も**図8**に示すように100 MHz程度あります．つまり，最大100 MHzの変調帯域幅を扱えるICです．

▶DCオフセットの要因フィードスルーも小さい

今回の場合，このミキサで直接DC～15 MHzへのベースバンド信号へ変換しているので，DCオフセット誤差も重要な性能になります．DCオフセット誤差の原因は，ミキサのローカル入力からベースバンド出力への高周波信号の漏れ(フィードスルーという)です．この特性についても，**図9**のように全帯域でほぼ−40 dBを得られていて優秀です．

● 振幅の大きな信号を扱うのでひずみ特性も重要

直交復調器はロー・ノイズ・アンプで増幅された大き目の信号が入力されるため，ひずみ特性が重要になります．ひずみ特性が悪いと，デバイス内部で不要な周波数成分(スプリアス)が発生し，ダイナミック・レンジの低下や混信などを引き起こします．

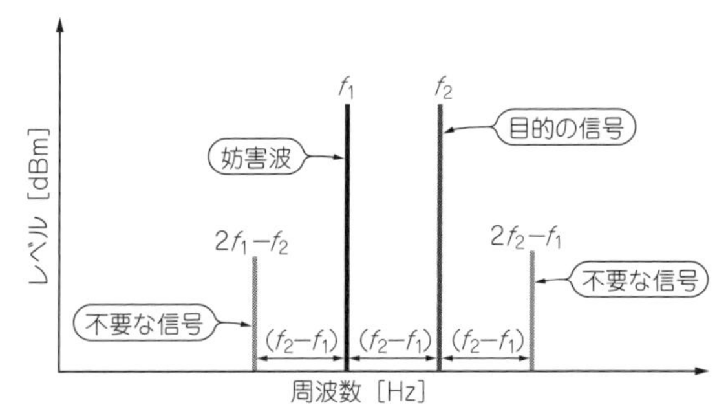

図10　3次ひずみがあると2つの周波数が入力されたときに不要な信号が発生しやすい
入力にフィルタを入れない場合，いろいろな周波数の信号が入ってくるので，3次ひずみ特性が良いデバイスを使いたい

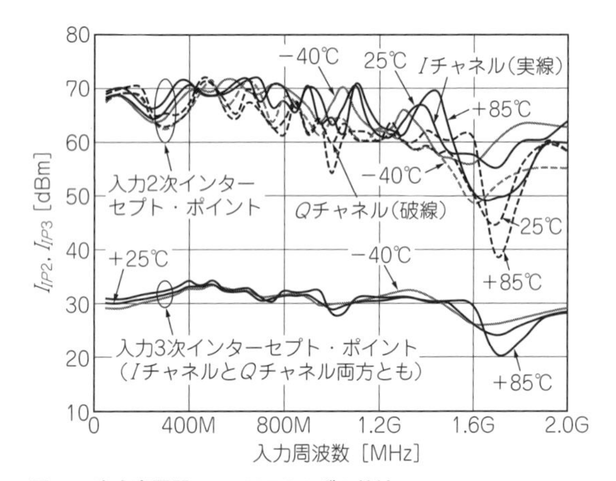

図12　直交変調器ADL5387のひずみ特性
この特性が実際にどのくらいのひずみを発生するのかは，信号レベルが決まらないとわからないので，レベル・チャートを使って検討する必要がある

高周波を扱う回路で気にするひずみ特性は，3次ひずみ特性と2次ひずみ特性の2つです．受信機では，もっぱら3次ひずみ特性が問題視されます．その理由は，**図10**に示すように，目的の信号f_2に近い周波数f_1に妨害波があったとき，3次ひずみ成分は2つの周波数近傍のスプリアスとして現れるからです．周波数が近いとフィルタで取り除くことが困難なので，妨害波の影響を大きく受けます．

それに対して2次ひずみは，**図11**のように，目的の信号の2倍の周波数への影響が支配的です．3次ひずみはRF回路での妨害問題になるのに対して，2次ひずみはベースバンド信号への影響が問題になります．直交復調器ではどちらも重要です．

ADL5387のひずみ特性を**図12**に示します．広帯域にわたって優れた特性を示しています．ただし，このデータシートの値が実際にシステム上でどの程度のスプリアスになるのかは，入出力の信号レベルを計算してみなければわかりません．ノイズを検討するレベル・チャートを作るときに，同時にひずみ特性についても検討します(Appendix 2参照)．

ロー・パス・フィルタとA-Dコンバータ用バッファ

● 直交変調器からA-Dコンバータへは差動で伝送！

ADL5387のベースバンド出力は差動になっています．後段のA-DコンバータAD9218のアナログ入力も差動であるため，ベースバンド・フィルタとベースバンド・アンプはすべて差動回路とします．差動回路の利点は以下になります．

(1) 外来ノイズに強い
　一般的に，差動回路にするだけで，コモン・モード・ノイズ除去比が20 dB程度得られます．
(2) シングル・エンドに比べて信号振幅が半分になるので，2次ひずみ，3次ひずみが両方とも改善する
(3) 波形ひずみが正負で対称になり，2次ひずみが改善する
(4) ノイズをまき散らさない
　差動伝送は電磁界を相殺するため，ノイズをほとんど放出しません．

● A-D変換時の折り返しを防ぐロー・パス・フィルタ

ベースバンド・アンプの入力は後段のA-Dコンバータのアンチエイリアシング LPFです．*LC*2段，カットオフ15 MHzの差動4次フィルタです．

● A-Dコンバータを駆動する広帯域の差動アンプIC

差動アンプADA4940は小信号時の帯域幅260 MHzで，ゲイン30倍(30 dB)を得ています．このOPアンプはひずみ特性にもたいへん優れ，出力2 V_{P-P}で3次ひずみのIMD_3が−98 dBc(2 MHz)です．

ミキサ用の局部発振周波数を作るワンチップPLLシンセサイザ

● 35 M～4 GHzの広い範囲をワンチップで生成

RF関係ICのなかで，一番進化を遂げているのがPLLシンセサイザICです．

直交復調器のADL5387は分周によって位相差90°を得ているため，入力するローカル(LO)信号周波数には実際にミキシングされる周波数の倍，100 M～4 GHzが要求されます．

今回選択したADF4351(アナログ・デバイセズ)は，電圧制御発振器VCO(Voltage Controlled Oscillator)を内蔵したシンセサイザで，35 M～4.4 GHzを出力できます．

kHzオーダ以下の細かい周波数設定が可能なフラク

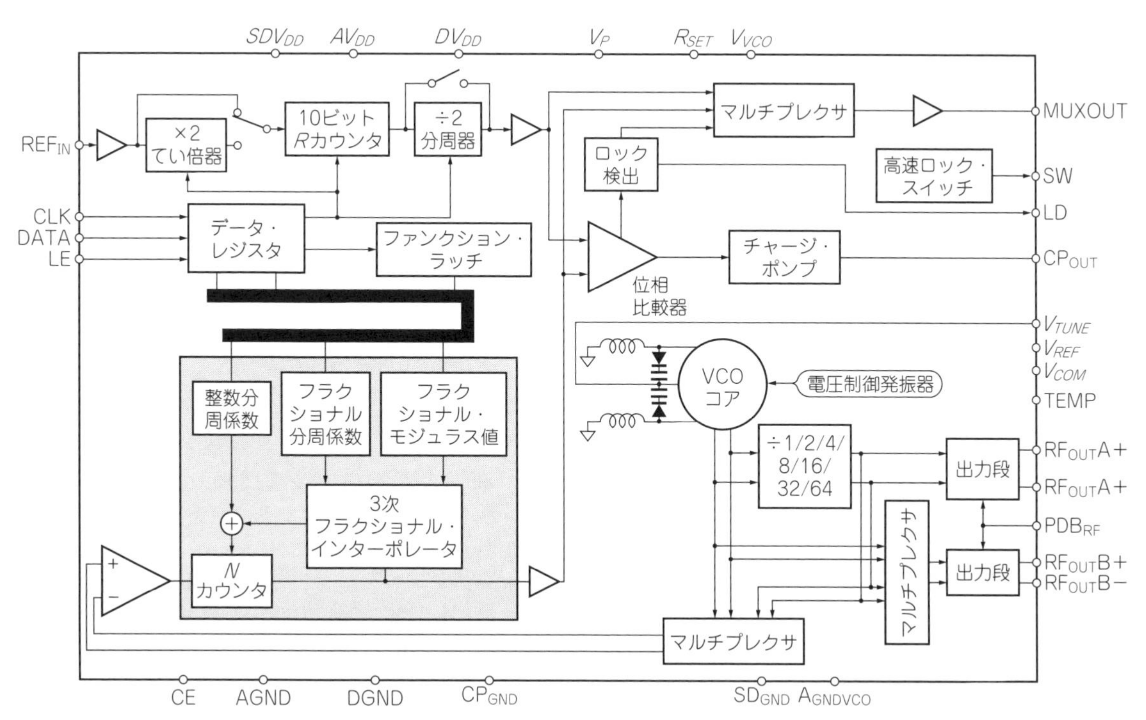

図13　PLLシンセサイザADF4351の内部ブロック
2.2 G～4.4 GHzを出力できるVCO，位相雑音をあまり増やさずに細かな周波数ステップを作れるPLL回路と，低い周波数を作るための分周器が組み込まれている

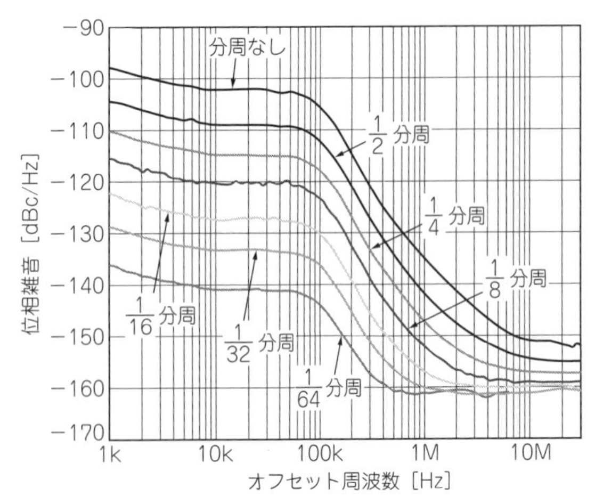

図14 PLLシンセサイザADF4351の位相雑音特性
分周なし(2.2 G～4.4 GHz)でも−100 dBc, ÷64の分周(35 M～70 MHz)では−140 dBcと優秀な特性が得られる

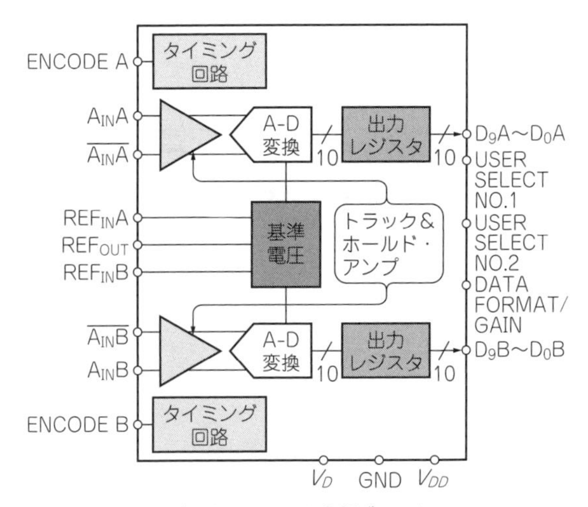

図15 A-DコンバータAD9218の内部ブロック
I/*Q*の両方を同時サンプリングしたいので2回路入りを選ぶ. 周波数ランクや互換品が多いことから選んだ

ショナル*N*分周器を採用, 基準クロックになる温度補償型水晶発振器(Temperature Compensated crystal Oscillator, TCXO)とわずかな外付け*CR*だけで広帯域のシンセサイザになるたいへん便利なICです. 内部ブロックを**図13**に示します. 部品単価も2,000円以下です.

内蔵VCOの発振周波数範囲は2.2 G～4.4 GHzです. 3つのVCOで構成されており, 16バンドを切り替える構造になっています. ディスクリート構造でこのような広帯域のVCOを作ることは困難だったので, これはモノリシックだからこそ可能になった性能です.

2200 MHz以下は分周によって得ます. 最大で1/64できるので, 最低出力周波数は35 MHzとなります. 分周出力であるため, 出力波形は矩形波です. したがって奇数次高調波を多く含むため, そこに注意して使用する必要があります.

● 位相雑音も良好

受信機用のクロックとして重要な位相雑音(*C*/*N*)も良好です.

C/*N*が悪いとシステム全体の*S*/*N*が悪化し, 感度や信号品質が悪くなります. ADF4351は**図14**に示すように, 2.2 GHzでも10 kHzオフセットで−100 dBc以下が得られています. 分周した周波数では最高で−140 dBcの*C*/*N*が得られます.

● SPIインターフェースで出力周波数を設定

このICの機能をすべて理解して使いこなすのは, なかなかたいへんです. 設定はSPIで行いますが, 32ビット・レジスタを6個も設定する必要があります.

周波数の設定方法はColumn 1で解説します.

帯域幅や感度を決める A-Dコンバータ

● 代替品がありサンプリング・レートにバリエーションがあるデバイスを選ぶ

A-Dコンバータもソフトウェア無線機のキー・パーツです. 帯域幅や感度に影響するので, どんな信号を扱える無線機になるのか, コンセプトや性格のようなものを決定付けてしまいます.

今回は以下の部分に着目して, アナログ・デバイセズ社のAD9218を選定しました.

(1)流通量が多く安定して入手できる
- 代替品が存在する(MAX1180など)
- 廉価版などバリエーションが存在する(AD9288)

(2)サンプリング・レートは最高100 MHzまで選択できて安価な40 MHz品もラインナップがある
(3)*I*/*Q*復調なので2チャネル同時サンプリングが必要
(4)分解能は10ビット以上欲しい
(5)安価(2,000円以下)

AD9218の機能ブロックを**図15**に示します. 2チャネルの差動入力で, 10ビットのパラレル出力が2系統あります.

サンプリング・レートは40 M～105 Mspsの間に4品種ありますが, 今回は50 MHzクロックで動作する65 Msps品を採用しました.

出力フォーマットは, オフセット・バイナリ, 2の補数のどちらかが選べます. 後のFPGAでの信号処理を考慮して, 2の補数に設定します.

(初出 :「トランジスタ技術」2017年1月号)

私流！ Piラジオのミキサ用ワンチップ発振IC ADF4351の周波数設定法　Column 1

ADF4351は広帯域で多機能なため，設定方法が複雑です．とくに出力周波数の設定はいろいろなパターンが考えられます．

評価ボードに付属するADF435x Software（**図A**）を使うと具体的なレジスタ値が出るのでとても便利なのですが，このソフトウェア内部の計算アルゴリズムが公開されていません．任意の周波数を設定できるソフトウェアを作りたい場合は，レジスタ値を決める計算式を自分で作る必要があります．いろいろ試した結果うまくいっている計算方法を紹介します．

出力周波数の計算式は以下です．

$$f_0 = \left(N_{int} + \frac{N_{frac}}{N_{mod}} \right) \times \frac{f_{PFD}}{N_{div}} \cdots\cdots (1)$$

ただし，f_0：出力周波数，f_{PFD}：基準周波数（今回は12.5 MHz固定），N_{div}：分周比（1，2，4，8，16，32，64のどれか），N_{int}：整数分周係数，N_{frac}：フラクショナル分周係数，N_{mod}：フラクショナル・モジュラス値

● 分周比N_{div}の求め方

N_{div} = pow(2，int(log2(4400/f_0)))

VCOの発振周波数範囲は2200 M～4400 MHzです．それ以下の周波数は分周するので，2のべき乗で最適な値を算出します．

● 整数分周係数N_{int}の求め方

N_{int} = int(f_0 * N_{div}/f_{PFD})

これは式(1)から求められます．

● フラクショナル・モジュラスN_{mod}の求め方

N_{mod} = int(f_{PFD}/f_{step})

f_{step}はチャネル間隔の周波数で，1 kHzステップを想定しています．チャネル間隔をもっと細くしたい場合は，基準周波数f_{PFD}の変更を検討してください．

● フラクショナル分周係数N_{frac}の求め方

N_{frac} = int(N_{mod} * (f_0 * N_{div}/f_{PFD} − N_{int}));

これも式(1)から求められます．

それぞれの設定値には範囲が決められているため，オーバーフローさせないよう注意してください．

計算式をExcelなどで試して，あらゆる周波数で正しい設定値になるかどうか事前に確認してから組み込むとよいでしょう．〈加藤 隆志〉

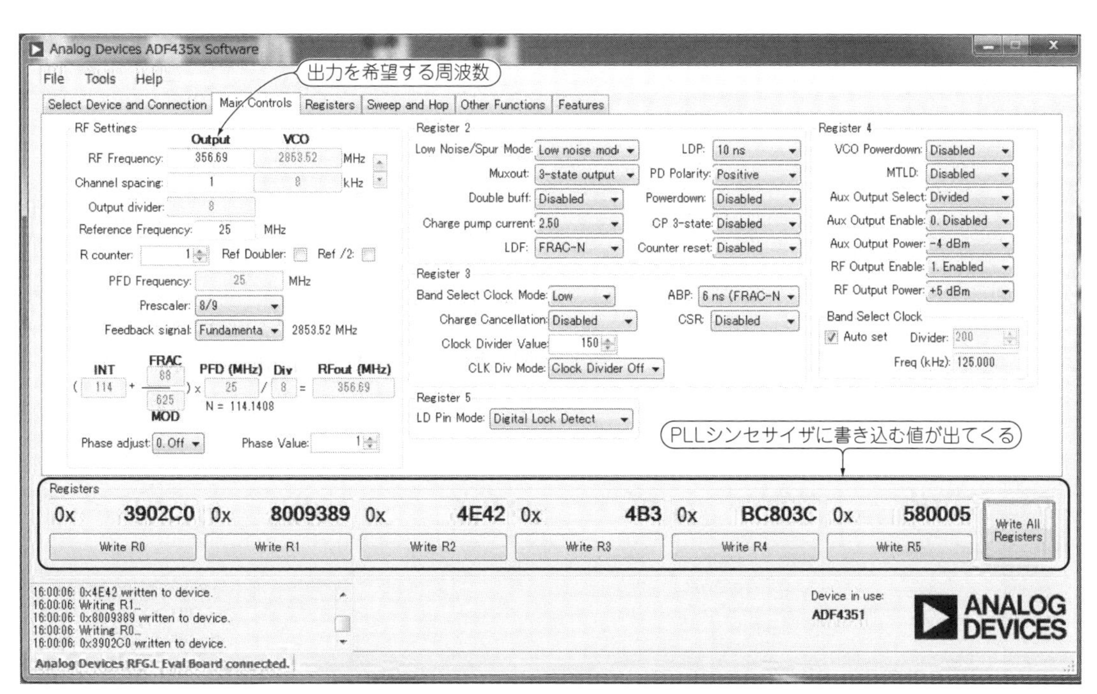

図A　おまけのプログラムを使うと設定値が簡単に得られるが，求め方は公開されていない
このソフトウェアの内部動作は公開されていないので，自分で考える必要がある

Appendix 2

無線機の感度や最大入力レベルの検討に欠かせないひずみや S/N の机上計算

ノイズ特性の検討方法

● ノイズ・フィギュアの定義

微弱な信号を増幅するアンプを設計するとき重要な特性の1つがノイズ・フィギュア(Noise Figure, NF)と呼ばれるパラメータです．

ある信号をアンプに通した際に発生するノイズを式で表すと，以下のようになります．

$$N_{out} = \sqrt{(N_B G_A)^2 + (F_N G_A N_{in})^2}$$

ただし，N_{out}：このアンプから出力されるノイズ［V］，N_B：前段が出力しているノイズ［V］，F_N：このアンプのノイズ・フィギュア［倍］，G_A：このアンプのゲイン［倍］，N_{in}：常温(300 K)の熱雑音(174 dBm/Hz + 10 logf_{BW}の真数値)［V］，f_{BW}：扱いたい帯域幅［Hz］

上記の数値はすべて真数で，dBではない．NFはdBで表記されることが多く，変換して計算する必要がある．

$N_b G_A$の項は，信号がゲイン倍に増幅されるのと同様に，前段のノイズも，このアンプでゲイン倍に増幅されることを意味しています．

注意が必要なのは，$F_N G_A N_{in}$の項です．入力レベルに関係なく，一定のノイズが加算されることを示しています．この成分が小さくないと，余計なノイズが足されることになります．ここで足されたノイズは，このアンプの後ろでさらに増幅されます．

＊

NFの影響は最も信号の小さな初段で多大です．それ以降のアンプでは，すでに信号を増幅した後なので，相対的にNFの影響は小さくなります．

● ノイズと信号のレベルを計算してS/Nが足りているか検討しながら設計していく

受信器の各段でノイズや信号のレベルがどのくらいになっているのか，Excelなどの表計算ソフトウェアを使ってまとめていくと，見通しが良くなります．各段の信号レベルをまとめた図をレベル・チャートといいます．Piラジオでの例を**図1**に示します．

無線受信機では，レベル・チャートを設計初期に作成し，受信性能を見積もりや部品選定に利用します．

S/Nを求めるには，受信する帯域幅を決める必要があります．帯域幅が決まらないと，熱雑音の値が求まらないからです．この例では，衛星NOAAの受信に必要な帯域を考え，f_{BW} = 10 kHzとして計算しています．

ひずみ特性の検討方法

● デバイスのひずみ特性の表され方

アンプなど非線形動作する回路に信号を入力すると出力がひずみます．

単一周波数，つまり正弦波の入力を想定すると，ひ

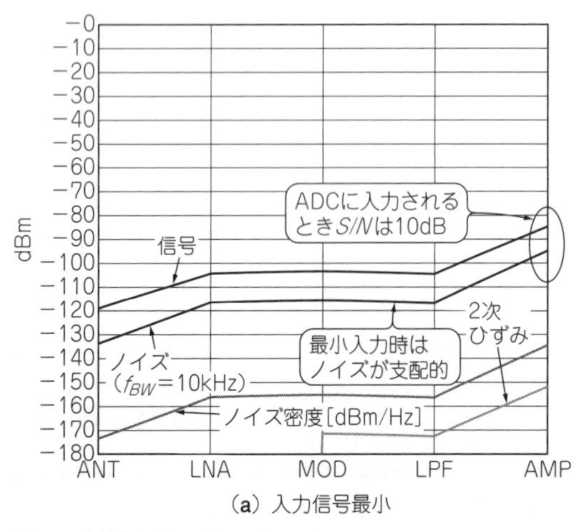

(a) 入力信号最小

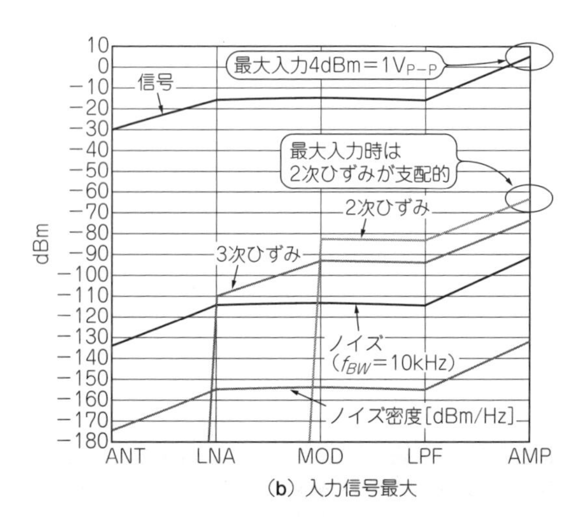

(b) 入力信号最大

図1 Piラジオのレベル・チャート
Excelなどの表計算ソフトウェアを使って計算し，設計に利用する．入力レベルが大きくなると，ノイズよりもひずみのほうが影響する

ずみによって2次，3次，…の高調波が発生します．ひずみ成分の大半は，2次ひずみと3次ひずみです．

ひずみはアンプの出力が大きくなるほど増加しますが，2次ひずみは入出力1 dB増加に対して2 dBずつ，3次ひずみは3 dBずつ増加します．

このようすを示したものが**図2**です．出力に対して，2次ひずみ，3次ひずみと，基本波とは，仮想の交点(インターセプト・ポイント)が存在します．ひずみ性能は，このインターセプト・ポイントに達するときのレベル(入力の場合I_{IP}，出力の場合O_{IP})で示します．インターセプト・ポイントは大きいほど，ひずみにくいことを表します．

● ひずみ成分まで考えたレベル・チャートを作る

図1のレベル・チャートには，ひずみ特性も含まれています．

アンプやミキサなど，高周波デバイスのデータシートには，*IIP*または*OIP*が示されており，入出力レベルが決まれば，デバイスで発生するひずみを予測できます．

ひずみの計算式をレベル・チャートに組み込むと，ノイズだけでなくひずみまで含めた不要成分と，本来の信号の比，*SINAD*(SIgnal to Noise And Distortion)を予測できます．*SINAD*の値(真数)をR_{SINAD}とすると，次式で計算できます．

$$R_{SINAD} = \frac{V_S + V_N + V_D}{V_N + V_D}$$

ただしV_S：信号電圧［V］，V_N：雑音電圧［V］，V_D：ひずみ電圧［V］

無線機器においては，ノイズとひずみが考慮されている*SINAD*のほうが総合的な受信能力を表します．

〈加藤 隆志〉

(初出：「トランジスタ技術」2017年1月号)

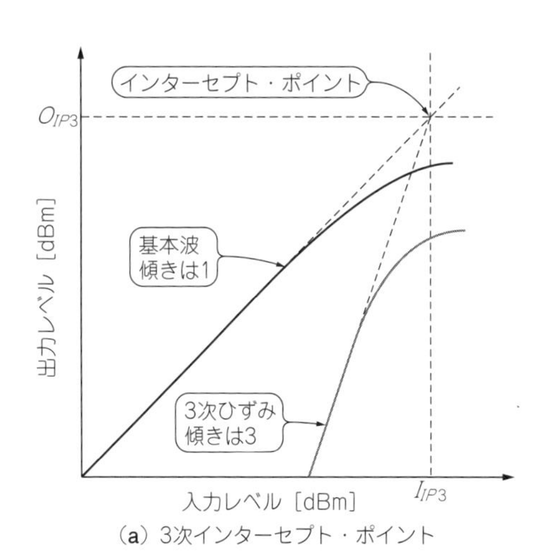

(a) 3次インターセプト・ポイント

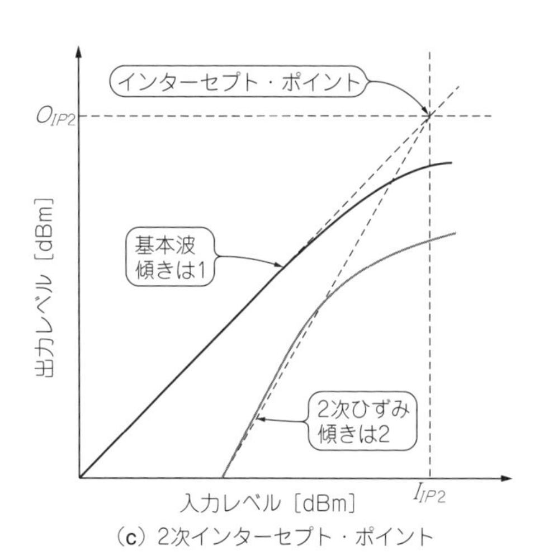

(c) 2次インターセプト・ポイント

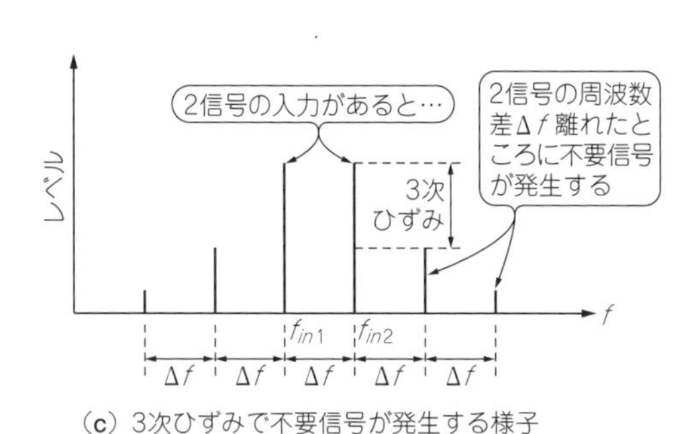

(c) 3次ひずみで不要信号が発生する様子

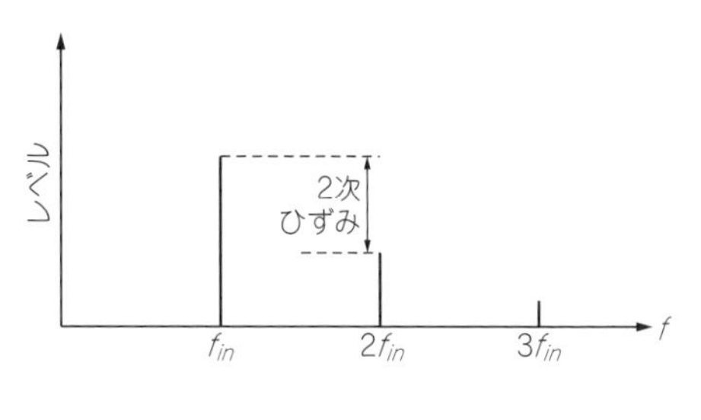

(d) 2次ひずみ

図2 高周波デバイスで気にする2つのひずみ特性

Appendix 3

受信したい周波数の「位相」,「ずれ」,「振幅」を一瞬で言い当てることができる*I/Q*復調技術

● 入力信号が1 GHzかどうかどうやって調べる？

受信機に未知の信号が入力されているとします．この信号が，目的である1 GHzの信号かどうかを受信機が判別したい場合，以下の方法が考えられます．

(1) 1 GHzの急峻なBPFを通してRFレベルを見る
(2) 高速のカウンタを使う
(3) ミキサで1 GHzと乗算して，出力のDCレベルを見る

*I/Q*復調器は，上記(3)に近い方式になります．

図1(a)のように，ローカルの既知信号②の周波数と位相が入力信号①と完全に一致している場合，ミキサの出力③はDCになり，簡単にレベルを計測できます．もし1 Hzでもずれていると，③のDCレベルは1 Hzでうねりを生じるので，周波数がずれていることがわかります．

ところが，**図1(b)**のように，未知の信号①と既知信号1 GHz④に90°の位相差がある場合はどうなるでしょうか．ミキサ出力は⑤のように完全に0 Vとなるため，検出できません．

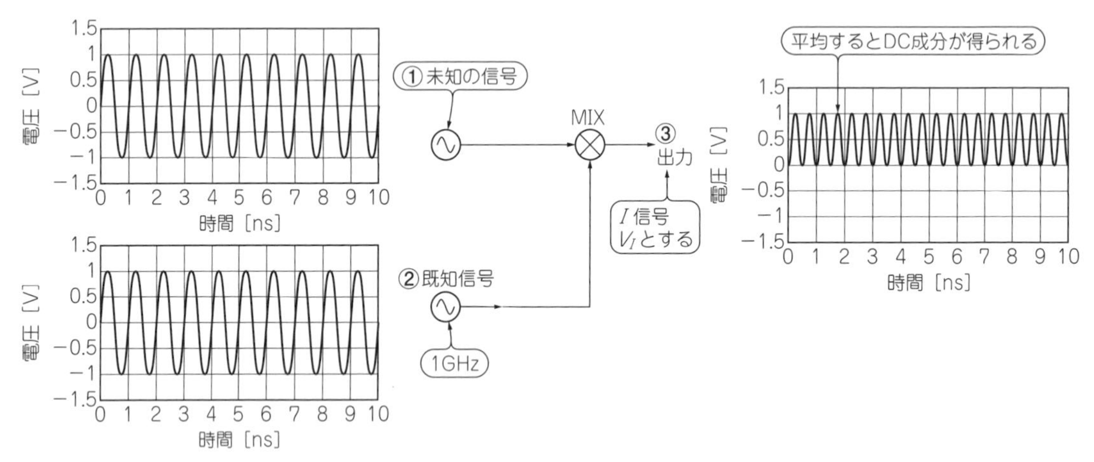

(a) 周波数と位相の両方が一致しているとDC成分が得られる

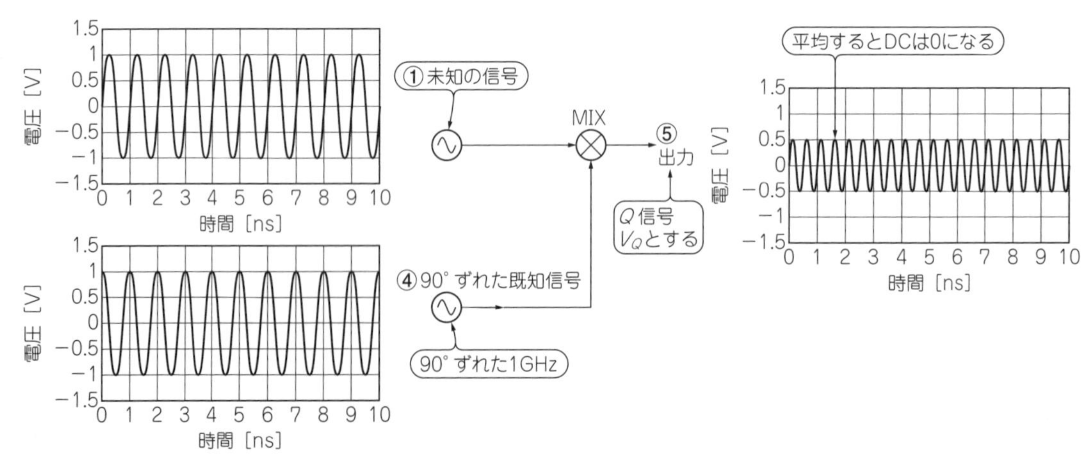

(b) 位相が90°ずれていると周波数は一致していてもDC成分が現れない

図1　振幅や周波数が未知の入力信号(電波)に0°と90°の2つの位相の信号を乗算してみる
位相が90°ずれた2つの信号を同時に使うことで，位相ずれに関係なく信号を検出できる

このことから，ミキサを使って検出するときに，0°と90°の2種類を用意しておけば，位相のずれに関わらず，常に検出が可能そうだとわかります．

● 0°と90°の両方の信号を使う*I/Q*復調なら位相ずれに関わらず信号を検出できる

この0°と90°の信号源とミキサを持った回路が，直交復調器，または*I/Q*復調器と呼ばれます．

ここでは，0°の乗算結果信号③を*I*信号，90°の乗算結果信号⑤を*Q*信号とします．*I*はIn-phase(同相)，*Q*はQuadrature(直交)の頭文字です．

● *I/Q*復調結果からは振幅と位相の両方がわかる

先ほどの他の方式(1)，(2)では1 Hz以下の正確な周波数を検出するのも困難ですが，位相はさらに困難です．それに対して*I/Q*復調器は，以下の計算で既知信号②との位相差が求められます．

$\phi = \tan^{-1}(V_Q/V_I)$
ただし，既値信号②と入力信号①の位相差をϕ，*I*信号③の瞬時電圧をV_I，Q信号⑤の瞬時電圧をV_Qとする

振幅も同時に求められます．

$A = \sqrt{V_I{}^2 + V_Q{}^2}$
ただし，既値信号②に対する入力信号①の振幅比をAとする

これらを*I/Q*平面で表すと，**図2**のようになります．

● *I/Q*復調はディジタル変調との親和性が高い

現在主流のディジタル変調は，位相だけ，または位相と振幅の両方を組み合わせた変調が行われています．特に，大容量のデータを高速伝送する通信システムでは，位相と振幅の両方を使った変調方式を採用しています．

位相と振幅の両方を使ったディジタル変調は，*I/Q*平面上に表すと，各シンボルが明確な点になります．さらに**図3**のように，16値の変調でも*I/Q*に分離すると，*I*軸，*Q*軸それぞれでは4値のシンボルに分解されます．つまり*I/Q*の2つに分離すると，情報量(帯域)が半分になり，後処理のスピード(A-Dコンバータの帯域も)は半分で済みます．

Piラジオは，*I*と*Q*それぞれが15 MHzの帯域幅を持っているので，*I/Q*トータルの帯域幅は30 MHzです．

〈加藤 隆志〉

(初出：「トランジスタ技術」2017年1月号)

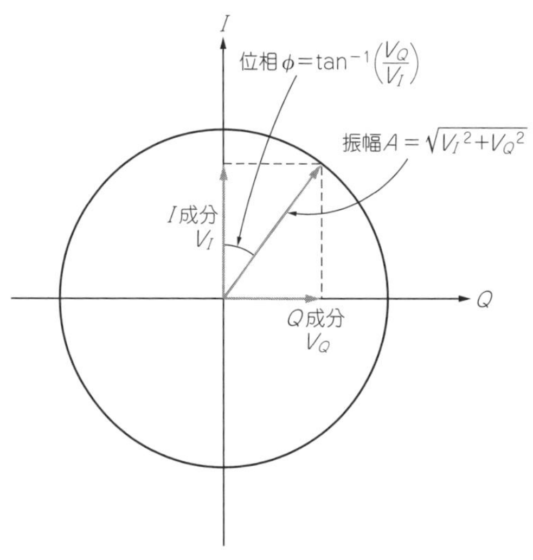

図2　0°位相のI信号と90°位相のQ信号を使うと，検出信号の振幅と位相の両方が求まる
振幅変調でも位相変調でも対応できる

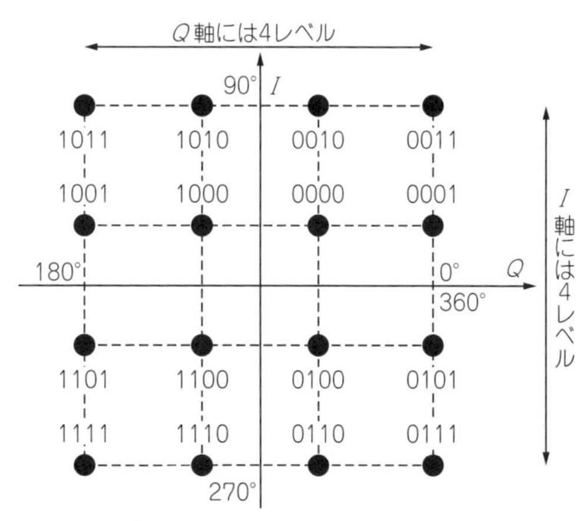

図3　ディジタル変調では振幅と位相を組み合わせることによって，一度にたくさんのデータを送ることができる
16パターンもの状態があっても，I軸とQ軸に分解するとそれぞれは4レベルしかないので処理しやすい

第4章 FPGAでA-D変換データの1サンプル周期を引き延ばしてからラズパイに進呈

Piレシーバ処理ブロック②CICフィルタ ③データ出力タイミング調整バッファ

加藤 隆志 Takashi Kato

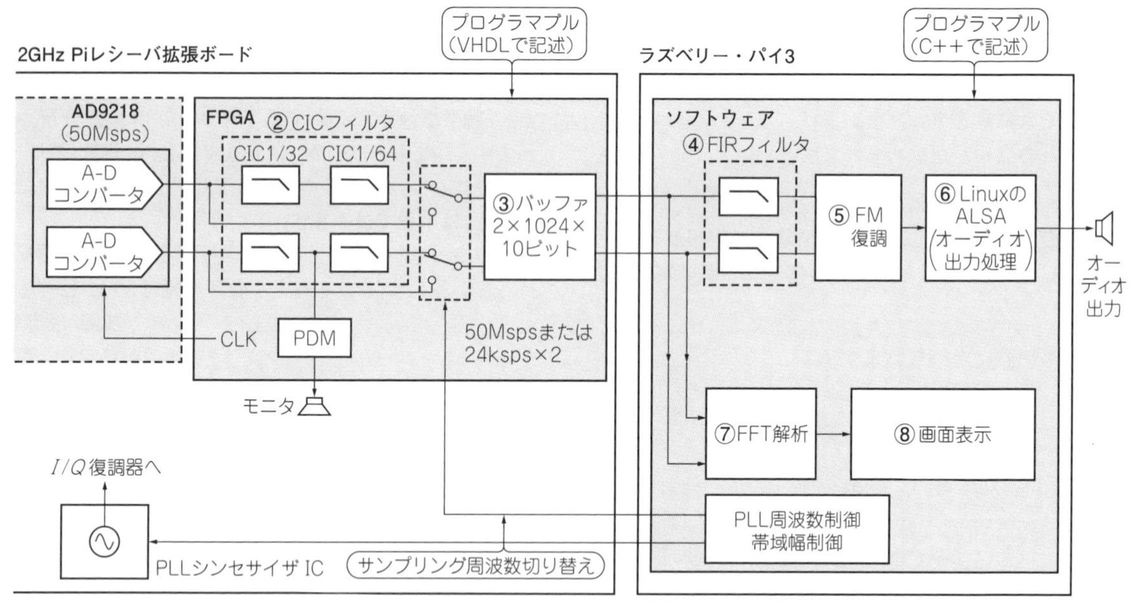

図1 Piラジオのブロック図(ディジタル部分を抜粋)

ラズベリー・パイで処理できるようにFPGAでデータ量を減らしている．図はNOAA受信のときのものである．その後，ソフトウェアを改良し，帯域を倍に広げている．2つ目のCICフィルタのデシメーション・レートを1/64から1/32に変更し，24ksps出力を48ksps出力にする

● A-Dコンバータのデータから必要な部分だけ抽出

Piラジオのブロック図(ディジタル部のみ)を**図1**に示します．A-Dコンバータから出力されたデータはまずFPGA(**写真1**)に入ります．

FPGAはField-Programmable Gate Arrayの略で，プログラマブルな大規模ディジタルICです．ソフトウェア無線では，内部回路を書き換えられるFPGA部分もソフトウェアの一部のように考えます．

FPGAでは，A-Dコンバータから出てくるデータを必要な部分だけ抽出します．

受信に必要な帯域だけ取り出してロー・パス・フィルタをかけつつサンプリング・レートを変換したり，画面表示に合わせて連続データの一部を切り取ったりします．

〈編集部〉

● FPGAでの前処理は必要最小限に留めた

ソフトウェア無線のすべての信号処理をFPGA化することも可能です．ただし，すべてをハードウェアの演算ですませようとすると，さまざまな特殊アルゴリズムを駆使することになり難解になるうえに，費用的に考えても得策ではありません．

Piラジオでは，高速処理のためにハードウェアでなくてはならない部分だけに限定して，FPGA化することにしました．

ここでは，気象衛星NOAAのアナログ信号を復調することを目標にPiラジオの動作を決めました．狭帯域FM信号の復調は，すべてソフトウェアの担当にします．FPGAが担当する処理は，サンプリング・レートを落とす処理(デシメーション)，バッファ回路(RAM)，データ転送制御のみに限っています．

FPGAでの信号処理内容は再定義できるので，広帯

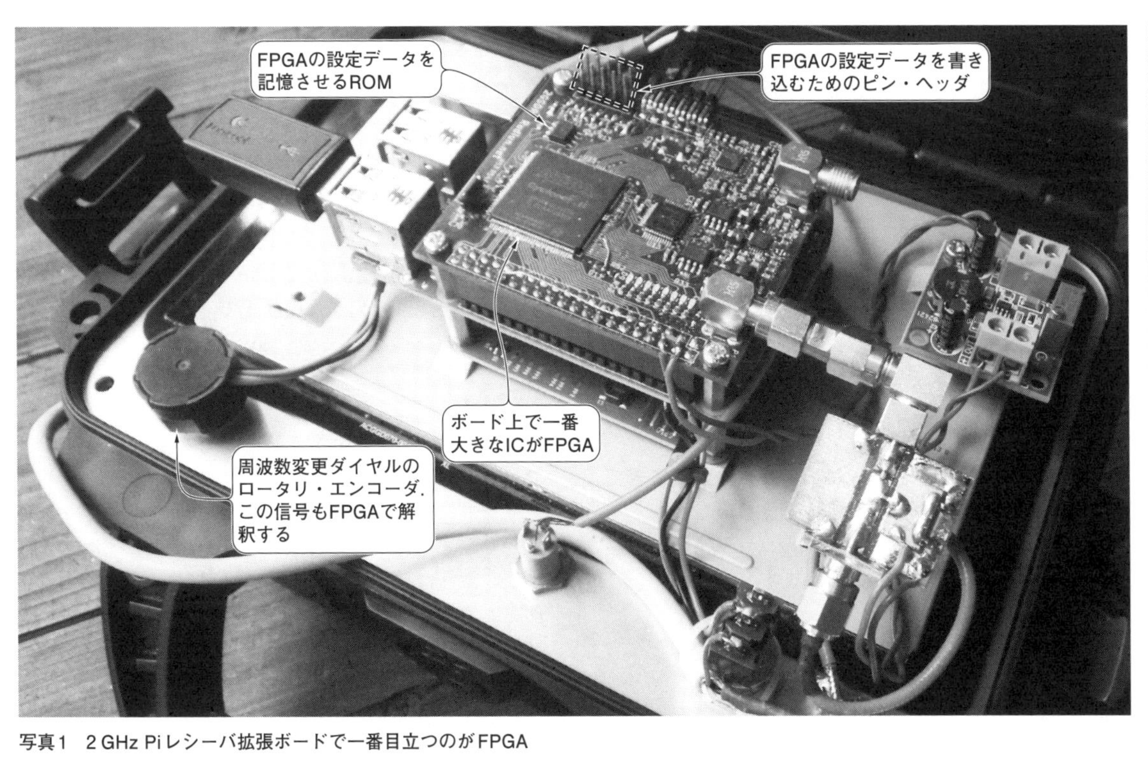

写真1　2 GHz Piレシーバ拡張ボードで一番目立つのがFPGA

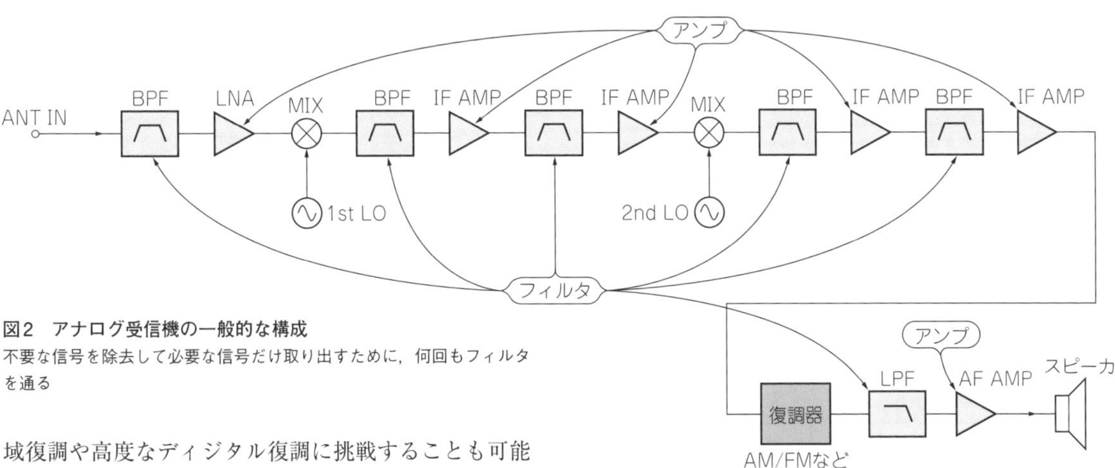

図2　アナログ受信機の一般的な構成
不要な信号を除去して必要な信号だけ取り出すために，何回もフィルタを通る

域復調や高度なディジタル復調に挑戦することも可能です．

受信機はどれもアンプとフィルタのお化け

● 無線機は必要な信号成分だけを取り出す操作を何度も繰り返す

アナログ受信機のブロック図を図2に示します．ただひたすらにフィルタとアンプが交互に並んでいます．ソフトウェア無線(SDR：Software Defined Radio)は，この回路ブロックをソフトウェアに置き換えていくものなので，やはりフィルタが主役になります．

アナログであろうとソフトウェアであろうと，無線の受信機は，信号以外の不要な成分を順次削っていくフィルタのお化けなのです．

アナログ受信機では，セラミック・フィルタやクリスタル・フィルタ，SAWフィルタなど，フィルタのデバイスを使い分けて適材適所の設計をします．

ディジタル・フィルタも以下に示す3種類フィルタを用途に応じて使い分けます．実現手段は，ソフトウェア，またはFPGAなどのディジタル回路です．

- **CICフィルタ**：特性はいまいちだが小さい規模で大きな減衰特性が得られる．乗算を使わないのでハードウェア(FPGA)で実装しやすい
- **FIRフィルタ**：最も高性能だが最も回路規模が大

きくなる．信号を入れてから出てくるまでの遅延時間が問題になることもある．今回はソフトウェアで実装する．
- **IIRフィルタ**：規模は極めて小さいが用途が限定される．演算精度が低いと発振することもあるのでソフトウェアのほうが実装しやすい

Piレシーバ処理ブロック ②CICフィルタ

■ A-D変換データのサンプリング・レートを下げる必要あり

● A-Dコンバータから得られるデータは大量すぎてそのままではソフトウェアで処理できない

PiラジオのA-Dコンバータからは，50 Mspsの高速サンプリング・データが得られます．

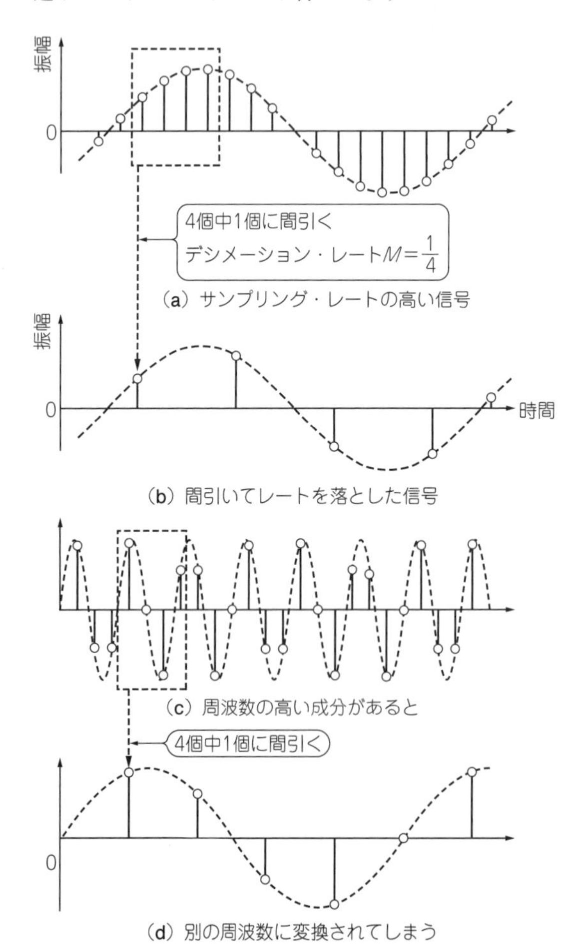

図3 データを間引いてサンプリング・レートを落とすデシメーションの動作
エイリアシングを防ぐには，出力サンプリング・レートの1/2以上の周波数をロー・パス・フィルタでカットしておく必要がある．データ量が多いのでフィルタが作りにくい

復調して音声や映像にするためには，切れ目のないストリーム・データを扱う必要があります．50 Mspsのデータ・レートは，ラズベリー・パイには高すぎて処理できません．ラズベリー・パイが扱えるデータ・レートは，オーディオ帯域くらいだと考えられます．

復調に必要な帯域は，人工衛星NOAAの信号を想定した場合，ファクシミリ相当の変調方式なので，帯域幅は20 kHz程度あれば十分です．FPGA内のハードウェア処理で24 ksps程度までレート変換し，そのデータをラズベリー・パイ内のソフトウェアで復調処理することにします．

● レート低下で発生する不要信号を除去する適切なフィルタが要る

サンプリング・レートを下げる処理をデシメーションと呼びます．サンプリング・レートを下げる場合は**図3**のようにデータを間引いて$1/M$に変換しますが，何もしないで間引きだけを行うと，A-D変換のときと同じように，エイリアシングによる不要信号(スプリアス)が発生してしまいます．

そこで，A-D変換前にフィルタを置くのと同じように，間引き前にアンチエイリアシング・フィルタを設けて，変換したいレートの帯域だけにしておく必要があります．

■ 適切なフィルタとは？

● ［検討1］データ・レートを下げるときにロー・パス・フィルタが必要だがFIRフィルタでは回路規模が大きすぎる

ディジタル・フィルタといえばFIRフィルタが万能なのですが，ここで必要なフィルタは，入力データ・レートが50 Msps，出力データ・レートは24 kspsで，その比は2000倍にもなります．これをFIRフィルタだけで実現しようとすれば，FPGAのロジック・セルを大量に消費してしまい，非現実的な規模になりかねません．

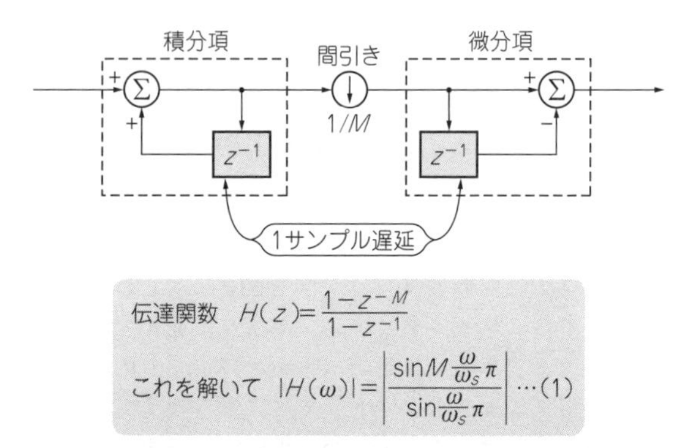

図4 デシメーションに使われるCICフィルタのブロック図
ごく小規模な回路で実現できるので，FPGAなどのディジタル回路で実現しやすい

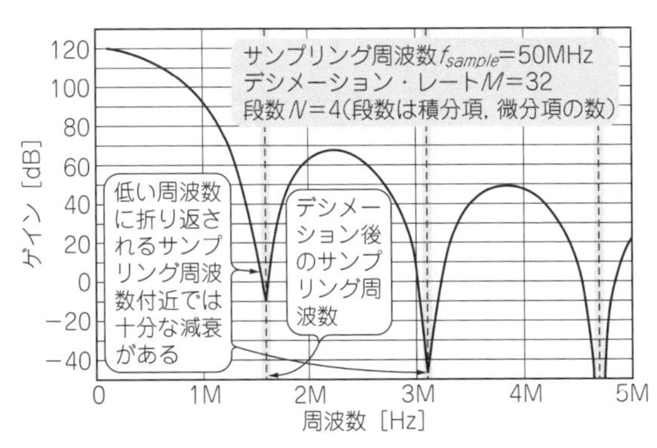

図5　Piラジオに使ったCICフィルタの周波数特性
このフィルタだけではエイリアシングを完全には防げないし周波数特性も平坦ではないので，FIRフィルタと組み合わせて使う

●［検討2］IIRフィルタは安定動作させられない

もう1つ，ディジタル・フィルタの定番として知られるIIRフィルタは，シンプルな構成で大きなフィルタ効果が得られます．ただし，比帯域が数十倍以下の場合に限られます．今回のように比帯域が2000倍だと，IIRを安定に動作させるのは至難の業です．

IIRフィルタは信号の一部を入力に戻しているフィルタなので，安定でないと帰還ループが発散して，発振のような現象が起こります．

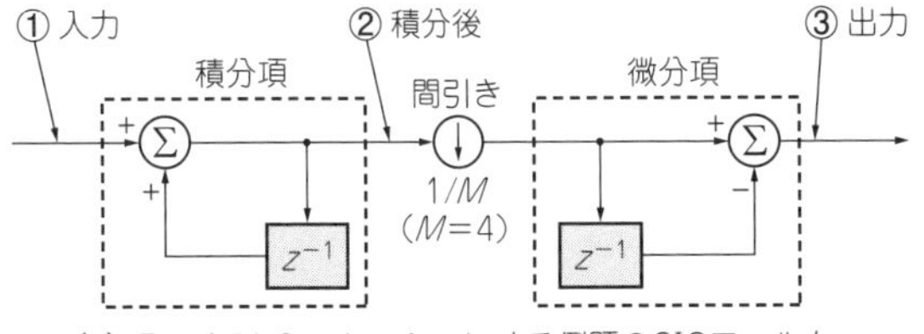

(a) Excelでシミュレーションする例題のCICフィルタ

●［検討3］一気にレートを変換するときは回路がシンプルなCICフィルタを使うのがいい

CICフィルタは，**図4**のような構造をしています．乗算器を必要とせず，レジスタと加算器だけで構成できるので，FPGAなどのハードウェアで作るのに向いています．

周波数特性は**図5**のような形です．最終的に使われる帯域はDC～24 kHzです．エイリアシングによる折り返しがあっても，DC付近に入らなければ問題ありません．DC付近に折り返されるのはサンプリング周波数とその整数倍付近です．そこは十分に除去できています．

通過特性は平坦な部分がなく，大きく傾いていて，理想的ではありません．しかし単純な回路で大きな減衰効果を得られるため，ΔΣ型A-Dコンバータなど，多くのハードウェアで利用されています．

単独で使うには通過特性があまり良くないため，FIRフィルタと組み合わせて使います．

CICフィルタでデータ・レートを落とした後なら，FIRフィルタは低い段数でも十分に性能を満たせるため，CICフィルタとFIRフィルタの組み合わせは，現実的な回路規模で大きな効果が得られます．

▶CICフィルタでデシメーションすると分解能が上がる

CICフィルタの動作は，Excelでも確認できます．

図6はデシメーション・レートM = 4，段数N = 1の例です．入力波形は①の高周波を含んだ正弦波です．積分項の出力が②で，振幅が倍になっています．1/4に間引いた後，微分項を通った出力が③です．

計算の途中や出力では振幅が増えるため，レジスタのビット幅を大きくしておく必要があります．

不思議な感じがするかもしれませんが，デシメーションすると分解能が大幅に増加します．もともとが10ビットのデータだとすると，デシメーション・レ

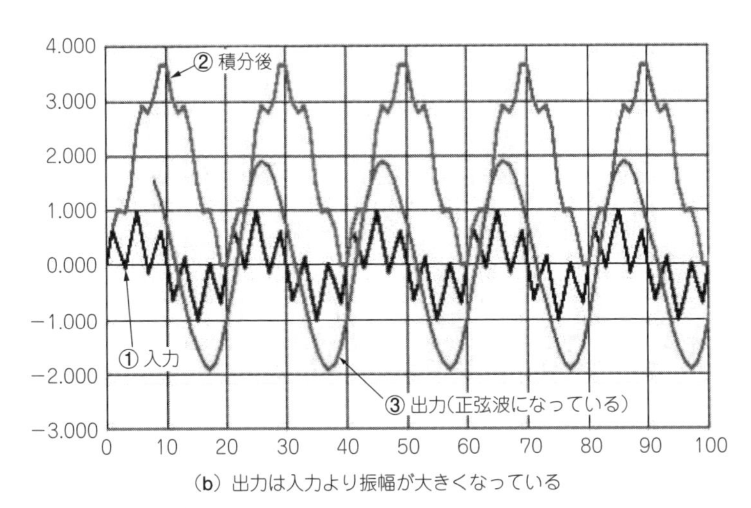

(b) 出力は入力より振幅が大きくなっている

ノイズまみれの入力①が，出力③では綺麗なサイン波になっていることがわかる．出力の振幅は入力の2倍になっていることに注目．つまり値が大きくなっている

$$B_{out}=N\times\log_2(M)+B_{in}$$

ただし，B_{out}：出力ビット数，N：段数
M：デシメーション・レート，B_{in}：入力ビット数

デシメーション・レートが大きいほど，段数が大きいほど分解能が増加する．
この例の場合，N=1，M=4なので，出力ビット数B_{out}［ビット］は，

$$B_{out}=1\times\log_2(4)+B_{in}=2+B_{in}$$

2ビットの分解能が増えたことになる

(c) 振幅を表現するビット数が増える

図6　CICフィルタの動作のようす
専用ソフトウェアがなくても，Excelなどの表計算ソフトウェアで動作を確認できる

リスト1　Piラジオのディジタル処理の初期段階で，CICフィルタでサンプリング周波数を一気に落とす

分解能が増えるがそのままビット数が増えると大変なので適切な部分だけ取り出す

```
LIBRARY IEEE;
USE IEEE.STD_LOGIC_1164.ALL;
use ieee.std_logic_signed.all;

entity cic is
        generic(
                m:integer
                );
        port (
                CKin:in std_logic;
                fin:in std_logic_vector(9 downto 0);
                fout:out std_logic_vector(9 downto 0)
                );
end cic;

architecture ad of cic is

        constant N:integer :=40;

        signal cnt : std_logic_vector(9 downto 0):=
                                            "0000000000";

        signal b0:std_logic_vector(N downto 0);
        signal b1:std_logic_vector(N downto 0);
        signal b2:std_logic_vector(N downto 0);
        signal b3:std_logic_vector(N downto 0);
        signal b4:std_logic_vector(N downto 0);
        signal b5:std_logic_vector(N downto 0);
        signal b6:std_logic_vector(N downto 0);
        signal b7:std_logic_vector(N downto 0);
        signal b8:std_logic_vector(N downto 0);

        signal z0:std_logic_vector(N downto 0);
        signal z1:std_logic_vector(N downto 0);
        signal z2:std_logic_vector(N downto 0);
        signal z3:std_logic_vector(N downto 0);
        signal z4:std_logic_vector(N downto 0);
        signal z5:std_logic_vector(N downto 0);
        signal z6:std_logic_vector(N downto 0);
        signal z7:std_logic_vector(N downto 0);
        signal z8:std_logic_vector(N downto 0);

        signal v0:std_logic_vector(N downto 0) :=
    "00000000000000000000000000000000000000000";

        signal t0 : std_logic;

begin

        process(CKin)
        begin
                if CKin'event and CKin = '1' then
                      cnt <= cnt + '1';
                end if;
        end process;

        --------------------- CIC Integral filter
        process(CKin)
        begin
          if CKin'event and CKin='1' then
                      b1 <= z1 + fin;
                      b2 <= z2 + b1;
                      b3 <= z3 + b2;
                      b4 <= z4 + b3;
                                          } 4段の積分器
                      z1 <= b1;
                      z2 <= b2;
                      z3 <= b3;
                      z4 <= b4;
                end if;
        end process;
                                          1/m に間引く
        t0 <= '1' when cnt(m)='1' else '0';

        process(t0)
        begin
          if t0'event and t0='1' then
                      b5 <= b4 - z5;
                      b6 <= b5 - z6;
                      b7 <= b6 - z7;
                      b8 <= b7 - z8;
                                          } 4段の微分器
                      z5 <= b4;
                      z6 <= b5;
                      z7 <= b6;
                      z8 <= b7;
                end if;
        end process;
                                          40ビット中の
                                          10ビットだけ取り出す
        fout <= b8(25 downto 16);

end ad;
```

ートとタップ数によって，CICフィルタを通ったあとに30ビットに増えたりします．これは，ローパス・フィルタをかけることは時間軸方向に平均化処理をするイメージなので，アナログ・フィルタを通すと*S/N*が改善する効果に似ています．

CICフィルタによってどのくらい分解能が増えるのかは，**図6(c)**のように計算できます．デシメーションする前提なら，分解能が増えることを期待して，高速A-Dコンバータの分解能をある程度抑えると，コストダウンができます．

今回製作したPiラジオでは，CICフィルタ1個あたり$N = 4$，$M = 32$，$B_{in} = 10$ビットなので，

$$B_{out} = 4 \times \log_2(32) + 10 = 30\text{ビット}$$

となり，理論的には20ビット，120 dBも分解能が改善されます．**図5**でゲインが120 dBになっているのは，実際に分解能が上がっているからです．

実際はハードウェアで発生するノイズの影響などでそこまでの改善はできません．とはいえ，10ビットA-Dコンバータの理論的な*S/N*は60 dBが限界なのに対して，製作したPiラジオの実測*S/N*は，帯域100 Hzで100 dB以上，10 kHzで80 dB以上が得られています．

ビット数が増えすぎると演算処理が重くなります．ノイズに埋もれる下位のビットは意味がないので切り捨てます．ノイズ・フロアよりも大きな値を表す下位ビットまで使用すれば，ゲインを持たせたことと意味は同じです．今回はCICフィルタの出力のうち，下位16ビットを切り捨てています．Piラジオに使ったCICフィルタのVHDLコードを**リスト1**に示します．

写真2　Piラジオを作る前に検討に利用したFPGA評価基板DE0-nano
書き込み回路を内蔵して1万円台前半で購入できる．搭載FPGAはCyclone IV，32 MバイトのSDRAM，64 Mバイトのフラッシュ・メモリなどを搭載していて，I/Oもピン・ヘッダが100ピン近く用意されている

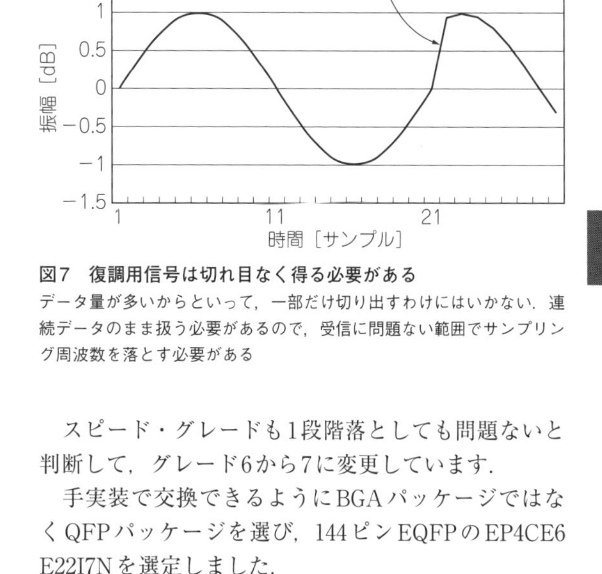

図7　復調用信号は切れ目なく得る必要がある
データ量が多いからといって，一部だけ切り出すわけにはいかない．連続データのまま扱う必要があるので，受信に問題ない範囲でサンプリング周波数を落とす必要がある

FPGAの選定

開発の初期はFPGA評価ボードDE0-nano(Terasic社)を使用していたため，それに沿ったデバイスを選定しました(**写真2**)．このボードにはインテル(旧アルテラ)のCyclone IV EP4CE22F17C6Nが採用されています．

結論から言うと，DE0-nano搭載デバイスのロジック・エレメント数22320は多すぎるため，EP4シリーズで最も少ない6272にしました．これでも，狭帯域FM復調を想定したPiラジオでの使用率は30 %程度です．

スピード・グレードも1段階落としても問題ないと判断して，グレード6から7に変更しています．

手実装で交換できるようにBGAパッケージではなくQFPパッケージを選び，144ピンEQFPのEP4CE6E22I7Nを選定しました．

Piレシーバ処理ブロック ③データ出力タイミング調整バッファ

● A-Dコンバータの制御と送られてくるデータのバッファリング

A-Dコンバータ制御部分は，50 MHzクロックで*I*/*Q* 2チャネルのサンプリングを同時スタートさせ，10ビット，2チャネル×1024個分のデータをFPGA内部のバッファに格納します．

リスト2　1024個ぶんのバッファを用意するVHDL記述
10ビット，1024個のメモリ・アレイを作って入出力を定義する

```
LIBRARY ieee;
USE ieee.std_logic_1164.ALL;

ENTITY ram1 IS
        PORT (
                clock:          IN STD_LOGIC;
                data:           IN STD_LOGIC_VECTOR (9 DOWNTO 0);
                write_address: IN INTEGER RANGE 0 to 1023;
                read_address:  IN INTEGER RANGE 0 to 1023;
                we:             IN STD_LOGIC;
                q:              OUT STD_LOGIC_VECTOR (9 DOWNTO 0)
        );
END ram1;

ARCHITECTURE rtl OF ram1 IS
        TYPE MEM IS ARRAY(0 TO 1023) OF STD_LOGIC_VECTOR(9 DOWNTO 0);
        SIGNAL ram_block: MEM;
BEGIN
        PROCESS (clock)
        BEGIN
                IF (clock'event AND clock = '1') THEN
                        IF (we = '1') THEN
                                ram_block(write_address) <= data;
                        END IF;
                        q <= ram_block(read_address);
                END IF;
        END PROCESS;
END rtl;
```

(注釈：1024個ぶんのメモリ／10ビット／バッファの名前／データ書き込み／読み出し)

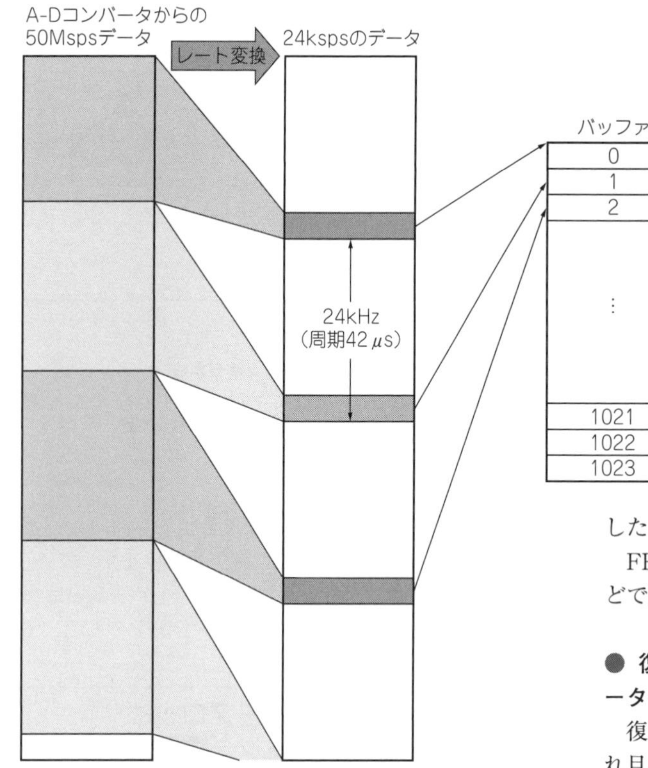

図8　復調用信号をラズベリー・パイが受け取れるように前処理する
リスト1に示すCICフィルタでサンプリング周波数を落とし，確実にデータを受け取れるようにバッファする

バッファ・サイズはCPU側の処理能力から判断します．長くするほどコンピュータでの処理は楽になりますが，遅延は大きくなります．ラズベリー・パイ3で十分に余裕がある値を選び，1024サンプルとしました．

FPGA内にバッファを作る場合，RAMをVHDLなどで記述します．記述例を**リスト2**に示します．

● 復調信号用にサンプリング・レート24 kspsのデータを用意する

復調するための信号は，リアルタイムの連続した切れ目のないデータでなくてはなりません．処理が間に合わずに波形が切れたりずれたりすると**図7**のように，プツッという雑音が聞こえます．

しかし，ラズベリー・パイではあまり高速なデータ・レートの信号は扱えません．24 kspsのような十分低いデータ・レートに変換する必要があります．

ラズベリー・パイが毎回確実に受け取れるように，バッファを介して順次時間に余裕を持って送る必要も

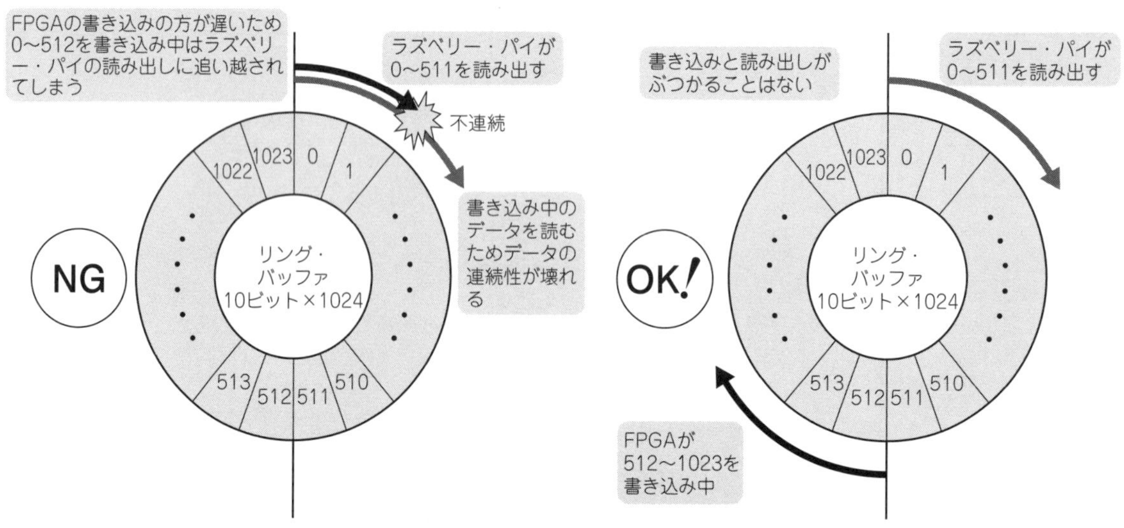

(a) 単なるリング・バッファでは読み出しが書き込みに追いつく

(b) リング・バッファの正反対の位置で読み出しと書き込みが行われるように制御する

図9　バッファの使い方を工夫してラズベリー・パイへ間違いなくデータを受け渡す

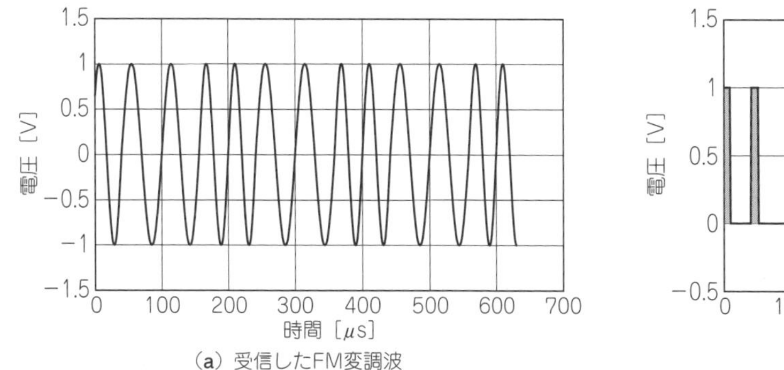

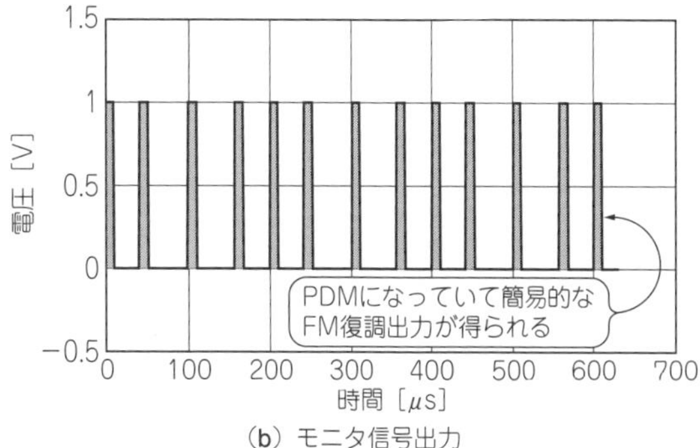

図10　2 GHz Piレシーバ拡張ボードのモニタ出力信号
周波数が高いときはパルス数が増え，周波数が低いときはパルス数が減るので，FM変調に応じたDC変動が発生する

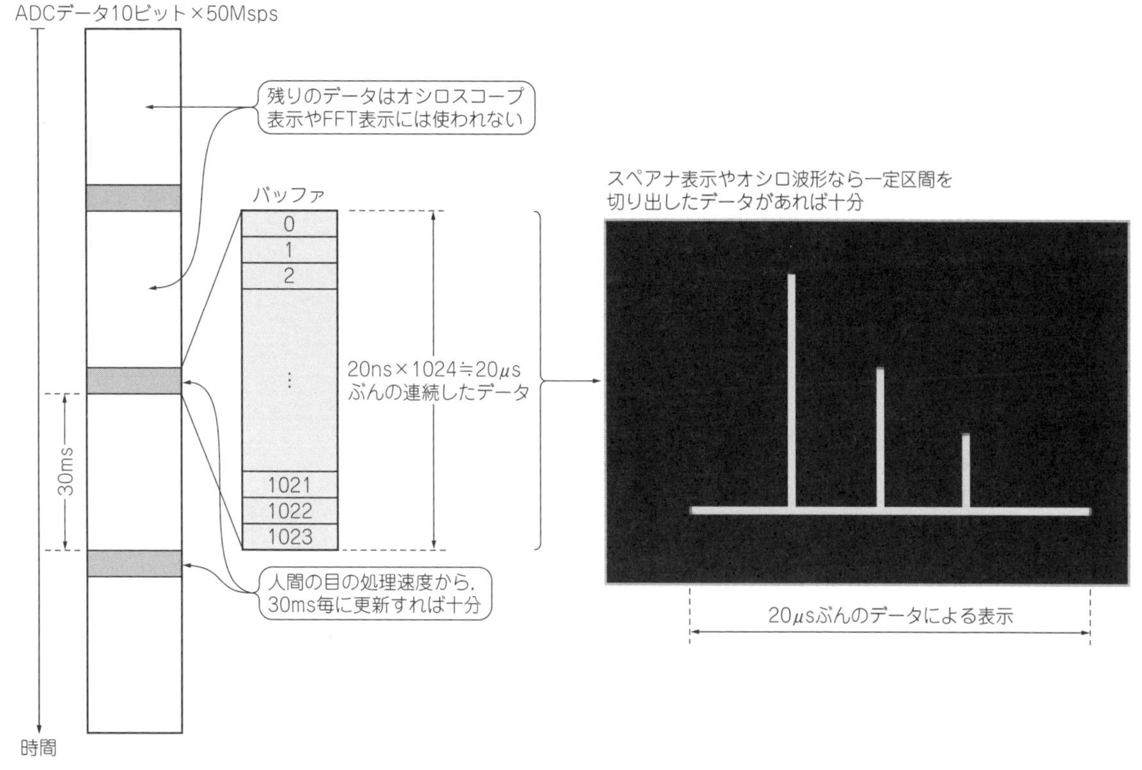

図11　オシロスコープとスペクトラム・アナライザ用には30 msごとにデータを切り出して使う
波形のごく一部しか見えないが，人間の目が追いつかないのでこれで問題ない

あります(**図8**).

▶データ・バッファ

ラズベリー・パイからFPGAへのデータ要求タイミングはFPGA側の処理と同期するとは限らないこと，データの切れ目がないようにしたいことから，バッファの構造は**図9**のようなリング・バッファとします.

1024個のバッファを512個ずつ2つに分け，片方が書き込み，反対側が読み出しを行い，それを交互に入れ替えることで，決してお互いがぶつからないように制御します.

● モニタ信号出力

FPGAの実機デバッグで役に立つFM復調モニタ機能を設けてあります．この信号にコンデンサでDCカットしてスピーカをつなぐと音が出せます(**図10**).

1段目のCIC出力(1.56 Msps)の信号にリミッタをかけたあと，パルス幅が一定になるよう整形し，PDM(Pulse Density Modulation)信号に変換しています.

帯域内にあるFM放送などの広帯域FMの復調ができるため，ラズベリー・パイでのソフトウェア処理を介さず,Piラジオ基板単体での動作確認などに使えます.

広帯域復調であるためノイズや混信があります．あ

回して受信周波数をチューニング！ロータリ・エンコーダの読み取り回路 Column 1

Piラジオでは，受信周波数をロータリ・エンコーダで変更できるようにしています．ロータリ・エンコーダの信号の検出はFPGAで行っています．Piラジオ基板とロータリ・エンコーダの接続を**表A**に示します．

ロータリ・エンコーダの出力は**図A**のような波形になっていて，位相で回転方向を判別するのでパルスのエッジ検出が必要になります．これは90度位相がずれている2つの信号があり，*I*/*Q*と同じです．

FPGAでInput Aの立ち上がりエッジ検出を検出し，その時のInput Bの値でCW(時計回り)またはCCW(反時計回り)を判定しています(**リストA**)．ラズベリー・パイのGPIOには，CWパルス，CCWパルスを独立して伝送します．

表A　ロータリ・エンコーダの接続

ロータリ・エンコーダ配線	Piラジオ接続先（ユーザI/O P4のピン番号）
出力A(白)	GPIO_A(1ピン)
出力B(緑)	GPIO_B(3ピン)
VCC5 V(赤)	5 V(2ピン)
0 V(黒)	GND(6ピン)

ラズベリー・パイではALSAの音声処理を優先させています．割り込みは使わず，処理の合間にパルスの変化を見に行くだけの処理をやっています．そのため，ロータリエンコーダを速く回すと，反応が遅くてカウント抜けを起こします．この辺りは改良の余地があります．　　**〈加藤 隆志〉**

リストA　ロータリ・エンコーダ信号を処理する回路ブロックのVHDLコード

```
process(reia, reib)
begin
  if reia'event and reia = '1' then
    if reib = '0' then
      reta <= '1';
      retb <= '0';
    elseif reib = '1' then
      reta <= '0';
      retb <= '1';
    end if;
  endif;
end process;

rea <= reta and reia;
reb <= retb and reia;

reoa <= rea;
reob <= reb;
```

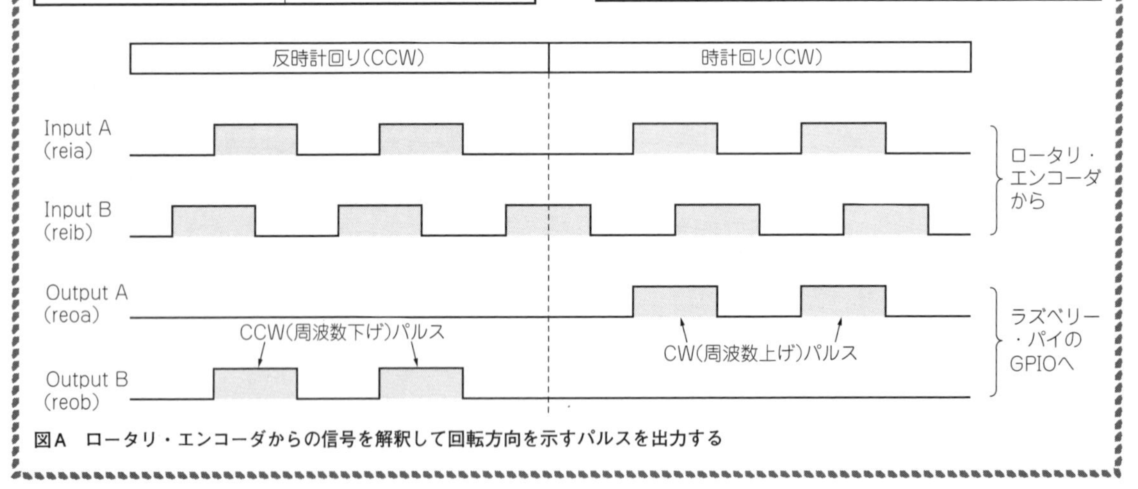

図A　ロータリ・エンコーダからの信号を解釈して回転方向を示すパルスを出力する

くまでモニタ用の簡易機能とお考えください．

● オシロ＆スペアナ用は50 Mspsのデータをバッファに入るだけ入れる

オシロスコープとスペクトラム・アナライザに使うデータは，50 Msps × 2の広帯域信号を加工せずそのまま使用します．

そのまま使用といっても，ラズベリー・パイで直接は扱えないデータ・レートです．いったんバッファに格納し，1024サンプル × 2の短い断片だけをラズベリー・パイに送ります(**図11**)．

この切り出したデータをそのままグラフにすればオシロスコープ表示が，窓関数をかけてFFTした結果を使えばスペクトラム・アナライザ表示が可能になります．

データを送る間隔は人間の視覚が認識できる範囲の30 ms程度に1回で十分です．その間のデータは拾えません．初期の市販ディジタル・オシロスコープも，このような間引き処理で画面を表示していました．

(初出：「トランジスタ技術」2017年1月号)

第5章 コンピュータは計算が大得意！ 復調したり，周波数分析したり，表示したり…

ラズパイ処理ブロック ④FIRフィルタ ⑤復調 ⑥サウンド出力 ⑦FFT演算 ⑧波形表示

加藤 隆志 Takashi Kato

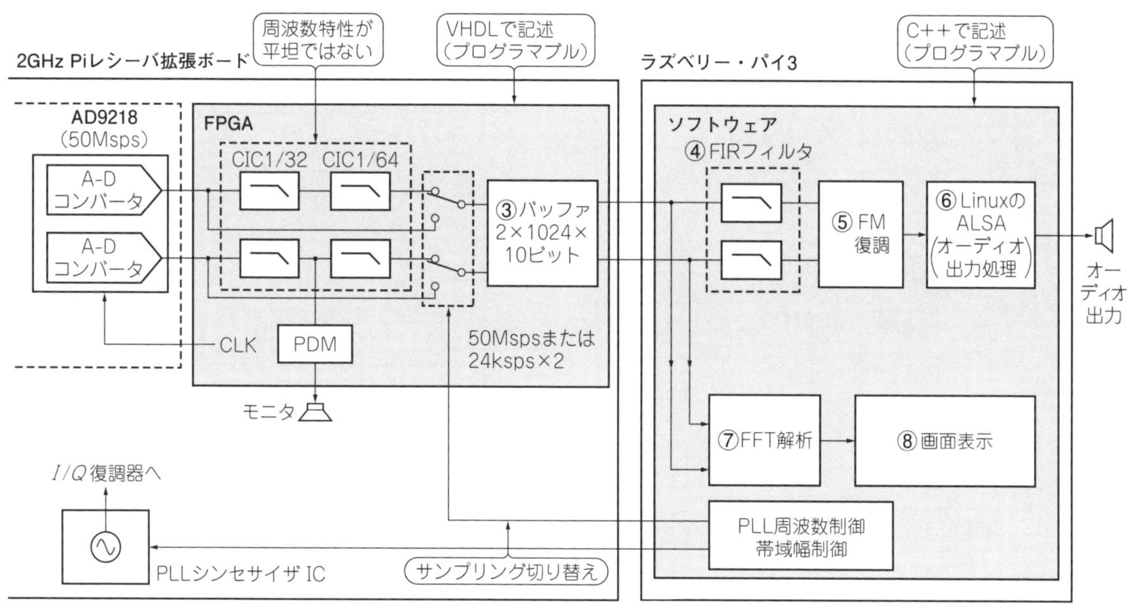

図1 Piラジオのブロック図(ディジタル部分を抜粋)

サンプリング・レートが50 Mspsの信号では復調を行わないので，FIRフィルタ以降のソフトウェアは動かさない．図はNOAA受信のときのもの．帯域を倍に広げるときは，サンプリング・レートを24 kspsから倍の48 kspsにするので，FIRフィルタは変更なしでそのままカットオフ周波数が倍のフィルタになる

Piラジオは，気象衛星NOAAの受信を目指して構成したので，狭帯域FM復調をラズベリー・パイのソフトウェアで実装しています．復調した信号は，オーディオ・ジャックから，画像復調ソフトウェアの動くパソコンへ出力します．

FPGAからの信号を④FIRフィルタで加工して，⑤復調し，⑥サウンド出力します．並行して，⑦FFTと，⑧波形表示も行います． 〈編集部〉

ラズベリー・パイではFM復調と波形表示と周波数制御を行う

● 受信機能はFMだけ実装

Piラジオのブロック図の一部を**図1**に示します．

復調用には，FPGAでレート・ダウンされた24 ksps × 2チャネルの信号がラズベリー・パイのGPIOに入力されます．この信号は，A-D変換された受信信号の周波数と帯域が変更されただけの信号なので，FFTや復調処理はすべてソフトウェアで実行します．

波形やスペクトラムをリアルタイムに表示させ，復調された音声を切れ目やひずみがなくリアルタイムに再生します．

● ラズベリー・パイが持つGPIOの設定

ラズベリー・パイのGPIOは，A-D変換データの受信(10ビット・パラレル信号)関係12本，PLLシンセサイザICの制御信号3本，FPGA制御用3本，ロータリ・エンコーダ用2本を利用しています．余りのGPIOが5本あります．ラズベリー・パイ側から見た機能一覧を**表1**に示します．

表1　ラズベリー・パイ3のGPIOとFPGAやPLL ICとの接続関係

GPIO	入出力	ピン名	機　能	接続先
2	OUT	PLL_CK	PLL IC設定	ADF4351 SPI
3	OUT	PLL_DA	PLL IC設定	ADF4351 SPI
4	IN	NC	未使用	FPGA
5	IN	MSBSW	MSB値の読み出し	FPGA
6	OUT	IQSW	*I*/*Q*選択	FPGA
7	OUT	SCLK	データ読出クロック	FPGA
8	OUT	NWSW	Narrow/Wide切り替え	FPGA
9	IN	DAT1	データ入力	FPGA
10	IN	DAT2	データ入力	FPGA
11	OUT	SCE	データ読出イネーブル	FPGA
12	OUT	PLL_LE	PLL IC設定	ADF4351 SPI
13	IN	rasp4	ロータリ・エンコーダ・アップ	FPGA
14	IN	DAT9	データ入力	FPGA
15	IN	DAT8	データ入力	FPGA
16	IN	rasp6	空きGPIO	FPGA
17	IN	DAT7	データ入力	FPGA
18	IN	PWM	PWM用（未使用）	FPGA
19	IN	rasp5	ロータリ・エンコーダ・ダウン	FPGA
20	IN	rasp8	空きGPIO	FPGA
21	IN	rasp9	空きGPIO	FPGA
22	IN	DAT5	データ入力	FPGA
23	IN	DAT4	データ入力	FPGA
24	IN	DAT3	データ入力	FPGA
25	IN	DAT0	データ入力	FPGA
26	IN	rasp7	空きGPIO	FPGA
27	IN	DAT6	データ入力	FPGA

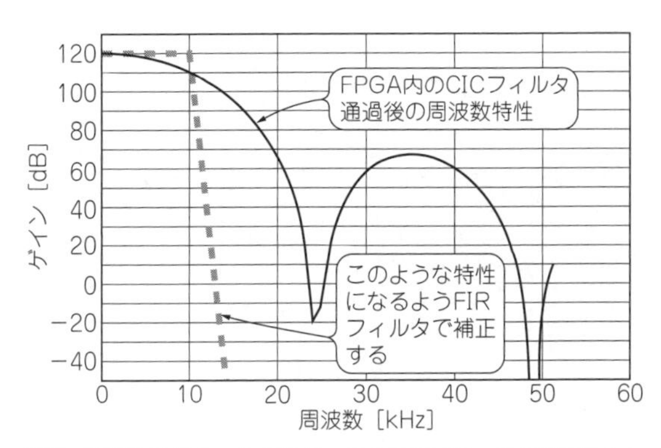

図3　理想とは遠かったCICフィルタにFIRフィルタを組み合わせて理想的なフィルタを作る

この出力なら，エイリアシングのない状態でサンプリング・レートを落とすことができる

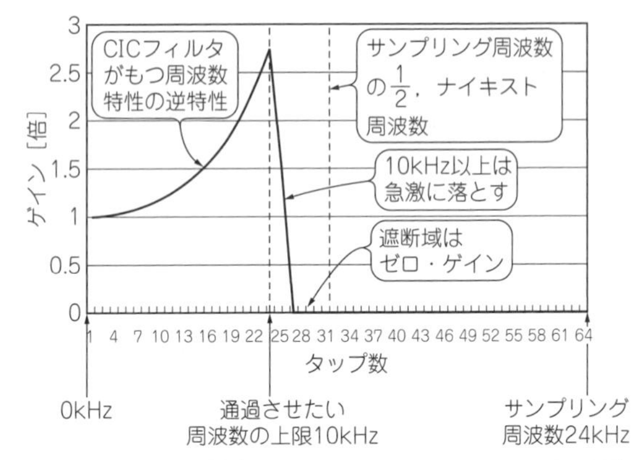

図4　図3の破線の特性を得るために必要なFIRフィルタの周波数特性

FIRフィルタはこんな不思議な周波数特性をいとも簡単に実現する

ラズパイ処理ブロック ④FIRフィルタ

● Piラジオでの役割…周波数特性の補正と理想に近い帯域制限

ソフトウェアによる信号処理で避けて通れないのがFIRフィルタです(**図2**)．FPGAなどのハードウェアでも実装できますが，回路規模が大きくなることや乗

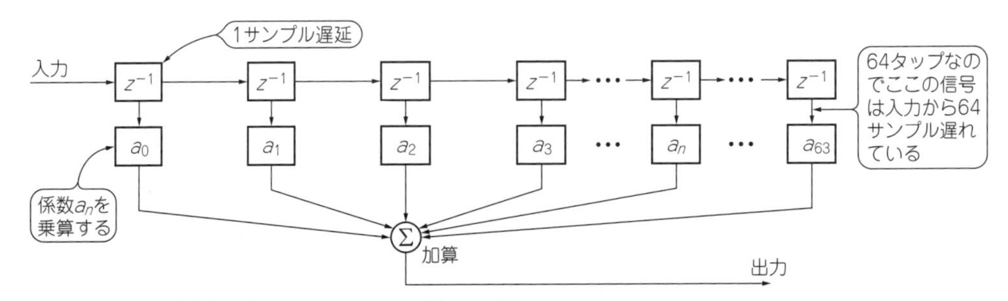

図2　任意の周波数特性を作れるFIRフィルタのブロック図

64タップの例．乗算の回数が多く，求める特性によっては，ハードウェア規模やソフトウェア処理時間が非現実的になる

回路は大きくなりがちだけどどんな周波数特性でも作れるFIRフィルタ　Column 1

● ディジタルらしい自由度の高いフィルタ

ディジタル・フィルタといえばほとんどの場合，FIRフィルタを指します．設計自由度が高く，動作も安定で高性能です．

FIRフィルタの構造を**図2**に示します．フィルタ係数は64タップの場合a_0～a_{63}の64個で，この係数の値を変えるとさまざまなフィルタを定義できます．

フィルタ係数をテーブルで複数持っていて切り替えて使うこともありますし，その場の条件に応じて逐次合成することも可能です．柔軟性が高くて再定義に向いているため，SDRにはうってつけです．

● 回路が大きくなりがちで遅延も小さくない

FIRフィルタは特性の面からみると万能ですが，乗算を何回も行うので，回路規模が大きくなるという欠点があります．遅延時間も他のフィルタよりも大きくなります．

タップ数は，周波数特性の分解能や，最低周波数の特性に影響を与えます．急峻な特性を設けたい場合はタップ数を大きくする必要があります．

乗算器を使用するのも欠点になります．ソフトウェアの場合は問題になりませんが，FPGAなどのハードでは回路規模が大きくなるため，乗算器を増やさずに繰り返し使うなどの工夫が必要です．

● 振幅をそのまま位相だけ変えるフィルタも作れる

振幅の周波数特性はフラットなまま，位相だけを変化させるフィルタをオール・パス・フィルタと呼びます．これもFIRフィルタで構成できます．

代表的なものはヒルベルト・フィルタと言って，周波数に関係なく入力と出力の位相差が常に90度のフィルタで，SDRではよく登場します．ヒルベルト・フィルタについてはAppendix 4(p.62)で解説します．

● オーディオ・エフェクトにも活用できる

無線ではあまり使われませんが，オーディオなどではFIRを使ったリバーブ(エコー)が使われます．

フィルタ係数の中に，似たインパルスが2本以上あれば，一定時間後に繰り返し同じ波形が現れるのは直感的にも理解しやすいと思います．

これはFIR応用の幅の広さを表している一例だと思います．〈加藤 隆志〉

算器が必要になることから，ソフトウェアで処理するほうが効果的かつ経済的です．

Piラジオでは，FPGAに実装されたCICフィルタによって生じる周波数特性の補正と，±10 kHzの帯域制限フィルタとして利用しています．

● 実際の設計例

▶例題

なにはともあれ，実際の設計例を見てみるのが理解への一番の早道です．第4章で計算したCICフィルタの周波数特性をFIRフィルタで補正してみます．

CICフィルタの出力を10 kHzまでフラットに補正して，かつエイリアシングの影響が出る12 kHz以上を可能な限り減衰させる特性(**図3**の破線)を得たいとします．

▶STEP1：欲しい周波数特性を決める

この特性を得るために必要なFIRフィルタの特性を**図4**に示します．縦軸はdBではなく真数です．10 kHzまではCICフィルタと逆の特性を持っていて，10 kHz以上は急激に減衰する特性です．遮断域はゲインがゼロになっています．

横軸はタップ数です．64タップを想定するので，右端の64がサンプリング周波数の24 kHzに対応します．

▶STEP2：周波数特性をFFT演算して係数を求める

FIRフィルタの係数の求め方を**図5**に示します．

希望する周波数特性カーブを，サンプリング周波数

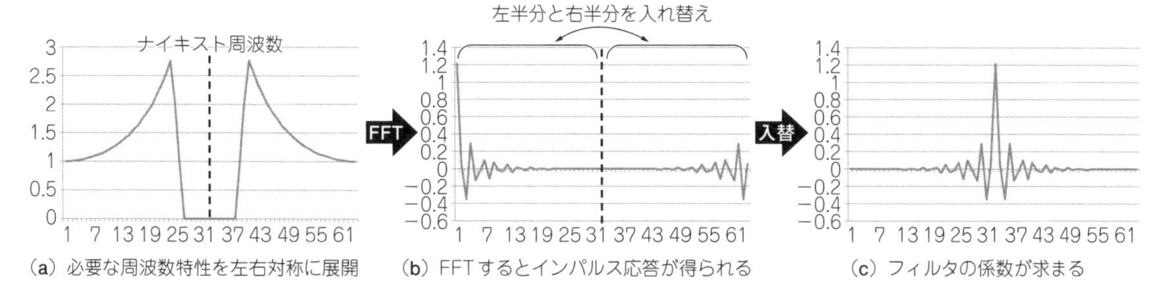

(a) 必要な周波数特性を左右対称に展開　(b) FFTするとインパルス応答が得られる　(c) フィルタの係数が求まる

図5　FIRフィルタの特性を決める係数の求め方
これ以外の方法もあるが，このように左右対称のフィルタ係数を使うと，位相直線性が保証される

の半分を中心に左右対称の形にして，FFTをかけます．

その結果は時間軸のインパルス応答に変換されます．この応答の左半分32タップ分と右半分32タップ分を入れ替えると，FIRフィルタの係数になります．元の周波数特性が左右対称なら，係数も左右対称になります．このとき，位相直線(一定群遅延)の特性も保証されます．

得られた係数を**図2**のa_0～a_{63}に代入すると，**図4**の周波数特性を持つFIRフィルタが得られ，CICフィルタと組み合わせれば，最終的に**図3**の破線の周波数特性が得られます．

このように，FIRフィルタは欲しい周波数特性が容易に得られます．

この逆特性で補正をかける処理はかなり有用です．ハードウェアの好ましくない特性を打ち消すのによく使われます．

必要な特性から係数を求めて，再構成するのが容易なことから，音声機器などではリアルタイムに周波数特性を補正して，ノイズ・キャンセルに使われたりもします．

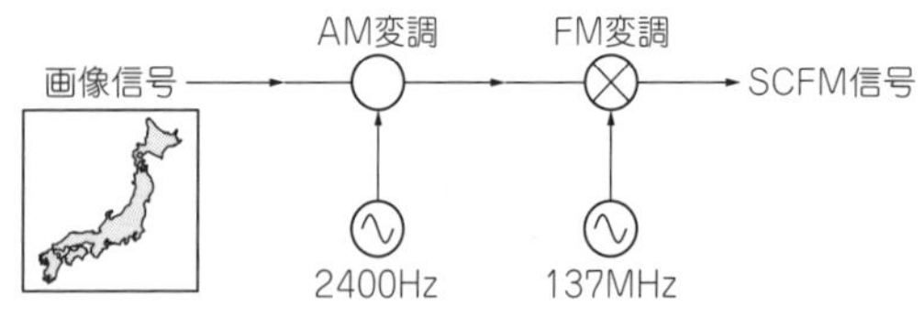

図6　気象衛星NOAAが画像データの送信に使っているSCFM変調
AM変調したあとにFM変調を行っている

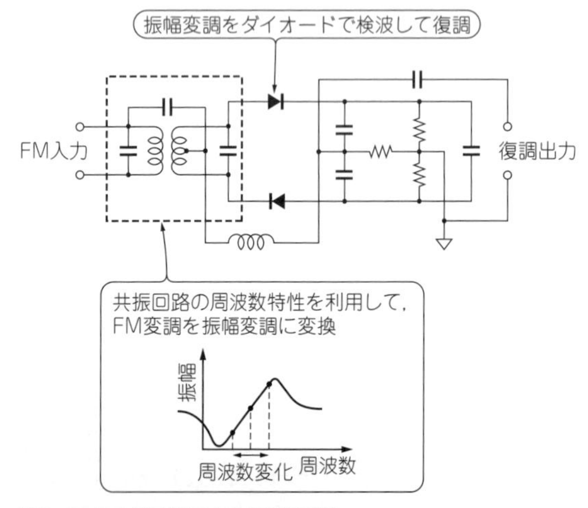

図8　アナログ回路によるFM復調器
周波数により振幅が変わる回路を使ってAM信号に変換し，その結果を検波して復調する

ラズパイ処理ブロック ⑤復調

● Piラジオの担当は狭帯域FM復調

Piラジオはソフトウェア受信機なのでさまざまな変調方式に対応できます．ここではNOAAの衛星電波を受信することを目標にしました．

NOAAの変調波はファクシミリ信号と同じSCFM方式で，**図6**に示すようにAMとFMが混在したような方式です．

SCFMをFM復調すると，2400 Hzをキャリアとする AM信号が得られます．この信号が得られれば，ここからのAM復調と画像化はWindows上で動くフリーウェアがあります．衛星写真を得るのに，Piラジオは FM復調だけできればよいわけです(**図7**)．

アナログFM復調の場合，レシオ検波と呼ばれる方式がかつては一般的でした．これは周波数の変化を振幅の変化に変換し，その後はAMと同じようにダイオードで検波する回路です(**図8**)．

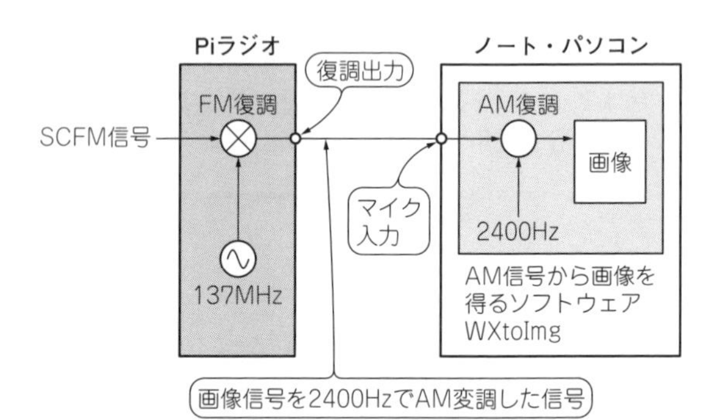

図7　PiラジオでFM復調したあとパソコンのソフトウェアでAM復調する
原理的にはこの復調もPiラジオに実装可能だが，信号を画像化するソフトウェアを作るのは大変なので，出来合いのソフトウェアを使った

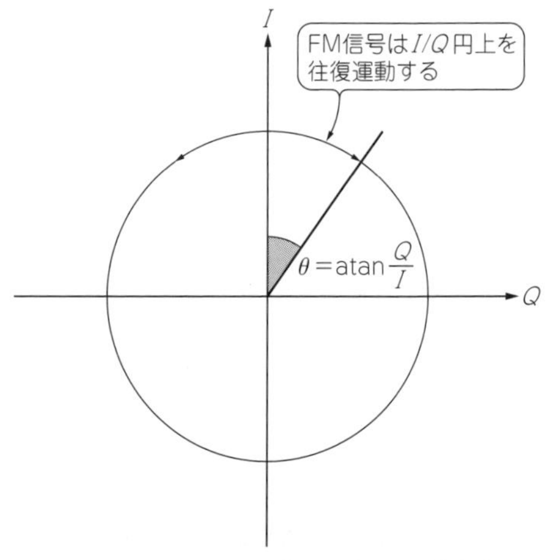

図9　*I*/*Q*平面で表すとFM信号は角度θが変化する
角度は*I*信号と*Q*信号の振幅から求められる

ディジタルでもレシオ検波と同じ原理でFM復調することはできますが，フィルタが2つ，絶対値処理，積分処理も必要と，信号処理としては複雑になります．Piラジオでは，直交復調器を用いたのでI/Q信号が得られています．I/Q信号を元にすれば，FM復調はもっとシンプルな方法があります．

● I/Q信号から位相を求めて微分する

I/Q信号は，第3章Appendix 3で解説したように，位相が90°ずれた2信号をミキシングした結果です．I/Q平面は，オシロスコープをXYモードで使ったときに表示できるリサージュと同じです．XがQでYがIとして表現しています（IとQが逆の場合もある）．

振幅が一定で位相が変化する信号をI/Q平面上で表すと**図9**のようになります．ここで，信号のある瞬間の位相を角度θとすると，I/Q信号の電圧V_I，V_Qから，

$$\theta = \tan^{-1}\left(\frac{V_I}{V_Q}\right)$$

と求められます．

このθはFM変調の周波数が高いときは速く変化し，周波数が低いときは遅く変化します．つまりθの時間あたりの変化量が求める復調信号です．

θの変化量を求めるため微分します．サンプリングごとに$\theta(0)$，$\theta(1)$，$\theta(2)\cdots\theta(n-1)$，$\theta(n)$とすると，求める復調波$d$は，

$$d(n) = \theta(n-1) - \theta(n)$$

となります．

実際にC言語で記述する際には，関数atan2fを使うと，戻り値の範囲が-2π～$+2\pi$と広いため計算が簡単になります．ただし，復調波は$\pm 2\pi$の範囲を超えるため例外処理が必要です（**リスト1**）．

リスト1の`sout`が1サンプルあたりの復調出力となります．

ラズパイ処理ブロック ⑥サウンド出力

● サウンド出力はサンプリング周期に合わせた定期的なデータ出力が必要

復調信号はラズベリー・パイのPWM出力から，アナログ出力します．ただし，復調信号の値をそのままPWM出力にセットするソフトウェアではまともな音声信号にはなりません．LinuxのようなOSでは，計算結果をI/Oポートに順次出力したとしても，割り込みや並列処理の影響でサンプリング間隔がバラバラになり，タイミングを管理できないからです．**図10**のように波形が大きくひずみます．

そのため，OSにはさまざまなオーディオ用APIが用意されています．Windows，Macで使われるPortAudioやApple（OSXやiOS）のCoreAudioなどが有名です．Linuxでは一般的にALSAが使われています．

リアルタイム・オーディオのプログラミングはハードルが高い感じがしますが，これをマスタすれば音声を加工したり合成したり自由にできるようになります．SDRで復調音声を出力するには避けては通れないのでぜひトライしてみてください．

リスト1　PiラジオのFM復調部ソース・コード
I信号，Q信号から瞬時位相を求めて，位相の時間変化を取り出す

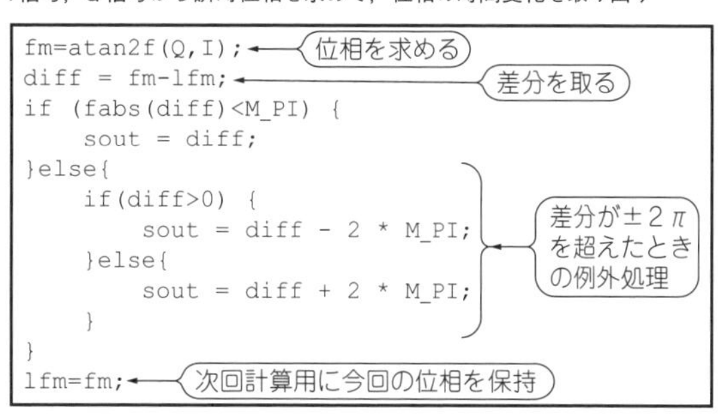

```
fm=atan2f(Q,I);
diff = fm-lfm;
if (fabs(diff)<M_PI) {
    sout = diff;
}else{
    if(diff>0) {
        sout = diff - 2 * M_PI;
    }else{
        sout = diff + 2 * M_PI;
    }
}
lfm=fm;
```


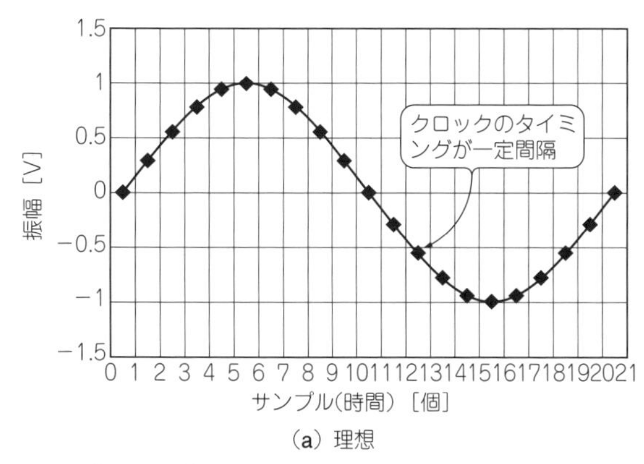

（a）理想

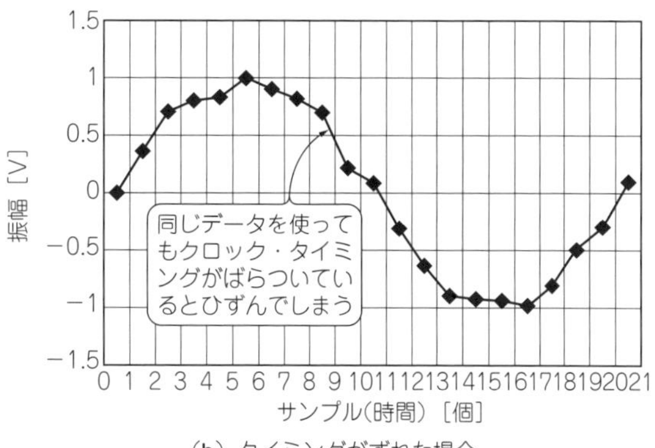

（b）タイミングがずれた場合

図10　復調したデータを送り出すときタイミングが正しくないといけない
ALSAを経由すると，正しいタイミングで送り出せるようハードウェアを制御してくれる

● Linuxのサウンド録音/再生の定番ALSA

Linuxでは標準のサウンドシステム「OSS」(Open Sound System)と呼ばれるものがありますが，ポート数や出力ソフトウェア数などに制限があります．

ALSA(Advanced Linux Sound Architecture)はその弱点を改善する目的で作られたシステムです．低遅延で，プロフェッショナルな目的の音声の編集，ミキシングなどにも利用されます．

▶ALSAのインストール

まずはラズベリー・パイにALSAの開発環境をインストールします．

```
$sudo apt-get install libasound2 libasound2-dev
```

ALSAを使ったコードをコンパイルする際には，リンカに-lasoundを渡す必要があります．例えばtestという実行ファイルを作る場合，以下のようにします．

```
$ gcc test.c -o test -lasound
```

▶ALSA出力のプログラム例

自分で作った正弦波をラズベリー・パイのオーディオ・ジャックから出力できるプログラムtest_alsa.cを**リスト2**に示します．

▶LXTerminalでコンパイル

```
$ gcc test_alsa.c -lasound -lm -o test_alsa
```

▶プログラムの実行

```
$ ./test_alsa
```

実行すると，ラズベリー・パイのサウンド出力(ジャック)から「ピーッ」と音が出力されます．これを発展させれば，いろいろな音声やSDRの受信信号を再生できるようになります．

第6章に示すNOAA受信の実験では，受信信号をノート・パソコンへ出力しました．

ラズパイ処理ブロック ⑦スペアナ表示用FFT演算

● ディジタルだと周波数成分表示は楽

A-D変換した信号をFFTすると，いとも簡単にスペアナ表示が得られます．周波数スペクトラムが表示されたスペアナ画面で受信したい信号を選んで選局する，というのは，かつては超高級無線機専用の機能で，アマチュア無線家にとっては憧れでした．

無料で使えるSDRソフトウェアがいくつかあるので試してみると，かつての高級通信機や計測器を彷彿とさせるスペアナ表示やメータ，オシロスコープ画面が並んでいます．自分で作るSDRソフトウェアは，そういった雰囲気に凝って自分好みの画面を作る楽しみもあります．

計測器としてのスペクトラム・アナライザとなると，*RBW*(検波前のバンド幅)や*VBW*(検波後のバンド幅)，レベル確度などに厳密さが要求されるので，信号処理や校正が大変です．

ここでは単にスペアナ風の表示ができれば良いとして，あまり厳密さは求めません．それでも各信号間のレベル差や周波数などの確認には十分役に立ちます．

帯域切り替え(スパン)はWideとNarrowの2種類だけとしました．Wideのスパンは画面表示幅で50 MHz，信号帯域で30 MHz，Narrowは画面表示幅24 kHz，信号帯域で20 kHzです．

リスト2　ALSAを使って正弦波を出力するプログラムのソース・コード

```
#include <stdlib.h>
#include <stdint.h>
#include <math.h>
#include <alsa/asoundlib.h>

int main() {

    const static char device[] = "hw:0";
    const static snd_pcm_format_t format =
                                SND_PCM_FORMAT_S16_LE;
    const static snd_pcm_access_t access =
                        SND_PCM_ACCESS_RW_INTERLEAVED;
    const static unsigned int sampling_rate = 24000;
    const static unsigned int channels = 1;// Mono
    const static unsigned int soft_resample = 1;
    const static unsigned int latency = 100000;
                                  // Latency 100000us
    const unsigned int buffer_size = 512;

    int x;
    int t;

    snd_pcm_t *pcm;
    int16_t buffer[ buffer_size ];
    snd_pcm_open( &pcm, device, SND_PCM_STREAM_
                                    PLAYBACK, 0 );

    snd_pcm_set_params(
                pcm, format, access,
                channels, sampling_rate, soft_
                                resample, latency
                );

    for (x=0; x<100; x++) {

        // ---------------- サイン波の生成 ----------
        for (t=0; t<512; t++) {
            buffer[t]=30000*sin(2*3.14159*t/16);
        }

        // ------------- ALSAバッファへサイン波出力 ---
        int write_result = snd_pcm_writei ( pcm,
            ( const void* )buffer, buffer_size );
    }
    snd_pcm_close( pcm );
}
```

FFT処理のソース・コードは，Piラジオで使っているもの以外にもたくさん無料で公開されています．

FFT処理の前に施す必要がある窓関数は，スペアナ画面の見栄えや機能，性能に大きな影響を与えるため用途に応じて選択する必要があります．

● FFT演算の前にデータに窓関数を乗算する

FFTは有限の長さのデータで計算されます．

Piラジオでは1024で，I/Q合わせて2048個のデータ列です．FFTは，この有限の波形が繰り返し入力されるとみなした結果を計算します．信号の両端が連続せず，**図11**のように段差があると，広帯域のノイズが印加されたと見なされます．

図12に窓関数がない場合のFFT結果を示します．ノイズ・フロアが全体に高くなって，ダイナミック・レンジが著しく低下しています．

サンプルの両端を0に近づけて，同じ波形が繰り返されたときの不連続を小さくするのが窓関数です．**図13**のような時間波形があったとき，**図14**のような窓関数をかけて，**図15**のような波形にします．この波形にFFTをかければ，不連続の問題は解決します．FFTの結果は，**図16**に示すようにダイナミック・レンジが大きく改善します．

● 分解能とダイナミック・レンジを両立させるハミング窓を選択

窓関数にはさまざまな種類があります．スペクトラムの分解能がある程度必要なので，ダイナミック・レンジが大きく取れること，計算処理に負担をかけたくないのでシンプルな計算で済むほうが良いことから，ハミング窓を採用することにしました．

ハミング窓の計算方法は以下のようになります．

$$\omega(t) = 0.54 - 0.46\cos(2\pi t)$$

グラフ化したのが前掲の**図14**です．両端が完全に0にならないことがポイントです．

両端がゼロになる窓関数として，ハン窓があります．ハン窓を使ったときのFFT結果を**図17**に示します．ダイナミック・レンジは高いのですが，波形の分解能はハミング窓に劣ります．

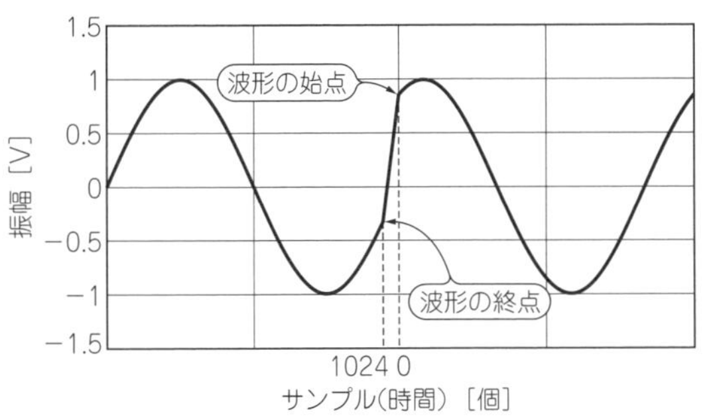

図11　FFTは入力波形が繰り返している想定で演算される
始点と終点の間に差があると，パルス性の信号が入っているかのように見える

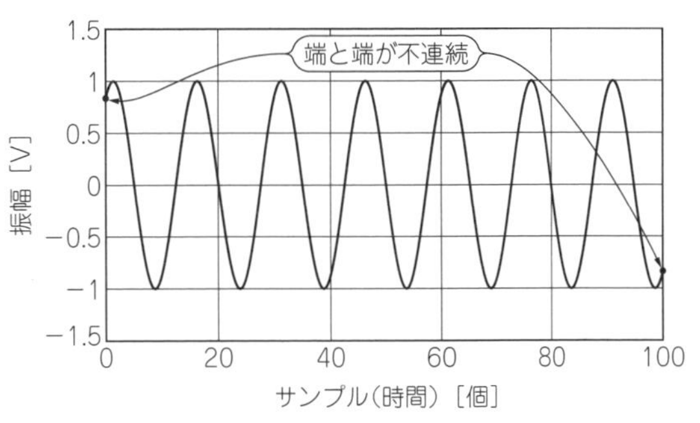

図13　始点と終点がずれている一般的なFFTへの入力波形
これをこのままFFTすると図12のような結果になってしまう

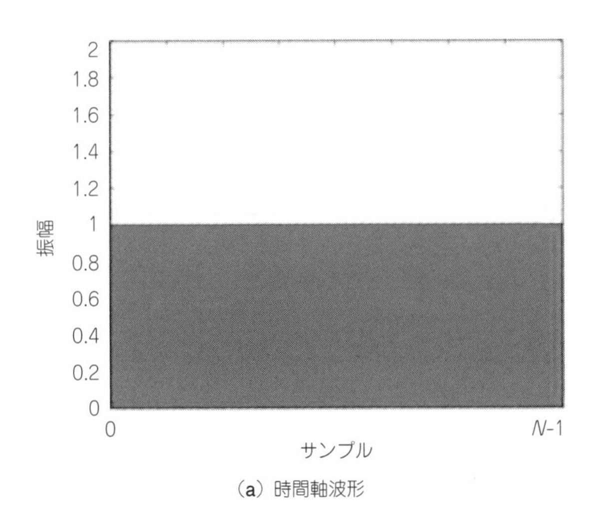

(a) 時間軸波形

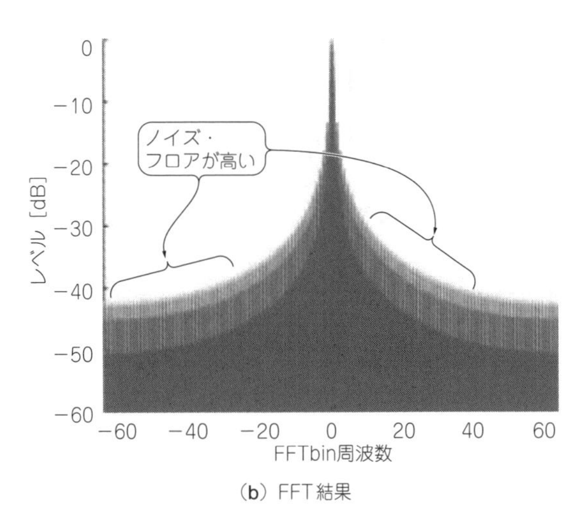

(b) FFT結果

図12　始点と終点が図11のようにずれている波形をそのままFFTしたときの演算結果
周波数成分は見えるが，ノイズ・フロアが大きく上昇している

分解能が最高になるのは窓関数をかけない**図12**の状態です．ハミング窓は，両者の特徴を折半して，ある程度妥協した窓関数です．

● FFT処理と表示のインターバル

画面の再描画は一定のインターバルを置いたほうがチラツキがなくなること，人間の目の処理能力からある程度以上速くしても認識できないことから，FFT

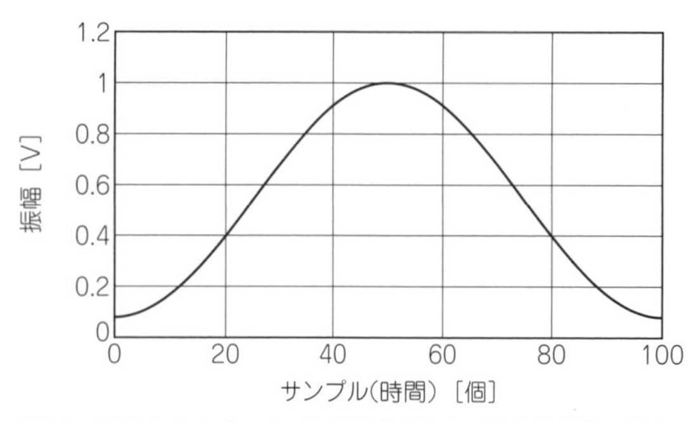

図14　FFTのノイズ・フロアを下げるために使う窓関数の例（ハミング窓）
波形の両端で振幅を小さくする

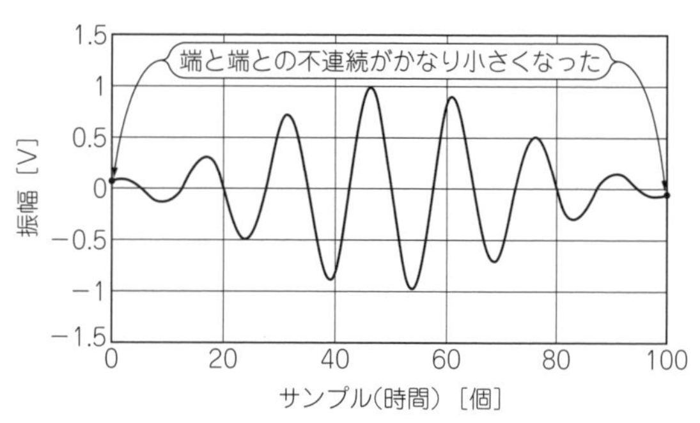

図15　図13の波形を窓関数に通すと始点と終点の差が小さくなる
パルス性の信号成分が小さくなるのでノイズ・フロアが下がる

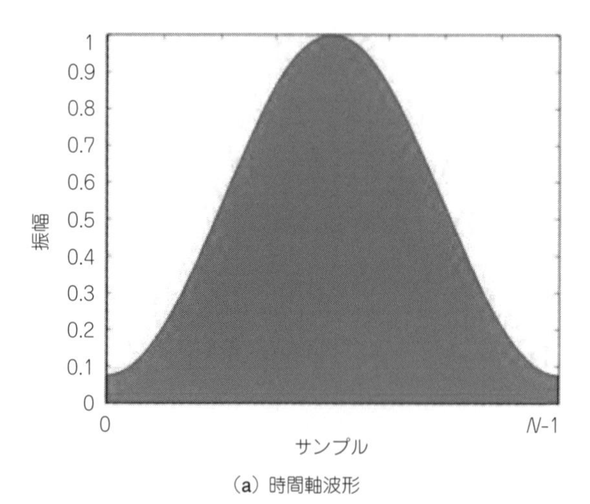

(a) 時間軸波形

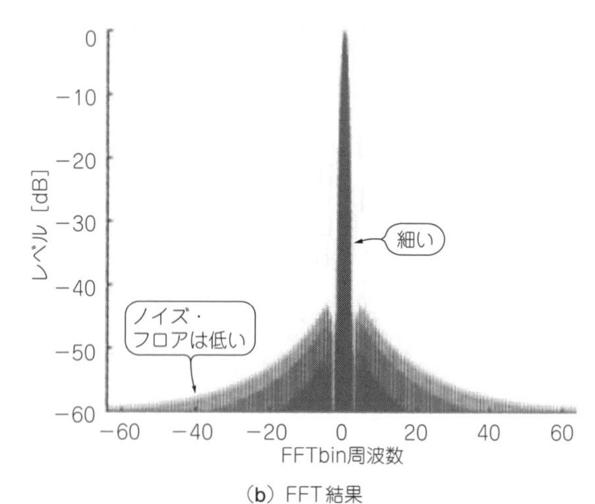

(b) FFT結果

図16　Piラジオのスペアナ表示に採用したハミング窓によるFFTの演算結果
ノイズ・フロアと分解能の両方を考えてこの特性を選んだ

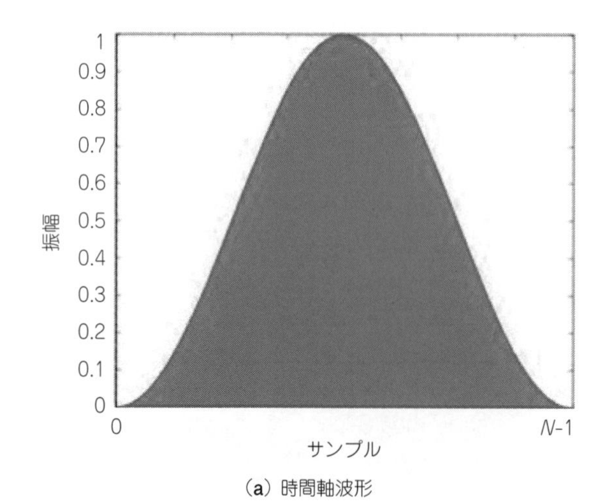

(a) 時間軸波形

(b) FFT結果

図17　始点／終点が0になるハン窓によるFFTの演算結果
ノイズ・フロアは低いが図12に比べてピークの裾が広がっていて周波数分解能が悪い

処理のインターバルはある程度遅く設定します．これをフレーム・レートと呼び，1秒あたりの画面更新回数で表します．単位は［fps］です．

テレビは30 fpsなので，この程度の速度で十分だとわかります．Piラジオでは同程度の更新頻度にするため，スペアナのWide表示ではFFT処理のたびに30 msのWait(待ち時間)をとっています．

ラズパイ処理ブロック ⑧波形の画面表示

● オシロやスペアナの波形表示を行う

今回ソフトウェア無線(SDR)のコンピュータとしてラズベリー・パイを使った理由の1つに，比較的簡単にグラフィック表示ができる点があります．スペア

リスト3　グラフ表示の元になるマス目を描画するプログラムのソース・コード

```
#include <X11/Xlib.h>
#include <X11/keysym.h>
#include <X11/Xutil.h>
#include <math.h>
#include <stdlib.h>
#include <stdio.h>

#define WIN_W      512
#define WIN_H      300
#define WIN_X      100
#define WIN_Y      100
#define BORDER     2

int main( void )
{
    Display*       dpy;          // Display
    Window         root;         // Root Window
    Window         win;          // Display Window
    int            screen;       // Screen
    unsigned long  black,white;  // Pixcel value
    GC             gc;           // Graphic Context
    XEvent         evt;          // Event strunc

    Colormap       cmap;         // Color map
    XColor         color, exact;
    unsigned long  green, red;
    unsigned long  aqua, navy;

    KeySym keysym;

    int n;

    dpy = XOpenDisplay( "" );

    root   = DefaultRootWindow( dpy );
    screen = DefaultScreen( dpy );

    cmap   = DefaultColormap( dpy, screen );

    white  = WhitePixel( dpy, screen );
    black  = BlackPixel( dpy, screen );
    XAllocNamedColor( dpy, cmap, "green",
                            &color, &exact );
    green = color.pixel;

    XAllocNamedColor( dpy, cmap, "red",
                            &color, &exact );
    red = color.pixel;

    XAllocNamedColor( dpy, cmap, "aqua",
                            &color, &exact );
    aqua = color.pixel;

    XAllocNamedColor( dpy, cmap, "navy",
                            &color, &exact );
    navy = color.pixel;

    win = XCreateSimpleWindow( dpy, root,
WIN_X, WIN_Y, WIN_W, WIN_H, BORDER, black, black);

    gc = XCreateGC( dpy, win, 0, NULL );

    XSelectInput( dpy, win, KeyPressMask |
                              ExposureMask );

    XMapWindow( dpy, win );

    while( 1 ) {
        while ( XPending( dpy ) ) {

            XNextEvent( dpy, &evt );

            switch( evt.type ) {

                case Expose:
                  if ( evt.xexpose.count == 0 ) {

                      // 画面のクリア
                      XClearWindow(dpy, win);

                      // 描画色にnavyを設定
                      XSetForeground( dpy, gc,
                                        navy );

                      // 線の描画
                      for (n=0; n<11; n++){
                          XDrawLine( dpy, win,
                        gc, 6, n*30, 506, n*30);
                          XDrawLine( dpy, win,
                    gc, 6+n*50, 0, 6+n*50, 300);
                      }

                  }
                  break;

                case KeyPress:
                    keysym = XKeycodeToKeysym
                      (dpy, evt.xkey.keycode, 0);
                    switch(keysym){
                        case XK_Escape:
                            // リソースの解放
                            XFreeGC( dpy, gc );
                            XDestroyWindow( dpy,
                                         win );
                            XCloseDisplay( dpy );
                            return 0;

                    }
            }

        }

    }

}
```

ナ表示やオシロ表示を実現しましょう．

グラフィカル・ユーザ・インターフェースをもったアプリケーションを開発するために利用するGUI環境は，Unix系のX Window Systemです．

今回は，X Window System上で最も低レベルなAPIであるXlibを使用してGUIを作成しています．凝ったGUIを作って見栄えを良くしたい場合は，GTK＋のような高機能ツール・キットを利用すると便利でしょう．

Xlibの参考資料：
http://rio.la.coocan.jp/lab/xlib/000 prologue.htm

● Xlibで線を描画する方法

点と点をつなぐ線を描画していけば，波形表示ができます．ウィンドウを開いて色指定をして，グラフ用のマス目を描くまでのソース・コードtext_xwin.cppを**リスト3**に示します．

▶ラズパイのLXTerminalにてコンパイル

```
$ g++ -I/usr/include/X11 -L/usr/X11 -o test_
xwin test_xwin.cpp -lX11 ↵
```

▶テスト・プログラムの実行

```
$ ./test_xwin
```

プログラムを実行すると，ラズベリー・パイの画面にウィンドウが現れて青線のマス目が表示されます．このウィンドウはEscキーで終了します．

受信能力の向上…アナログ直交復調回路の補正処理

● アナログ回路部分の誤差をソフトウェアで補正する

今回使用した直交復調器ADL5387はアナログICなので，わずかながら復調精度に誤差が存在します．

一般的にアナログ直交復調器に含まれる変調精度誤差は以下のものがあります．

① DCオフセット…今回はこれだけ補正
② I/Q直交精度
③ I/Q間の位相誤差(群遅延差)
④ I/Q間の振幅誤差
⑤ I/Q間のスキュー差

これらの誤差が温度や時間に対して安定であれば，ソフトウェアの信号処理で取り除くことができます．

かつて直交復調器をディスクリートのミキサで構成していた時代は，温度によって大きくドリフトする誤差を検出するために，頻繁なキャリブレーションを行う必要があるほど不安定でした．不安定なアナログ直交復調器を使いたくないので，帯域特性などを犠牲にしても，ディジタル信号処理で直交復調することもありました．

しかし，ここ十数年くらいで，アナログ直交復調ICの性能が飛躍的に良くなりました．わずかなディジタルの後処理だけでアナログ復調が使用できます．Piラジオでは，①のDCオフセットだけ補正を行っていて，これで十分な性能が得られています．システム全体の性能とコストのバランスが改善されてきています．

● DCオフセットの原因と補正方法

ICの性能が上がった現在でもあいかわらず問題になる筆頭がこのDCオフセットです．**図18**のように，I/Q復調の中心がずれます．

▶原因

DCオフセットは，ミキサ内部のLO入力-IF出力リークやLO入力-RF出力リークなどが原因です．

ミキサ出力に接続される回路の反射特性が悪い(リターン・ロスが小さい)と，LOリークがミキサに戻ってきて2乗され，DCに変換されます．

とくにLOリークが大きい，リング・ダイオード＋トランス構成のダブル・バランスド・ミキサでは，DCオフセット特性が問題になります．逆に，LOリークが小さなギルバート・セル(アナログ乗算回路)のミキサでは，あまり問題になりません．

ADL5387のDCオフセットは±5mVとたいへん優れた値を示していますが，出力がmVオーダの微弱な状態では，無視できません．LO周波数を変えるとDCオフセット値が変動するため，固定値でのキャンセルも不可能です．

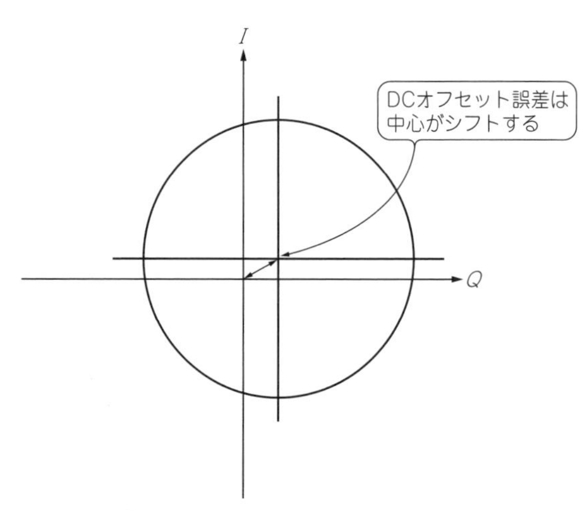

図18 直交復調器のDCオフセットによるI/Q信号への影響
DCオフセットと同じくらい振幅が小さいときは大問題．PiラジオではHPFで除去している

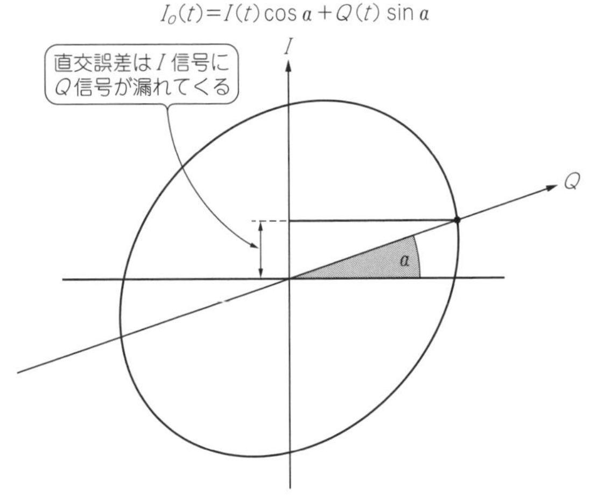

図19　直交復調器の直交誤差によるI/Q信号への影響
I信号，Q信号がお互いに漏れる．Piラジオでは直交復調器の特性が良いので補正なし

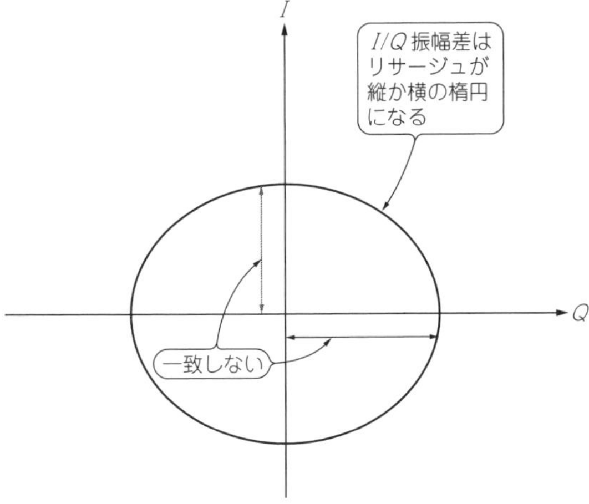

図21　I/Q間の振幅誤差のようす
I/Q信号が楕円になってしまう．FIRフィルタや単純な係数で補正可能

▶補正方法

LO周波数が固定で温度変動も起こらない状況なら，キャリブレーションを実行して，DCオフセットを計算で取り除くのが一番簡単で確実です．しかし，微弱な信号を受信し，周波数も頻繁に変更する受信機では，実用的ではありません．

アクティブにDCオフセットを取り除くには，カットオフを十分に低く数Hz未満に設定したHPFを用いると便利です．

一定サンプリング区間の平均値をDCオフセットとして信号から引いても，同じ効果が得られます．Piラジオでは，唯一このDCオフセットのみ補正しています．

ネットワーク・アナライザのようなDC出力を使う用途では，各周波数ごとにキャリブレーションを行ってDCオフセットを確実に除去する必要があります．

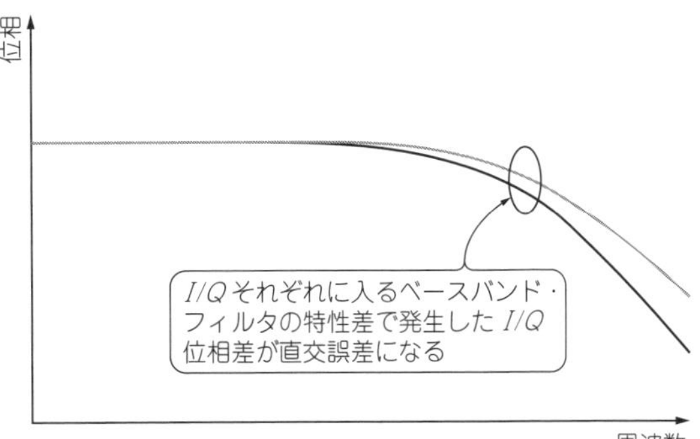

図20　I/Q間の位相誤差のようす
ベースバンド帯域制限LPFの特性誤差が主な原因．FIRフィルタで補正可能

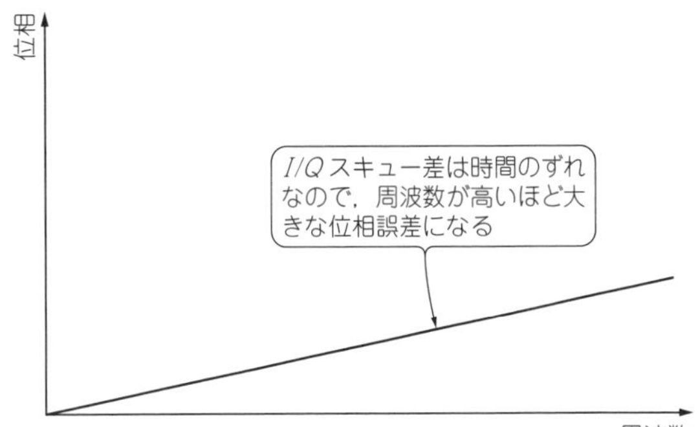

図22　I/Q間スキュー(時間差)が位相差になるようす
ベースバンドの周波数が数十MHzと低いときはあまり問題にならない

● I/Q直交誤差の原因と補正方法

図19のように，直交のはずの角度がずれます．

▶原因

IQ直交誤差の原因は，そのほとんどがLO周波数の直交位相(90°)を生成する移相回路の誤差です．

90°の位相差を作るには，トランスを使う方式，CR方式，D-FFを使った分周方式などがありますが，誤差が少なくて安定なのは分周方式です．ただし，必要なLO周波数の2倍の周波数が必要になります．

ADL5387は2倍のLO周波数を要求し，直交誤差は900 MHzで0.4°(typ)と極めて優れた性能を示しているため，Piラジオではこの補正は行っていません．

▶補正方法

直交誤差がα(rad)とすると，**図19**のように，I側の出力にQ信号が漏れてきます．当然同様にQ側にもI信号が漏れてきます．

$$I_o(t) = I(t)\cos(\alpha) + Q(t)\sin(\alpha)$$

そのためQ信号を使ってキャンセルします．

$$I_o(t) = I(t)\cos(\alpha) + Q(t)\sin(\alpha) - aQ(t)$$

aは補正値となり，$a = \sin(\alpha)$です．ただし，Q信号にもI信号が混ざっているため，直交誤差がもともとある程度良くないと，正しい補正は不可能です．

● I/Q間の位相誤差

▶誤差の内容と原因

直交誤差と区別して，帯域内の周波数による位相のI/Q差を指します．これは主にベースバンドにあるLPFの群遅延差に由来するものです(**図20**)．

LPFの次数を大きくすると，カットオフ付近で大きなI/Q差が生じるため，フィルタの設計が重要になります．

▶補正方法

この周波数特性は変動しにくいため，FIRフィルタで補正が可能です．

帯域内のフラット差が重要な用途，例えば計測器などでは，信号処理の負荷が大きくなるのを承知で，FIRフィルタによる補正を実施する場合があります．

● I/Q間の振幅誤差

▶誤差の内容と原因

図21のようなI/Q間の振幅差による誤差です．ベースバンドのLPFに由来するものと，ベースバンド・アンプのゲイン差に由来するものの両方があります．

▶補正方法

直交復調器AFL5387のI/Q振幅誤差は0.1 dB(typ)でおよそ1％程度です．LPFに由来するものは位相と同じようにFIRフィルタで補正できます．アンプに由来するものは，信号全体に補正係数をかけるだけで補正できます．I/Q間の振幅差は，直交差と同様にI/Q間のリークになります．直交差と同じ計算式で補正できます．

● I/Qスキュー差

▶誤差の内容

I/Q復調した後のベースバンド配線の線路長差とLPFの遅延差によるものです．

スキュー差があると，ベースバンドの周波数が高いほど位相差が大きくなります(**図22**)．

ベースバンドの帯域が大きい場合(数百MHzなど)では，線路長差が生じないように注意して配線する必要があります．ケーブルなどで配線する場合は，差動間も含め線路長差が生じやすいため注意が必要です．

(初出：「トランジスタ技術」2017年1月号)

受信周波数変更はPLLシンセサイザへの周波数再設定で行う　Column 2

Piラジオは，ロータリ・エンコーダで受信周波数を変えられるようにしています．ロータリ・エンコーダの信号は，回した向きを判定するために，FPGAに用意した回路で解釈します(第4章のColumn 1を参照)．

FPGAからは，時計回りCW(周波数上昇)，反時計周りCCW(周波数下降)のパルスが送られてきます．

復調信号を出力する処理を優先させるため，割り込みは使わず，処理の合間にパルスの変化を見に行くだけの処理を行っています(**リスト4**)．ADF4351()関数では，第3章のColumn 1で紹介した方法で設定値を計算し，PLLシンセサイザへSPIで設定値を送信します．

〈加藤 隆志〉

リスト4　ロータリ・エンコーダ入力からのPLLシンセサイザへの周波数変更処理

```
// ロータリ・エンコーダ処理
if (gpio_read(13)==1 && resw==0)   ← rasp4のパルス判定
{
  fpll=fpll-fstep;   ← 周波数を下げる
  resw=1;
  ADF4351();   ← PLLシンセサイザへ周波数を設定する関数
}
if (gpio_read(19)==1 && resw==0)   ← rasp5のパルス判定
{
  fpll=fpll+fstep;   ← 周波数を下げる
  resw=1;
  ADF4351();
}
if (gpio_read(13)==0 && gpio_read(19)==0) {
  resw=0;
}
```

位相が回りがちで，周波数特性のしばりがアナログ・フィルタなみの「IIR」 Column 3

● 遮断特性のわりに回路規模が小さい

IIRフィルタは，極めて規模の小さい回路で，はるかに規模の大きいFIRと同じ減衰特性が得られます．

SDRでは，FIRフィルタを多用すると遅延時間が大きくなりすぎて，リアルタイムの処理に支障をきたすことがあります．位相特性を厳しく要求しない部分には，IIRフィルタを積極的に使うと，メリットがあります．

● 出力の一部を入力に戻すので発振することがある

IIRフィルタの構造を**図A**に示します．左半分のaの項は入力に戻っていて，帰還がかかる構造になっています．一度入った信号の影響が長時間続く，計算誤差が蓄積しやすい構造です．

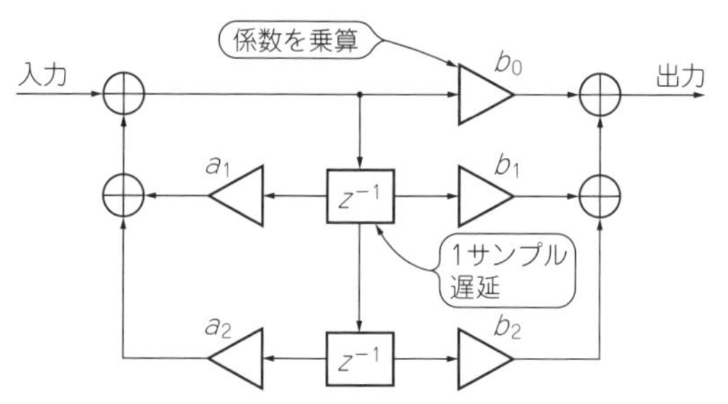

図A　比較的小さな演算処理で急峻な遮断特性が得られるIIRフィルタのブロック図
このブロック図で，アナログの2次フィルタに相当する．位相特性もアナログ・フィルタに近い

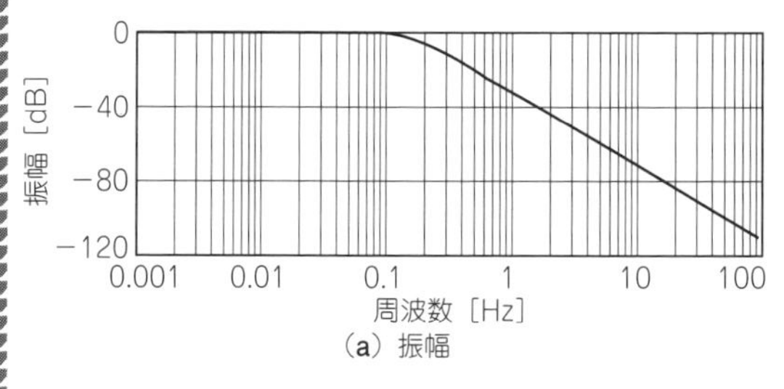

(a) 振幅

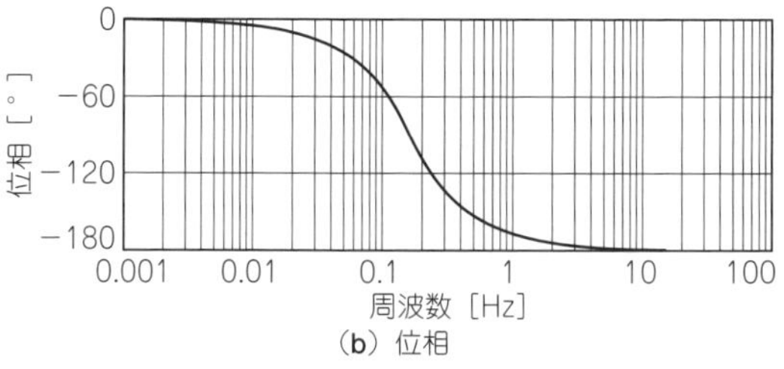

(b) 位相

図B　IIRフィルタはアナログ回路のフィルタに近い特性を実現できる
バターワース2次ロー・パス・フィルタの周波数特性

係数の精度が低かったり，サンプリング周波数に対してカットオフ周波数がとても低い場合(比帯域が大きい，という)，出力の値が発散して異常に大きな値となり，発振状態に陥ることがあります．そのため，ハードウェアではなく，係数の精度をとりやすいソフトウェアで使用されます．

● 設計は伝達関数から行う

IIRフィルタの設計は，アナログのフィルタ設計で用いる伝達関数を使って行います．使用する伝達関数を選ぶことで，任意の特性を実現できます．

2次バターワースLPFの特性を**図B**に示します．

図Cに，バターワース2次の伝達関数からフィルタ係数を求める方法を示します．

● カットオフ周波数可変も簡単

フィルタの減衰特性はカットオフ周波数ω_cとサンプリング周波数ω_sの比で決定されます．関数の引き数をω_c/ω_sとすれば，可変周波数にできます．

伝達関数を双1次z変換し，a_1～a_2，b_0～b_2の係数をカットオフ周波数から計算できるように，**図C**の5つの式をプログラムに組み込んでおけばよいのです．

〈加藤 隆志〉

バターワース2次ロー・パス・フィルタの伝達関数から計算する．伝達関数$T(s)$は次式で表される

$$T(s)=\frac{\omega_0{}^2}{s^2+\sqrt{2}\,\omega_0 s+\omega_0{}^2} \qquad \omega_0=\tan\left(\frac{\pi\,\omega_c}{\omega_s}\right)$$

ただし，ω_c：カットオフ周波数，ω_s：サンプリング周波数

ここで，$s=\dfrac{1-z^{-1}}{1+z^{-1}}$として$T(s)$を解く(双1次$z$変換を行う)．

次式のような等式で係数を求めていく．

$$H(Z)=T\left(\frac{1-z^{-1}}{1+z^{-1}}\right)=\frac{b_0+b_1z^{-1}+b_2z^{-2}}{1+a_1z^{-1}+a_2z^{-2}}$$

これを解くと，以下の係数が得られる．a_n，b_nがIIRフィルタの係数となる．

$$\begin{cases} a_1=-\dfrac{2\,\omega_0{}^2-2}{1+\sqrt{2}\,\omega_0+\omega_0{}^2} \\ a_2=-\dfrac{1-\sqrt{2}\,\omega_0+\omega_0{}^2}{1+\sqrt{2}\,\omega_0+\omega_0{}^2} \\ b_0=\dfrac{\omega_0{}^2}{1+\sqrt{2}\,\omega_0+\omega_0{}^2} \\ b_1=\dfrac{2\,\omega_0{}^2}{1+\sqrt{2}\,\omega_0+\omega_0{}^2} \\ b_2=\dfrac{\omega_0{}^2}{1+\sqrt{2}\,\omega_0+\omega_0{}^2} \end{cases}$$

図C　フィルタ特性を表す伝達関数から係数を求められる
伝達関数にディジタル回路向けの変換を組み合わせると係数が求まる

Appendix 4

あるときはSSB受信機，またあるときはRF電力計，ネットアナ…
ソフトウェア無線機「Piラジオ」の七変化ぶり

Piラジオは，ソフトウェアを変えることでいろいろな機能を持たせられます．機能の例をいくつか紹介します．〈編集部〉

変身① AMラジオ

● Piラジオで受信できるもの

最も簡単なハードウェアで実現できるのがAMラジオです．AMは中波放送(いわゆるAM放送のこと)や短波放送で広く使われています．Piラジオでそのまま受信可能な50 MHz以上のVHF/UHF帯では，アマチュア無線の一部と航空無線くらいでしか利用されていません．

とはいえ，ディジタル全盛の現代でもAMがしぶとく使われ続けるのには理由があります．

① 構造がシンプルなので消費電力が少なく安価
② 修理，保守が容易で素人でも修理しやすい
③ 微弱な信号でも何とか聞き取れる
④ 混信しても聞き分けが可能
⑤ 周波数のセンタがずれても了解度が落ちにくい

災害時などを考慮すると①，②は極めて重要で，今

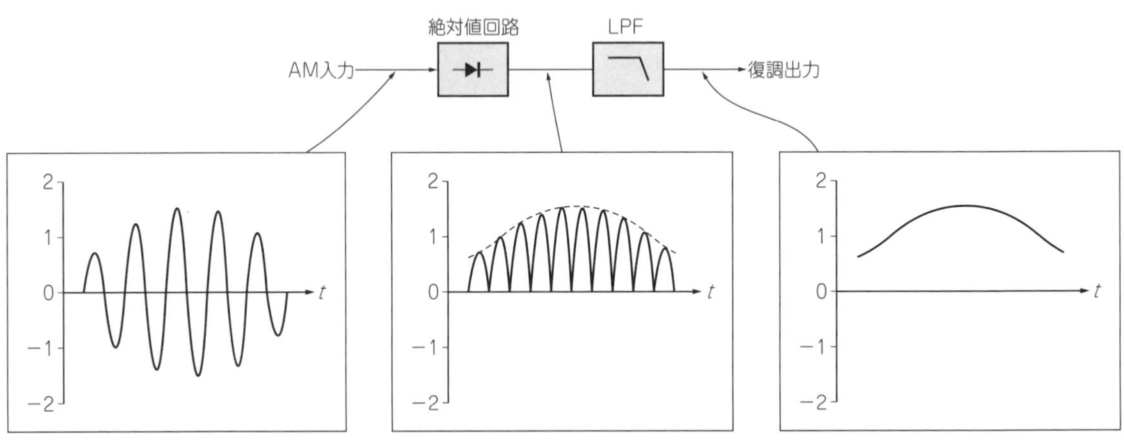

図1 アナログ回路によるAM復調の原理
I/Q復調されていればもっと手軽な方法がある

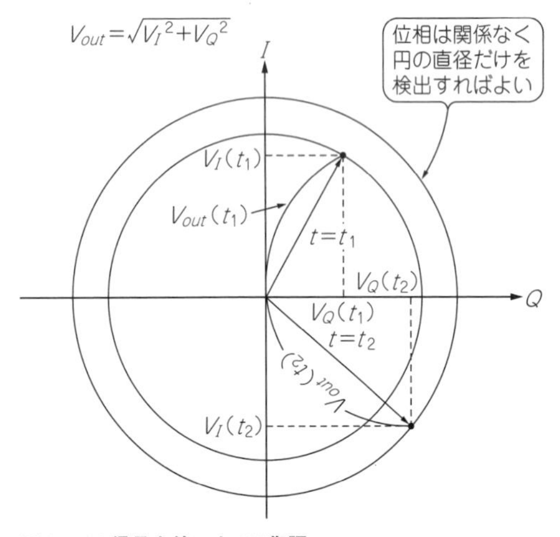

図2 I/Q信号を使ったAM復調
受信信号の振幅を求めてロー・パス・フィルタを通せばAM復調できる

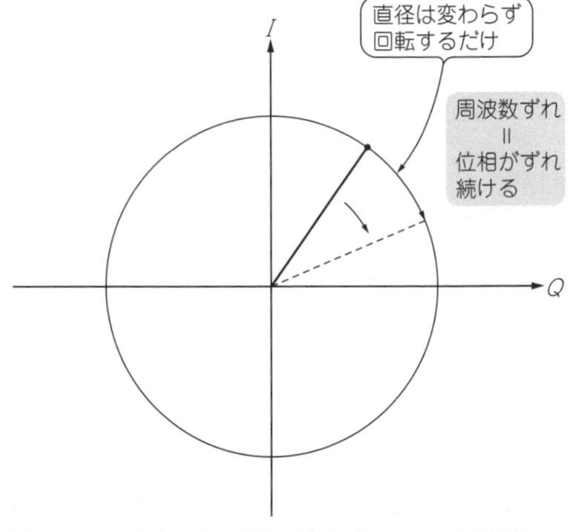

図3 図2の方法だと周波数が多少ずれていても関係ない
位相がぴったり一致していないとI/Q平面上で回転するが，振幅を求めるのに支障はない

後も使われ続けると思われます．

航空無線でAMが使われているのは，③～⑤のメリットが無視できないためと思われます．これは通信の信頼性が高いということです．

● AM復調の原理

AM復調の原理を**図1**に示します．これは簡単に言うと受信した電波の電力の変化を捉えているだけですから構造がシンプルなのは当然です．

電力は加算されるため，混信があるとそのまま音声が重なって聞こえます．重なると聞き取りにくくなりますが，聞こえなくなることはありません．

電力の変化なので，センタずれで多少帯域が削られても，大きな問題にはなりません．またノイズ・フロア以上の電力があれば原理的に復調できます．

● ディジタル信号処理によるAM復調

I/Q復調されたベースバンドからAM復調するのは，FM復調よりも簡単です．位相を無視して振幅だけを捉えればよいので，以下の演算をするだけで信号の絶対値が得られます(**図2**)．

$$V_{out} = \sqrt{V_I^2 + V_Q^2}$$

得られたV_{out}をそのままサウンド出力ALSAのバッファに渡せば，AM復調された音が再生されます．

仮に中心周波数が少しずれていたとしても，**図3**のようにI/Qによる座標が回転し続けるだけで，振幅の値は維持されます．受信にはほとんど影響ありません．

変身② SSB受信機

● アマチュア無線による遠距離通信の定番SSB

アマチュア無線でお馴染みのSSB変調もPiラジオで楽しむことができます．一般的な放送などではほとんど使われていません．それでもアマチュア無線で使われ続けるのは，以下の利点が大きいからです．

① 占有帯域が3 kHzと狭いため混信やノイズに有利
② 限られた電力の中で効率良く送信できる

つまり，遠距離通信をしたいときは圧倒的なメリットがあります．ただし，一般的には利用しにくい欠点もあります．欠点は以下です．

① 機器の構造が複雑で高価
② 中心周波数を100 Hz以下の精度で正確にチューニングしないと聞き取れない
③ キャリアが存在しないため，感度自動調整(AGC)や周波数自動調整(AFC)をかけにくい

SSBを受信するには，機器の操作に関して知識と慣れが要求されます．

● SSB復調の原理

SSBはSingle Side Bandの略で，AM変調と同様に振幅変調の一種です．AMが**図4(a)**のように両側の側波帯に周波数成分を持ち(Double Side Band)，キャリア成分もあるのに対して，SSBは**図4(b)**のようにキャ

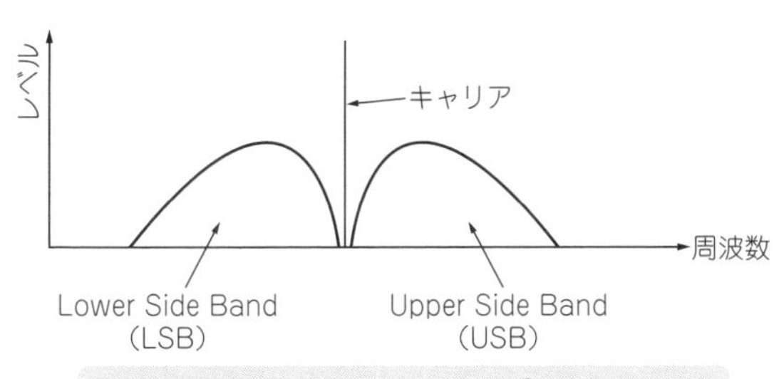

(a) AM

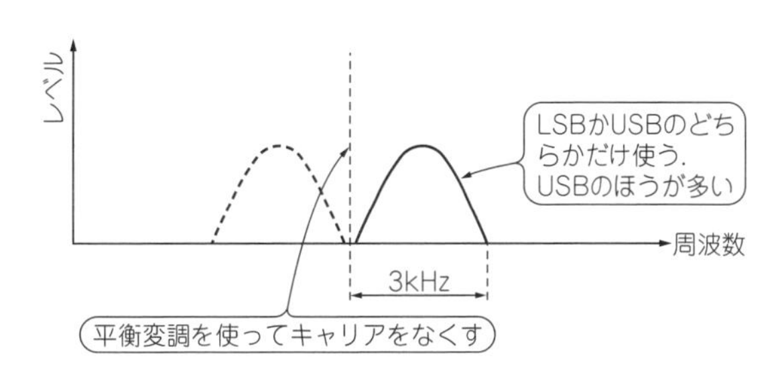

(b) SSB

図4　振幅変調のAMとSSBの信号
SSBは占有帯域幅が3 kHzととても狭く，非常に電力効率が良い

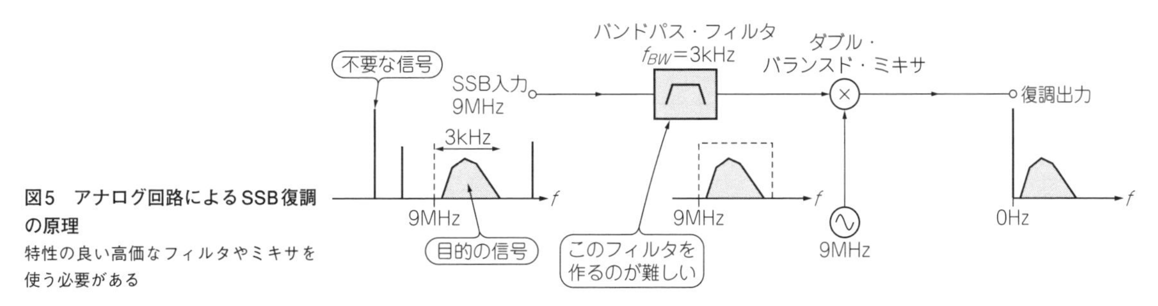

図5　アナログ回路によるSSB復調の原理
特性の良い高価なフィルタやミキサを使う必要がある

リア成分がない上，片側の側波帯しか使いません．

SSB復調の原理を**図5**に示します．乗算器(ミキサ)と急峻なフィルタが必須となります．

ハードウェアで実現するには，中心周波数9 MHz程度で通過帯域幅3 kHzという極めて比帯域の大きなバンドパス・フィルタ(BPF)を用意する必要があります．これは*LC*フィルタでは実現不可能なため，水晶振動子の共振特性を利用したクリスタル・フィルタが使われていました．部品の選別や調整が大変なので，市販のクリスタル・フィルタはとても高価です．ミキサも，キャリア漏れがないダブル・バランスド・ミキサ(DBM)が必要です．

SSBは一見AMに似ていますが，キャリアが存在しないことと，搬送波の位相が変調信号によって反転するところが大きく異なります．

SSBには，サイドバンドの上側だけを残すUSBと下側だけを残すLSBがあります．送受信で取り決めておかないと復調できません．USBとLSBの切り替えは，フィルタの帯域あるいはキャリア周波数をシフトさせて行います．

● SSBはディジタル復調で低コスト化できる

高価なアナログ部品を多用するSSB通信は，ディジタル処理すると価格を下げることができ，性能もアップすることから，90年代あたりからアマチュア無線機メーカではディジタル処理が行われてきました．

SSBをディジタル復調する方法はいくつかあります．ここではハードウェアをそのままソフトウェアに置き換えたパスバンド変換方式を紹介します．

図6にディジタルSSB復調のブロック図を示します．*I*/*Q*復調された信号があるため，ヒルベルト・フィルタを通すだけ，というシンプルさです．そのままでは*I*/*Q*で遅延差が生じてうまく復調できないので，*Q*側にも同じ時間の遅延を入れます．

ヒルベルト・フィルタを通すことで，USBまたはLSBの不要なほうのサイドバンドを落とせます．USB，LSBの切り替えはヒルベルト・フィルタと遅延の入れ替えで行います．

● ヒルベルト・フィルタとは

ヒルベルト・フィルタは，すべての入力周波数の位相を90° シフトさせるFIRフィルタです．

実信号を複素信号に変換する目的で使われ，信号処理の世界では不可欠の手段です．

▶ヒルベルト・フィルタの係数の求め方

実数部はオール・パスに，虚数部は0 Hzを境に±1を反転させた周波数特性を作ります(**図7**)．これをIFFT(Inverse Fast Fourier Transform)して，中央を境にデータをシフトし，係数を得ます(**図8**)．

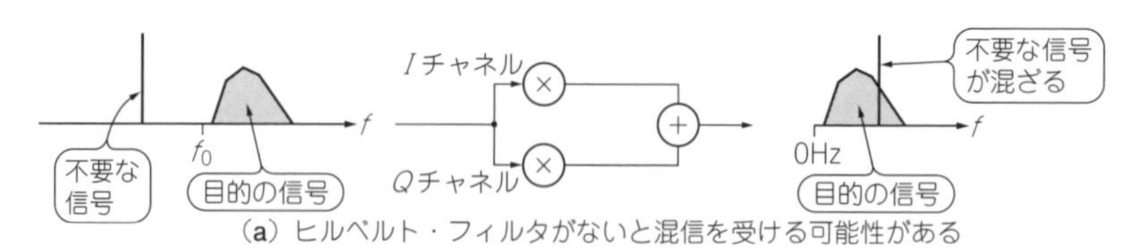

(a) ヒルベルト・フィルタがないと混信を受ける可能性がある

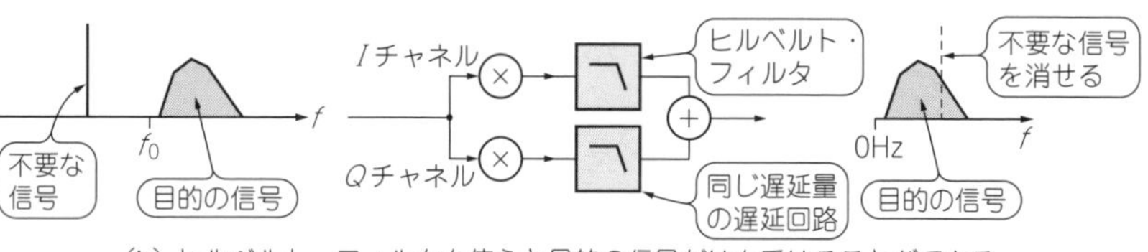

(b) ヒルベルト・フィルタを使うと目的の信号だけを受けることができる

図6 *I*/*Q*信号とヒルベルト・フィルタを使うとシンプルな回路でSSB復調できる
ヒルベルト・フィルタは位相が90° 回るフィルタ．FIRフィルタで作れる

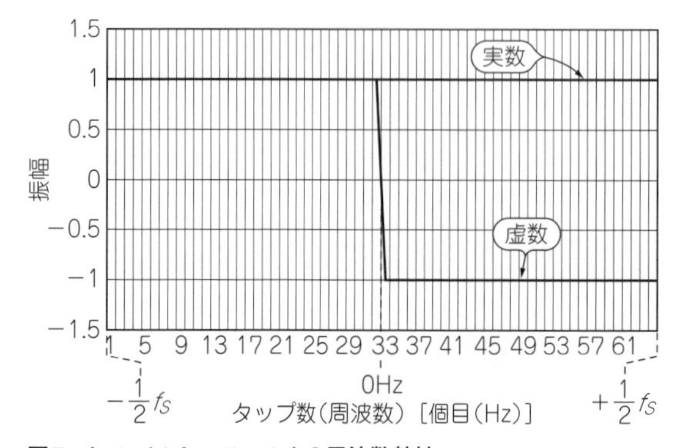

図7 ヒルベルト・フィルタの周波数特性
実数部は1，虚数部は周波数0 Hzを境に±を入れ替える

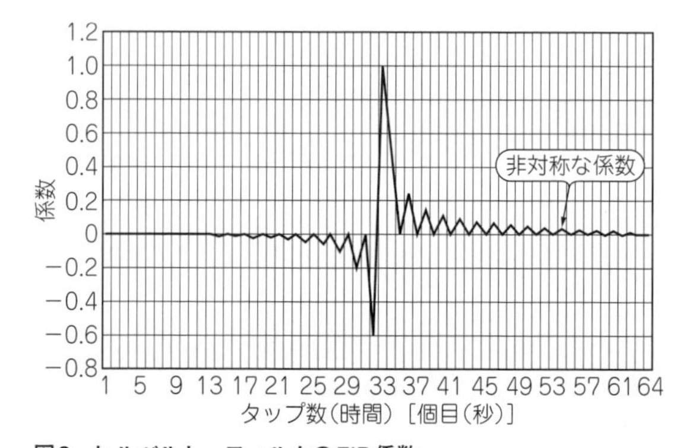

図8 ヒルベルト・フィルタのFIR係数
位相直線のときは左右対称の係数だったが，左右非対称になっている

第4章で紹介したように，位相が直線的な通常のFIRフィルタは左右対称(シンメトリック)な係数でしたが，ヒルベルト・フィルタの係数は正負で反転します．

変身③ RF電力メータ

FFTの計算結果から，ある帯域の電力を積分した値を測定できます．スペクトラム・アナライザなどを利用して，ノイズの電力密度を測るのと同じ機能を実現できます．

図9のように分解能帯域幅(RBW)単位の電力を求めて，それを求めたい周波数範囲で積分すれば，帯域あたりの電力が求まります．その値を帯域で割れば，電力密度［dBm/Hz］になります．

$$P_o = \int P(\mathrm{n}),\ n = 0 \cdots 1023\text{(全範囲の場合)}$$
$$f_{RBW} = 25\ \mathrm{MHz}/1024 = 24.4\ \mathrm{kHz}$$

nは測りたい帯域の範囲を示しています．$P(n)$はRBWあたりの測定電力です．

変身④ ネットワーク・アナライザ

● Piラジオは信号出力をもっている

Piラジオは位相と振幅を検出できる受信機なので，信号源があればネットワーク・アナライザを構成できます(**図10**)．

ネットワーク・アナライザとは，高周波のフィルタやアンプなどの通過特性や反射特性を測定できる計測器です．スペクトラム・アナライザのトラッキング・ジェネレータ(TG；Tracking Generator)のような振幅特性を測定できるだけではなく，位相特性も得られることを特徴にしています(**図11**)．

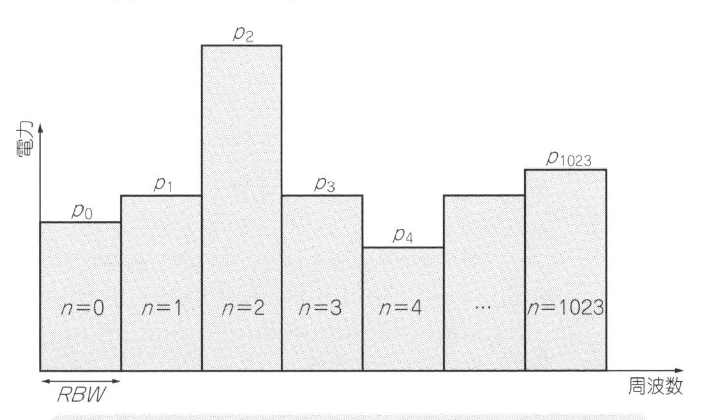

図9　電力の求め方
観測範囲(RBW)ごとに値を積分して電力を求めていく

● 1方向の通過特性だけ測れる

本来のネットワーク・アナライザという測定器は多ポートの通過と反射を同時に測れるものですが，それには複数の受信回路と信号源，切り替え回路が必要になり，装置が大型で高価になってしまいます．

Piラジオでは，出力ポート1つ，入力ポート1つの通過特性を1方向だけ測れれば十分としました．つまり，S_{21}特性だけを測れればよいというわけです．

反対側のS_{12}特性は被測定物を逆に接続して対応してもらい，S_{11}などの反射特性はブリッジ回路などを外付けすれば対応可能です．こうすることで必要最低限の測定が可能になります．

● 振幅と位相の検出方法

Piラジオは50 Msps×2チャネルの広帯域A-Dコンバータを搭載しています．ネットワーク測定では，広

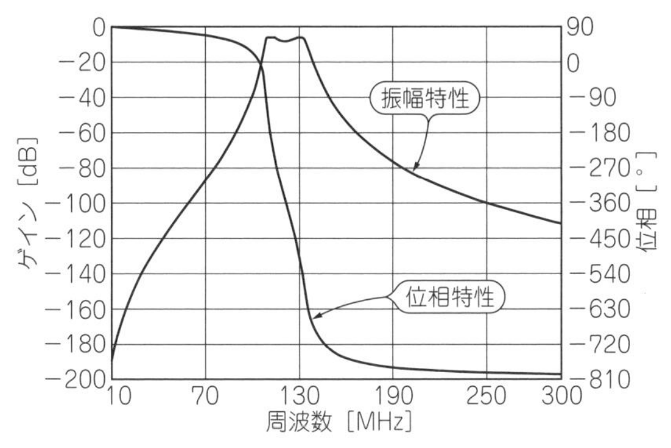

図11　Piラジオでネットワーク・アナライザを構成すると，例えばアナログ・フィルタの周波数特性を測れたりする
I/Q復調するので振幅と位相の両方を同時に求めることができる．このような周波数特性を図10の接続で測れる

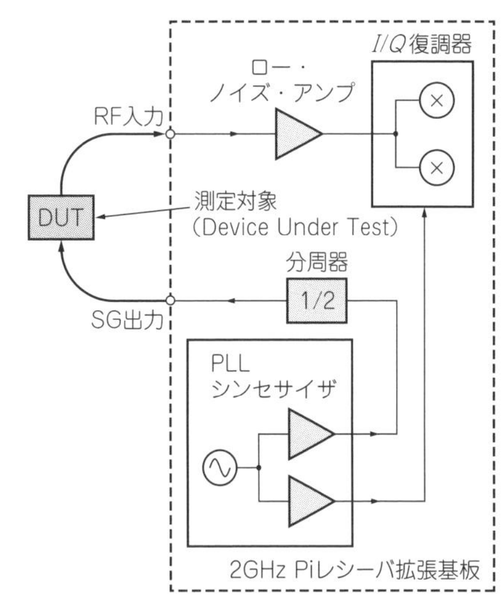

図10　Piラジオは簡易ネットワーク・アナライザにもなる
信号源があるので，通過特性の振幅と位相が求まる

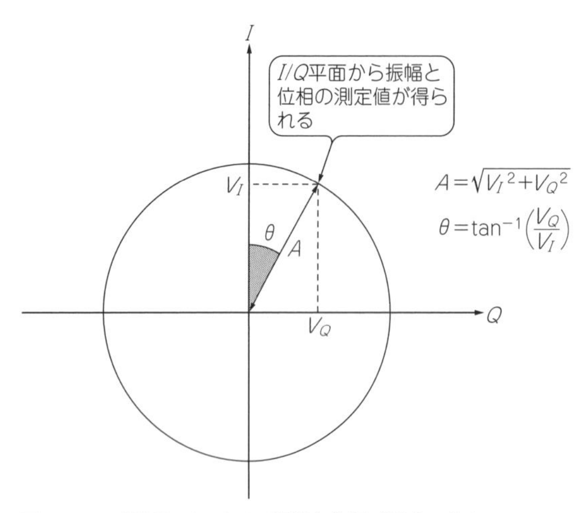

図12 I/Q復調しているので振幅と位相が同時に求まる

帯域である必要はありません．ノイズ特性をなるべく良くするために24 ksps×2チャネルの狭帯域モードで計測します．

狭帯域FM復調のようにI/Qそれぞれの振幅値から以下の計算式で振幅と位相を求めます(**図12**)．

$$\mathrm{mag} = \sqrt{V_I^2 + V_Q^2}$$

$$\mathrm{phase} = \mathrm{ArcTan}\left(\frac{V_Q}{V_I}\right)$$

C言語でプログラムする場合は以下のようにします．

```
mag = sqrtf(pow(i, 2) + pow(q, 2))
phase = atan2 f(q, i)
```

信号源と受信部の入力をケーブルでショートするとI/QからDC信号が検出されます．そのDC電圧を上記の式にあてはめると振幅と位相が求まります．

信号源と受信機は同じ信号源を使っているため，位相は変化せずいつも一定の値を示します．周波数を変えると，途中の経路差と周波数による位相回転によって，測定される位相は変化します．

振幅は，信号源の周波数特性，ショート・ケーブルの周波数特性，受信機の周波数特性を合計したものが周波数による変化として現れます．

● **周波数スイープ**

ネットワーク・アナライザを使った周波数特性の測定は，多くの場合，ある程度の周波数間隔でスイープすれば十分です．内蔵PLLシンセサイザICの設定周波数を少しずつ動かします．

周波数1点あたりの測定時間は，シンセサイザのロックアップ・タイム＋ベースバンド・フィルタのセトリング・タイムより十分に長くする必要があります．

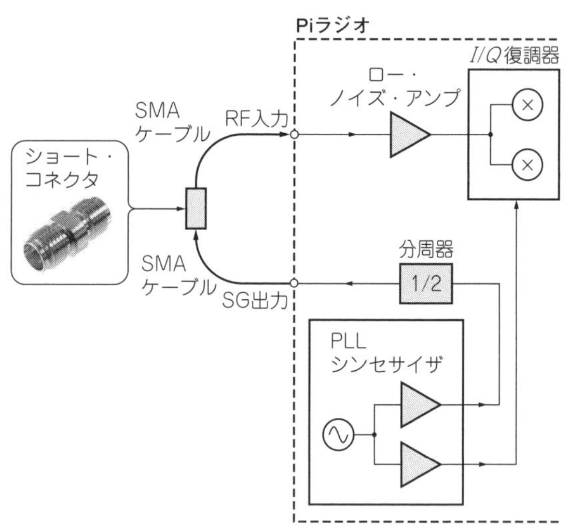

図13 Piラジオにネットワーク・アナライザ機能をもたせれば2 GHz Piレシーバ拡張ボード上のアナログ回路が正常に動作しているかどうかをチェックできる
自分自身の特性による誤差分を把握するために，測定前にも行う必要がある

シンセサイザのロックアップ・タイムはおよそ100 μs程度なので，CICフィルタのセトリングと大きく違いはありません．そこでセトリング・タイムの1桁増しで，測定時間を1 ms程度にします．

● **較正(キャリブレーション)**

振幅，位相ともに周波数で変化するため，測定用のケーブルを含めてキャリブレーション(CAL)する必要があります．**図13**に示すように，被測定物(DUT)の代わりにSMAのメス-メスを使って通過状態にします．この状態で通過特性を測定し，各周波数での振幅と位相の測定値を記録し，CAL後の測定はすべてその値を引いて測定値とします．

一般的にGHz帯ではコネクタの締め方だけでも特性が変化します．CALする際は可能であればSMAをトルクレンチで締めます．CAL作業は測定ごとに毎回行うのが理想的です．

● **周波数特性の自己診断にも使える**

信号源と入力をSMAケーブルでショートし，ネットワーク・アナライザと同様に全周波数範囲で振幅と位相を測定すると，簡易的な自己診断が可能です．

自己診断の期待値は振幅のゲインが規定以上あり，位相は周波数が上がるほどにショート・ケーブルの長さに応じて一定の回転を見せることです．

故障している場合はゲインが不足していたり，ある周波数でゲインの大きな乱れや位相の急峻な回転から判定できることがあります．　**〈加藤 隆志〉**

(初出：「トランジスタ技術」2017年1月号)

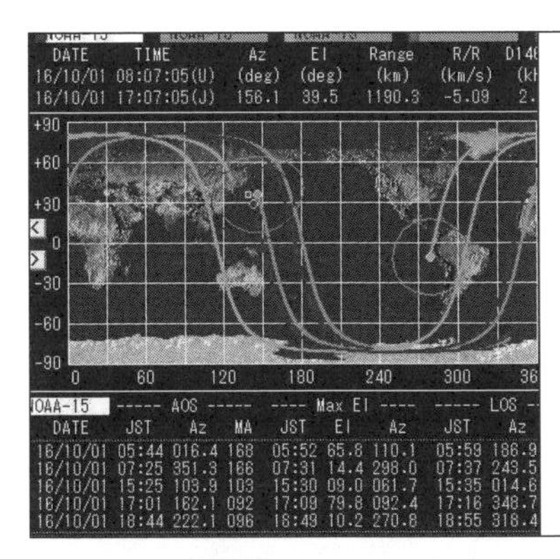

第6章 台風Now！高気圧Now！ NOAAをダイレクト受信してWebより断然早く

Piラジオが雲の動きを速報！リアルタイム気象衛星レシーバ

加藤 隆志 Takashi Kato

図1 800 km上空を飛ぶ気象衛星の電波を受信して解読した画像データ(日本列島とその上にかかっている雲が見える)

本章では気象衛星からの電波を受信してみます．日本上空の雲の様子がわかる映像をほぼリアルタイムで取得できます．

衛星からの電波をPiラジオで受信し，FM復調してアナログ出力します．作業の都合で，このアナログ信号をノート・パソコンにいったん録音します．

録音した受信アナログ信号をパソコンのマイク入力から取り込んで，フリーの衛星画像受信ソフトウェアWXtoImgで画像化します． 〈編集部〉

人工衛星の電波を受信する

写真1のような受信システムを構築し，気象衛星からの電波を受信して，衛星写真(**図1**)を取得しました．

● 気象衛星から直接衛星写真を受け取ってみる

宇宙からは，恒星などが放射する電磁波だけでなく人工衛星の電波も降り注いできます．

写真1 気象衛星からの電波を受信するシステム
八木アンテナとPiラジオ，ノート・パソコンの組み合わせ

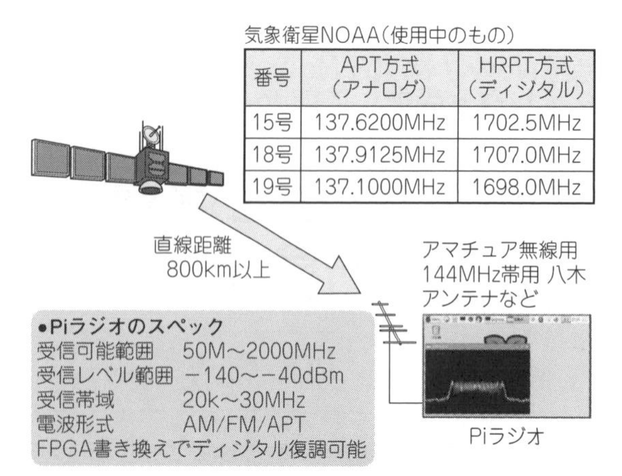

図2 アメリカの気象衛星NOAAの電波はPiラジオで受信できる
NOAAは，比較的地表に近い高度800 kmで日本上空を通過する

比較的簡単に受信可能なものとして，GPSや気象衛星，アマチュア無線のレピータ衛星などがあります．

▶ひまわりは遠すぎる…大型アンテナがないと無理

気象衛星といえば日本の「ひまわり」を思い浮かべます．静止軌道上の衛星で，軌道高度は36000 km，地球の直径の約3倍です．距離が遠いぶん電波が弱く，受信には大型のパラボラ・アンテナが必要になり，気軽には受信できません．

▶地球に近いところを飛んでいる衛星NOAA

受信しやすい衛星として有名なのは，米国が運用する気象衛星NOAA(National Oceanic and Atmospheric Administration，アメリカ海洋大気庁が運用している)です．地球をおよそ100分で周回する低い軌道(上空800 km)の衛星で，NOAAからの電波は小型のアンテナでも受信できます．

気象衛星NOAAは，アナログ変調とディジタル変調，両方で電波を出しています．受信しやすいアナログ変調のAPT(Automatic Picture Transmisson)信号の電波を受信してみます．

● 人工衛星からのFAX画像をキャッチ！

気象衛星NOAAのAPT信号の電波は，周波数が137 MHzと低く，しかもアナログのファクシミリと同じ変調方式を採っているため，受信機の構成や復調アルゴリズムが簡単です．帯域も数十kHzと狭いため，オーディオのリアルタイム処理が可能なラズベリー・パイならソフトウェアで復調処理を実現できます．

NOAAは現在3基が常時運用されており，数十分～数時間おきに日本国内で受信できます(**図2**)．

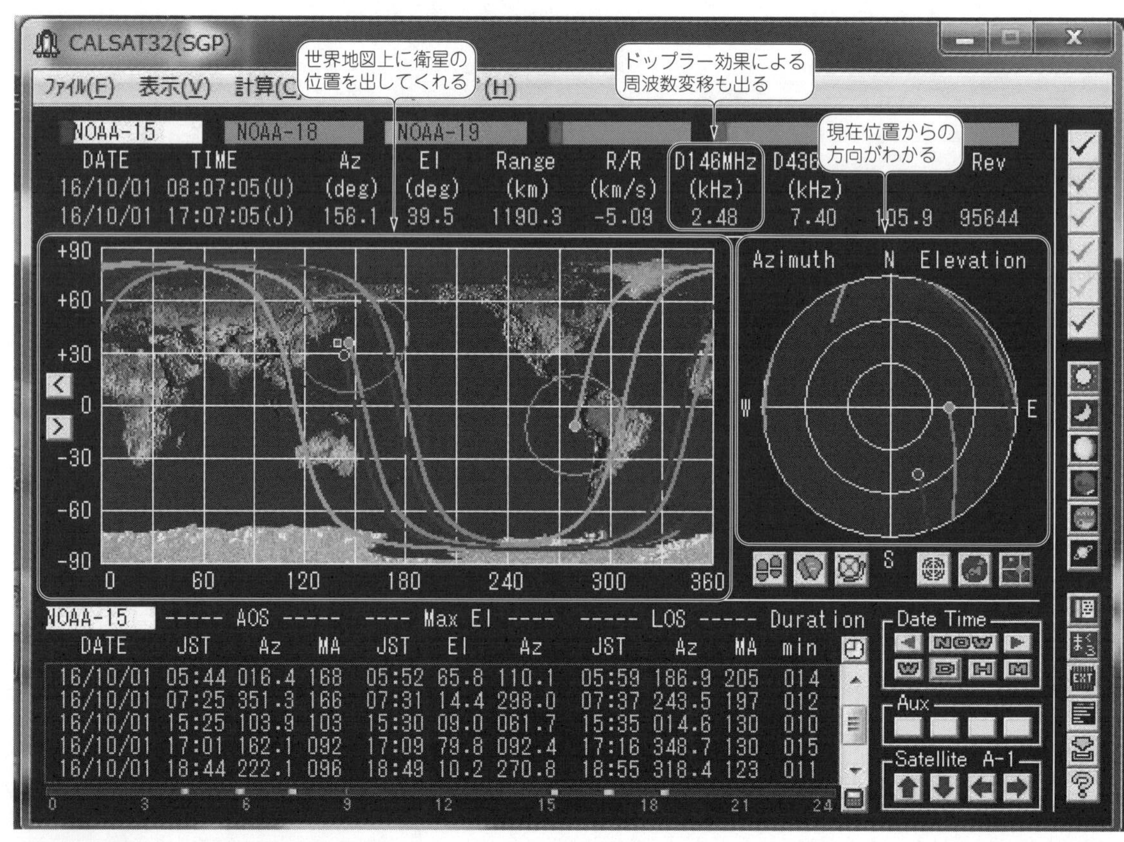

図3 気象衛星NOAAの現在位置を表示してくれるフリーウェアCalSat32
右の円の枠内に入ってきたら受信可能

準備するもの

● 衛星の位置を調べてくれるフリーウェアCalSat32

いつも日本上空にいる静止衛星のひまわりと違って，NOAAはかなりの速度で日本上空を通過していきます．日本に近づいたときでないと，電波は受信できません．

何時何分にどの位置を通過するのかを事前に知っておく必要があります．この面倒な計算を簡単にやってくれるフリー・ソフトウェアが存在します．

CalSat32(**図3**)というソフトウェアで，自動で軌道計算の結果を地図上に表示してくれます．

受信可能な範囲を常に地図上に表示してくれるため，受信開始のタイミングもわかりやすいです．

衛星は高速で動いているため，ドップラー効果によって受信周波数が数kHzずれます．その時々の周波数変異も表示してくれます．

● アナログ方式の電波なら受信は比較的簡単

上空800 kmとは言っても，障害物のない見通しの良い状況であるため，地上に届く電波の強度はそこそこあります．棒のようなシンプルな形状をしたアマチュア無線用のグラウンド・プレーン・アンテナでも，－100 dBmの強度で信号が入ってきます．FM放送だと同じ条件で－60 dBm程度ですから，それに比べると弱い信号です．

NOAA信号と受信条件が似ているアマチュア無線用狭帯域FMトランシーバの受信感度の下限は－120 dBmで，Piラジオも同程度の設計です．これは*S*/*N*が10 dBの条件なので，－100 dBmのNOAA信号が入ったときの*S*/*N*は30 dB程度になります．電圧差で30倍くらいなので，得られる画像の明暗のコントラストも30倍程度と予想できます．鮮明な画像が欲しい場合は，感度の高い八木アンテナにロー・ノイズ・アンプを加えるなど，ゲインが稼げる方法がよいでしょう．

つまり，そこそこのアンテナとFMトランシーバくらいの受信感度があれば，NOAA受信環境が整います．

図1に示したように，NOAAはアナログのAPT方式とは別にディジタルのHRPT(High Resolution Picture Transmissions)方式の電波も出しています．こちらは，夜間の撮影や海水表面温度分布などにも対応しており魅力的です．

HRPT方式は，十分な*S*/*N*が取れないと受信不可です．ノイズが多くても受信可能なAPT方式の電波と違い，パラボラ・アンテナが衛星を自動追尾するような設備が必須になります．個人でお手軽に，というわけにはいかないため，今回はあきらめました．

● システムを組む

図4が今回使用したNOAA受信システムです．

八木アンテナでNOAAの電波を受信し，Piラジオで24 kHz帯域のオーディオ信号に復調します．

復調した信号を衛星画像処理用のフリーウェアWXtoImgで処理したいのですが，マイク入力などから入力されるオーディオ信号をリアルタイムに受け取る仕様になっています．

アンテナを握ったまま衛星に向けるには手が離せません．そこでいったんPiラジオの復調出力を録音し，それを再生してWXtoImgに入力することにしました．録音せずに，Piラジオからの出力を直接WXtoImgで受けても問題ありません．

なるべく鮮明な画像を得るために，アマチュア無線用144 MHz帯の小型八木アンテナと，秋月電子で入手できるアンプIC GN1021(パナソニック)を使ったロ

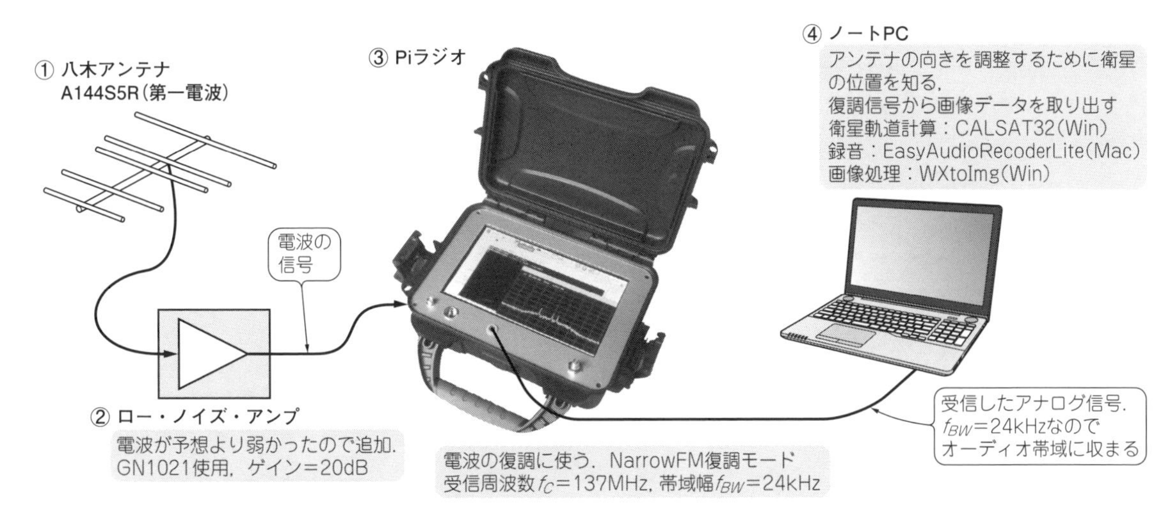

図4　気象衛星NOAAの電波を受信するPiラジオを使ったシステム
より強く電波を受信するために，指向性の強い八木アンテナとアンプを追加した

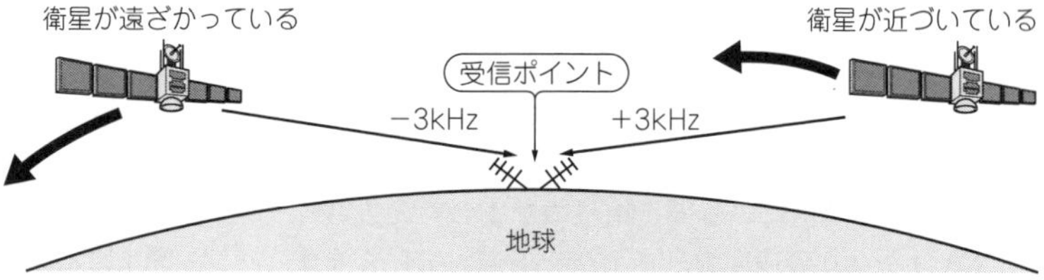

図6　衛星が近づいてくるときと遠ざかるときとで電波の周波数が変わる
ドップラー効果による影響

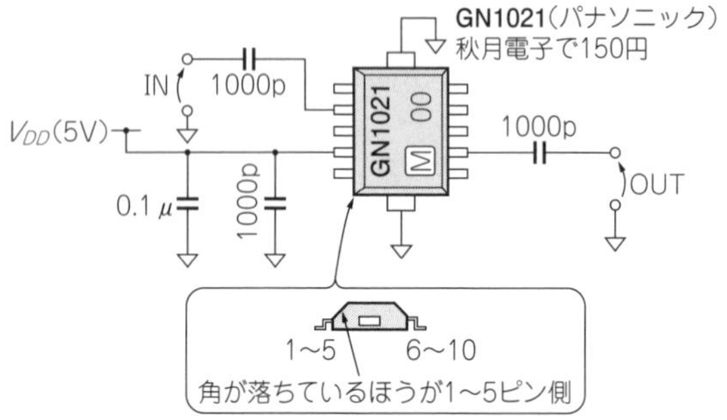

図5　鮮明な画像取得のために追加したロー・ノイズ・アンプの回路図(部品点数は少ない)

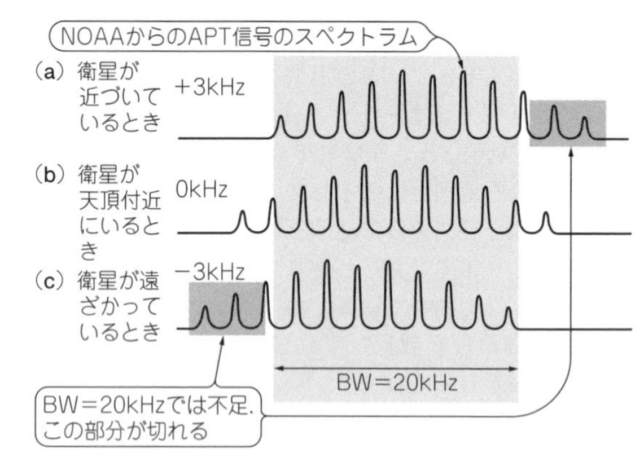

図7　受信電波の周波数がずれるので受信帯域を広くとる必要がある(必要帯域ぴったりだと足りなくなってうまく受信できない)

ー・ノイズ・アンプ(LNA)を利用しました.

LNAの回路を**図5**に示します．GN1021のほかはコンデンサが4個程度で済む，簡単な回路です．今回はこのLNAもPiラジオのケース内に収めましたが，アンテナ・ケーブルが10 m程度と長い場合などは，アンテナ近くに置くほうが良い結果が得られます.

● ドップラー効果で周波数が変わるぶん受信帯域を広げておく

当初，アマチュア無線機のFM帯域16 kHzよりも若干広い20 kHzで十分だろうと判断して受信実験を始めましたが，それでは不十分だと判明しました.

図6に示すように，衛星が近づくときと遠ざかるときでドップラー効果による周波数の変動が±3 kHz程度もあります．帯域が20 kHzしかないと，**図7**のように，帯域制限フィルタの外に信号が出てしまいます.

そこで，ソフトウェア上のFIRフィルタの係数を変更して帯域を24 kHzに拡大したところ，うまく受信できるようになりました.

これ以上に帯域を広げるには，サンプリング・レートの変更が必要ですが，はんだごてなどは不要で，FPGA内部回路(VHDL)の変更になります(その後の改良で，帯域48 kHzの受信を可能にした).

Piラジオのようなソフトウェア無線機は，回路(受信機能)の修正が簡単に行えます.

受信実験

● アンテナの水平垂直で受信性能が変わる

動き回る衛星はたえず地上から見た目の向きが変わり，偏波面が変化し続けます.

「偏波面が変化する」とは，**図8**のように，送信と

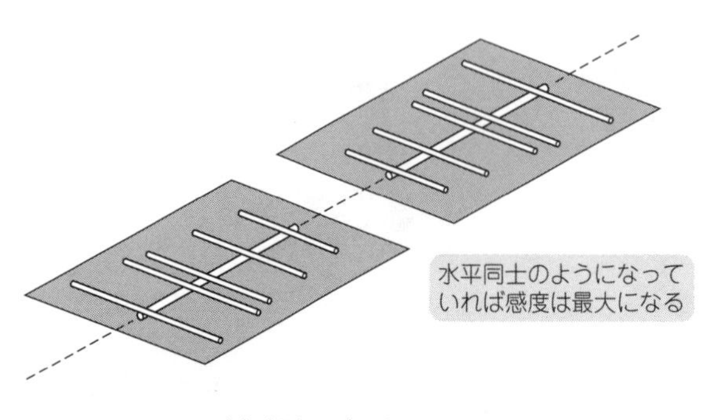

(a) 偏波面が一致している

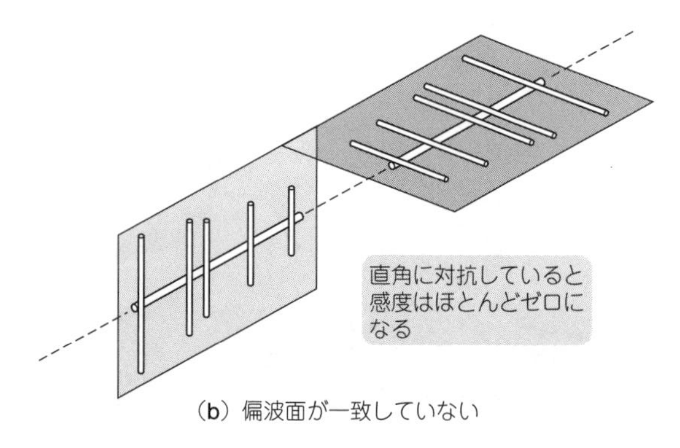

(b) 偏波面が一致していない

図8　送信アンテナと受信アンテナには向きの組み合わせがある
電界や磁界は横波なので，その向きが一致していないとうまく受信できない

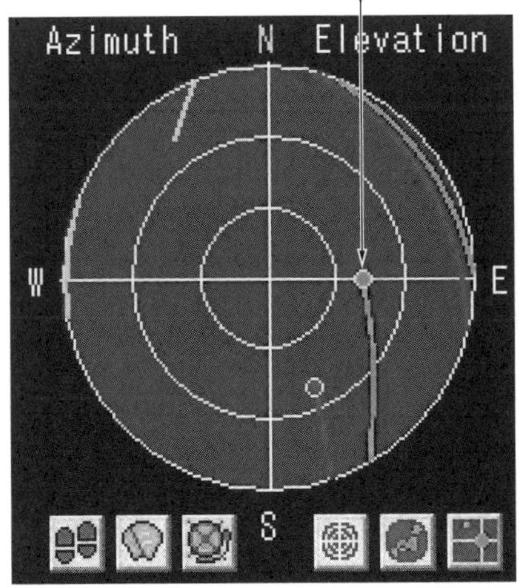

図9　衛星軌道計算ソフトCalSat32の画面を見てアンテナを手動で向ける
さらに偏波面を合わせるために，軸回転させて最大感度になる角度を探す

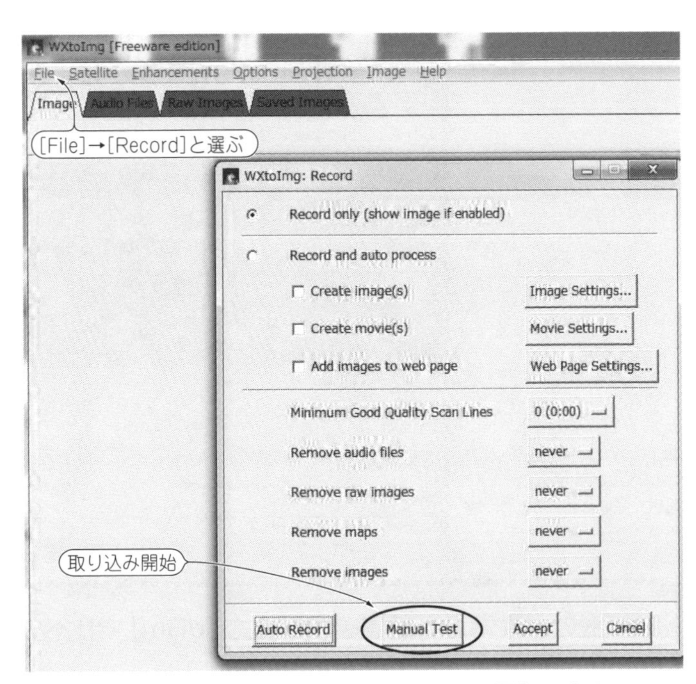

図10　受信したデータは変換用ソフトウェアWXtoImgで画像にできる

受信でアンテナの水平/垂直の関係が変化するという意味です．水平同士なら感度が最大，垂直だと感度ゼロになります．

例えばテレビ・アンテナは水平で使いますが，それを垂直にすると感度が著しく低下します．これは，テレビ放送では水平偏波を使用するという取り決めがあるためです．偏波面はそろえないと通信できないのです．

衛星からの電波を受信するためには，この偏波の問題が重要です．固定されたアンテナでは，受信感度の変動が大きくて実用的ではありませんでした．

偏波の変動に強い，クロス・ダイポールなどの衛星用アンテナを使うことも考えられますが，ほとんど市販されていないため入手困難です．自作するという手もありますが….

● STEP1：アンテナを手に持って，方向と軸回転を調整しながら受信

今回は，小型の八木アンテナを手に持ち，受信状態を見ながら手動で調整しました．八木アンテナを使う場合，この方法が最も簡単で効果がありました．

衛星軌道計算ソフトウェアCalSat32の天球画面(**図9**)でリアルタイムの衛星位置を確認し，まずアンテナをその方向に向けます．

受信信号の「ピーッ，ピーッ」という音か，あるいはスペクトラムの強度を画面で見ながら，アンテナを軸回転させて，最適偏波面を探します．この操作が最も簡単で効果がありました．このとき得られるPiラジオの出力を録音します．

● STEP2：受信した信号をパソコン上で画像に変換

こうやって受信した信号を画像変換ソフトウェアWXtoImgに読み込ませます．WXtoImgをインストールしてあるパソコンのマイク入力に受信信号を入力します．MacBookのEasyAudioRecorderを使って録音した信号を再生し，WXtoImgが動作しているパソコンへ入力しました．

指定したファイル形式に変換しておけば，ファイルを直接読み込むことも可能です．

WXtoImgを起動し，メニュー・バーの［File］-［Record］で**図10**の画面になります．［Manual Test］ボタンを押すと入力を受け付けるようになり，画像の描画を開始します．

このとき再生機器のボリュームを操作して，右下のvolの値が70程度になるよう調整します(**図11**)．描画を止めるには，［File］-［Stop］です．

このソフトウェアにはさまざまな画像処理機能があるので，詳細は以下のページを参照ください．

http://www.wxtoimg.com/support/ja_wxgui.html

＊

こうして得られた衛星画像が**図1**です．これは画像処理をしていない生の画像です．

偏波面と方角を探りながらの受信なので，所々信号が弱まってS/Nが悪化しています．偏波回転に強い衛星用アンテナを使えば，調整の必要が少なく，もっときれいな画像になると思います．

(初出：「トランジスタ技術」2017年1月号)

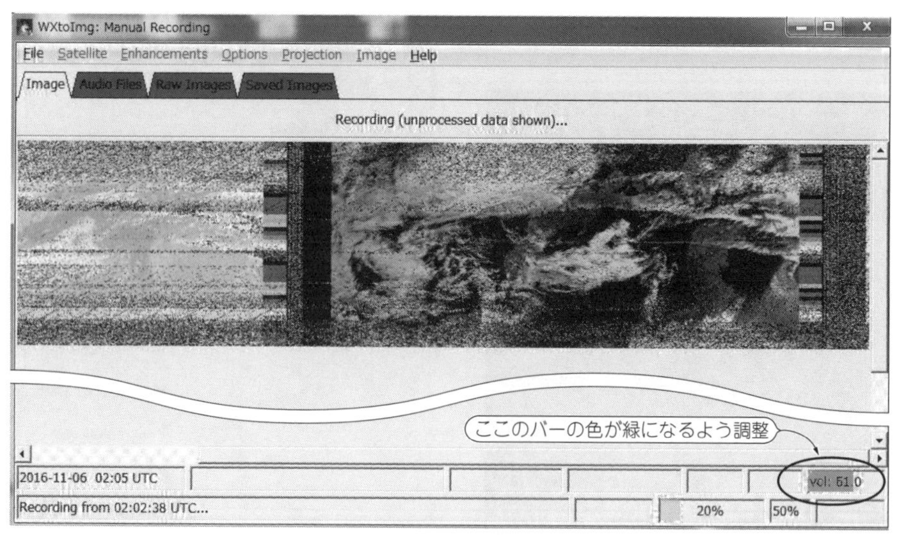

図11　WXtoImgへの入力はレベル調整が必要
適切な範囲に収まるように再生側で音量を調整する

無線機の送信電力や受信感度は電力[dBm]で比べる　Column 1

本特集では，通信で使う電力の単位［dBm］が何度も出てきます．他分野の人にはなじみにくい単位ですが，高周波や通信の世界では避けて通れません．**図A**に，dBmと他の単位との関係を示します．

アンテナから入ってきて処理できる電力の範囲は，だいたい－30～－120 dBmの範囲に収まります．この電力の扱える電力の範囲は，帯域によって大きく変わります．

〈加藤 隆志〉

電力[dBm]	電力[dBμ]	電力[W]	電圧[V](※)
30	137	1W	7V
20	127	100mW	－
10	117	10mW	－
0	107	1mW	0.2V
－10	97	－	－
－20	870	－	－
－30	77	1μW	7mV
－40	67	－	－
－50	57	－	－
－60	47	1nW	0.2mV
－70	37	－	－
－80	27	－	－
－90	17	1pW	7μV
－100	7	－	－
－110	－3	－	－
－120	－13	－	0.2μV
－130	－23	－	－
－140	－33	－	－
－150	－43	－	7nV
－160	－53	－	－
－170	－63	－	－
－180	－73	－	0.2nV
－190	－83	－	－
－200	－93	－	－

※高周波の世界では指定がないときは負荷50Ω

図A　高周波信号のレベルを表すdBmの換算値とイメージ

第7章 太陽の表面や－270 ℃に冷え切った宇宙の果ての温度測定に挑戦

Piラジオ×BSアンテナで作るアストロ・サーモ・レシーバ

加藤 隆志 Takashi Kato

通信用の電波とは異なり，得体の知れない電波を解析する例として，宇宙から地球に届いている電波をPiラジオで観測してみます．〈編集部〉

宇宙を飛び回る電波のうち数十M～十数GHzだけが地上に届く

電波というと，われわれ現代人が独占的に通信などに利用している物理現象だと思いがちですが，宇宙空間には自然界が作り出した電波があふれています．

電磁波まで考えれば，太陽などの恒星が可視光などの光を出しているのはわかると思います．それだけでなく，もっと周波数が低い電磁波である電波も，宇宙空間には多く存在しています．

そのため，電波を使った電波天文学という分野があり，電波望遠鏡と呼ばれる巨大なパラボラ・アンテナを使って，観測が行われています．

ただし，周波数が数MHz帯以下の電波は地球のまわり（大気の端）にある電離層に反射されるため，地表には届きません．逆に数十GHz以上も，大気中の水分子などに吸収されてしまい，地表には届きません．

図1に示すように，数十M～十数GHzの範囲だけが電波にとって宇宙への窓となっています．地上での電波天文の観測は，主にこの周波数範囲で行われます．

100kHz～10MHz	10MHz～20GHz	20GHz～3THz
電離層に反射され地上に届かない	地上に電波が届く周波数帯．この範囲が宇宙への窓	空気中の水分子などに吸収され地上に届かない

BS放送など衛星通信で使われる電波の帯域と宇宙から届く電波の帯域はほぼ同じ．人工衛星（宇宙）からの電波を受ける必要があるので当然ではある

図1 宇宙から届く電波は周波数範囲が限られている
Piラジオは50 M～2 GHzを受信できるので，この中の広い範囲をカバーできる

天の川や太陽からの電波を受信してみたい

天体が放射する電波には多くの種類があり，連続スペクトルのものや単一スペクトル，周波数帯域，強度などさまざまです．

その中でも比較的簡単な装置で受信可能なものに以下の2つがあります．

① 21 cm線

中性水素原子のエネルギ状態の変化によって放射される1.42040575 GHz（波長21 cm）の単一スペクトルです．アンテナを天の川など星雲に向けると観測できます．

21 cm線の1.4 GHzは，周波数が中途半端に低いため，パラボラ・アンテナが直径数mと大型になります．

② 黒体放射

あらゆる物質が放射する連続スペクトルの電磁波です．その強度と周波数域は温度に比例します．

電波の強度から物質の温度を知ることができ，ビッグバンの痕跡である宇宙背景放射や，太陽や月など近くの天体の温度測定ができます．

黒体放射は，連続スペクトルで帯域が広く，いろいろな周波数で受信できます．安価に入手できる12 GHz帯のBSパラボラ・アンテナが流用できるため，今回は黒体放射を観測することにしました．

BSパラボラ・アンテナは，受信した12 GHzを1 G～2 GHzの帯域にダウン・コンバートして出力します．Piラジオをそのままつなぐことで受信できます．

うそのようなホントの話：太陽の温度や宇宙の果ての温度を測る

● BSアンテナ＋Piラジオの構成

黒体放射を観測するシステムを**図2**に示します．

BSパラボラ・アンテナに今回製作したPiラジオをつないだだけの，とてもシンプルな構成です．

大学関係など，他の方の実験内容を見ると，BSア

ンテナの出力を広帯域アンプで増幅してダイオード検波し，ディジタル・マルチメータで電圧を測定する例が多いようです．この方法だと，信号として扱う帯域幅が数百MHzと広くとれるため，検波する際の電圧も数Vと大きくなり，測定は容易です．

Piラジオは BSアンテナから出力された1GHz帯の

Piラジオで宇宙誕生時に起きた大爆発「ビッグバン」の足跡を見る　Column 1

すべての物体は温度に応じた電磁波を放出しています．これを熱放射といいます．

ある物体からの電磁波を観測すると，熱放射だけでなく，ほかの場所からの電磁波が反射した成分も混じります．

ここで，外部から入射する電磁波をあらゆる波長で完全に吸収して，反射しない熱放射だけを出す物体を考えます．これを黒体と呼び，黒体からの熱放射を黒体放射といいます．黒体放射はその黒体の温度に比例します(**図A**)．

黒体は概念上の存在です．電波の帯域に限ると電波暗室などに使われる電波吸収体(**写真A**)が近いでしょうか．

図Aから，黒体は極めて低い温度域の1K以下(−272℃以下)では，1G～100GHzの電波だけを放射することがわかります．BSパラボラ・アンテナが受信できる12GHzはちょうどその中央で，広い温度範囲で黒体放射を観測できると期待できます．

体温は310Kです．この温度域では10M～100THzの微弱な電波が放射されています．

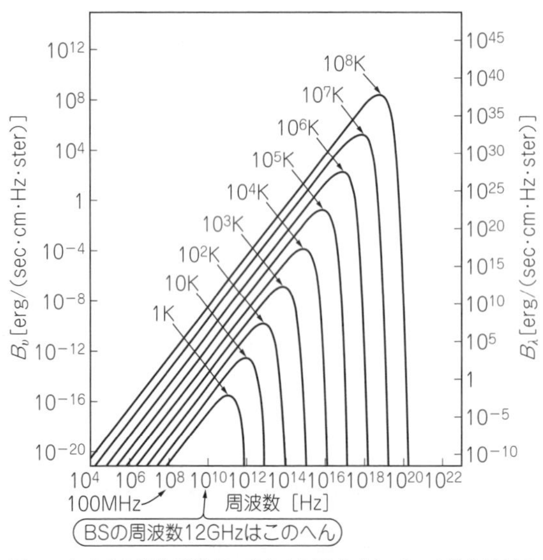

図A　すべての物体が温度に応じた電波を出している黒体放射のようす
温度が低いときは100M～100GHz．12GHzを受信できるBSパラボラ・アンテナがちょうどよい

● ビッグバンの痕跡，宇宙マイクロ波背景放射

すべての熱源から放射される黒体放射を精密に観測することで，宇宙誕生初期のビッグバンの痕跡を見ることができると言われています．

ビッグバン初期の熱い宇宙の時代は，水素原子がプラズマ状態になっているため，光子が多くの荷電粒子に邪魔をされて自由に空間を透過できず，宇宙は光学的に不透明でした．

宇宙がだんだん冷えてくるとプラズマは消え，光子が自由に空間を透過できるようになります．この時期が今から38万年前の温度3000Kの時代です．

現代は，その時代から宇宙の大きさは1000倍になったと考えられています．光子のエネルギは1/1000となるため，宇宙の温度は3Kとなります．

宇宙空間にアンテナを向けると，**図A**の黒体放射で3Kにあたる100M～1THzの電波が受信できます．これがビッグバン宇宙論の証拠でもあるわけです．

この3Kを地上で精度良く測るのは難しいため，今回はこの宇宙背景放射をゼロ基準温度として扱い，これを基準に他の天体の温度，具体的には太陽の温度を測定してみます．　〈加藤　隆志〉

写真A　電波暗室などに使われる電波吸収体は電波帯域では黒体に近い
三角錐なのは，なるべく反射を減らすため

信号をディジタル処理して電力測定を行います．使用する帯域幅は30 MHzほどで，A-D変換される際の電圧は300 Kで100 mV程度になり，少し不利です．

一方，フィルタや検波方式などの処理方法の最適化や条件の変更については，SDRであるPiラジオなら容易です．これがSDRを使う利点ではないでしょうか．

● Piラジオから BSアンテナに電源を供給する

BSアンテナは，BSチューナとの接続の規格が決まっているため，ほとんどのものが使用可能です．

アンプや変換器が内蔵されているため，電源が必要です．電源は，RF信号と同軸ケーブルを共用しています．15 Vの電圧をRF信号に重畳して印加できるバイアス・ティー回路が必要です．

バイアス・ティーを組み込んだPiラジオ内部のようすを**写真1**に，バイアス・ティーの回路を**図3**に示します．

今回，BSパラボラ・アンテナとして，生産終了品ですがBS-TA352(TDK)を中古で入手しました．センタ・フィード・タイプを選択したかったからです．この形式のアンテナは，小型であることと，センタ・フィード部分の影を見ながら調整すれば，太陽の正確な捕捉が容易である点から採用しています．

● 信号処理方法

図4に示すのは，BSアンテナから出力される信号をスペクトラム・アナライザで観測した結果です．これは室内の300 Kの環境を受信している，つまりアンテナを室内にただ置いている状態です．

この信号は，300 Kの黒体放射以外にもアンテナの

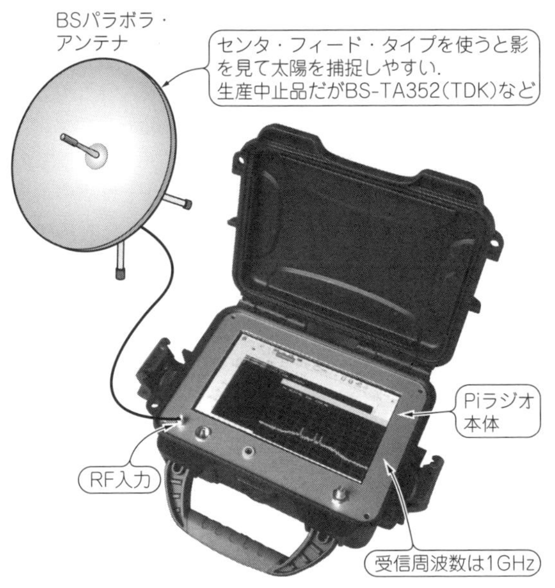

図2　12 GHz付近の電波を受信するシステム
BSアンテナからは1 GHz付近の電波が得られる．これをPiラジオに直結する

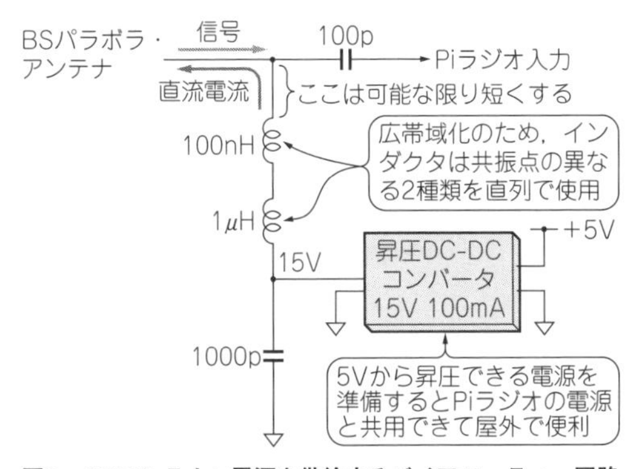

図3　BSアンテナへ電源を供給するバイアス・ティー回路
BSアンテナへ15 V電圧を供給する

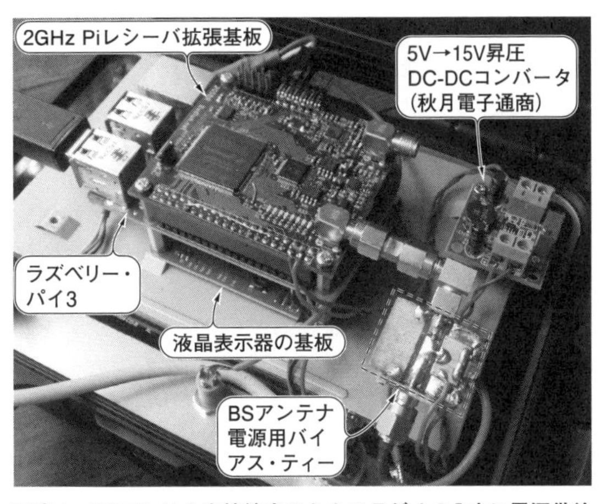

写真1　BSアンテナを接続するためPiラジオの入力に電源供給機能を追加した
バイアス・ティーは，高周波信号線に直流バイアスを加えられる分岐回路

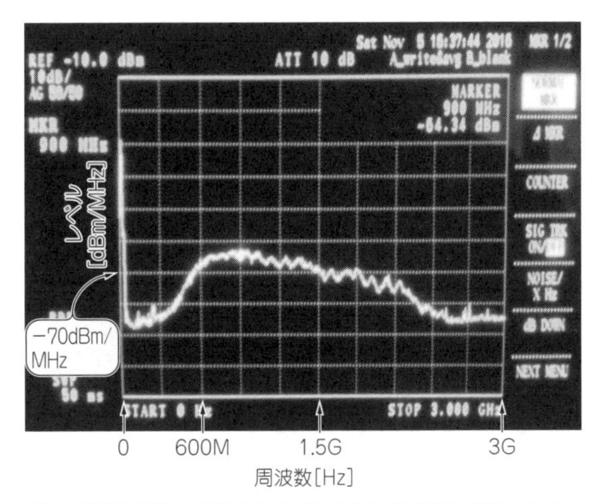

図4　適当な方向へ向けたBSアンテナの出力をスペクトラム・アナライザで観測
600 M～1.5 GHzの広範囲に－70 dBm/MHz以上の出力がある

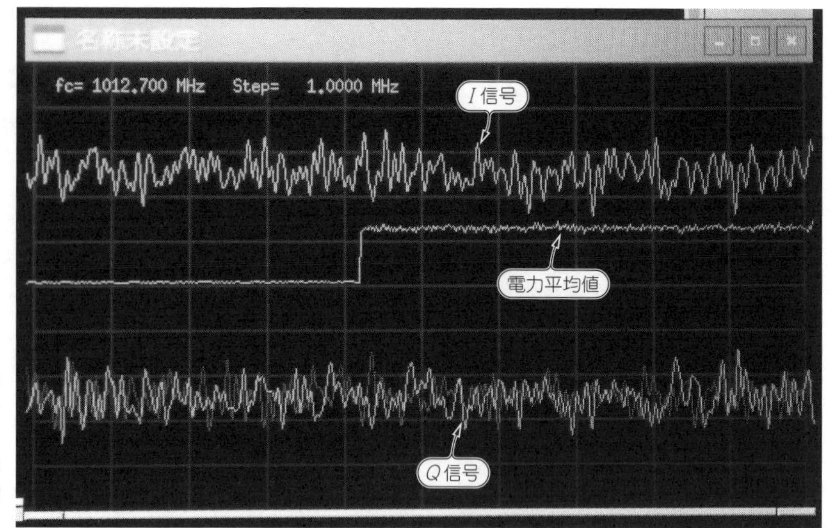

図5　BSアンテナを接続したPiラジオで室内(300 K)のホワイト・ノイズを観測
I/Q復調を使っているので，2つの出力が得られている．この2つの信号を合算して出力にしている

初段アンプの熱雑音も含まれており，比率としてはそちらのほうが大きくなります．このスペクトラム分布から見て，黒体放射の信号の波形はホワイト・ノイズと同じくランダムになるはずです．

図5は，アンテナをPiラジオにつなぎかえて観測した300 Kのホワイト・ノイズです．この受信波形を処理して黒体放射の量を求めます．

Piラジオは直交復調を使っているので，I信号とQ信号の2つが得られていて，位相と振幅の両方を求められます．位相は無視して，各サンプリングごとに振幅のみを取り出します．I/Q信号の詳細は後述します．

$$P_{out} = \sqrt{I^2 + Q^2}$$

測定結果

● アンテナをいろいろな方向に向けて振幅を観測

P_{out}を時間軸方向にプロットした結果を**図6**に示します．アンテナをいろいろな方向に向けて，振幅の変化を取ってあります．

最も小さな値を示すのは，雲のない晴天の天頂方向にアンテナを向けたときで，平均値は65 mVです．

次に小さいのが，太陽にアンテナを向けた際の80 mVです．最も電圧が大きくなるのは，日陰の地面(実測12℃ = 285 K)にアンテナを向けたときの97 mVです．

最も電圧が大きくなるときは太陽に向けたときだと思いがちですが，アンテナで受信できるエリアに対しては太陽の大きさがわずかなので，他のほとんどの面積を占める宇宙空間との平均値になり，あまり大きな値が得られません．

アンテナを天頂方向に向けると，まさにビッグバンの痕跡である3 Kの黒体放射を測ることができます．

3 Kよりも低温の物質はなかなかないため，今回はこの宇宙背景放射を「ほぼ0 K」として扱うことにします．そうすると，この時の検出電圧65 mVのほとんどはBSアンテナの初段アンプが発生するノイズであるとわかります．

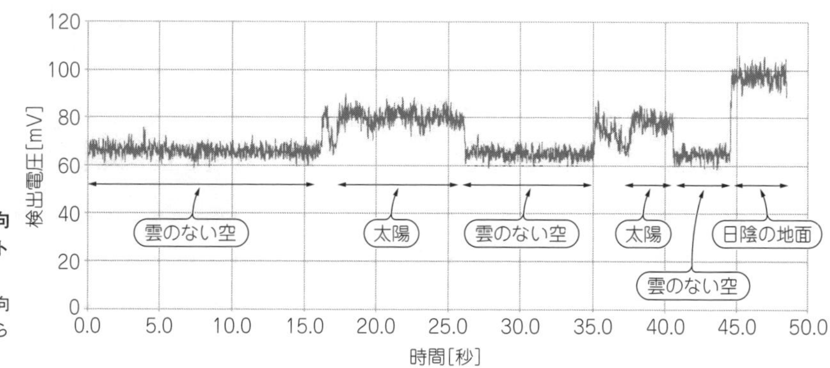

図6　BSアンテナをいろいろな方向に向けたときの電波強度をプロットした
電波のレベルが一番小さいのは空に向けたとき．地面に向けると，地面からの黒体放射が測定されるため

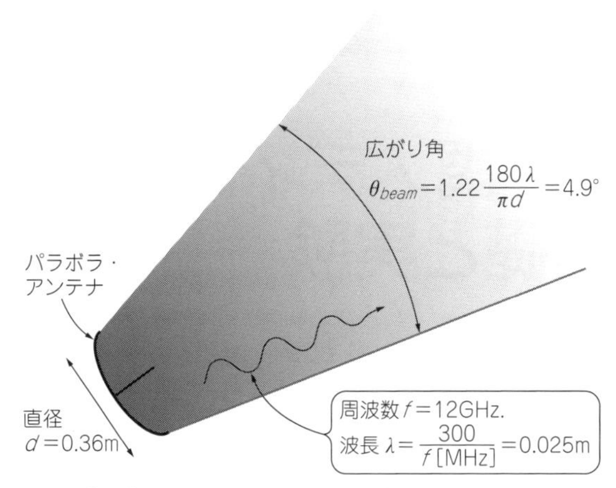

図7　パラボラ・アンテナが受信する電波の範囲
理想的にはビームのように一直線だが，パラボラのサイズと波長に応じて少し広がってしまう

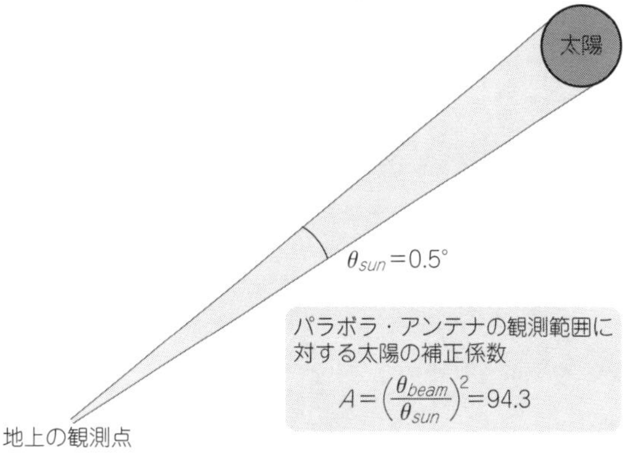

図8　パラボラ・アンテナの受信範囲のうち太陽がどのくらいの領域を占めるのか考えて補正係数を求める
太陽以外からの電波と平均されてしまうので，それを補正する

● パラボラのビーム角度を考えて太陽から届いた電波の強さを計算する

パラボラ・アンテナから電波を送信したと仮定します．その時，パラボラの直径のままビームがまっすぐ飛んでいくのが理想で，原理的にはそのような形状に作られているのがパラボラ・アンテナです．

実際は電波の波長とパラボラ・アンテナの直径の関係から，ビームは広がっていきます(**図7**)．これは受信の場合も同様です．

この式からパラボラ・アンテナは波長が短いほど，直径が大きいほどビームを絞れることがわかります．

太陽も同様に，観測点から見ると完全な点ではなく広がりがあるため，ビーム角度を考えることができ，これは0.5°です(**図8**)．

このビーム角度の比から，パラボラ・アンテナが受信する範囲のうち，太陽の占める割合を表す係数Aが求まります．太陽をパラボラで受けた際の黒体放射の電圧にこの係数を乗算することで，太陽の黒体放射の補正値が求められるはずです．

表1　測定結果から太陽の温度を推測
通常知られている表面温度よりも高い値になってしまった

場所	電圧	
太陽	80.436 mV	
天頂	65.013 mV	←これをノイズと見なす
日陰の地面	97.510 mV	

(a) 測定値

場所	電圧	
太陽	15.423 mV	←ノイズの影響を除去
日陰の地面	32.496 mV	←ノイズの影響を除去

(b) ノイズ補正値

項目	値	
ビーム角度	4.9°	
補正係数	94.3	
補正値	1453.7 mV	←94.3×15.423
太陽温度	12749.3 K	←285×1453.7÷32.496

(c) 計算結果

● 計算結果

表1に計算結果を示します．

天頂を測定したときの3 Kの測定値を温度ゼロのときの値と見なして，ノイズ成分による値とします．

太陽と地面の測定値から，ノイズ成分の65 mVを引きます．ここで問題なのは，地面は理想的な黒体ではないことです．黒体と見なしていますが，実際は誤差が生じると思われます．できれば，パラボラ・アンテナを覆える大きさの電波吸収体を黒体と見なして，そちらに向けたときの値を採用するとよいでしょう．

ノイズ補正された太陽の測定値に，先ほど計算した補正係数94.3をかけて1453.7 mVを得ます．これはパラボラのビームを絞って，100 %で太陽からの黒体放射を受けたと仮定した電圧です．

285 Kのときの電圧が32.5 mV，太陽の電圧が1453.7 mVなので，その比から太陽の温度［K］を求めます．

$$285 \times 1453.7 \div 32.496 \fallingdotseq 12749\ \mathrm{K}$$

一般的に知られている太陽の表面温度5777 Kよりもずいぶんと高い温度になりました．

地面の放射率が理想的黒体よりも若干低いとしても誤差が大きいことから，太陽表面付近にある高温部分の影響が出ているのかもしれません．

(初出：「トランジスタ技術」2017年1月号)

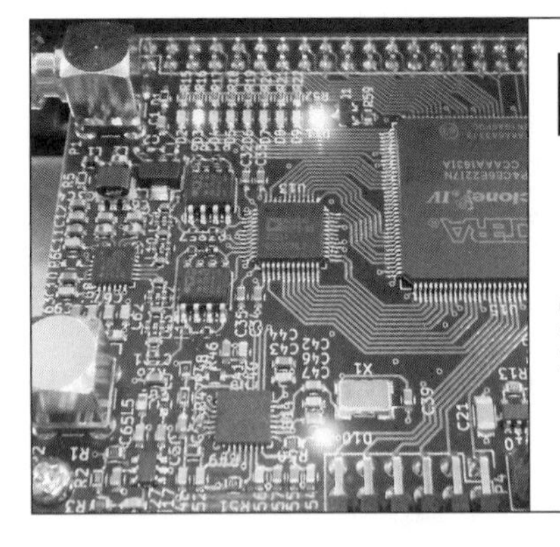

第8章 夢のRFコンピュータ・トランシーバ製作① 準備

アナログ変調/ディジタル変調の基礎と実験

加藤 隆志 Takashi Kato

第8章からは，実験を通じてディジタル無線の原理とそのメリット，ソフトウェア無線の魅力を紹介します．本章では最初のステップとして，電波の周波数に信号を乗せる変調が乗算回路でできること，復調時に元の信号を取り出すときは，再度同じ周波数を乗算すればよいことを説明します．〈編集部〉

今やディジタル無線機は日用品

● 一般家庭にも無線通信機器が普及している

近年は，家の中に無線通信機器が普及しています．10台以上の無線通信端末がある家も珍しくありません．

- Bluetoothのマウスやキーボード，スピーカ
- Wi-Fi内蔵のPCやルータ，テレビ，カメラ
- スマートフォンや携帯電話

これらはすべて立派な無線機で，どれも複雑なディジタル通信技術が詰まったものです．私たちは無線機と意識することなく日用品として利用しています．

ディジタル通信は，高密度なASICやFPGA，信号処理LSIや大規模な演算装置が必要です．ディジタル通信が全盛なのは，膨大な開発コストをかけてもペイする大きなアドバンテージがあるからです．

- 周波数利用効率が高い
- データ通信との相性が高い
- 秘話性，秘匿性に優れる

● ディジタル化されたからこそ無線機はコモディティ化した

電話など人の音声の場合，ディジタル化することでデータ圧縮技術を利用でき，限られた帯域で多くの情報を伝送できます．若干の音質劣化を許容できれば，オーディオ用のMP3など非可逆圧縮を利用すると，非圧縮のリニアPCMと比較して1/10程度にまでデータ量を圧縮できます．

AACやVobisなど，さらに圧縮率が高い方式も使えます．携帯電話などのディジタル音声通信では，人の音声の特徴をモデル化したCELP(音声符号化)が使われていて，MP3などのオーディオ用よりも高圧縮です．音声以外の音，例えば音楽などでは著しく音質が劣化することが携帯電話で体験できます．

データ量が1/10になるということは，帯域分割または時分割で，アナログ通信の10倍の回線を扱えるということです．1人1台携帯を持ち歩く時代においては不可欠な技術です．

そのほか，暗号化との相性が良い，周波数ホッピングを利用できるなど，さまざまなアプリケーションにおいて，それぞれ最適な通信方式で対応できる柔軟性もディジタル通信の大きなメリットです．

ディジタル信号処理を利用し，帯域を広げて周波数あたりのデータ・レートを遅くすることで，妨害電波への耐性を高めたり，電波が届く経路が複数あるマルチパスの影響を低減したりできます．アナログ無線では実現が難しいディジタル通信のメリットです．

アナログ変調器

今回は，ディジタル変調の話をする準備として，市販のミキサICを使ってアナログ変調の実験をしてみます．

■ あらまし

● 変調は搬送波(キャリア)と信号の乗算

変調回路の基本になるのは，乗算回路つまりミキサです．文字通り2つの信号を掛け算する機能の回路で，変調，復調，周波数のコンバートなど，無線通信には不可欠な回路です．

▶ON/OFFで変調

最も古い変調は，モールス信号(CW)です．CWとは搬送波(キャリア)を断続的にON/OFFした波形(**図1**)です．ON/OFFは，キャリアに1か0の値を乗算したものと等価です．この情報の部分(1/0)をベースバ

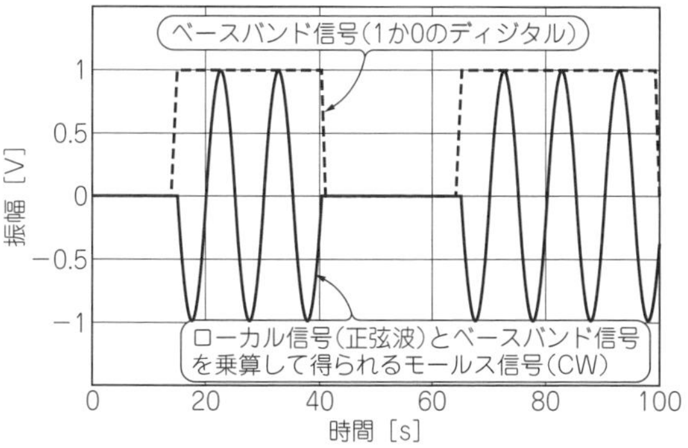

図1　搬送波(キャリア)をON/OFFする変調CW
0または1のベースバンド信号を乗算していると考えられる

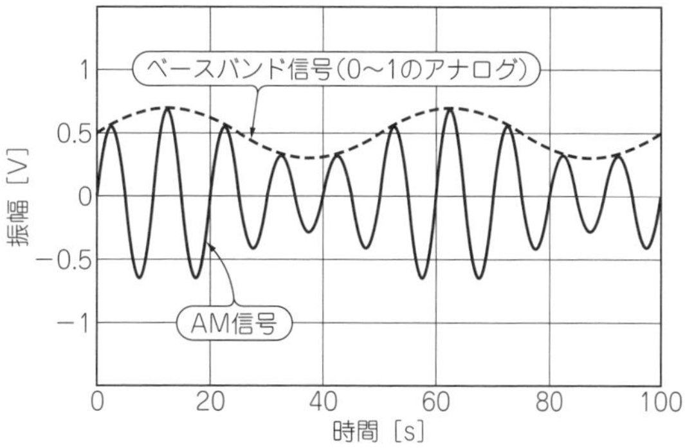

図2　AM変調はキャリアに0～1のアナログ信号を乗算している
0より大きな信号を使うのが特徴

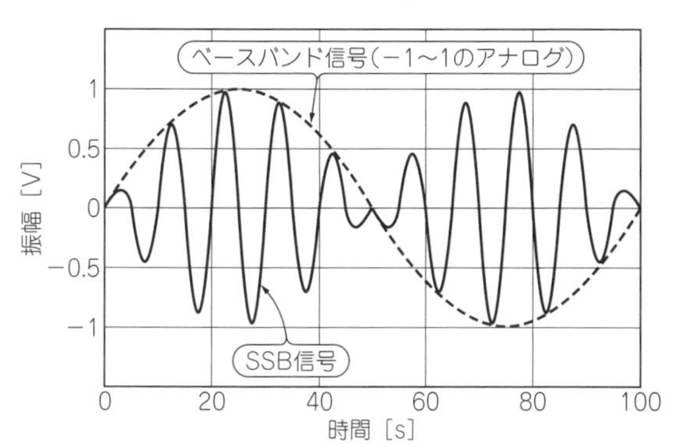

図3　キャリアに−1～1のアナログ信号を乗算するのがDSB
アマチュア無線で昔から使われているSSBという方式に近い．SSB受信機で受信できる

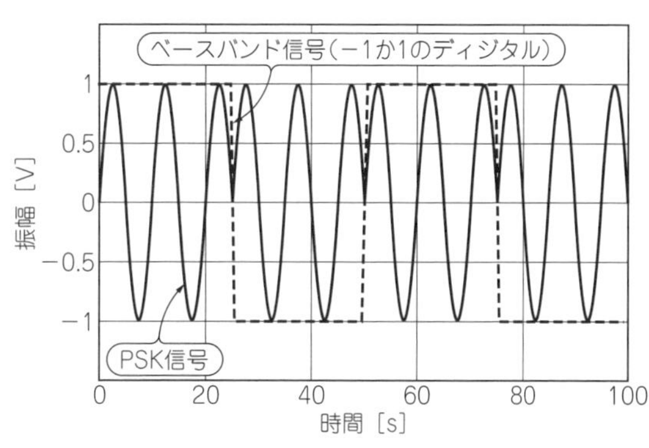

図4　キャリアに−1または1のディジタル信号を乗算するとBPSKになる
2値のディジタル変調．DSBの仲間なのでSSB受信機でも復調できる

ンドと呼びます．

▶アナログ変調で変調

AMの場合は，常に正の値(または常に負の値)のベースバンド信号(音声)を乗算したものです(**図2**)．

それでは，正負にまたがるベースバンド信号を乗算すると，どうなるでしょうか．**図3**に示すような，途中で位相が反転するDSB(Double Side Band)という変調波になります．古くからあるアナログのSSB(Single Side Band)方式に近い変調方式です．このDSBがディジタル変調の基本です．

▶ディジタル信号で変調

ベースバンドが1/−1のディジタル信号の場合，乗算結果は**図4**のように2位相を切り替えるBPSK(Binary Phase Shift Keying)というディジタル変調になります．

BPSKは2値だけなのでミキサ1個で実現できます．アナログ変調のDSBと同じ回路で，ディジタル変調ができるわけです．

▶ディジタル変調された信号を取り出す

受信機で元に戻す場合は，**図5**のように同じ周波数のローカル信号で乗算すると，ベースバンドの周波数帯域に戻ります．このままではまだキャリア周波数成

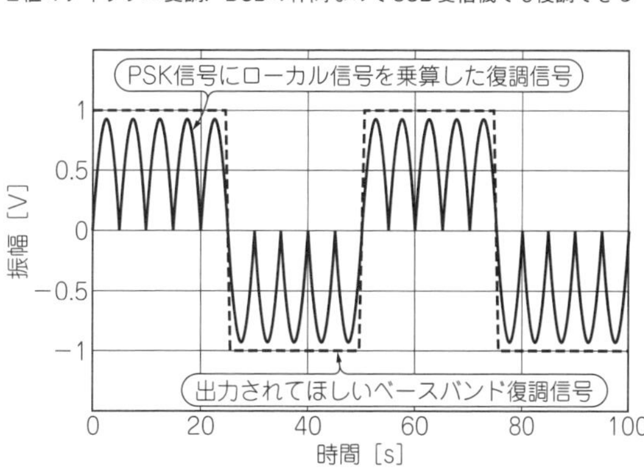

図5　BPSK信号はキャリアと同じ周波数のローカル信号を乗算すると復調できる
乗算したあとにベースバンド帯域だけ取り出すフィルタをかける

分が残っているため，フィルタでベースバンドだけを取り出すと元の1/−1のディジタル信号に復調されます．これがディジタル変復調の基本動作です．

■ 作り方

変調と復調のキー・パーツは乗算器です．実際の回路ではどのように実現するのでしょうか．

● トランスとスイッチ素子を使う

古くからあるのは，**図6**のようにトランスを使う方法です．トランスで差動信号を生成して，スイッチで＋側または－側のどちらかを選択します．スイッチはキャリアの周波数でON/OFFする必要があるので，高速で動作するダイオードやFETが使われます(**図7**)．

バランスド・ミキサと呼ばれる回路で，現在でもマイクロ波帯などの比較的高価な通信機や計測器などで使用されています．

● トランジスタによる乗算回路を使う

近年の主流は，差動信号をバイポーラ・トランジスタの差動アンプで生成させるギルバート・セル方式です．バイポーラ・トランジスタだけで構成できモノリシックIC化しやすいため，最近の高周波ミキサはほとんどこのタイプになっています(**図8**)．

ギルバート・セル方式のダブル・バランスド・ミキサIC，NJM2594(新日本無線)を使って乗算器を作ってみました．安価で，1個150円ほどで購入できます．

● ICミキサ NJM2594による変調器

ダブル・バランスド・ミキサIC NJM2594を使った乗算器回路を**図9**に示します．わずかな外付け部品で変調器として動作します．

この変調器を使って実験するために，出力を無線受信機に接続することを考えます．受信機のアンテナ入力は，空中を伝わって減衰した電波を受けることを想定して作られています．振幅が大きい変調器の出力を直接つなぐには，30 dB以上の減衰が必要です．3番ピンの1 pFで，DCカットと減衰器の代用をしています．

このICの周波数特性はローカル信号(キャリア)が100 MHzまではほぼフラット，300 MHzで約6 dBダウンです．

▶NJM2594を使うときの注意点は2つ

1つ目の注意点は，ローカル入力とベースバンド入力の差動の片側が，**図10**に示すように6番ピンで共有されていることです．6番ピンはGNDにバイパスします．キャリア周波数とベースバンド周波数の両方で，十分に低いインピーダンスにする必要があります．大きめの容量と小さめの容量を並列接続して広帯域化するとよいでしょう．ここでは0.1 μFと1000 pFを並列にしました．

もう1つの注意点は，ギルバート・セル出力の高いインピーダンスをエミッタ・フォロワで低いインピーダンスに変換する回路が入っていることです(**図11**)．50 Ω系の入力に接続する場合はエミッタ・フォロワ側の3番ピンを使用します．

▶数百MHzまで動かすには実装が大切

数百MHzまで動作させるので，高周波信号を通すときのパターン(マイクロストリップ・ライン)にします［**写真1(a)**］．

簡単な手削り基板ですが，実験には手軽で性能的にも満足できる構造です．なるべく小さく作るほうが安定動作しやすいでしょう．

伝送路インピーダンスの不整合を防ぐために，端面にはんだ付けできるタイプのSMAコネクタを使用します．裏面のGND側もしっかりコネクタとはんだ付けします［**写真1(b)**］．

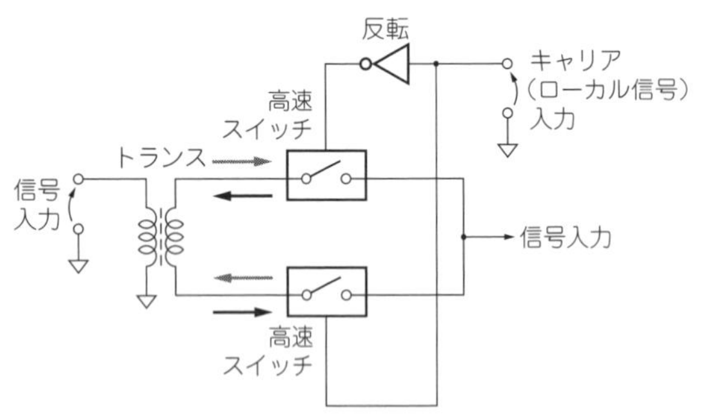

図6　変調に必要な乗算器を作る方法その1…バランスド・ミキサ
トランスを使って正負の信号を作り，スイッチで正負を切り替える

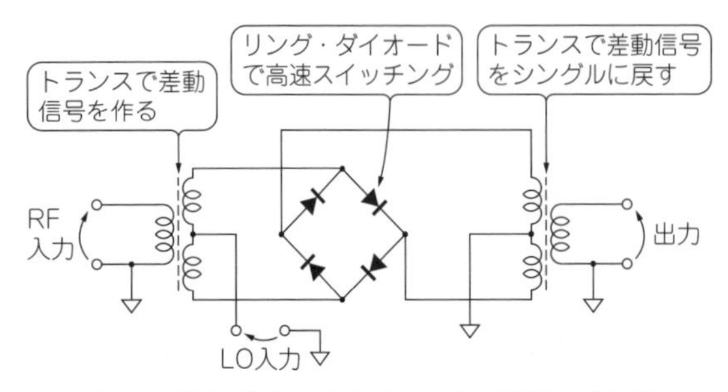

図7　図6の方法はダイオードなどをスイッチ素子として使う
現在でも周波数が高いマイクロ波帯域の無線機で使われている

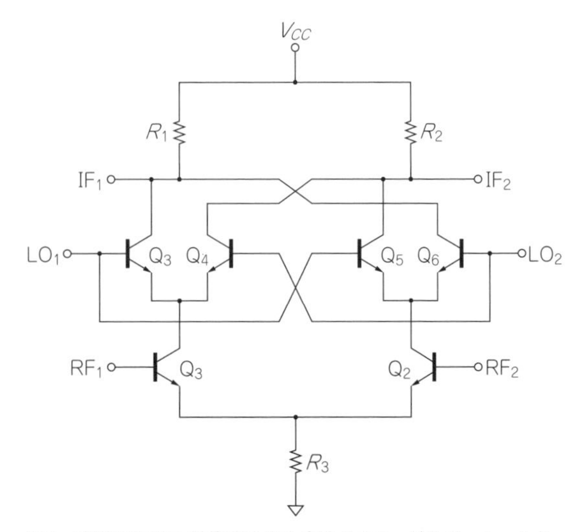

図8　変調に必要な乗算器を作る方法その2…ギルバート・セル
トランジスタだけで作れるのでIC化しやすい．現在の主流

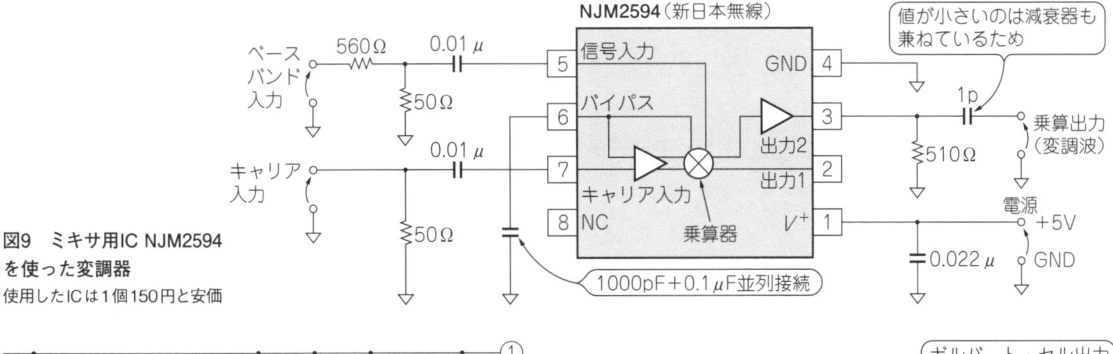

図9　ミキサ用IC NJM2594を使った変調器
使用したICは1個150円と安価

図10　ミキサIC NJM2594のバイパス端子まわりの内部等価回路
ベースバンド帯域とキャリア帯域の両方でしっかりバイパスする必要がある

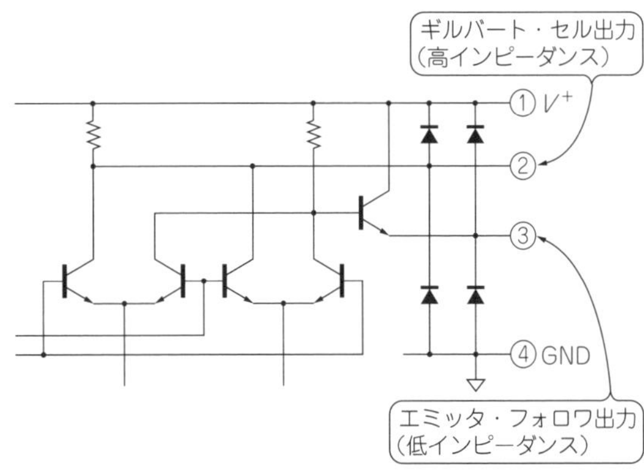

図11　ミキサIC NJM2594の出力端子まわりの内部等価回路
出力端子は2種類ある．50Ωで使うならエミッタ・フォロワ

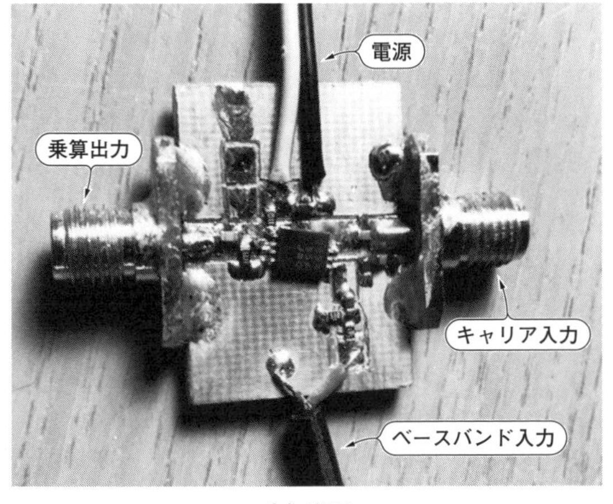

(a) 表面

(b) 裏面

写真1　ミキサIC NJM2594の実験回路を両面基板で作る
入出力インピーダンスを50Ωに合わせたパターン幅にして，なるべく小さく作る．表裏両面にはんだ付けできるコネクタを使う

アナログ変調とその復調

● 信号源と受信機を用意する

実験には，ローカル周波数を発生させる信号源が必要です．周波数は1M～300MHzのものを選びます．信号レベルは－30～＋10dBmの範囲です．

同時に，変調波を復調できる受信機が必要です．今回はDSBの変調を実験するため，SSBが受信できるラジオが必要です．SSBが受信できるラジオは短波帯が受信できるもの(しかも高級機)になります．すると，受信機に合わせて周波数は3M～30MHzの範囲になります(**図12**)．

第1章～第7章で解説したラズベリー・パイ受信機(Piラジオ)は，信号源でもあり，DSB受信機でもあります．周波数は50M～300MHzの範囲で選べます

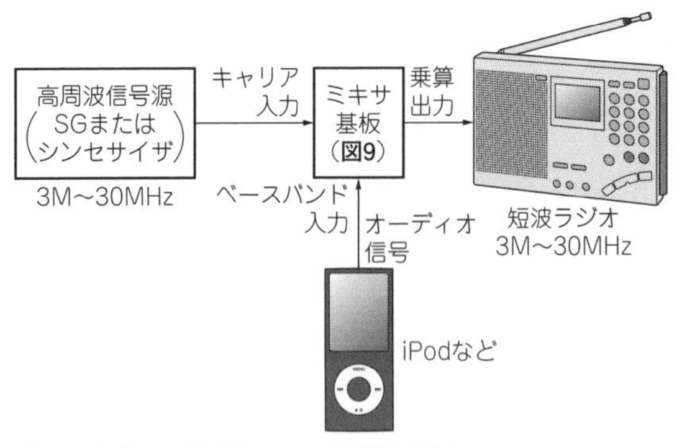

図12　実験には信号源とSSB受信機が必要
SSB受信機は短波帯のラジオが使える．すると信号源の周波数は3M～30Mになる

図13　第1章～第7章で解説したPiラジオを使うと1台で実験できる
DSB受信機能を持つ上に，受信周波数と同じ周波数を出力する機能を持っている

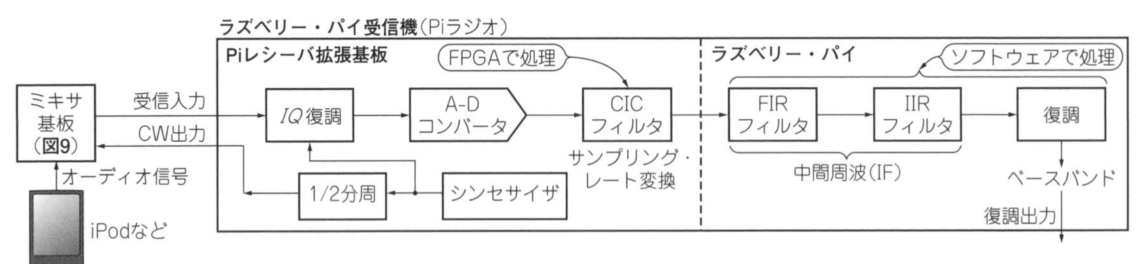

図14　Piラジオを使ったときの変復調実験のブロック図
ディジタル信号処理でFIRフィルタやIIRフィルタなどが実現されている

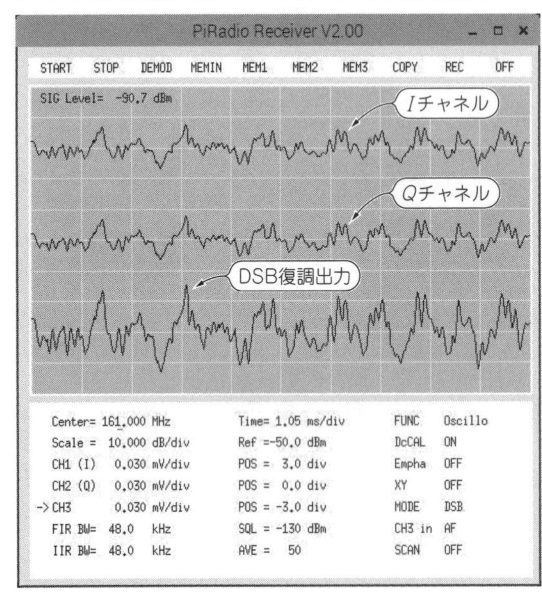

図15　Piラジオの受信画面(オシロスコープ表示)
受信周波数，フィルタ帯域などが設定できる

(**図13**)．以下の説明はPiラジオの使用を前提にして進めます．

● 変調をかけた信号を作って復調してみる

変調に使うベースバンドは，ラジオなどで復調できる帯域の信号なら何でも使えます．最も簡単なのはオーディオ信号です．信号源としては，PCやスマホなどの音楽再生アプリで得られる信号で十分です．この信号をミキサの信号入力に接続します．

Piラジオの場合は，以下の設定で音声が再生されるのを簡単に確認できます．

> Center：50M～300 MHz
> ※50.000 MHzの整数倍はクロックのスプリアスがあるため避ける
> MODE：DSB
> BW_{FIR}：48 kHz
> BW_{IIR}：48 kHz

Piラジオを使ったときの変復調実験のブロック図を**図14**に示します．

Piラジオ受信ソフトウェアのオシロスコープ画面は**図15**で，上段はIチャネル，中段はQチャネル，下段はDSB復調出力です．IチャネルとQチャネルは，後述しますが同じ周波数で位相が90°ずれているキャリア信号とのミキシング結果です．

● 同じ周波数のキャリアなのに90°違うとミキサ出力が独立して現れる

DSB信号を復調して波形をPiラジオのオシロスコープ表示で観察していると，興味深い現象が見られます．

図16のように周波数を変えていくと，ch1(Iチャネル)とch2(Qチャネル)の振幅が互いに大きく変化し

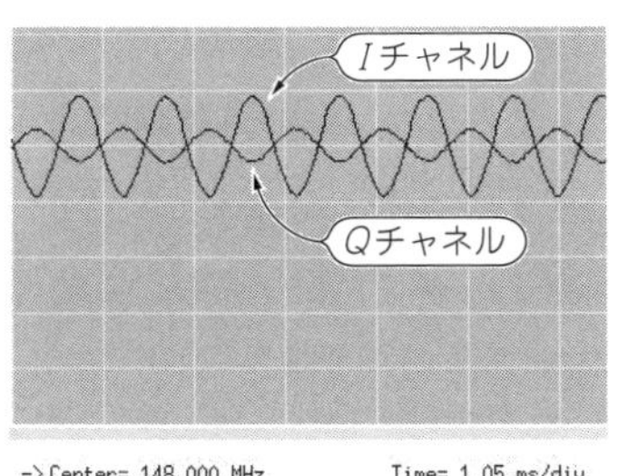

(a) 148MHz

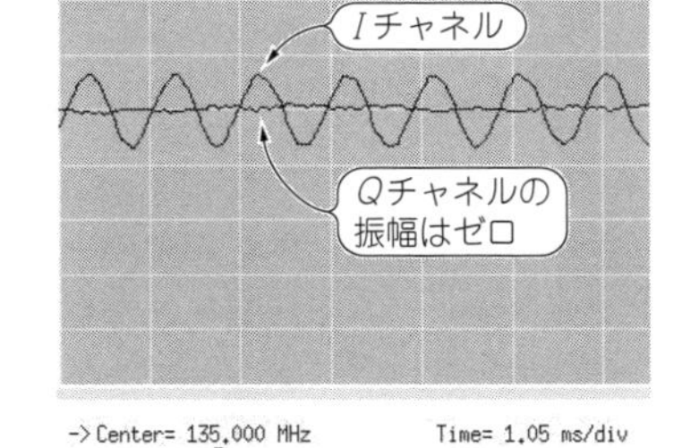

(b) 135MHz

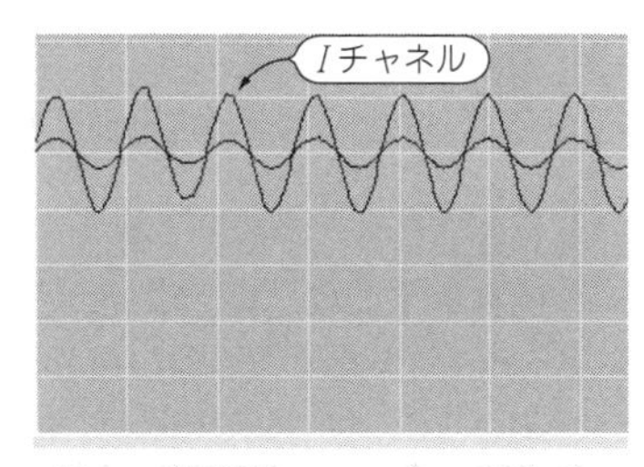

(c) 101MHz

図16 受信周波数を変えるとIチャネルとQチャネルの振幅が変わっていく
Iチャネルの振幅が最も大きくなる時はQチャネルの振幅がゼロになる

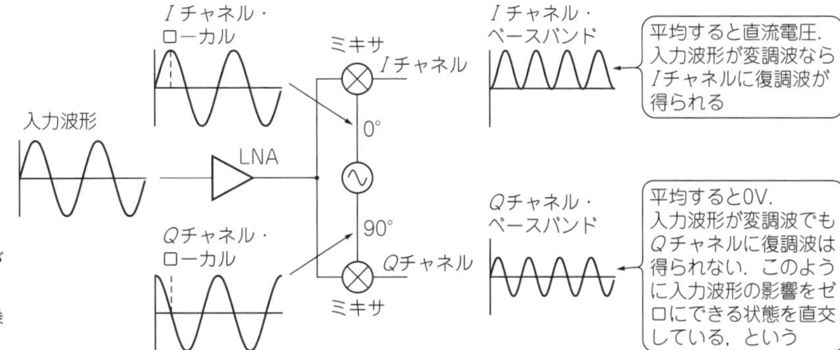

図17 IとQは同じ周波数で位相が90°ずれている
うまく位相を合わせると，ミキサで乗算した結果は片方にしか現れない

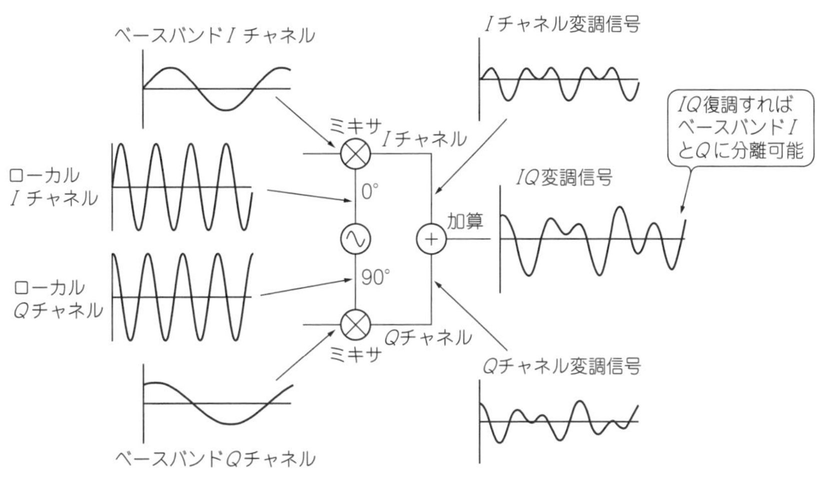

図18 IとQは独立して変調および復調ができる
同じ周波数でも，位相が90°に直交していれば，IとQは分離できる

ます．アンプなどの周波数特性の影響により振幅は変動しますが，ch1(Iチャネル)が最大のとき，**図16(b)**のようにch2(Qチャネル)の振幅はゼロになります．

▶周波数を変えると位相も変わっている

周波数を変えたとき，変調部→復調部の間にケーブルなどの線路があるため，周波数によって電気長が変化して位相が変化しています．周波数を一定にして線路長を変えても，同じように位相が変化します．

▶位相が90°ずれで直交していると，一方の復調出力は最大，もう一方の復調出力がゼロになる

IチャネルとQチャネルは，復調回路のキャリア位相が90°ずれた**図17**のような信号の乗算結果です．このように位相が90°ずれると，他方の信号が完全になくなってしまいます．この状態を直交していると呼び，同じ周波数を使っているのにもかかわらず，お互いに他方の影響を完全に分離できます．

そのため，変調側にもう1つ90°位相差のある乗算器を追加すると(**図18**)，2つの異なるベースバンド信号を同じキャリア周波数(ローカル周波数)で変調して，受信側で完全に独立した信号として取り出せることを表しています．

(初出：「トランジスタ技術」2017年8月号)

ソフトウェア無線ならではの可変フィルタ　　Column 1

▶無線通信ではなるべく帯域を狭くする

Piラジオでは，図14に示すようにFIRフィルタとIIRフィルタで復調前の信号帯域を狭めます．

これらのフィルタの帯域を狭くすると再生される音声の帯域が狭くなって情報量は減りますが，同時にノイズ成分が大きく抑圧されるため，聞き取りやすくなります．一般的に無線通信では必要最低限まで帯域を絞り，*S/N*が最も良くなるようにします．

Piラジオは，復調前の中間周波(IF)の中心周波数が0 Hzになるゼロ IFと呼ばれる方式を使っています．

変調された音声の帯域は，48 kHzサンプリングの場合24 kHz以下です．

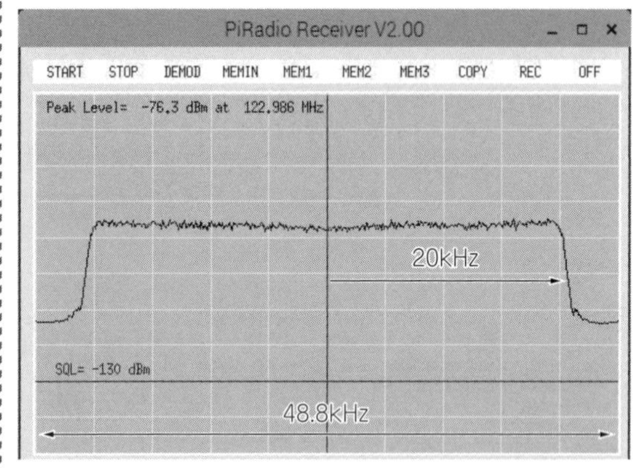

(a) 40 kHzで帯域制限

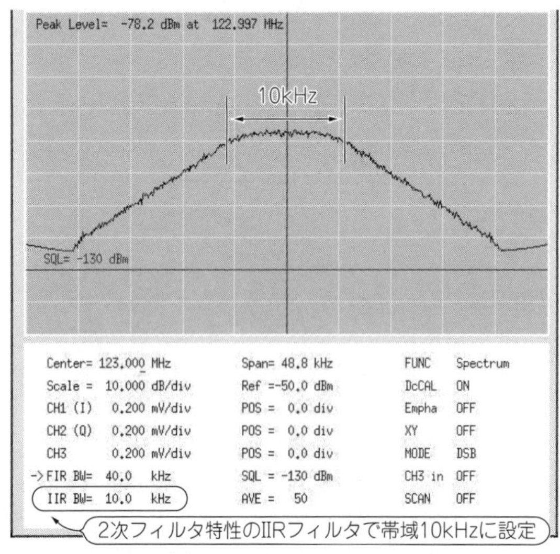

(b) キレの悪いIIRフィルタ

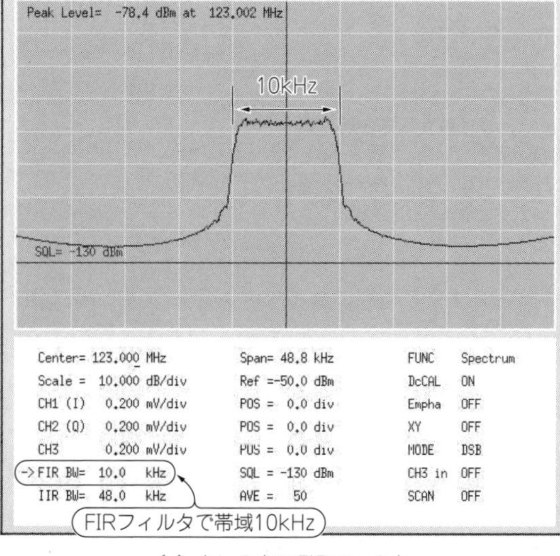

(c) キレの良いFIRフィルタ

図A　平坦な周波数特性を持つベースバンド信号を受信したときのフィルタによるスペクトラムの違い
均一なスペクトラムをもつホワイト・ノイズを信号源にしたときの変調信号のスペクトラムをPiラジオで観測

復調前の中間周波ではこれが倍に広がるため，FIRとIIRのフィルタ設定を48 kHzにすると，全帯域通過となります．

▶フィルタなし相当

図A(a)はベースバンドにホワイト・ノイズを加えたときのPiラジオでのスペクトラムです．ホワイト・ノイズは広い帯域にわたって一定の強さの電力が分布する信号なので，変復調の周波数特性を確認できます．帯域制限40 kHz，カットオフ20 kHzのFIRフィルタのスペクトラムです．

▶IIRフィルタで帯域制限したようす

ここでIIRのBW設定を下げていくと，図A(b)のように帯域が狭くなっていきます．帯域制限は10 kHzです．このとき，音声の高域が抑圧されるようすが聴感上，確認できると思います．

このIIRは2次LPFの特性であるため，カットオフ周波数$f_C = BW_{IIR}/2$ [kHz] より高域は12 dB/octの減衰特性になります．位相特性はf_Cで90°，それ以上は最大180°まで位相が回転します．

▶急峻なFIRフィルタで帯域制限したようす

PiラジオのFIRは急峻な減衰特性を持つように作られているため，図A(c)のように帯域制限10 kHzに設定した場合，10 kHzより外側の信号が急峻に減衰する特性です．FIRなので位相回転は起こらず，どの周波数域でも直線位相(群遅延が一定)です．

〈加藤 隆志〉

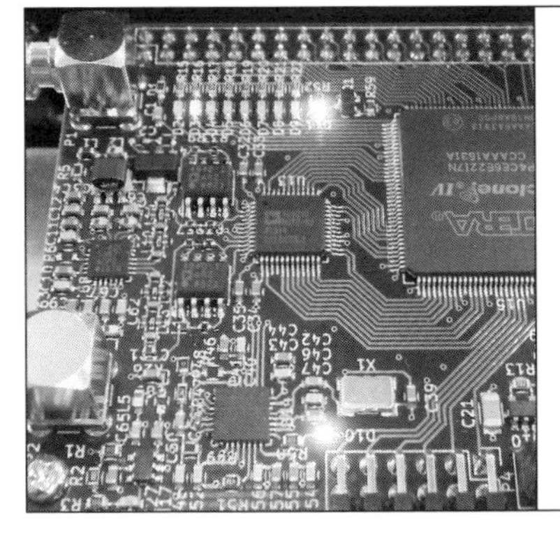

第9章 夢のRFコンピュータ・トランシーバ製作②
送信機のアナログ・フロントエンド回路を作る

2つの信号を高周波に乗せるI/Q変調

加藤 隆志 Takashi Kato

前章では,1ビット(2値)の位相変調であるBPSKを紹介しました.実際のディジタル変調では,16値や256値など多くの情報を乗せる変調方式が使われています.そのとき鍵になるのが直交(I/Q)変調です.任意の位相と振幅を作り出せる変調方式です.直交する2つの信号を高周波に乗せるしくみでもあります.キャリアになるローカル信号の周波数は1つですが,I/Q復調すると元の2つの信号が取り出せます.

I/Q変調とその復調を実用にするには,ローカル信号の調整が必要になります.実験を通してポイントを解説します. 〈編集部〉

高周波の位相と振幅を制御するしくみ

● 0°信号と90°信号の振幅を変えて足し合わせる

I/Q変調器の基本ブロックを**図1**に示します.

ミキサ2個にそれぞれ90°位相の異なるローカル信号(Loと書くことが多い)を入力します.

ベースバンド信号V_{BI},V_{BQ}は,説明を簡単にするためDCとし,電圧範囲は−1～1Vのように正負にわたる範囲とします.単位は[V]です.

各ミキサから出力される$V_I(t)$または$V_Q(t)$は,ローカル信号V_{Lo}にベースバンド信号V_{BI}またはV_{BQ}を乗算したものになります.

$$V_I(t) = A \times V_{Lo}\cos(\omega t) \times V_{BI}$$
$$V_Q(t) = A \times V_{Lo}\cos(\omega t - \pi/4) \times V_{BQ}$$

Aはミキサ固有のゲイン(変換ゲイン)です.

ローカル信号を振幅1Vの正弦波とすると,以下のように書き直せます.

$$V_I(t) = A\cos(\omega t) \times V_{BI}$$
$$V_Q(t) = A\sin(\omega t) \times V_{BQ}$$

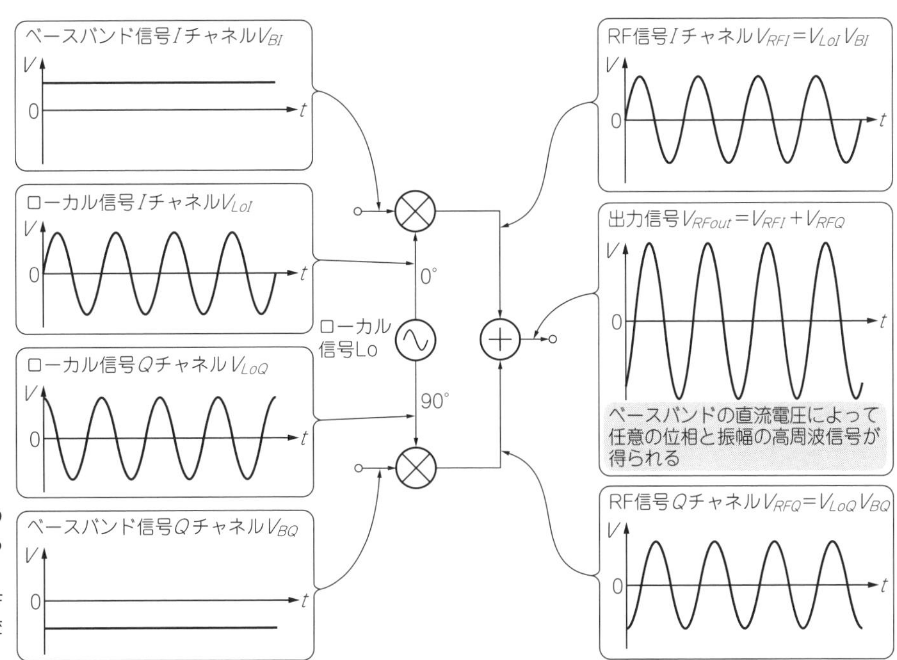

図1 0°信号と90°信号の振幅を変えてから足し合わせる
2つの直流電圧を変えるとRF信号の位相と振幅は自由に変えられる

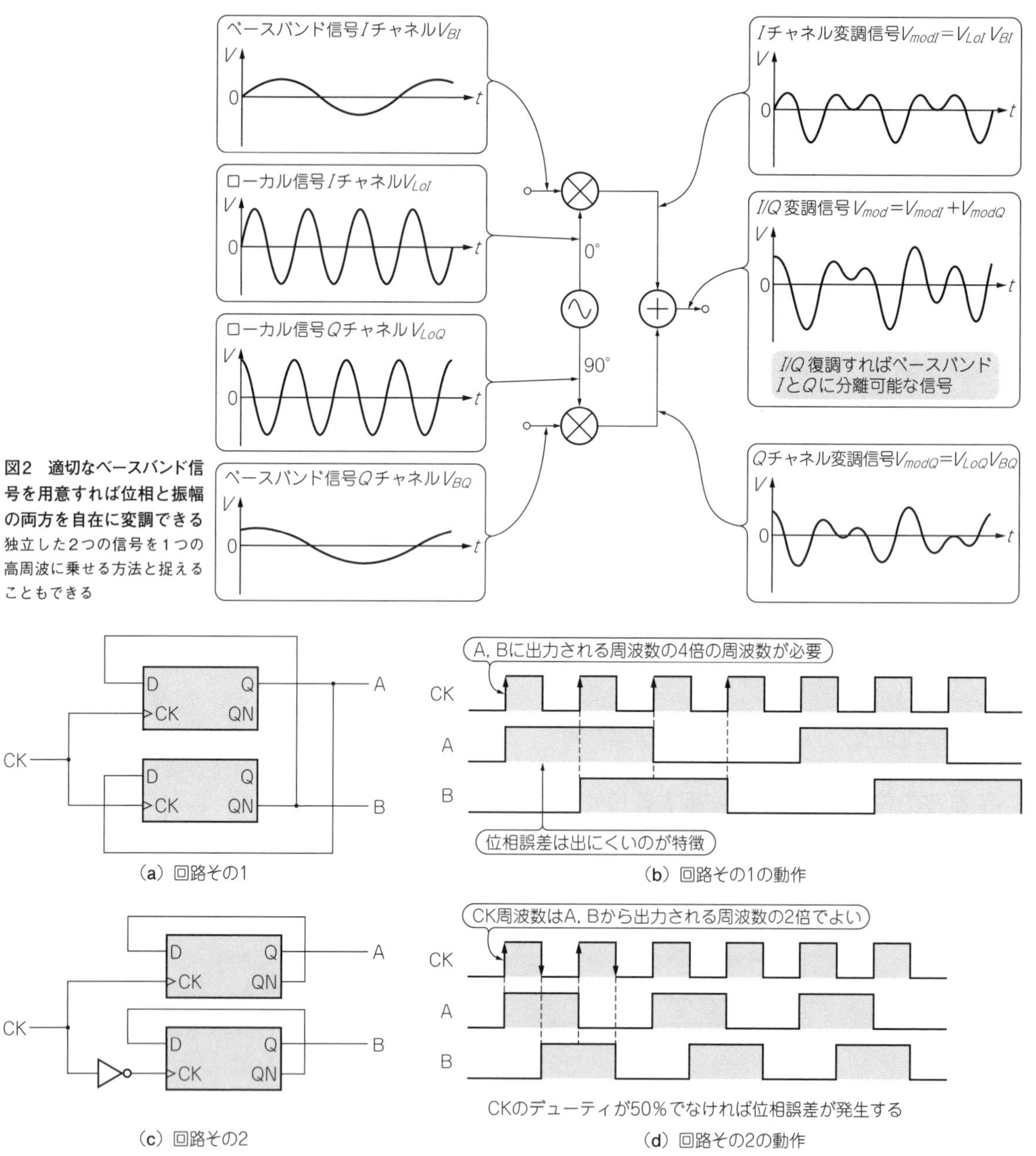

図2　適切なベースバンド信号を用意すれば位相と振幅の両方を自在に変調できる
独立した2つの信号を1つの高周波に乗せる方法と捉えることもできる

(a) 回路その1
(b) 回路その1の動作
(c) 回路その2
(d) 回路その2の動作

図3　位相が90°ずれた2つのローカル信号をロジック回路で作る方法
位相誤差は少ないがローカル信号の4倍または2倍の周波数を必要とする

この2つの信号を加算した$V_I(t)+V_Q(t)$はsin + cosの演算結果になるので，$V_{BI}:V_{BQ}$の比と符号を変えることで任意の位相を作り出せます．

DC付近の電圧(ベースバンド)の制御だけで，GHz帯の高周波信号の位相や振幅を自由に制御できます．高周波信号を制御する技術のうち，I/Q変調器が最も手軽で安価ではないでしょうか．

作り出される位相は以下の式で求められます．

$$\theta = \tan^{-1}\left(\frac{V_{BQ}}{V_{BI}}\right)$$

V_{BQ}/V_{BI}の比率を保ったまま値を変化させると，位相を変えずに振幅aを変化させられます．

$$a = \sqrt{{V_{BI}}^2 + {V_{BQ}}^2}$$

ベースバンドが交流の場合もまったく同様に位相と振幅を制御します(**図2**)．

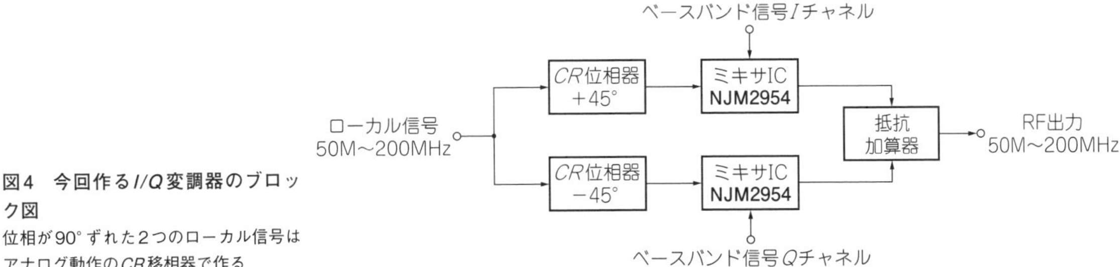

図4　今回作るI/Q変調器のブロック図
位相が90°ずれた2つのローカル信号はアナログ動作のCR移相器で作る

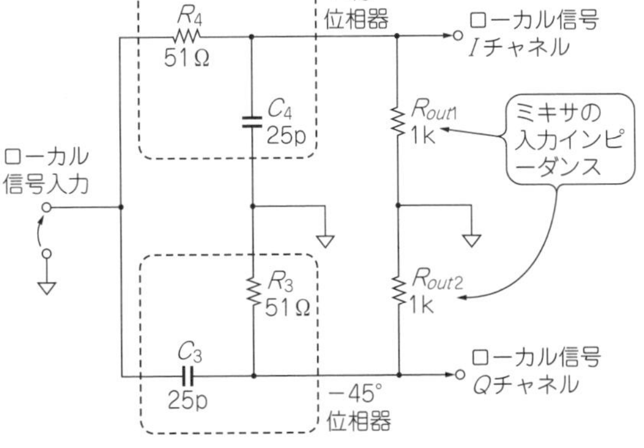

図5　CR移相器の回路
1次ロー・パス・フィルタとハイ・パス・フィルタをカットオフ周波数付近で使う

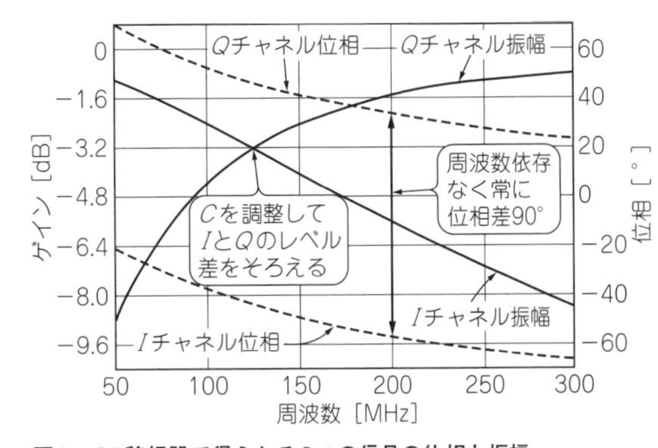

図6　CR移相器で得られる2つの信号の位相と振幅
位相差は必ず90°が得られる．振幅は周波数によって変わってしまうので，Cの値を調整して合わせ込む

直交変調に使う0°と90°の信号を作る方法

● I/Q変調には位相差90°の2つのローカル信号が必要

ミキサを2個用意すればI/Q変調器は作れるはずですが，実現するとなると90°の位相差を持ったローカル信号の用意が難題になります．

必要なローカル信号周波数の4倍の周波数をもつ信号源が準備できるなら，**図3**(**a**)，**図3**(**b**)に示す方法を使えます．無調整で位相精度の高い広帯域90°移相器です．しかし必要な周波数の4倍の信号源を用意するのは，周波数が高くなってくるとなかなかたいへんです．

図3(**c**)，**図3**(**d**)は2倍の周波数で作れる移相器です．ただし，デューティ比が50％の信号を基にしないと位相差が正確な90°になりません．正弦波ならデューティ比は50％なので，高調波を除去するフィルタを追加して基本波を取り出すなど，一工夫が必要です．

ローカル信号に必要な周波数と同じ信号源しかない場合は，これらの分周器を使ったディジタル移相器は使えません．

● アナログ回路で位相差90°の信号を作る

製作したI/Q変調器のブロック図を**図4**に示します．

ローカル信号と同じ周波数の信号源で作れるアナログ方式移相器を採用しました．

CR移相器は，CR回路による1次フィルタの位相特性を利用して位相を変化させます(**図5**)．ロー・パス・フィルタはカットオフ周波数で45°位相が遅れ，ハイ・パス側はカットオフ周波数で45°位相が進むことを利用します．シミュレーション結果を**図6**に示します．

この方式が使えるのは，ローカル信号を入力する予定のミキサ(後述するNJM2954)の入力がハイ・インピーダンスだからです．50Ω入力だと，シャントのC_4やR_3が機能しません．

コンデンサの値C［F］は，使用する周波数f［Hz］で以下の条件になるよう選定します．

$$C=\frac{1}{2\pi f\times 51}$$

▶広い周波数範囲で位相差90°が簡単に得られる

CR移相器の特徴は，回路構成が驚くほどシンプルなのに，意外なほど位相シフト性能が安定していることです．

1次ハイ・パス・フィルタと1次ロー・パス・フィルタの組み合わせなので，**図7**に示すように，カットオフ周波数以外でも2つの出力信号の位相差は90°を保ちます．信号の周波数が設計値から外れても，位相差90°は維持されます．

このためCR移相器は，使用する帯域が狭い場合ならCの値を固定で使用できます．ここでいう帯域が広いとは，高周波フィルタなどの想定で，比帯域で1オクタ

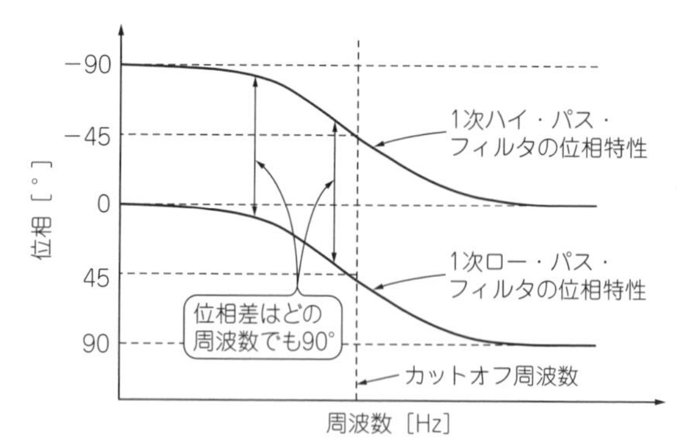

図7 CR移相器でどの周波数でも90°の位相差が得られる理由
ハイ・パスとロー・パスのカットオフ周波数を合わせておけばよい

ーブ(周波数が倍になる幅)以上のイメージです．変調帯域となると比帯域では語られず，各分野で使われる通信帯域を基準にした相対的な広さ(狭さ)になります．

▶周波数範囲が広いのでCの値を調整可能にしておく

今回は想定帯域を50 M～200 MHzの2オクターブとしました．フィルタとして考えると広帯域です．Cの値をバリキャップ(可変容量ダイオード)で調整できるようにしておきます．

調整の目的は，2つのローカル信号，IとQの間の振幅差を合わせるためです．2つのローカル信号レベルに差があると，ミキサ出力でI/Q信号に振幅差が生まれる原因となります．

I/Q変調器の実際の回路

● ミキサは専用ICを利用

I/Q変調器の回路を**図8**に示します．

使用するミキサはIC化された乗算器(ダブル・バランスド・ミキサ)のNJM2954(新日本無線)です．

● 受信機に直結するためのアッテネータを用意

受信機の入力は微弱な信号を想定した作りになっています．アンテナから得られる電力は通常ごく小さいからです．変調器の出力は大きいので，そのまま受信機に入力できません．

変調出力を受信機へ直接つないで実験できるように減衰器(アッテネータ)を用意しました(**写真1**)．

● 2つのRF信号の加算回路

I/Q変調器にするには，IチャネルとQチャネル，2つのRF信号を加算する必要があります．

ミキサIC NJM2954のRF出力には，エミッタ・フォロワ出力になっているロー・インピーダンス端子があります．これを利用して，簡単な抵抗加算回路で済ませました．

抵抗加算回路の利点は，構造が簡単なことと，周波

表1 製作したI/Q変調器の調整機能

可変抵抗	調整内容	
VR_1	ベースバンド振幅調整 Iチャネル	変調精度に影響
VR_2	ベースバンド振幅調整 Qチャネル	変調精度に影響
VR_3	DCオフセット調整 Iチャネル	
VR_4	CR移相器 周波数調整	
VR_5	CR移相器 バランス調整	変調精度に影響
VR_6	DCオフセット調整 Qチャネル	

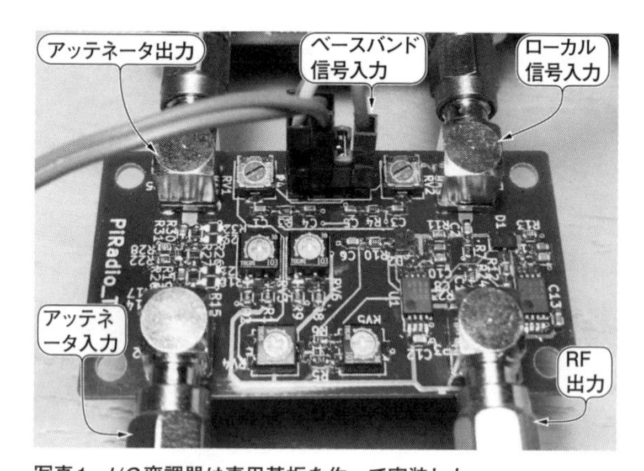

写真1 I/Q変調器は専用基板を作って実装した
ソフトウェア受信機「Piラジオ」をトランシーバにグレードアップできる基板になる

数特性が優れていることです．欠点はロスが発生することです．

受信部のフロントエンドのような微弱信号を扱う部分では，S/Nを悪化させるため，抵抗加算回路はあまり使われません．送信部では，ノイズ・フロアに余裕があるので，ロスがあってもあまり問題になりません．

● アナログ変調器に付きものの調整機構

アナログI/Q変調器は，I/Qの振幅バランスや90°位相差の精度，DCオフセットなどが変調精度に影響を与えます．そこで，それらを調整できるように可変抵抗(VR)を各所に設けてあります．無調整で使えるI/Q変調ICを使わないのは，部品の入手性やコストを安く抑える目的もありますが，精度が悪化した場合の信号への影響を確認できるようにする意図もあります．

調整機構は**表1**に示す6カ所です．

今回，実験にはラズベリー・パイを使ったソフトウェア受信機Piラジオを使います．PiラジオにはDCオフセット除去機能(DcCAL)があるので，今回の実験だけならVR_3，VR_6は不要ですが，他の受信機で使うことも考えて調整機能を入れてあります．

● Piラジオと組み合わせやすい基板で製作

図8の回路は，**写真1**のような基板を作って実装しました．Piラジオと基板外形，コネクタ位置などの寸法を合わせてあり，接続しやすくなっています．この

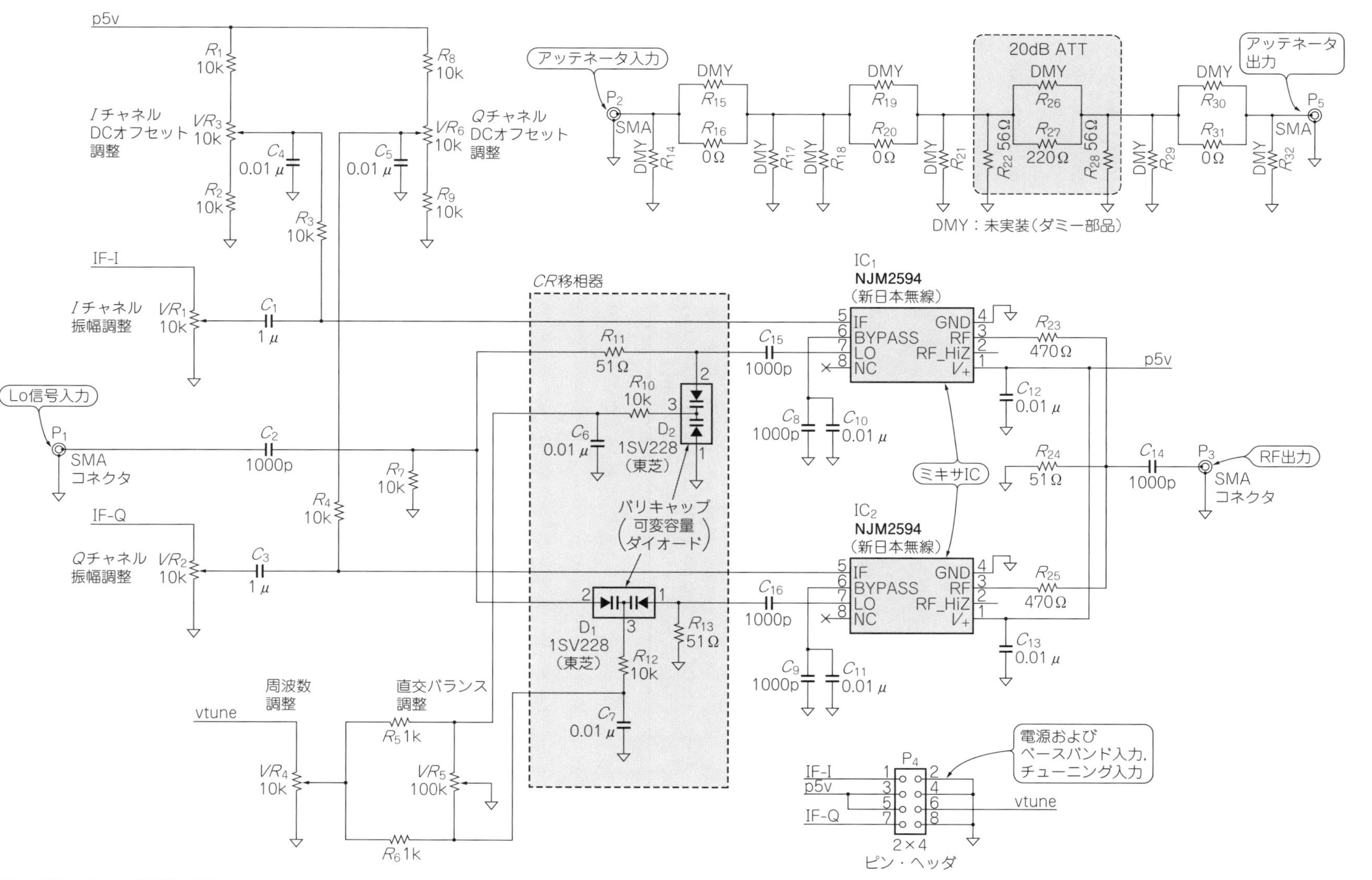

図8 製作したI/Q変調器の回路
90°移相器，2つのミキサ，加算回路と各種調整機能，アッテネータを用意した

基板を組み合わせると，Piラジオが送受信可能なトランシーバになります．ローカル信号入力にはPiラジオのCW出力を接続します．PiラジオのCW出力にあるアッテネータはスルー状態に改造します．具体的には，R_2を0Ωに変更し，R_1とR_3を外します．

変調器に入力した2つの信号が復調される条件を確認

● ベースバンド信号源をラズベリー・パイで用意

I/*Q*変調器には*I*チャネルと*Q*チャネル，2つのベースバンド信号源が必要です．Piラジオでの復調を想定すると，48 kHzサンプリングで復調するため，ベースバンド信号源はオーディオ帯域で十分です．今回はベースバンド信号源として，もう1つ別のラズベリー・パイを用意しました．Linux用サウンドAPIのALSAを使うことで，さまざまなオーディオ信号を自在に作れます．

ラズベリー・パイを2つ使う理由は，変復調の実験では送信と受信を同時に行うため，負荷の重いリアルタイム信号処理の全部を1台ではこなせなかったからです．トランシーバは，送受信を同時に行うことはないので，1台のラズベリー・パイでこなせます．

● 2 kHzと2.5 kHzの2つのベースバンド信号を生成

まず*I*/*Q*変調器に*I*チャネルと*Q*チャネルに異なる波形を入力して，復調できちんと*I*/*Q*分離されることを確認します．そのためには異なる2種類の波形を同時に出力する必要があります．ALSAのステレオ出力を使えば，左右チャネルに異なる波形を定義できます．

ステレオ2チャネルにそれぞれ異なる周波数の正弦波を出力するC言語プログラムpi2 quadのソースを**リスト1**に示します．これをコンパイルする前に，ALSAをインストールしておく必要があります．

(1) ALSA環境のインストール

```
$ sudo apt-get install libasound2 libasound2-dev
```

(2) C言語ソースのコンパイル

```
$ gcc -o pi2 quad pi2 quad.c -lasound -lm
```

(3) 実行

```
$ sudo ./pi2 quad 2500 2000 10
```

左右異なる正弦波を出力できるpi2 quadの引き数は，

```
[左周波数Hz] [右周波数Hz] [時間s]
```

リスト1　ステレオ・オーディオ出力の左右で異なる周波数の正弦波を出力するプログラムpi2quadのソース・コード
このプログラムをラズベリー・パイで動かしてオーディオ出力を*I*/*Q*のベースバンド信号に使う

```
#include <stdlib.h>
#include <stdint.h>
#include <math.h>
#include <alsa/asoundlib.h>

int main(int argc, char **argv)
{
    double f1 = atof(argv[1]);
    double f2 = atof(argv[2]);
    double tm = atof(argv[3]);

    const static char device[] = "hw:0";
    const static snd_pcm_format_t format =
                                SND_PCM_FORMAT_S16_LE;
    const static snd_pcm_access_t access =
                        SND_PCM_ACCESS_RW_INTERLEAVED;
    const static unsigned int sampling_rate = 48000;
    const static unsigned int channels = 2; // Stereo
    const static unsigned int soft_resample = 1;
    const static unsigned int latency = 100000;
                                        // Latency 0.1s
    const unsigned int buffer_size = 1024;
                                    // Lch 512 + Rch 512

    int x;
    int t1=0;
    int t2=0;
    int n=0;
    int leng;
    int kf1, kf2;

    snd_pcm_t *pcm;
    int16_t buffer[ buffer_size ];

    snd_pcm_open( &pcm, device,
                    SND_PCM_STREAM_PLAYBACK, 0 );

    snd_pcm_set_params(
            pcm, format, access, channels,
            sampling_rate, soft_resample, latency
            );

    // 出力時間を計算
    leng = tm*sampling_rate/512;

    // 周波数を計算
    kf1 = (float)sampling_rate/f1;
    kf2 = (float)sampling_rate/f2;

    for (x=0; x<leng; x++) {

        // ----------- 直交サイン波の生成 -----------

        for (n=0; n<512; n++) {
            t1++;
            buffer[n*2  ]=15000*sinf(2*M_PI*(float)t1/kf1);
                                        // Stereo L ch
        }
        for (n=0; n<512; n++) {
            t2++;
            buffer[n*2+1]=15000*sinf(2*M_PI*(float)t2/kf2);
                                        // Stereo R ch
        }

        // ------- ALSAバッファへサイン波出力 --------
        int write_result = snd_pcm_writei ( pcm,
                    ( const void* )buffer, 512 );
    }

    snd_pcm_close( pcm );
}
```

です．上の例では，左チャネル：2500 Hz，右チャネル：2000 Hz，信号発生時間は10秒にしています．

ラズベリー・パイのヘッドホン端子から信号が出力されるため，それぞれ左右チャネルの信号を**図8**のI/Q変調器のIF-IとIF-Qに接続します．

● I/Q変調した信号を復調する

I/Q変調器で発生させた信号をPiラジオで受信してみます．周波数は50 M～200 MHzの範囲を選びます．製作した変調器による制限です．

スペクトラム・アナライザ画面を**図9**に示します．スパンは25 kHzです．注目すべきは中心から±2.5 kHz(1目盛り)付近にある2トーンのスペクトラムです．ベースバンド信号の2 kHz＋2.5 kHzのスペクトラムで，合計4本見えます．

変調波以外に両サイドに無数に見えるスペクトラムは，主にラズベリー・パイのオーディオ出力の偶数次ひずみに由来する不要信号(スプリアス)です．

▶ただ受信するだけでは分離できない

オシロスコープ表示に切り替えると，**図10**のようにI信号とQ信号がお互いに混ざって何だかよくわからない波形になっています．正常に復調できていません．

▶受信周波数，I/Q間の位相差，I/Qの振幅を合わせ込んでいく

正しくI/Qを分離できるように調整します．調整しやすくするために，表示をX-Yモードに切り替えます．すると**図11**のようにダイアモンド型が見えます．**図11(a)**のように傾いていたり，菱形になっていたりします．

まずはCR移相器の周波数を合わせます．150 MHz付近ならVR_4を中間にしてバリキャップのチューニング電圧を2 V付近にします．

次に受信周波数を動かして，**図11(b)**のような正方形になるように向きを調整し，菱形の角度をVR_5で，正方形の辺の長さをVR_1とVR_2で調整してきれいな正方形になるようにします．

VR_5はローカル信号の90°位相差を微調整しています．VR_1はIチャネルの振幅，VR_2はQチャネルの振幅を調整します．I/Qを完全に分離するためには，VR_5による位相調整でI/Q間の位相はぴったり90°が得られている必要があります．

▶調整が終われば2つのベースバンド信号が取り戻せる

図11(b)のようにきれいな正方形に収まったら，X-Y表示から普通の時間軸波形に戻します．すると図

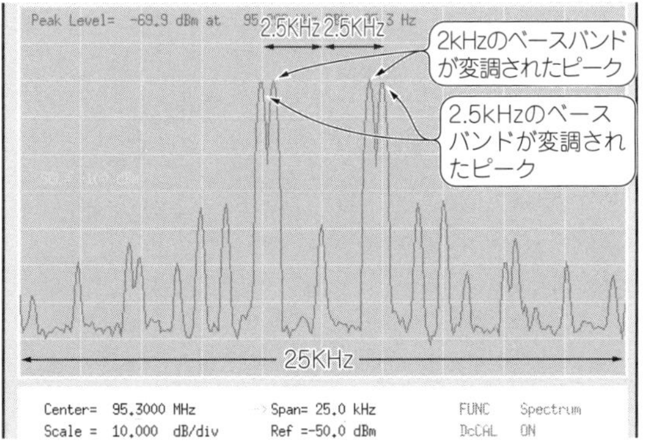

図9　Iチャネル入力2.5 kHz，Qチャネル入力2 kHzでI/Q変調したRF信号のスペクトラム
キャリア周波数から2 kHzと2.5 kHz離れたところにピークが見える

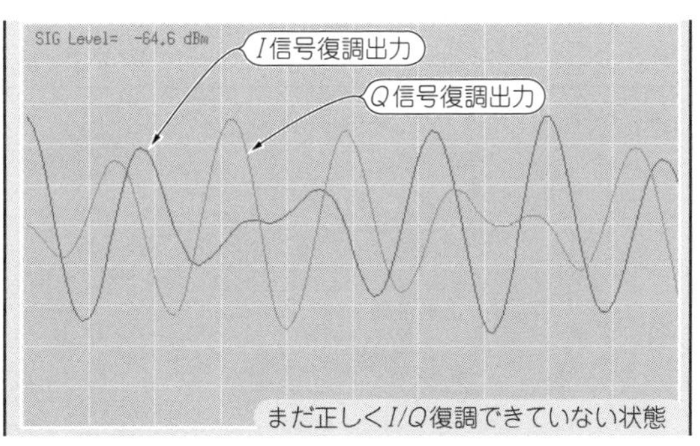

図10　調整ができていないとI/Q復調出力はよくわからない波形が見える
ローカル信号の周波数や位相をぴったり合わせないといけない

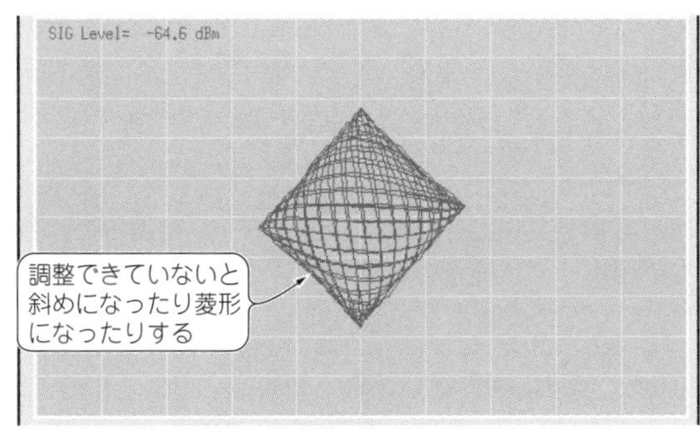

(a) 調整前

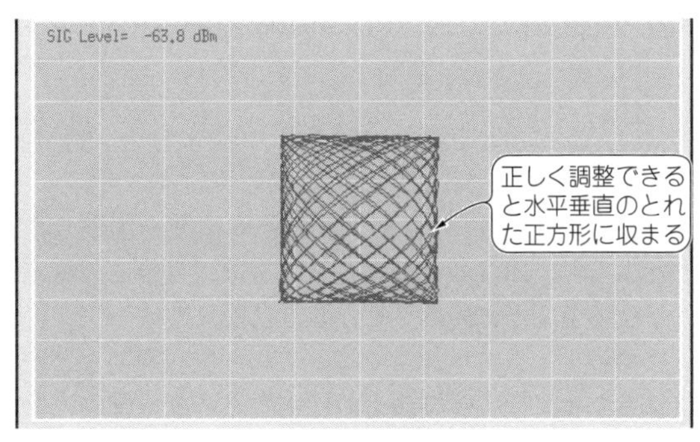

(b) 調整後

図11　I/Q復調出力は直交出力なのだからX-Yモードで見たほうが調整しやすい
I/Qのベースバンド信号が同じ振幅なら，正方形の中に収まる

リスト2　2つの正弦波を重ねた信号を出力するプログラムpi2toneのソース・コード
片チャネルしか出力しない

```
#include <stdlib.h>
#include <stdint.h>
#include <math.h>
#include <alsa/asoundlib.h>

int main(int argc, char **argv)
{
    double f1 = atof(argv[1]);
    double f2 = atof(argv[2]);
    double tm = atof(argv[3]);

    const static char device[] = "hw:0";
    const static snd_pcm_format_t format =
                        SND_PCM_FORMAT_S16_LE;
    const static snd_pcm_access_t access =
                SND_PCM_ACCESS_RW_INTERLEAVED;
    const static unsigned int sampling_rate = 48000;
    const static unsigned int channels = 2;
                                        // Stereo
    const static unsigned int soft_resample = 1;
    const static unsigned int latency = 100000;
                                  // Latency 0.1s
    const unsigned int buffer_size = 1024;
                              // Lch 512 + Rch 512

    int x;
    int t1=0;
    int t2=0;
    int n=0;
    int leng;
    int kf1, kf2;

    snd_pcm_t *pcm;
    int16_t buffer[ buffer_size ];

    snd_pcm_open( &pcm, device, SND_PCM_STREAM_
                                PLAYBACK, 0 );

    snd_pcm_set_params(
                pcm, format, access,
                channels, sampling_rate, soft_
                                resample, latency
                );

    // 出力時間を計算
    leng = tm*sampling_rate/512;

    // 周波数を計算
    kf1 = (float)sampling_rate/f1;
    kf2 = (float)sampling_rate/f2;

    for (x=0; x<leng; x++) {

        // ---------- 2トーンサイン波の生成 ----------

        for (n=0; n<512; n++) {
            t1++;
            buffer[n*2  ]=
               15000*sinf(2*M_PI*(float)t1/kf1)
              +15000*sinf(2*M_PI*(float)t1/kf2);
                                            // L ch
            buffer[n*2+1]=0;                // R ch
        }

        // -------- ALSAバッファへサイン波出力 -------
        int write_result = snd_pcm_writei ( pcm,
                    ( const void* )buffer, 512 );
    }

    snd_pcm_close( pcm );
}
```

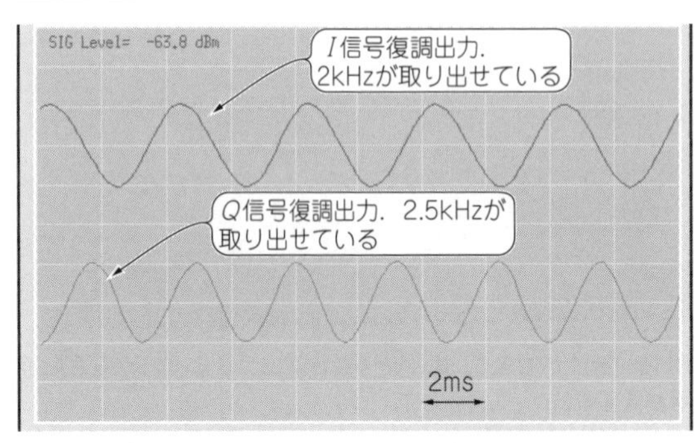

図12　調整が済めばI信号とQ信号を分離して復調できる
受信の場合も，位相の同期などさまざまな調整が必要だとわかる

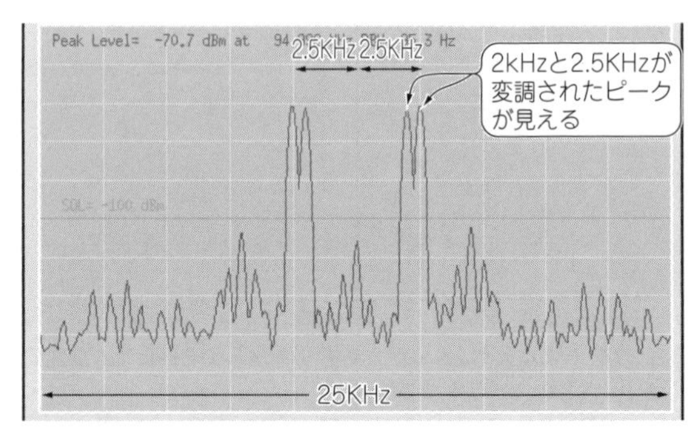

図13　2 kHz＋2.5 kHzの信号で変調したRF信号のスペクトラム
スペクトラムだけ見れば図9とほぼ同じだが…

12のようにきれいにI/Q分離された2.0 kHzと2.5 kHzの波形が見えるはずです．

VR_1，VR_2，VR_5を調整すると変調精度を調整したことになり，周波数を調整したことで送受信間の位相が一致するように同期させたことになります．

実際のディジタル通信では，これら位相同期などがソフトウェアによって速やかに実行されています．

● 直交変調でない2信号は分離できない

リスト2は，直交していない2トーン正弦波を出力するプログラムpi2 toneのソース・コードです．

左チャネルに2つの周波数を加算して，右チャネルは何も信号を出力しません．つまりI/Q変調器の片側しか使用せず，通常のミキサとして動作させます．

(1) Cソースのコンパイル

```
$ gcc -o pi2 tone pi2 tone.c -lasound -lm
```

(2) 実行

```
$ sudo ./pi2 tone 2500 2000 10
```

I/Q変調を使えばアナログ変調でも同じ帯域で倍の情報を送れる！ Column 1

I/Q変調器のベースバンド入力には音楽などのアナログ信号を入力しても変調/復調できます．

図Aはスマートフォンのヘッドホン出力を音源とした際のスペクトラムです．音声を聞く場合は復調のMODEをDSBにします．

FIRやIIRのフィルタ設定は，最大の48 kHzから始めたほうがよいでしょう．DSBの場合は受信ソフトウェア画面左下のGAIN調整も重要です．

図A(a)はIチャネルだけにオーディオ信号を入力しているときのスペクトラムです．それに対して，Qチャネルにまったく異なるオーディオ信号を入力したときのスペクトラムが**図A(b)**です．つまり，まったく異なるベースバンド信号で直交変調している状態です．

見比べると，パワーが数dB増えていますが，帯域の変化はわずかです．しかし**図A(b)**は，**図A(a)**の倍の情報を伝送しています．

このように，直交させることで同じ帯域でも送れる情報量が倍近くに増やせて，周波数利用効率が良くなります．

〈加藤 隆志〉

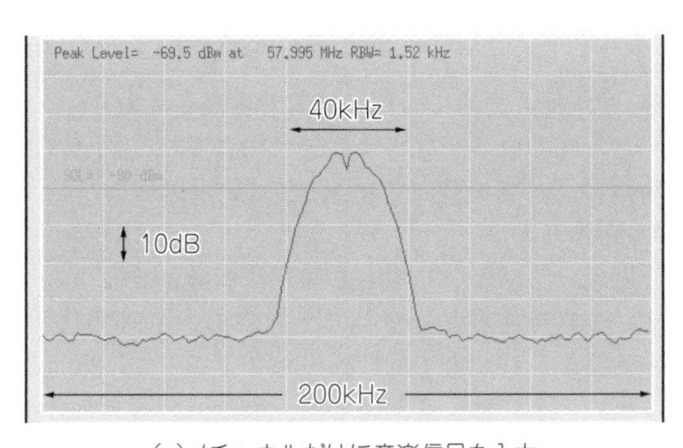

(a) Iチャネルだけに音楽信号を入力

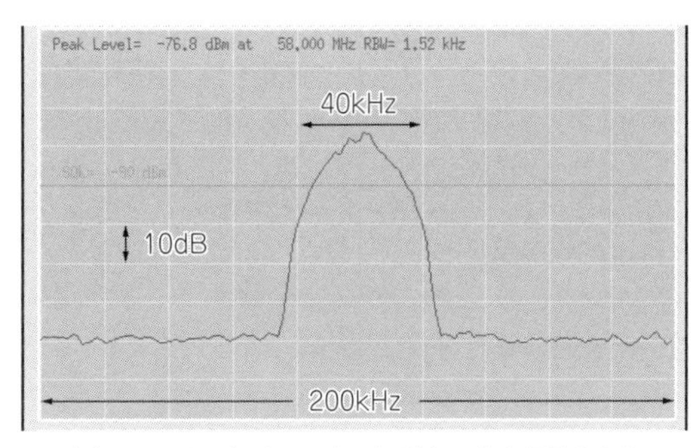

(b) IチャネルとQチャネルに別々の音楽信号を入力

図A　直交変調は同じ帯域幅に倍の情報を詰め込める

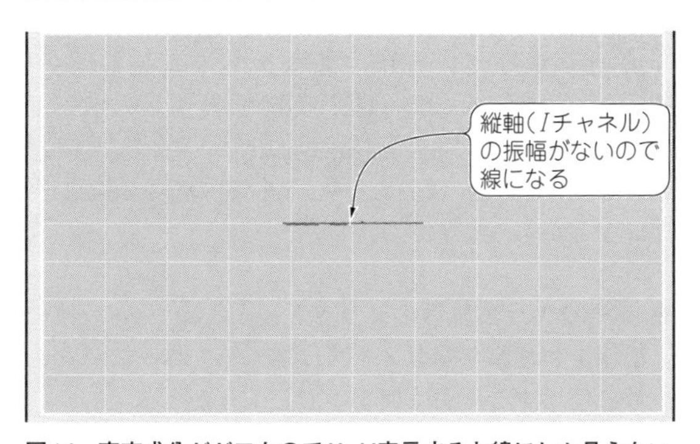

図14　直交成分がゼロなのでX-Y表示すると線にしか見えない
直交復調器の出力を見ると直交変調した信号とはまるで違うことがわかる

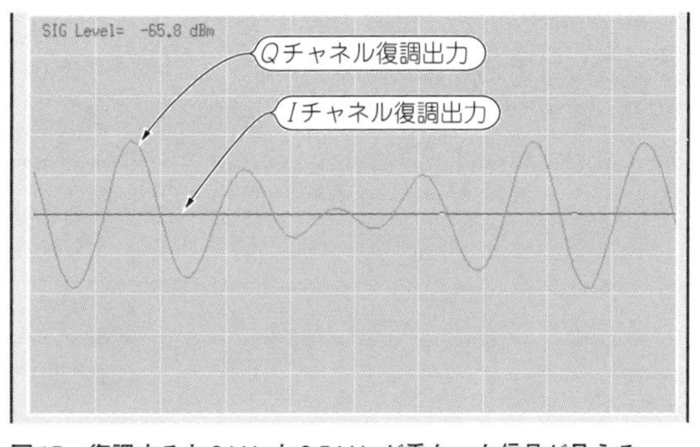

図15　復調すると2 kHzと2.5 kHzが重なった信号が見える
もともと直交していない信号なのだから直交復調はできない

引き数は

［周波数1 Hz］［周波数2 Hz］［時間s］

です．上の例では2500 Hzと2000 Hzを加算して左チャネルに出力，信号発生時間は10秒です．

この信号を受信した際のスペクトラムを**図13**に示します．**図10**とはひずみによるスプリアスの出方が違うだけで，信号そのものはほとんど同じに見えます．

しかしオシロのXYモードで見ると，**図14**のように違いは明確です．直交信号ではないため波形が2次元になりません．

周波数を調整して同期を取っても，**図15**のように，IかQの片側だけに2トーンの波形が現れます．

このように，直交した2信号も単に加算した2信号もスペクトラムはほぼ同じですが，加算した2信号は加算前の2つの信号に分離できないのに対して，直交した2信号は，それぞれ別の信号に分離可能です．

（初出：「トランジスタ技術」2017年9月号）

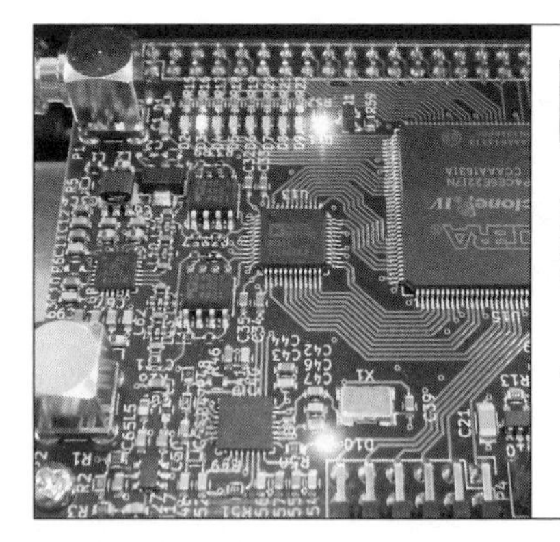

第10章 夢のRFコンピュータ・トランシーバ製作③ ベースバンド信号の生成 その1

疑似ノイズを加えて隠密通信! スペクトラム拡散変調

加藤 隆志 Takashi Kato

前章では，ディジタル送信機のアナログ・フロントエンド，I/Q変調器を用意しました．本章からは，I/Q変調器に入力するベースバンド信号を作ります(**図1**)．

ディジタル無線でよく使われる通信方式として，スペクトラム拡散があります．アナログ無線では実現が困難な，以下のメリットが得られます．

(1)秘匿性が高まる
(2)妨害波に対して影響を受けにくい
(3)他の通信を妨害しにくい
(4)同じ周波数を使って通信を多重化できる
(5)帯域を広くするかわりに電力密度を下げられる

スペクトラム拡散を実現するポイントは，疑似ノイズ(Psudo Noise，PN符号ともいう)を使ってベースバンド信号を作ることです．

疑似ノイズとは，「限られた帯域内に限り白色雑音に近い特性を持つ，周期性を持った，再現可能な符号パターン」です．送信側と受信側であらかじめ取り決めておけば，再現性のあるパターンです．しかし，取り決めを知らない第三者にとっては雑音に見えます．今回はこの符号の作り方を説明します．

次回は，得られた符号をベースバンド信号に仕上げるために必要な帯域制限フィルタについて解説します．
〈編集部〉

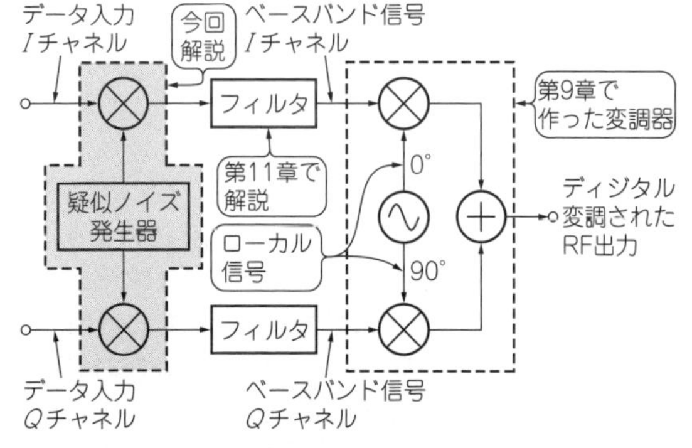

図1 スペクトラム拡散の変調器
ベースバンド信号を作るときに信号処理を活用してこそディジタル変調

ディジタル無線の定石「スペクトラム変調」

● 変調器入力前に疑似ノイズで変調しておく

近年使われるディジタル通信の多くは，**図2**のような疑似ノイズを使って変調前の信号(ベースバンド信号)を作ります．

疑似ノイズといっても，無意味な雑音ではなく，疑似ノイズ自体が大切な変調信号です．後で情報を取り出せるように，人工的に作ったノイズです．情報を取り出すときには，変調時と同一の疑似ノイズを必要とするので，信号の再現が得意なディジタルだからこそ使える技術と言えます．後述しますが，疑似ノイズは比較的簡単なディジタル回路で作れます．

疑似ノイズの使い方にはいくつか方法があります．今回紹介する使い方は，スペクトラム拡散(SS：Spread Spectrum)の一種，直接拡散方式(DSSS：Direct Sequence Spread Spectrum)です．応用例としては，携帯電話のCDMAや，Wi-FiのIEEE802.11 b，GPSなどがあります．

● スペクトラム拡散のメリット

情報をわざわざ疑似ノイズに加工してベースバンド信号に使用する理由は何なのでしょうか？

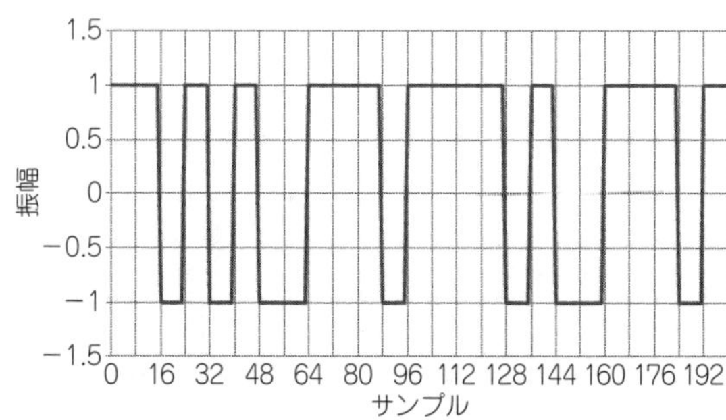

図2 スペクトラム拡散ではベースバンド信号を作るときに疑似ノイズを使う
ランダムさは本物の雑音に近いが，簡単に再現できるところが異なる

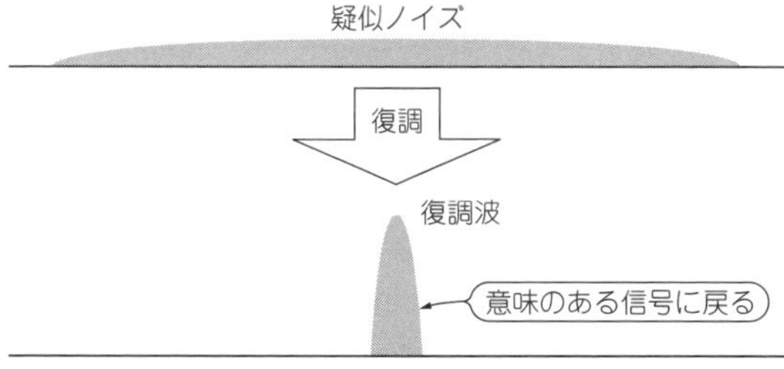

(a) 広がった信号は疑似ノイズを使った復調処理で元に戻る

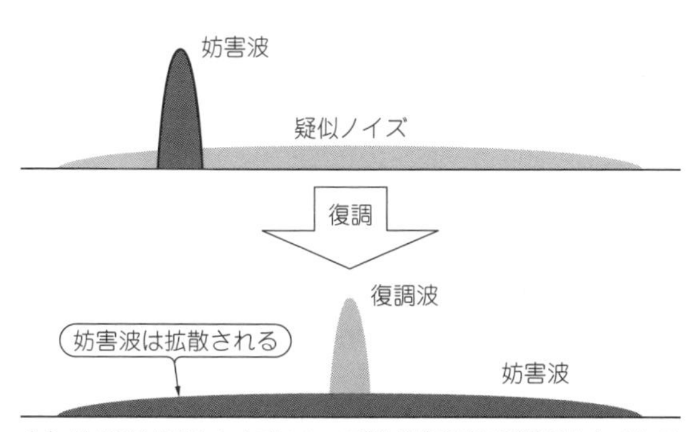

(b) 妨害波は疑似ノイズによって帯域が広がり影響が小さくなる

図3　疑似ノイズで拡散された変調信号を復調すると妨害波の影響を減らせる
信号帯域だけを取り出すフィルタをかければ妨害波の影響は小さくなる

疑似ノイズを使用すると，ディジタル変調のメリットを最大限に生かせます．

▶(1) データが暗号化されて秘匿性が高められる

第3者に通信を傍受されにくくなります．疑似ノイズは，決まった法則で生成する疑似的にランダムな信号です．送信側と受信側で疑似ノイズを生成する法則を取り決めておくと，正しく受信できます．そうでない場合，無意味な雑音から元に戻せず，情報を取り出すことができません．

▶(2) 妨害波に対して影響を受けにくい

疑似ノイズを使って変調したRF信号を復調する際は，**図3**のように，変調時と同じ疑似ノイズで積算します．復調波は元の情報が持つ帯域に戻るのに対して，妨害波は逆に広い帯域に拡散されて，無害な電力密度の低いノイズになります．

▶(3) 他の通信に妨害を与えにくい

疑似ノイズは一般的に帯域が広く，ホワイト・ノイズに似た特性です．他の通信と混信しそうな場合でも，相手の通信を完全に妨害するような急激な通信品質の劣化は起こさず，影響はS/Nの悪化に抑えられます．

▶(4) 同じ周波数に複数の通信を多重化できる

上記(2)と(3)の特徴から，同じ周波数帯域に複数の混信があっても，個別に信号を取り出せます．多重化された通信の数が増えていくと，**図4**のようにS/Nが徐々に悪化します．

例えば，GPS受信機は同じ周波数(1575.42 MHz)で

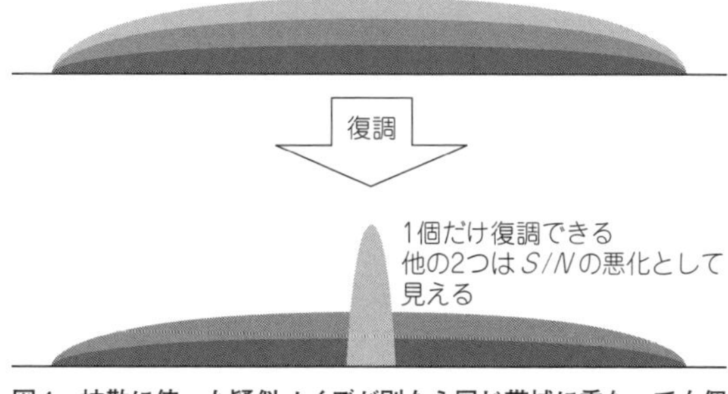

図4　拡散に使った疑似ノイズが別なら同じ帯域に重なっても個別に取り出せる
符号を変えて多重化するCDMA(Code Division Multiple Access)が可能

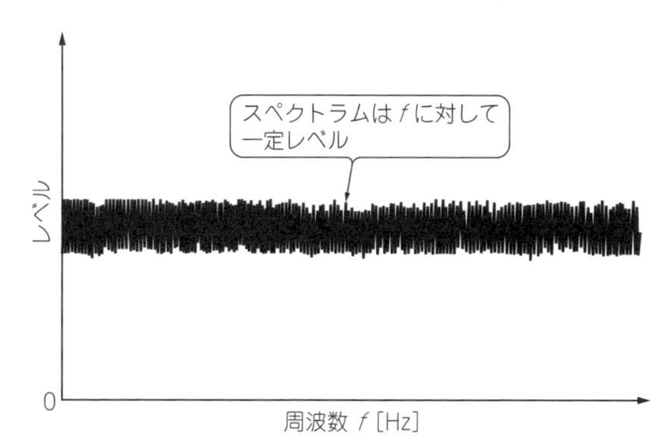

図5　理想的なホワイト・ノイズの周波数特性は平坦
疑似ノイズのスペクトラムはこれに近いのが理想

数十個の衛星からの信号を同時に受けています．衛星ごとに使う疑似ノイズを変えておくことで，それぞれの衛星からの信号を分離できます．

▶(5) 帯域を広くして電力密度を下げることができる

極端な話として，疑似ノイズの帯域を極限まで広げると，電力密度はゼロに近づき，通信の存在自体がわからなくなります．もともと軍事技術なので，この性質は重要だったと思われます．

実際には通信規格に応じた帯域内に収めますが，元の信号をそのまま変調したときと比べ，帯域を大きく広げます．スペクトラム拡散と称される理由です．

● 疑似ノイズで変調した信号の復調方法

疑似ノイズは，ホワイト・ノイズを目標に作られます．

理想のホワイト・ノイズは，**図5**のように全帯域で同じ強度のスペクトラムを持ちます．波形で表すと**図2**のようにさまざまな幅のパルスがランダムに並びます．自然のノイズと違うのは，疑似ノイズのランダムさは管理されたもので，いつでも再現可能なことです．

光の世界では，均一にスペクトラムが分布する信号は太陽光のように白色に見えることが名前の由来です．同じ理由で，$1/f$で分布するピンク・ノイズや，その逆のブルー・ノイズといった呼び方があります．

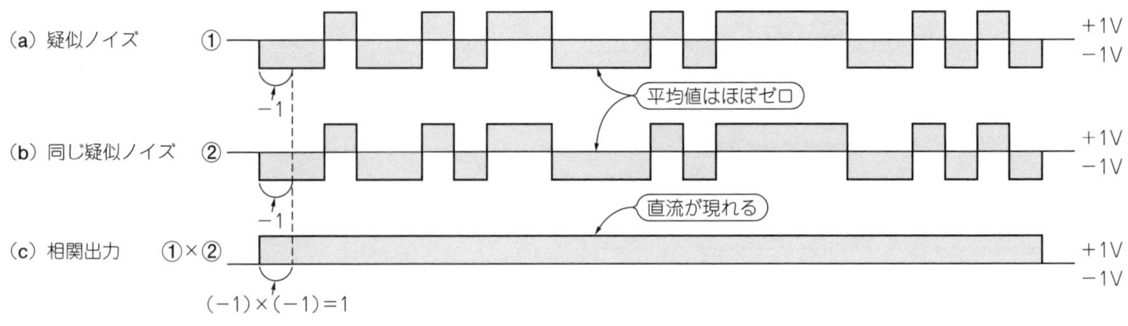

図6 同じ疑似ノイズの乗算結果は直流が得られる
ノイズのように見えていても，同じパターン(符号)が同期していれば相関があるので信号を取り出せる

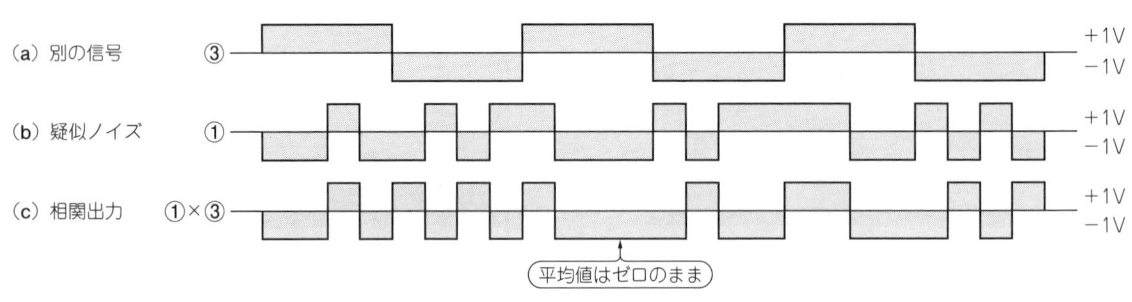

図7 疑似ノイズと別の信号の乗算結果の平均値はゼロになる
パターンが同じでもタイミングがずれているとやはり平均値はゼロになる

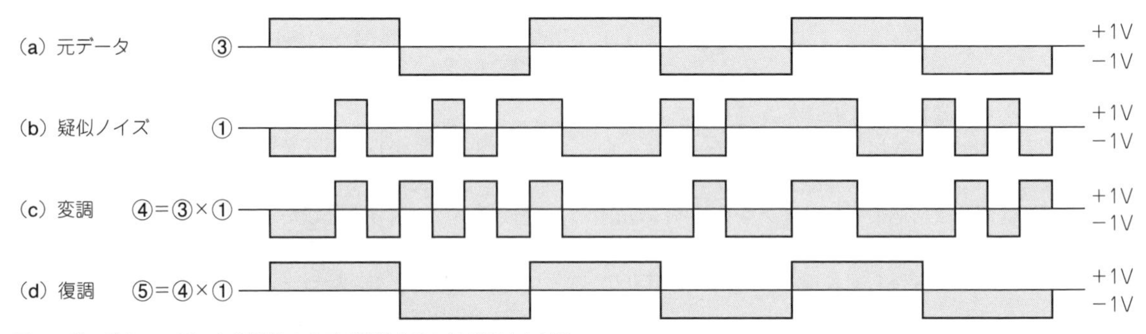

図8 ディジタル・データを疑似ノイズで拡散するには乗算すればよい
同じ疑似ノイズで同期をとって乗算すれば，元のデータが取り出せる

このランダムにみえる疑似ノイズを意味のある信号に戻すには，**図6**のように，同じ疑似ノイズをまったく同じタイミングに同期させて乗算します．その結果はDCに変換されます．

異なる疑似ノイズを使ったり，同期が取れていない場合，乗算結果は**図7**のようにノイズのままで，平均値はゼロです．これを相関が取れていないと表現します．

あるディジタルのデータを疑似ノイズで乗算し，再び相関する疑似ノイズで乗算すれば，元のデータに戻ります(**図8**)．この性質を利用すると，偏りのあるデータ(‘1’ や ‘−1’ が長く連続するなど)でも均等に拡散されるので，スペクトラムの偏りを防げるメリットがあります．

● 雑音レベル以下の信号も取り出せる

疑似ノイズ復調には他にもたいへん興味深い特徴があります．**図9**を自然界の雑音波形とします．これにある疑似ノイズを乗算すると，雑音に隠されていた信号が浮かび上がる，ということが可能になります．

つまり，疑似ノイズによって変調された信号は，自然界のノイズより小さくても復調が可能です．もちろん，機器が発生する熱雑音以下の信号でも復調可能です．これはスペクトラム拡散方式の大きなアドバンテージです．

理由は**図10**のように，雑音の平均値は長い時間をかけるとゼロに近づく，という性質のためです．どんなに微弱な疑似ノイズでも，相関した疑似ノイズを乗算した後，長時間の平均をとれば，必ずゼロ以外の値

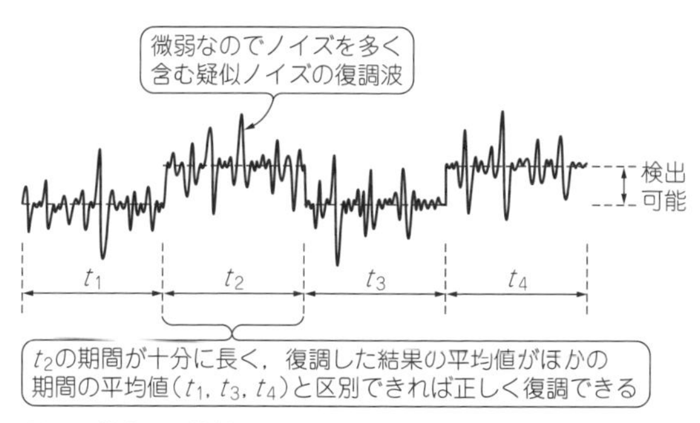

図10　雑音の平均値はゼロなので，十分長い時間をとればノイズより小さな振幅の信号を取り出せる

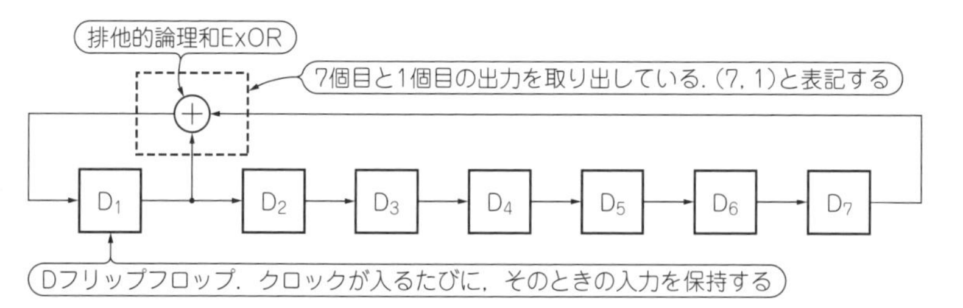

図11　M系列という疑似ノイズ信号を作るディジタル回路
Dフリップフロップを並べたシフト・レジスタと，ExORを組み合わせて作れる

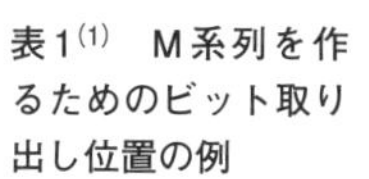

表1[1]　M系列を作るためのビット取り出し位置の例

次数	ビットの位置	周期
2	1	3
3	1	7
4	1	15
5	2	31
6	1	63
7	1	127
8	6，5，1	255
9	4	511
10	3	1,023
11	2	2,047
12	6，4，1	4,095
13	4，3，1	8,191
14	10，6，1	16,383
15	1	32,767
16	5，3，2	65,535
17	3	131,071
18	7	262,143
19	5，2，1	524,287
20	3	1,048,575
21	2	2,097,151
22	1	4,194,303
23	5	8,388,607
24	7，2，1	16,777,217

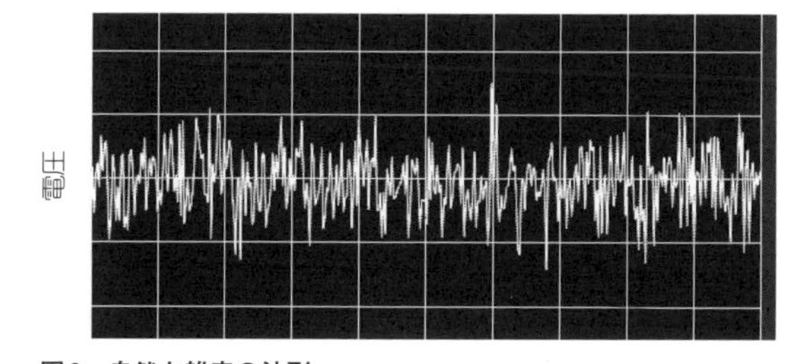

図9　自然な雑音の波形
疑似ノイズ信号はこんな雑音の中に埋もれていても取り出せる

に収束します．

つまり，伝送レートを下げれば下げるほどS/Nが向上し，微弱，または超遠距離の通信が可能になるのです．太陽系探査衛星「ボイジャー」はこの方法で数十時間かけて鮮明な画像データを地球に伝送しているそうです．

逆に，低レートな信号なら，ノイズ以下の超低レベルに電力を抑えることができます．他の使用者にまったく感づかれることなく，情報の伝送が可能です．応用例としては，軍事通信や，高精度計測機器で常時実行されるキャリブレーションなどがあります．

例えば，100 bpsの信号を帯域100 MHzに拡散すると，帯域あたりの平均電力は100万分の1つまり－60 dBまで小さくなります．

疑似ノイズの生成法

● ディジタル回路で作る

なかなか興味深い疑似ノイズですが，その生成方法は意外と簡単です．**図11**のようにDフリップフロップを並べたシフト・レジスタとその一部をタップとして取り出し循環経路とExORしたもので，これをM系列(M-Sequence)と呼びます．

この例では7ビットなので$2^7-1=127$周期の疑似ノイズとなり，シフト・レジスタの数を増やすことで，さらに長周期の疑似ノイズを作り出せます．ただしタップの位置は適当では駄目です(周期が短くなる)．タップ位置の例を**表1**に示します．次数(シフト・レジスタの数に対応する)ごとに，最適な位置が何パターンか決まっています．

長さN［ビット］，ビット・レートf［Hz］のM系列の特徴として以下の点があります．

- 平均値は$\frac{1}{2^N-1}$，つまりほぼゼロ
- 0を除く1～2^N-1のすべての数値を1周期で出力する
- スペクトラムは疑似的なホワイト・ノイズ
- 信号帯域はf［Hz］
- 最低周波数は$\frac{f}{2(2^N-1)}$［Hz］

リスト1　M系列疑似ノイズのビット列を出力する関数のソース・コード

```
int pn2(int sw, int seed)
{
  int n;
  int ret;
  int tap;
  static double z[15];

  // 初期値を設定
  if (sw==1) {
    z[0]=(seed & 1)/ 1;
    z[1]=(seed & 2)/ 2;
    z[2]=(seed & 4)/ 4;
    z[3]=(seed & 8)/ 8;
    z[4]=(seed & 16)/16;
    z[5]=(seed & 32)/32;
    z[6]=(seed & 64)/64;
  }

  ret=z[6];
  tap=z[0];

  // 7bit Shift resister
  for (n=0; n<6; n++) {
    z[6-n]=z[5-n];
  }

  // EX-OR
  if (ret==tap){
    z[0]=0;
  }else{
    z[0]=1;
  }

  return z[6];
}
```

1個目と7個目の出力を取り出す

ExORの結果を1個目の入力にする

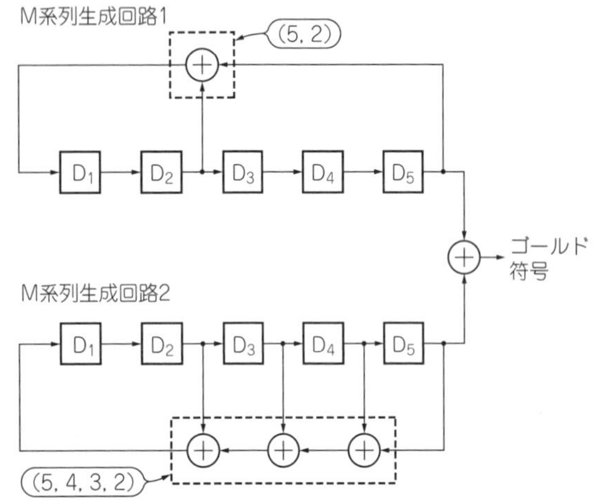

図12　M系列のディジタル回路を2つ組み合わせるとGOLD符号が得られる

携帯電話やGPSなどでデータを識別するにはこうして得られた符号を使っている

シフト・レジスタに初期値を設定しますが，これは0以外の数値1～127にします．初期値を変えることで，相関する際のタイミングがシフトします．

▶実用的にはGOLD系列がよく使われる

2つの異なるM系列の出力をExORで接続したGOLD系列と呼ばれる符号もあります(**図12**)．この方法を用いると，周期を長くできるうえに，多くの系列を発生させられます．

M系列では**表1**のように各次数でわずかずつしか系列が取れません．GOLD系列なら，シフト違いなどで組み合わせの種類を桁違いに増やせます．実際の携帯電話やGPSなどでは，M系列ではなくGOLD系列が使用されています．

● ラズベリー・パイで疑似ノイズを生成してみる

Linuxのリアルタイム・オーディオ環境ALSAを使ったC言語プログラミングによって，ラズベリー・パイのオーディオ出力から簡単に疑似ノイズを生成することができます．

制作したプログラムのソース・コードから，疑似ノイズ信号を生成する関数を抜き出したのが**リスト1**です．**図11**の回路をそのままC言語に置き換えています．sw = 1でシフト・レジスタの初期値を設定し，sw = 0で1か0のランダムな値をアクセスするたびに返します．周期は127固定です．

ソース・コード全体には，この関数のほか，ALSAオーディオ・アクセス部分やメイン・ループ，次回解説するRaised Cosineフィルタ係数生成部分やFIRフィルタ関数，窓関数などが含まれます．フィルタを含むのは，コラムに示すように帯域制限が必要だからです．本誌Webページからソース・コードrc.cを入手できます．

rc.cをコンパイルするにはラズベリー・パイ上にALSA開発環境のインストールが必要です．

まず，LXTermial上で以下のように入力します．

```
$ sudo␣apt-get␣install␣libasound2␣libasound2-dev
```

ALSA環境のインストールが完了したら，PiRadioフォルダにrc.cをコピーし，以下の手順でコンパイルします．

```
$ cd␣PiRadio
$ gcc␣-o␣rc␣rc.c␣-lasound␣-lm
```

コンパイルでエラーが出なければ，以下のコマンドで疑似ノイズ発生プログラムを実行できます．

```
$ sudo␣./rc␣6000␣0␣0.22␣8␣10
```

▶引き数の説明

```
6000 ：疑似ノイズのビット・レート［Hz］
0    ：フィルタON(1)/OFF(0)
0.22 ：フィルタのロール・オフ係数
8    ：疑似ノイズの周期(サンプリング数)
10   ：出力時間［秒］
```

オーディオのサンプリング・レートは48 kHz固定です．フィルタの特性や使い方については次章で解説します．

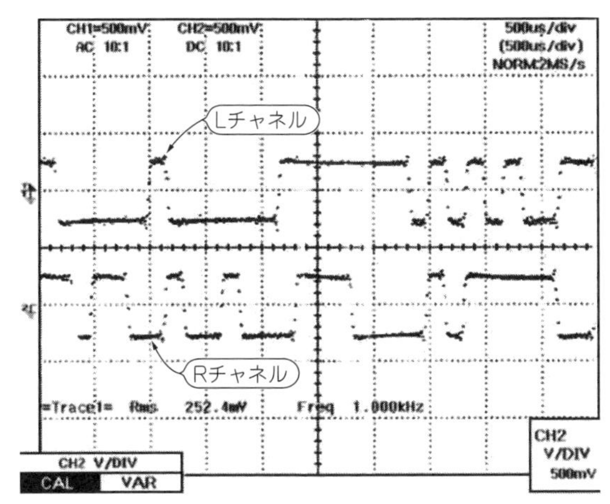

図13　ラズベリー・パイのオーディオ出力で作ったM系列信号
Lチャネルと Rチャネルで異なる符号を出力させている

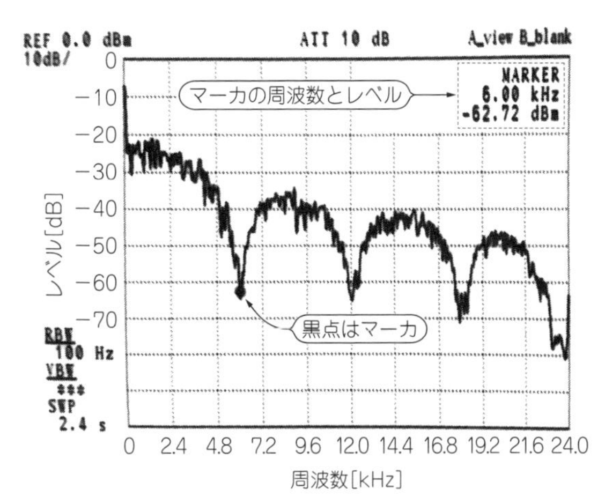

図14　ラズベリー・パイのオーディオ出力で作ったM系列信号の周波数スペクトラム
周波数が3 kHz以下ならほぼ平坦になる

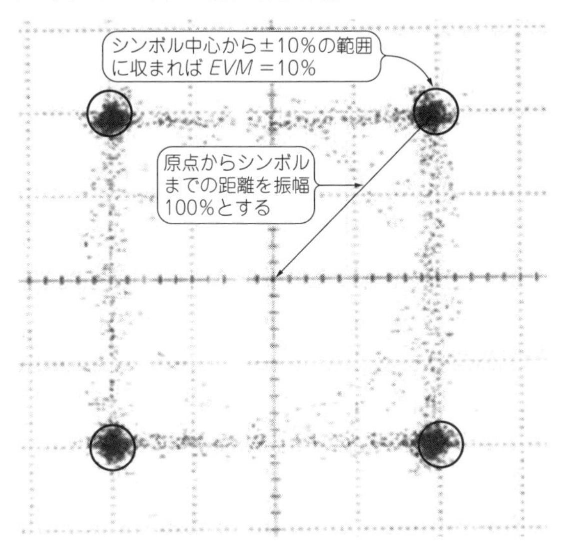

図15　*I*/*Q*信号として考えると2×2の4値をとる信号が得られている
このベースバンド信号を使って*I*/*Q*変調するとQPSK(Quad Phase Shift Keying)になる

● 波形とスペクトラムを確認

先のコマンドを実行すると，ビット・レート6 kHzの疑似ノイズがラズベリー・パイのヘッドホン・ジャックまたはHDMIから出力されます．

音を聞いてみると「ビー」という周期性のあるノイズです．これは今回使ったシフト・レジスタが7ビットで，得られる疑似ノイズの周期が127サンプルと短いためです(48 kHz ÷ 8 ÷ 127 = 47 Hz)．繰り返し周波数が可聴周波数以下になるほど周期が十分に長い疑似ノイズなら，「ザー」というホワイト・ノイズらしい音になります．

オシロスコープで見ると**図13**のような波形です．ステレオのLとRで疑似ノイズの初期値を変えているため，お互いに異なる疑似ノイズが生成されています．L/Rはこの後の実験で，*I*/*Q*ベースバンド信号として使用します．

スペクトラム・アナライザで見ると**図14**のようになり，スペクトラムはsinc特性(sin ω)/ω を示します．

3 kHz以下ではスペクトラムはほぼ一様な分布を示し，この帯域では疑似ホワイト・ノイズとして扱えます．

● *I*/*Q*変調のベースバンド信号として評価

2チャネルのオシロスコープで**図13**の波形を観測できているときに，*X*-*Y*表示に切り替えると**図15**のように表示されます．これは4値のシンボルを表しており，理想的には4つの小さな点になります．

変調方式をQPSK(Quadrature Phase Shift Keying)と言います．疑似ノイズの作り方によってQAM(Quadrature Amplitude Moduration：16値またはそれ以上)などがあります．

ラズベリー・パイの出力は，**図15**に示したように，完全な点にはならず，ある範囲に分布した状態になります．これは振幅の変動やノイズ，群遅延の影響，時間軸ではジッタの影響で，ばらついているためです．

図15では振幅に対して± 10 %の大きさの円を4カ所置いています．シンボル誤差を表すにはEVM(Error Vector Magnitude)という単位を使い，実効値(RMS)で計算します．この円が*EVM* = 10 %の範囲です．シンボルの分布状態からピークで± 10 %以上，実効値で±数%程度と見えます．このように，ラズベリー・パイの出力は*EVM*が数%程度と，十分な性能とは言えません．

計測目的など，ベースバンドで*EVM*＜1 %が必要な場合は，オーディオ出力によくあるDCカットは使えず，DCまでフラットな周波数特性が要求されます．

ベースバンド信号は帯域を狭める必要がある
角ばっていないディジタル信号!?

Column 1

ディジタル変調のベースバンド信号は，いわゆるディジタル信号かというと，実はディジタル波形よりずっとアナログ波形に近い信号です．

矩形波のディジタル信号は，1/0変化時の傾きが鋭いため，高調波成分を多く含み，スペクトラムが広がってしまいます(**図A**の灰色線)．その信号を変調したスペクトラムも広がってしまい通信に適しません．そのため，実際はフィルタで帯域を制限した信号を使います．**図B**のようななまった波形です．帯域は**図A**の黒線のように制限されます．

この帯域制限に使うフィルタは，波形のひずみを少なくするために位相直線性が良い必要があります．アナログ・フィルタでは位相直線を実現できないのでソフトウェアによる信号処理と高速D-Aコンバータによって，帯域制限済みのベースバンド信号を生成します．

ラズベリー・パイ＋ALSAのオーディオ信号出力は，帯域は狭いながらも，ディジタル処理によるベースバンド信号生成に使えます．

〈加藤 隆志〉

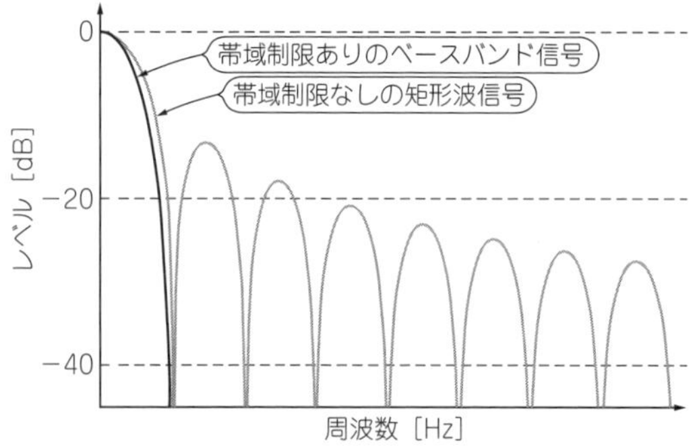

図A　ディジタル信号と言われたときイメージする矩形波信号では高調波成分が多すぎて変調用信号に使えない
ベースバンド信号には帯域制限した信号を使う

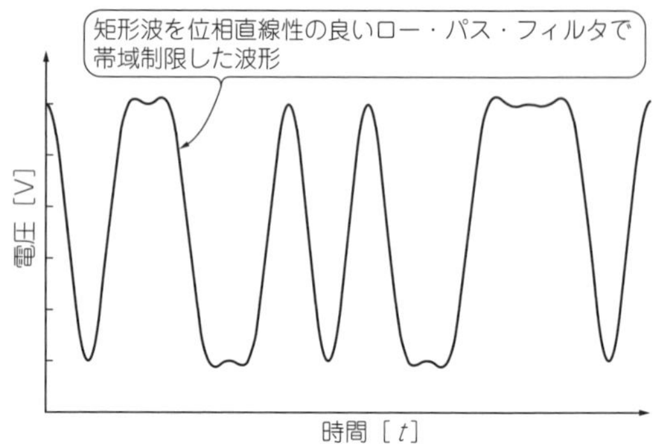

図B　帯域制限されたベースバンド信号のイメージ
このような波形を作るには位相直線性の高いフィルタが必要なのでディジタル・フィルタの出番

周波数特性の振幅平坦度は0.1 dB程度を目指します．群遅延の影響を避けるため，D-A変換の折り返しノイズを除却するナイキスト・フィルタ(アナログ回路)のカットオフ周波数は信号帯域のはるか上に持っていく必要があります．そのためD-Aコンバータのサンプリング周波数をかなり高くします．精度の高いベースバンド信号を生成するのは大変なので，演算処理に余裕がある場合は，D-Aコンバータの前に挿入するディジタル・フィルタで周波数特性を補正する手段も取られます．

今回はラズベリー・パイ内部のDCカットの影響を避ける目的から，M系列の長さを7ビットと短くしています．長周期疑似ノイズはDC付近の成分を多く含むため，あまり良いとは言えないラズベリー・パイのオーディオ出力EVMがさらに悪化する恐れがあるからです(**図16**)．

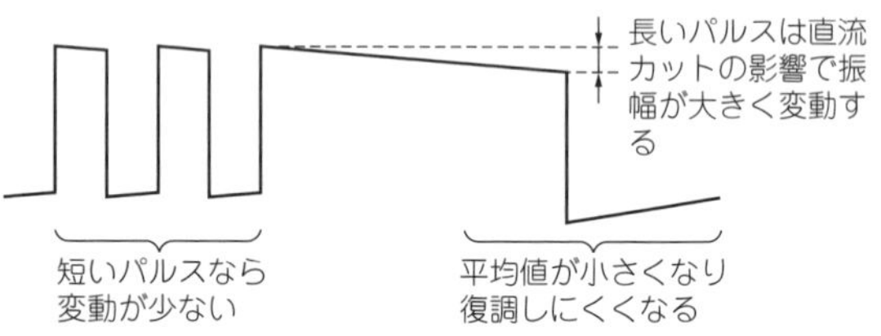

図16　DCカットがあると，長く1や−1が続いたときのレベル変化が大きくなる
精度の良いディジタル変調ベースバンド信号を得るにはDCまで扱う必要がある

◆引用文献◆

(1) 三上 直樹；ディジタル信号処理の基礎，p.102，CQ出版社，1998年．

(初出：「トランジスタ技術」2017年10月号)

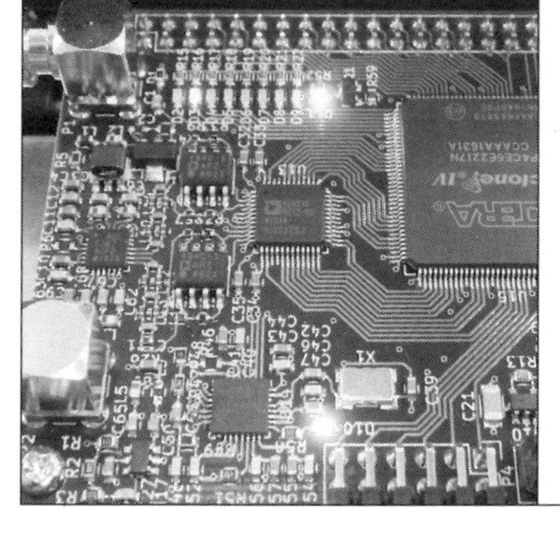

第11章 夢のRFコンピュータ・トランシーバ製作④ ベースバンド信号の生成 その2

送信用ベースバンド信号の帯域を制限するディジタル・フィルタを作る

加藤 隆志 Takashi Kato

前章では，スペクトラム拡散変調に必要な疑似ノイズ信号を作りました．しかし矩形波状のディジタル信号なので，そのまま変調器に入力すると出力RF信号の帯域幅が広くなり，電波妨害が起きます．そこで**図1**のように，フィルタを通して帯域制限します．ディジタル信号を劣化させない特殊なフィルタで帯域制限します．**〈編集部〉**

疑似ノイズそのままのベースバンド信号は不要成分まみれ

● 実際のスペクトラム

実験装置の構成を**図2**に示します．第9章で製作した自作I/Q変調器を使い，前回ラズベリー・パイで発生させた疑似ノイズを変調してRF信号を見てみます．

受信機には，第1章～第5章で製作したラズベリー・パイを使う受信機「Piラジオ」を使います．

自作I/Q変調器はいくつか調整箇所がありました．製作したときの解説通り，振幅バランスや直交度など

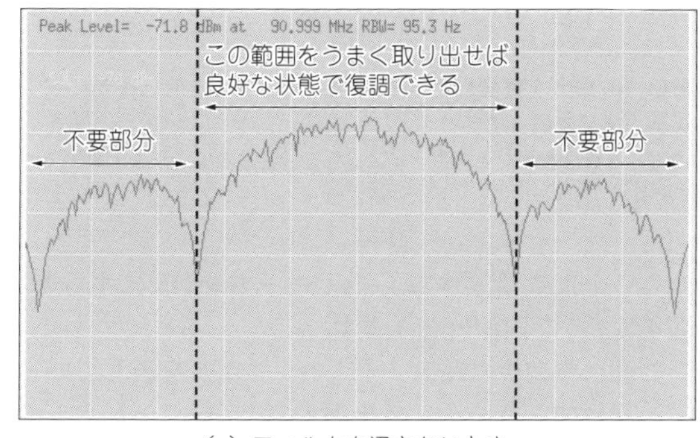

(a) フィルタを通さないとき

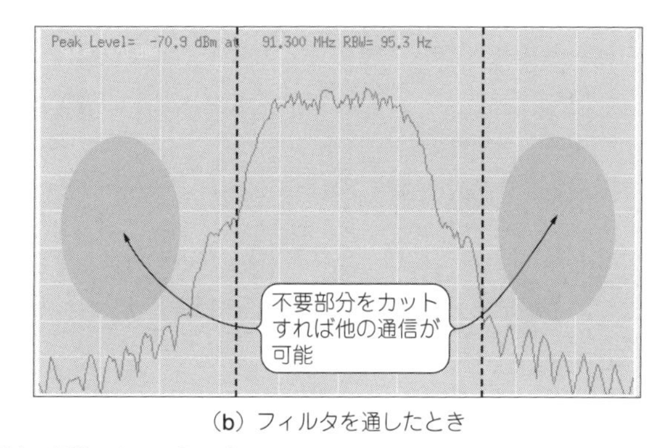

(b) フィルタを通したとき

図1 ディジタル信号復調に影響がない不要な帯域を減らして隣の帯域で通信できるようにする
妨害を与えにくいスペクトラム拡散でも，不要な周波数帯域はカットすることが規格で求められる

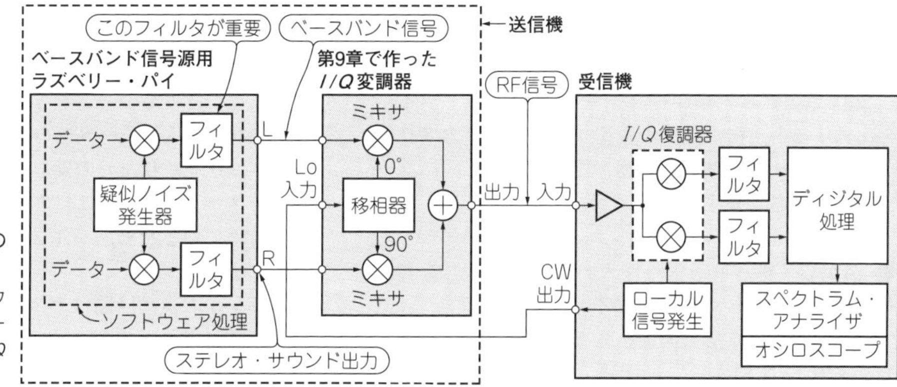

図2 スペクトラム拡散の変調/復調を実験する
ラズベリー・パイのソフトウェアで疑似ノイズによるベースバンド信号を生成し，I/Q変調器でRF信号を得る

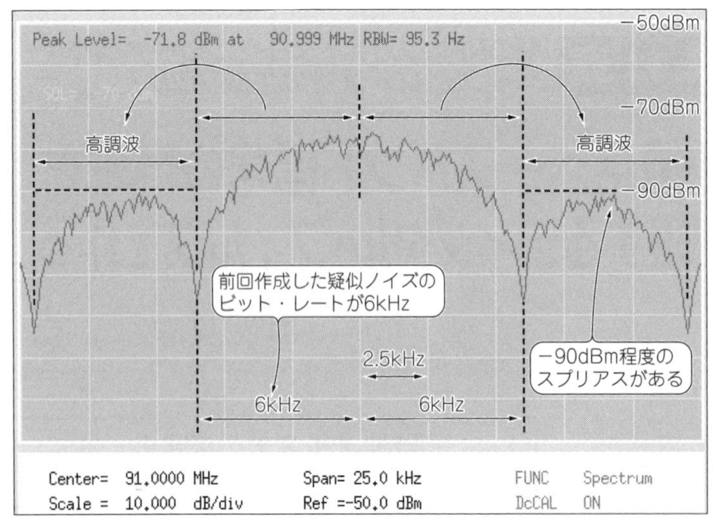

図3 疑似ノイズ信号をベースバンド信号に使って得られたRF信号のスペクトラム
疑似ノイズ信号のスペクトラムにより6 kHzごとに山ができる．±6 kHzより先は不要なのでディジタル・フィルタで落とす

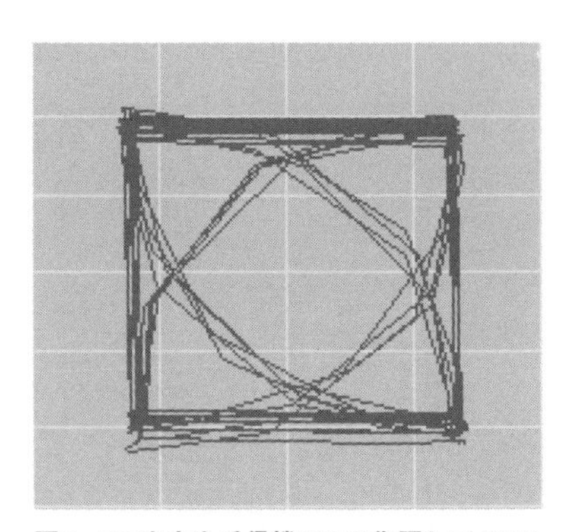

図4 RF出力を受信機で*I*/*Q*復調して*XY*モードで表示したところ
ベースバンド信号はランダムに−1か1をとるので，4点を通るような正方形になる

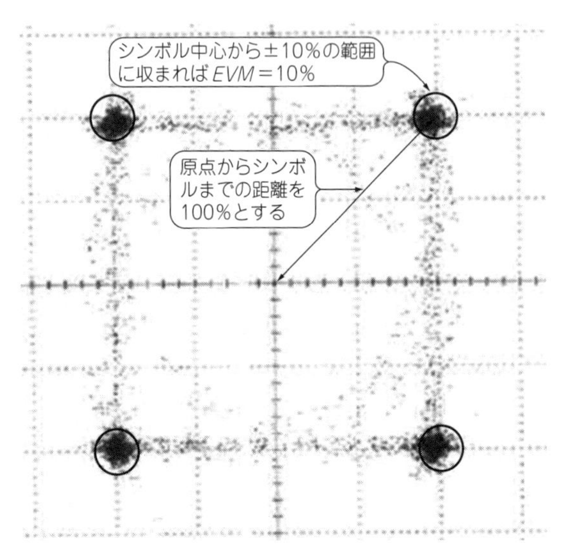

図5 ベースバンド信号*I*と*Q*をオシロスコープの*XY*モードで見たときの波形(再掲)
復調後の図4はこの波形をよく再現できているので，図3は正しく変調されているRF信号だとわかる

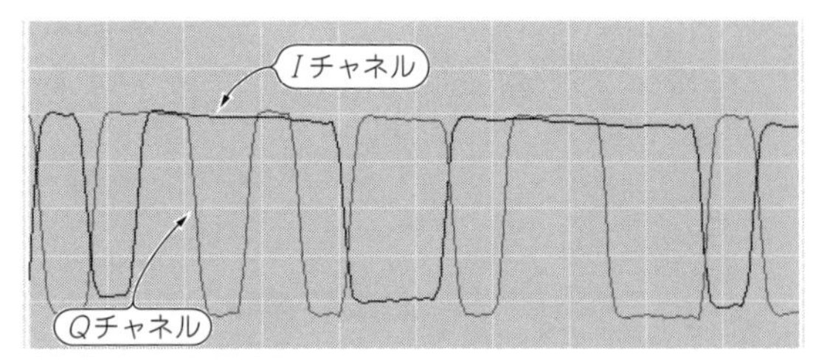

図6 RF出力を復調したベースバンド信号の波形は確かにディジタル信号に戻っている
*I*と*Q*，それぞれ異なる疑似ノイズ波形が確認できて，正しく復調できている

はすべて調整が完了しているとします．

第10章で作った疑似ノイズをラズベリー・パイから出力すると，Piラジオの受信ソフトウェアのスペクトラム・アナライザ画面には，**図3**のようなスペクトラムが観測されます．

● 復調して得られる信号は入力したベースバンド信号に近いので正しく変調されている

受信ソフトウェアの画面をスペクトラム・アナライザからオシロスコープに変更し(FUNCをSpectrumからOscilloに変更する)，*XY*モードをONにすると，**図4**のような画面になります．

これは復調後の疑似ノイズのシンボルを表しています．前章で，オーディオ出力の左と右，2チャネルの疑似ノイズを2チャネル・オシロスコープで観測した**図5**とほぼ同じで，正しく変調&復調できています．

正方形が傾いている場合は，周波数がずれているので，MHz単位で調整して真っ直ぐにします．ラズベリー・パイの出力(ベースバンド信号)を直接見たときと同じように，ピークで*EVM*＞10％くらいのシンボルのバラつきが観測できます．

この状態で*XY*モードをOFFにすると，**図6**のように*I*/*Q*に分離された元の疑似ノイズ信号が見えます．

ベースバンド信号をDCカットがあるオーディオ出力から得ているため，パルス幅の長い部分で振幅変化があります．

Piラジオの復調回路はディジタル復調に対応するつもりで設計されているため，*C*による直流カットなしのDCアンプが使われています．受信だけなら，このようなDCレベルの変動は起こりません．

● 情報を伝えるのに不要な成分が多い

矩形波でできた疑似ノイズをベースバンド信号に使ったスペクトラムは，図3のように広帯域です．

しかし，有用な情報は±6 kHz以内の範囲に収まっています．

ベースバンド信号は，ラズベリー・パイのオーディオ出力を使って，ビット・レート6 kHz，帯域3 kHzとなるよう作りました．これは*I/Q*片側あたりなので，*I/Q*合計の帯域は6 kHzになります．

中心周波数から±6 kHz以上の周波数にある成分は，ベースバンドを矩形波として扱う場合に含まれてしまう高調波成分です．不要な信号「スプリアス」となります．

実際の通信では，このスプリアスが隣接するチャネルに妨害を与えるため，フィルタで除去する必要があります．この隣接チャネルへの漏洩する電力のことをACP(Adjacent Channel Power)と呼び，各無線通信規格で厳しく規制されています．

今回の場合でいえば，有用な情報が含まれる±6 kHzは通しますが，それ以外はなるべく制限します．

ベースバンド信号をフィルタに通してスプリアスを洗い落とす

● フィルタで帯域制限すると波形が崩れる

ベースバンド信号を帯域制限する必要があるのはわかりましたが，疑似ノイズのようなパルス信号を安易にフィルタに通すと，リプルなどの影響で図7のように波形が暴れ，本来のシンボル位置から外れた信号になってしまいます．

この例では，図4と比較して倍以上のEVM悪化が見られます．帯域を制限するため急峻な特性のフィルタにするほど，この傾向は顕著になります．図7は，Piラジオの受信ソフトウェアがもつFIRフィルタを使ってBW = 12 kHzの急峻な帯域制限をかけています．

実際の通信では，復調する際のシンボル位置のばらつきEVMを振幅に対して10 %以下に収めたいものです．伝送路上ではノイズや反射，減衰などでEVMはどんどん悪化します．そのためフィルタだけで大きくEVMが悪化することは許容できず，十分なマージンを確保する必要があります．

● シンボル間干渉を小さくするフィルタが欲しい

1つ前のシンボルの状態に次のシンボルが影響を受けなければ，EVMは悪化しにくくなります．信号の善し悪しを表現するとき，シンボル間干渉は，ディジタル変調では極めて重要な指標になります．

図8に，復調した信号のアイ・パターンを示します．(a)が干渉あり，(b)が干渉なしの場合です．

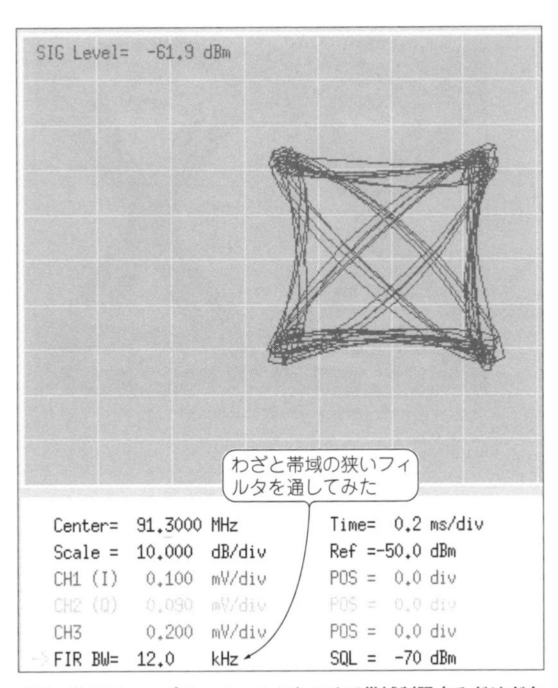

図7 単にロー・パス・フィルタをかけて帯域制限するだけだと波形がひずみすぎて困る
正方形が崩れて，頂点のばらつきも増えてくる

シンボル間干渉を悪化させる原因は，フィルタの場合は振幅リプルや群遅延です．群遅延(GD：Group Delay)は簡単にいうと周波数によって信号の遅延時間が異なる現象です．

アナログ・フィルタではこの群遅延特性の問題を除却できず，シンボル間干渉のない理想的な特性は得られません．

群遅延特性が良いフィルタとは，位相直線性の良いフィルタのことです．*LC*フィルタなどのハードウェアのフィルタでは位相直線性を確保できません．

● ベースバンドに対するディジタル・フィルタで帯域制限する

しっかりとした帯域制限を行うには，ベースバンドで実施する必要があります．

ハードウェアのフィルタで位相ひずみのない帯域を使おうとすると，必要な帯域よりもずっと高いカットオフ周波数になってしまいます．ハードウェアのフィルタでは，急峻な帯域制限を実現できないのです．

● シンボル間干渉が極小のRaised Cosineフィルタ

急峻な帯域制限が可能で，シンボル間干渉が起こらないフィルタとして「Raised Cosineフィルタ」が知られています．ナイキスト・フィルタとも呼ばれます．

このフィルタを通した波形は，図9のようにオーバーシュートやアンダーシュートは発生するものの，シ

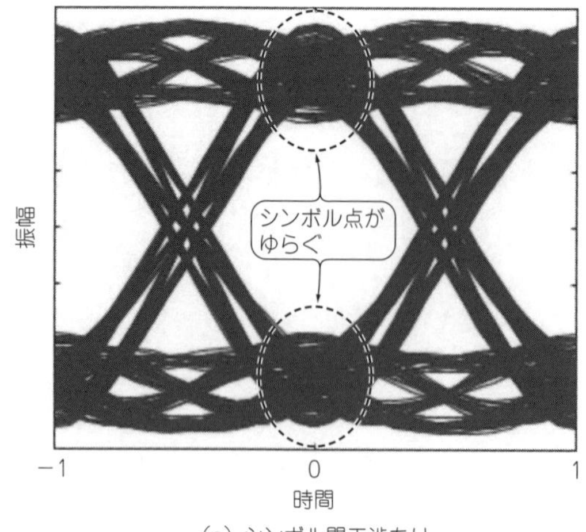

(a) シンボル間干渉あり

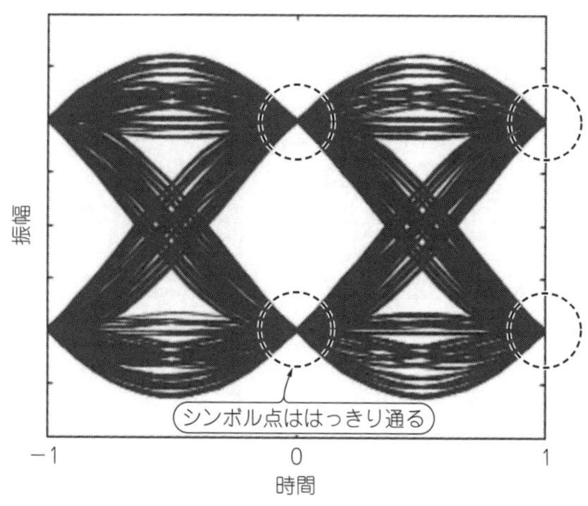

(b) シンボル間干渉なし

図8　疑似ノイズにロー・パス・フィルタをかけたときの波形
適切な特性を持つフィルタを選ぶと，シンボル間の干渉がなく，ディジタル・データを取り出すときのエラーを減らせる波形が得られる

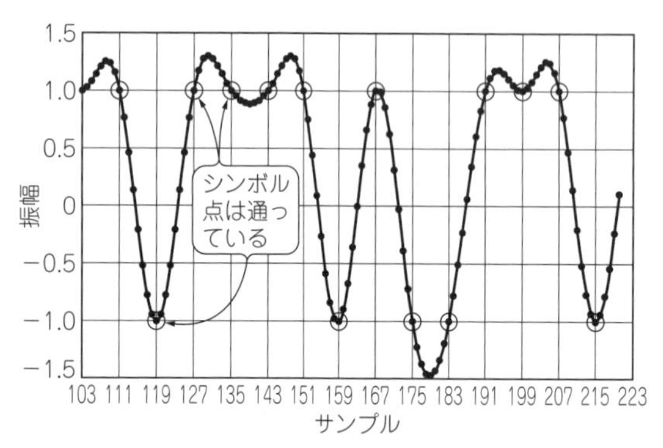

図9　疑似ノイズに適切な特性を持つロー・パス・フィルタをかけたときの波形
シンボルとして確保したい点は丸で囲んだように位置がずれていない

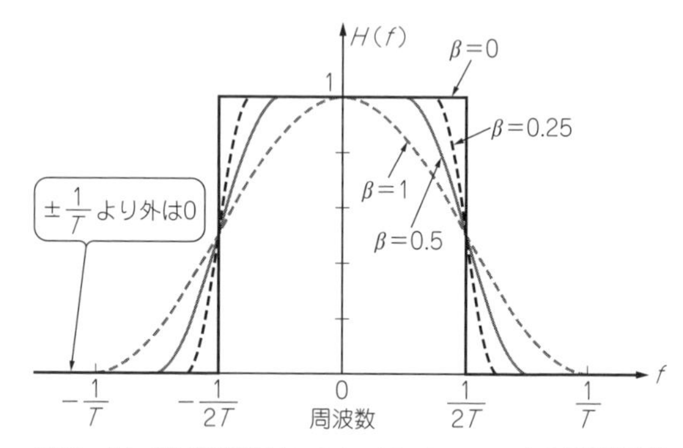

図10　シンボル間干渉がないRaised Cosineフィルタの周波数特性
周波数的にはβを小さくしたいが，時間波形ではアイ・ダイヤグラムがつぶれやすくなる

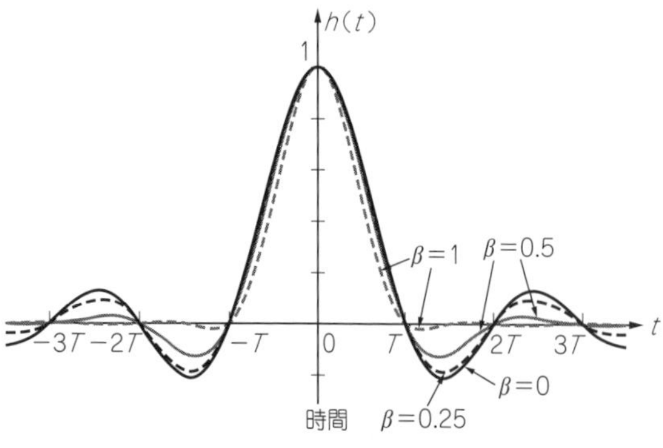

図11　シンボル間干渉がないRaised Cosineフィルタのインパルス応答
βが0に近いときは時刻が−∞〜+∞まで振幅をもつ．実現できないので，窓関数を使って$t=0$付近だけ取り出す

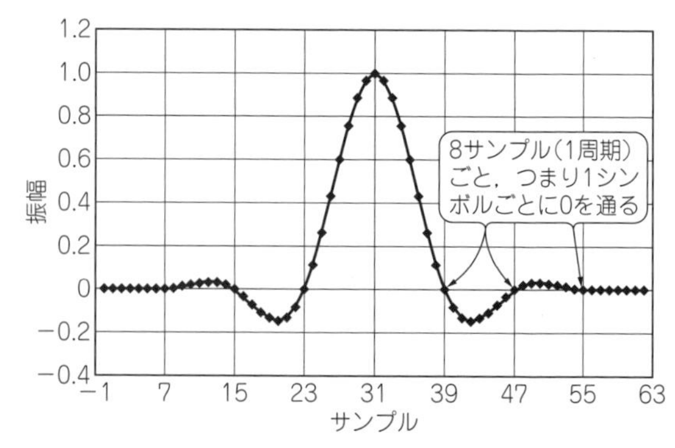

図12　窓関数を使って64タップに納めたRaised Cosineフィルタのインパルス応答
$\beta=0.22$，$T=8$の場合．シンボルの周期ごとに0になっているので，隣接シンボルと干渉しない

ンボル点を正確に撃ち抜けます．

Raised Cosineフィルタは，アナログ回路では実現できません．ソフトウェアまたはFPGAなどに実装されたディジタル・フィルタ(FIRフィルタ)で構成されます．

● Raised Cosineフィルタ特性を実現するFIRフィルタの係数

Raised Cosineフィルタの帯域特性はロール・オフ係数βで表し，**図10**のようになります．βは小さく

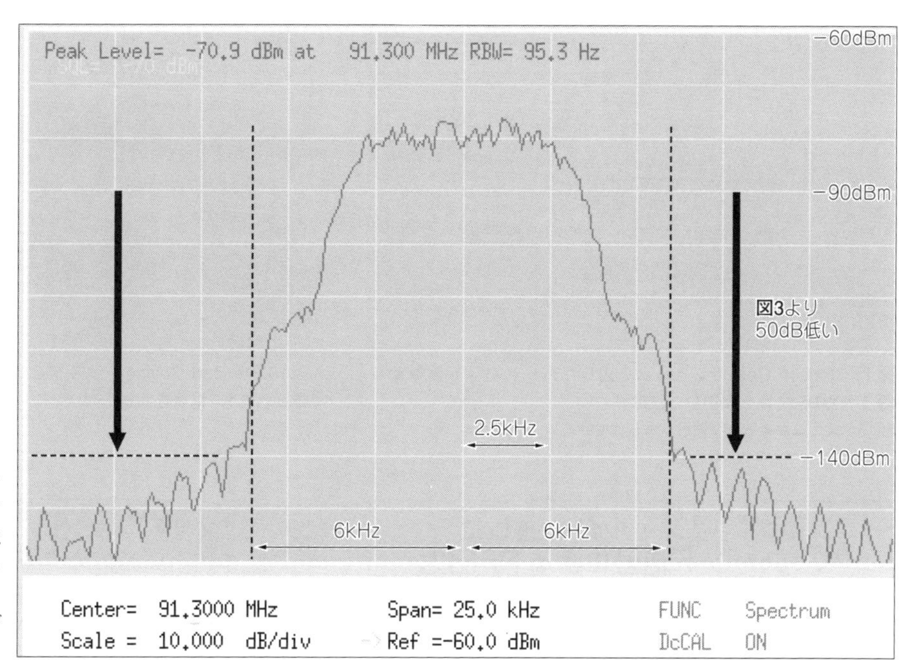

図14　Raised Cosineフィルタで帯域制限した疑似ノイズ信号をベースバンドに使ったRF信号のスペクトラム
6 kHzより外側の不要信号が大幅に小さくなっている

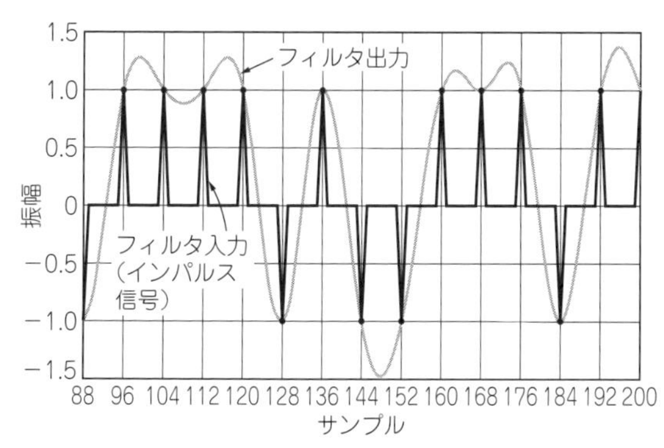

図13　Raised Cosineフィルタを通して得られる疑似ノイズ波形が想定通りかあらかじめ確認する
黒線が入力（インパルス信号），灰色の曲線がフィルタ出力

するほど急峻で占有周波数が狭くなりますが，アイ開口が狭くなりビット・エラーが生じやすくなります．W-CDMAでは$\beta = 0.22$が送受信ともに使われています．

FIRフィルタの係数は，求めるフィルタ特性のインパルス応答から求まります．Raised Cosineフィルタのインパルス応答は以下の式で求められます．

$$h(t) = \frac{\sin\frac{\pi t}{T}}{\frac{\pi t}{T}} \cdot \frac{\cos\frac{\pi\beta t}{T}}{1-\left(\frac{2\beta t}{T}\right)^2}$$

この結果を一般化すると**図11**です．βが小さい場合はインパルス応答が無限に広がるため，窓関数が必要になります．

図12は，フィルタのサイズ$N = 64$，疑似ノイズの周期$T = 8$，ロール・オフ係数$\beta = 0.22$の条件で生成したインパルス応答に窓関数（コサイン）をかけたものです．このように，8サンプル（1シンボル）ごとに必ず0を通過することが重要です．この性質により，シンボル間干渉を起こさない応答が可能になります．

フィルタのサイズ$N = 64$は後のことを考えて，Piラジオに実装しているFIRフィルタに合わせました．疑似ノイズの周期は，変調帯域が6 kHz，サンプリング・レートが48 kHzなので，T = 48 kHz/6 kHz = 8と決まります．

● フィルタ係数が正しいかどうか検算しておく

図12のフィルタ係数はExcelの表計算シートで作りました．FIRフィルタの動作もExcelのマクロで作成して，係数の検算をしておきます．

図13が**図12**のフィルタ係数を使って計算したFIRフィルタの出力波形です．入力信号が黒，出力が灰色です．

入力信号は疑似ノイズ信号です．Raised Cosineフィルタに入力する波形はステップ波形ではなく，このようなインパルス波形でなくてはなりません．ここにステップ波形を入力すると，シンボル間干渉が生じてしまい悩むことになります．

このように，プログラムを作る前に表計算シートやできればMatlab（Simlink）などでアルゴリズムの確認を行っておくことは重要です．

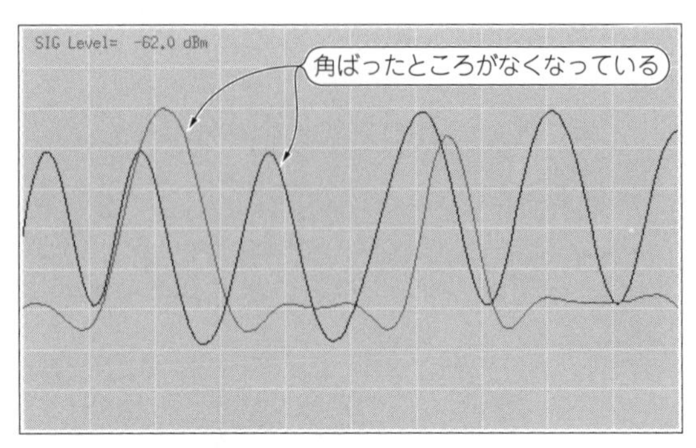

図15　Raised Cosineフィルタを通したベースバンド信号から得られたRF信号を復調した波形
図13のようになめらかな波形が得られている

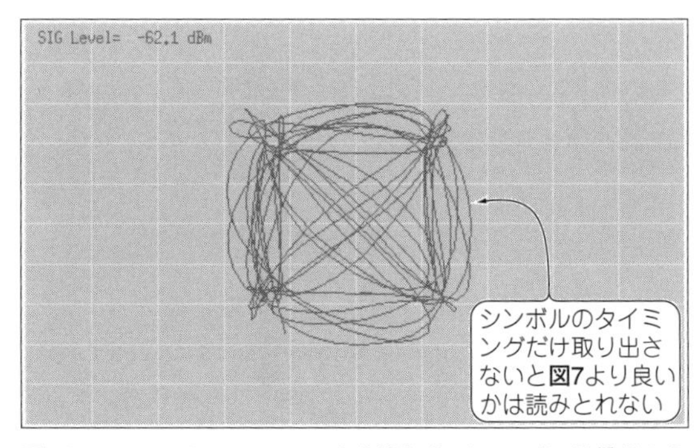

図16　Raised Cosineフィルタを通したベースバンド信号から得られたRF信号を復調してXYモード表示した波形

帯域制限フィルタを通したベースバンド信号によるRF出力

● ラズベリー・パイでRaised Cosineフィルタをかけてみる

前章でコンパイルした信号発生プログラム「rc.c」はRaised Cosineフィルタも含んでいます．引き数を以下のように変更すると，表計算シートで確認したのとまったく同じRaised Cosineフィルタがかかった疑似ノイズが出力されます．

```
$ sudo ./rc 6000 1 0.22 8 10
```

▶引き数の説明

6000：疑似ノイズのビット・レート［Hz］
1　：Raised Cosineフィルタ ON(1)/OFF(0)
0.22：Raised Cosineフィルタのロール・オフ係数
8　：疑似ノイズの周期(サンプリング数)
10　：出力時間［秒］

オーディオのサンプリング・レートは48 kHz固定です．

疑似ノイズの周期Tは，サンプリング・レートとビット・レートから自動的に決まりますが，わざと特性がずれたフィルタを使ったときの変調波も実験できるように，独立に設定できるようにしてあります．

Raised Cosineフィルタで帯域制限したベースバンド信号から得られたRF信号のスペクトラムは，**図14**のようになります．確かに，隣接チャネルの漏洩電力は大きく抑えられ，**図3**と比較して50 dB以上も改善しています．

オシロスコープ波形は**図15**と**図16**です．ラズベリー・パイの出力波形がほぼそのまま観測されます．

ロール・オフ系数$\beta = 0.22$と，1よりもずっと小さな値にしているのは，フィルタ後のオーバーシュートが大きくなり，波形の収束具合をリサージュで確認しやすいという理由もあります．

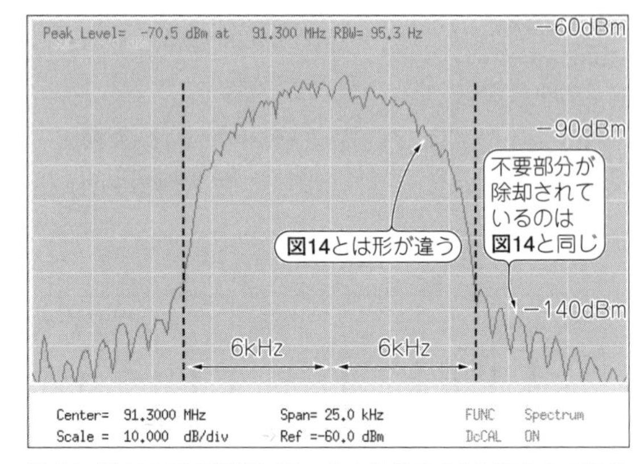

図17　図14と同じ設定でフィルタ特性のβを0.22から0.99に変更したときのスペクトラム
帯域外のスプリアスを抑える特性はほぼ同じで，帯域内の特性が大きく変わっている

図7と**図15**では，慣れないとどちらがシンボル点が収束できているか見分けがつきません．これは各シンボルのタイミングを正確に検出して，シンボル点だけを取り出した「コンスタレーション」を表示しないとはっきりしません．コンスタレーションについては第13章以降で詳しく扱います．

ロール・オフ係数$\beta = 0.99$としたときのスペクトラムを観測したのが**図17**です．βによる違いは，ほぼ$\pm 1/T = \pm 6$ kHzの範囲だけに限られていることがわかります．

＊

実際の通信には，送信側だけでなく受信側でも帯域を制限したいため，送信と受信と合計2回フィルタを通します．そこでは2回通ると最終的にRaised Cosine特性となる「Root Raised Cosine」フィルタが使われます．RRCフィルタと呼びます．

（初出：「トランジスタ技術」2017年11月号）

第12章 夢のRFコンピュータ・トランシーバ製作⑤
帯域制限フィルタの実装

送信側＋受信側で1人前！ Root Raised Cosineフィルタ

加藤 隆志 Takashi Kato

前章では，PN符号で広がる帯域を狭めるフィルタ「Raised Cosine Filter(以下，RCフィルタ)」を紹介しました．フィルタで帯域制限をして，隣接チャネルに妨害を与えないことは，無線を利用するときの大切なマナーです．

RCフィルタは，GPSなどが利用している符号分割多元接続CDMA(Code Division Multiple Access)方式のディジタル無線通信器の定番中の定番で，実体はFIRフィルタです．従来から利用されている方式で，ソフトウェア無線通信の基本を学ぶのに適しています．地上波ディジタルや無線LANなど，最近のソフトウェア無線機の多くは，直交周波数分割多重方式OFDM(Orthogonal Frequency Division Multiplexing)方式を採用しています．

● RCフィルタを送受信で真っ二つ！ RRCフィルタ

本章では，RCフィルタの実機への実装方法を説明します．ディジタル送信機には，帯域制限をバッチリかける使命が，ディジタル受信機には，シンボルをパーフェクトに再生する使命があります．一方でどんな受信機も，通信に利用する搬送波チャネルを抽出するフィルタを必ず持っています．

送信機側でRCフィルタ処理を行ってから電波を送り出したとしましょう．帯域制限がしっかりかかっているので，他チャネルへの妨害を与えることはなく，シンボル間干渉も起こりません．ところが，受信機側の搬送波抽出用フィルタがシンボル間干渉を引き起こしてしまいます．

そこで実際のSDRは，RCフィルタを真っ二つに分けて，半分を送信側に，半分を受信側に実装しています．送信側では帯域制限だけをかけます．この電波を受信して，フィルタをかけずにそのまま復調すると，シンボル間干渉が起こりますが，空間では帯域制限さえかかっていればOKです．

受信機側では，搬送波チャネルを抽出するのと同時に，シンボルを完全に再現します．この2分割されたRCフィルタをRRCフィルタ(Root Raised Cosine Filter)と呼びます．〈編集部〉

(a) ラズベリー・パイ3，2 GHzPiレシーバ拡張ボード[写真(b)]，ケース，HDMI入力液晶パネル，穴あけ加工済みパネル，その他部品一式をセットにした「Piラジオ」

(b) ラズベリー・パイ3に50 M～2 GHzの無線受信機能を追加できる「2 GHzPiレシーバ拡張ボード」

写真1 実験に使っているSDRレシーバ 実験キット(CQ出版社)

実際のSDRに実装されている定番の帯域制限フィルタ

● 送信機は帯域制限をかけるのが使命！ シンボル間干渉は起きてもかまわない

次の2つは，無線機を作るときの基本的な要件です．

- ほかの通信チャネルを妨害しないように，必要最小限の帯域を使って送信する
- 受信機で送信したディジタル・データ(シンボル)を100 %復元する

つまり，送信時はシンボル間干渉があってもかまわないということでもあります．

● 受信機はシンボル間干渉を起こさないようにチャネル搬送波を抽出するのが使命

受信機では，不要な信号を削って必要な信号だけ取り出すために，例えば**図1**のように何回もフィルタをかけていきます．

復調直前には，通信チャネルの帯域だけを取り出します．復調時には，シンボル間干渉が起きないように通信チャネルの帯域を抽出します．

図2のように，実際のSDRには送信と受信の両方に，ベースバンド信号を必要な帯域ぎりぎりに絞り出すフィルタとして「Root Raised Cosineフィルタ」が使われています．

● 送信と受信の2回でRaised Cosineフィルタになる

前回作ったRaised Cosineフィルタは，**図3**のように

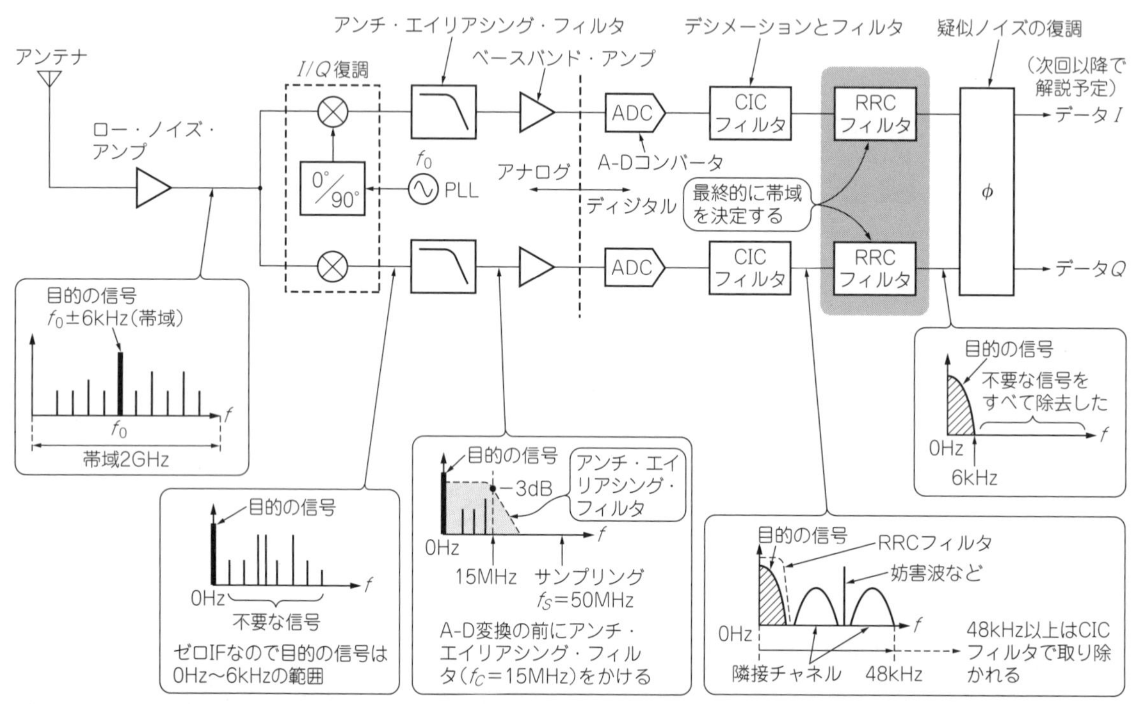

図1 実際のSDR受信機のブロック図
SDRに限らずどんな受信機も通信チャネルの帯域だけを抽出するフィルタがある．図ではRRCフィルタ(Root Raised Cosine Filter)がその役割を果たす．受信機の使命は，チャネル帯域の抽出とともにシンボルを完全に再現することである

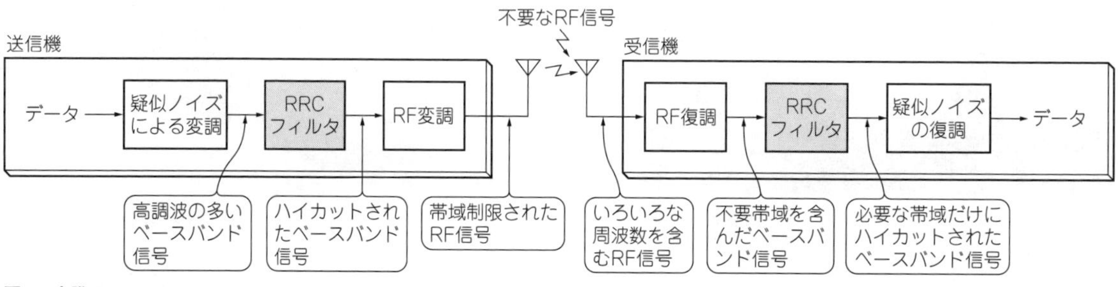

図2 実際のSDRはRaised Cosineフィルタの半分を送信機に，半分を受信機に搭載している

ディジタル変調信号に対して，シンボル間干渉が起こらない特性を持っていました．この特性のおかげで，変調帯域に制限をかけつつ，変調精度は維持されるという離れ業をやってのけます．これはディジタル・フィルタでないと実現できない，ディジタル通信時代ならではの技術です．このフィルタ特性は他では得られません．

スペクトラム拡散通信では，送信と受信，それぞれに帯域制限を合計2回かけてトータルでRaised Cosineフィルタ特性になるようなフィルタを使います(**図4**)．Raised Cosineフィルタの平方根(root)の特性になることから，Root Raised Cosineフィルタ(以下，RRCフィルタ)と呼ばれます．

Root Raised Cosineフィルタをパソコンでバーチャル製作

● RRCフィルタの系数を求めてExcelで特性を確認

信号処理のアルゴリズム開発や動作確認はmatlabやsimulinkのような科学計算ソフトウェアでシミュレーションするのが早道ですが，誰もが使っている表計算ソフト「Excel」でもRRCフィルタ程度なら確認できます．

図5にRRCフィルタの伝達関数を示します．

この式を元に，Excelを使ってインパルス応答を求めたのが**図6**です．これをFIRの係数として，Excelマクロ上でFIRフィルタを組んで動作を確認します．

ここで使用するExcelシートは，下記の私のサイトの「Excel設計ツール」からダウンロードできます．

http://radiun.net/

▶設計条件

図6のインパルス応答は以下の条件です．

系数の長さ：63
Symbol rate = 8
Rolloff factor = 0.99
窓関数：Hann

系数の長さ63は，受信機として使っているラズベリー・パイ受信機Piラジオに実装しているFIRフィルタのタップ数に合わせた仕様です．タップ数は演算能力で決まります．RRCフィルタは受信機にも実装する必要があるので，受信機の仕様に合わせています．

図5の伝達関数そのままでは，インパルス応答がと

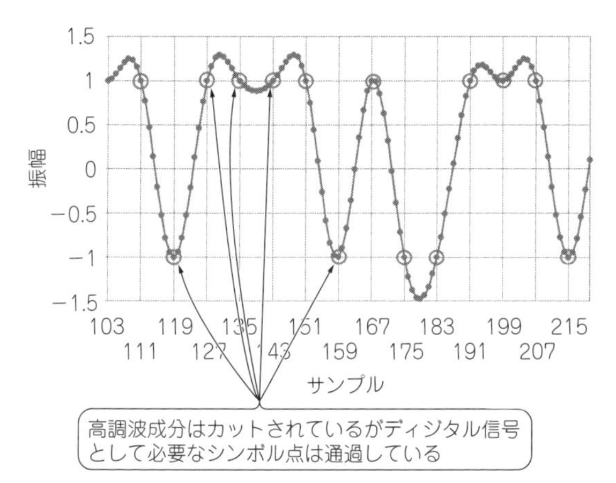

図3 Raised Cosineフィルタ特性のおさらい
高周波成分がカットされる帯域制限特性を持ちつつ，ディジタル信号としてのシンボルは確保する

$$h(t)=4\beta\frac{\cos\frac{\pi t(1+\beta)}{T}+\frac{\sin\frac{\pi t(1-\beta)}{T}}{\frac{4\beta t}{T}}}{\pi\sqrt{T}\left(1-\left(\frac{4\beta t}{T}\right)^2\right)}$$

図5 Root Raised Cosineフィルタのインパルス応答の式
この式からFIRフィルタの系数を求める

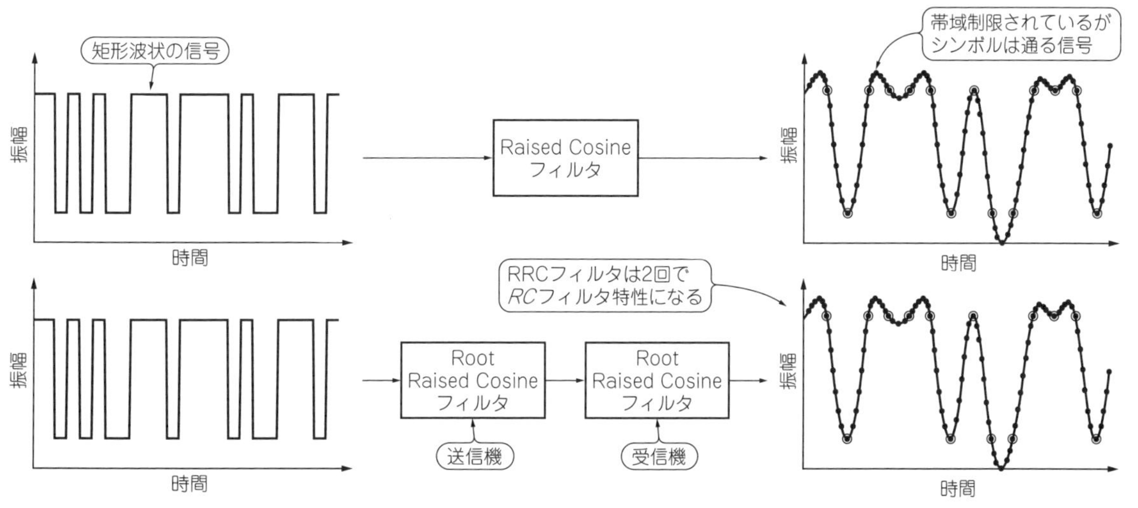

図4 同じ構成のRoot Raised Cosineフィルタを2回直列につなぐと Raised Cosineフィルタになる

ても長くなります．系数の長さに合わせた窓関数をかけて，実用的な時間幅に納めます．

伝達関数のインパルス応答，系数の長さに応じた窓関数，窓関数と乗算して求めたインパルス応答の関係を**図7**に示します(インパルス応答の右半分を示す)．

窓関数を乗算する前と後で，インパルス応答に大きな変化が見られません．ロール・オフ・ファクタβが0.99だと，FIRフィルタのタップ数が63個と短くても余裕があります．

● 疑似ノイズ信号をRRCフィルタに2回通した結果にシンボル間干渉がないことを確認

疑似ノイズ信号をRRCフィルタに1回だけ通した結果が**図8**です．Excelマクロを使ってFIRフィルタ処理を計算させています．送信する電波になるベースバンド信号がこの波形です．シンボル間干渉はありますが，波形は滑らかになっているので，帯域は制限されています．

▶2回目の結果はシンボル点を通っている

図8の信号を再びRRCフィルタに通した結果が**図9**です．シンボル間干渉はほとんど生じていません．RRCを2回通すことでRCフィルタ特性となり，シンボル間干渉が生じないことをExcel上で確認できました．

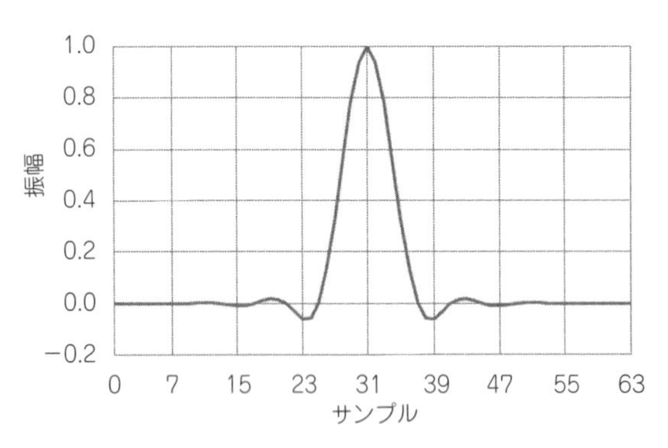

図6　Root Raised Cosineフィルタのインパルス応答
シンボル・レートはこれまでの実験に合わせて8，同じフィルタを受信機にも実装する都合から長さ63，ロール・オフ系数β＝0.99とした

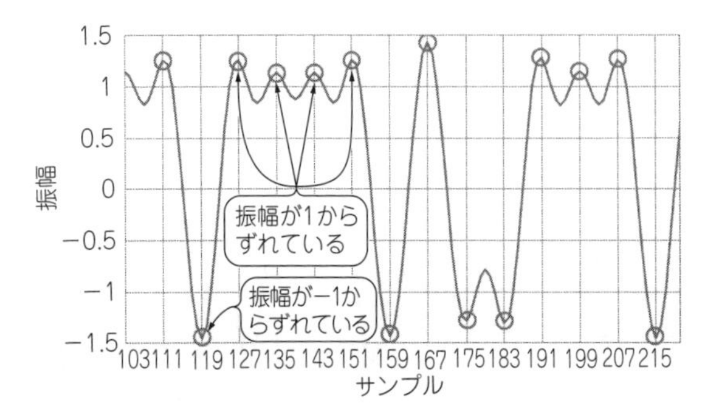

図8　RRCフィルタを通したときの時間波形
1回だけ通したときはシンボルを通らない

● 帯域制限の強いフィルタは演算量が多くなる

帯域制限を強くかけたい場合は，ロール・オフ・ファクタβを小さくします．

図10は，RCフィルタなし，β = 0.99，β = 0.22のスペクトラムを比較したものです．

β = 0.22の場合，インパルス応答は**図11**のようになります．伝達関数，窓関数，伝達関数に窓関数を乗算した結果を比較したのが**図12**です．窓関数をかける前後で，インパルス応答が大きく変化しています．FIRフィルタのタップ数が63ではRRCフィルタとして十分な特性にならず，窓関数で無理に抑え込んでいることがわかります．

こういった場合，RRCフィルタ2回目の出力が理想特性から外れてきて，シンボル間干渉が悪化してきます．Excelでの計算結果を**図13**に示します．

同じβ = 0.22の条件でも，FIRフィルタのタップ数が255の場合はどうでしょうか．インパルス応答は**図14**，RRCフィルタ2回目の出力は**図15**となり，シンボル間干渉は大きく改善します．

つまり，PiラジオのようにFIRフィルタのタップ数が63と短い場合，βをあまり小さくできません．βを小さくしつつ，シンボル間干渉が小さいことを望む

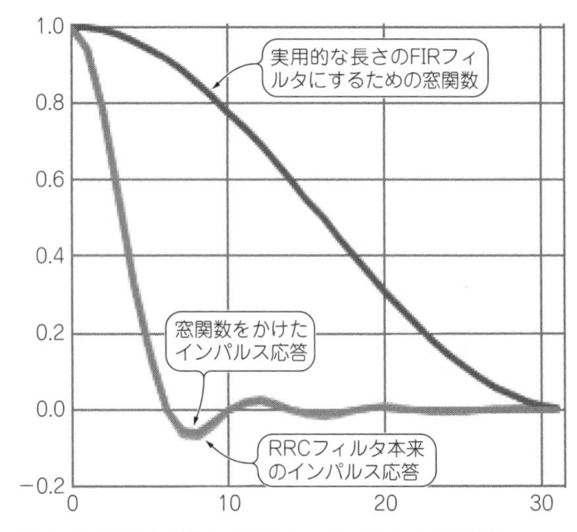

図7　理想特性と実装できる特性のインパルス応答を比較
Piラジオで使える63タップのFIRフィルタに実装するため，窓関数をかけて長さを抑える

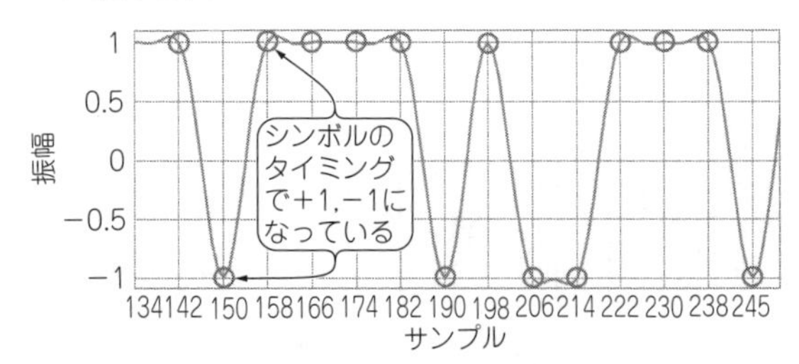

図9　RRCフィルタを2回通したときの時間波形
RCフィルタと同じ特性になるので，シンボルを通る波形になる

場合は，タップ数の多いフィルタが必要です．

検証の結果，Piラジオに実装できるタップ数63のFIRフィルタでも，$\beta = 1$に近いなら，シンボル間干渉について満足いく結果になります．よって，今回は$\beta = 0.99$で実装していきます．

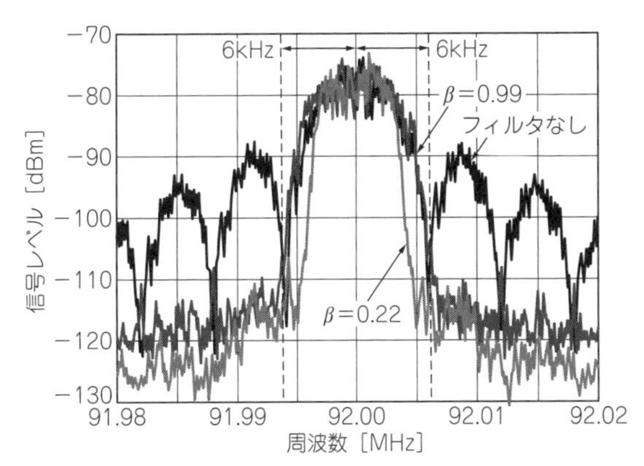

図10　ロール・オフ系数βによる周波数特性の違い
βが小さいほど帯域が絞られる

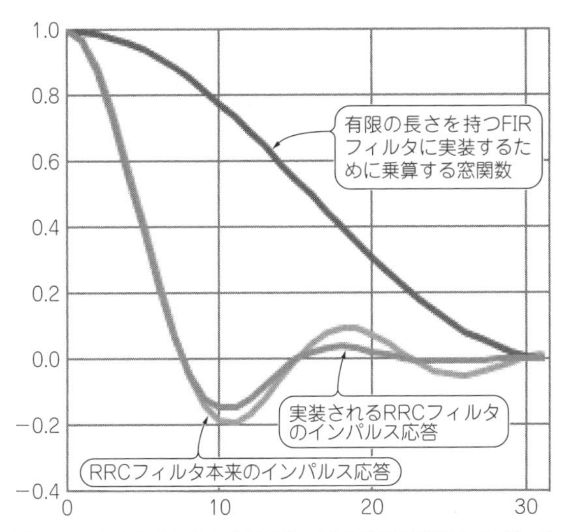

図12　βを小さくしたときは実装できる特性が理想からずれていく
応答時間を短くするために窓関数をかけるが，その影響が大きくなる

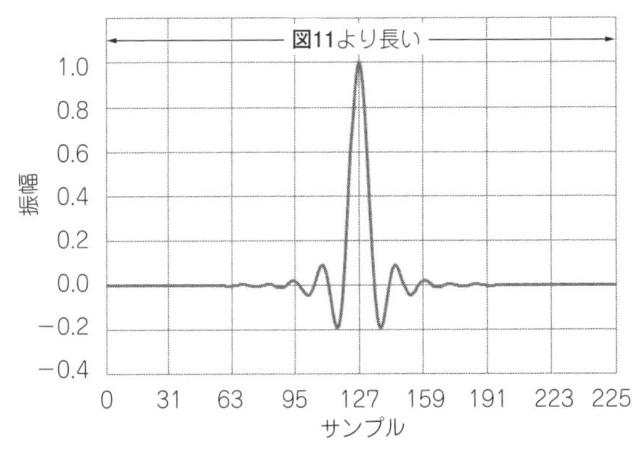

図14　$\beta = 0.22$，長さ255のRRCフィルタのインパルス応答
インパルス応答の長さ＝FIRフィルタのタップ数を255

Root Raised Cosineフィルタをラズベリー・パイで動かす

● RRCフィルタを通した送信用のベースバンド信号

ラズベリー・パイのオーディオ出力を利用して，疑似ノイズ(PN)信号を発生させ，さらにRRCフィルタを通した後のベースバンド信号を出力させてみます．

図5の伝達関数からフィルタ係数を生成する関数が**リスト1**です．

全体のソース・コード(rc.c)はダウンロード・ファ

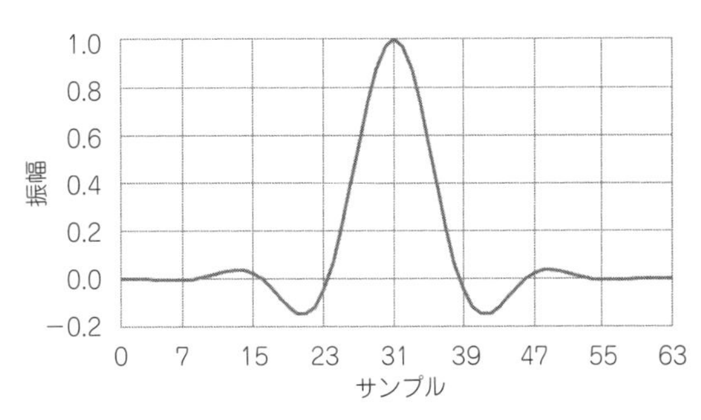

図11　βを小さくしたRRCフィルタのインパルス応答
$\beta = 0.22$の場合。$\beta = 0.99$だった図6より振幅変動が大きくなっている

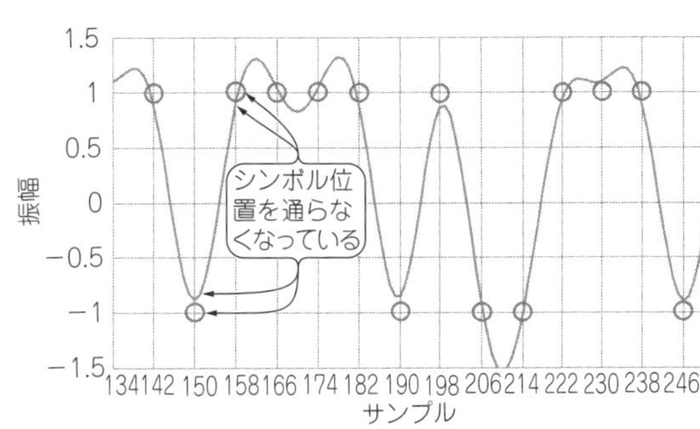

図13　図12の特性で作ったRRCフィルタを2回通したときの時間波形
理想からのずれが大きいので，RCフィルタとしての特性が維持できていない

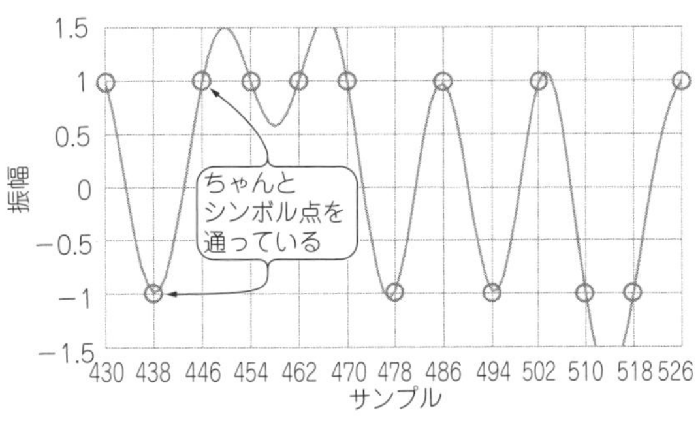

図15　タップ数255のFIRフィルタで作った$\beta = 0.22$のRRCフィルタを2回通した時の時間波形
ちゃんとRaised Cosineフィルタの特性が得られている

イルで提供します．ALSAへのアクセスやメイン・ループ，Raised Cosineフィルタ係数生成，FIRフィルタ関数，窓関数などが含まれます．

rc.cをコンパイルするにはラズベリー・パイ上にALSA開発環境のインストールが必要です．LXTermial上で以下のように入力してインストールします．

```
$ sudo␣apt－get␣install␣libasound2␣libasound2－dev
```

ALSA開発環境のインストールが完了したらPiRadioフォルダにrc.cをコピーし，以下の手順でコンパイルします．

```
$ cd␣PiRadio↵
$ gcc␣-o␣rc␣rc.c␣-lasound␣-lm↵
```

コンパイルでエラーが出なければrcという実行ファイルが生成されます．以下のようなコマンドで実行できます．

```
$ sudo␣./rc␣6000␣2␣0.99␣8␣10↵
```

▶プログラムrcの引き数

```
6000 ：疑似ノイズの周波数［Hz］
2    ：フィルタOFF(0)/RC(1)/RRC(2)
0.22 ：RCフィルタのロール・オフ係数
8    ：RCフィルタのビット・レート
10   ：出力時間［秒］
```

オーディオのサンプリングは48 kHz固定です．

ラズベリー・パイのヘッドホン・ジャックから出力

リスト1　RRCフィルタ特性になるFIRフィルタ系数を求めるプログラム

```
//---------------------------------------------
//       root raised cosine FIR係数の生成
//---------------------------------------------
void RCFcoef(double* fcoef, float roll, int smpl, int length)
{
    int n;
    int half;

    half = length/2;

    for (n=1; n<=half; n++) {

      fcoef[n]=4*roll*(cosf(M_PI*n*(1+roll)/smpl)+sinf(M_PI*n*(1-roll)/smpl)/(4*roll*n/smpl))
        /(M_PI*sqrt(smpl)*(1-(4*roll*n/smpl)*(4*roll*n/smpl)));
    }

    for (n=1; n<=half; n++) {
        fcoef[32+n]=fcoef[n];
    }
    for (n=1; n<=half; n++) {
        fcoef[32-n]=fcoef[32+n];
    }

    double m=0.000001;

   fcoef[32]=4*roll*(cosf(M_PI*m*(1+roll)/smpl)+sinf(M_PI*m*(1-roll)/smpl)/(4*roll*m/smpl))
        /(M_PI*sqrt(smpl)*(1-(4*roll*m/smpl)*(4*roll*m/smpl)));

}
```

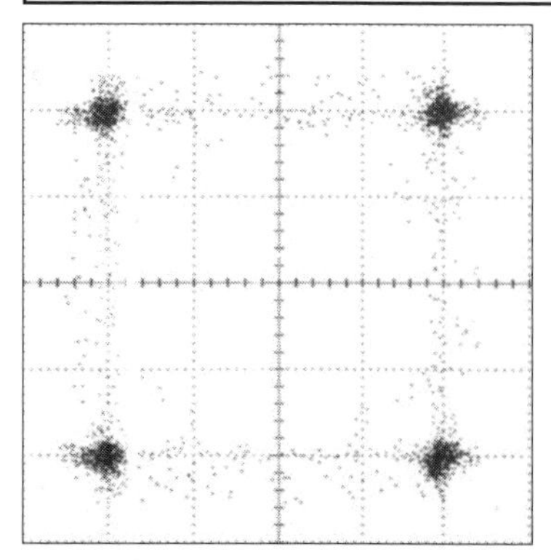

図16　ラズベリー・パイに出力させた疑似ノイズの*I*/*Q*信号を*XY*モードで観測した波形

縦軸，横軸ともに－1，1のシンボルに集中していることがわかる

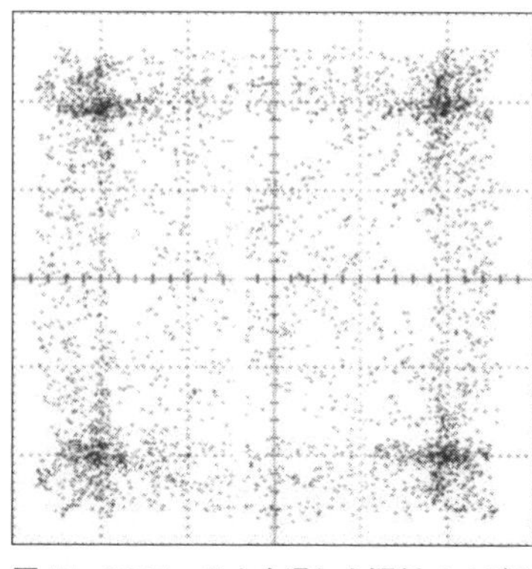

図17　RCフィルタを通した疑似ノイズの*I*/*Q*信号

帯域制限して波形にオーバーシュートなどが出たぶん，四隅がぼやけている

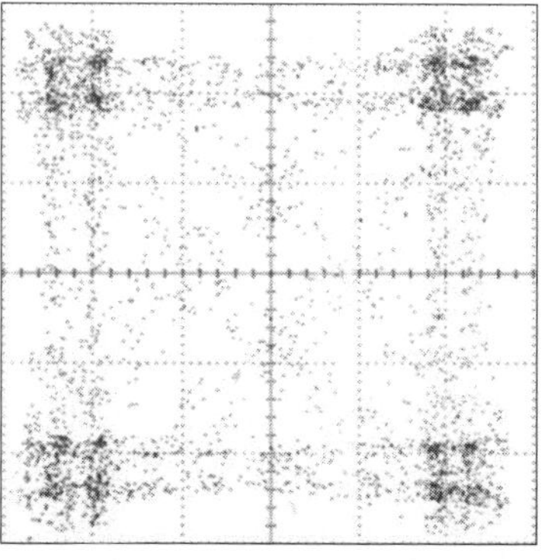

図18　RRCフィルタを通した疑似ノイズの*I*/*Q*信号

RCフィルタのときよりさらにぼやけるが，これで正常

されるステレオ信号(*I*/*Q*出力)を2チャネル・オシロスコープの*XY*モードで観測した結果が**図16**〜**図18**です.

▶**図16**：フィルタなしの疑似ノイズ*I*/*Q*信号

```
$ sudo ./rc 6000 0 0.22 8 10
```

フィルタを介さない矩形波状の疑似ノイズをそのまま出力しています．ラズベリー・パイのオーディオ出力はDCカットやノイズの影響で少し揺らいでいますが，理想的には4点の狭い範囲に点が集まります．

▶**図17**：RCフィルタを通した疑似ノイズ信号

```
$ sudo ./rc 6000 1 0.22 8 10
```

波形がなまるため**図16**よりは分布は広がりますが，シンボルが4点に収束しています．

▶**図18**：RRCフィルタを通した疑似ノイズ信号

```
$ sudo ./rc 6000 2 0.22 8 10
```

シンボルの収束点がはっきりしなくなります．RRCだけでは，このようにシンボル間干渉が大きくなります．

● RRCフィルタを使って受信した*I*/*Q*信号

このRRCフィルタを通したベースバンド信号を使ってRF信号を生成できます．得られたRF信号が問題ないかどうかは，RRCフィルタを実装した受信機を使って確認します．受信機側は次回以降に解説します．

送受信でRRCフィルタをかけたとき，かけないときを比較した波形を**図19**に，*I*/*Q*信号を*XY*モードで表示した波形を**図20**に示します．

RRCフィルタを送受信ともにONすると，帯域制限されつつ，シンボル間干渉が抑えられたベースバンド信号が受信できることが確認できます．

（初出：「トランジスタ技術」2018年1月号）

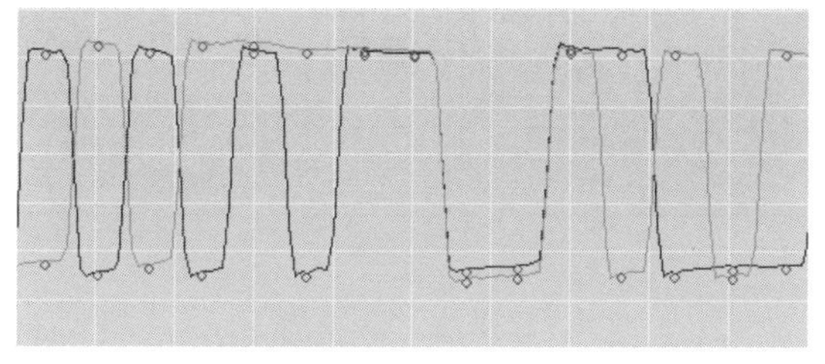

(a) 送信側，受信側ともフィルタOFF

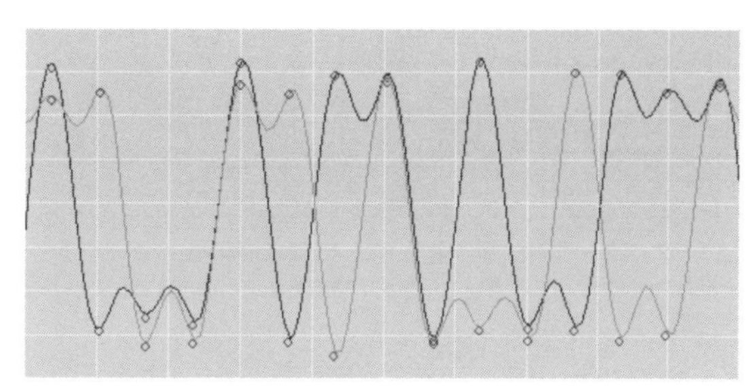

(b) 送信側のRRCフィルタをON，受信側OFF

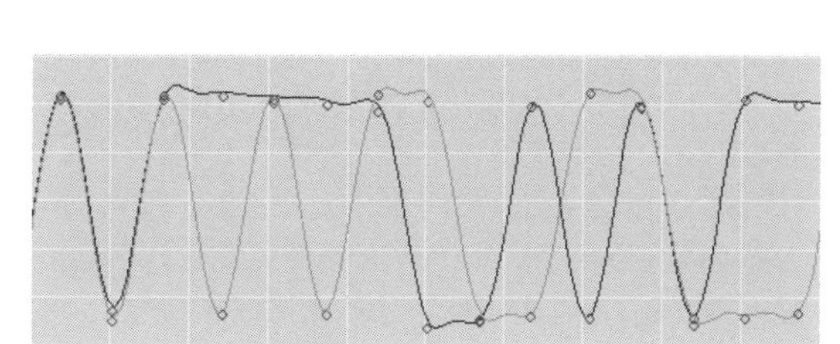

(c) 送信側，受信側ともRRCフィルタをON

図19　受信した*I*/*Q*信号の時間波形

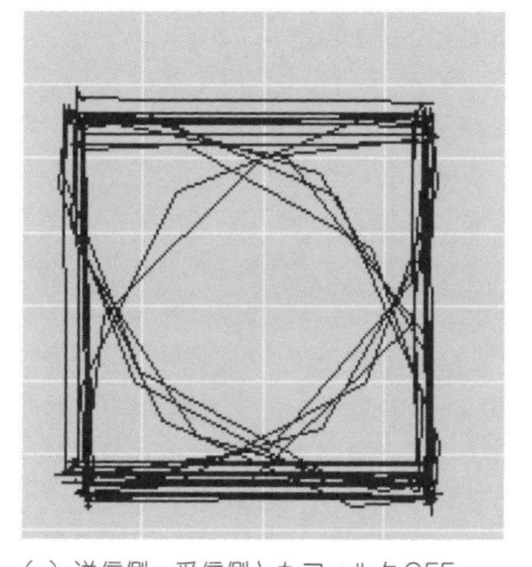

(a) 送信側，受信側ともフィルタOFF

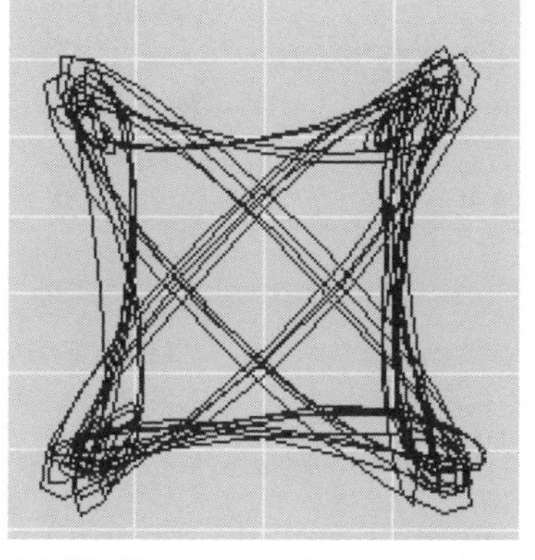

(b) 送信側のRRCフィルタをON,受信側OFF

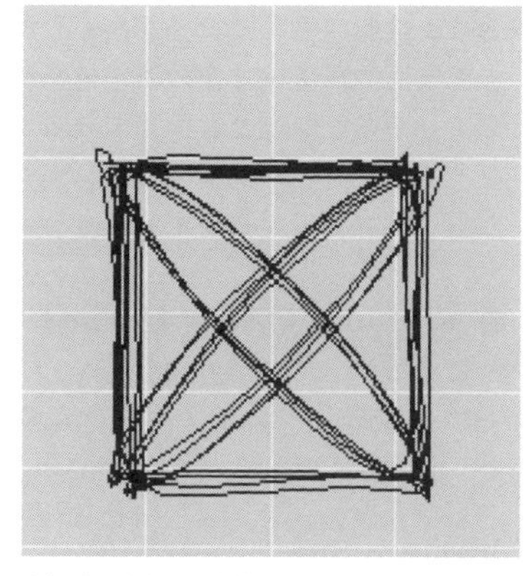

(c) 送信側,受信側ともRRCフィルタをON

図20　受信した*I*/*Q*信号を*XY*モードで観測

第13章 夢のRFコンピュータ・トランシーバ製作⑥ レシーバの信号処理技術 その1

シンボル同期の原理

加藤 隆志 Takashi Kato

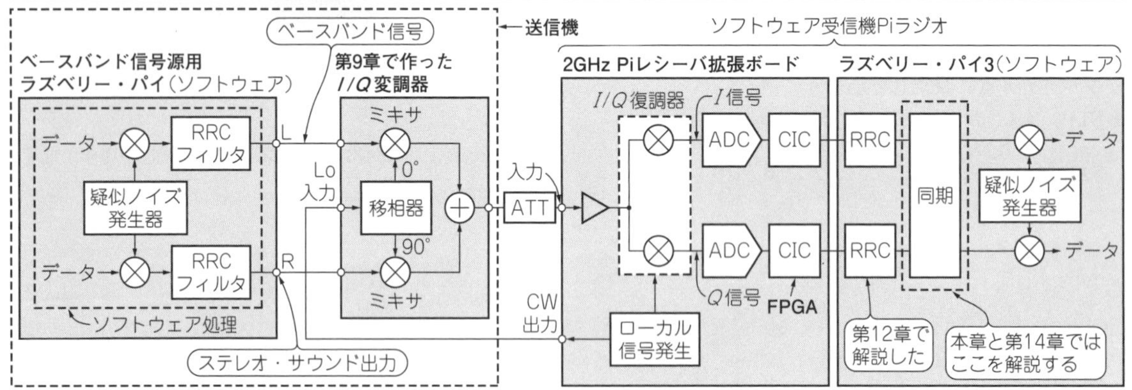

図1 スペクトラム拡散の送受信システムを組み上げていく
今回はRRCフィルタに通してシンボル同期をとるところまでソフトウェアを実装する

● 無線通信のソフトウェア化が進行中

無線は，今まさにIC化やディジタル化が進んでいる途中の分野です．その中で，いろいろな仕様の無線通信を1つのハードウェアで処理できるソフトウェア無線という考え方が出てきています．

ハードウェアを変えずに通信性能を向上させたり，世の中にない新しい通信方式を実験できたりするメリットがあります．

ここでは，ディジタル無線やソフトウェア無線だからこそ実現できる通信方式として，まずはスペクトラム拡散通信を題材に選びました．

同じ周波数帯域に複数の通信を載せられる，ノイズより小さな信号でも復調できる，秘匿性に優れるなど，ディジタル通信らしさに満ちた方式です．ソフトウェアで実現しやすいメリットもあります．

● ディジタル変調の定番，QAM

ここで作っている送受信機では，I/Q変調を使っています．位相0°の搬送波で変調される信号(I信号)と，位相90°の搬送波で変調される信号(Q信号)，それぞれが独立して取り出せる(直交している)ことを利用する，周波数利用効率が良い変調方法です．

I/Q信号にディジタル値に応じて振幅が変化する信号を使うのが，直交振幅変調QAM(Quadrature Amplitude Modulation)です．このときI/Q信号は，多ビットのディジタル値を表現したアナログ信号になるので，これを「シンボル」と呼びます．

ここでは，I/Q信号のそれぞれは－1か1の値をとる1ビットのディジタル信号を使っています．このとき，I信号による変調は，搬送波位相を0°か180°に変化させること，Q信号による変調は搬送波位相を90°か270°に変化にさせることに対応し，位相しか変化していません．4位相偏移変調QPSK(Quadrature Phase Shift Keying)になっています．

● 本章からは受信機のソフトウェアを作る

前章までで，I/Q変調器を作り，信号源として擬似ノイズ発生器を作り，他のチャネルに妨害を与えないように帯域制限をかけて，送信システムを準備しました(**図1**)．

QPSKの場合，I/Q信号の元は，振幅－1と1をとるディジタル信号(**図2**)ですが，帯域制限をかけたアナログ信号にすることで，矩形波状の波形ではなく，なめらかに変化する波形になります(**図3**)．

受信機でI/Q復調して得られるベースバンド信号がこの波形なので，ここからディジタル信号を取り

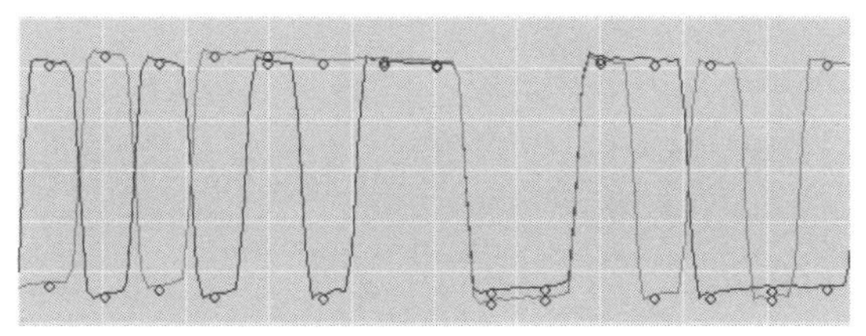

図2　帯域制限のないI/Q信号の波形

出す作業が必要です．

● まずはディジタル信号にタイミングを合わせる

ビット・レートは，通信仕様として送受信で取り決めておきます．一度タイミングを合わせれば，あとは一定のビット・レートでデータを取り込むことでシンボルを取り出せるはずです．　〈編集部〉

シンボルに同期する方法

● 帯域制限したアナログな波形からディジタル信号を取り出したい

前章までの解説で，Raised CosineフィルタやRoot Raised Cosineフィルタを使うことで，シンボル間干渉を受けずに帯域制限できることがわかりました．

しかし，波形は図2から図3のように変わってしまい，信号としては扱いにくくなっています．

● ディジタル信号を取り出す元の信号としての評価

本来あるべきシンボル点を明確にして，理想的なポイントとの誤差を評価すれば，受信電波がどのくらいノイズの影響を受けているか，あるいはフィルタによりシンボルが干渉を受けたかを評価できます．評価できないほどシンボルの位置が大きく外れてしまった場合は，受信不可能な状況です．理想的なポイントからシンボルがどのように外れているのかは，システムの不具合を予想する指針となります．

ディジタル信号に発生する時間ずれ(ジッタ)の場合は，特定の原因によって発生するデターミニスティック・ジッタと，雑音によって発生するランダム・ジッタに分類できます．

シンボルのずれも，似たような方向性で分類できます．例えば，ランダム・ジッタに相当する確率的な分布状況からは，ビット・エラー・レートなどの重要なパラメータが求まります．

● 取得タイミングを少しずつずらしてサーチすれば適切なタイミングが見つかる

あらかじめ取り決められたシンボル・レートで連続的に変化するベースバンド波形をサーチしていくと，

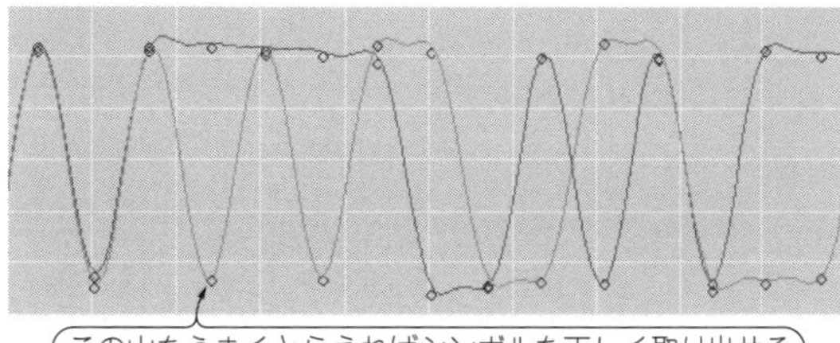

図3　帯域制限したI/Q信号の波形

意味のあるシンボルになるタイミングを見つけ出せます．そのタイミングで以後も波形を取り込めば，波形からシンボルを取り出せます．オシロスコープでいうトリガ・ポイントを探す作業に似ています．

シンボル点が確定して初めてデータを復調できるのはもちろんのこと，シンボル間干渉やノイズ，ジッタや変調精度など，さまざまな評価が可能になります．

本章では，復調されたI/Qの波形からシンボル点を見つけ出して同期する原理を解説します．

実際の通信では，送受信間で位相や周波数が一致しません．そのような状況でも，シンボルが検出できるように，フィードバック制御によるシンボル同期を行います．これは次章で詳しく解説します．

● シンボルへの同期方法

シンボルは等間隔に並んでいます．間隔はシンボル・レートとして，あらかじめ送受信の間で取り決めておきます．ここでは6 kHz間隔です．

タイミングを少しずつずらしながら等間隔のシンボル・レートで，IまたはQ信号の波形を調べている(サーチしている)途中のようすを図4(a)に示します．正しいタイミングではありません．

図4(b)はタイミングがぴったり合って同期が取れた状態を示しています．いったんこの状態になれば，あとは同期を維持してデータを復調できます．

シンボルと同期できたことを検出するアルゴリズムはいろいろあります.今回は,図5のように隣接するシンボル同士の絶対値が同じ値になるようにサーチする方法を採用しました.今回,変調波は−1, 1の値をとるので，すべてのシンボルが絶対値で同じ値になります．

● 具体的なデータ処理

Piラジオの復調はI/Qそれぞれで48.8 ksps，データ長512×10ビットです．まずこの512個の中からシンボルの先頭を見つけ出す必要があります．

図6のように決まったシンボル間隔(ここでは8サンプル)でシンボル・レート分だけの8ポイントをサーチします．各シンボルの信号レベルばらつき具合を積算します．最も値が小さいものがシンボルが同期するポイントです．

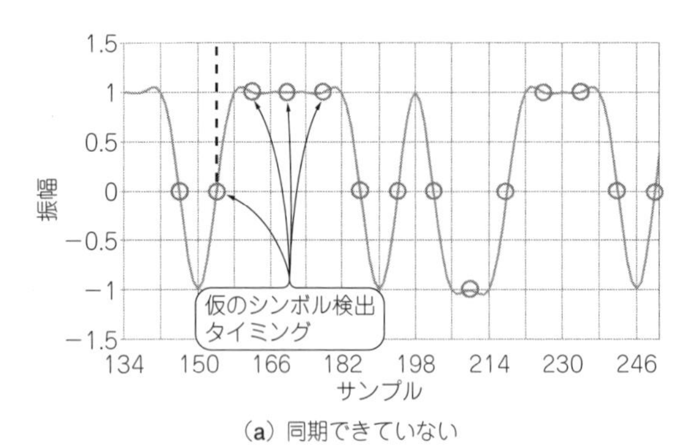

(a) 同期できていない

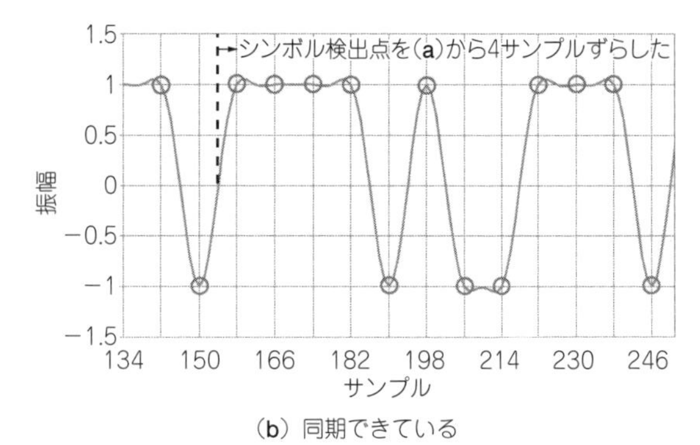

(b) 同期できている

図4　I/Q復調した波形でタイミングをずらしながらシンボルを検出してみて同期するときを探す

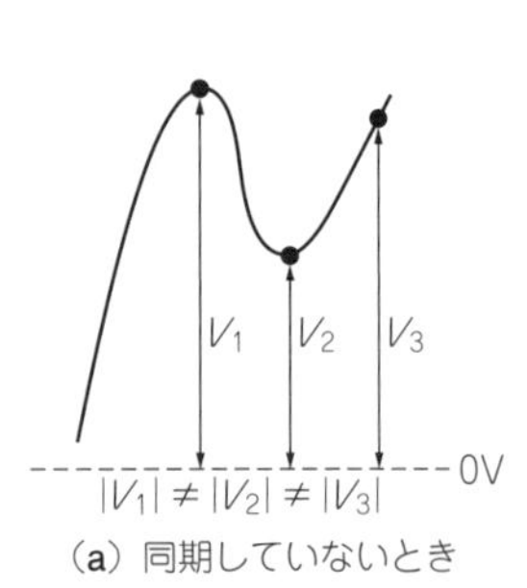

(a) 同期していないとき

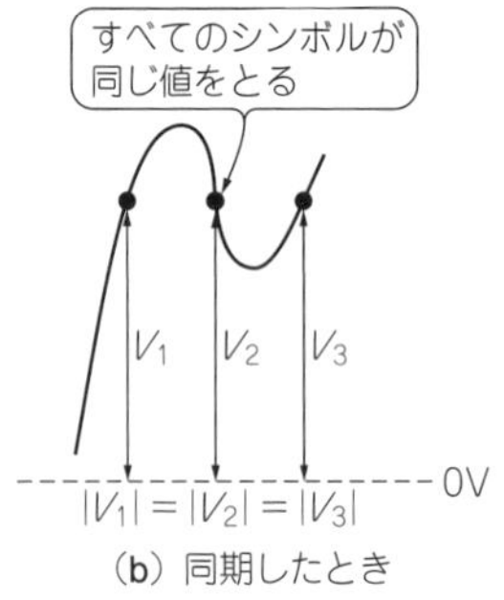

(b) 同期したとき

図5　シンボル点に同期したかどうかを判別する

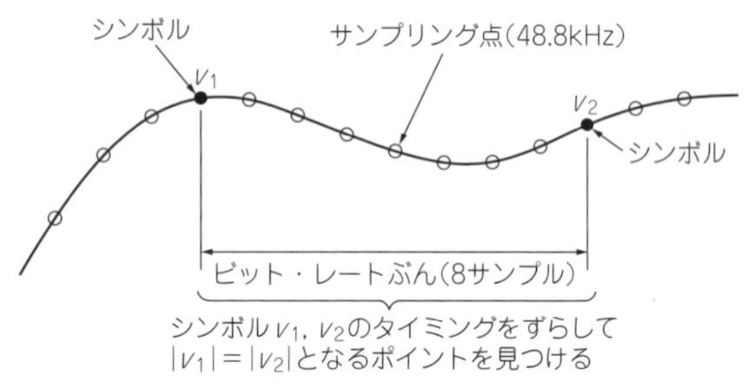

図6　実際のデータ列でのシンボル点の見つけ方

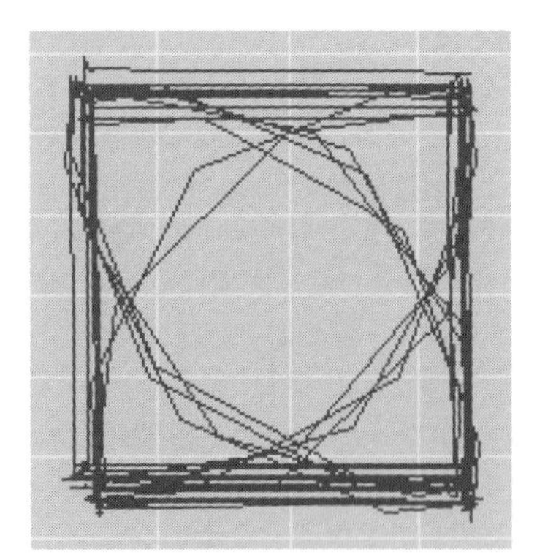

図7　帯域制限のないI/Q信号のI/Q平面表示
-1, 1を通る四隅がシンボル点

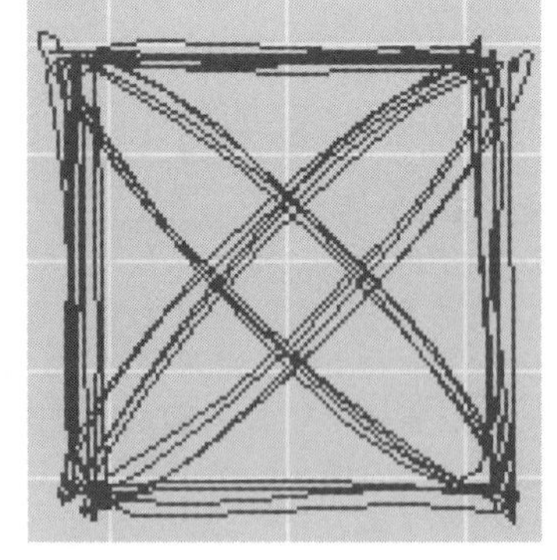

図8　帯域制限したI/Q信号のI/Q平面表示
シンボル点を通るのは一瞬だけになっているはずだがよくわからない

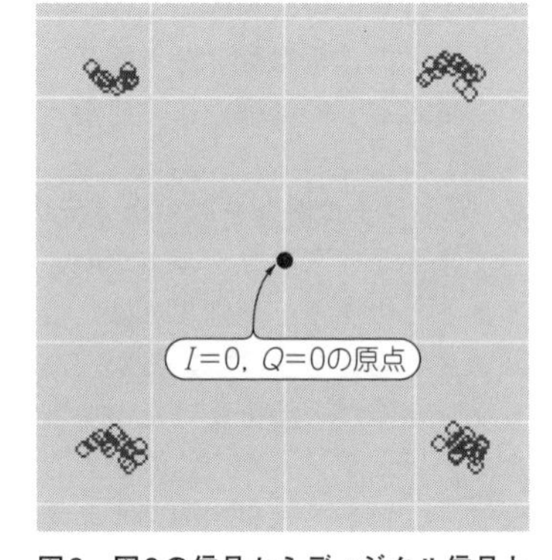

図9　図8の信号からディジタル信号として取り出すタイミングの値だけ点で取り出した表示
このような表示を「コンストタレーション」という

変調信号の良否の評価法

● シンボル点でのアナログ振幅をI/Q平面に表す

図2，図3のI/Q信号をI/Q平面に示したのが**図7**，**図8**です．

ディジタル信号として復調しやすくなっているか(シンボルが収束しているか)は，**図7**や**図8**の波形からは判断できません．シンボルを点で表せば，シンボル値の収束具合が一目瞭然になります．

シンボル点の表示をコンスタレーション表示と呼びます．変調解析機能が付いた計測機器では一般的な表示機能です．Piラジオの受信プログラムPiRadio Receiver V2.51以降にも実装しました．

図8の不要な波形の軌跡を消してシンボルだけを表示したものが**図9**です．シンボルが検出できれば，データの復調はできたようなものです．

シンボルが確定すれば，変調精度(EVM)を計算できます．変調精度の差，フィルタ性能の比較が可能になります．

● シンボルのばらつき具合を示す評価値EVM

シンボルが同期できコンスタレーションが表示されると，変調精度を表すEVMを算出できます．EVMの定義は**図10**に示すように本来あるべきシンボル点に対してどれだけ離れているかを振幅との距離の比で表したものです．

基準になるのは振幅「r」です．これは512シンボルの平均値としています．平均値が求められれば，本来あるべき「基準点」が確定します．**図11**のようにI/Q平面に対してそれぞれ45°で4カ所です．

測定したシンボル点と基準点の距離を求め，その絶対値を512ポイント積算します．その積算値の1シンボルあたりの平均がEVMのRMS値です．

Piラジオ Receiver V2.51 ソフトウェアでは上記EVMを実測できる機能を追加しました．プログラム実行後に「e」キーを押すとオシロ表示で波形，XYモードともにコンスタレーションが表示されます．

受信機側では「r」キーを押すことでRRCフィルタのON/OFFが切り替えられます．

● コンスタレーションから通信エラーの原因を特定できたりする

コンスタレーションの分布状態からさまざまな不具合を推測できます．EVMを悪化させるのは，ノイズやクロックのジッタ，マルチパス，不整合による反射，フィルタのリプルや群遅延などハードウェアが要因になることが多いです．

具体的な例を**図12**～**図16**に示します．

EVMやコンスタレーション表示は，ハードウェアとソフトウェアの不具合を分離するのに重要な手がかりが得られます．ディジタル通信機器の開発に不可欠な情報です．

（初出：「トランジスタ技術」2018年2月号）

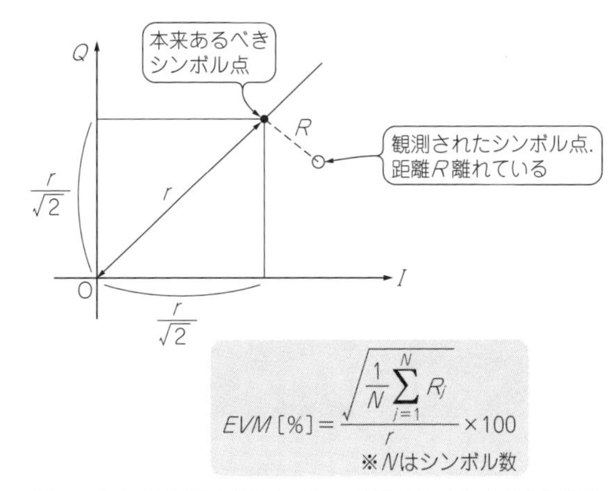

$$EVM\,[\%] = \frac{\sqrt{\frac{1}{N}\sum_{i=1}^{N} R_i}}{r} \times 100$$

※Nはシンボル数

図10　シンボルがどの程度正しい位置にあるかを示す評価値EVMの計算方法

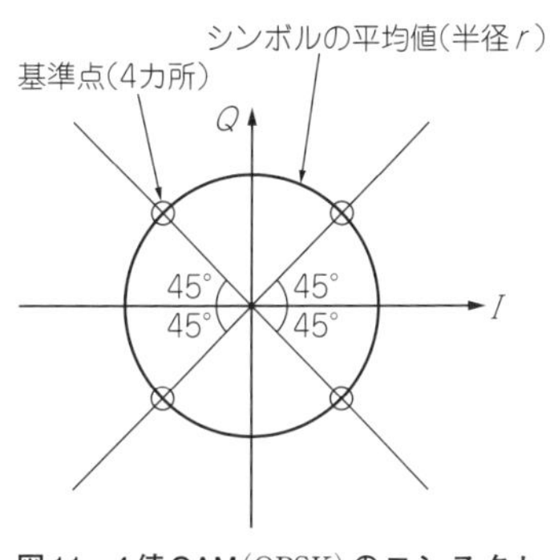

図11　4値QAM(QPSK)のコンスタレーションにおける基準点

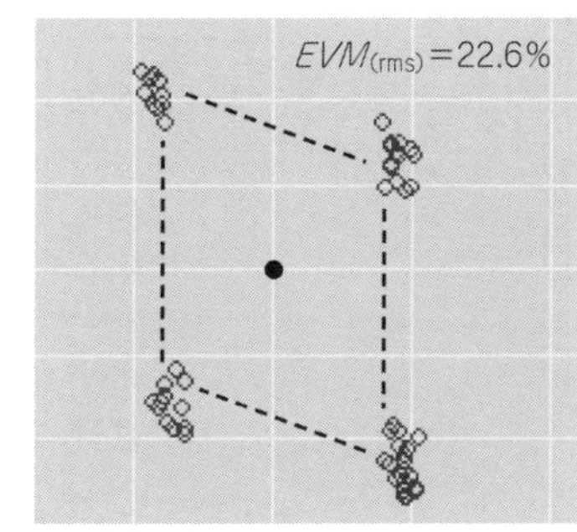

図12　ローカルI/Q位相差が90°ではないため，正方形が菱形になる

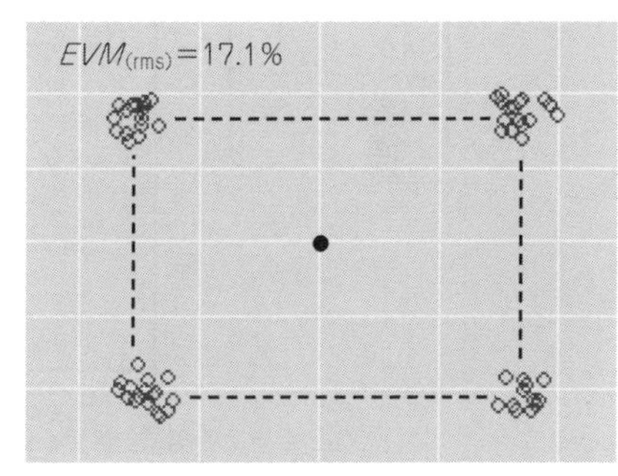

図13　Iチャネル(横軸)の振幅が大きいため，正方形ではなく長方形になる

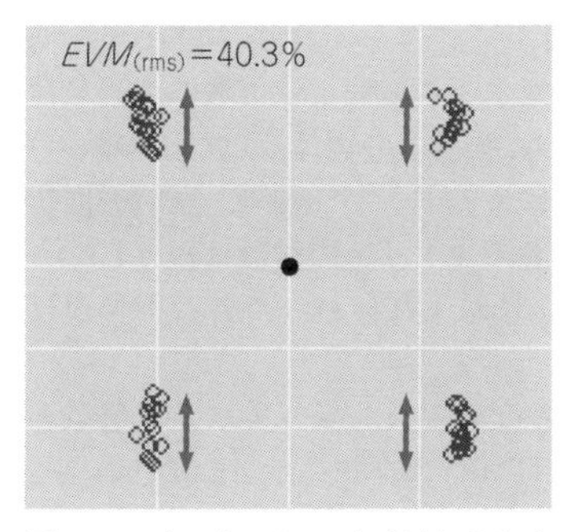

図14　Qチャネルにノイズがあるためコンスタレーションが縦方向に分布し，DCオフセットのため中心がシフトする

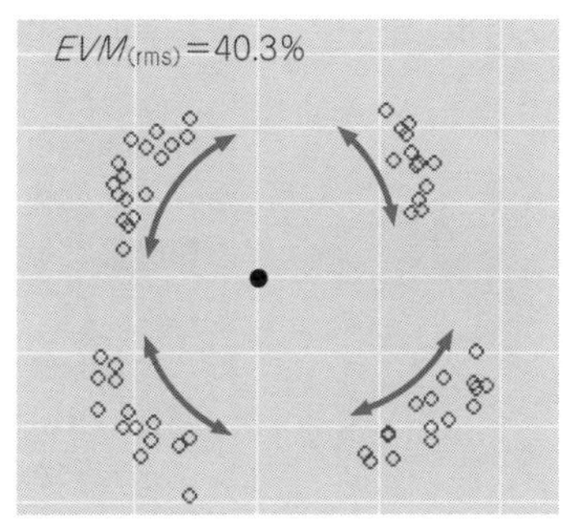

図15　位相ノイズが大きいため，回転方向(位相)にコンスタレーションが分布する

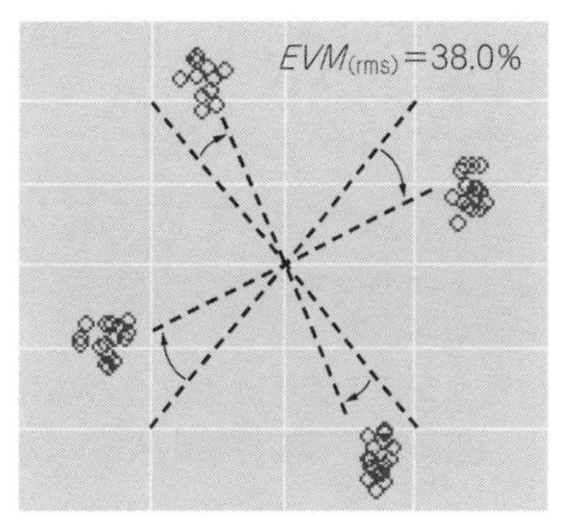

図16　ローカル信号に位相ずれがあるため回転方向(位相)にコンスタレーションがオフセットする

13　シンボル同期の原理

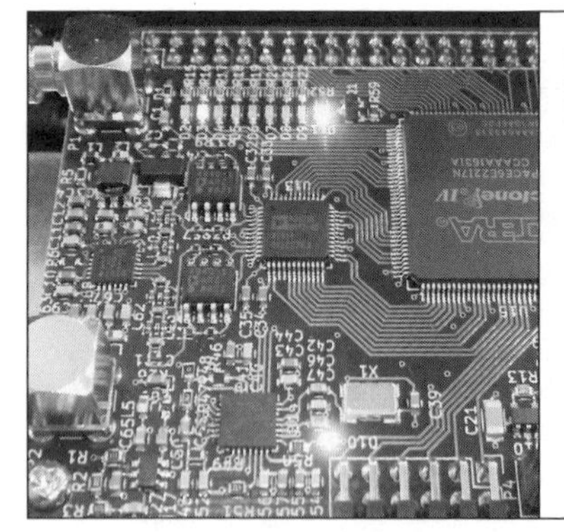

第14章 夢のRFコンピュータ・トランシーバ製作⑦ レシーバの信号処理技術 その2

動き回るシンボル点を止める位相＆周波数制御

加藤 隆志 Takashi Kato

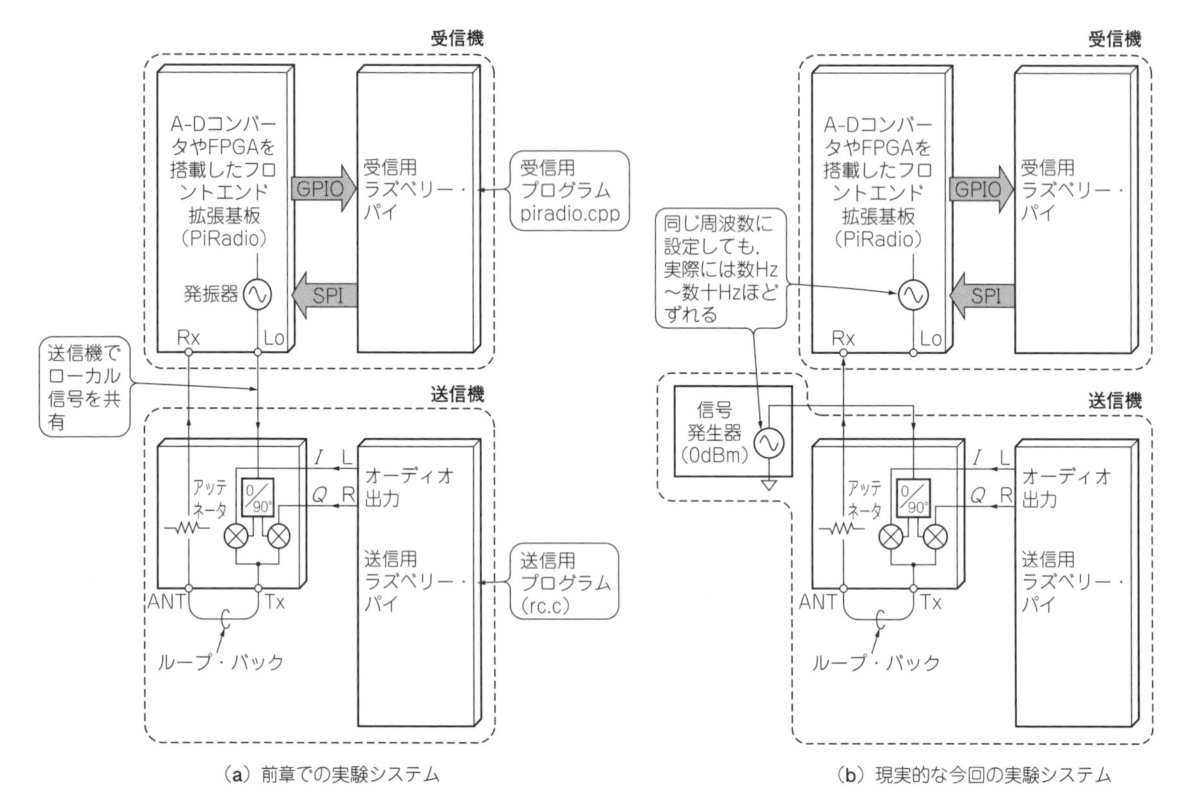

(a) 前章での実験システム

(b) 現実的な今回の実験システム

図1 ソフトウェア無線のレシーバ・プログラムを組み立て中

前章の実験システムでは送信と受信のクロック源が同じだった．実際の無線機では送信と受信の動作クロック源は別で，同期していない

● 送信機に同期していない受信機でシンボル・データを取り出したい

前章では次の2点を解説しました．

(1) 決められた速度で連続的に変化するベースバンド波形をサーチし，タイミングを合わせてシンボルを取り出す方法

(2) シンボル間干渉やノイズの影響による変調精度の劣化具合を数値化する方法

そのときは，送受信ともに1つのシンセサイザを共有していました[**図1(a)**]．

しかし，実際の送信機と受信機に組み込まれているローカル発振器は別々に動作しており[**図1(b)**]，同期させることは困難です．送信機と受信機に，同じ種類の発振器を使っても，振動子の個体差(数Hzの誤差)や，送受信機の移動によるドップラ効果，反射や回折の影響によって，両者のキャリア周波数はどうしてもずれて，I信号とQ信号が入れ替わったり，符号が反転したりします．

図2に示すのは，I/Q復調したベースバンド信号とシンボル点のxy表示(コンスタレーション)です．このようにQPSKをはじめとするディジタル通信では，シンボルが点状に収束していなければ，データを復調することはできません．

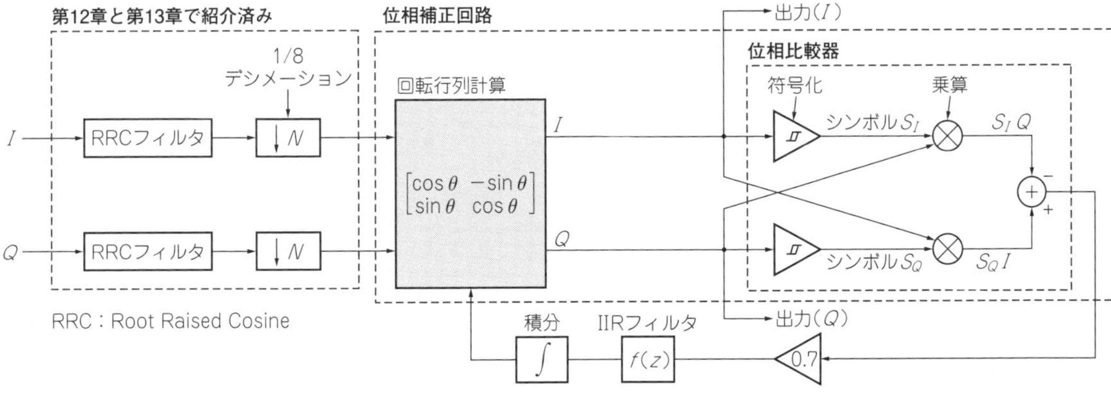

図3　シンボル取り出しタイミングを受信信号に合わせ込む位相補正回路(ソフトウェア)
今回はこの回路の動作を解説する

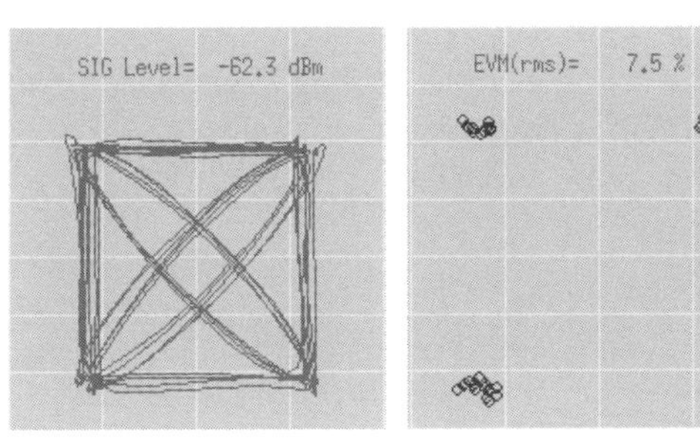

(a) ベースバンド信号　(b) ベースバンド信号からシンボル点を抽出

図2　前章では図1(a)のシステムでシンボルを取り出す方法までを解説した
アナログ的な波形からディジタル信号として取り出すタイミングを決める

今回は，**図3**に示す位相補正回路を使って，送信機と受信機の位相や周波数のずれを解消して，連続性の確保されたI/Qデータを得る方法を解説します．

無線機などでは，位相比較器の出力をシンセサイザに戻して，送信側のローカル周波数を同期させる方法がよくとられていますが，ここで紹介するのは，計測器分野でよく利用されているソフトウェアで位相を補正する方法です．

位相のずれを補正する

● 捕らえられない…動き回るシンボル点

受信したベースバンド信号と，受信機側のクロックが同期していない，つまり位相や周波数がずれると，I/Q平面上のシンボルが回ります．

通常，送信機と受信機のローカル発振器は同期していないので，**図4(a)**に示すように，シンボルが回り続けます．受信機のローカル周波数が送信機と1 Hzずれていると，1秒間に1回，回ります．

前章までの実験システムのように，送信機と受信機が発振器を共有している場合は，周波数は同じで，位相が違います．この場合は，シンボルは傾いたまま静止します[**図4(b)**]．

シンボルの位置が本来あるべき場所より20°ぐらい傾いていると，I/Q信号がお互いに混ざり合います．90°だと完全に入れ替わります．180°の場合はI/Qは元に戻りますが，それぞれが逆の極性です．

● 動き回るシンボル点をどうやって止める？

I/Q平面上で動き回るシンボル点を止めるには，原点を中心にシンボルを積極的に回す手段が必要です(**図5**)．

次に示す回転行列の公式を利用すれば，原点を中心に，ある点$(i,\ q)$を反時計回りにθ[°]回すことができます．

$$\begin{pmatrix} I \\ Q \end{pmatrix} = \begin{pmatrix} \cos\theta & -\sin\theta \\ \sin\theta & \cos\theta \end{pmatrix} \begin{pmatrix} i \\ q \end{pmatrix} \quad \cdots\cdots (1)$$

この式は次のように書き直すことができます．

$$I = i\cos\theta - q\sin\theta \quad \cdots\cdots (2)$$
$$Q = i\sin\theta + q\cos\theta \quad \cdots\cdots (3)$$

● シンボル点を静止させる回路

図3に示すのは，「Carrier Phase Recovery」と呼ばれるQPSK専用の位相補正回路です．QPSKのシンボルが4象限のどこにあっても，進み位相のときは正の値を，遅れ位相の場合は負の値を出力します．複雑な演算が不要なので，ハードウェアでも実現できます．

位相比較器は，符号化と乗算器で構成されたコンパレータみたいな回路です．0以上の信号が入力されたら1を，0以下の信号なら－1を出力し，QPSKシンボルが4象限のどの位置にあっても正しい位相誤差を出力します．

位相比較器の出力(V_D)はI信号とQ信号の差分です．位相誤差をθ，振幅を1とすると次のように表せます．

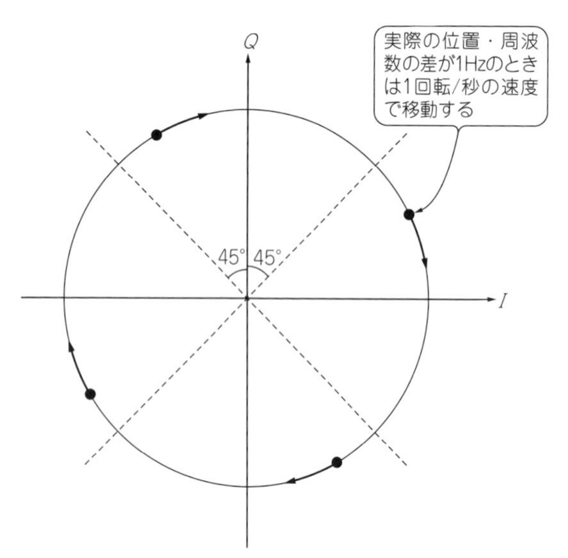

(a) 送信機と受信機のキャリア周波数(ローカル発振器)が違う場合

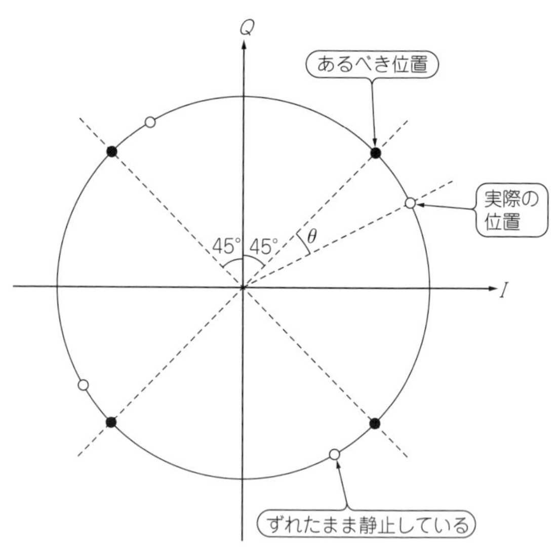

(b) 送信機と受信機のキャリア周波数(ローカル発振器の周波数)が同じ場合

図4　送信機と受信機の間で位相や周波数が異なると*I*/*Q*平面上でシンボルが動く
受信機側ではシンボルが動かない状態に向けて調整していく

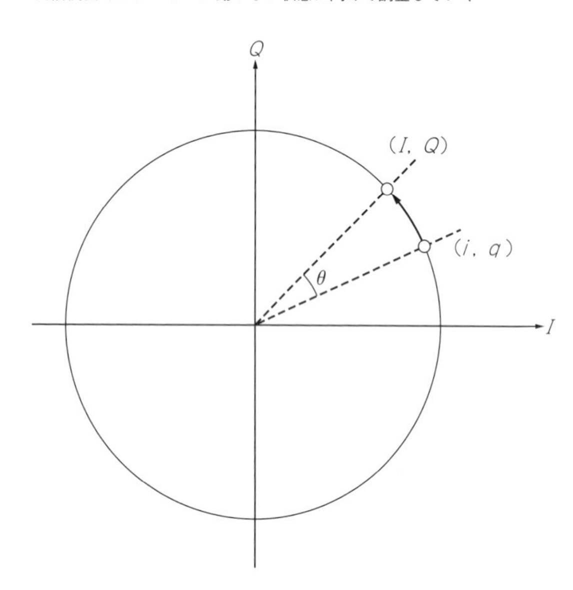

実際のシンボル位置(i, q)とあるべき位置(I, Q)の位相のずれ(Q)が0より大きい($\theta>0$)のときは，反時計回りに補正する

$$\begin{bmatrix} I \\ Q \end{bmatrix} = \begin{bmatrix} \cos\theta & -\sin\theta \\ \sin\theta & \cos\theta \end{bmatrix} \begin{bmatrix} i \\ q \end{bmatrix}$$

$$I = i\cos\theta - q\sin\theta$$
$$Q = i\sin\theta + q\cos\theta$$

図5　回転するシンボルを止めるために逆回転の演算を行う
信号に合わせてθを調整する

$$V_D = \cos\theta - \sin\theta \quad\cdots\cdots(4)$$

この式をグラフ化すると**図6**のようになります．$x=0$が位相誤差ゼロの点です．

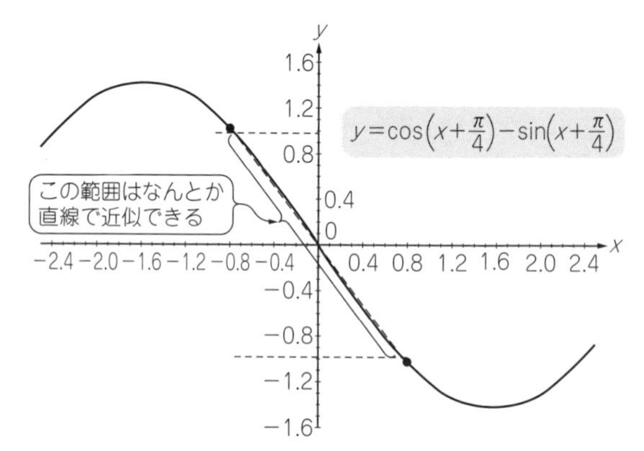

図6　回転量が適切かどうかを判断するのに使う図3右側部の位相比較器の入出力特性
*I*信号と*Q*信号の位相差がぴったり0になれば出力0になる

位相比較器に機能してほしいのは，1象限あたり±45°(±π/4 = ±0.79)です．**図6**の$x=\pm0.79$の範囲をみるとほぼ直線で近似できますから，行列回転に必要なθは，係数(約0.7)をかけるという簡単な計算で得られます．

● ループ・フィルタを最適化してノイズに強くする

この処理だけで，1サンプル(6 kHz)後に，理想的なシンボル点にほぼ補正されます．しかし，大きなノイズが1回でも混入すると，誤った位相状態に収束して，その後のシンボル点がすべて変移してしまいます．また，ループ内に1サンプル分の遅延があるため，高域になるほど位相の回りが大きくなり，ループ・ゲインが1倍を超えていた場合，回路が不安定になります．

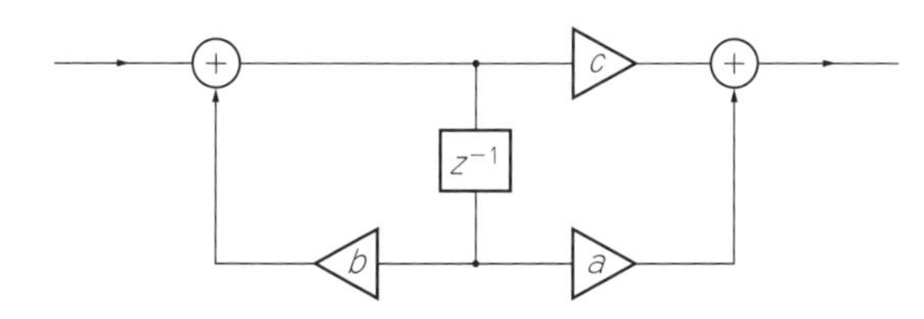

$$H(s)=\frac{1}{\tau s+1},\quad \tau=\frac{1}{2\pi f_C}\quad H(z)=\frac{c+az^{-1}}{1-bz^{-1}}$$

$\alpha=2\pi\frac{f_C}{f_S}$とすると，$a=c=\frac{\alpha}{2+\alpha}$　$b=\frac{2-\alpha}{2+\alpha}$

図7　位相比較器の出力はロー・パス・フィルタを通して，ちょっとやそっとのノイズではシンボル点が動き出さないようにする
アナログの1次ラグ・フィルタに近い特性を持ち演算しやすい1次IIRフィルタを利用する

無線機などでは，単発ノイズに反応せず，周波数ロックも速い時定数にチューニングされたループ・フィルタを置いています．

ラズベリー・パイを使った今回の実験システムでは，すべてソフトウェアで処理します．具体的には1次のIIRフィルタでラグ・フィルタを作ります．アナログのラグ・フィルタの伝達関数は次のように表します．

$$\left.\begin{aligned} H(s) &= \frac{1}{\tau s+1} \\ \tau &= \frac{1}{2\pi f_C} \end{aligned}\right\} \cdots\cdots\cdots\cdots\cdots\cdots (5)$$

図7に示すように，この伝達関数を双1次z変換してIIR係数を求めます．

実験システムのループ・フィルタのカットオフ周波数(f_C)は，追従させたい周波数ずれよりも十分に大きな値(1 kHz)にしました．f_Cを10 Hzなどの低い周波数にすると，周波数ずれが小さいときに変調精度*EVM*(Error Vector Modulation，第13章参照)が良くなりますが，帯域が狭いぶん，急激な位相変化や数Hz以上の周波数差には追従できません．

サンプリング周期は48 kHzではなく6 kHzです．48 kHzサンプリングの*I*/*Q*データを前回解説したようにシンボル・サーチして，1/8にデシメーションしているからです．

周波数のずれを補正する

● シンボルの回転のようす

位相のずれと同様に周波数のずれにも対応しなければなりません．

ここで，同じ*I*/*Q*値が続く，次の3つのシンボルを復調することを考えてみましょう．

A(1，1)，**B**(1，1)，**C**(1，1)

送信機と受信機のローカル周波数が一致していないと，シンボルが回転しますから，シンボルⒶとシンボルⒷは(1，1)と受信できても，**図8**のように次のシンボルⒸは(1，－1)になるかもしれません．

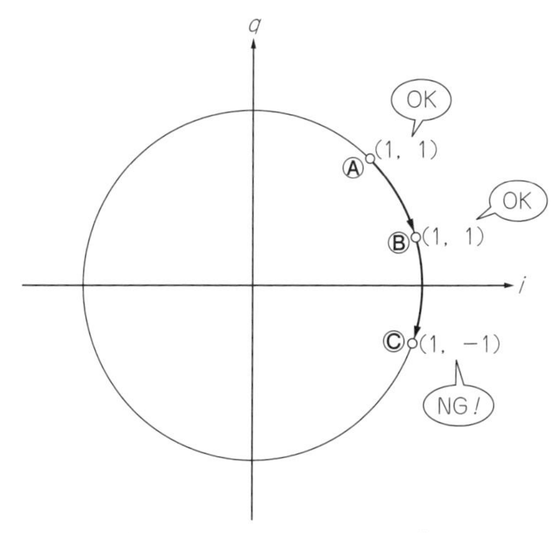

図8　送信機と受信機のキャリア周波数がずれているときはシンボルの位置が毎回ずれていく
周波数がずれている場合，毎回同じ角度ずつずれていく

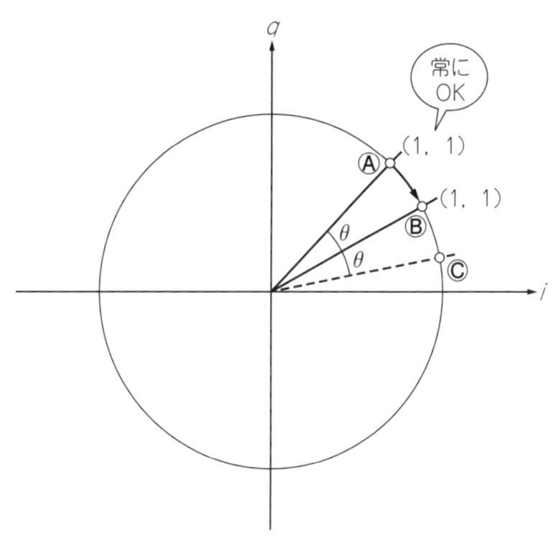

図9　毎回の位相ずれを予測してシンボルを逆回転させれば補正できる
次も位相θぶんぶれると予想できれば回転量に加算しておく

● 解決方法

図9に示すように，シンボルⒶを受信した後にシンボルⒷが位相θだけ変動したとき，シンボルⒸはさらに位相がθ分シフトすると予想して，あらかじめその分，回転行列で補正します．

実際のプログラムでは，シンボルごとに位相のずれを補正し，そのときのずれ量を加算していきます．加算された位相が±2 πを超えたら，2 πを引いてゼロ付近に戻します．これを繰り返します．

図3で説明すると，IIRフィルタ後に積分器を置いて，位相の回転を予想して微調整します．回転行列をある

リスト1　送信機と受信機のキャリア信号の位相と周波数のずれを補正するプログラム
図3の回路をソフトウェアで記述している

```
//------------------------------------------------
//        QPSK Detecter
//------------------------------------------------
float qpskdet(double i ,double q ,int sw)
{
  int d;
  float si;
  float sq;
  float err;
  float vret;
  float amp;
  float p;
  float fc;
  float fa;
  float a, b, c;
  float pp;
  float fp;

  static float gp;
  static float z1;
  static float ph;
  static float ri;
  static float rq;

  if (sw==0){

    // 前回収束した位相まで回転(ここで周波数差を吸収する)
    ri=i*cosf(ph)-q*sinf(ph);  // Rotation of the matrix
    rq=i*sinf(ph)+q*cosf(ph);  // Rotation of the matrix
    i=ri;
    q=rq;

    // 振幅を求める
    amp = sqrtf(i*i + q*q);

    // I/Q符号化
    if (i>0) si=1;
    if (i<0) si=-1;
    if (q>0) sq=1;
    if (q<0) sq=-1;

    // 位相比較器
    err = sq*i - si*q;
    p = 0.7*err/amp;            // Loop Gain

    // ループフィルタ係数生成
    fc=1000;                    // Cutoff fc(Hz1)
    fa=2*M_PI*fc/6000;          // fs=6kHz
    a=fa/(2+fa);                // Coef
    b=(2-fa)/(2+fa);            // Coef
    c=fa/(2+fa);                // Coef

    // IIRフィルタ
    pp=p+z1*b;                  // IIR
    fp=pp*c+z1*a;               // IIR
    z1=pp;                      // IIR

    // 今回収束する位相へ微調整
    ri=i*cosf(fp)-q*sinf(fp);   // Rotation of the matrix
    rq=i*sinf(fp)+q*cosf(fp);   // Rotation of the matrix
    i=ri;
    q=rq;

    // 差分の位相を加算(2πを超えたら2πを引く)
    ph=ph+fp;
    if (ph> 2*M_PI) ph=ph-2*M_PI;
    if (ph<-2*M_PI) ph=ph+2*M_PI;

    vret=ri;
    gp=gp*0.999+fp*0.001;       // Average of delta phase

  }

  // Q値を出力
  if (sw==1){
    vret=rq;
  }

  // 周波数差を出力
  if (sw==2){
    vret=6000*gp/(2*M_PI);     // Xfer phase to freq
  }

  return vret;
}
```

周期(送受信間のローカル周波数の差)で回し続けて，周波数をシフトします．

ラズベリー・パイのプログラムと実験

■ 位相補正

● プログラム

リスト1に示すのは，位相と周波数を補正するプログラム(qpskdet)です．ラズベリー・パイを使ったSDR実験回路[**図1(b)**]用です．

位相がずれてコンスタレーションが傾いているI/Q信号の1シンボル(i, q)を関数qpskdetに代入します．

I = qpskdet(i, q, 0);
Q = qpskdet(i, q, 1);

この関数で補正された(I, Q)のコンスタレーションを表示すると，正しい場所にシンボルが位置しています．その後，EVMを計算します．(I, Q)をコンパレータに通すとデータが復調されます．

2回実行する理由は，戻り値が2つ欲しいからです．3番目の引数でI/Qを切り替えています．周波数のずれで原因で，毎回位相が変化するときは，それを検出して周波数ずれを補正します．

● 実験

リスト1(qpskdet)を実行して，動作を確認します．

実験回路をローカル信号を共有する接続にして[**図1(a)**]，「PiRadio Receiver V2.50(QPSK)」を実行します．設定は次のようにします．

Freq　：95 MHz付近
Span　：10 kHz
FUNC：Oscillo

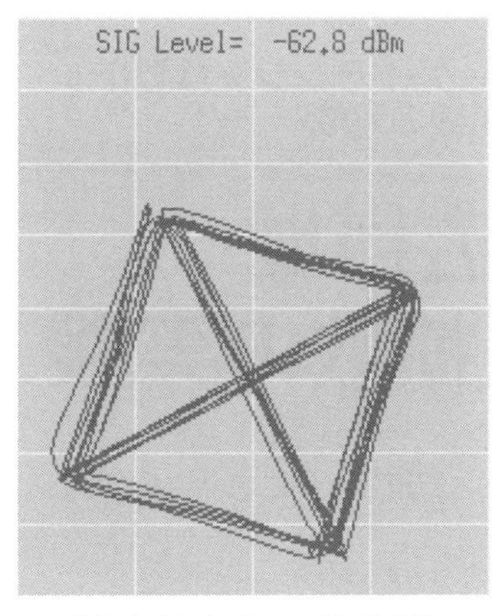

(a) 入力したベースバンド信号

(b) 出力されるシンボル

図10　位相補正を効かせたとき
位相ずれがあるので正方形が傾いているが，出力シンボルの位置は傾きが補正されている

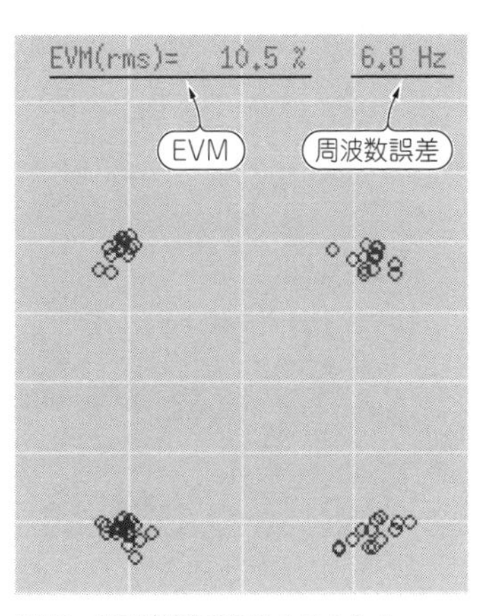

図11　周波数補正を効かせたとき
連続してほぼ静止したシンボルが得られている

xy	：ON
FIR	：48 kHz
IIR	：48 kHz

この状態でEキーを押すとコンスタレーション表示がONになり，Rキーを押すことでRRCフィルタがONします．送信側のラズベリー・パイは前回と同様に次を実行します．

```
sudo ./rc 6000 2 0.99 8 100↵
```

シンボル周波数	：6 kHz
RRCフィルタ	：ON
ロール・オフ係数	：0.99
シンボル間隔	：8
発生時間	：100 sec

▶結果

図10(a)に示すのは，位相補正回路前のベースバンド信号(**図3**の*I*/*Q*出力)です．周波数は一致していますが，位相がずれているので傾いています．**図10(b)**に示すのは，位相補正後のコンスタレーション表示です．傾きが補正されてシンボルが正しい位置にあります．

■ 周波数補正

● プログラム

次のように関数に入力すると周波数誤差がわかります．

```
fe = qpskdet(0, 0, 2);
```

例えば送受信間で10 Hzの周波数差があると，fe = 10 Hzと得られます．

● 実験

図1(a)に示す接続に実験回路を変更して，**図1(b)**のように送信機と受信機の信号源を分けます．両者の周波数はがんばって合わせても数Hz～数十Hzずれます．前述と同じ設定で実験します．

▶図12　周波数補正が働かないとシンボルの位置が1点に溜まらずばらける
わざと周波数を大きくずらして補正できないようにしてみた

周波数補正前(ベースバンド信号)の*xy*波形は回転していますが，位相補正回路の出力は周波数が補正されて静止しています(**図11**)．画面左上に，*EVM*と送受信間のローカル周波数差が表示されます．

周波数を大きくずらすと，**図12**のようにコンスタレーションが分散します．

図9(b)と**図10**を比べるとわかるように，周波数がずれているときの*EVM*は，位相がずれたときよりも悪いです．

＊

Piラジオの受信プログラム(PiRadio Receiver V2.51(QPSK))は，私のWebサイトからダウンロードできます．

http://radiun.net/

［PiRadio解説］-［ダウンロード］を確認ください．

(初出：「トランジスタ技術」2018年3月号)

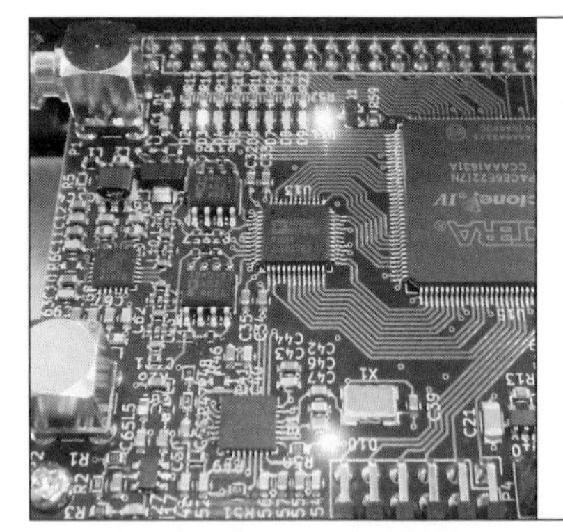

第15章 夢のRFコンピュータ・トランシーバ製作⑧ ディジタル送受信機の完成

妨害に強い！ 広帯域スペクトラム拡散の実験

加藤 隆志 Takashi Kato

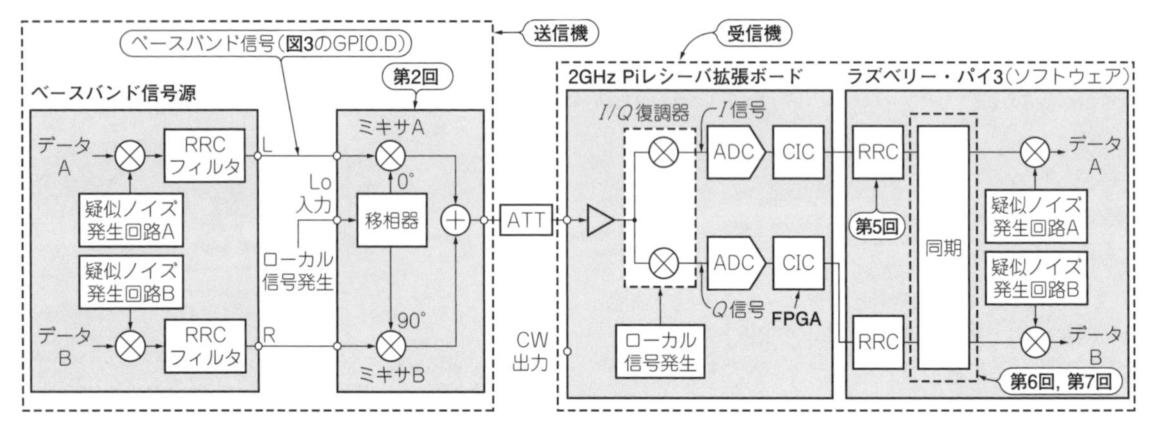

図1 前回まででディジタル送信機とディジタル受信機の基本形が完成した

今回は，スペクトラム拡散の広帯域化の実験を行う．広帯域通信が目的の疑似ノイズ発生回路とミキサを組み合わせたスペクトラム拡散回路と，狭帯域通信が目的のRRCフィルタ(第12章は二者択一．今回はRRCフィルタは使わない

軍事用の極秘通信技術として誕生！「スペクトラム拡散」

● 送信機と受信機のSDR基本システムがほぼ完成した

ディジタル無線システムの送信機と受信機はクロック源を共有していないので，位相や周波数がずれています．前章では，受信機側でこのずれを補正する方法を説明し，SDRシステム「Piラジオ」を使った実験で，正しくシンボルを取り出すことに成功しました．シンボルの位相と振幅も連続的で安定しているので，正しくデータを復調できます．

これで，ディジタル送受信機(図1)がほぼ完成したといってよいでしょう．

なお，**図1の疑似ノイズ発生回路とミキサ(スペクトラム拡散回路)は広帯域通信のために利用するもの，RRCフィルタ(第12章)は狭帯域化のために利用するものなので，二者択一**です．今回のテーマはスペクトラム拡散技術なので，RRCフィルタを使うことは想定していません．

● 信号レベルをスペアナのノイズ・レベル以下に

本章で紹介するスペクトラム拡散回路は，第10章で紹介したスペクトラム拡散回路の広帯域版です．

第10章で紹介した送信機のスペクトラム拡散(SS：Spread Spectrum)の実験では，ラズベリー・パイ上で動くLinux OSのオーディオ録音再生ソフトウェアALSAで疑似ノイズ(M系列符号)を発生させました(**図2**)．

ラズベリー・パイで生成できる疑似ランダム・ノイズの帯域は，せいぜいオーディオ帯(48 ksps/チャネル)です．この程度の狭い帯域で拡散させても，1つの周波数に集中しているエネルギは十分に減衰しません．拡散が不十分だと，スペクトラム拡散の特徴(Column 1参照)を得ることができません．実用的には，数十Mbpsの疑似ランダム・ノイズで，ベースバンド信号を十分に拡散する必要があります．数百mまで電波を飛ばす必要のあるCDMA2000携帯は，帯域1.25 MHzの擬似ランダム・ノイズで拡散しています．

● 極秘鍵で信号を砕いて雑音化して送り，同じ鍵で組み立て復調

図3に今回の実験システムを示します．

Piラジオに搭載されているFPGAにM系列符号生

成回路(**図4**)を書き込んで，**25Mbpsの疑似ランダム・ノイズ**を生成して，GPIO_D端子から出力します．このIF信号を，1.1 GHzの搬送波(CW)に，外部ミキサ(M21，R&K製)で変調して拡散させます．外部ミキサのローカル信号入力(LO)は，PiRadioのCW出力と接続します．

ミキサの出力(RF)は，60 dBのアッテネータを通して受信機に戻して復調します．アッテネータの出力信号(RF)のレベルは，約－160 dB/Hz(実測)です．このレベルは，**メーカ製の多くのスペクトラム・アナライザのノイズ・フロアよりも低く，スペクトラムや波形を観測することができません．**

受信機では，雑音化した信号に1.1 GHzの搬送波をミキシングして，さらにM系列符号を掛け合わせます(**図3**)．すると，雑音の海からベースバンド信号(1.5 kHz)がその姿を現します(**図5**)．なお，本稿で紹介するスペクトラム拡散は，直接拡散(DSSS：Direct Sequence Spread Spectrum)方式です．

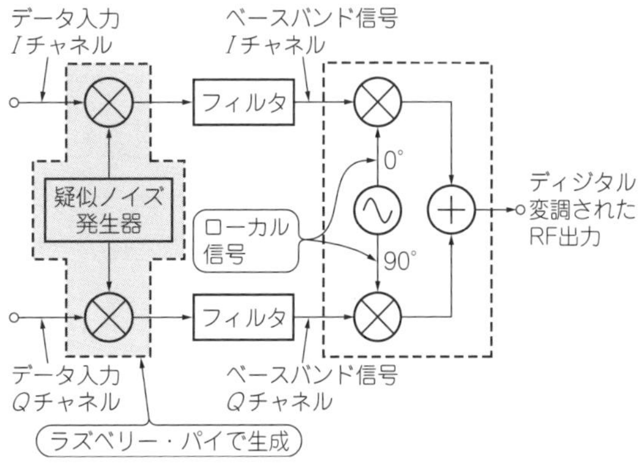

図2　第10章のスペクトラム拡散の実験システム
学習が目的だったので，ベースバンド信号に混ぜる疑似ランダム・ノイズをラズベリー・パイで生成したが，拡散帯域が数十kHzでとても狭く，信号のエネルギを十分に拡散できていなかった．今回は，FPGAを使ったハードウェア・ロジック回路で，広帯域疑似ランダム・ノイズを生成して，50 MHz(±25 MHz)の広帯域拡散をする

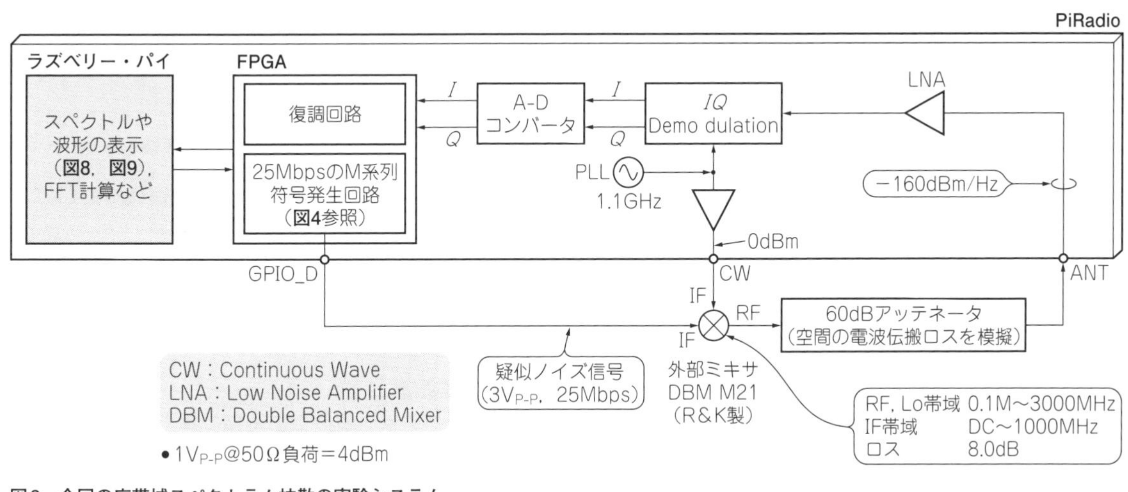

図3　今回の広帯域スペクトラム拡散の実験システム
拡散後の信号(ミキサの出力)を60 dB減衰させて受信する．拡散後の信号レベルは，一般的なスペクトラム・アナライザのノイズ・フロアよりも小さい約-160 dB/Hz(実測)

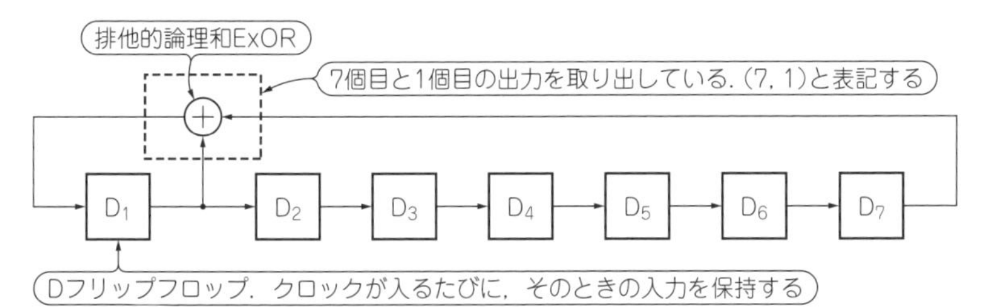

図4　FPGAで疑似ランダム・ノイズ生成回路を作る
M系列符号というランダム信号を生成できる定番回路．これをクロック周波数50MHzで動かす．タップ数が多いほどランダム性が増して拡散ゲインが上がるが，データ・パターンの繰り返し周期の時間が長くなる．1や0が連続するデータはDC成分を多く含むが，ミキサのDCオフセットと区別しにくい．今回は，32ビットM系列符号なので，1周期171.8sである，周波数0.006Hzであり，DC付近のビット・パターンが生成される．実験では，1.5kHzのベースバンド信号を入力している

写真2　今回の実験システム(図3)に使ったミキサ(ダブル・バランスト・ミキサ，M21，R&K製)

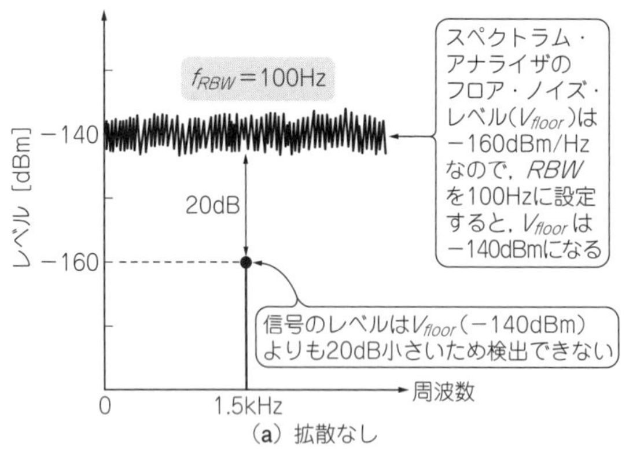

(a) 拡散なし

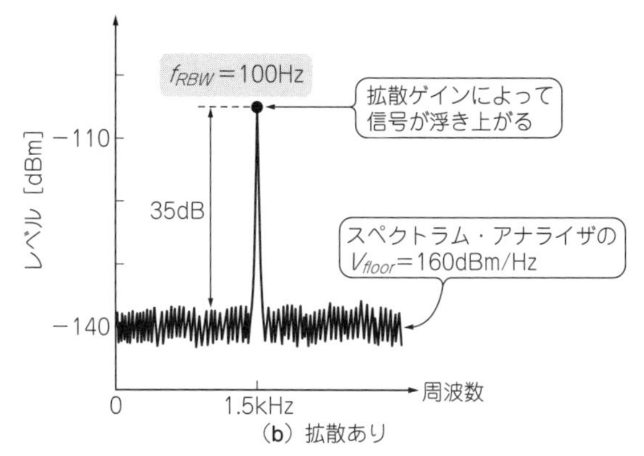

(b) 拡散あり

図5　疑似ランダム信号で拡散されてホワイト・ノイズ化した信号に，さらに疑似ランダム信号を掛け合わせると，1.5 kHzのベースバンド信号が浮き上がる

実験の準備

● 中心周波数1.1 GHz，帯域±25 MHzのスペクトラム拡散信号を作る

実際のスペクトラム拡散通信システムでは，FPGAなどのディジタル回路で，数十MHz以上の疑似ランダム・ノイズ信号を生成して，広帯域信号に対応したダブル・バランスト・ミキサ(M21，R&K製，**写真2**)で，RF帯に周波数を変換しています(**図3**).

図1や**図2**のスペクトラム拡散変調回路は，2入力2出力ですが，ミキサが高価なこともあり，今回は1チャネルで実験しました.

PiラジオのFPGAのクロック周波数は50 MHzで，25 Mbpsの広帯域疑似ランダム・ノイズを生成できます．これをミキサで1.1 GHzを拡散し，中心周波数1.1 GHz，f_{BW} = 50 MHzのスペクトラム拡散信号を作ります.

[復習]スペクトラム拡散のメリットと応用　Column 1

第10章にて，スペクトラム拡散変調技術のメカニズムと効果を学習しました．ここで要点を復習します.

● メリット

① 妨害しない，妨害されない

通信周波数近傍にある妨害波が，疑似ランダム・ノイズによって広帯域にエネルギが分散されて電力密度が下がり，実害がなくなります.

チャネルの帯域も拡散されて，電力密度が下がるので，他の通信に妨害を与えません.

② 複数のチャネルを1つの周波数を使って送れる

複数のチャネルに系列の異なる疑似ランダム・ノイズ符号を加えれば，1つの周波数に多重化して送信できます．受信機では，各系列の疑似ランダム・ノイズ符号で復調できます.

③ マルチパス・フェージングに強い

帯域が広いため，マルチパスやフェージングに強い無線システムを構築できます.

マルチパスのような伝搬経路に依存する現象は発生する帯域が限定的であるため拡散した疑似ランダム・ノイズではほぼ影響がなくなるためです.

● 応用

スペクトラム拡散は，ノイズに強くゲインがあるため，CDMAやWi-Fi，GPS以外にも幅広く利用されています.

① 深宇宙通信

木星よりも遠い位置にある探査機との通信です．拡散ゲインをかせぎ，通信レートを極端に下げて，超微弱な電波を復調しています.

② キャリブレーション

機器のノイズ・フロア・レベルを下回る信号も検出できる特徴を生かして，機器動作中の常時キャリブレーションを実行します.

③ 放射ノイズ対策

ディジタル機器内部のクロック周波数を拡散することで電力密度を下げ，機器から発生する電磁波の影響を小さく，または見えなくできます.

④ 軍事通信

スペクトラム拡散は，このために生まれました．拡散帯域を広げることで，電力密度が極端に小さくなり通信の痕跡がなくなります.

〈加藤 隆志〉

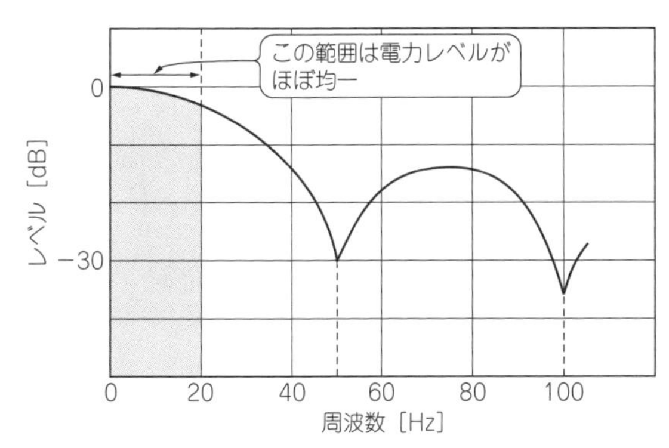

図6 FPGAに作り込んだ疑似ランダム信号生成回路

外部ミキサでスペクトラム拡散信号の送信波(TX)を発生させ，受信回路(RX)にループバックします．FPGA内部で同じ系列の疑似ランダム・ノイズと乗算しベースバンドに戻しています．ミキサは1個なので，スペクトラム拡散信号はBPSK(Binary Phase Shift Keying)で変調します．

● 25Mbpsの疑似ランダム信号生成回路(VHDLソース・コード)

リスト1に疑似ランダム・ノイズ生成回路を示します．VHDLというハードウェア記述言語で制作しました．

第10章のALSAで発生させた疑似ランダム・ノイズは，ラズベリー・パイの7ビット長のレジスタで生成しました．データ・パターンの周期は21.33 ms(= $2^7 \times 1/6$ ksps)です．

今回は，FPGAで32ビットに拡張しました．**周期は171.8 s(= $2^{32} \times 1/25$Msps)**です．32ビット版の疑似ランダム・ノイズで拡散すると，ベースバンド信号(1.5 kHz矩形波)で変調された1.1 GHz搬送波のエネルギは，DC近傍から20 MHzくらいまではほぼ均一に広がります(**図6**)．まるでホワイト・ノイズのようです．

● 1.5 kHz矩形波のベースバンド信号を加える

ベースバンド信号は，特別な理由なく1.5 kHzの矩形波としました．**リスト2**に，Piラジオ用に制作したVHDLソース・コードを示します．この変調を1次変調と呼び，QPSKなどの通信データ(ベースバンド)に相当します．25Mspsの疑似ランダム・ノイズは2次変調と呼びます．

▶スペクトラム拡散の泣きどころ

前述のように，32ビットM系列符号の周期は171.8 sです．0.005 HzのDCに近い信号が発生します．DC付近のベースバンド信号は，ミキサなどから発生するDCオフセットと区別が困難です．

リスト1 疑似ランダム・ノイズ信号生成回路(VHDLソース・コード)

```
    process(CLK)
    begin
        if CLK'event and CLK='1' then
            rnd <= rnd(30 downto 0) & (rnd(31) xor
rnd(13) xor rnd(7) xor rnd(3) xor rnd(2) xor
rnd(1));
        end if;
    end process;
```

リスト2 ベースバンド信号(1.5 kHz矩形波)**を生成する回路**(VHDLソース・コード)

```
pnout <= rnd(1) when ck1r5k='0' else
         not rnd(1);
```

リスト3 A-D変換した*I*/*Q*データと疑似ランダム・ノイズ符号を掛け合わせるFPGA内回路(VHDLソース・コード)

```
pni <=    ai when rnd(conv_integer(sss))='0' else
          not ai;
pnq <=    aq when rnd(conv_integer(sss))='0' else
          not aq;
```

スペクトラム拡散をかけると，わずかな直流信号でもノイズに変換されます．Piラジオはゼロ IF方式なので，A-D変換後に大きなDCオフセットが乗ります．今回の実験システムでは，何も対策をしないとノイズ・フロアが20 dB程度上昇するので，FPGA回路にA-DコンバータのDCオフセット除去回路を入れました．詳細説明は誌面の都合で割愛します．

● ミキサのRF出力を60 dB減衰させて空間の伝搬ロスを模擬

ミキサの出力に，減衰量60 dBのアッテネータを付けると，スペクトラム拡散信号はノイズ・フロア付近まで減衰します．

私が使ったスペクトラム・アナライザ(R3265A，アドバンテスト製)のノイズの測定限界(ノイズ・フロア)は約−160 dBm/Hzです．この電力は**ロー・ノイズ・アンプの熱雑音に匹敵**します．普通の通信では，これほどの低レベルの信号は検出できませんが，**スペクトラム拡散で復調すれば，このノイズの中から目的の変調波を復調できます．**

● スペクトラム拡散復調はA-D変換値を反転するだけ

図3のスペクトラム拡散信号(−160 dBm/Hz)は，PiラジオのRX端子に入力してA-D変換します．A-D変換した*I*/*Q*データ(10ビット)と疑似ランダム・ノイズ符号をFPGAの中で掛け合わせます．

リスト3に，制作したVHDLソース・コードを示します．とてもシンプルです．疑似ランダム・ノイズ符号が‘1’だったらA-D変換値(2の補数)をそのまま通過させ，‘0’だったら−1を掛けます．

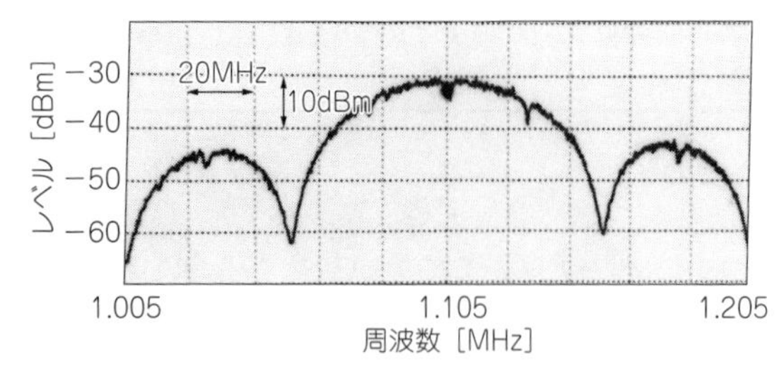

図7　ベースバンド信号に疑似ランダム信号をミキシングすると，信号エネルギがホワイト・ノイズのように拡散されて，DC近傍から20MHzくらいまではほぼ均一に広がる

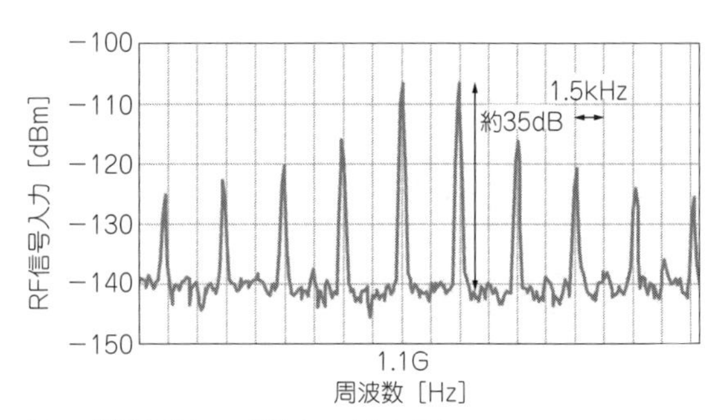

図8　拡散直後のRF信号のスペクトラム

図3の外部ミキサのRF出力．信号レベルが強く，広帯域のsinc特性が確認できる．スペクトラムの強さは密度［dBm/Hz］で読む．マーカ点の強さは−97.46dBm/Hz（＝−32.66dBm/3MHz＝−32.66dBm−64.8dB）

さらに，疑似ランダム・ノイズ符号の相関を取るため，遅延差をゼロに調整します．**リスト3**の変数‘sss’は，M系列疑似ランダム・ノイズ発生回路（32ビット・シフトレジスタ）の出力タップ数です．出力タップ数は，Piラジオのロータリ・エンコーダで設定できる5ビットのレジスタの値で増減できます．ロータリ・エンコーダを回すと，RX側は遅れ方向に32ビット分（20 ns × 32 = 640 ns）調整できます．

乗算して相関を取った復調データは，CICフィルタに送り，1/1024デシメーションして，48.9 ksps/チャネル×2のストリーム・データとしてラズベリー・パイに渡します．

＊

今回の広帯域疑似ランダム・ノイズ変復調実験用に開発したソフトウェア類の最新版を私のホームページ（Radiun.netで検索）でダウンロードできます．

http://radiun.net/piradio_soft/main.html

FPGAの最新版は“Rev.F 2018/01/01”，ラズベリー・パイのソフトウェアの最新版は“V2.00以降”です．

実　験

● 拡散直後のRF信号レベルを確認

図7に，外部ミキサのRF出力のスペクトラムを示します．信号レベルが強く，広帯域のsinc特性（$\sin\omega/\omega$）がはっきり確認できます．

スペクトラムの強さは，密度［dBm/Hz］で読みます．マーカの読み値「−32.66 dBm」を単位周波数の強さに換算する必要があります．

ノイズの電力の大きさを評価するときは，単位周波数あたりの電力［dBm/Hz］に変換します．

図7の測定では，スペクトラム・アナライザは*RBW*（Resolution Band Width）を3 MHzに設定しました．マーカで示された電力「−32.66 dBm」は，3 MHz帯域のノイズ・エネルギを足し合わせた値です．これを1 Hzあたりのエネルギ密度に換算すると次のようになります．

$$\frac{-32.66\text{dBm}}{3\text{ MHz}} = -32.66\text{ dBm} - 64.8\text{ dB}$$
$$= -97.46\text{ dBm/Hz}$$

なお，スペクトラム・アナライザには単位を［dBm/Hz］に切り替える機能があります．

● 雑音の海から1.5 kHz変調波を浮かび上がらせる

スペクトラム・アナライザのノイズ・フロアよりもレベルの低いスペクトラム拡散信号（−160 dBm/Hz）から，ベースバンド信号（1.5 kHz矩形波）を取り出します．

ベースバンド信号はPiラジオのFPGAで復調され，ラズベリー・パイのスペクトラム解析で確認できます（**図3**）．ラズベリー・パイで次のようにコマンドを入力します．

スペアナのノイズ・フロアを最小化する方法　Column 2

スペクトラム・アナライザで，ノイズ・フロア付近の微弱な信号を観測するときは，入力アッテネータを0 dBに設定します．

このようにすることで，雑音指数（*NF*：Noise Figure）が最小化し，ノイズ・フロア・レベルも最小になります．

アッテネータ（10 dB以上）は，過大入力による破壊から守る回路ですから，0 dBに設定するとフロントエンドのFETが過大入力で壊れる可能性があります．

〈加藤 隆志〉

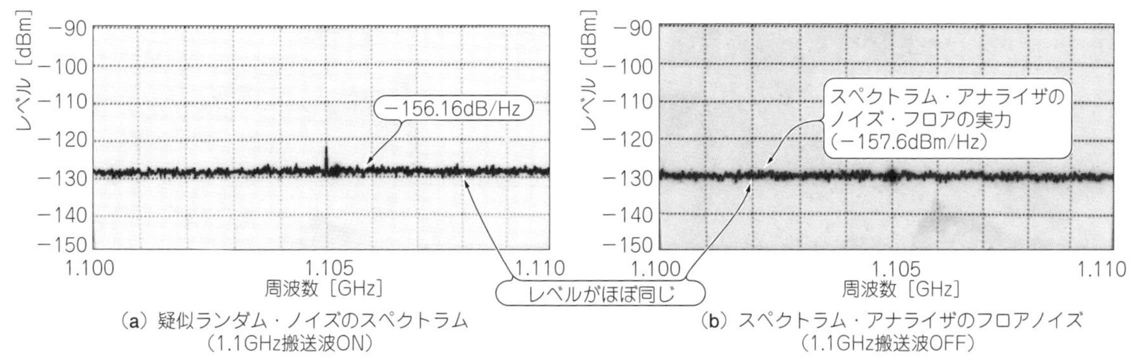

図10 疑似ランダム・ノイズ相関が取れて復調されたベースバンド信号のスペクトラム [スペクトラム・アナライザR3265(アドバンテスト、RBW = 1 kHz)で測定]

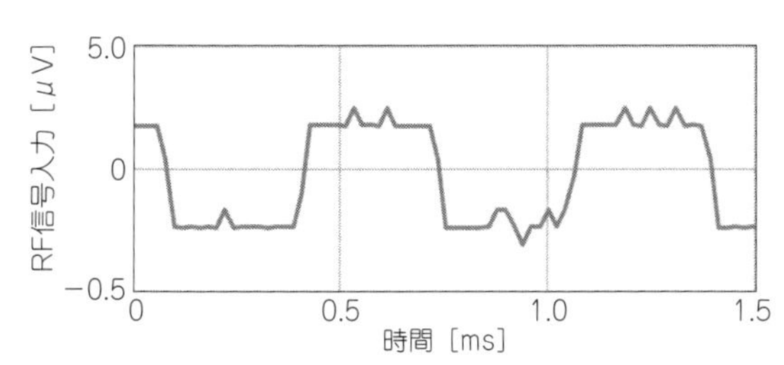

図9 疑似ランダム・ノイズ相関が取れて復調されたベースバンド信号

Piラジオのオシロスコープ・モードで解析・表示した．ホワイト・ノイズの中から，1.1GHzを中心に，±1.5 kHz間隔のスペクトラムが無数に表れる

```
$ sudo ./piradio
```

周波数を約1.1 GHzに調整したら，Pキーを押してください．「PN TX on」とコンソールに表示されたら，GPIO_Dから疑似ランダム・ノイズが出力されています．

もう一度Pキーを押すと，「PN TX&RX on」と表示されて，受信側の疑似ランダム・ノイズ乗算回路も動き始めて，Piラジオのスペクトラム・アナライザ画面に，均一に広がったノイズ・フロアが表示されます．

この状態でPiラジオのロータリ・エンコーダを少し回します．

図8に示すのは，疑似ランダム・ノイズ相関が取れたときの，Piラジオのスペクトラム表示です．1.1 GHzを中心に，**1.5 kHz間隔のたくさんのスペクトラムが，雑音の中から表れます**．Piラジオをオシロスコープ機能に切り替えて波形を見ると，1.5 kHzの矩形波が表れます(**図9**)．

図8の信号は，RBW = 95.3 Hz(Piラジオのスペクトラム測定の最小分解能)で，約35 dBあります．**RBWは応用に合わせて設定すべきです．音声ならば3 kHzが適正でしょう．図8**から，S/Nは帯域100 Hzのとき約35 dBです．人の声の帯域を3 kHzとすると，S/Nは20 dBなのでなんとか検出できます．

● 拡散後の0 dBm，1.1 GHz搬送波が雑音レベル以下に減衰していることを確認

図10に示すのは，60 dBのアッテネータを通過したスペクトラム拡散信号(**図3**のATT端子)のスペクトラムです．

図10(a)は1.1 GHz搬送波を加えたとき，**図10(b)**は1.1 GHz搬送波を加えなかったときのスペクトラムです．その差は約1.5 dBしかなく，どちらもほぼ，スペクトラム・アナライザのノイズ・フロア・レベルと同じです．

仮に，スペクトラム拡散された1.1 GHz搬送波のレベルが，スペクトラム・アナライザのノイズ・フロアと同じだったとすると，1.5 dBではなく3 dBアップするはずです．このことから，**拡散信号のレベルはスペクトラム・アナライザのノイズ・フロアより小さいのは確実です**．

● 拡散する/しないによって，どのくらいレベルが違うか

図8と**図9**の実験結果からわかるように，拡散処理によって，信号をノイズに埋もれさせたり，浮き上がるらせたりすることができます．

つまり，スペクトラム拡散処理にはゲイン(変換ゲイン)があると考えることができます．拡散帯域を50 MHz，復調後の帯域(RBW)を100 Hzとすると，変換ゲインは次のようになります．

$$50\ \mathrm{MHz}/100\ \mathrm{Hz} = 57\ \mathrm{dB}$$

理論的には，−174 dBm以下の微弱な信号(常温での熱雑音など)も取り出すことができます．

今回のスペクトラム拡散の実験では，**−20 dBのS/Nが35 dBに改善しているので，拡散ゲインは約55 dB**です．先ほど計算で得た理論値57 dBが実現できています．

広帯域ディジタル通信方式を採用する理由 Column 3

ディジタル無線の方式には大きく，**狭帯域型**と**広帯域型**(スペクトラム拡散)があります．**表A**に各通信方式の長短所を，**図C**にブロック図とスペクトラムを示します．

直接スペクトラム拡散方式(DSSS：Direct Sequence Spread Spectrum)や**直交周波数分割多重**(OFDM：Orthogonal Frequency Division Multiplexing)は，帯域が10 M～30 MHzあり，広帯域通信に分類されます．

広帯域なので，狭い範囲の周波数帯域で起きるフェージングや妨害波に耐性があります．波形はホワイト・ノイズに近く，平均電力とピーク電力の差(**クレスト・ファクタ**という)が大きいため，**送信アンプのリニアリティに十分な余裕が必要になり，電力効率が悪化します**．正弦波が3 dB，ホワイト・ノイズが10 dB以上なので、ピークの発生する確率にもよりますが，クレスト・ファクタは約15 dBあります．

狭帯域ディジタル通信は，PDC(Personal Digital Cellular)や業務用ディジタル無線機器に，スペクトラム拡散通信はCDMAやWi-Fiに利用されています．

両通信方式とも，変調に載せる情報の量には大差ありませんが，スペクトラム拡散通信は，高速で広帯域の疑似ランダム・ノイズ(PN：Pseudo random Noise)で変調するので帯域が広がります．その分，周波数あたりの電力密度が小さく抑えられます．

〈加藤 隆志〉

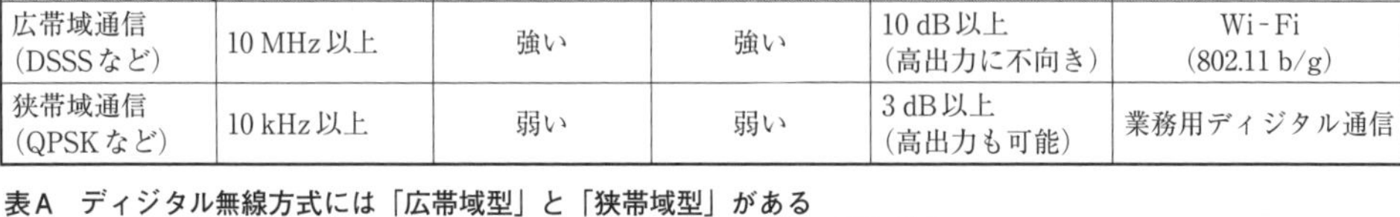

方式＼性能	帯域(f_{BW})	ノイズや妨害耐性	フェージング耐性	クレスト・フィクタ	主な応用
広帯域通信(DSSSなど)	10 MHz以上	強い	強い	10 dB以上(高出力に不向き)	Wi-Fi(802.11 b/g)
狭帯域通信(QPSKなど)	10 kHz以上	弱い	弱い	3 dB以上(高出力も可能)	業務用ディジタル通信

表A　ディジタル無線方式には「広帯域型」と「狭帯域型」がある

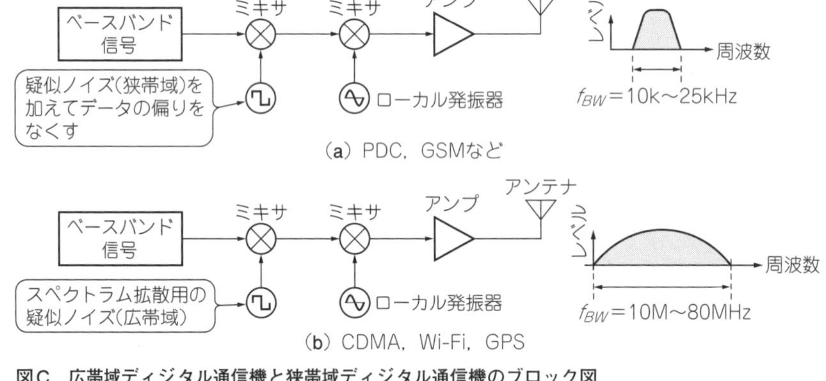

図C　広帯域ディジタル通信機と狭帯域ディジタル通信機のブロック図

▶拡散されていない－160 dBmの無変調連続波を検出できるか

拡散されていない－160 dBmの無変調連続波(CW：Continuous Wave)を検出できるか，ノイズ・フロア・レベルを－160 dBm/Hz，RBWを100 Hzとして計算してみました．100 Hzは1 Hzの20 dBなので，次のように計算できます．

$$N = -160\ \mathrm{dBm} + 20\ \mathrm{dB} = -140\ \mathrm{dBm}$$
$$S/N = -160 - (-140) = -20\ \mathrm{dB}$$

S/N = －20 dBは，信号の100倍の電力をもつノイズに信号が埋もれるという意味です．これでは，信号を検出することはできません[**図5(a)**]．

ノイズをまったく出さない，NF = 0 dBの理想の受信機の場合はどうでしょうか．

$$N = -174\ \mathrm{dBm/Hz} + 20\ \mathrm{dB} = -154\ \mathrm{dBm}$$
$$S/N = -160 - (-154) = -6\ \mathrm{dB}$$

となり，信号検出はたいへんそうです．RBWを25 Hzにすると，S/N = 0 dBになり，信号を検出できるようになります．つまり，理想的な受信機を用意して，さらに伝送レートをかなり遅くして，ようやく信号を検出できるということです．

(初出：「トランジスタ技術」2018年4月号)

第2部 【製作事例 その2】 測定器として使える信号処理実験基板

第1章 スペクトラム/ネットワーク解析からFMチューナ/SSBトランシーバまで実現できる

私が作ったUSB-FPGA信号処理実験基板

小川 一朗(おじさん工房) Ichiro Ogawa

● 高嶺の花だった高性能な測定器が作れる時代に

個人でも高性能なICが入手できる時代です.

A-Dコンバータ, D-Aコンバータ, FPGAなど, 高速/高性能化したICを活用すると, いままで高価で手が届かなかった測定器を安価に作ることができます. しかも, 十分に実用になる性能をもち, 手のひらサイズの小型なものでも作れてしまいます.

第2部では, 私が製作したUSB-FPGA信号処理実験基板「APB-3」を題材にした, 信号系測定器の製作過程を解説します.

(1) 信号系測定器の製作

APB-3はFPGAを搭載しており, ソフトウェアの変更で次に示すような自分だけの測定器を作ることができます.

- スペクトラム・アナライザ(第2章～第5章)
- ネットワーク・アナライザ(第7章)
- 信号発生器(第8章)
- AM復調器
- SSB復調器
- FM復調器
- FMアナライザ(第9章)
- レシプロカル周波数カウンタ
- インピーダンス・アナライザ
- SSB信号発生器(第10章)

(2) 広範囲の設計技術をマスタする

上記のさまざまな測定器を作る過程で, ディジタル信号処理, 高速A-D変換, 高速D-A変換, FPGA設計など, 広範な技術の理解を深めます.

*

APB-3に搭載されているソフトウェア, ハードウェアに関する情報は下記からダウンロードすることができます.

▶著者のウェブサイト：おじさん工房
　http://ojisankoubou.web.fc2.com/

▶トランジスタ技術 特設サイト
　https://toragi.cqpub.co.jp/tabid/645/Default.aspx

製作したUSB-FPGA信号処理実験基板の可能性

● できること

▶信号系の測定の多くが可能になり実験室がパワーアップする

20 Hz～40 MHzのアナログ信号のいろいろな測定ができます.

本稿で紹介する製作物について　Column 1

本稿で紹介するUSB-FPGA信号処理実験基板「APB-3」は, 当初, 読者の手元で実際に試せるようにキット化して有償頒布していました(型番：APB-3TGKIT). しかし, 使用しているA-Dコンバータ(ADC1610S-105)が製造中止となり, 適当な代替品(ピン互換のもの)がなかったため, 現在は頒布を終了しています.

記事中でキットについて言及している箇所がありますが, 上記の件をあらかじめご了承ください.

なお, 筆者のご厚意により, キットにのみ同梱していたソース・ファイルをトランジスタ技術のWebサイトにて公開します.

◆USB-FPGA信号処理実験基板 特設ページ(トランジスタ技術のWebサイト内)
https://toragi.cqpub.co.jp/tabid/645/Default.aspx

〈編集部〉

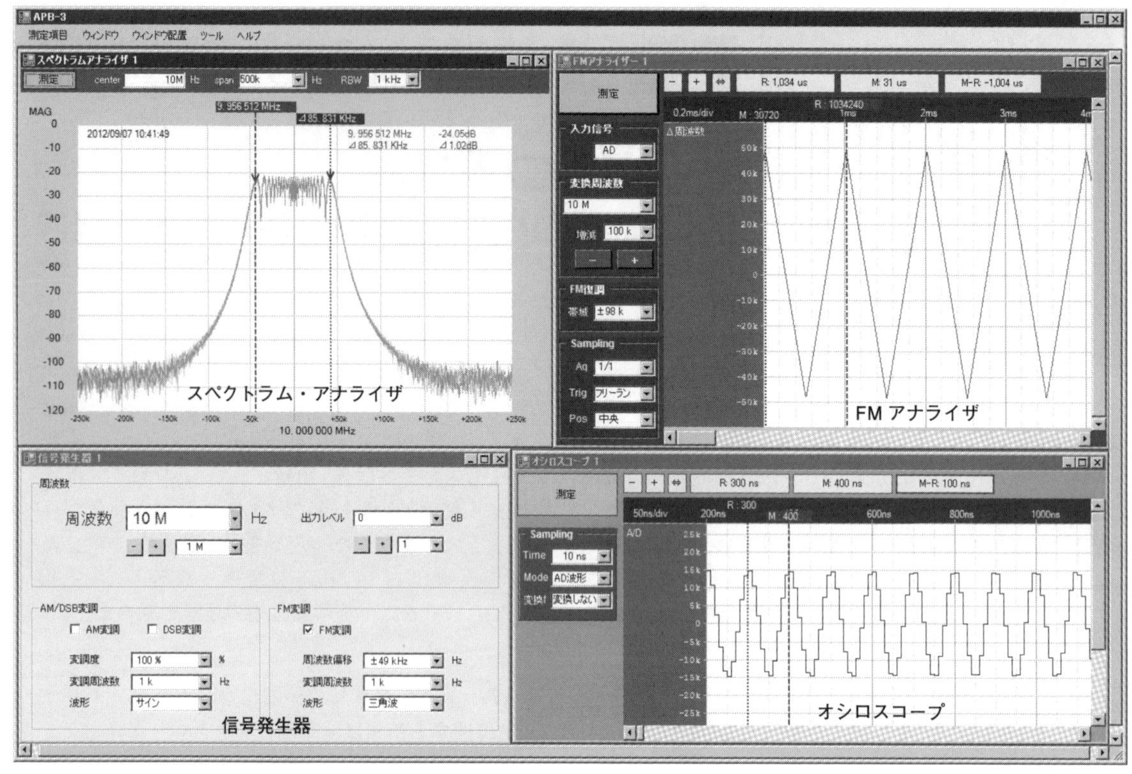

図1　USB-FPGA信号処理実験基板「APB-3」用に作成したパソコンのアプリケーション画面

スペクトラム解析，ネットワーク解析，信号発生器(各種変調可能)，オーディオ信号発生器(各種波形可能)など，いままでは手が出なかった高度な測定をすることができます．

何か特殊な測定をしたいけれど測定器がない，もしくは高価で手が出ない，というときでも自分でソース・コードを書けば，世界に1台だけの測定器が作れます．

アンチエイリアシング・フィルタをBPF(Band-Pass Filter)に改造すれば，600 MHzまでの信号をサブナイキスト・サンプリングして信号処理することもできます．

測定器以外にもFMチューナやSSBトランシーバなど応用範囲は広いです．

● できないこと

▶周波数帯域

40 MHz以上の信号やDCの信号処理はできません．

例えば，本測定器でのオシロスコープ機能はサンプリングした信号を時間軸で見るものです．普通のオシロスコープと違ってDC測定はできませんし，入力レンジの変更もできません．

▶入力信号電圧の範囲

1 V_{P-P}以上や5 V_{DC}以上の信号を入力すると，正しい測定ができないばかりか，部品劣化，破壊，発煙，発火の可能性があります．適宜，アッテネータを入れるなどして適正入力範囲にする必要があります．

実際に使っているところ

図1に示すのは，APB-3を実際に使っている状態で，パソコン上のアプリケーション画面をキャプチャしたものです．

ご覧のように，複数の測定機能を1つの画面に表示できます．この例では，左下の信号発生器画面で10 MHzを1 kHzの三角波でFM変調(±49 kHzデビエーション)したものを信号出力し，左上のスペクトラム・アナライザ画面ではスペクトラムを，右上のFMアナライザでは周波数の時間的変化(FM復調)を，右下のオシロスコープ画面ではA-D変換した時間的変化を表示しています．

同じ信号をいろいろな方法(スペクトラム，周波数の時間的変化，振幅の時間的変化)で表示させることができます．FM変調のスペクトラムが変調指数でどのように変化するか，自分の手でいろいろ変えて測定してみることで，本を読むだけでは得られない本当の理解ができます．

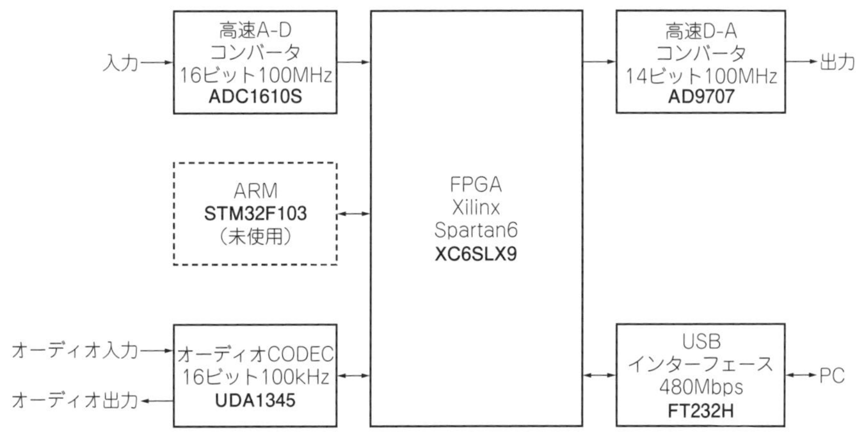

図3　APB-3のブロック構成

製作物の概要

写真1(p.134)にAPB-3基板の外観を，**図2**(pp.136〜139)に回路図を，**表1**(p.140)におもな部品表を示します．基板の大きさは100×100 mmと手のひらサイズです．

図3は簡単なブロック図です．FPGAを中心に高速A-Dコンバータ，高速D-Aコンバータ，オーディオCODEC，USBインターフェースが付いているだけのシンプルな構成になっています．

A-Dコンバータ(ADC1610)やFPGA(XC6SLX9)はかなり発熱します．

ひととおり動作確認が済んだら，部品寿命を延ばすために適宜放熱器を付けてください．その場合，他の部品とショートしないように絶縁テープ(カプトンテープなど)をまわりの部品に貼ってください．

放熱効果は落ちますがパッチン・フィルタに入っているフェライト・コアを放熱器代わりに使うと，絶縁の手間も要らずスプリアスも減って一石二鳥です．

設計コンセプト

(1) アナログは少なく，ディジタルの良いところを生かす

高速A-D/D-Aコンバータでアナログ信号を入出力して，FPGAで高速ディジタル信号を処理します．

高速ディジタル信号処理をしたあとは，パソコンで複雑な信号処理やユーザ・インターフェースを行います．

一連の処理を，それぞれのブロックが得意なところを分担するようにすることで，効率良く使いやすいシステムを作ることができます．

また，アナログ回路をなるべく減らし，ディジタルでの信号処理にほとんどすべてをまかせることで，精度も再現性も良くなります．この基板では，無調整でもかなりの精度を実現できています．

(2) 十徳ナイフ的なプログラマブル測定器

APB-3は，A-D/D-Aコンバータの扱える周波数範囲，信号レベル範囲であれば，FPGAのソフトウェア(VHDL)やパソコンのソフトウェア(C#)を変更することにより，いろいろな測定器に変身します．ソフトウェアを変更することで，いろいろな機能が実現できる電子ブロックみたいな実験基板です．

自分でソフトウェアをいじって新しい機能を追加したり，ハードウェアを追加して測定周波数範囲を拡大したり…と，自分なりの改造をして世界に1台だけのオリジナル測定器を作ることもできます．

(3) FPGAは無料で書き換えられる

FPGAのソフトウェア開発環境(Xilinx WebPack)，パソコンのソフトウェア開発環境(Microsoft Visual Studio C# Express)は，どちらも無料で使えます．また，FPGAの書き込み器を内蔵していますので，外部書き込み器は不要です．

(4) はんだ付けを楽しんでほしい

最近のマイコンを使った工作ではパソコン上でのソフトウェア開発が主で，実際にはんだ付けすることが減ってきたように感じます．パソコンでのソフトウェア開発も楽しいのですが，ハードウェアの組み立ても楽しいものです．

＊

次章から，各測定器をどのようなソフトウェアとハードウェアで実現していくのか，その過程を各ブロック，処理単位ごとに説明していきます．

まずはそれぞれの説明を読み，理解できた範囲で自

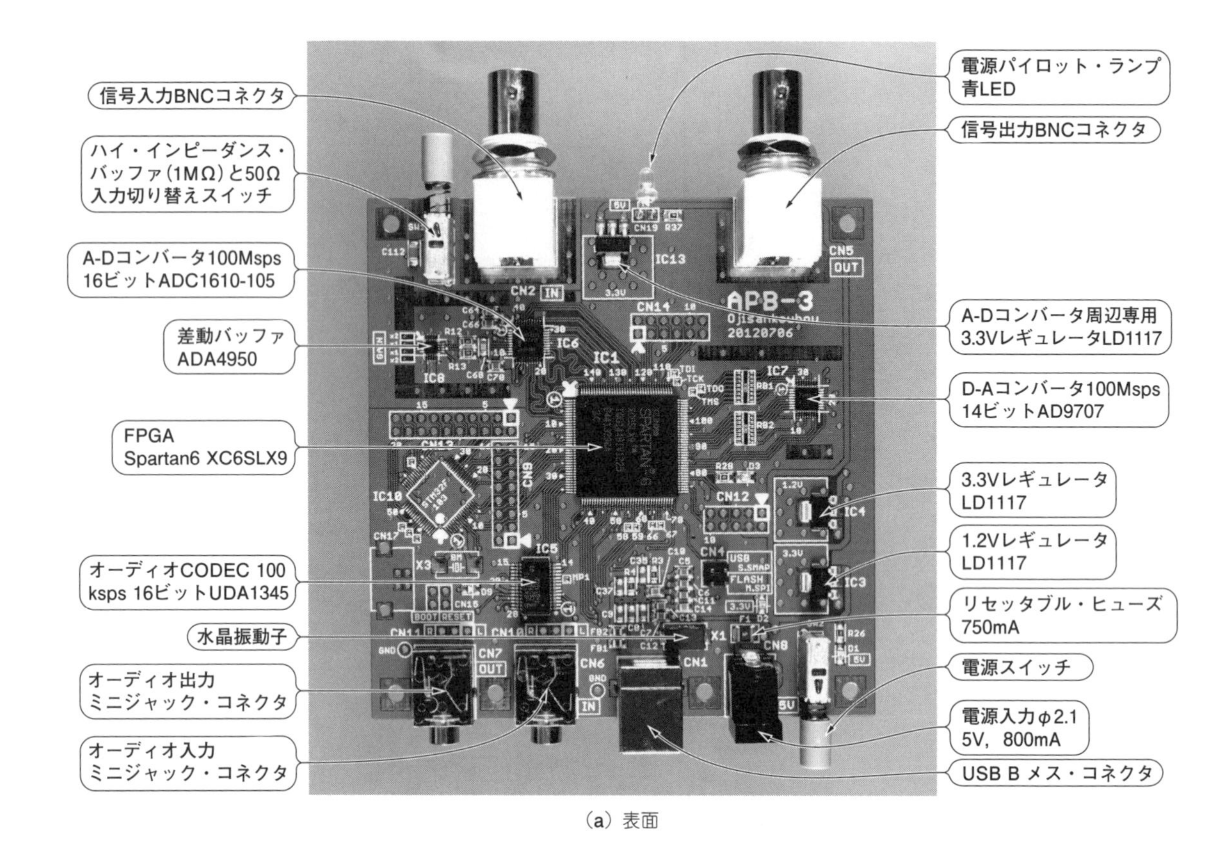

(a) 表面

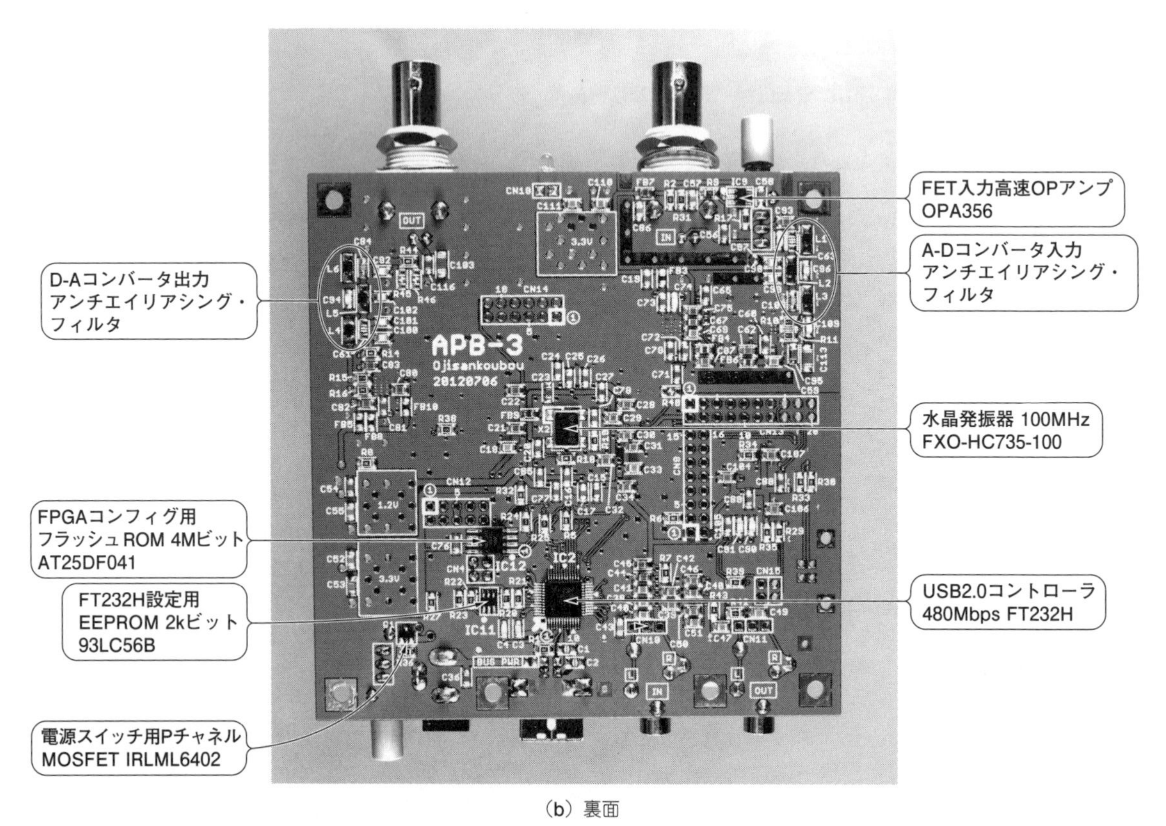

(b) 裏面

写真1　APB-3基板の外観

APB-3基板を組み込んだ完成品の例 Column 2

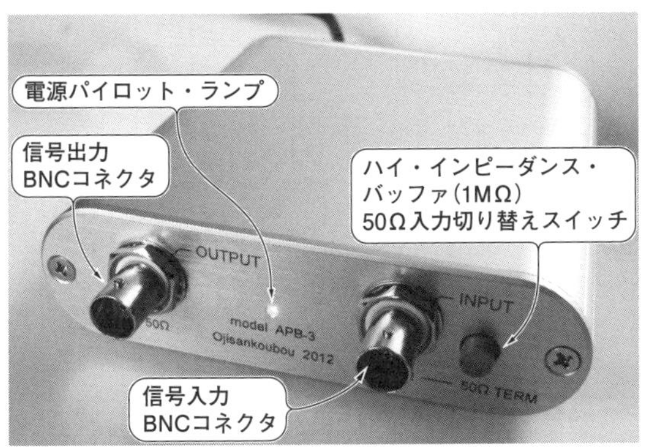

(a) 前面

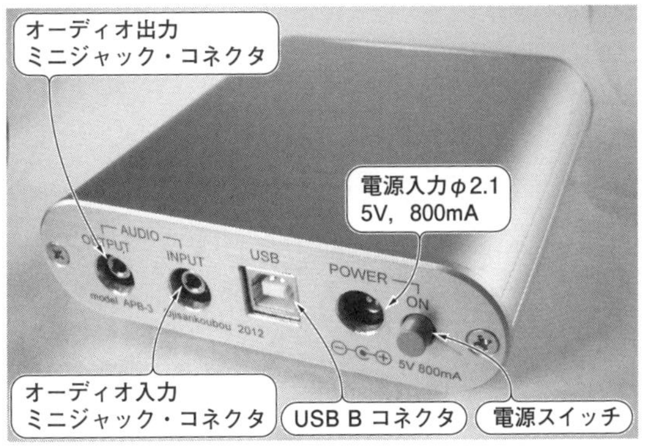

(b) 後面

写真A　APB-3基板を組み込んだ完成品の外観

写真AにAPB-3基板を組み込んだ完成品の外観を示します．APB-3基板にコネクタやスイッチ類をはんだ付けし，穴開けとレタリングを施したケースに入れました．

APB-3基板と以下の(1)～(2)，ソース・ファイル入りCDでキット[編注]を構成しました．

(1) コネクタやスイッチ類

表面実装部品は実装済みですが，**写真B**に示すコネクタなどは手ではんだ付けできるように未実装としました．

(2) ケース

パイロット・ランプの部分には，LEDの頭の部分を削って作った小さなレンズを導光板として，フロント・パネルの後ろからテープで貼り付けてあります．

(3) 組み立て，動作に必要なもの

キットのほかには，はんだごてやドライバなどの工具，ACアダプタ(センタが+，φ2.1 mm，5 V，2 A程度)とパソコン［Windows XP/7(32/64ビット)］，USBケーブル，インターネット環境が必要です．

〈小川 一朗〉

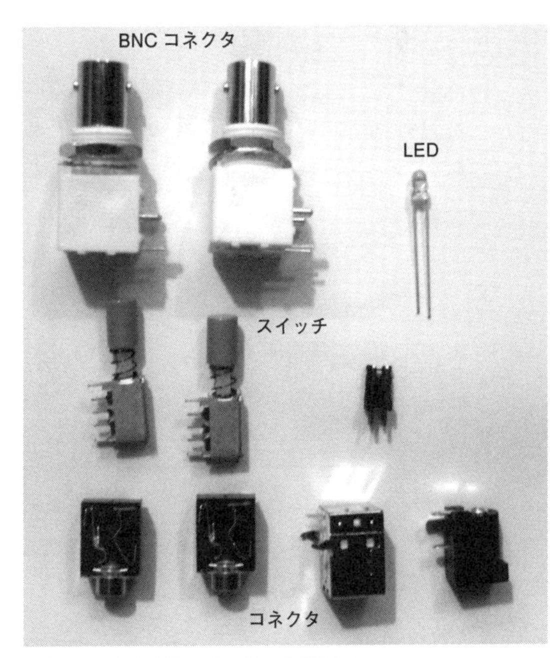

写真B　コネクタ類は手ではんだ付けした

編注：APB-3キットは現在は頒布していない．詳しくはColumn 1を参照のこと．

分なりの変更を加えてみることによって，より深く回路や信号処理について理解することができるでしょう．

何事も上達するコツは自分で考え，手を動かすことです．

(初出：「トランジスタ技術」2012年11月号)

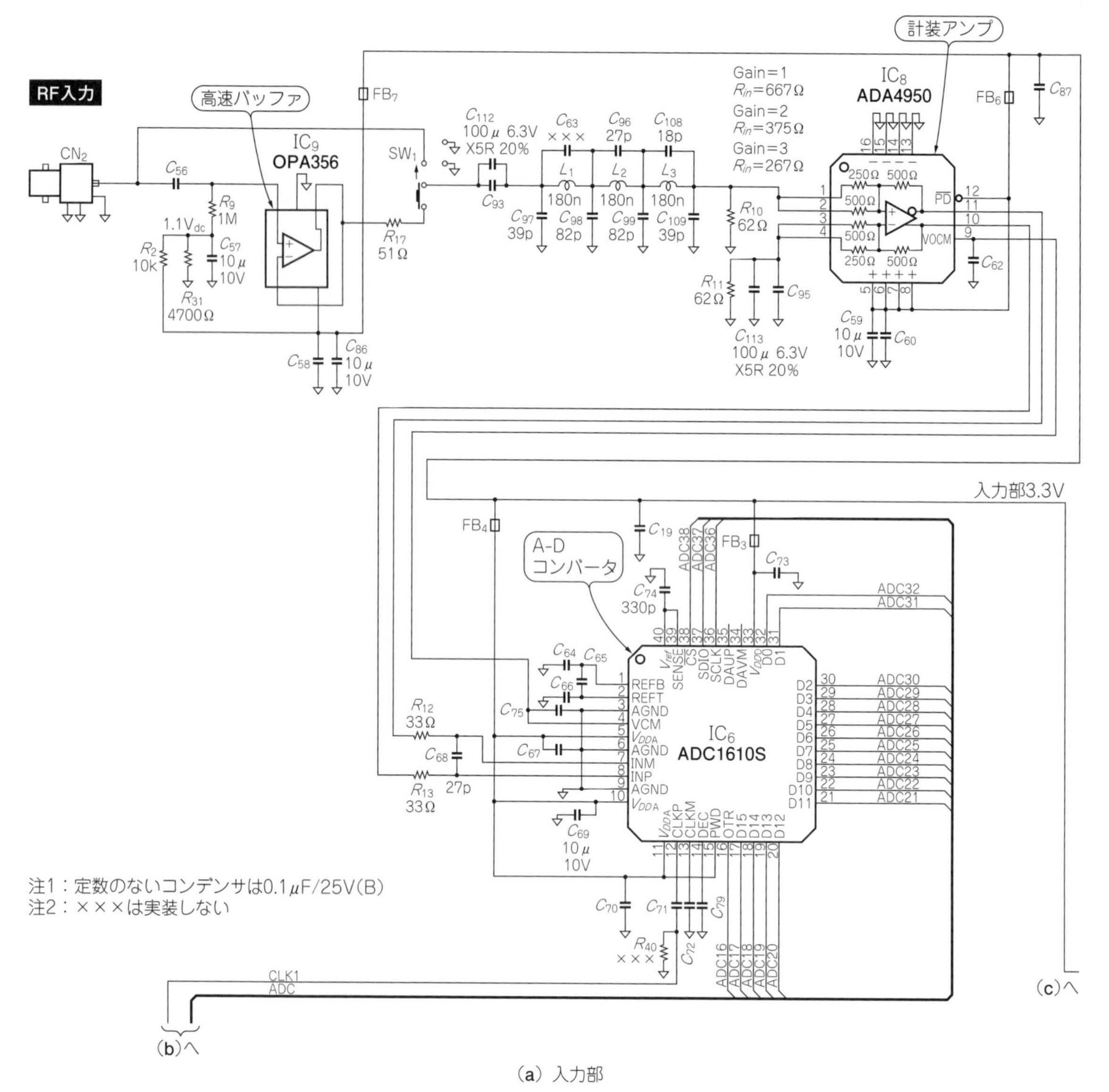

(a) 入力部

図2 APB-3の回路

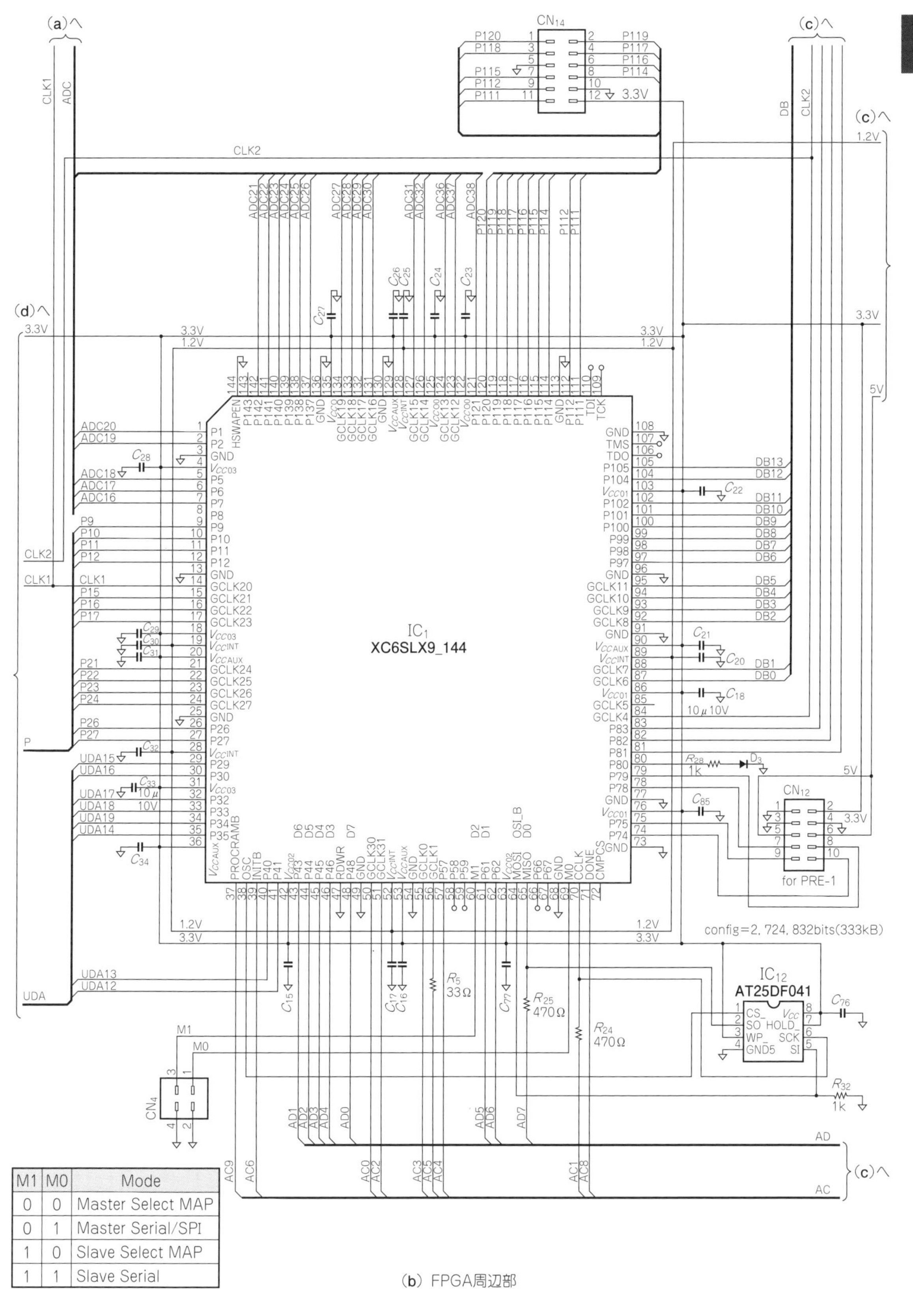

M1	M0	Mode
0	0	Master Select MAP
0	1	Master Serial/SPI
1	0	Slave Select MAP
1	1	Slave Serial

(b) FPGA周辺部

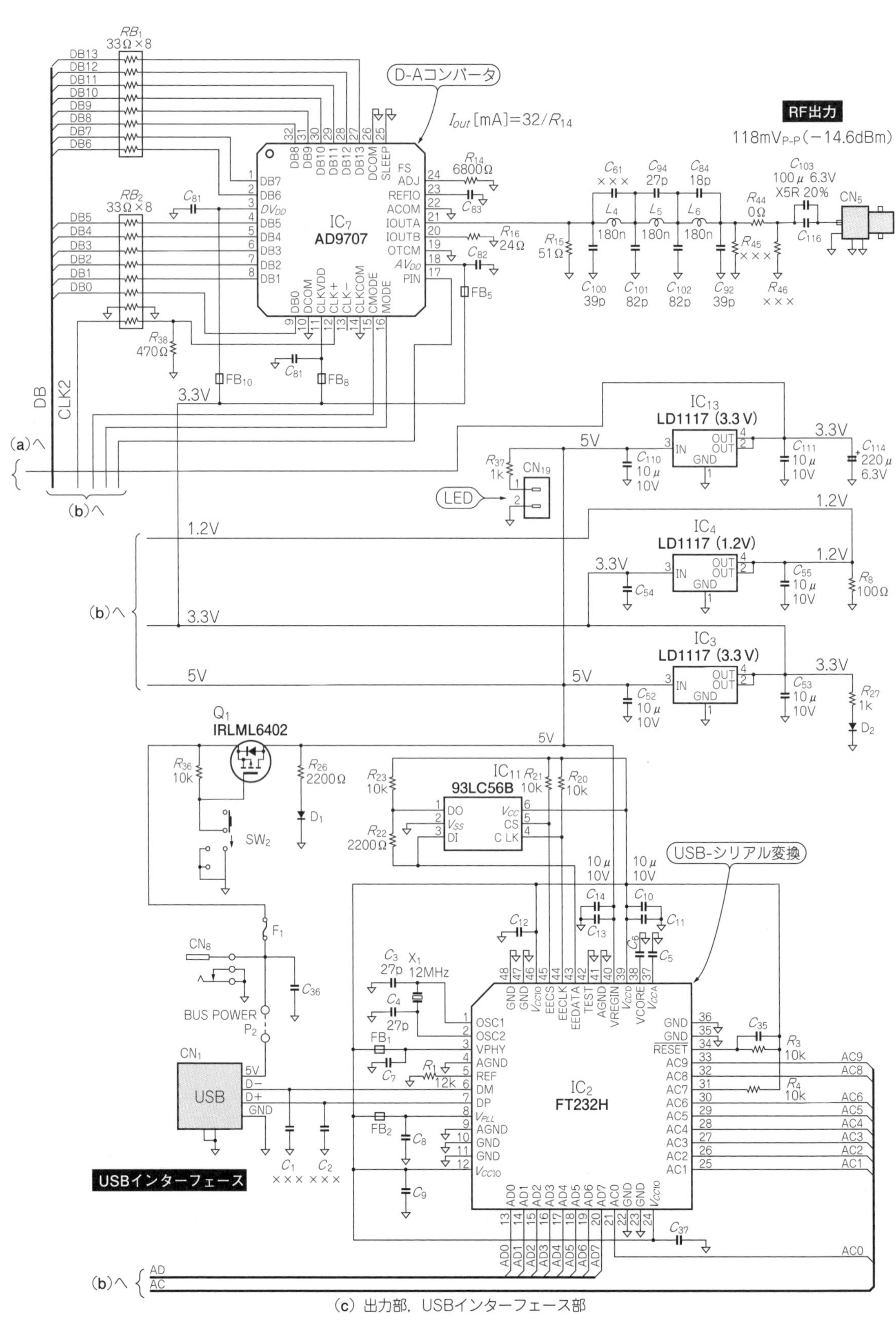

(c) 出力部, USBインターフェース部

図2 APB-3の回路(つづき)

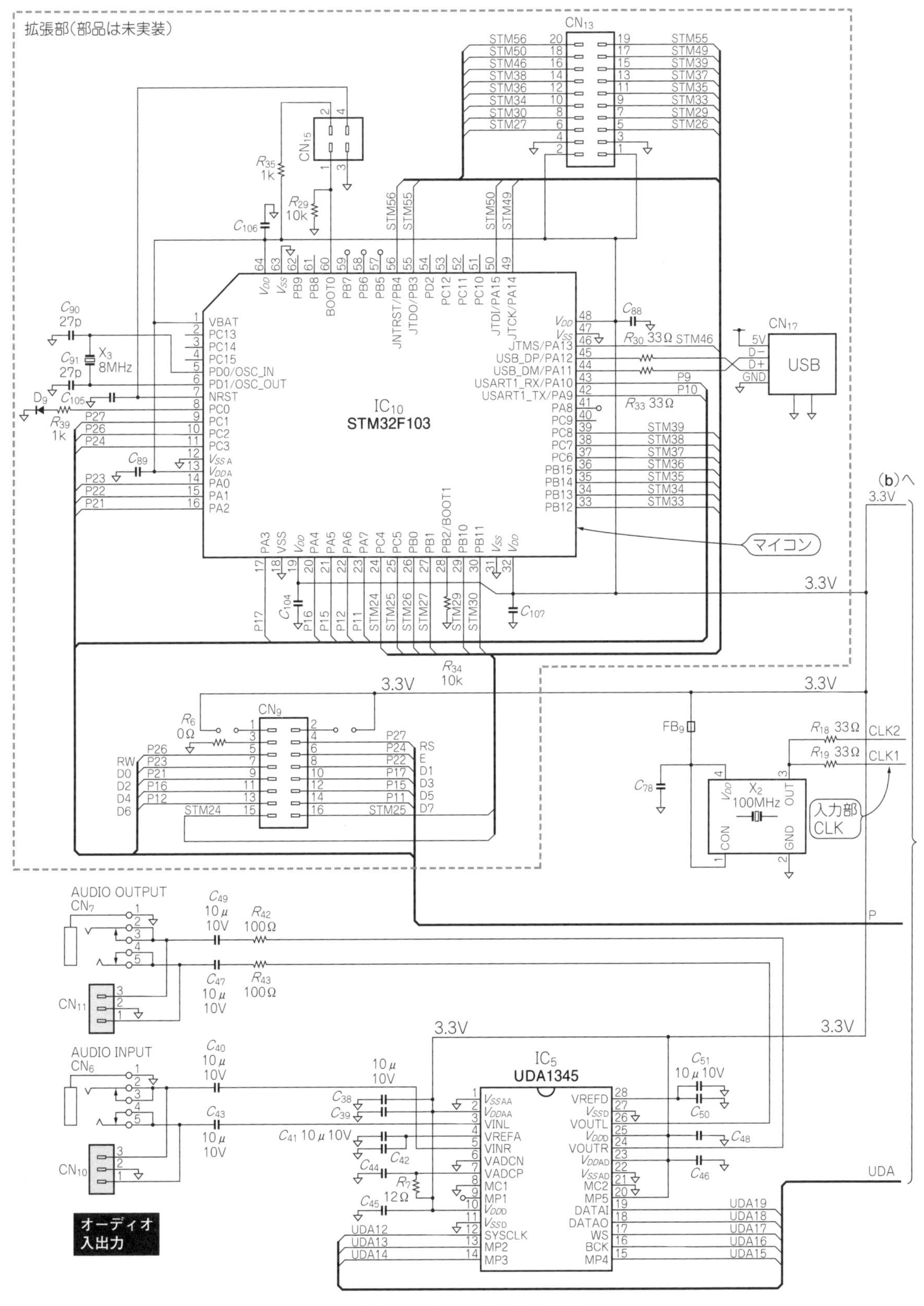

(d) オーディオ入出力部，拡張部

表1　USB-FPGA信号処理実験基板 APB-3の搭載部品

部品番号	定数など	型番	メーカ名	数量	備考
C_5, C_6, C_7, C_8, C_9, C_{11}, C_{12}, C_{13}, C_{15}, C_{16}, C_{17}, C_{19}, C_{20}, C_{21}, C_{22}, C_{23}, C_{24}, C_{25}, C_{26}, C_{27}, C_{28}, C_{29}, C_{30}, C_{31}, C_{32}, C_{34}, C_{35}, C_{36}, C_{37}, C_{39}, C_{42}, C_{44}, C_{45}, C_{46}, C_{48}, C_{50}, C_{54}, C_{56}, C_{58}, C_{60}, C_{62}, C_{64}, C_{65}, C_{66}, C_{67}, C_{70}, C_{71}, C_{72}, C_{73}, C_{75}, C_{76}, C_{77}, C_{78}, C_{79}, C_{80}, C_{81}, C_{82}, C_{83}, C_{85}, C_{87}, C_{88}, C_{89}, C_{93}, C_{95}, C_{104}, C_{105}, C_{106}, C_{107}, C_{116}	0.1 μF/25 V, B, 2012	GRM21BB11E104KA01D	村田製作所	69	
C_{10}, C_{14}, C_{18}, C_{33}, C_{38}, C_{40}, C_{41}, C_{43}, C_{47}, C_{49}, C_{51}, C_{52}, C_{53}, C_{55}, C_{57}, C_{59}, C_{69}, C_{86}, C_{110}, C_{111}	10 μF/10 V, B, 2012	GRM21BB31A106KE18L		20	
C_{103}, C_{112}, C_{113}	100 μF/6.3 V, X5R, 20 %	GRM31CR60J107ME39L		3	
C_{84}, C_{108}	18 pF, NP0, 2012	C0805C180J5GACTU	Kemet	2	
C_3, C_4, C_{68}, C_{90}, C_{91}, C_{94}, C_{96}	27 pF, NP0, 2012	C0805C270J5GACTU		7	
C_{74}	330 pF, NP0, 2012	C0805C331J5GACTU		1	
C_{92}, C_{97}, C_{100}, C_{109}	39 pF, NP0, 2012	C0805C390J5GACTU		4	
C_{98}, C_{99}, C_{101}, C_{102}	82 pF, NP0, 2012	C0805C390J5GACTU		4	
C_{114}	220 μF/6.3 V, 20 %	6.3TZV220M6.3X8	ルビコン	1	
C_1, C_2, C_{61}, C_{63}	－	実装しない		0	
CN_{13}	10 P×2 ピン・ヘッダ	実装しない		0	
CN_4	2 P×2 ピン・ヘッダ	オス	秋月電子通商	1	手はんだ
CN_{15}	2 P×2 ピン・ヘッダ	実装しない		0	
CN_{10}, CN_{11}	3 P	実装しない		0	
CN_{12}	5 P×2 ピン・ヘッダ	実装しない		0	
CN_{14}	6 P×2 ピン・ヘッダ	実装しない		0	
CN_9	8 P×2 ピン・ヘッダ	実装しない		0	
CN_2, CN_5	BNCコネクタ　横向き		秋月電子通商	2	手はんだ
CN_8	DCジャック：φ 2.1 mm (20 V, 4 A)			1	手はんだ
CN_1	USB　メスB			1	手はんだ
CN_{17}	USB　メスB	実装しない		0	
CN_6, CN_7	ステレオ・ミニジャック：φ 3.5 mm		秋月電子通商	2	手はんだ
D_1, D_2, D_3	LED 2012	APT2012SECK	Kingbright Corp	3	
D_9	LED 2012	実装しない		0	
CN_{19}	LED φ 3 を左図のようにフォーミングしてマウントする	LED：φ 3, リード, 青色	秋月電子通商	1	手はんだ
F_1	750 mA	0ZCB0075FF2G	Bel Fuse Inc.	1	
FB_1, FB_2, FB_3, FB_4, FB_5, FB_6, FB_7, FB_8, FB_9, FB_{10}	300 Ω@100 MHz	MMZ2012R301A	TDK	10	
IC_4	1117SOT223(1.2 V)	LD1117S12CTR	STマイクロエレクトロニクス	1	
IC_3, IC_{13}	1117SOT223(3.3 V)	LD1117S33CTR		2	
IC_{11}	93LC56B	93LC56BT-I/OT	マイクロチップ	1	
IC_7	AD9707	AD9707BCPZ	アナログ・デバイセズ	1	
IC_8	ADA4950	ADA4950-1YCPZ-R7		1	
IC_6	ADC1610S-105	ADC1610S105HN/C1:5	NXPセミコンダクターズ	1	
IC_{12}	AT25DF041	AT25DF041A-SSHF-B	アトメル	1	
IC_2	FT232HL(48QFP)	FT232HL	FTDI	1	
IC_9	OPA356	OPA356AIDBVT	テキサス・インスツルメンツ	1	
IC_{10}	STM32F103QFP64	実装しない		0	
IC_5	UDA1345	UDA1345TS/N2,112	NXPセミコンダクターズ	1	
IC_1	XC6SLX9_144	XC6SLX9-2TQG144C	ザイリンクス	1	
L_1, L_2, L_3, L_4, L_5, L_6	180 nH	LBM2016TR18J	太陽誘電	6	
Q_1	IRLML6402	IRLML6402TRPBF	インターナショナル・レクティファイアー	1	
R_6, R_{44}	0	ERJ-6GEY0R00V	パナソニック	2	
R_7	12 Ω	ERJ-6GEYJ120V		1	
R_{16}	24 Ω	ERJ-6GEYJ240V		1	
R_5, R_{12}, R_{13}, R_{18}, R_{19}, R_{30}, R_{33}	33 Ω	ERJ-6GEYJ330V		7	
R_{15}, R_{17}	51 Ω, 1 %	ERJ-6ENF51R0V		2	
R_{10}, R_{11}	62 Ω, 1 %	ERJ-6ENF62R0V		2	
R_8, R_{42}, R_{43}	100 Ω	ERJ-6GEYJ101V		3	
R_{24}, R_{25}, R_{38}	470 Ω	ERJ-6GEYJ471V		3	
R_{22}, R_{26}	2200 Ω	ERJ-6GEYJ222V		2	
R_{31}	4700 Ω	ERJ-6GEYJ472V		1	
R_{14}	6800 Ω	ERJ-6GEYJ682V		1	
R_2, R_3, R_4, R_{20}, R_{21}, R_{23}, R_{29}, R_{34}, R_{36}	10 kΩ	ERJ-6GEYJ103V		9	
R_1	12 kΩ	ERJ-6GEYJ123V		1	
R_{27}, R_{28}, R_{32}, R_{35}, R_{37}, R_{39}	1 kΩ	ERJ-6GEYJ102V		6	
R_9	1 MΩ	ERJ-6GEYJ105V		1	
R_{40}, R_{45}, R_{46}	－	実装しない		0	
RB_1, RB_2	33 Ω×8	742C163330JP	CTS Resistor Products	2	
SW_1, SW_2	プッシュ・スイッチ	PN12SJNA03QE	C & K Components	2	手はんだ
X_2	100 MHz水晶発振器	FXO-HC735-100	Fox Electronics	1	
X_1	12 MHz水晶発振子	NX8045GB-12.000000MHZ	NDK	1	
X_3	8 MHz水晶発振子	実装しない		0	

第2章 ハイ・インピーダンス・バッファ，アンチエイリアシング・フィルタ，差動変換，A-D変換

スペクトラム・アナライザを作る①　全体構成と前段のアナログ回路

小川 一朗（おじさん工房）Ichiro Ogawa

1
2
3
4
5
6
7
8
9
10
11

スペクトラム・アナライザは，高周波を扱う機器を製作するときにはたいへん便利な測定器です．しかし，大手メーカが販売しているものは筐体が大きく，しかもたいへん高価で，個人で所有するのは置き場所的にも金銭的にも難しいものです．

自分で作ろうと思っても，高周波回路の塊で回路規模も大きく，スペクトラム・アナライザは自作派の夢であり腕の見せどころでした．

時代は変わりました．第1章で紹介した実験基板を使えば，手のひらに乗る大きさで，しかも安価にスペクトラム・アナライザを作ることができます．作るといってもハードウェアを追加する必要はありません．FPGAとパソコンのソフトウェアで，スペクトラム・アナライザを作ります．

アナログ・スペクトラム・アナライザの研究

まずは，従来のアナログ回路で作られたスペクトラム・アナライザについて説明します．温故知新ですね．

● アナログ・スペクトラム・アナライザの構成

図1に，アナログ・スペクトラム・アナライザの簡略化したブロック図を示します．

入力された信号は，まず局発（Local Oscillator；局部発振器．測定周波数に応じて掃引される）と混合（ミキサ；mixer）して，IF（Intermediate Frequency；中間周波数）に周波数変換（たいていは測定可能周波数範囲より高い周波数に変換，アップ・コンバージョン）されます（必要ならさらに第2局発と混合して第2中間周波数，第3局発と混合して…と周波数変換を繰り返す）．

中間周波数になった信号は，*RBW*（Resolution Band Width）に応じたフィルタ群に入り，その後ログ変換／レベル検出してdB単位の信号になり，*VBW*（Video Band Width）フィルタを通って画面に表示します．

● 自作するには…

アナログ・スペクトラム・アナライザを自作しようとすると，高周波を扱う局発や混合回路，*RBW*を決定するフィルタ群，測定精度を得るのが難しいログ変換／レベル検出回路と，越えなければならない高いハードルがたくさんあります．

局発は正確な周波数を出すのはもちろん，測定しようとしている信号よりも純度が高い（SSB雑音が小さい）必要があります．GHz帯のスペクトラム・アナライザではYIG（Yttrium Iron Garnet）発振器を使います．

*RBW*用のフィルタ群は，数百kHz幅のものから，数kHz，数百Hzといった狭帯域のものまで数個から十数個を並べる必要があります．フィルタは，広帯域のものは*LC*，狭帯域のものは水晶を使います．特に狭帯域のフィルタを作るのはたいへんで，そのために周波数変換をさらにもう1回行って中間周波数を低く

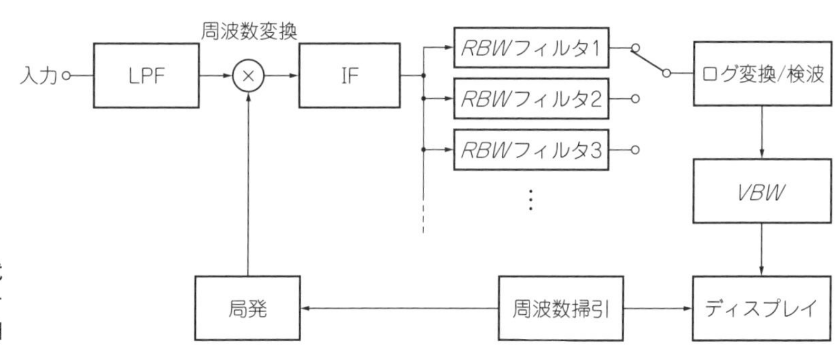

図1　アナログ方式スペクトラム・アナライザのブロック図

するといった工夫もされています．

ログ変換は精度を保つのが大変です．ワンチップ化されたログ変換ICもありますが，ダイナミック・レンジ80 dB程度，誤差1 dB程度がせいぜいです．

*RBW*が狭くなると掃引時間がかかるため，ディスプレイには長残光ブラウン管またはストレージ管が必要です．

これらのハードルを乗り越えて実用になるスペクトラム・アナライザを作るのは，本当にたいへんです．腕に覚えのあるアマチュアが挑戦しては死屍累々といったところでしょうか．市販のスペクトラム・アナライザが高価なのもわかります．

● アナログ方式の限界

ハードウェアの難しさ以外に，アナログ・スペクトラム・アナライザには，ディジタル処理のスペクトラム・アナライザと比べて性能的に劣っているところがあります．

(1) LOフィードスルー(Local Oscillator feed-through)がある
(2) スペクトラム読み取り周波数精度が悪い
(3) *RBW*フィルタのスカート特性が悪い
(4) *RBW*を狭くすると掃引時間が長くなる
(5) *VBW*フィルタをかけたときの測定値は無意味

▶LOフィードスルー

周波数ゼロ付近を測定しようとすると局発がIF周波数に近くなり，周波数変換を通してIFに漏れてしまいます．このため周波数ゼロ付近のレベルが持ち上がってしまい，測定が困難です．

▶スペクトラム読み取り周波数精度

スペクトラムの周波数を管面のスケールから読むので，精度は局発の発振周波数の直線性によります．周波数精度を上げるために，掃引用のこぎり波を波形補正(局発に合わせて直線からずらす)しているスペクトラム・アナライザもあります．

一部のスペクトラム・アナライザにはマーカ機能があり，マーカのところで掃引を止めて局発の周波数を周波数カウンタで測定するものもあります．

▶*RBW*のスカート特性

スカート特性(skirt characteristics；普通－3 dBの帯域幅と－60 dBでの帯域幅の比で表す)は，アナログ・スペクトラム・アナライザでは15程度と良くありません．例えば，60 dBのレベル差で周波数差50 Hzの2信号を分離したスペクトラムとして観測するには，*RBW*は6 Hz以下のものが必要です．

今回作るディジタル・スペクトラム・アナライザのスカート特性は4.3で，50 Hzを分離するのに必要な*RBW*は23 Hz以下です．実際には*RBW*＝7 Hzまで可能なので，周波数差15 Hzでも分離できます．

▶掃引時間

アナログ・スペクトラム・アナライザでは，

$$\text{掃引時間} = k\frac{\text{掃引周波数幅}}{RBW^2}$$

となり，これより速く掃引すると観測されたスペクトラムの波形が崩れてしまいます．*k*は*RBW*フィルタの群遅延特性によって決まり，2～3です．

この式からわかるように，*RBW*が大きいときは掃引時間は短い(高速)ですが，*RBW*が狭くなると2乗

初めて使ったスペクトラム・アナライザはHPの141T　Column 1

年齢がばれてしまいそうですが，私が初めて使ったスペクトラム・アナライザはヒューレット・パッカード(現在はアジレント・テクノロジー)製の141Tでした(**写真A**)．これにRFセクションとIFセクション，トラッキング・ジェネレータなどを組み合わせて使います．筐体は巨大で机の上には載らず，ラックに載せていました．

背面にあるファンからは熱風が吹き出し，近くの人は暑い思いをしていました．

アナログ・スペクトラム・アナライザというと，これを思い出します．いったいいくらくらいしたものなのか記憶にありませんが，当時で数百万円(今なら数千万円)といったところではないかと思います．

〈小川 一朗〉

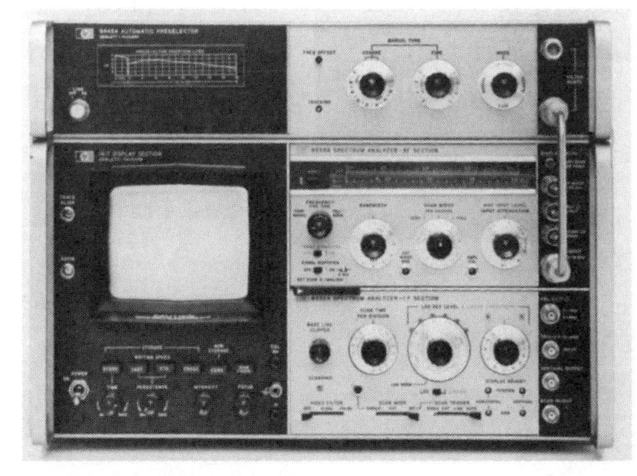

写真A(1)　初めて使ったスペクトラム・アナライザHP141T

できくので急激に掃引時間がかかるようになります．例えば，先ほどの50 Hz差の2信号のスペクトラムを観測するのに*RBW*を6 Hz，掃引周波数幅を1000 Hzとすると，掃引時間は55秒以上が必要です．

FFTでスペクトラムを得る場合，測定時間は「データのサンプリングにかかる時間＋FFT計算時間」です．データのサンプリングにかかる時間は*RBW*の逆数に比例するので，*RBW*が狭くなっても測定時間が大きく増えません．今回作るディジタル・スペクトラム・アナライザでは，*RBW*＝15 Hzのとき実測0.4秒で，100倍以上高速でした．

▶*VBW*フィルタ後の値

*VBW*フィルタ・ブロックは，ログ変換/検波回路を通ったあとにあります．*VBW*の実体はLPF(Low Pass Filter)で，LPFを通す(つまり平均化する)と確かに見た目はばらつきが減りますが，ログという非線形な変換をしたあとに平均化して得られた値は無意味です．例えば，0 dBm(1 mW)と－10 dBm(0.1 mW)の電力平均値は－2.6 dBm(0.55 mW)ですが，ログ後の平均では－5 dBm(0.32 mW)となってしまいます．

今回作るディジタル・スペクトラム・アナライザでは，RMS(Root Mean Square)で平均化したあとログ変換しますので，電力平均値を表します．

＊

上記のように，アナログ・スペクトラム・アナライザには，ハードウェアの難しさに加えて性能の問題もあり，現代においては純粋なアナログ・スペクトラム・アナライザを作る意味はありません．

ただ，ディジタルにはディジタルの問題点(後述)もあり，市販のスペクトラム・アナライザはIF以降をディジタル化して両方の良いところを取った構成が主流のようです．

ディジタル・スペクトラム・アナライザを作る

測定周波数をA-D変換できる範囲(最大40 MHz)に制限することにより，簡単なハードウェアでスペクトラム・アナライザを作ります．

アナログ・スペアナのしくみはラジオと同じ　Column 2

こうして見てみるとわかるように，スペクトラム・アナライザというのはジェネラル・カバレッジのラジオ受信機とほぼ同じ構造です．

中間周波数になった信号を，ログ変換するか，復調(AM変調やFM変調された信号を音声信号にすること)するかの差です．一部のスペクトラム・アナライザには復調回路が付いているものもあり，ラジオ代わりに使えます(ずいぶん高価なラジオですし，電気を喰うので…)．〈小川 一朗〉

とはいっても，測定周波数の下限は20 Hzとオーディオ帯域から使えますし，狭帯域の*RBW*は，発振器のハム成分(電源周波数で変調された成分)の検出も可能です．測定周波数の上限が低い以外は市販のスペクトラム・アナライザに負けません．

20 Hzから40 MHzくらいまでの周波数範囲での実験には十分すぎるくらいの性能をもっています．

■ おもな仕様

- 測定周波数範囲：20 Hz～50 MHz(実用になるのは40 MHzくらいまで)
- *RBW*：7 Hz～60 kHz
- ダイナミック・レンジ：80 dB以上
- 入力インピーダンス：50 Ω/1 MΩ(切り替え)

■ 信号処理の流れ

図2に，今回作るディジタル・スペクトラム・アナライザのブロック図を示します．

アナログ・スペクトラム・アナライザではすべてハードウェアでの処理でしたが，このスペクトラム・アナライザではA-D変換するまでがハードウェア処理，その後FPGAでの処理，パソコンでのソフトウェア処理と大きく3つに分かれています．

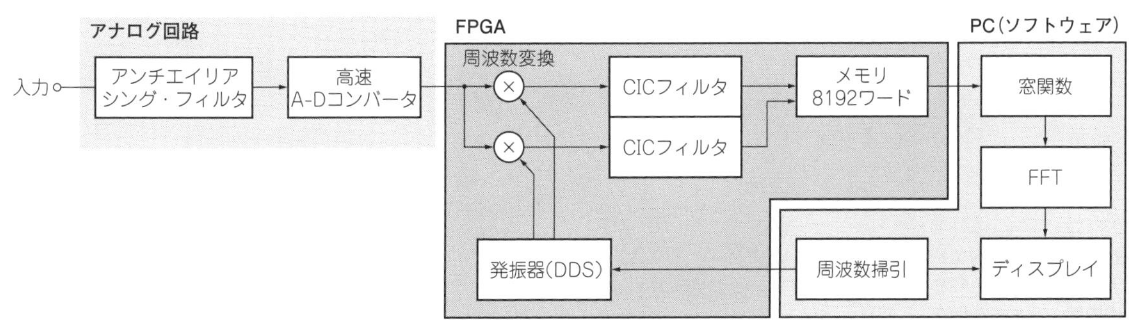

図2　ディジタル・スペクトラム・アナライザのブロック図

● ハードウェアでの処理

入力したアナログ信号は，アンチエイリアシング・フィルタ(anti-aliasing filter)，差動出力(differential output)バッファを経てA-D変換ICに入ります．

A-D変換ICに入った信号は，分解能16ビット，サンプル・レート100 MHzでA-D変換され，LVDS(Low Voltage Differential Signaling)DDR(Double Data Rate；クロックの両エッジでデータ転送する方式)でFPGAに送られます．

● FPGAでの処理

FPGAに入力された信号は，DDS(Direct Digital Synthesizer)で作った2相(サイン/コサイン)周波数変換信号で，ゼロ周波数近くに複素周波数変換(*IQ*信号化)されます．

*IQ*信号化された信号は，CIC(Cascaded Integrator Comb)フィルタを通り，デシメーション(decimation；サンプリング周波数を落とすこと)してメモリ(*I*信号20ビットと*Q*信号20ビットの計40ビット×8192ワード)に格納されます．

● PCソフトウェアでの処理

メモリに格納された信号をパソコンで読み出し，窓関数をかけたあと，FFTでスペクトラムを得て画面表示します．

*

こうして見ると，ディジタル処理のスペクトラム・アナライザもアナログ処理のスペクトラム・アナライザも大きな違いはなく，入ってきた信号を周波数変換し，信号処理してスペクトラムを得ているのがわかります．

違いは，アナログではなくディジタルでほとんどの処理を行っていることです．ディジタルで信号処理することにより，RBWフィルタ群やログ変換などが数値計算で行われるようになり，高精度，高性能，高安定になります．

■ A-D変換の問題点

ここまで見ると良いことばかりのように思えますが，ディジタル・スペクトラム・アナライザに問題点はないのでしょうか．実は，ディジタル信号処理するときの**問題点は，アナログ信号からディジタル信号に変換するところ，すなわちA-D変換器にあります．**

(1) エイリアシング(aliasing)
(2) A-D変換器で発生するスプリアス
(3) 高速で高精度なA-D変換器がない

などの問題点が挙げられます．

● エイリアシング

ナイキスト周波数(Nyquist frequency；サンプリング周波数の半分，ここでは50 MHz)以上の不要な周波数成分がA-D変換器に入力されたときに，必要な周波数成分(ゼロから50 MHz)と見分けがつかなくなる現象です．これを防ぐために，アンチエイリアシング・フィルタ(LPF)を入れていますが，完全には取りきれません．

● A-D変換器のスプリアス

A-D変換器の非線形性によって起きるもので，入力レベルによって変化し，どの周波数に出るかもわかりません．A-D変換器の仕様書では*SFDR*(Spurious Free Dynamic Range)として規定されていて，ここで使っているADC1610Sでは87 dBc@30 MHzとなっています．

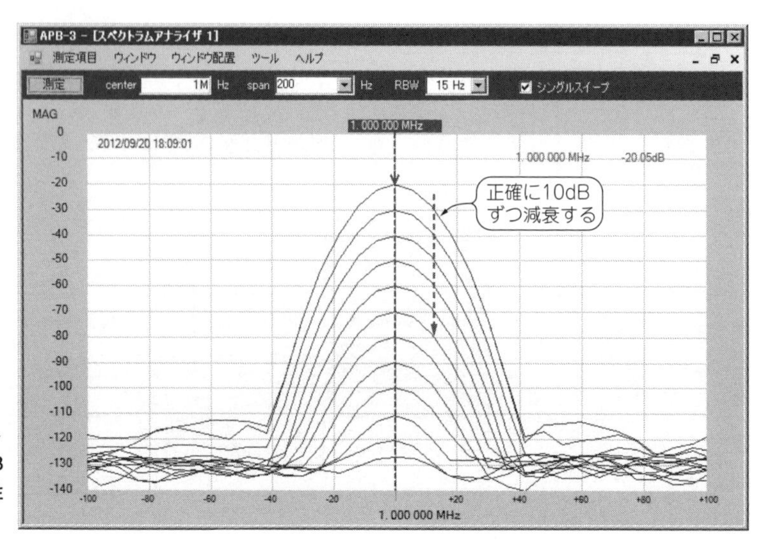

図3 製作したスペクトラム・アナライザAPB-3のアッテネータ特性
(入力周波数は1 MHz)

このほかにも，高調波ひずみ(84 dBc＠30 MHz)や*IMD*(Inter-modulation Distortion；88 dBc@30 MHz)があり，これらもスプリアスになります．

今回作るスペクトラム・アナライザのダイナミック・レンジのスペックを80 dB以上としたのは，これらのスプリアスがあるからです．

● 高速で高精度なA-D変換器

例えば，1 GHzまで測定可能なスペクトラム・アナライザを作ろうとすると，サンプリング周波数は2 GHz以上必要です．しかし，**サンプリング周波数がこれほど高く，かつ高分解能(例えば16ビット)のA-D変換器は存在しません．**

市販のスペクトラム・アナライザでは，数GHzまで測定可能とするためにIF段以降をディジタル化する構成になります．

ここで作るAPB-3のスペクトラム・アナライザでは，測定可能周波数を40 MHzまでと低くすることで，直接A-D変換でき簡単になりました．

＊

図3に，1 MHzの信号をアッテネータで10 dB刻みでレベルを落としていったときのスペクトラムの測定例を示します．－120 dBくらいまできれいに10 dBおきに表示され，ディジタル信号処理でのログ変換の精度の高さや，ダイナミック・レンジの広さがわかります．

また，スペクトラムの－60 dB帯域幅がRBW＝15 Hzの4.3倍の65 Hz程度と，計算どおりのスカート特性になっていることも確認できます．

■ アナログ信号入力をディジタル変換するまで

図4に，A-D変換までの詳細ブロック図を示します．

この部分の役割は，入力信号をA-D変換器に最適なレベル，形式，帯域にすることです．スペクトラム・アナライザの誤差(性能)はここで決まります．

● ハイ・インピーダンス・バッファ

入力されたアナログ信号はハイ・インピーダンス・バッファに入ります．ハイ・インピーダンス・バッファは，FET入力OPアンプのOPA356をゲイン1倍で使っています．OPA356の入力には，最適動作点になるように約1.1 Vのバイアスをかけています(高調波ひずみの最適点を探して決めた)．

市販の測定器では50 Ω固定のものが多いのですが，実際に使うときはハイ・インピーダンスで受けてほしいことがよくあります．ハイ・インピーダンス入力だと回路の途中に接続しても使えます．

オシロスコープ用の×10プローブを使えば入力インピーダンスは10 MΩになり，被測定回路にほとんど影響を与えることなく測定できます．

基板設計当初は，常にOPA356のバッファを使い，入力で50 Ωの終端抵抗をON/OFFするようにしていました．しかし，OPA356の高調波ひずみが実測－60 dB＠10 MHzと，A-D変換器の－84 dB＠30 MHzに比べてあまりにも悪いので，使わないときは前面のプッシュ・スイッチでバイパスできるようにしました．

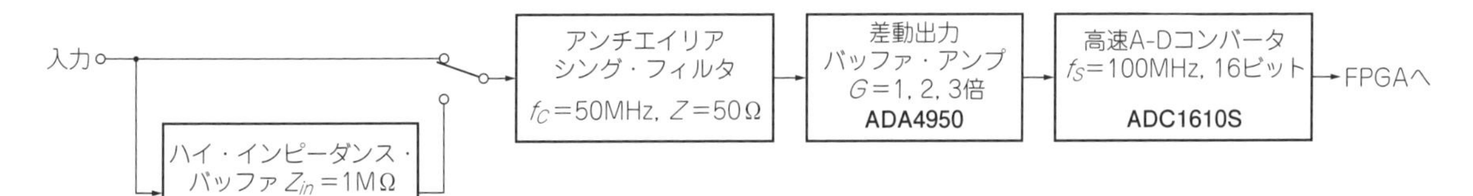

図4　入力からA-D変換までの回路ブロック

APB-3の測定周波数範囲を拡大するには…　Column 3

PLL IC(例えばADF4350など)で生成した575 M～1075 MHzで入力信号をアップコンバージョンし，IFフィルタ(575 MHz)を通したあとに，APB-3に入力すれば，0～500 MHzのスペクトラム・アナライザを作ることができます．

APB-3に使用しているA-Dコンバータ(ADC1610S)は，600 MHzまでA-D変換できるので，575 MHzのIF信号を直接A-D変換できます．最近のスペクトラム・アナライザと同様に，この基板を面倒なIF段以降の処理に使うわけです．

APB-3の開発中，IF段以降をディジタル信号処理で行おうと実験しているうち，意外と低域用のスペクトラム・アナライザとして使いものになることがわかりました．詳細は，私のホーム・ページの過去の製作物をご覧ください．

http://ojisankoubou.web.fc2.com/

〈小川 一朗〉

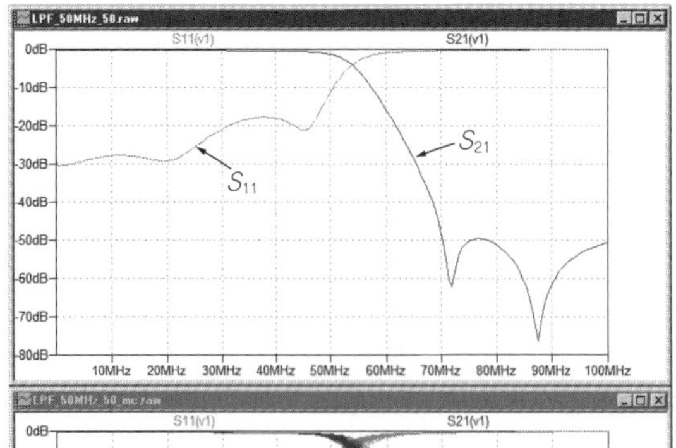

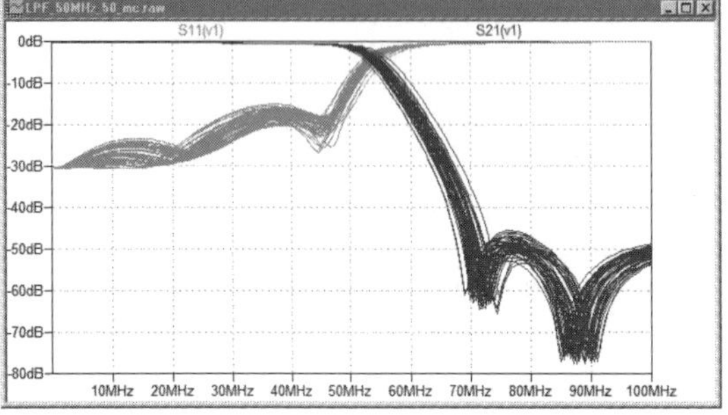

図5 APB-3のアンチエイリアシング・フィルタの周波数特性（LTspiceによるシミュレーション結果）

ノイズ的にもこのほうがよいですね.

OPA356の出力はアンチエイリアシング・フィルタに入ります.

● アンチエイリアシング・フィルタ

A-D変換されたあとはエイリアシングした信号を取り除くことはできないので，A-D変換前にエイリアシングになる信号(ここでは50 MHz以上)を十分に減衰させておく必要があります.

アンチエイリアシング・フィルタの周波数特性を**図5**と**図6**に示します.

今回はナイキスト周波数ぎりぎりまで使えるようフィルタのカットオフ周波数は50 MHzにしたので，60 M～70 MHz(A-D変換すると折り返して40 M～30 MHzの信号として現れる)での減衰量が良くありません.

図5の下の図は，素子感度がどの程度なのか調べた結果です．インダクタとコンデンサの定数が5 %変化したときの周波数特性をシミュレーションしたものです．カットオフ周波数が変化していますが，通過域に

カットオフ周波数の変更方法　Column 4

カットオフ周波数を40 MHzにすれば，60 M～70 MHzの減衰量をもう少し多くすることができます.

カットオフ周波数を変更するには，フィルタを構成している部品を周波数スケーリングします．この場合だと，インダクタとコンデンサの定数をすべて1.25倍(50 MHz/40 MHz)にスケーリングすると，カットオフ周波数が40 MHzになります.

〈小川 一朗〉

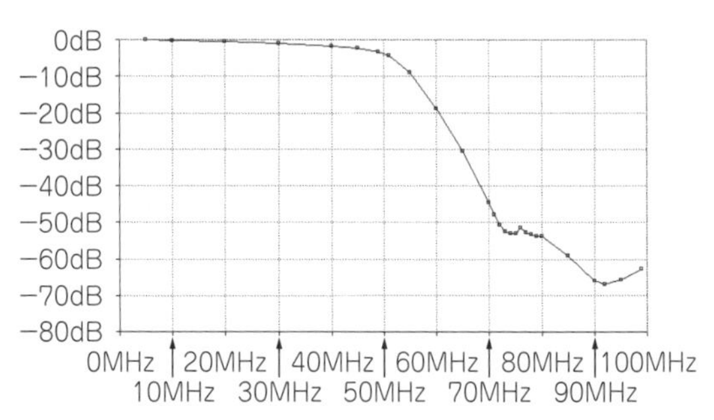

図6 APB-3のアンチエイリアシング・フィルタの周波数特性（実測）

素子感度の低い回路を目指す　Column 5

素子感度とは，ある回路で部品の値が変化したときに，特性，例えばLPFならカットオフ周波数や通過域でのリプル，阻止域での減衰量などがどの程度変化するかを示す指標です.

素子感度が高い回路は，部品の値が誤差や温度特性などがほんの少し変化しただけで，特性が大きく変化します．このような回路は，調整したり，部品選別が必要になるので，なるべく素子感度が低い回路を使うようにします．Qの高いフィルタ回路や，ディスクリート半導体を使った回路は素子感度が高くなります.

一般的に，素子感度が問題になるのはアナログ回路だけです．APB-3ではアナログ回路を極力なくし，ディジタルで信号処理をすることで，システムとしての安定度や再現性が向上しました．作りっぱなしでも調整は不要です.

素子感度は，アナログ回路のロバスト(robust)性と言えると思います．ディジタル回路，アナログ回路，ハードウェア，ソフトウェアそれぞれでロバスト性を高めることが，安定したシステムを作るうえで大事です.

〈小川 一朗〉

はそれほど大きな変化はないようです．

図5には通過特性S_{21}と一緒にリターン・ロスS_{11}も表示してありますが，－20 dB程度と良くありません．これが問題になるときはアッテネータを入力に加えるか，ハイ・インピーダンス・バッファを使い入力に終端器を入れます．

基板のアンチエイリアシング・フィルタ部分を見ると，インダクタ（黒い四角い部品）がジグザグにずれるように配置されているのがわかります（**写真1**）．これは，インダクタどうしの結合（あるインダクタから出たフラックスが別のインダクタに入ること）を減らすためです．

直線や横に並べたりするとインダクタどうしが電磁結合し，周波数特性が暴れてしまいます．

● 差動変換

アンチエイリアシング・フィルタを通った信号はADA4950に入ります．ADA4950はシングルエンド入力で差動出力のバッファICです．A-D変換ICを差動で駆動するために入っています．

ADA4950は内部に帰還抵抗が入っていて，外部で内部帰還抵抗のつなぎ方を変えることによってゲインを1倍，2倍，3倍に設定できます．そのままだと3倍になっていますが，基板上にランドを出してあるので，適宜パターン・カットやショートしてゲイン変更できます．

設定したゲインによって入力インピーダンスが変化するので，並列合成して50 ΩになるようにR_{10}，R_{11}も変更する必要があります．

シングルエンド-差動変換はトランスを使うほうがノイズ的に好結果が得られるのですが，オーディオ帯域まで使いたいのでICを採用しました．高周波（数十kHz以上）でしか使わないときは，トランスに変更したほうがよいでしょう．

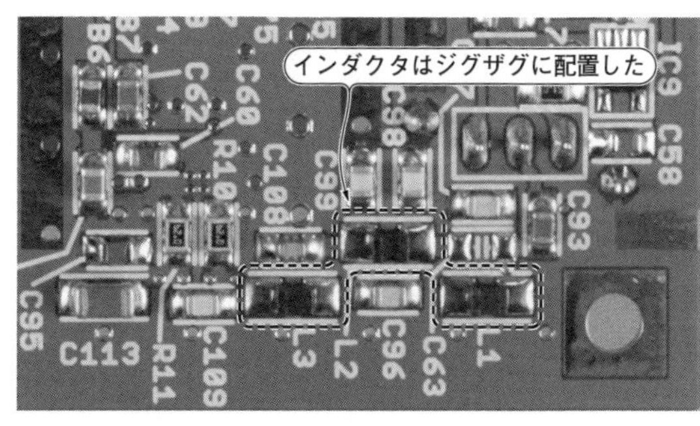

写真1　APB-3のアンチエイリアシング・フィルタ部分

● A-D変換

ADA4950の出力はCRフィルタ（R_{12}，R_{13}，C_{68}）を通ってA-D変換IC ADC1610Sに入ります．このCRフィルタでADC1610Sのキックバック（サンプル＆ホールド・キャパシタをON/OFFしたときに入力容量が変化してノイズが発生すること）を吸収すると同時に帯域制限しています．ADA4950で発生したノイズはここで帯域制限しないと，ADC1610SがA-D帯域幅600 MHzと広帯域なので，50 MHzから600 MHzのノイズでS/Nが悪くなります．

ADC1610Sはパイプライン型のA-Dコンバータです．入力されたアナログ信号は，サンプル＆ホールドされたあと何段にも分けて順次A-D変換され，各段でのA-D変換値から最終的なA-D変換値を合成して出力します．

アナログ信号入力からディジタル出力までの遅れ（レイテンシ）は13.5クロックです．変換クロックは100 MHzなので135 nsの遅れになります．ネットワーク・アナライザで信号入出力直結時に群遅延が約260 nsと大きい（位相の変化が大きい）のは，この135 nsとD-A/A-D変換に入っているアンチエイリアシング・フィルタの群遅延のためです．

A-D変換されたディジタル信号は，LVDS DDRで

A-DコンバータとFPGAをLVDSでつないだ理由　Column 6

LVDSでは，信号電圧振幅0.35 Vと低レベルの差動で信号伝送を行っています（**図A**）．

3.3 V電源のCMOS出力では3.3 Vの信号電圧振幅があるのに対し，ほぼ1/10です．差動電流信号（3.5 mA）になっているので，外部に輻射する電磁波が相殺され，さらに低ノイズ・エミッションになっています．

A-DコンバータとFPGAの接続にLVDSを使うことにより，接続線から輻射したノイズがA-Dコンバータ入力に戻ってくる自己妨害が軽減できます．

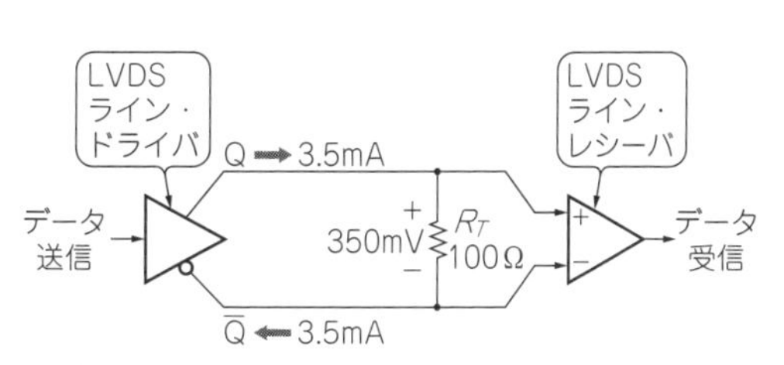

図A[2]　**一般的なポイント・ツー・ポイントLVDS接続**

〈小川 一朗〉

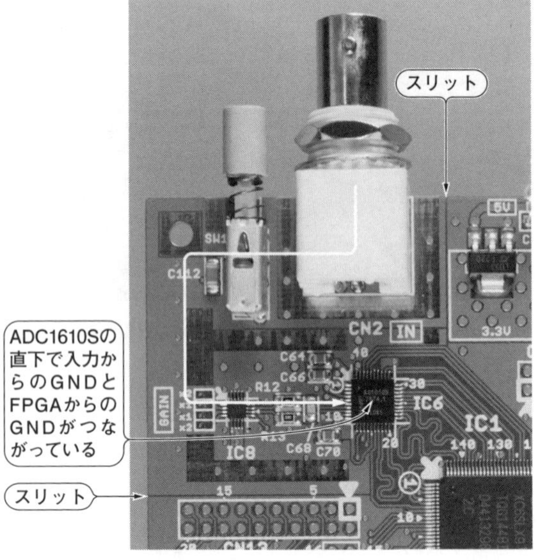

写真2 A-D変換器と周辺回路のグラウンド

FPGAに送られます．

CMOS出力に比べて，LVDSではDDRになりタイミングが厳しくなりますが，信号レベルが低く差動信号なので，FPGAとの接続線からの輻射ノイズが軽減されるメリットがあります．

そのほか，ADC1610Sを使用するうえでの設計留意事項について説明します．

一番気を付けなくてはいけないのは，クロックのジッタです．この基板では，水晶発振器からの100 MHz出力を直接ADC1610Sに入力しています．クロックの配線は両側をGNDで挟み，ほかの信号からのかぶりがないように注意します．

ADC1610Sは内部リファレンスで動作するようにV_{ref}(40)とSENSE(39)ピンを接続し，C_{74}(330 pF)でGNDに落としています．入力最大値はSPIインターフェースで1 V_{P-P}か2 V_{P-P}の選択ができ，1 V_{P-P}に設定しています．

写真2に示すように，入力端子からのGNDはスリットで他のGNDと分離し，ADC1610Sの直下でFPGAのディジタルGNDと接続しています．

こうやってA-D変換器にノイズが流れないようにプリント基板のグラウンド配線をしても，入力端子のグラウンドを被測定物(Device Under Test；DUT)とつなぐとノイズが入ることがあります．入力ケーブルにCMF(Common Mode Filter；いわゆるパッチン・フィルタ)を入れると軽減されることがあります．

オシロスコープのプローブも，各チャネルごとにパッチン・フィルタを入れるとチャネル間の影響を減らせます．

◆引用文献◆

(1) Richard C. Keiter；A Fully Calibrated, Solid State Microwave Spectrum Analyzer, HP Journal, Sept. 1971, Hewlett-Packard Co.
http://www.hpl.hp.com/hpjournal/pdfs/IssuePDFs/1971-09.pdf
(2) Jon Brunetti, Brian Von Herzen；LVDS I/O 規格, XAPP230(バージョン1.1), 1999年11月16日, ザイリンクス.
http://japan.xilinx.com/xapp/j_xapp230_1_1.pdf

(初出：「トランジスタ技術」2012年12月号)

A-D変換の2つの顔 Column 7

A-D変換するということは，信号がレベル的/時間的に離散化(量子化，標本化)されることです．

例えば「16ビットの値になる」というのが信号が量子化されることです．量子化誤差によりS/Nは，

S/N [dB] ＝ビット数×6.02＋1.76

になります．逆に言うと量子化とは，ビット数で決まる量子化誤差ノイズを加える操作のことです．このノイズは，一般的にはホワイト・ノイズ(フラットな周波数特性のノイズ)として扱います．

一方，時間が離散化されることが標本化です．これは，サンプリング周期ごとにデルタ関数を乗算することと同じです．サンプリング周波数とその整数倍の周波数で，入力信号がゼロからナイキスト周波数(サンプリング周波数の1/2)までの信号に周波数変換(折り返し)されます．

ナイキスト周波数より高い周波数の信号が，ゼロからナイキスト周波数に変換されて混じってしまうと，もう分離することはできません．これを防ぐため，必要な信号以外を除去するのがアンチエイリアシング・フィルタです．

ここでは，0～50 MHzのスペクトラム・アナライザを作りますので，ゼロから50 MHzの信号を通し，それ以外の信号を除去するカットオフ50 MHzのLPFをアンチエイリアシング・フィルタとして使います．

例えば，FM放送(76～90 MHz)が必要な信号なら，アンチエイリアシング・フィルタは76 M～90 MHzを通し，それ以外の信号を除去するフィルタ(すなわちBPF)を使います．

〈小川 一朗〉

第3章 LVDS DDR信号，可変遅延回路，DDS，複素周波数変換，CICフィルタ

スペクトラム・アナライザを作る②
LVDS信号をFPGAに取り込んで周波数変換する

小川 一朗(おじさん工房) Ichiro Ogawa

信号をFPGAに入力するまで

A-D変換された信号はLVDS DDR形式でFPGAに送られます．LVDS DDRの配線パターンは，本来はインピーダンス整合させて，すべての信号線を等長配線にしないといけませんが，クロックが100 MHzと低いのでそこまで厳密には設計していません．一番長いパターンと短いパターンで配線長の差が小さくなるように，短いほうをミアンダ配線(meander line)にしましたが，等長にはなっていません．

基板(FR-4)の波長短縮率を50 %とすると，信号の伝わる速度は0.07 ns/cmとなります．1～2 cm程度のパターン長による差は0.2 ns以下となるので，DDRの読み取りタイミングの5 ns(100 MHzの周期の半分)に比べて十分に小さく，問題ありません．短いパターンでのミアンダ配線も必要なかったかもしれません．

● LVDS DDRの読み取り部分

図1に，FPGA内部のLVDS DDR読み取り部分のブロック図を示します．adc1610s.vhdの中でIBUFDS，IODELAY2，IDDR2を順番に接続しています．

LVDS DDR信号は，IBUFDS(LVDSレシーバ)で終端され，差動信号からシングルエンド信号に変換されます．シングルエンドになった信号(DDR)は，IODELAY2ブロックで設定された時間だけ遅延し，DDR2プリミティブでFPGA内部クロックの両エッジ(0°と180°)で読み込んで16ビット・データとなります．

ADC1610SとFPGAで差動信号極性が逆になっているので反転すると同時に，180°クロックで読み込んだデータも0°クロックでラッチして同期化します．

このなかで，IODELAY2ブロックは何のために入っているのでしょうか．

ADC1610Sから送られたLVDS DDR信号を，FPGA側では，エラーの起きない適切なタイミングで読み取る必要があります．しかし，ADC1610Sから出力されるLVDS DDR信号はADC1610Sのクロックに同期していて，FPGA側のクロックとは違う(もとは同じ発振器だが，それぞれ遅延があるので位相関係がわからない)ので，そのままだと正常に読み取れません．

本来はADC1610Sから出ているDAV(Data Valid)信号を使うのでしょうが，読み取ったあとでFIFOなどでFPGA内部クロックにクロックの乗り換えをしなければならず面倒です(FIFOを使うと，遅延時間が何かのタイミングでずれてFIFOがフルやエンプティになり，読み取りがずれるかもしれないという危惧もあった)．

そこで今回は，使っているFPGA XC6SLX9の入力パッドに付いているIODELAY2という可変遅延回路を使ってDDR信号を遅延させ，FPGA内部クロックで正常に受信できる(セットアップ・タイムt_sとホールド・タイムt_hが確保できる)遅延値に設定するという方法を使いました(**図2**)．

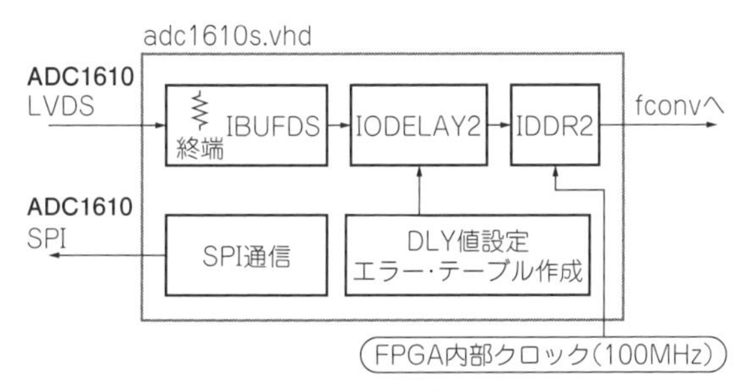

図1 LVDS DDR FPGA入力部分のブロック図

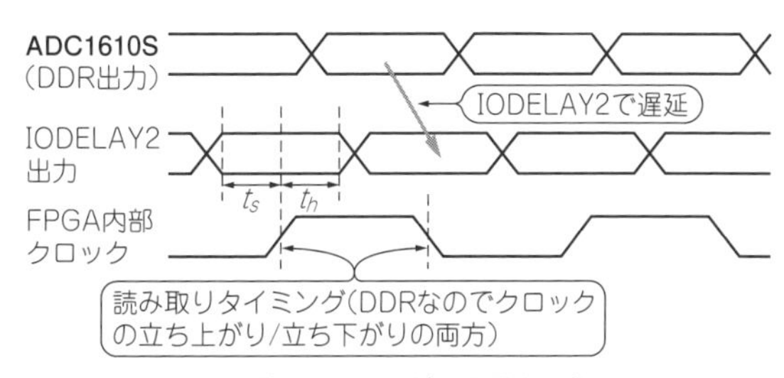

図2 IODELAY2で読み取りマージンを最大にする

SPI通信でADC1610Sの出力を固定パターン(0xAAAA)に設定し，IODELAY2遅延値を0から255まで変化させたときに正常に読み取れるかどうかを調べ，エラー・テーブルを作成します．エラー・テーブルは16ビットで構成されていて，各ビットがIODELAY2遅延値の16個ごとにエラーがあったかどうかを示しています．

エラー・テーブルが作成できたら，エラーなく受信できる正常範囲があるかどうか，正常範囲が十分に広いか，2つ以上に正常範囲が分離していないか，などをチェックして，正常受信範囲の中央(一番読み取りマージンが取れる)に遅延値を設定します．

100 MHzと低い周波数なのでタイミング・マージンは十分に取れ，電源を入れた直後と時間がたってICが熱くなってからでも正常読み取り範囲は変化しませんでした．

これで，やっとFPGA内部クロックに同期した16ビットA-D変換データができましたので，FPGA内部で使うことができます．メモリに取り込めば簡単なオシロスコープになります．

● オシロスコープ機能で表示

図3は，3.3 V_{P-P}の5 MHzの矩形波を1/10, 10 MΩプローブを使って，APB-3の1 MΩ入力に入れてA-D変換したものを，APB-3 PCソフトウェアのオシロスコープ機能で表示したものです．100 MHzでサ

FPGAの内部モジュール　Column 1

FPGAのプログラム言語にはVHDLとVerilogがありますが，ここではVHDLを使います．どちらも大した差はないようですが，最初にVHDLを使ったことからVHDLを使い続けています．

トップ・モジュール(apb_3_top.vhd)の中で，各機能ブロック・モジュールを接続しています．`Component`文で使いたいモジュールを宣言し，名前を付けてインスタンス化し，`port map`文でモジュール間を接続します．

モジュールは，ハードウェアでいえばIC，ソフトウェアでいえばクラスのようなもので，一度設計すれば何個でもインスタンス化して使うことができます．機能単位ごとにモジュールを設計し，それらを組み合わせて全体を作り上げていきます．独立性の高いモジュールを作れば，モジュール単位で入れ換えたり，転用したりできます．このあたりは，標準的なICであるSN74シリーズを作る，ソフトではクラス・ライブラリを作るみたいな感じですね．

図Aに内部モジュール接続を示します．これを見れば，大体どういう処理をしているのかがわかると思います．各モジュール内部では，さらに別のモジュールを使ったり，VHDLのコードが書かれたりしています．

VHDLの文法については説明しませんが，C言語などとそれほど大きな差はないので，ソースを眺めればなんとなく理解できるでしょう．〈小川 一朗〉

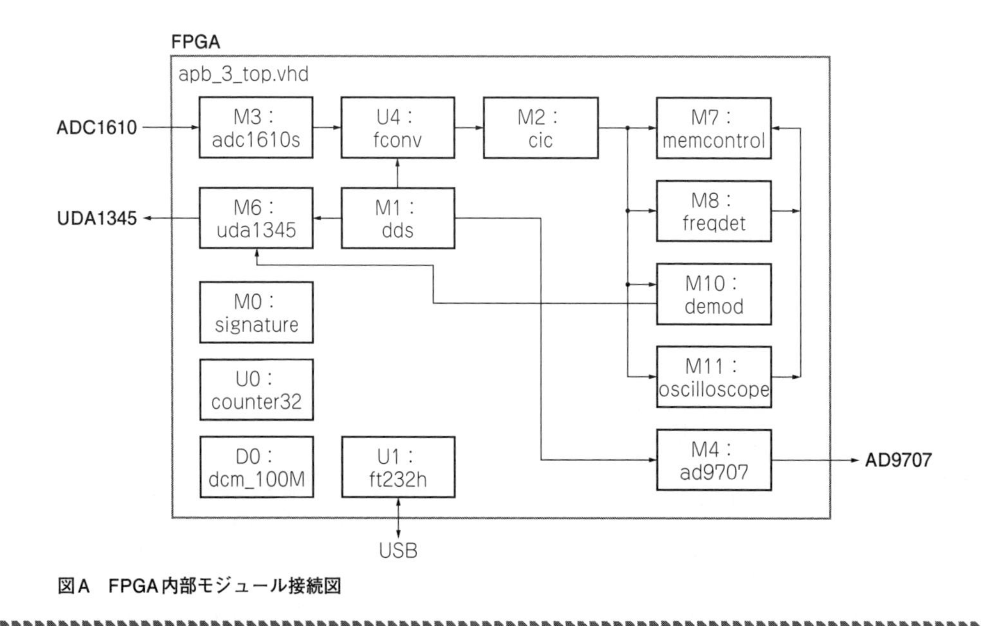

図A　FPGA内部モジュール接続図

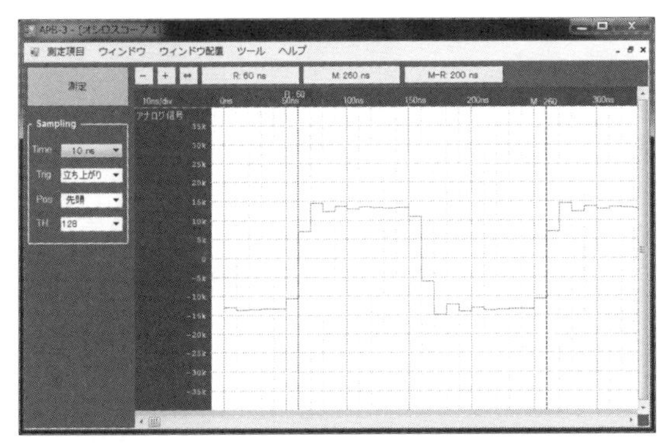
図3　読み取った波形を表示したもの(オシロスコープ機能)

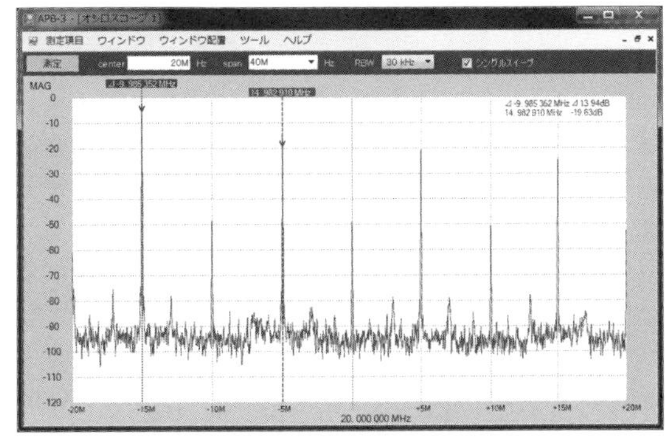
図4　図3の信号をそのままFFTしたもの

ンプリングしているので10 nsごとのデータになり，20サンプル周期の波形が見られます．縦軸はA-D変換値を表していて，ピーク・ツー・ピークで約28000と読み取れ，これが0.33 V_{P-P}に相当します．

16ビットA-D変換の最大値は65535なので，約0.77 V_{P-P}でフルスケールになると計算できます．50Ω入力では1 MΩ入力に比べ感度が2倍になるので，0.39 V_{P-P}(－4 dBm)でフルスケールになります．

● 測定周波数範囲と*RBW*のトレードオフ

このA-D変換データをそのままFFTしてもスペクトラムを得ることができます．しかし，FFTビン(FFTで得られるスペクトラム)の周波数間隔と*RBW*(Resolution Band Width)には，

$$\text{FFTビン周波数間隔} = \frac{\text{サンプリング周波数}}{\text{サンプル数}}$$

$$RBW = \text{FFTビン周波数間隔} \times 2.4$$

(ガウス窓で$\alpha = 4.5$のとき)

の関係があり，8192サンプルとすると*RBW*は30 kHzとなって，あまり細かいスペクトラムは見ることができません．

図4は，**図3**の信号をそのままFFTしたものです．矩形波なので奇数次の高調波が大きく，偶数次の高調波が小さいのがわかります．A-D変換が16ビットと，普通のディジタル・オシロスコープが9ビット程度であるのに比べれば高精度なので，ディジタル・オシロスコープのFFTよりはノイズ・フロアも低く，高調波を見るくらいでしたら十分に使えます．

しかし，発振器の近傍ノイズを測りたいというようなときは，*RBW*は100 Hz以下が，電源周波数成分(50 Hzとか60 Hz)を分離して見てみたいとすると，*RBW*は20 Hz以下がほしいところです．

FFTで*RBW*を20 Hzとするには，前述の式より，12 Mサンプル(24 Mバイト)のメモリが必要になります．しかし，こんなに大きなメモリはFPGAの内部メモリでは作れません．SDRAMを外付けすればできますが，ハードウェアが大げさになってしまいます．また，FFTの計算時間もかかるようになります．

サンプル数を大きくできないとすると，あとはサンプリング周波数を低くするしかありません．しかし，サンプリング周波数を低くすると扱える周波数範囲が狭くなりますので，1回のFFTで広帯域を測定することはできません．

ミアンダ配線とは　Column 2

信号を遅延するために，配線長が長くなるようにぐにゃぐにゃと曲げたパターンのことです．パターンを曲げる部分は丸くするのがよいのですが，妥協して45°で曲げています．直角で曲げると，そこでインピーダンス不整合が起きて不要輻射や反射が生じます．

1976年に出荷されたスーパーコンピュータ「Cray-1」でもミアンダ・パターンで遅延時間の調整を行っているようですが，パターン間隔もほとんど取らず直角に曲げています．クロックが遅い(80 MHz)ので問題ないのでしょうか．

以下のサイトにCray-1の基板写真があります．

http://www.funkygoods.com/schwarzschild/2010_11/2010_11_15.html
http://www.funkygoods.com/schwarzschild/2010_11/cray1_08_l.html

〈小川　一朗〉

● ディジタル・ダウンコンバータでトレードオフを解決

そこで，入力信号を周波数変換し，FFTでスペクトラムを得るという操作を，変換周波数を変えて繰り返し行うようにします．アナログ・スペクトラム・アナライザの周波数スイープと同じですね．

DDS(Direct Digital Synthesizer)で周波数変換信号を作り，複素周波数変換で入力信号をゼロ周波数付近に変換したあと，CIC(Cascaded Integrator Comb)フィルタでエイリアシング(ここでいうエイリアシングはA-D変換でのエイリアシングではなく，サンプリング周波数を変更することにより生ずるエイリアシング)を除去すると同時に，サンプリング周波数を落とします．

8192サンプルのFFTで$RBW = 20$ Hzを得るには，サンプリング周波数は68 kHz以下にする必要があります．ここでは，24.4 kHz(100 MHz/4096)まで選べるようにしたので，最小RBWは7 Hzが得られ，電源周波数成分を十分に分離して測定できます．

この，DDS(Direct Digital Synthesizer)，複素周波数変換，CICフィルタで構成された機能ブロックをDDC(Digital Down-Converter)といいます．ここではFPGAで作っていますが，DDC専用ICも市販されていますし，IC内部に機能ブロックとして含まれている場合もあります．

それでは，DDCの各ブロック(DDS，複素周波数変換，CICフィルタ)を順に説明していきます．

ディジタル・ダウンコンバータを作る

■ サイン波DDSとコサイン波DDSを作る

変換周波数信号は複素信号なので，コサインとサインの2相信号になります．コサインとサインはDDSで作りますが，100 MHzの1クロックで精度の良いコサインとサインを作るにはいろいろ工夫がいります．精度は，そのままスペクトラム・アナライザのノイズとなります．

DDSは，①周波数設定値から位相計算，②位相からサイン波形変換，の2つで構成されています．

● 周波数設定値から位相計算

周波数から位相を計算するのは単純な加算器です．サンプリング時間(ここでは10 ns)ごとに，

位相＝1つ前の位相＋周波数設定値

の計算をします．

ここでは位相，周波数設定値を32ビットの2の補数で表していますので，出力周波数は，

$$\text{DDS出力周波数} = \frac{\text{周波数設定値} \times 100\ \text{MHz}}{2^{32}} = \text{周波数設定値} \times 0.023\ \text{Hz}$$

となり，0.023 Hz単位で，0 Hzから50 MHzまでの周波数の出力ができます．

この部分のVHDLコードを**リスト1**に示します．位相が2の補数表現だからといって特に気にすることはなく，無符号加算で問題ありません．

ここまでで得られるのは，時間の経過とともに位相が大きくなり，正の一番大きい値($2^{31} - 1 = 2147483647$)を超えると負の一番小さい値($-2^{31} = -2147483648$)になる，のこぎり波です．

リスト1　周波数設定から位相を計算するVHDLコード(dds0.vhd)

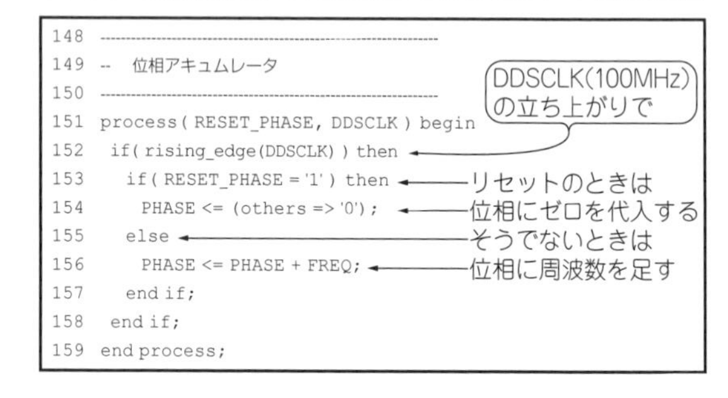
```
148 ------------------------------------------------------------
149 --  位相アキュムレータ
150 ------------------------------------------------------------
151 process ( RESET_PHASE, DDSCLK ) begin
152   if( rising_edge(DDSCLK) ) then
153     if( RESET_PHASE = '1' ) then
154       PHASE <= (others => '0');
155     else
156       PHASE <= PHASE + FREQ;
157     end if;
158   end if;
159 end process;
```


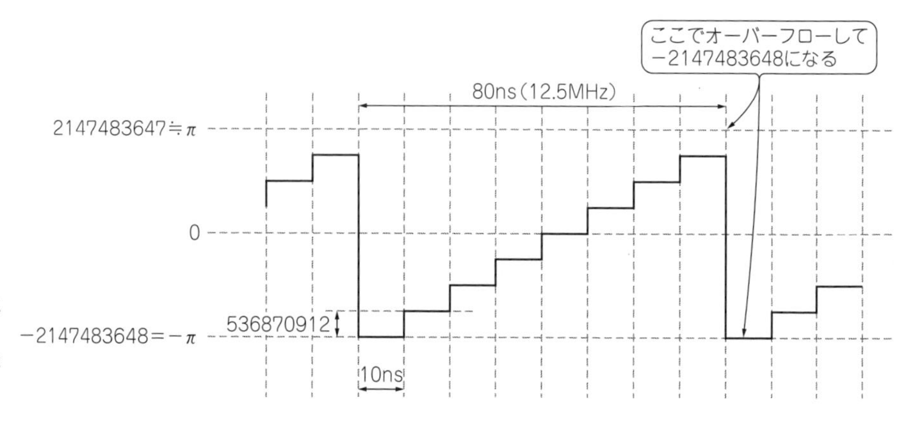

図5　DDS位相出力はのこぎり波
12.5 MHzを出力しているところ

位相2147483648(正の一番大きい値+1)が+π，－2147483648が－πを表します．オーバーフローすることで+πが－πになります．

図5は，周波数設定値を536870912(12.5 MHz)にしたときの位相の変化を示しています．10 nsごとに536870912を足していくと，80 ns周期(12.5 MHz)ののこぎり波が得られるのがわかります．

のこぎり波が必要なときはこれで終わりなのですが，コサイン/サイン波が必要なので，位相から三角関数への変換をします．

● 位相からサイン波形への変換

三角関数への変換には，

(1) CORDIC(COordinate Rotation DIgital Computer)
(2) 級数展開
(3) 単純なテーブル参照
(4) 三角関数の加法定理を使う方法

などがあります．(1)や(2)は数十クロックの計算時間がかかり，1クロックで出力が必要なので，ここでは使えません．(3)の単純なテーブル参照，(4)の三角関数の加法定理を使う方法は，どちらも1クロックで変換できます．ここでは三角関数の加法定理を使う方法を採用しました．この方法は，単純なテーブル参照に比べ，小さなテーブルを使って高精度な三角関数を得ることができ，内部メモリの少ないFPGAに適しています．

位相は32ビットで計算していますが，実際にコサイン波/サイン波に変換するのに使うのは上位18ビットです．また，出力するコサイン波/サイン波のビット数も18ビットとします(**図6**)．

DDSでは，位相のビット数打ち切りによるスプリアスと，出力ビット数が有限であることによるスプリアスがあり，片方のビット数だけを増やしても意味がなく，バランスをとってだいたい同じビット数にします．A-D変換が16ビットなので十分な精度といえます．

三角関数の計算に使う位相18ビットを，上位9ビット(U9)と下位9ビット(D9)と，上位と下位の2つに分けます．三角関数の加法定理から，

$$
\begin{aligned}
\text{コサイン出力} &= \cos(U9) \times \cos(D9) \\
&\quad - \sin(U9) \times \sin(D9) \\
\text{サイン出力} &= \sin(U9) \times \cos(D9) \\
&\quad + \cos(U9) \times \sin(D9)
\end{aligned}
$$

となります．必要なテーブルは2×2×512×18ビットの36864ビットになります．

加法定理を使わないときは，2×262144×18ビットの9437184ビットが必要なので，大幅に削減できたことがわかります．その代わり乗算器が4つ必要で，ハードウェア規模が大きくなりますが，ここで使っているFPGA XC6SLX9には18ビット入力で36ビット出力のハードウェア乗算器が16個入っていますので，気軽に使うことができます．この乗算器が使えるように，ビット数を18ビットにしたともいえます．

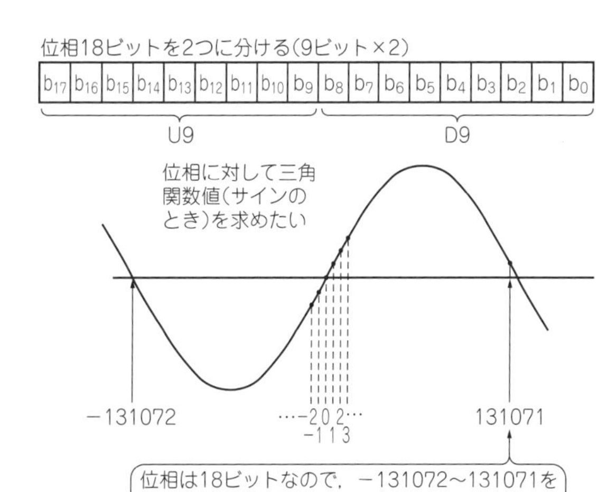

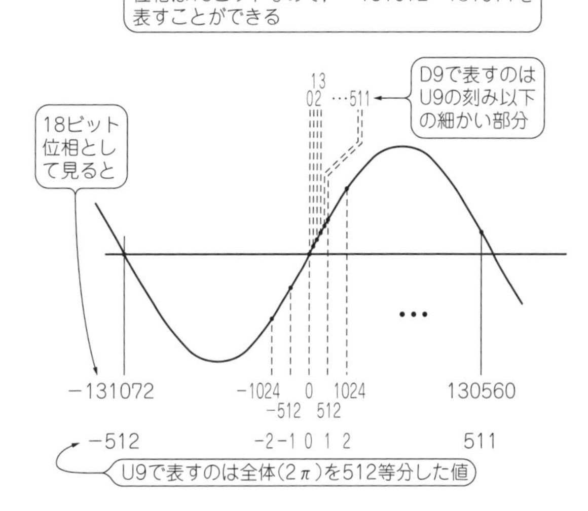

図6　サイン波の合成のようす

独立事象とマーフィーの法則　Column 3

独立事象で最悪値が重なる確率は小さいので，最悪値がすべてそろうことを想定した設計は過剰品質になります．

一方，マーフィーの法則では，一番起きてほしくないときに最悪の結果(すなわち最悪値がすべてそろう)が起きます．

設計のときにどちらに従うかは，最悪値がそろったときの影響範囲や，設計対象が民製品か原子炉や人工衛星に使うかなどで変わり，当然コストに反映します．

〈小川 一朗〉

三角関数加法定理を使う方法では，乗算と加算をするため誤差が累積し，単純なテーブル参照より誤差が増えて±2 LSBになります．単純なテーブル参照の場合の誤差は，出力信号との相関が大きくスプリアスを発生しやすいのですが，加法定理での誤差はランダム(ホワイト・ノイズ)に近く(線形合同法に似ているような気もする)スプリアスになりにくいようです．

改善方法として，cos(D9)の代わりに1－cos(D9)を使い，ビット・シフトして精度を高めたテーブルを使うと誤差を±1 LSBに抑えることができますが，このままでも誤差がスプリアスになりにくいことから今回は採用していません．

● サイン計算

リスト2にサイン計算のVHDLコードを示します．三角関数テーブルは，位相上位9ビット用`rom0`と位

0捨1入と最近接偶数への丸め　Column 4

最終ビットの次のビットが‘0’なら切り捨て，‘1’なら切り上げるのが単純な0捨1入丸め方法です．

最終ビットの次ビット以降が1000…と，‘1’のあとがすべて‘0’になるとき，丸めた結果が偶数になるようにするというのが最近接偶数への丸め(round to the nearest even)です．IEEE754で規定されていて，広く使われています(**図B**)．

しかし実際のところ，最近接偶数への丸めは本当に有効な方法なのでしょうか．いたずらに処理を難しくしているだけではないかと思うのです．

例えば今回の場合のように，35ビットの計算結果を18ビットに丸めるのに，下位17ビットが10000000000000000となることはほとんどありません(1.7×10^{-10}，100 MHz動作時0.017回/秒)．最近接偶数への丸めの複雑な処理はまったく無意味なので，単純な0捨1入処理にしました．

〈小川 一朗〉

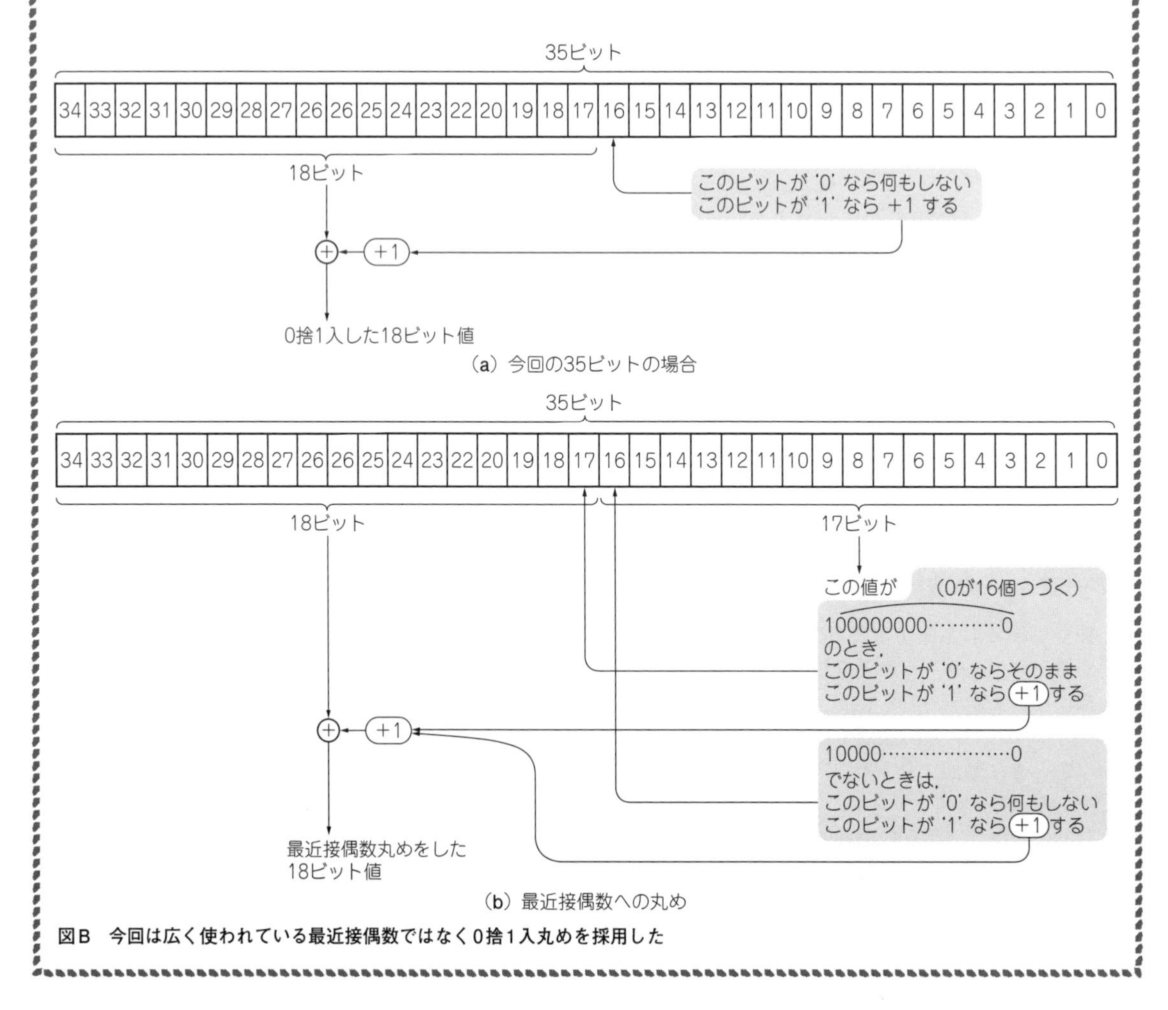

(a) 今回の35ビットの場合

(b) 最近接偶数への丸め

図B　今回は広く使われている最近接偶数ではなく0捨1入丸めを採用した

リスト2　位相からサインを計算するVHDLコード(dds0.vhd)

```
88  rom0 : rom_sin_upper ←—— 位相上位三角関数テーブル
89  port map (
90   addra => PHASEH,
91   clka  => DDSCLK,
92   douta => ROM_MAIN
93  );
94
95  rom1 : rom_sin_lower ←—— 位相下位三角関数テーブル
96  port map (
97   addra => PHASEL,
98   clka  => DDSCLK,
99   douta => ROM_SUB
100 );
101
102 ms1 : MULT18X18S ←—— 乗算器プリミティブ
103 port map (
104  P => ms1_out, -- 36-bit multiplier output
105  A => ROM_MAIN(17 downto 0), -- 18-bit multiplier input ← sin(位相上位)
106  B => ROM_SUB(35 downto 18), -- 18-bit multiplier input ← cos(位相下位)
107  C => DDSCLK, -- Clock input
108  CE => '1', -- Clock enable input
109  R => '0' -- Synchronous reset input
110 );
111
112 ms2 : MULT18X18S ←—— 乗算器プリミティブ
113 port map (
114  P => ms2_out, -- 36-bit multiplier output
115  A => ROM_MAIN(35 downto 18), -- 18-bit multiplier input ← cos(位相上位)
116  B => ROM_SUB(17 downto 0), -- 18-bit multiplier input ← sin(位相下位)
117  C => DDSCLK, -- Clock input
118  CE => '1', -- Clock enable input
119  R => '0' -- Synchronous reset input
120 );
 :
143 PHASEH <= PHASE(31 downto 23); ←—— 位相上位9ビット
144 PHASEL <= PHASE(22 downto 14); ←—— 位相下位9ビット
 :
162 ---------------------------------------------------------------
163 --  SIN生成
164 ---------------------------------------------------------------
165 process( DDSCLK ) begin
166  if( rising_edge(DDSCLK) ) then
167   SIN1 <= ms1_out(34 downto 13) + ms2_out(34 downto 13); ← 乗算器出力を加算
168   SIN  <= SIN1(21 downto 4) + ("00000000000000000"&SIN1(3)); ← 0捨1入
169  end if;
170 end process;
```

相下位9ビット用rom1の2つあり，それぞれサイン18ビット値とコサイン18ビット値の合わせて36ビットのデータ幅になっています．

乗算器は18ビット入力，36ビット出力ですが，出力を18ビットにしたいので，上位18ビットに19ビット目を0捨1入します．ここで19ビット目を切り捨てると，1周期加算値がゼロにならなくなり，周波数変換で本来は存在しないDC成分が生じてスペクトラム誤差になります．

■ 複素周波数変換

● 実信号を複素信号にする

例えば，ディジタル・フィルタ(LPFやBPF)を通して出力するだけなら，実信号のままフィルタをかけて出力しても何の問題もありません．複素信号(complex signal)にする必要があるのは周波数変換をするときです．

実信号(real signal)のままで周波数変換すると，イメージ信号が混じってしまうと除去することができません．複素信号で複素周波数変換すると正の周波数と負の周波数になり，イメージ信号が混ざることがなくなります．

複素信号の世界では，周波数は正だけではなく負方向にも伸びていて，正の周波数成分と負の周波数成分は別のものとして扱えるので，分離することができるのです．前述したように，サンプリング周波数を落として信号処理するには周波数変換が必要なので，複素信号として扱います．

イメージ信号とは　Column 5

例えば，11 kHzの信号を10 kHzの変換信号で1 kHzに周波数変換しているとします．

このとき，信号に9 kHzの成分があった場合に周波数変換した信号は同じ1 kHzになり，分離できません．これをイメージ信号といいます(**図C**)．スーパーヘテロダイン式ラジオのイメージ周波数妨害と同じと言えば理解しやすいでしょうか．

複素信号にして複素周波数変換をすると，上記イメージ信号は－1 kHzと負の周波数になり，本来の信号の1 kHzと分離することができます．

〈小川　一朗〉

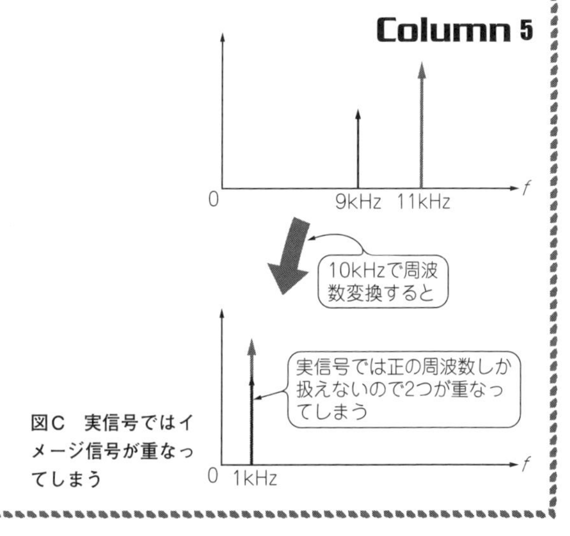

図C　実信号ではイメージ信号が重なってしまう

● 複素信号として扱う

実信号を複素信号にするといっても，別に難しいことはありません．複素信号は，I(In－phase；実部)信号とQ(Quadrature；虚部)信号の2つの信号成分でできていますが，実信号には実部しかないので，

I信号(実部)＝実信号

Q信号(虚部)＝ゼロ

とすることで複素信号になります．といっても形式的に複素信号になっただけです．実信号を変換した複素信号の負の周波数成分は，正の周波数成分と同じで情報が新たに増えたわけではありません．このあと複素周波数変換をして初めて，正と負の周波数成分が異なるちゃんとした複素信号になります．

複素信号として扱うということは，信号をオイラーの公式で表すこと(振幅だけでなく瞬時位相も扱えるようにするということ)です．実信号はいろいろなスペクトラムに分解でき，それぞれの周波数成分がオイラーの公式で表されます．

図7に示すように，実信号の周波数fのスペクトラムを複素信号として見ると，虚部がゼロということから正の周波数成分と同じスペクトラムの負の周波数成分があることになります．ゼロ周波数を中心にして，正負の両方に同じスペクトラムが広がります(**図8**)．

ディジタル信号処理になじみのない方が最初に戸惑うのが複素信号だと思います．オイラーの公式とか負の周波数といわれてもイメージがわかず，わけがわからなくなってしまいます．

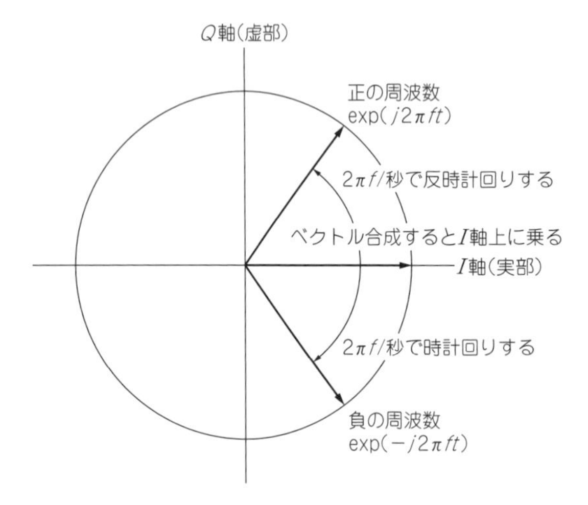

周波数fの複素信号はオイラーの公式は

$\exp(j2\pi ft)=\cos(2\pi ft)+j\sin(2\pi ft)$

で表される．

実信号は虚数部がゼロなので，

$\cos(2\pi ft)=[\exp(j2\pi ft)+\exp(-j2\pi ft)]/2$

となり，正の周波数f成分と，負の周波数$-f$成分を足したものとなる．

ベクトル表現すると正の周波数では反時計回り，負の周波数では時計回りになる．ベクトル合成するとQ軸(虚部)がゼロになり，I軸だけになる

図7　実信号にはもともと正と負の周波数成分がある？

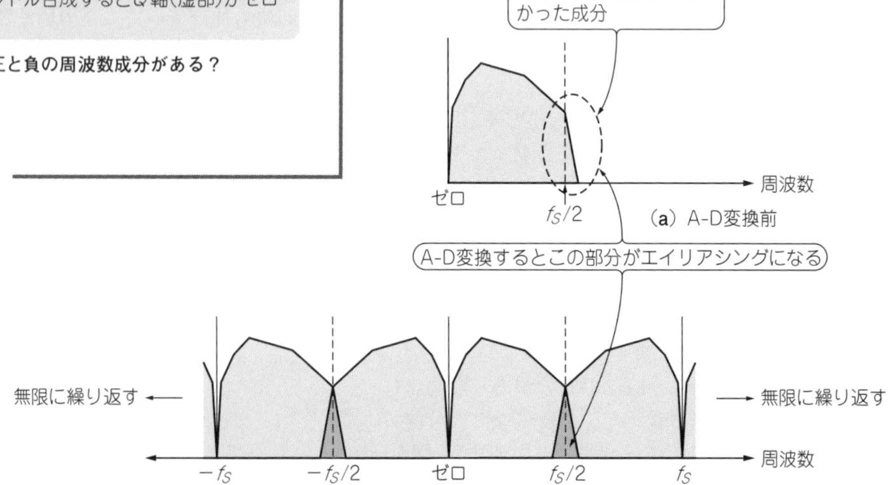

A-D変換(というかサンプリング)するとサンプリング周波数f_Sの整数倍の上下に入力信号のスペクトラムが現れ，すべてのスペクトラムがゼロから$f_S/2$の間に重なる．今回のようにゼロからナイキスト周波数($=f_S/2$)までを使いたいときに，ナイキスト周波数を越えた部分が重なって区別できなくなることをエイリアシングという．日本語では折り返しノイズというのでナイキスト周波数で折り返したと思ってしまいがちだが，実は上下スペクトラムとの重なりである．

複素信号として見ると負の周波数にも同じスペクトラムがあるので上図のようになる

(b) A-D変換後

図8　A-D変換された信号はどういうスペクトラムになる？

ここでは，

(1)周波数変換をするため複素信号にする必要があること
(2)複素信号にすると負の周波数も扱えるようになること
(3)実信号を複素信号として扱うと正の周波数成分と同じレベルの負の周波数成分があること

だけを覚えておいてください．勉強を進めていくと，「あっそうか」と理解できるときがきます．

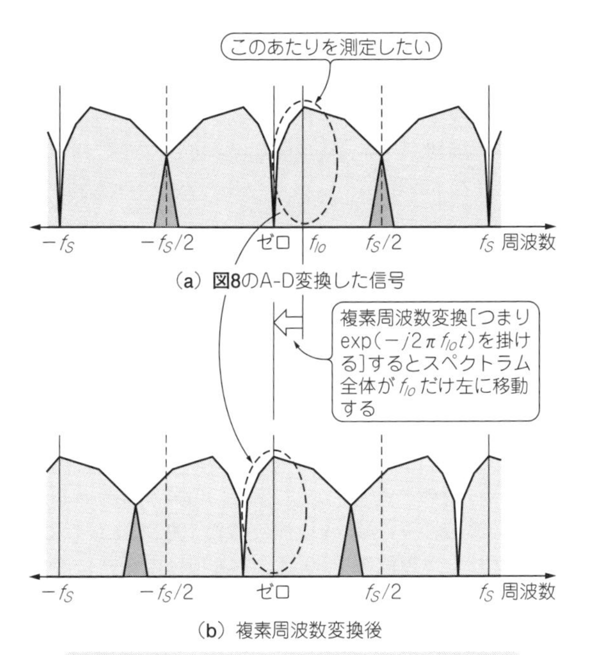

図9　複素周波数変換すると周波数が移動する

● 複素周波数変換の処理

負の周波数の変換信号$\exp(-j2\pi f_{lo} t)$を掛け，目的周波数(f_{lo})付近をゼロ周波数付近にマイナス周波数変換します．

図9に示すように，マイナス周波数変換するとスペクトラム全体が周波数の低い方向(左)にf_{lo}だけ移動します．f_{lo}より低い周波数成分は負の周波数成分になり，イメージ信号となって混じることなく分離できます．

図10に，複素周波数変換のブロック図を示します．複素周波数変換は本来は複素数の掛け算ですが，実信号はQ信号(虚部)がゼロなので，ブロック図の破線内が不要で簡単になります．

実際の処理はfconv.vhdで行っています．A-D変換した16ビット信号とDDSで作った2相周波数変換信号を乗算器に入れ，出力を0捨1入してI，Q信号出力(周波数変換後)になります．

ここでのQ信号はもうゼロではありませんので，正真正銘の複素信号になっています．

(初出：「トランジスタ技術」2013年1月号)

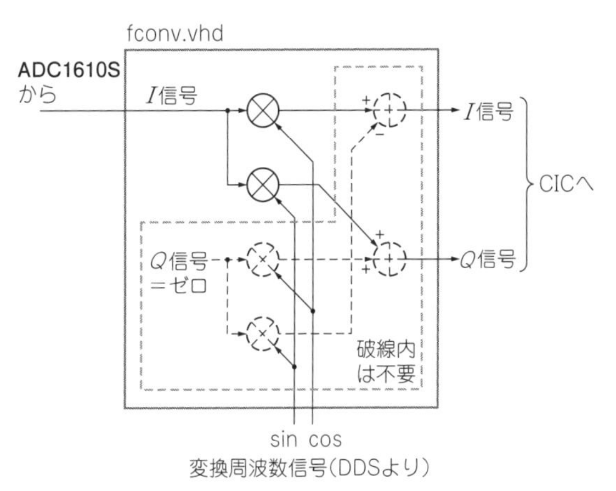

図10　複素周波数変換のブロック図

負の周波数？ Column 6

周波数＝位相変化量/2π/秒なので，位相変化量がマイナスなのが負の周波数ということになります．

例えば，オシロスコープで50 Hzの信号でトリガをかけて49.9 Hzの信号を見ると，1秒間に−36°(360/10)の割合で位相がゆっくり変化します．

これは，50 Hzを基準として−0.1 Hzということです．50.1 Hzなら＋36°の割合で逆方向にゆっくり変化します．変化方向が周波数差の正負を表し，変化速度が周波数差を表しています．

APB-3をお持ちでしたら，オーディオ信号発生器で49.9 Hz(関西以西の方は59.9 Hz)を出力し，オシロスコープをライン・トリガにすれば，サイン波形がゆっくり右に流れて約10秒で360°ずれて元の位相に戻るのが確認できます．

逆に，位相が戻るまでの時間から周波数差を計算でき，電源周波数を高精度で測定できます．

〈小川 一朗〉

第4章 デシメーション, 分解能帯域幅, エイリアシング, 周波数変換, CICフィルタ, メモリ・コントロール

スペクトラム・アナライザを作る③ サンプリング周波数を落としてメモリに書き込む

小川 一朗(おじさん工房) Ichiro Ogawa

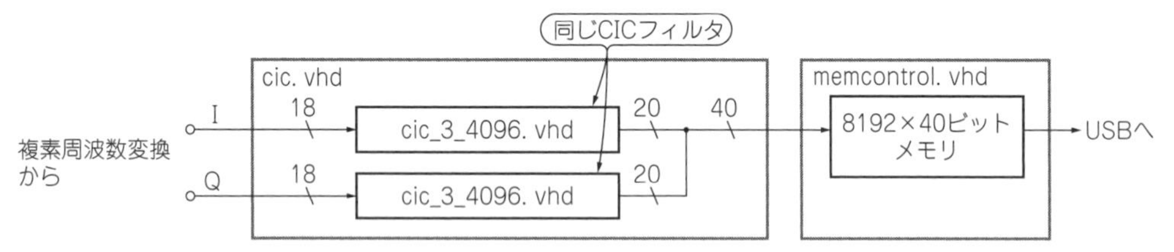

図1 作り込んだFPGAの内部回路
スペクトラム・アナライザを実現

第2章〜第3章では，入力したアナログ信号をA-D変換してディジタル信号化し，FPGAに取り込んだあと複素周波数変換をして，*IQ*信号にするところまでを説明しました．本章では，複素周波数変換された*IQ*信号を**デシメーション(decimation；サンプリング点を間引く処理)**してサンプリング周波数を落とし，メモリに書き込みます．

図1に，今回説明する部分のブロック図を示します．デシメーションはCICフィルタの中に統合されています．*IQ*信号それぞれに同じ特性のCICフィルタを入れているので，複素信号として見るとゼロ周波数を中心にした対称周波数特性のフィルタになります．

分解能帯域幅*RBW*設定機能の実装

● デシメーション処理が必要

スペクトラム・アナライザの***RBW*(Resolution Band Width；分解能帯域幅)は，サンプリング周波数に反比例します**．できれば，*RBW*がきりの良い値(10 kHzとか5 kHzとか)になるようなサンプリング周波数にしたいところです．しかし，デシメーション率が小数になるなどして，必ずしもうまくきりの良い周波数にはできません．

そこで，ここではデシメーション率を回路的に扱いやすい1/(2のべき乗)の，1/2〜1/4096から選べるようにしました．A-D変換周波数は100 MHzなので，サンプリング周波数を50 M〜24.4 kHzの範囲に落とすことができます．

このときの*RBW*は，サンプリング周波数に応じて30 k〜7 Hzが得られます．実際には，データ数を半分の4096にしてFFTすることで，*RBW* = 60 kHzも選べるようになっています．

● エイリアシングとの戦いになる

ディジタル信号になっても**サンプリング周波数を変更するとき(ダウン・サンプリング，アップ・サンプリングどちらでも)は，エイリアシング(折り返し信号)との戦いになります**．

エイリアシングをどの程度まで許容し，そのとき必要なフィルタをどう構成するか…がディジタル信号処理の設計のかなりの部分を占めています．

図2に示すように，単純にサンプリング点を間引くだけではエイリアシングが生じてうまくいきません．

デシメーションすることは新しい周波数でサンプリングするのと同じで，サンプリングは周波数変換することと同じなので，不要な周波数の信号が周波数変換

デシメーションって怖い？ Column 1

デシメーション(decimation)のデシ(deci)は，デシベル(dB)のデシと同じで1/10という意味です．

その昔，「10人に1人を殺した」という故事が語源で，辞書で引くと「大量虐殺」となっていてびっくりします．〈小川 一朗〉

され，エイリアシング(目的信号と同じ周波数になって区別できなくなる)が起きます．これはアナログでのエイリアシングとまったく同じ現象で，違いは周波数範囲がナイキスト周波数までであることだけです．

エイリアシングの発生を防ぐには，アナログ信号をA-D変換(サンプリング)する前にアンチエイリアシング・フィルタを入れたのと同じように，**デシメーション後にエイリアシングを生じさせる周波数成分を落とすフィルタ(デシメーション・フィルタという)を入れます**．ここではディジタル信号なのでディジタル・フィルタで作ります．

図3で示すように，A-D変換周波数(100 MHz)の1/4の25 MHzにサンプリング周波数を落とす場合は，1/8の12.5 MHzから50 MHzの信号成分がエイリアシングになります．つまり，新しいサンプリング周波数の1/2の周波数(新しいナイキスト周波数)から50 MHzまでの信号がエイリアシングになります．

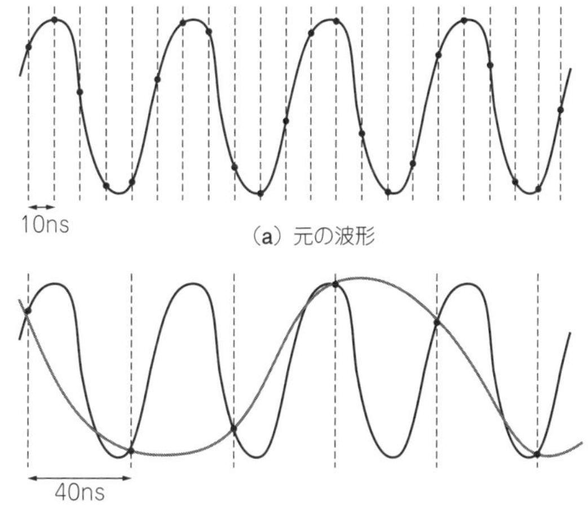

(a) 元の波形

(b) 元の波形からサンプリング点を1/4に間引くとエイリアシングが起きて低い周波数の信号になる

図2　サンプリング点を間引くとエイリアシングが起きる

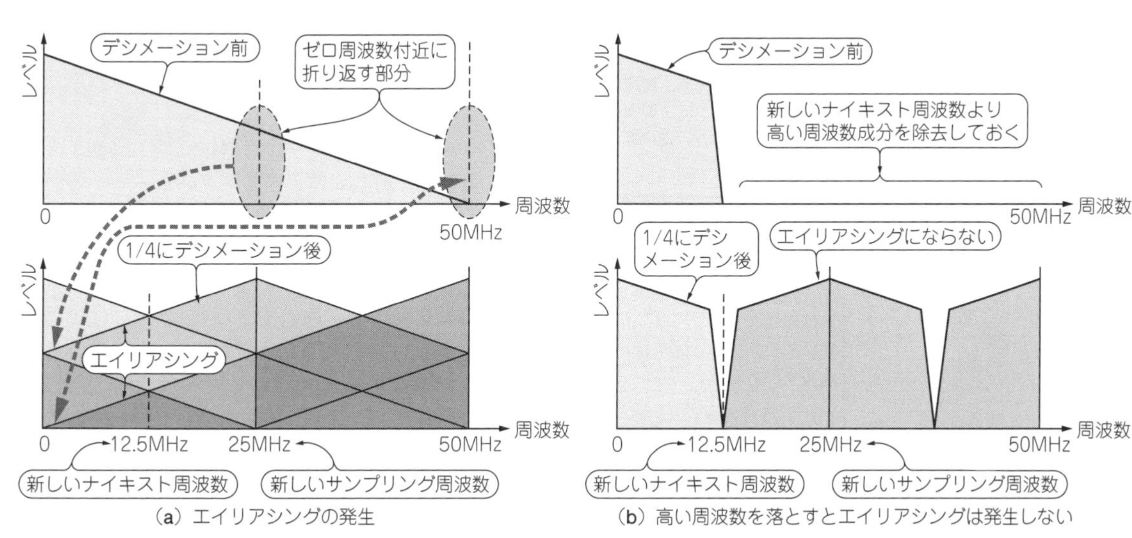

(a) エイリアシングの発生

(b) 高い周波数を落とすとエイリアシングは発生しない

図3　サンプリング周波数を落とすとエイリアシングが発生する($R = 1/4$)

*RBW*は何で決まる？　Column 2

*RBW*は，サンプリング周波数やサンプリング数だけでなく，窓関数でも若干変化させることができます．

ガウス窓ではパラメータαを変えることでサイド・ローブの大きさと同時に*RBW*も変えられます．

ガウス窓を使うことにした理由の1つが*RBW*を自由に変更するためだったのですが，いろいろ使ってみると，きりの良い*RBW*が必要になるようなことや，特定の*RBW*値にしたいということもなく，2のべき乗ステップの*RBW*で十分なため，可変*RBW*はまだ実装していません．

パラメータを変える必要がないならば，サイド・ローブ特性が良くてスカロップ・ロスが小さいフラット・トップ窓を使ったほうがよかったかもしれません．

〈小川 一朗〉

デシメーション前のエイリアシング対策「CICフィルタ」

● FIRやIIRはここでは使えない

エイリアシングになる信号は高い周波数成分なので，それを落とすデシメーション・フィルタは普通はLPFです（アンチエイリアシング・フィルタもLPF）．

LPFを構成するディジタル・フィルタというと，FIR（Finite Impluse Response）フィルタやIIR（Infinite Impluse Response）フィルタがありますが，IIRでは位相直線（群遅延一定）フィルタが作れないので，まずはFIRで検討してみます．

APB-3のデシメーション率最大値の4096では，新しいサンプリング周波数は24.4 kHzです．このときのナイキスト周波数12.2 kHzから50 MHzまでの信号がエイリアシングになるので，例えば通過域をDC～6 kHz，阻止域を18 k～50 MHzとすると，数万タップ以上のFIRフィルタが必要になります．とてもじゃないですが実現不可能です．

最大デシメーション率を妥協して64くらいにすれば，数百タップくらいなので実現可能になります．デシメーションを複数回繰り返すことにすれば，最大4096も実現できるかもしれません．

デシメーション率を妥協したとしても，まだ壁があります．

複素周波数変換した*IQ*信号のサンプリング周波数は100 MHzなので，フィルタ処理も100 MHzの1クロックで動作しないといけないのです．FIRフィルタではデシメーション率を2や4と小さくしても数十タップは必要で，FPGA XC6SLX9の乗算器16個を全部使ったとしても，1クロックで動作させるのは不可能です．

残念ながら，FIRフィルタも使うことができないことがわかりました．何か別のフィルタを使わないといけません．

表1　CIC，FIR，IIRの比較
CIC，FIR，IIRには，それぞれ良いところ悪いところがあるが，実行クロック数の点からCIC以外は選択肢がないことがわかる．CICでの唯一の弱点は，特性の自由度が段数とデシメーション率しかない，逆に言えばこれらを決めると周波数特性が決まってしまうということ

特徴	CIC	FIR	IIR	コメント
特性の自由度	×	○	○	CICは段数とデシメーション率で決まる
位相直線（群遅延一定）	○	○	×	IIRでは位相直線なフィルタは作れない
安定性	○	○	△	IIRでは安定性に気を付ける必要がある
ハードウェア規模	○	×	△	FIR，IIRは乗算器が必要
実行クロック	○	×	△	FIR，IIRは複数クロックが必要

● CICフィルタを使う

サンプリング周波数を落とす理由は，複素周波数変換した信号を処理するためでした．必要な信号は複素周波数変換されてゼロ周波数付近になっているので，ゼロ周波数付近でエイリアシングになる周波数成分だけを取り除けばよいのです．

図3に示すように，ゼロ周波数付近にエイリアシングになるのは，新しいサンプリング周波数とその整数倍付近の信号（図では25 MHz付近と50 MHz付近）なので，この部分を効率的に取り除くことができれば十分です．

この部分を効率的に除去できる（他の部分はほとんど除去できない）のがCICフィルタで，周波数特性はLPF特性ではなく，ヌル点が等周波数間隔ごとにある櫛型になります．また，1クロックで動作するので今回の用途には最適です．

選択肢はCICフィルタ以外にないの？　Column 3

デシメーション・フィルタとして，FIRやIIRが使えないということはなく，ここでは1クロックで動作しなくてはいけないという制約条件（constraints）があるので使えないだけです．

逆に，オーディオ領域ではFIRやIIRをデシメーション・フィルタとして使うのが普通で，CICはエイリアシング除去範囲が狭いのでまず使いません．

そのときそのときの制約条件から，最適なものを選びます．〈小川　一朗〉

CICフィルタを1クロックで実行できる？　Column 4

ソフトウェアで作るとすると，CICフィルタがいくら単純な構成だとしても，1クロック（1命令）で実行するのは無理だと思ってしまいます．

FPGAはソフトウェア（VHDL）で動作を記述しますが，実体はハードウェアなので内部回路は同時/並列に動くことができ，1クロックで動作する回路を組むことができます．

CICフィルタをDSPやCPUで実行すると，どうしても数十クロックは必要になると思います．ハードウェア処理が必須ですね．〈小川　一朗〉

● 1クロックでサンプリング周波数を上げ下げできるCICフィルタ

表1にCIC，FIR，IIRの比較を示します．

CICフィルタは，サンプリング周波数を変更するときに使われる(それ以外ではまず使うことはない)フィルタで，今回のようにサンプリング周波数を落とす(ダウン・サンプリング)以外に，サンプリング周波数を上げる(アップ・サンプリング)ときにも使います．

1クロックで動作するフィルタはほかにはないので，CICを使うしかありません．

● FPGAで作りやすい

図4のブロック図に示すように，CICフィルタは積分器(integrator)と，それに続く櫛型フィルタ(comb filter；周波数特性が櫛歯のように一定周波数間隔でヌル点があるフィルタ)で構成されています．

z^{-1}は遅延素子，簡単に言えばDフリップフロップ(Delayed flip-flop；ラッチともいう．以下，D-FFと表記する)です．

このように，CICフィルタは単純な加減算器とD-FFとでできているので，ロジック(LUT)とD-FFでできている**FPGAで作るのに適しています**．

周波数応答は，次式で表されます．

$$H(f)=\left\{\frac{\sin\left(\pi\frac{Rf}{f_S}\right)}{\sin\left(\pi\frac{f}{f_S}\right)}\right\}^N$$

f：周波数［Hz］

f_S：サンプリング周波数［Hz］(100M)

R：デシメーション率(2～4096)

N：段数(3)

デシメーションしているところは積分器と櫛型フィルタの間にあり，CICフィルタの中に統合されています．このような構成にすることで，後段の櫛型フィルタが簡単になると同時に，デシメーション率を変えたときでも同じ回路を使えるという特徴があります．

今回のように，**RBWを変えるためにデシメーション率を頻繁に変えるような用途に適した回路**といえます．

● CICフィルタの周波数特性

図5に，デシメーション率が8のときのCICフィルタの周波数特性を示します．デシメーションするとゼロ周波数付近にエイリアシングになる新しいサンプリング周波数12.5 MHz(100 MHz/8)と，その整数倍にヌル点があり，**効率良くエイリアシングを取り除くことができる**ことがわかります．

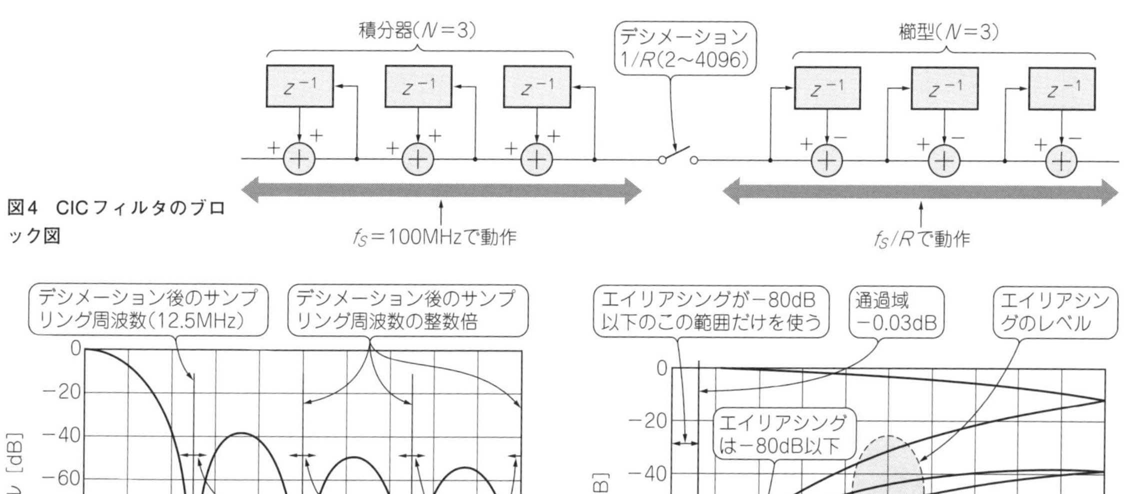

図4　CICフィルタのブロック図

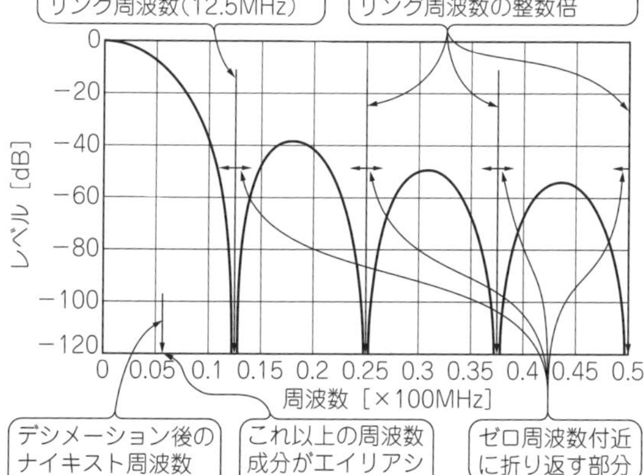

図5　CICフィルタの周波数特性(R = 1/8)

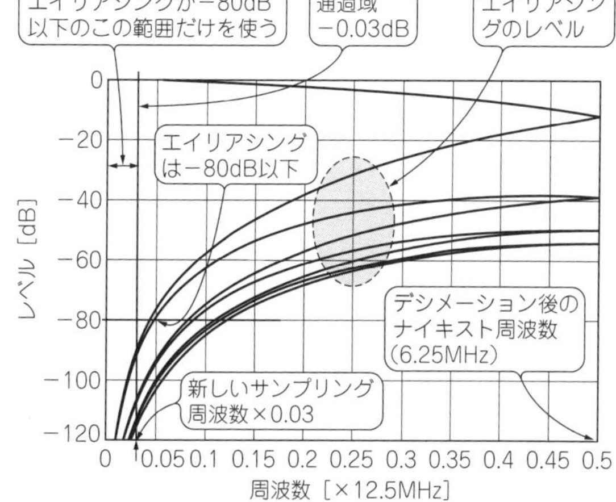

図6　CICフィルタの周波数特性

デシメーション後の新しいナイキスト周波数までにしたもの

CICフィルタによるゲイン誤差の原因　Column 5

APG-3のパソコン用プログラムのC#ソース(SpeanaView.cs, 41行目)を見るとわかるように, 有効ビン数(validbin)は256になっています.

8192×0.03＝246なので, 本来は246より小さい数字にすべきですが, この数字を小さくすると1回のFFTで得られるビン数(周波数幅)が狭くなるのでなるべく大きくしたいという思いと, ソフトウェアを書くときにどうも2のべき乗がきりの良い数字に思えてしまう(特に256は)というプログラマの習性からこうなってしまいました.

気になる方は200くらいに変更してください.

エイリアシングが－80 dBでは大きすぎるという方は, 有効ビン数を100にすれば－120 dB以下になります. 当然, 測定速度が半分以下になってしまいますが….

〈小川 一朗〉

CICフィルタの周波数特性は段数とデシメーション率で決まってしまいますが, 都合が良いことに, それはゼロ周波数付近にエイリアシングになる周波数にヌル点があるものなのです.

FIRフィルタでは, デシメーション率を変えると必要なフィルタのカットオフ周波数も変化するのでフィルタ係数を変更する必要がありますが, CICでは何もしなくても自動的に追尾してくれます.

図6は, デシメーション後の新しいナイキスト周波数までの周波数特性です. **図5**を拡大し, ナイキスト周波数以上はエイリアシングになるとして描いたもので, 一番上の線は通過域周波数特性, それ以外はエイリアシングのレベルを示しています.

この図を見るとわかるように, エイリアシングが十分に除去できる(－80 dB以下)のは, DC～新しいサンプリング周波数×0.03くらいの狭い範囲です(これがCICの欠点).

CICフィルタの通過域周波数特性はフラットではなく, だらだらとした落ちになっています. 段数3のCICフィルタで新しいサンプリング周波数×0.03までを有効スペクトラムとして使うとすると, －0.03～－0.04 dB(デシメーション率によって異なる)の落ちになり, そのままだと測定誤差になりますが, 小さいのでレベル補正処理は入れていません.

段数が4だと0.06倍くらいまでが有効スペクトラムになり, 通過域の落ちが－0.2 dBと大きくなるので, 何らかの補正を考える必要があります.

マジック・ナンバ　Column 6

プログラミング・ルールの1つに, 可読性の良いプログラムを書くためにはマジック・ナンバ(magic number；プログラム中に出てくる意味不明の数値のこと, プロ野球のマジック・ナンバではない)を使わないという常識があります.

VHDLではこれがなかなか難しいのですが, generic文を使うことが答えの1つのように思います(あとは詳細なコメント). …と, 偉そうに書きましたが, 自分で書いたプログラムを見るとまだまだ修行が足りません.

〈小川 一朗〉

● CICフィルタの入力データ・ビット数や段数と測定性能

CICフィルタを設計する際は, 内部レジスタ演算ビット数が増大すること(register growth)に気を付けないといけません. つまり, CICフィルタの積分器がオーバーフローしてもデータを失うことなく演算できるようにするための余裕が必要です.

$$\text{内部演算ビット数} = \text{入力データ・ビット数} + \text{CIC段数} \times \log_2(\text{デシメーション率})$$

このように, 段数やデシメーション率によって内部演算ビット数が増大し, ハードウェア規模は大きく変わります.

最大デシメーション率は, 最小*RBW*の要求仕様から4096としましたので, あとはCICの段数です. CIC段数は, 多ければ多いほどエイリアシング除去範囲が広くなり好都合なのですが, 必要なFPGAのスライス数と要求仕様を勘案して3段としました.

CIC入力データ・ビット数は, ここでは周波数変換器の出力ビット数と同じ18ビットとしましたが, A-D変換と同じ16ビットとして段数を増やしたほうがよかったかもしれません.

4段にできれば, エイリアシングを除去できる範囲がほぼ2倍(0.06くらい)になるので測定速度が2倍になります. または, CICのあとにポリフェーズ型FIRを組み合わせてサンプリング周波数を落とすとエイリアシング除去された範囲を広くでき, 測定速度の高速化と狭*RBW*化ができます. FIRでLPFと同時にCICの振幅周波数特性の補償をすることもできます.

このあたりが設計者の腕の見せどころであり, 個性が出るところです. ぜひチャンレンジしてみてください.

リスト1　APB-3に実装したCICフィルタのVHDLソース・コード(cic_3_4096.vhd)

```
30 generic (
31   DIN_SIZE  : INTEGER := 18;  -- 入力ビット数
32   DATA_SIZE : INTEGER := 54;  -- 内部データ・ビット数(CIC段数と最大デシメーション率で
33                               -- 必要ビット数が決まる) = DIN_SIZE + N * log2( RMAX )
34   DOUT_SIZE : INTEGER := 20;  -- 出力ビット数
35   N         : INTEGER := 3;   -- CIC 段数
36   RMAX      : INTEGER := 4096 -- 最大デシメーション率
37 );

  …(省略)

109 ----------------------------------------------------------------
110 -- Integrator  入力信号は signed
111 ----------------------------------------------------------------
112 process( CICR_RESET, CICR_CLK ) begin
113   if (CICR_RESET = '1') then
114     for i in 0 to N loop
115       D(i) <= (others => '0');       -- すべてゼロに初期化
116     end loop;
117   elsif (rising_edge (CICR_CLK)) then
118     if( CICR_REN = '1' ) then        -- 複数の CIC を縦続接続するとき使う，いまは常に '1'
119       D(0)(DATA_SIZE-1 downto DIN_SIZE) <= (others => CICR_DATAIN(DIN_SIZE-1)); -- 符号拡張して入力
120       D(0)(DIN_SIZE-1 downto 0) <= CICR_DATAIN;
121       for i in 1 to N loop           -- 積分器
122         D(i) <= D(i-1) + D(i);       -- 前段からの信号と1クロック前の積分器出力を足す
123       end loop;
124     end if;
125   end if;
126 end PROCESS;
127
128
129 ----------------------------------------------------------------
130 --  Comb Filter
131 ----------------------------------------------------------------
132 process( CICR_RESET, CICR_CLK ) begin
133   if (CICR_RESET = '1') then
134     DR(0) <= (others => '0');        -- すべてゼロに初期化
135     for i in 1 to N loop
136       DRM1(i) <= (others => '0');
137       DR(i) <= (others => '0');
138     end loop;
139   elsif (rising_edge (CICR_CLK)) then
140     if (WEN = '1') then              -- デシメーション
141       DR(0) <= D(N);
142       for i in 1 to N loop           -- 櫛形フィルタ
143         DRM1(i) <= DR(i-1);          -- 1クロック遅らせる
144         DR(i) <= DR(i-1) - DRM1(i); -- 前段からの信号から1クロック遅らせた信号を引く
145       end loop;
146     end if;
147   end if;
148 end PROCESS;
149
150
151 ----------------------------------------------------------------
152 --  Decimation rate counter
153 ----------------------------------------------------------------
154 process( CICR_RESET, CICR_CLK ) begin
155   if( CICR_RESET = '1' ) then
156     RCOUNT <= 0;                     -- デシメーション・カウンタ
157   elsif( rising_edge( CICR_CLK ) ) then
158     if( CICR_REN = '1' ) then
159       if( RCOUNT = 0 ) then
160         WEN <= '1';                  -- デシメーション率に応じた周期でアサートされる信号
161         RCOUNT <= R;                 -- デシメーション率 − 1 を代入
162       else
163         WEN <= '0';
164         RCOUNT <= RCOUNT - 1;
165       end if;
166     else
167       WEN <= '0';
168     end if;
169   end if;
170 end process;
```

サンプリング周波数は変えずにデシメーションする　Column 7

デシメーションしてサンプリング周波数を落としますが，FPGA内部のクロック周波数を落としているわけではありません．FPGA内部は常にすべて100 MHzで動かしています．

あるタイミングで出力データが有効かどうかという信号(ソースではWEN)を作り，その信号を例えば2回に1回，アサート(assert；論理 '1' にすること)してやれば1/2にデシメーションしたことになります．

ちなみに，FPGA内部信号は正論理にするようにしているので，アサートすることは '1' にすることと同義です．　〈小川 一朗〉

APB-3に実装した回路

■ CICフィルタ

● VHDLソース・コード

リスト1にCICフィルタのVHDLコードを示します．

30行目からのgeneric文でパラメータを定義して，モジュールの再利用をしやすくしています．本来，generic文はモジュールをインスタンス化(実体化宣言)するときにインスタンスごとのパラメータを指定するためのものですが，ここではC言語での#define文，C#でのconst文のように使っています．

まだパラメータ化が完全にはできていないのですが，それでも，どの程度の段数，デシメーション率なら，スライス数はいくつ必要で実行速度はどうなるか，という検討をしたときにはかなり楽ができました．

112～126行目が積分器です．入力信号は内部演算ビット数になるように符号拡張(119行目，最上位ビットが符号を表しているのでこれでビット拡張部分を埋める)したあと，積分器に入ります．積分器は縦続接続(121行目)されていて，それぞれの積分器は前の積分器出力と1クロック前の自分自身の値を加算(122行目)しています．

ブロック図(**図4**)でz^{-1}になっているところには，レジスタを入れてクロック(100 MHz)で演算結果をラッチします．

132～148行目が櫛型フィルタです．ブロック図で櫛型フィルタの前にあるデシメーション部分は140行目のif文になります．デシメーション・カウンタで作るWEN信号が '1' のときだけ，142行目からの櫛型フィルタの処理をすることがデシメーションすることになります．

154～170行目はデシメーション・カウンタで，デシメーション率(2～4096)に応じたカウントをしてWEN信号を作ります．

＊

こうしてVHDLプログラムを見てみると，CICフィルタのブロック図をほぼそのまま置き換えたものになっているのがわかります．ブロック図と1対1に対応するようにVHDLプログラムを書くと，あとから読んだときに理解しやすいものになります．

積分器も櫛型フィルタもすべて1クロックで同時動作していますので，CICフィルタ全体が1クロックで動作します．1クロックで動作するといってもレイテンシ(latency；信号入力してから出力するまでの遅れ，アナログ回路での群遅延に相当)は1クロックではなく，(段数＋1)×デシメーション率です．

▶ディジタル・ラジオを作るなら

CICフィルタの出力にはゼロ周波数から離れたところにエイリアシングが多く含まれていて，ラジオを作るときにはこのあとにFIRフィルタを入れないで復調するとS/Nが悪くなります．今回はスペクトラム・アナライザなのでそのままメモリに格納し，PCでFFTしたあとエイリアシングのない範囲だけを有効なスペクトラムとして使うようにします．

全体と細部を見ながら設計する　Column 8

FPGAの設計では，まず全体の構成を考えてから各モジュールの設計をします．

モジュールごとに設計，シミュレーション，テストをしてから，全体結合テストへと進みます．うまくいかなければ，また全体構成を考えるところまで戻ります．

設計とは，えてしてこういうループ(スパイラル)をたどるものですが，ループ回数を減らし，発散しないようにするには，全体を見る目と細部を見る目の双方が必要です．

また，設計のそれぞれの段階で，何を確認/決定しなくてはいけないのかをはっきりさせておく(ドキュメント化)ことも重要です．ただ漫然と作っていたのでは，いつまでたっても完成しません．　〈小川 一朗〉

● CICフィルタの出力ビット数は20

CICフィルタ出力は20ビットになっています．最大デシメーション(1/4096)のときには，ノイズ低減効果が6ビットぶん($10 \times \log_{10}4096$)あるので，A-D変換器の16ビットを足して22ビットにすべきところです．

メモリはFPGAの重要なリソースなので，ほかの用途に使えるようなるべく残しておきたかったこと，実験したところ20ビット以上にしても変化がなかったことから，ここでは20ビットにしました．

実際には21ビット目で0捨1入して20ビットにしています．0捨1入処理は，それほどFPGAのスライスを消費しないので必ず入れるようにしています．

■ CICフィルタでデシメーションした信号をメモリに書く回路

● メモリの構成

メモリは，I信号で20ビット，Q信号で20ビットの計40ビット，8192ワードのDual Port RAMです．FPGAのBRAM(ブロックRAM)を使って作ります．Dual Port RAMと聞くと難しそうと思いますが，メモリのビット幅，ワード数を指定して自動生成させることができるので簡単に使えます．

メモリ(RAM，ROM，FIFOなど)はFPGAメーカごとに使い方が異なるので，VHDLで書いて類推させるよりは，それぞれのFPGAメーカが提供しているツールで自動生成させたほうが楽で，良い性能も得られます．VHDLコンパイラにメモリを類推させると，BRAMを使わず分散RAM(LUT)を使ってしまうこともあります．

メモリは，異なるメーカのFPGAに移植する際の阻害要因となることが多いです．なるべく移植性の良い設計をしたいとは思っていますが，しかたがないですね(とあきらめる)．

● 書き込みコントロール回路

図7にメモリ・コントロール部のブロック図を示します．

メモリの入力には，メモリする内容を選択するためのセレクタが付いています．今は，IQ信号と，FM復調器出力(FMアナライザで使う)を切り替えているだけですが，ロジック・アナライザのときには外部入力端子からの信号，デバッグ時には信号処理の途中データをメモリに書き込んで確認したりします．FPGAなので，VHDLを書き換えれば簡単に機能を変更できます．内部信号用ロジアナも簡単に作ることができますので，Xilinx社のChipScope(有料)の代わりに使うこともできます．

メモリ・コントロール・ブロックにはトリガ制御回路も入っていますが，スペクトラム・アナライザではトリガをかけずにフリーランでメモリに書き込みます．

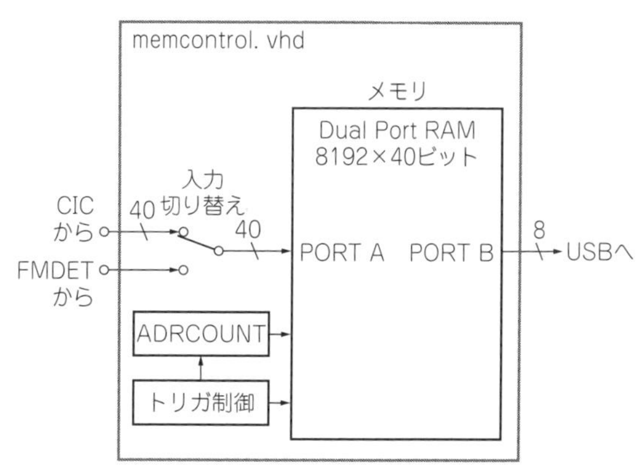

図7　メモリ・コントロール・ブロックの構成(memcontrol.vhd)

メモリ本体はDual Port RAMなので，2ポートから同時に異なるアドレスの読み書きができます．信号を書き込むのに1つのポートを使い，もう1つのポートをUSB経由でPCからアクセスするのに使っています．同時に読み書きできるのですが，今は8192ワードぶんを書き込み終了してから読み出しているので，あまりDual Portの意味はないです．

USBは高速(480 Mbps)なので，サンプリング周波数が低いときは書き込みと同時に読み出しをする(FIFOのように使う)ことも可能です．このようにすると，8192ワードごとに区切られたブロック状のサンプリングではなく連続サンプリングができますので，RBWをもっと狭くするとか，長時間データ・ロガーなどへの応用ができます．

ただし，ある程度読み出し速度に余裕がないと，メモリ書き込みがバッファ容量を超えてしまう(オーバーラン・エラーになってしまう)かもしれません．USBのバルク転送では通信速度は保証されないので，バッファ管理をきちんとして，オーバーラン・エラーが起きた場合の検出方法や対処を考慮することが必要です．

また，必ずしも480 Mbpsで接続されるとは限らない(USB1.0のハブにつないだとか)ので，その場合にどうするかも考えておく必要があります．リアルタイムで連続取り込みできると，いろいろと応用範囲が広がりますのでチャレンジしてみたいところです．

◆参考文献◆

(1) Eugene B. Hogenauer；An economical class of digital filters for decimation and interpolation, IEEE Transactions on Acoustics, Speech, and Signal processing, Vol. ASSP-29, No.2, April 1981, IEEE.

(初出：「トランジスタ技術」2013年2月号)

第5章 窓関数，フーリエ変換，周波数スイープ，プログラムの制作，測定誤差，測定例

スペクトラム・アナライザを作る④ パソコンで窓関数処理とFFT…スペアナ完成

小川 一朗（おじさん工房） Ichiro Ogawa

前章までで，A-D変換した信号をFPGAに取り込み，複素周波数変換したあと，CICフィルタでデシメーションし，メモリに取り込むところまで説明しました．

本章では，メモリに取り込んだ信号をパソコンで処理して画面にスペクトラム表示します．長かった信号処理の話もやっと終わり，スペクトラム・アナライザの完成です．

メモリ内のデータに窓関数処理をする

● なぜ窓関数をかけるのか

連続したデータから，あるタイミングで8192ワードぶんをメモリに取り込みましたが，これは連続データのある期間にだけ1を掛け，残りの期間は0を掛けたことと同じなので，矩形窓を掛けたことになります．

離散フーリエ変換では，切り取られたデータの終わりと始まりをつなげてデータが無限に繰り返しているとみなして計算します．ただし，データの終わりと始まりで波形が不連続になると正しいスペクトラムが得られません．

そこで，切り取られたデータの始まりと終わりを滑らかにして，見た目に不連続をなくすのが窓関数です．

● 窓関数とスペクトラムの変化

図1に，矩形窓をかけた(というか窓関数をかけずにサンプリングしただけ)ときと，ガウス窓をかけたときのスペクトラムを示します．FFTのビン(bin)にちょうど一致した周波数(ここではf = 50 bin)の場合から，0.5 binずれた周波数まで0.1刻みで表しています．

FFTビンに一致する周波数では周期の整数倍が切り取った窓の幅と一致するので，切り取られたデータの終わりと始まりがちょうどつながって連続になります．逆に，0.5 binずれた周波数では位相が180°ずれるので最も不連続になります．

矩形窓の場合，FFTビンにちょうど一致している周波数の信号のときは線スペクトラムになり理想的なのですが，少しでもずれるとスペクトラムが大きく広がってしまう(サイド・ローブ)のがわかります．大振幅の信号と小振幅の信号がある場合，大振幅の信号のサイド・ローブの下に小振幅の信号が隠れてしまうと

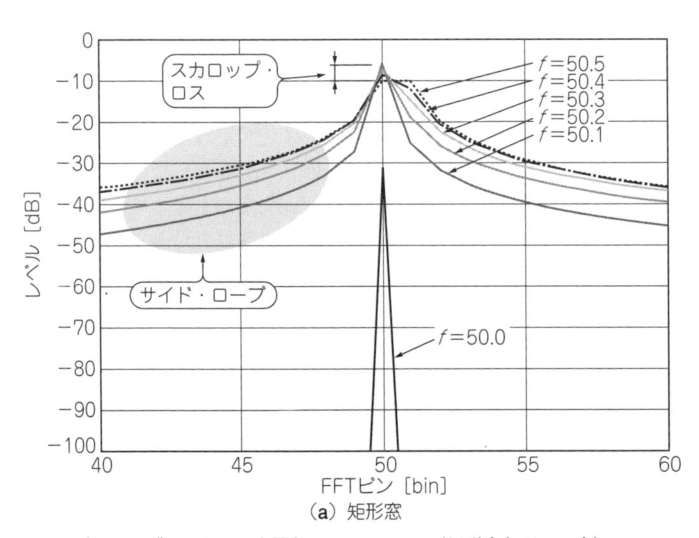

(a) 矩形窓

図1 ビンからずれたときの窓関数のスペクトラム(矩形窓とガウス窓)

矩形窓のスペクトラムの教科書と実際　Column 1

教科書では，矩形窓のスペクトラムは櫛歯状のものになる，と説明されています．しかし，**図1**ではスペクトラムが広がったようになっているだけで櫛歯状にはなっていません．

実際にFFTして得られるスペクトラムは，FFTビンのところだけに現れ，FFTビンとFFTビンの間のスペクトラムは得られません．しかし教科書などでよく見る「窓関数のスペクトラム」は，FFTビンのところだけでなく，FFTビンとFFTビンの間にも細かいスペクトラムが示されています．

図1ではFFTビンより分解能を上げるため，本来の窓関数の後ろに0を追加してデータ数を増やして計算しています．これは，ある周波数の信号をFFTすると窓関数と畳み込みしたスペクトラムが得られるので，周波数がFFTビンからずれたときにスペクトラムがどうなるかを評価するためです．これによって，FFTビンからずれたところにあるサイド・ローブ・レベルやメイン・ローブ幅がわかります．

例えば，FFTビンに一致した周波数の信号で矩形窓の場合，スペクトラムのセンタは1になり，センタからFFTビンの整数倍ずれたところが櫛歯のヌル点になるので，理想的な線スペクトラムになります．逆に，0.5 binずれた信号では，FFTビンからずれたところが窓関数スペクトラムのサイド・ローブのピークになるので，大きく広がったスペクトラムになります(**図A**)．〈小川 一朗〉

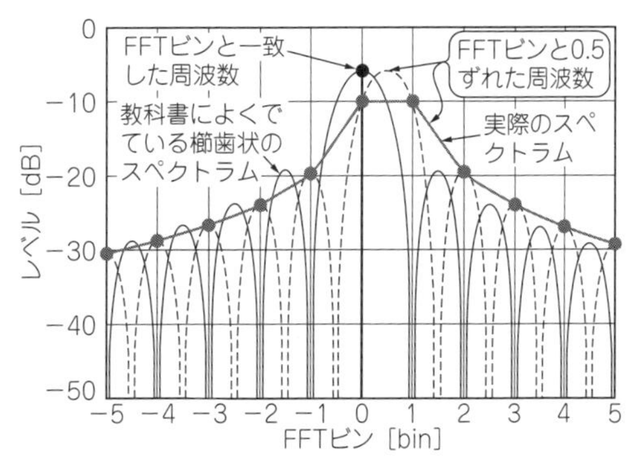

図A　矩形窓のスペクトラムの理論と実際

観測することができません．

窓関数をかける一番の目的が，このサイド・ローブを抑えることです．窓関数はいろいろ考案されていますが，サイド・ローブをどれだけ抑えられるかを競ってきたと言っても過言ではありません．

また**図1(a)**からは，スペクトラムのピーク・レベルが周波数によって変化すること(スカロップ・ロス)も読み取れます．このままではスペクトラム・アナライザとしては使えません．

ちなみに，ピーク・レベルが－6 dB(1/2)になっているのは，実信号をFFTしたので，1/2のレベルの正の周波数成分と1/2のレベルの負の周波数成分に分かれたためです(実信号は正の周波数成分と負の周波数成分をもつことを思い出してください)．

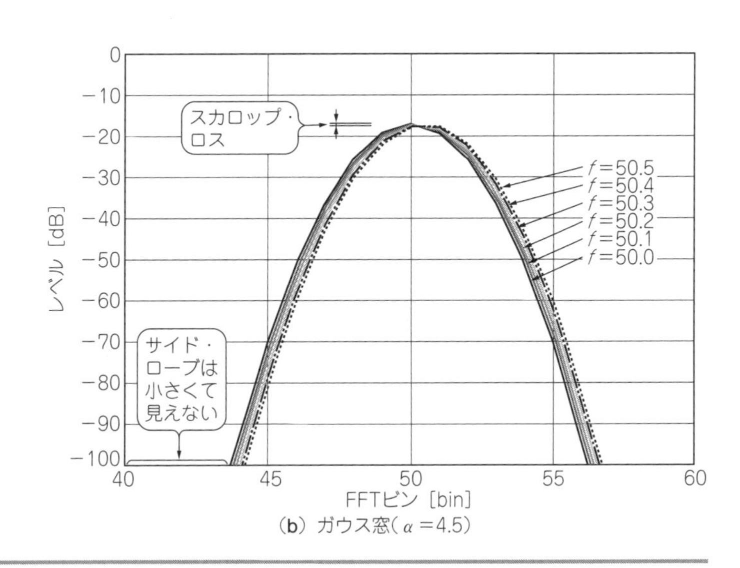

(b) ガウス窓(α=4.5)

- ハン窓
  $0.5-0.5\cos(z)$
- ハミング窓
  $0.54-0.46\cos(z)$
- ブラックマン窓
  $0.42-0.5\cos(z)+0.08\cos(2z)$
- ブラックマン-ハリス窓
  $0.35875-0.48829\cos(z)+0.14128\cos(2z)-0.01168\cos(3z)$
- フラットトップ窓(例)
  $1-1.9383379\cos(z)+1.3045202\cos(2z)-0.4028270\cos(3z)+0.0350665\cos(4z)$
- ガウス窓
  $\exp\{-0.5(\alpha(n-N/2)/(N/2))^2\}$

＊：$z=2\pi n/N(n=0 \cdots N-1)$

図2　代表的な窓関数の計算式

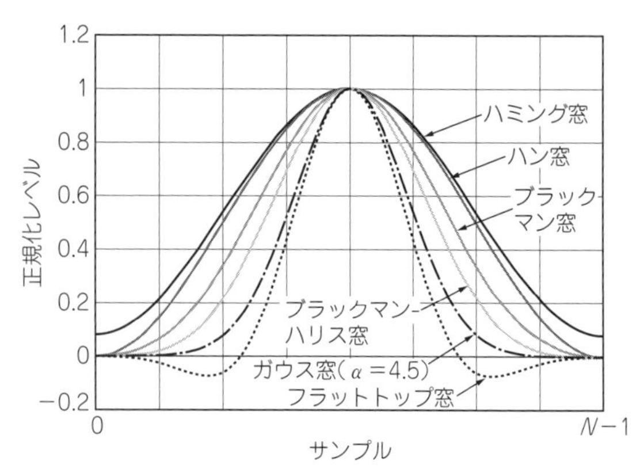

図3　窓関数のいろいろ

ガウス窓をかけたほうは，周波数がずれたときでもほぼ同じスペクトラムの形を保っていて，ピーク・レベルの変化も小さいことがわかります．ただし，矩形窓に比べるとスペクトラムの幅が広がり，ピーク・レベルが低くなっています．これらが窓関数をかけたことによる効果で，良くなるものと悪くなるものがあります．

APB-3に採用する窓関数の検討

● 窓関数のいろいろ

図2に代表的な窓関数とその計算式を，**図3**に窓関数の形を示します．窓関数は前述したように，切り取った波形の始まりと終わりを滑らかにするものなので，すべて両端がゼロに漸近した同じような形をしています．

ハン窓(Hann)，ハミング窓(Hamming)，ブラックマン窓(Blackman)などは，古くから使われている古典的窓関数です．ディジタル信号処理の本には必ず載っていますし，窓関数というとこれらを思い出す方も多いと思います．

しかし，これら古典的窓関数は，昔の分解能の悪い(ビット数の少ない)A-D変換器を対象にしたもので，今回のように16ビットのA-D変換器を使ったスペクトラム・アナライザには特性が不足で使えません(なぜパソコンのFFTプログラムに今でもこれらの窓関数が入っているのか不思議)．

それでは，今回のスペクトラム・アナライザにはどのような特性が必要で，どの窓関数を選べばよいのでしょうか．

● 窓関数の良し悪しを定量的に評価するためのパラメータ

まず，窓関数を選ぶための評価項目には何があるのでしょうか．

良い窓関数は，サンプリングされた信号をFFTしたときに信号本来のスペクトラムを忠実に表すものです．信号が線スペクトラム(ある周波数だけで他の周波数をまったく含まない)のときは，スペクトラム・アナライザの画面上では1本の縦線で表現してほしいのです．理想状態からのずれ，つまり線スペクトラムの信号が本来スペクトラムのない範囲に大きく広がったスペクトラムとして表示されていないか(サイド・ローブ・レベル)，縦線が太くなっていないか(メイン・ローブ幅)が，まずは窓関数の評価項目となります．

このほかの評価項目として，スカロップ・ロス(信号がFFTのビン周波数とずれているために発生する誤差)，*NENBW*(Normalized Equvalent Noise Band Width；正規化等価雑音帯域幅)，計算の複雑さ，などがあります．

コサイン加算窓　Column 2

コサイン加算窓(cosine-sum)は聞きなれないと思いますが，コサインを加算して作られる窓関数を総称してこう呼ばれます．

ハン(ハニング)窓，ハミング窓，ブラックマン窓，ブラックマン-ハリス窓，ナットール窓，フラットトップ窓など，多くの窓関数がこの型に含まれます．

加算するコサイン項数を増やすことによって，いくらでもサイド・ローブを小さくでき，14項で−350 dBというものも発表されています[2]が，ここまでくると実用的な意味はないですね．

メーカ製のスペクトラム・アナライザで使っている窓関数は公表されていませんが，あるメーカは4項のフラットトップ窓(例示したもの)を使っているらしいです[1]．

〈小川 一朗〉

▶サイド・ローブ(side lobe)のレベル

特に問題になるのが，サイド・ローブのレベルです．矩形窓が一番悪く，次に古典的窓関数が続き，新しい窓関数ほど良くなっています．

スペクトラム・アナライザとして使う場合，サイド・ローブは前述した2信号分離問題以外に，スペクトラム・アナライザのダイナミック・レンジを規定する項目となります(**図4**)．

周波数変換してCICフィルタを通ったあとに大振幅の信号が残っていた場合，そのサイド・ローブがノイズとなってノイズ・フロア全体が持ち上がってしまいます．スイープして次の変換周波数でFFTしたものとノイズ・フロアが異なるため，段差ができて不自然になります．サイド・ローブは，その最大レベルだけが問題になるのではなく，その分布が信号の近傍だけにあるもの，広い帯域に広がっているものと，減衰のしかたの違いにも注意が必要です．例えば，ハン窓は減衰が早いですが，ハミング窓はなかなか減衰しません．

▶メイン・ローブ(main lobe)の幅

メイン・ローブの幅(－3 dB帯域幅)は，スペクトラム・アナライザでは*RBW*を決める項目になります．とはいっても前に説明したように，*RBW*はFFTサンプリング数やサンプリング周波数によってほとんど決まるので，今回のようにサンプリング周波数を変化させることで*RBW*を選択可能にしているスペクトラム・アナライザ用の窓関数としては，それほど重要な項目ではありません．

普通のFFT(例えばWaveSpectra)では，周波数変換をしていないためサンプリング周波数は固定(もしくは数種類から選択)です．分解能(*RBW*に相当)を良くしようとするとサンプリング数を増やすしかなく，計算時間がかかるようになるので，この項目が重要になります．

▶スカロップ・ロス(scallop loss)

スカロップ・ロスはあまり聞いたことはないかもしれませんが，FFTでスペクトラムを得る場合は考慮すべき項目です．**図5**の拡大図を見るとわかるように，スカロップ・ロスは入力信号がFFTのビンからずれているときにどれくらいレベル低下するかを示していて，入力信号がちょうど0.5 binずれているときに最大になります．

入力信号の周波数はわからないので，それがFFTのビン周波数と一致しているのか，0.5 binずれているのかはわからず，結局スカロップ・ロスがスペクトラム・アナライザのレベル読み取り誤差になります．

▶*NENBW*(Normalized Equivalent Noise Band Width)

*NENBW*は，ノイズ・レベルを計算する際に必要になる値です．窓関数を選択するときにはあまり重要ではありません．

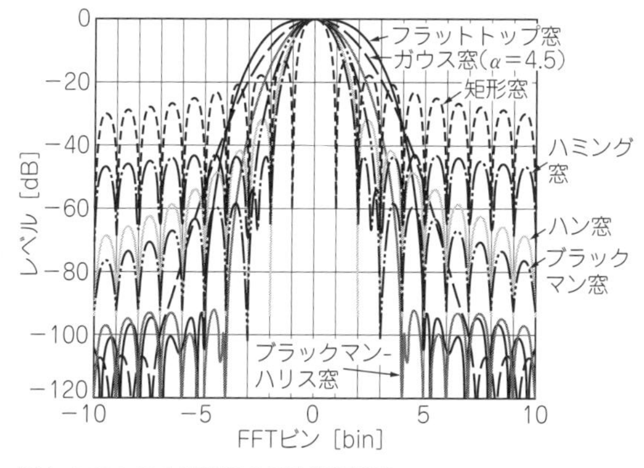

図4　いろいろな窓関数の周波数特性図

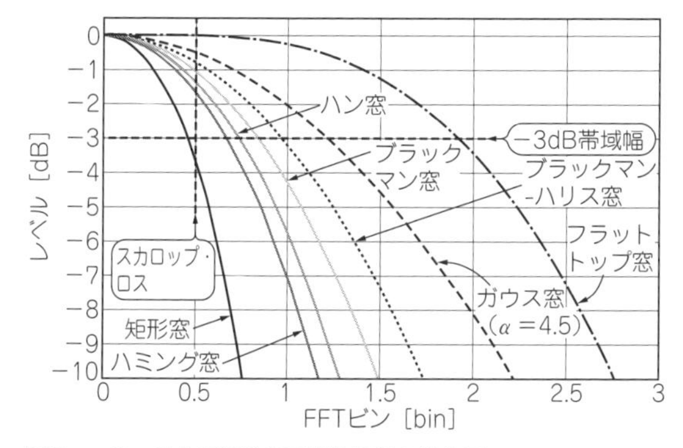

図5　いろいろな窓関数の周波数特性の拡大図

窓関数を計算するならScilabがいい　Column 3

窓関数は時間関数なので，周波数特性を見るにはFFTをかけます．窓関数をそのままFFTしたものより細かい周波数特性を計算したいので，窓関数のデータの後ろに0を追加して大きなデータにしてFFTをかけます．

ここでは256幅の窓関数を作り，4096FFTして計算しましたので，本来のFFTビンを16分割した周波数特性が得られます．実際の計算はExcelを使っています．

ExcelでFFT計算させるのは面倒だし，8192以上のFFTはできないのでScilabを使いたいと思っているのですが，もう頭が飽和状態で新しいものを覚えられません．

Scilabと連携してシミュレーションした値と実際の値を比較して見られるようにすると，ディジタル信号処理の勉強には良いと思いますので，そのうちチャレンジします．〈小川 一朗〉

表1　いろいろな窓関数の各項目特性のまとめ

窓関数	サイド・ローブ最大値［dB］	メイン・ローブ－3 dB幅［bin］	スカロップ・ロス最大値［dB］	*NENBW*［bin］
矩形	－13.30	0.88	－3.92	1.00
ハン	－31.50	1.44	－1.42	1.50
ハミング	－42.70	1.30	－1.75	1.36
ブラックマン	－58.12	1.63	－1.10	1.73
ブラックマン-ハリス	－92.04	1.88	－0.83	2.00
フラットトップ(例)	－92.70	3.75	0.00	3.81
ガウス(α＝4.5)	－106.80	2.38	－0.53	2.54
ガウス(α＝5)	－127.80	2.63	－0.43	2.82

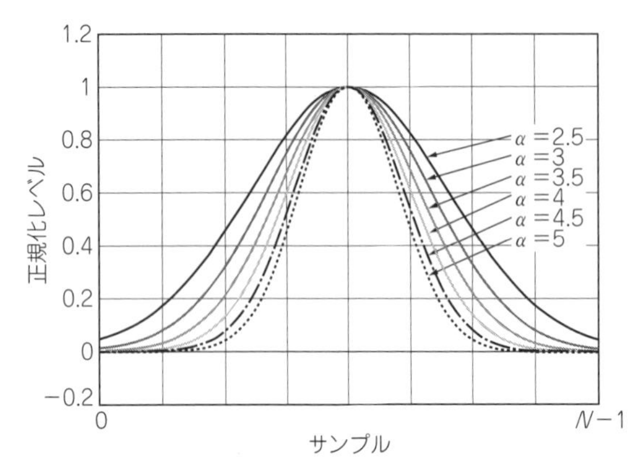

図6　APB-3に採用したガウス窓の特性(時間軸)

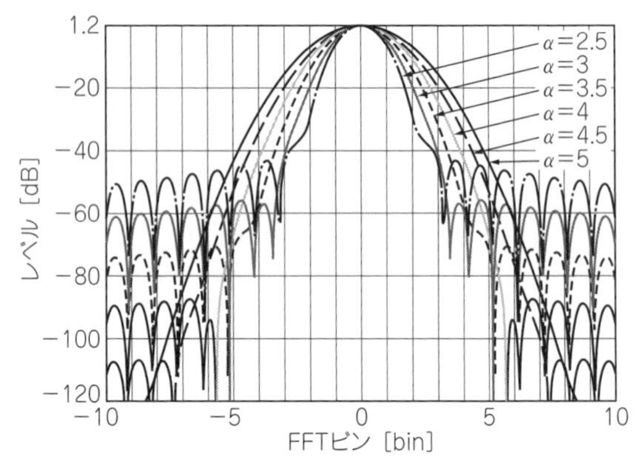

図7　APB-3に採用したガウス窓の特性(周波数特性)

▶計算の複雑さ

FPGA上でFFTをかけるような場合は，計算が簡単なハン窓を使うとかを考慮しますが，パソコンで窓関数を計算する場合は計算速度が十分に速いので，あまり考慮する必要はありません．とは言っても，ベッセル関数などといったあまりにも難しいのは困ります．

＊

図4，**図5**は，いろいろな窓関数の周波数特性とその拡大図，**表1**は評価項目をまとめたものです．これらの図を見ると，古典的窓関数(ハン窓やハミング窓)では，サイド・ローブの大きさが－40～－60 dB程度と悪く，8ビット程度のA-D変換器なら使えますが，今回のスペクトラム・アナライザでは－80 dB(できれば－100 dB)以下にしたいので使えないことがわかります．

● ガウス窓関数を採用

サイド・ローブが小さい窓関数を探したところ，カイザー-ベッセル窓(Kaiser-Bessel)，フラットトップ窓(flattop)，ガウス窓(Gaussian)が候補として挙がりました．

カイザー-ベッセル窓は，パラメータを変えることで所望の特性にカスタマイズできて良いのですが，第1種ベッセル関数を使うので計算が難しそうです．

フラットトップ窓は，コサイン加算窓なので計算は容易ですが，特性の自由度はありません．

そこで，指数関数なので計算がわりと簡単で，しかもパラメータを変えることで特性をカスタマイズできるガウス窓を使うことにしました．

図6は，αを2.5から5まで変化させたときのガウス窓の時間特性です．αが大きくなるほど，両端がより滑らかになるのがわかります．

図7は，ガウス窓の周波数特性(横軸はFFTビン)です．パラメータαが大きくなるほどサイド・ローブは小さくなりますが，メイン・ローブ幅は逆に大きくなります．αを大きくすればするほどサイド・ローブが小さくなるのならα＝5やα＝5.5を使えばよいと思ってしまいますが，－3 dB帯域幅や，直流ゲイン(サンプリングされた信号のうちどれぐらい有効に使っているか)を勘案して，α＝4.5にしました．

このときサイド・ローブは－106.8 dB，スカロップ・ロスは0.53 dB，－3 dB帯域幅は2.38 bin(1.19×2)です．サイド・ローブは－100 dBより小さく，目標を達成しています．スカロップ・ロスは測定誤差になりますが，小さいので補正は入れていません．

フラットトップ窓を使えば，スカロップ・ロスを0.01 dB以下とほとんど無視できる程度に誤差を減少させられますし，サイド・ローブも小さくできるのでスペクトラム・アナライザには最適な気がします．

ただ，得られるスペクトラムの形状が，ガウス窓では紡錘形でいわゆるスペクトラムという形なのですが，フラットトップでは名前のとおり頭がフラットになってしまうのがちょっといやで二の足を踏んでいます．

パソコン上でFFT処理

● 複数回のFFTをして平均化する

図8は，APB-3のメモリ(0～8191)に取り込んだ信号に窓関数をかけた波形です．これを見るとせっかくメモリに取り込んだ信号の中央付近しか使われません．ほとんどが使われないのは，たい焼きのあんこだけ食べるようで，なんだかもったいないですね．

そこで**図9**に示すように，FFTデータ数を4096とメモリ・ワード数の半分にし，少しずつオーバーラップさせることで，取り込んだ信号を有効活用するようにします．ここではオーバーラップ量を75％とし，窓関数が約0.5のところでクロスするようにしました．オーバーラップ量は多ければ多いほど良いということはなく，だいたい0.5でクロスさせると得られたスペクトラムの非相関性と計算量のバランスが良いようです(なるべくすべてのデータを満遍なくスペクトラム計算に使うと良いということ)．

この場合，図のように5セットのデータになり，それぞれFFTした結果をRMS平均(電力平均)して，最終的なスペクトラムとします．平均化によってノイズ部分のばらつきが小さくなり，見やすくなります．

オーバーラップ処理ではFFTデータ数を半分にするので，*RBW*が倍になります．そのため，この処理は*RBW* = 7 Hz以外のときに行います(*RBW* = 7 Hzでは FFT データ数は8192にする)．

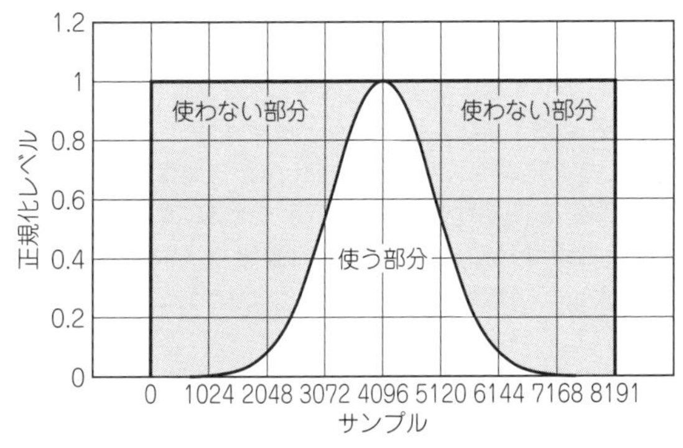

図8　メモリに収めたデータの中央付近だけしか使わないのはもったいない

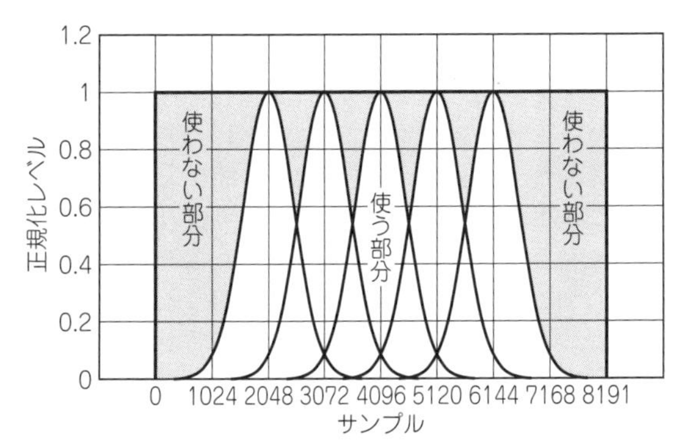

図9　メモリに5セットのデータをオーバーラップさせて収める

● 周波数スイープ

FFTを行うことで，変換周波数を中心に負の周波数側有効ビンと正の周波数側有効ビンのスペクトラムが得られましたので，次に変換周波数を2×有効ビン数ぶん高くして同じ処理を繰り返すことで，広い周波数範囲のスペクトラムを得ます(**図10**)．

1つの変換周波数で，2×有効ビンの範囲のスペクトラムを得られますので，*RBW*が小さい場合でも高速に動作します．

アナログ式のスペクトラム・アナライザでは連続で変換周波数をスイープさせますが，このスペクトラム・アナライザではとびとびの周波数のスイープになります．

パソコンのアプリケーション・プログラムの制作

パソコン(PC)のプログラムはC#で書いています．C#はオブジェクト指向プログラミング言語なので，クラスを作って，そのインスタンスを生成して使うというプログラミング・スタイルになります．`NetFramework`というクラス・ライブラリが用意されていて，Windowsプログラミングの面倒な部分を直接さわることなく簡単にプログラムを書くことができます．

スペクトラム・アナライザのC#プログラム(クラス)は，下記の4つに大きく分かれています．

(1) スペクトラム・アナライザ・クラス(周波数特性を表示するクラスを継承している)
(2) 周波数特性を表示するクラス(`Form`を継承している)

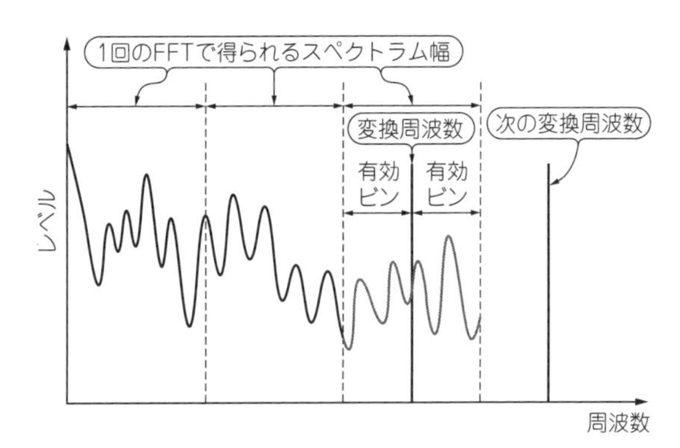

図10　周波数スイープ

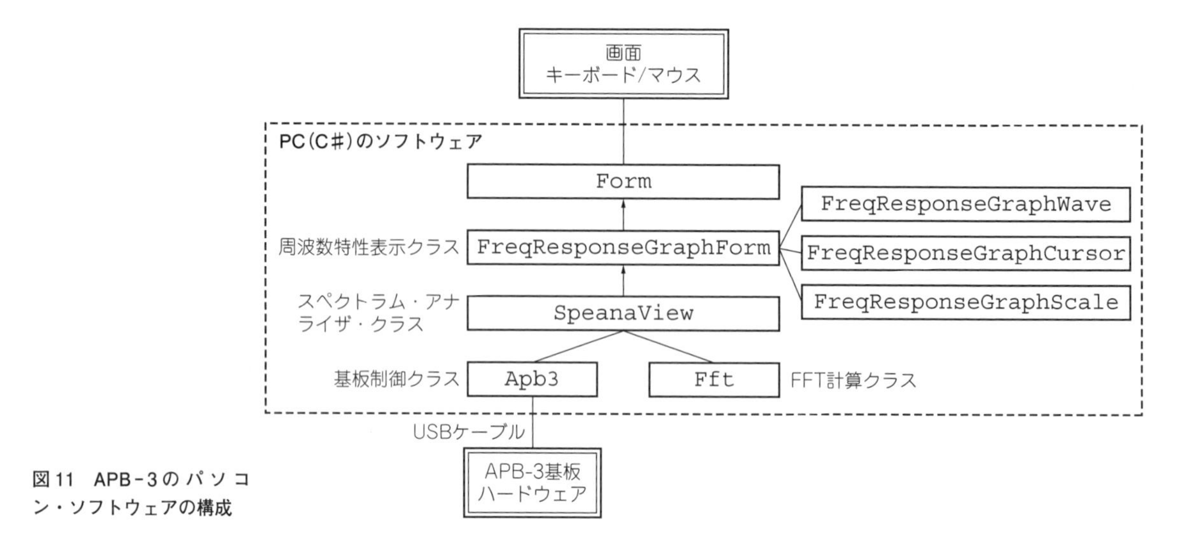

図11 APB-3のパソコン・ソフトウェアの構成

(3) FFT計算するクラス(staticになっている)
(4) APB-3基板の制御にかかわるクラス(staticになっている)

図11に，スペクトラム・アナライザを構成するそれぞれのクラスが，どのように関連しているのかを示します.

周波数特性を表示するクラスは，横軸が周波数のグラフを描くためのクラスで，グラフを描くために必要な処理はすべてこのクラス内に記述されています．このクラスでは，波形データを保持するクラス，カーソル・データを保持するクラス，スケール・データを保持するクラスなどを使っています.

スペクトラム・アナライザ・クラスが，実際の基板制御やスペクトラム計算を行っています．このクラスでは，Apb3クラスとFftクラスを使っています.

Apb3クラスにハードウェア操作に関連する部分をすべてまとめ，ハードウェアを変更したときに，この部分だけを変更すればよいようにしています.

制御対象のAPB-3基板は1個なのに，複数の測定ウィンドウから同時に測定しようとすると，おかしな動作をする可能性があります．例えば，あるスペクトラム・アナライザのウィンドウで周波数スイープしている最中に，別ウィンドウのスペクトラム・アナライザで測定開始すると，両方から測定周波数の設定をしてしまいおかしなことになります(こういう箇所をクリティカル・セクションと言う).

そこで，mutexを使って排他制御をしていて，測定を開始するのにAPB-3基板を使い始めるとき(クリティカル・セクションに入るとき)にmutexを獲得し，測定終了(クリティカル・セクションから出たとき)したら返却しています．mutexを獲得できないときは測定を開始することはできません(要は早い者勝ち)．こうすることで，複数の測定ウィンドウから1つしかないAPB-3基板を共有して使うことができるようにしています.

FFTのプログラムは，大浦さんが発表されている

排他制御用の関数 Column 4

クリティカル・セクションへ入るプロセスの排他制御をするのに，mutexに似たsemaphoreがあります.

どちらも，マルチタスクOSで排他制御を行うために用意されているプロセス(タスク)制御関数です．単純には1ビットのフラグですが，フラグの値を読み取ってからフラグに書き込むまでの間に割り込みが入って別プロセスで変更してしまうと整合性がとれなくなるので，OS側で用意しています.

semaphoreは，指定したカウント数のプロセスがクリティカル・セクションに入ることができますが，mutexでは1つだけです．mutexはsemaphoreのカウント数を1に特化したものです.

もともと，semaphoreは単線区間に入る電車を1台に制限するためにやりとりする手旗のことです．手旗を持たない電車は，手旗を持った電車が反対方向から来て手旗を返すまで，単線区間に入ることができないという仕組みでした．単線区間がクリティカル・セクションですね.

〈小川 一朗〉

オブジェクト指向は簡単だけど奥が深い　Column 5

今になってAPB-3のソースを眺めてみると，古臭いところや拙いところも散見され，ソース・コードを人前にさらすのはちょっと恥ずかしいです．

APB-3基板制御クラスは，以前はシングルトン(Singleton；オブジェクト指向のデザイン・パターンの1つ)として実装していましたが，static classにしたほうが簡単に思えたため，今はstaticになっています．

実は，私は未だにシングルトンとstatic classのどちらを使うべきなのか，それぞれのメリット/デメリットがわかっていません．また，FFTのクラスはstaticになっていますが，これは普通のクラスにして，FFT数，窓関数ごとにインスタンスを作ったほうがよいように思っています．

クラス設計に揺れ動いている…，こんな私が大きな顔してC#のプログラム説明をしていいんだろうか？と思いながら，とりあえず動いているコードなので作り方が悪くてもある程度は参考にはなるのかな…と開き直っています．

〈小川 一朗〉

もの(3)をC#に移植して使いました．Fftクラスには，窓関数の計算や，前述のサンプリング・オーバーラップ処理が含まれています．

スペクトラム・アナライザ完成!

● 測定誤差まとめ

これでスペクトラム・アナライザの信号処理の説明は終わりです．最後に，できあがったスペクトラム・アナライザの測定誤差となるものをまとめてみます．

(1)入力アンプの歪み
(2)アンチエイリアシング・フィルタで取り切れないエイリアシング成分
(3)A-D変換器でのスプリアス
(4)CICフィルタの通過域周波数特性
(5)CICフィルタで取り切れないエイリアシング成分
(6)窓関数のサイド・ローブ
(7)窓関数のスカロップ・ロス

(1)～(3)がアナログ部分で起きるもの，(4)～(7)がディジタル信号処理によるものです．今まで，それぞれのブロックでどういう誤差がどの程度見込まれるのかを説明してきましたが，使ううえでもこれらを認識しておくことが重要です．どんな測定器でも，測定器が出した測定値をそのまま信用してはいけません．測定条件によっては，有効数字が少なくなったりまったく無意味な値のこともあります．使う人にもある程度のスキルを要求されるのが測定器です．

● 測定例

ビニール線をアンテナ替わりに入力端子につないで，ニッポン放送(1242 kHz)のスペクトラムを測定してみました．AM放送では±12 kHzぐらいの帯域を使っているようです(**図12**)．AMステレオ放送をしているので，キャリア近傍を拡大するとパイロット信号(25 Hz)が確認できます(**図13**)．

図14は，発振器のハム・ノイズの測定例です．発振周波数をセンタにして，上下に電源周波数(50 Hz)とその2倍の100 Hzずれたところにハム・ノイズが見えます．狭帯域*RBW*をもつスペクトラム・アナライ

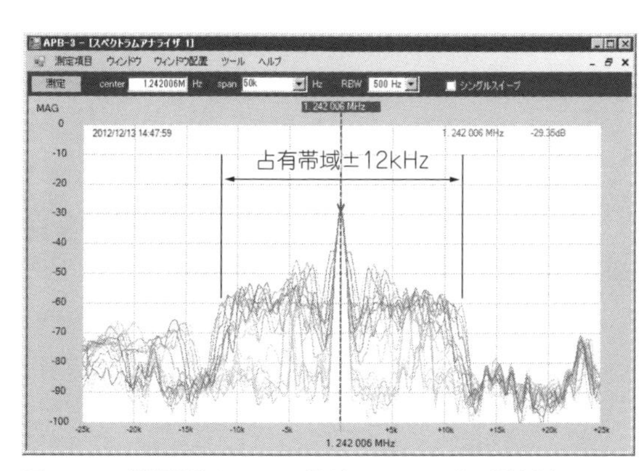

図12　AM放送電波(ニッポン放送，1242 kHz)の測定例
AM放送なので，キャリア周波数を中心に上下対称に変調スペクトラムが拡がっていて，±12 kHzの帯域を使っていることがわかる

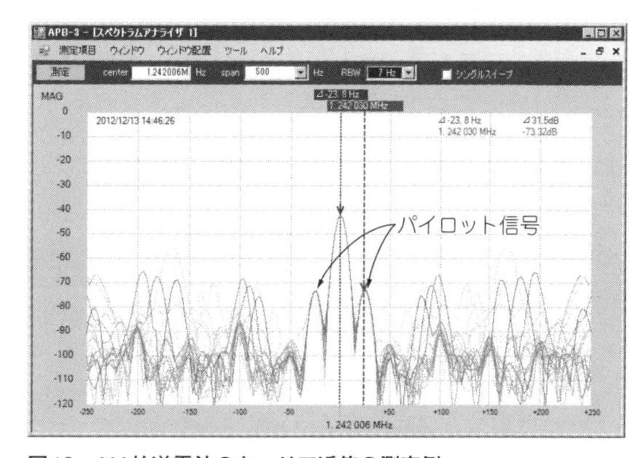

図13　AM放送電波のキャリア近傍の測定例
ニッポン放送は日本では数少ないAMステレオ放送で，ステレオ放送であることを示す±25 Hzのパイロット信号が入っているのがわかる

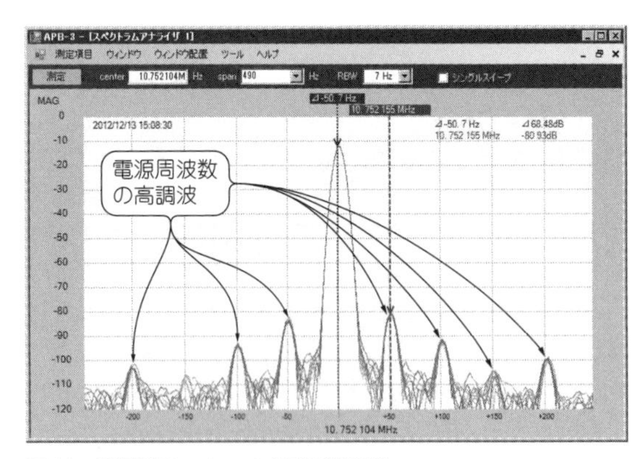

図14　発振器のハム・ノイズの測定例
発振器の電源に商用電源周波数(関東は50 Hz，関西は60 Hz)成分が残っていると，発振周波数の近傍にその高調波が表れる

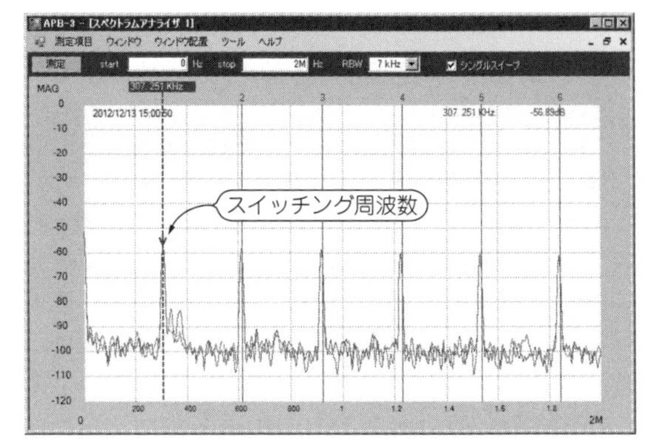

図15　スイッチング電源のノイズの測定例
カーソルを高調波表示モードにすると原発振周波数とその高調波がよくわかる．この例では他の信号が入っていないので高調波表示にしなくても一目瞭然だが，いろいろな信号が混ざっているときは高調波表示にして原発振周波数を探すと便利

ザならではの測定です．

図15は，コンセントにつなぐとラジオにノイズが入るスイッチング方式のACアダプタの出力です．出力にはスイッチング・ノイズとその高調波が多く見られました．高調波表示カーソル・モードにすることで，原発振周波数とその高調波がわかります．

＊

● スペクトラム・アナライザの説明を終えて

今まで4回に分けて，APB-3でスペクトラム・アナライザをどのように実現しているかを説明してきましたが，このなかにはディジタル信号処理技術のかなりの部分が含まれています．1つ1つのブロックは，それほど難しいものではありません．一度に全部を理解しようとは思わず，わかるところから少しずつ何回も説明を読み，ソース・コードでどのように実装しているかを見てください．

また折にふれ，改善すべき点や，今後どのように発展させていくかを述べてきました．ぜひ，今までの説明をベースに，自分なりに考え，ソースを変更してみてください．そして，変更したことによってどのように変化したかを体験してください．まずは手を動かすことが理解する早道です．

◆参考文献◆

(1) G. Heinzel, A. Rudiger and R. Schilling；Spectrum and spectral density estimation by the Discrete Fourier transform (DFT), including a comprehensive list of window functions and some new flat - top windows, Max - Planck - Institut fur Gravitationsphysik (Albert - Einstein - Institut), Teilinstitut Hannover, Feb. 15, 2002.
(2) Hans - Helge Albrech；Tailoring of Minimum Sidelobe Cosine - Sum Windows for High - Resolution Measurements, The Open Signal Processing Journal, 2010, 3, 20 - 29.
(3) 大浦さんのFFTのWebページ
http://www.kurims.kyoto-u.ac.jp/~ooura/fft-j.html

(初出：「トランジスタ技術」2013年3月号)

APB-3のユーザ・インターフェース　Column 6

今までのスペクトラム・アナライザとは，ちょっと違うユーザ・インターフェースになっています．とは言っても，既存のスペクトラム・アナライザを使ってきて，使いにくいと思ったところを改良したものなので，それほど違和感なく使えると思います．

(1) 複数のスペクトラム·アナライザ画面を表示して，それぞれ別の測定条件での測定結果を比較できる
(2) 周波数軸は10分割ではなく，そのときそのときに応じたきりの良い周波数での分割になっている
(3) 周波数軸，レベル軸とも，スケールのところに周波数，dB値を表示し，読み取りやすくしている
(4) 測定後に保存している波形の拡大/縮小ができる
(5) 測定中/測定後に，トレースのパーシスタンス(persistance；古い波形がどれくらい薄くなるか)を変えることができる

＊

自分にとって使いやすいものを作るのは，自作の醍醐味です．〈小川 一朗〉

第6章 インターフェース・モードを使いこなしてFPGAとパソコンを橋渡しする

USBインターフェースの実装

小川 一朗(おじさん工房) Ichiro Ogawa

第2章～第5章まで4章にわたり，スペクトラム・アナライザについて説明してきましたが，信号処理にフォーカスしてきたのでUSBインターフェースについては説明しませんでした．

本章では，USBとFPGAとのインターフェース，USBとパソコンとのインターフェースについて説明します(**図1**)．これで，自分のプログラムからAPB-3を自由に使うことができます．

USBインターフェースICの選定

● ハイ・スピード対応品はまだ多くない

APB-3基板を設計する際に，USBインターフェースにはUSB2.0の480 Mbpsのハイ・スピードを使いたいと思い，使えそうなICを探しました．しかし，電子工作に使えるICではUSB2.0対応をうたってはいてもフル・スピード(12 Mbps)までしか対応していないものがほとんどで，ハイ・スピードに対応したICは少数でした．

● サイプレスかFTDIか

そのなかで候補として挙がったのは，サイプレスのCY7C68013A(EZUSB-FX2)と，FTDI(Future Technology Devices International Ltd.)のFT232Hでした．

サイプレスのCY7C68013Aは，480 Mbps対応のUSBインターフェースICとして，すでにいろいろな応用例があり情報も豊富でした．しかし，内蔵マイコン(8085)の開発をしなくてはならないので面倒なわりに，内蔵マイコンとしては非力で，面白い応用ができるとは思えませんでした．

FTDIのICは，マイコン非搭載でそのまま接続するだけで割と簡単に使えそうなうえ，採用例も多いのでデバイス・ドライバが安定していると思われました．そこで，FT232Hを採用することにしました．

デバイス・ドライバを自分で開発する能力も気力もありませんので，長年使われて安定しているというのは魅力的です．パソコンのOSが変わった場合でもデバイス・ドライバ側の対応が早く，アプリケーション・プログラム開発での対応も早くできるというメリットもあります．USBのデバイス・ドライバで苦労するのはもうこりごりです．

使用するFT232Hのインターフェース・モード

FTDIのFT232Hは，シリアル・ポートとして使うのがデフォルトですが，外部にEEPROMを追加することで，8ビット・バス・インターフェース(245モー

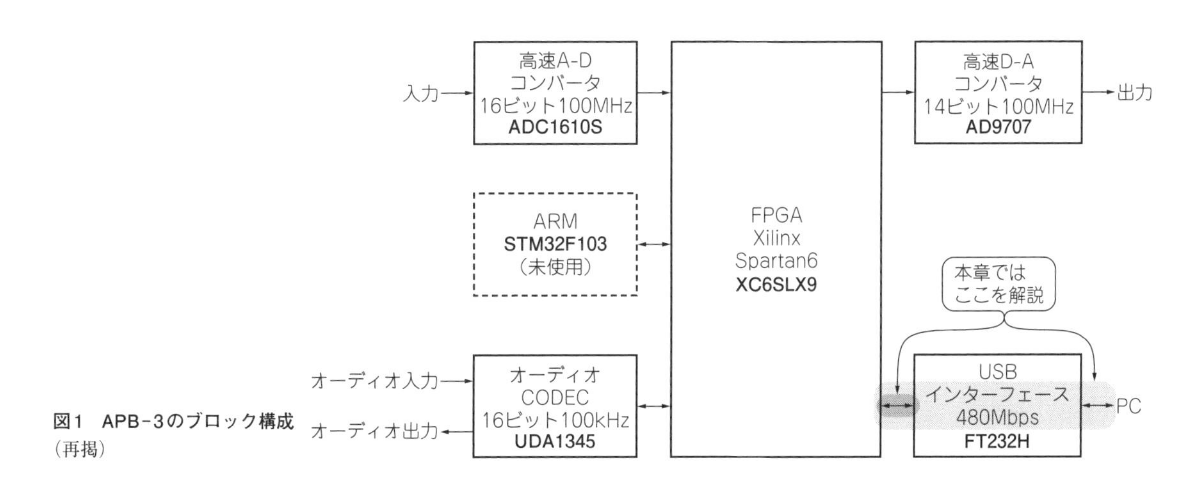

図1 APB-3のブロック構成(再掲)

表1　FT232Hのインターフェース・モード

インターフェース・モード	説　明	EEPROM	PC側デバイス・ドライバ
ASYNC Serial(RS232)	非同期シリアル通信(デフォルト・モード)	—	VCP/D2XX
SYNC 245 FIFO	同期8ビット・バス・インターフェース(60 MHzのクロックに同期して転送)	設定必要	D2XX
ASYNC 245 FIFO*	非同期8ビット・バス・インターフェース	設定必要	VCP/D2XX
ASYNC Bit-bang*	非同期 Bit Bang，転送速度はBaudRateで設定	—	D2XX
SYNC Bit-bang	同期Bit Bang	—	D2XX
MPSSE	シリアル(JTAG，SPIなど)	—	D2XX
Fast Serial Interface	同期シリアル(最大50 MHz)	設定必要	VCP/D2XX
CPU Style FIFO	8080スタイルのバス・インターフェース	設定必要	VCP/D2XX
FT1248	1，2，4，8ビット幅インターフェース	設定必要	VCP/D2XX

*：APB-3で使うモード

ド)も使えます．また，今までのFTDIのUSBインターフェースICにもあった，直接I/Oポートを制御するBit-bangモードも使えます．

FTDIのこれまでのUSBインターフェースICの集大成ともいえるICですが，あまりにもインターフェース・モードが多く，どれをどう使えばいいのか迷ってしまいます．

● 9種類のインターフェース・モード

表1に示すように，FT232Hにはインターフェース・モードが9種類あります．それぞれのインターフェース・モードは，外付けEEPROMで切り替えるモードと，ソフトウェア(D2XXドライバ)で切り替えるモードに分かれます．

外付けEEPROMで切り替えるモードは，FTDI提供の専用のプログラム(FT_PROG)であらかじめEEPROMに設定を書き込む必要があります．ソフトウェアで切り替えるモードは，D2XXドライバを使ってアプリケーション・プログラムから変更します．

APB-3では，FPGAのコンフィグレーションにASYNC Bit-bangモードを，通常動作時のFPGAとのデータ通信にASYNC 245 FIFOモードを使いますので，EEPROMへの書き込みとD2XXドライバが必要です．

● FT232Hインターフェース

表2に，FT232Hの各I/OピンとFPGAの接続を示します．コンフィグレーション時と通常動作時では，FT232Hのインターフェース・モードも，FPGA側のピンの動作も違うので，ちょっとややこしいです．

表2(a)で，コンフィグレーション時にFT232H側とFPGA側でデータ・バスのビット順が逆になっていますが，これは間違いではありません．ザイリンクスのFPGAでは，コンフィグレーション・データがビット逆順になっているからです(2)．コンフィグレーション・データの転送時にソフトウェアでビット順を入れ替えてもよいのですが，APB-3ではハードウェアで接続するビット順を逆にして対応しました．

通常動作時はFT232Hのビット順に合うようにFPGAをコンフィグレーションし，データ・バスはストレート接続になっていますので，コンフィグレーション時も通常動作時もアプリケーション・プログラムでビット逆順を気にする必要はありません．

● FT232HでFPGAをコンフィグレーションする

今までFPGAのコンフィグレーションというと，JTAGを使ったものが多かったように思います．確かに，FPGAのJTAGの端子をコネクタに出しておくだ

デフォルト・モードが8ビット・バスのFT245Hが欲しい　Column 1

232モードは，シリアル通信規格のRS-232Cからきています．いわゆる調歩同期式です．

245モードは，8ビット双方向バス・バッファIC SN74HC245などの名称の245からきているようです．

今までFTDIのUSBインターフェースICは，FT232がシリアル通信専用，FT245が8ビット・バス・インターフェース専用と分かれていましたが，480Mbps対応のICでは245という名前はなくなり，インターフェース・モードの1つになってしまいました．

シリアル通信なら12Mbpsで十分で，480Mbpsの高速性を生かすには8ビット・バス・インターフェースが必須なのに，シリアル通信モードがデフォルトなのはどうしてなのでしょう．できれば，8ビット・バス・インターフェースがデフォルトのFT245Hが欲しかったです．　〈小川 一朗〉

表2　使用したFT232HのI/O割り当て

FT232Hのピン割り当て		FPGAのピン割り当て	
ピン番号	ASYNC Bit-bang	ピン番号	信号名（コンフィグ時）
13	D0	48	D7
14	D1	43	D6
15	D2	44	D5
16	D3	45	D4
17	D4	46	D3
18	D5	61	D2
19	D6	62	D1
20	D7	65	D0
21	ACBUS0	50	—
25	WRSTB#	70	CCLK
26	RDSTB#	51	—
27	ACBUS3	55	—
28	SIWU#	57	—
29	ACBUS5	56	—
30	ACBUS6	39	INIT_B
32	ACBUS8	71	DONE
33	ACBUS9	37	PROG_B

（a）コンフィグレーション時のピン割り当て

FT232Hのピン割り当て		FPGAのピン割り当て	
ピン番号	ASYNC 245 FIFO	ピン番号	信号名（通常動作時）
13	D0	48	FT_DATA(0)
14	D1	43	FT_DATA(1)
15	D2	44	FT_DATA(2)
16	D3	45	FT_DATA(3)
17	D4	46	FT_DATA(4)
18	D5	61	FT_DATA(5)
19	D6	62	FT_DATA(6)
20	D7	65	FT_DATA(7)
21	RXF#	50	FT_RXF_X
25	TXE#	70	FT_TXE_X
26	RD#	51	FT_RD_X
27	WR#	55	FT_WR_X
28	SIWU#	57	FT_SIWU_X
29	ACBUS5	56	FT_CLK
30	ACBUS6	39	FT_OE_X
32	ACBUS8	71	DONE
33	ACBUS9	37	PROG_B

（b）通常動作時のピン割り当て

APB-3のFPGAのコンフィグレーション・モード　Column 2

FPGAのコンフィグレーション・モードはM1とM0で設定できます（**表A**）．APB-3ではそのうちのSlave SelectMAPモードとMaster Serial/SPIモードを使っています．

① Slave SelectMAPモードは，FPGAの外から8ビットのパラレル・データを送ってコンフィグレーションするモードです．パソコンからUSB（FT232H）を通してコンフィグレーションするときはこのモードを使います．

② Master Serial/SPIモードは，FPGAが外付けのSPIフラッシュ・メモリからコンフィグレーション・データを読んでコンフィグレーションするモードです．このモードでは，電源を入れたときにFPGAが自動でコンフィグレーションしますので，いつも同じデータでコンフィグレーションするときはこのモードにしておくと，使うたびにファイル指定しなくてもよくなるので便利です．APB-3をスタンドアローン動作させるときもこのモードにします．

＊

私はFPGAのプログラム開発中は，USBからコンフィグレーションをして，安定してきたらSPIフラッシュからのコンフィグレーションにするという使い方をしています．〈小川　一朗〉

表A　FPGAのコンフィグレーション・モード

コンフィグレーション・モード	M1	M0	説　明
Master SelectMAP	0	0	FPGAが自分でコンフィグレーション・データをパラレル（8/16ビット）で読んでコンフィグレーションする
Master Serial/SPI＊	0	1	FPGAが自分でコンフィグレーション・データをシリアルで読んでコンフィグレーションする（シリアルROMを自動判別する）
Slave SelectMAP＊	1	0	外部からコンフィグレーション・データをパラレル（8/16ビット）でFPGAに送ってコンフィグレーションする（ビット逆順なので注意）
Slave Serial	1	1	外部からコンフィグレーション・データをシリアルでFPGAに送ってコンフィグレーションする
JTAG	X	X	JTAGからコンフィグレーション・コマンドを送ってコンフィグレーションする

＊：APB-3で使うモード

けで，JTAG書き込みアダプタをつなげば開発環境(ISE)から直接コンフィグレーションできます．またSPIデータ・フラッシュ・メモリのプログラムもできますので便利です．

しかし，JTAGでのコンフィグレーションはJTAG書き込みアダプタが必要ですし，コンフィグレーションに時間がかかるという欠点があります．APB-3は高速USBインターフェースを備えているのに，これを使わないのはもったいないです．

そこで，APB-3ではUSB(FT232H)を経由したコンフィグレーションをメインに使うことにしました．書き込みアダプタも不要になりますし，コンフィグレーションも高速になるのでメリット大です．

APB-3基板ではJTAGの信号をパッドに出しているので，自分でコネクタを付ければJTAGも使えるようになってはいますが，JTAGを使うメリットは特にないと思います．

● コンフィグレーションの手順

図2にコンフィグレーション時の信号のタイミングを，**図3**に手順を示します．

まず最初に，FT232HをASYNC Bit-bangモードに切り替えて直接I/Oポートを制御できるようにし，PROG_B信号を“L”にしてコンフィグレーションを開始します．

FPGAのコンフィグレーション・モードがMaster Serial/SPIモードのときは，SPIデータ・フラッシュ・メモリからデータを読んで自動でコンフィグレーションします．

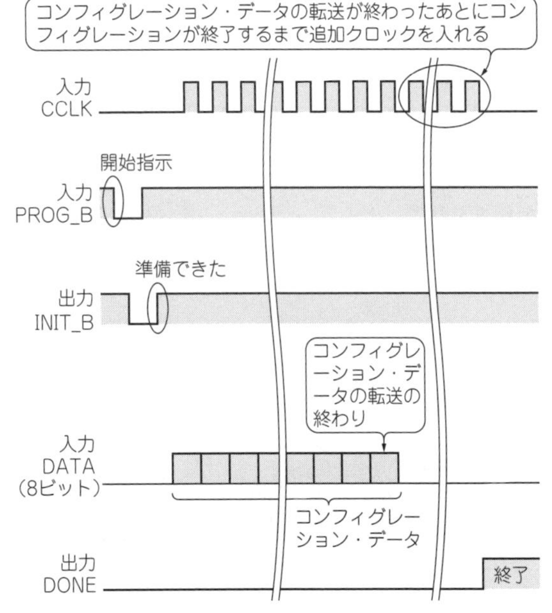

図2　FPGAコンフィグレーション時の信号タイミング

Slave SelectMAPモードのときは，パソコンからFT232Hを通してコンフィグレーション・データを送ります．転送は8ビット・パラレルで送られ，WRSTB信号をCLKにしているので，パソコン側からは単純にデータをFT232Hに書き込むだけです．480 Mbpsでの USB接続だと，330 kバイトのコンフィグレーション・データ転送は数十msと高速です．コンフィグレーションが終了すると，通常動作モードのASYNC 245 FIFOモードに戻します．

何か問題が見つかったとき，過去のバージョンではどうだったかを調べて変化点を探すことがあります．過去のコンフィグレーション・データでコンフィグレーションして新旧バージョンを比較するときは，これぐらい速いと実に快適です．プログラム開発ではTAT(Turn Around Time)が短いと開発効率が大きく改善します．

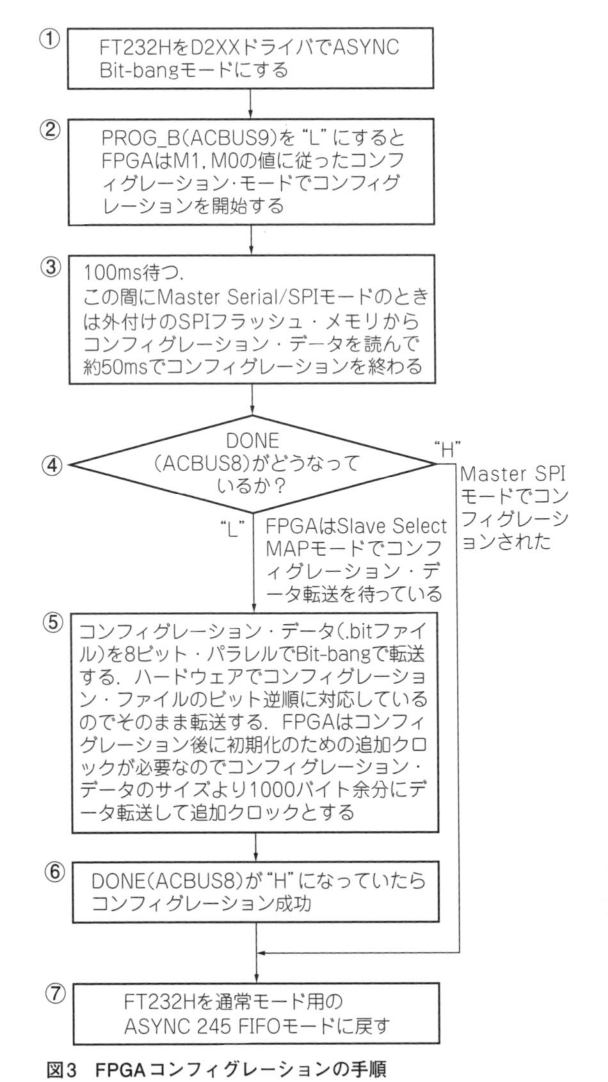

図3　FPGAコンフィグレーションの手順

FT232HとFPGAのインターフェース

● 基本構造はステート・マシン

FT232Hは，通常動作時はASYNC 245 FIFOモードです．このモードのFT232Hの要求する入出力信号に合うように，FPGA側のインターフェース回路のVHDLプログラム(ft232 h_asyncfifo.vhd)を設計します．プログラムの基本的な構造はステート・マシンになっています．

ステート・マシンは，ステート(状態)をクロックごとに条件に応じて順番にたどっていくもので，ある程度複雑な処理をCPUをもたないハードウェアで実装する場合の定番ともいえる方法です．CやC#のプログラムでも，ステート・マシンを使うとわかりやすく記述できることがあり，よく使っています．

● インターフェース回路は2層構造

FPGA側のインターフェース回路は，FT232Hと物理的な信号をやりとりする層と，FT232Hからのデータをコマンド(後述)として解釈して内部モジュールとやりとりする層の2層構造になっています(**図4**)．

第1層がFPGAとFT232Hを接続する層，第2層がFPGA内部モジュールとパソコン側ソフトウェアとを接続する層とも言えます．パソコンからFPGAの読み書きをするときは第2層と直接やりとりをし，第1層は空気のような存在です．

● ステート・マシンの状態遷移

図5にステート・マシンの遷移図を示します．ステート・マシンは，クロックごとにあるステートからそのときの信号状態に応じて次にどのステートに行くかが決まります．条件がない場合は単純に次のステートに移りますので，タイミング調整に使います．

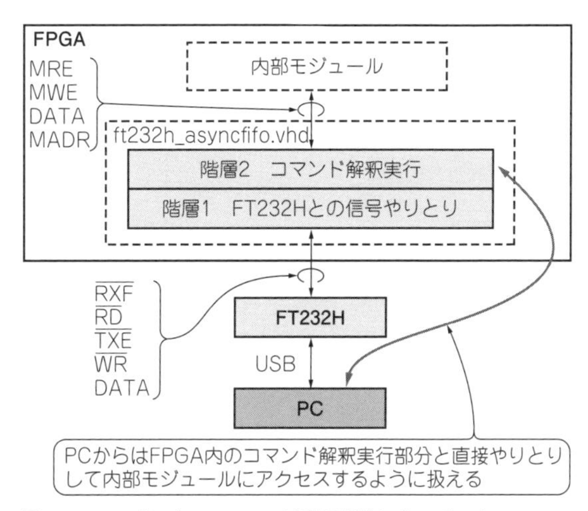

図4　FPGAインターフェースは階層構造になっている

図5の下側が階層1のステート・マシン1，上側が階層2のステート・マシン2と，第1層と第2層でそれぞれ別々のステート・マシンになっています．互いに信号のやりとりをしながらステート・マシン1でFT232Hへの信号を，ステート・マシン2で内部モジュールへの信号を作っています．

図5と**図6**を合わせて見ると，ステート・マシンの各ステートとそれぞれの信号のタイミングの関係がよくわかると思います．

▶FT232HからFPGAにデータを書く場合

図6(a)は，FT232HからFPGAにデータを書く場合の信号タイミングで，階層1のステート・マシン1で作っています．最初，ステートはIDLE状態でデータ転送待ちになっています．パソコンからFT232Hにデータを送ると，FT232HはRXF#信号を“L”にして受信データがあることを示します．ステート・マシン1がIDLE状態でこの信号が“L”になったならステートをWR1にし，書き込みステートを開始します．

APB-3のFPGAのコンフィグレーションがうまくいかない!?　Column 3

8ビット・パラレルでコンフィグレーションする場合，前述したようにコンフィグレーション・データのビットを逆順にしないといけません(APB-3ではハードウェアで対応した)．

SPIフラッシュ・メモリに書き込むコンフィグレーション・データはビット逆順にする必要はありませんが，コンフィグレーション・ファイル(.bit)の先頭に書かれているメタデータを削除して，純粋なコンフィグレーション・データだけにする必要があります．

ビット逆順になっているのを知らずにコンフィグレーションできないと悩んだ人や，コンフィグレーション・ファイルをそのままSPIフラッシュ・メモリに書いて失敗した人がたくさんいるのではないかと思います．

しかも，こういう情報は明記されていないか，書かれていても膨大なドキュメントに埋もれてしまっています．常識に反した悪い設計の見本のようなもので，こういう設計は絶対してはいけないという反面教師です．

〈小川　一朗〉

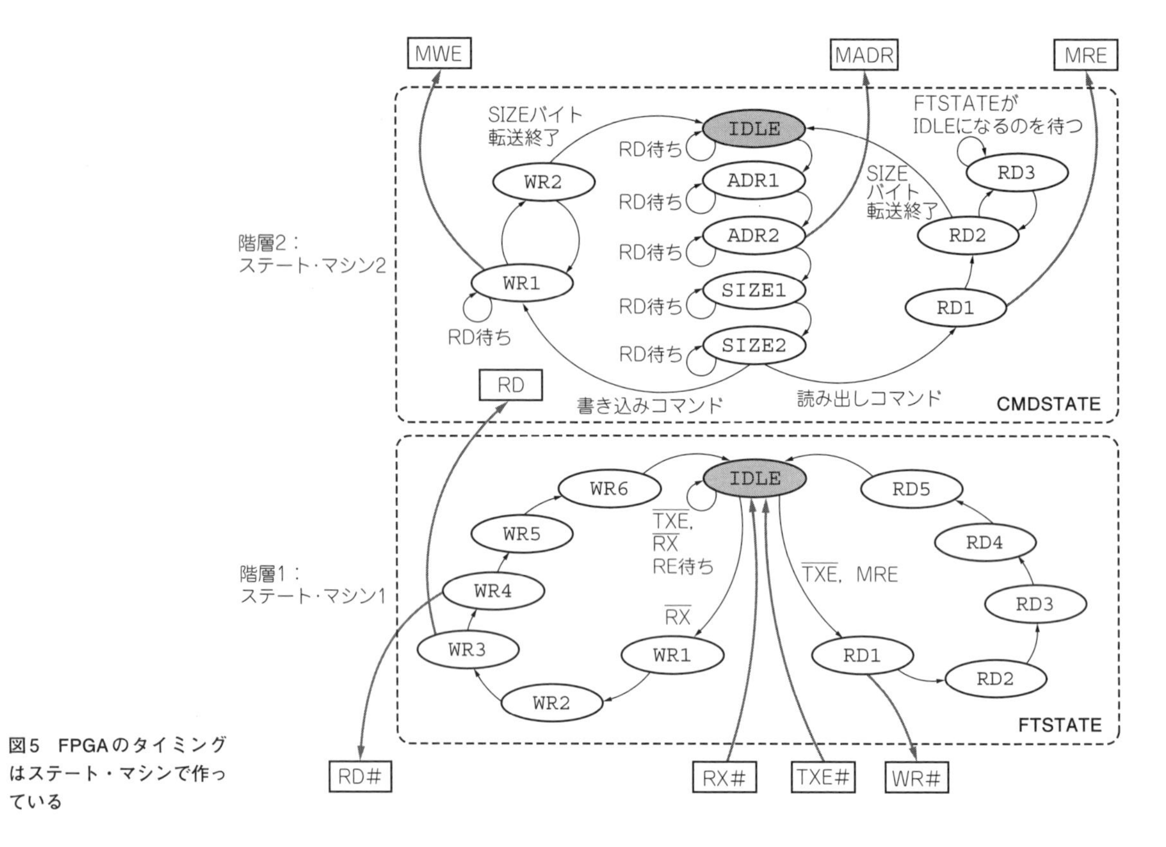

図5 FPGAのタイミングはステート・マシンで作っている

まず，FT232HにRD#信号を返してデータ受信したことを知らせます．RD#信号はFT232Hの仕様上30 ns以上必要なので，タイミング調整のステート(WR1～WR4)で40 ns幅にしています．1バイトのデータ書き込みが終了するとステートはIDLE状態に戻り，次のデータ転送待ちになります．

▶FT232HがFPGAの内部データを読む場合

図6(b)が，FT232HがFPGA内部データを読む場合です．FT232Hが受信可能になるとTXE#が“L”になります．読み出しコマンドでステート・マシン2がデータ読み出し中ならステート・マシン1のステートをRD1にし，読み出しステートを開始します．書き込みの場合と同様に，1バイトの転送が終了するとIDLEに戻ります．

階層2のステート・マシン2では，FPGA内部モジュールにアクセスするアドレス，データ，MRE，MWE，といった信号を作っています．MREが読み取りパルスで，‘1’になったタイミングで内部モジュールから読み出します．MWEが書き込みパルスで，同様に‘1’になったタイミングで内部モジュールに書き込みます．いわゆる「8080バス」に似ていますが，MRE，MWE，は1クロック幅(10 ns)の同期パルスに

ステート・マシンには必ずグレイ・コード？ Column 4

グレイ・コード(Gray code)とは，隣接するコードが1ビットだけ変化するコードです．例えば，00，01，11，10といったものです．デコードしたときに遷移部分でハザード(hazard)が出ないという特徴があるので，ステート・マシンの各ステートを表すのにはグレイ・コードを使うのがよいと言われています．

実は，APB-3のVHDLプログラムでは各ステート値にグレイ・コードではなく整数値を使っていて，XSTの論理合成がステート・マシンを類推してグレイ・コードに直してくれています．

最終的にスライス数や動作周波数が仕様を満足するのなら，なるべく簡単でわかりやすい記述にして，あとは論理合成にまかせるのがよいですね．素直な書き方をすると論理合成も類推しやすいです．

ちなみに，ロータリ・エンコーダは回転の途中に変なコードが出るといけないので，グレイ・コードで出力されています．〈小川 一朗〉

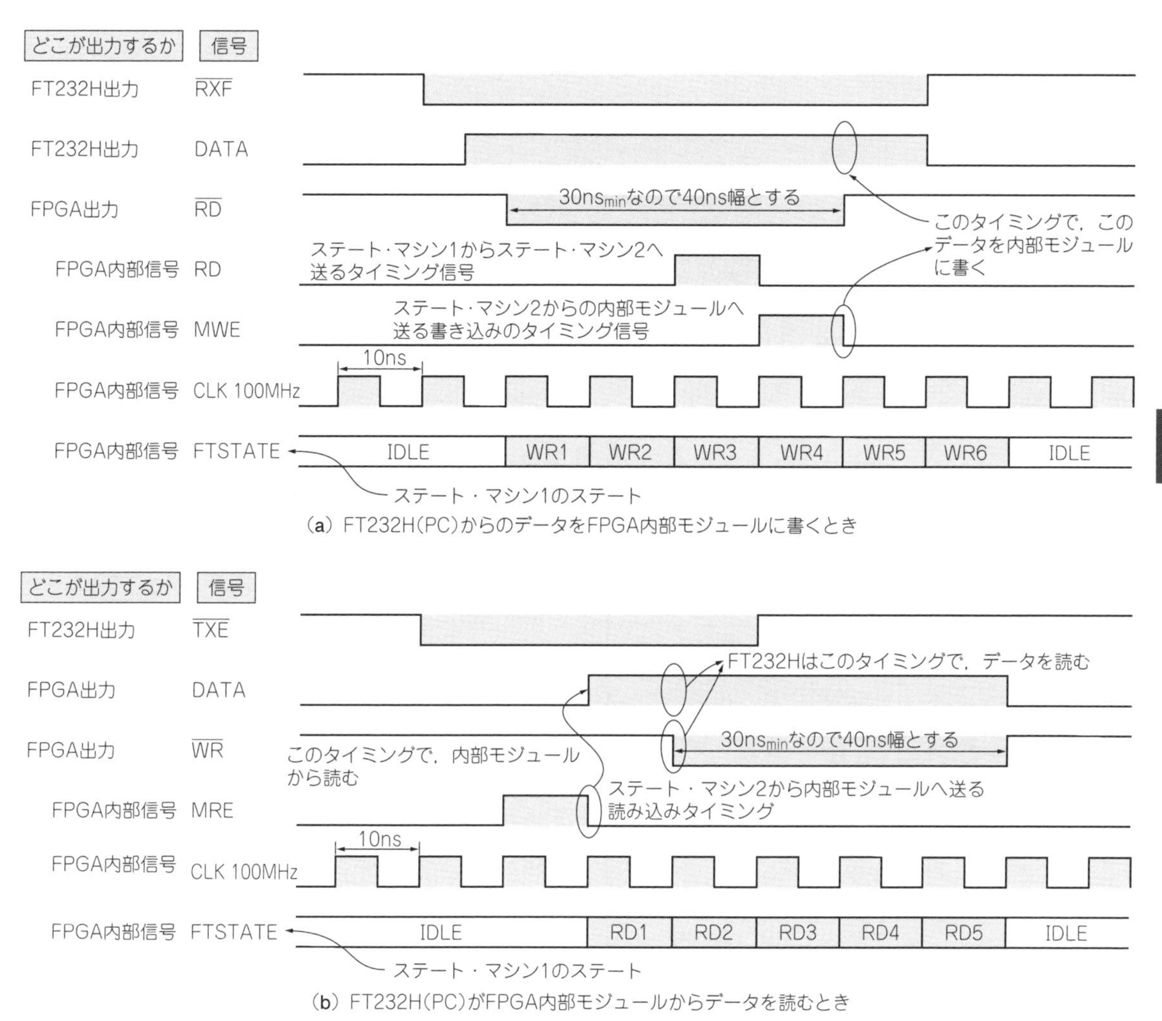

図6 FT232H ASYNC 245 FIFOモードとFPGAのタイミング

なっています．

データは，FPGA内部の各モジュールからはそれぞれ独立した読み出しデータとし，最終的に論理ORしています．ハードウェアで作る場合は3ステート・バッファを使って各モジュールをデータ・バスにつなぐのが普通ですが，VHDLでハイ・インピーダンスを示す 'Z' を使えるのは実際のFPGAでは外部出力する信号だけで，FPGA内部では3ステート・バッファは使えないためです．

また，**図5**に補足すると，ステート・マシン2にはデータ・フラッシュの読み書きコマンド処理も入っています．

PCからUSB(FT232H)を経由してFPGA内部モジュールにアクセス

FT232HとFPGAのインターフェースができましたので，パソコンからはFT232HのD2XXドライバを経由してFPGAにアクセスできます．USBにまつわるエラー対応などの煩雑な処理はFT232HとD2XXドライバが行うので，パソコンからはUSBが介在していることを意識しないで，FPGAと直接エラー・フリーでつながっているように扱うことができます．

● コマンド

パソコンからFPGAにアクセスするのにUSBの複数のパイプを扱えるとコマンドとデータ入出力を別々のポートにできますが，残念ながらFT232HのD2XXドライバでは1個の入力と1個の出力しか使えません．そこで，パソコンからコマンドを送ると，それに応じたデータをFPGAが返すというプロトコル(コマンド体系)を考えます．

また，USBは細かなデータのやりとりが苦手で，できるだけ大きなデータ単位で読み書きしないとスループットが落ちてしまうので，パソコンからは最大64Kバイトのデータを一度に転送できるようにします．

表3に，APB-3で使っているコマンドを示します．

表3　PCからFPGAのデータ読み書きするためのコマンド

コマンド	1バイト目	2, 3バイト	4, 5バイト	6バイト目以降	説明
READ (Adrs自動インクリメント)	0x5C	Adrs (16ビット)	Size (16ビット)	なし	Sizeバイト数のデータをモジュール(Adrs)から読み出してPCに転送する
READ	0x5D	Adrs (16ビット)	Size (16ビット)	なし	Sizeバイト数のデータをモジュール(Adrs)から読み出してPCに転送する
WRITE (Adrs自動インクリメント)	0x54	Adrs (16ビット)	Size (16ビット)	書き込みデータ	Sizeバイト数のデータをモジュール(Adrs)に書く
WRITE	0x55	Adrs (16ビット)	Size (16ビット)	書き込みデータ	Sizeバイト数のデータをモジュール(Adrs)に書く
DF_RW	0x44	Size (16ビット)	書き込みデータ		データをDF(SI)に送ると同時にDF(SO)を読み取りDF_BUFに書く
DF_BUF_READ	0x45	Size (16ビット)	なし		DF_BUFのアドレス0からデータを読み出してPCに転送する

図7　FPGA内部はアドレス空間64Kバイト, 8ビットのメモリ・マップトI/O

アドレス	
0x0000	各モジュール
0x1000	
0x2000	
0x3000	
0x4000	
0x5000	
0x6000	
0x7000	
0x8000 ⋮ 0xF000	取り込みメモリ (8K × 40ビット)

アドレス	モジュール	
0x0000	M0	Signature
0x0100	M1	DDS
0x0200	M2	CIC (decimation)
0x0300	M3	ADC1610S
0x0400	M4	AD9707
0x0500	M5	
0x0600	M6	UDA1345
0x0700	M7	Memcontrol
0x0800	M8	Freq_det
0x0900	M9	
0x0A00	M10	Demod
0x0B00	M11	Oscilloscope
0x0C00	M12	
0x0D00	M13	
0x0E00	M14	
0x0F00	M15	

用意しているのは，あるアドレスへのデータ読み書きだけで，複雑な条件判定や繰り返しはありません．FPGAにはCPUがないので，あまり複雑なコマンドにするとデコードするプログラムが難しくなります．

前述のような簡単なステート・マシンでデコードできる程度の単純なコマンドになっています．どういうコマンドを用意し，パソコン側ではどういう処理をするかは，トータル・スループットとFPGA側プログラムの複雑さの兼ね合いです．ハードウェアに近いところはなるべく単純にし，複雑な処理はパソコンにまかせるとトータル・バランスが良くなります．

● エラー検出

USBはエラー・フリーの通信路として扱えるので，パソコンとFPGA間のコマンド体系にはエラー検出は入れていません．FPGAからはパソコンから送られたデータをそのまま書き込み，パソコンはFPGAから送られてきた読み出しデータをそのまま使っています．

USBはエラー・フリーとはいっても，それは送受信できたデータの話です．パソコン側アプリケーションでは，データが送られてこないとか，USBケーブルを突然抜かれた，電源OFFされた，などといったいろいろなエラーを考慮する必要があります．

こういったエラーを検出した場合には，まずリカバリを試みます．リカバリできないときでも，アプリケーションが異常終了しないようにすると同時にログ出力して，あとから原因究明できるようにします．C言語でまじめにエラー処理を書くと，エラー処理ばかりになって本来の処理の流れがわかりにくくなってしまいます．しかし，C#では`Try Catch`文で例外が起きた場合の処理を記述できるので，エラーが起きた場合の処理を分離してわかりやすく記述できます．

● FPGAのアドレス空間

第3章の図AでFPGA内部モジュール構造を示しましたが，パソコンから読み書きの必要なモジュールやメモリは64Kバイトのアドレス空間にマップしています．**図7**に示すように，各モジュールはそれぞれ256バイトのアドレス空間をもち，下位4Kバイトにメモリ・マップされています．フィルタ係数などは，それに続く4Kバイト単位のアドレス空間にマップします．

取り込みメモリ(8K×40ビット)は最上位の32Kバイトにマップしていますが，メモリ容量は40Kバイトなので下位32ビットと上位8ビットに分け，バンク切り替えしてアクセスします．

これで，パソコンからは前述の読み書きコマンドを使って各モジュールやメモリの読み書きができます．

◆参考文献◆

(1) FTDI；FT232H Single Channel Hi‐Speed USB to Multipurpose UART/FIFO IC, FT_000288.

(2) Xilinx；UG380 Spartan‐6 FPGA Configuration User Guide, v2.5, 2013年1月, p.71.

(初出：「トランジスタ技術」2013年4月号)

第7章 入出力伝達特性を測り，振幅/位相/群遅延を求める

ネットワーク・アナライザを作る

小川 一朗(おじさん工房) Ichiro Ogawa

USB-FPGA信号処理実験キットAPB-3には9種類の測定機能が用意されています．第2章～第5章では，1番目の機能のスペクトラム・アナライザについて説明しました．

本章では，2番目の機能であるネットワーク・アナライザについて説明します．とはいっても，スペクトラム・アナライザとネットワーク・アナライザは信号処理についてはほとんど同じです．ここでは，両者の違いの部分と信号出力部分のハードウェアについて説明し，APB-3のネットワーク・アナライザを使用した測定例を紹介します．

ネットワーク・アナライザはネットワークを解析するものです，といってもわからないですよね．ここでいうネットワークは，コンピュータのネットワークではなく回路網のことです．

スペクトラム・アナライザでは回路が出している信号のスペクトラムを測定しました．ネットワーク・アナライザでは回路に信号を入力し，その出力が入力に対してどのような振幅，位相になっているかを測定します．

APB-3で測れるのは入出力の振幅と位相の関係

市販のマイクロ波帯(GHz)用のネットワーク・アナライザではSパラメータ(Scattering parameters)を測定しますが，ここで作るAPB-3のネットワーク・アナライザでは入出力伝達特性(SパラメータでのS_{21}；順方向伝送係数に相当)を測定し，振幅，位相，群遅延の周波数特性グラフを表示します．

反射特性を測りたい場合は，リターンロス・ブリッジ(SWR；Standing Wave Ratioブリッジともいう)や方向性結合器(directional coupler)を外部に付けて測定します．

APB-3ではアナログ入力が1個しかないので，Sパラメータを全部測ることができないということもありますが，APB-3で扱う周波数帯(20 Hz～40 MHz)では詳細なSパラメータを測ってもしょうがないという理由もあります．

これくらいの周波数領域では入出力インピーダンスが50 Ωでないことのほうが多いですし，インピーダンス・マッチングが不要なことも多いです．特に，オ

50 Ωマッチングが必要なところ　Column 1

回路設計で，「インピーダンス・マッチングさせることが重要だ」とよく言われますが，本当に必要なのでしょうか．

(1)最大電力の伝送
(2)伝送路への反射
(3)アンプの寄生発振
(4)フィルタの特性あばれ

といったことがインピーダンス・マッチングさせる，もしくはさせないと起きることだと思います．

ということは，これらが問題にならないのであれば，インピーダンス・マッチングさせる必要はないということです．

実際，APB-3で扱うオーディオからHF帯くらいまでの周波数では，普通の回路を組んでいるうえではインピーダンス・マッチングさせる必要がないことが多いですし，マッチングさせるにしても数百から数kΩで，50 Ωにマッチングさせることはまれだと思います．

50 Ωのマッチングは同軸ケーブルと測定器のためだけですね．

〈小川 一朗〉

ーディオ帯域ではロー・インピーダンス出力，ハイ・インピーダンス受けが普通で，インピーダンス・マッチングを取ることはありません．

ほとんどの用途では，入出力伝達特性(振幅，位相)がわかれば十分です．

実現の方法

■ 理屈の上では…

図1に示すように，2相発振器で作った$\cos(\omega t)$(ωは測定周波数)を被測定物(DUT；Device Under Test)に入れると，DUTからは，DUTの振幅A，位相Pに応じた信号$A\cos(\omega t + P)$が出てきます．この信号を周波数変換する［2相発振器の出力$\cos(\omega t)$，$\sin(\omega t)$と掛け算する］と，その直流成分としてDUTの振幅A，位相Pに応じた成分が得られます．この直流成分だけを精度良く測定すれば，DUTの振幅A，位相Pを，それぞれ絶対値と偏角として計算することができます．

■ APB-3での実現方法

● リファレンス信号はFPGA内部の信号を使う

実際の測定では，DUTに入れた信号は途中の経路で振幅，位相が変化しているかもしれません．本来はリファレンス信号(参照信号)を別途入力し，その信号との比を取ります．

しかし，APB-3では信号入力が1つしかなく，DUTからの出力信号を受けるのに使ってしまうとリファレンス信号を入力することはできないので，内部信号をリファレンス信号として使います．

そのため，DUTに入力している信号とは必ずしも一致しないので，正規化(ノーマライズ・キャリブレーション)で対応します(後述)．どんなネットワーク・アナライザでも測定前にキャリブレーションが必要なのは同じです．

● 信号処理の詳細

図2に，ネットワーク・アナライザ測定のブロック図を示します．スペクトラム・アナライザとほぼ同じ信号処理だというのがわかります．

DUTからの出力信号をA-D変換したあと，内部リファレンス信号を使って周波数変換をすると，I信号とQ信号になります．測定に必要な成分はDCになっているので，スペクトラム・アナライザと同じようにCICフィルタに通してサンプリング周波数を下げて，メモリに取り込んでパソコンで処理します．

パソコンでの処理は，画面表示も含めてほとんどスペクトラム・アナライザと同じです(実際にプログラムはほとんど共用している)．DC成分だけを使うところが，唯一違います．

スペクトラム・アナライザでは，DC成分以外もスペクトラムとして有用なのでFFT計算していましたが，ネットワーク・アナライザでは，DC成分以外はすべて不要(というかノイズ)です．DC成分を取り出すのにわざわざFFTをかける必要はなく，単純に加算するだけです(FFTでもDC成分になる信号パスは全信号の加算になる)．

DC以外の成分(2倍周波数成分やノイズ)のサイド・ローブが，ここで検出しようとしているDC成分にかぶってくるのを軽減するため，ガウス窓関数をかけています．第5章で，窓関数をかけないと矩形窓と同じになり，サイド・ローブが大きく広がることを説明していますので参照してください．

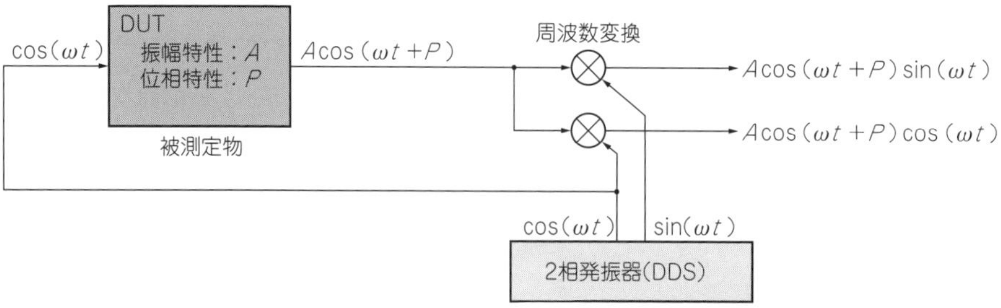

$$A\cos(\omega t+P)\sin(\omega t)=-\frac{A}{2}\sin(P)+\frac{A}{2}\sin(2\omega t+P)$$

$$A\cos(\omega t+P)\cos(\omega t)=\underbrace{\frac{A}{2}\cos(P)}_{\text{第1項}}+\underbrace{\frac{A}{2}\cos(2\omega t+P)}_{\text{第2項}}$$

第1項は直流成分で第2項は測定周波数の2倍の周波数成分．
DUTの振幅Aと位相Pは第1項の直流成分から計算でき，第2項は不要

図1　振幅と位相の測定方法

窓関数をかけたことによるRBWの増加は，スペクトラム・アナライザのときと同様にサンプリング周波数を落とすことで対処します．スペクトラム・アナライザと同様にRBW = 7 Hzまで選べますので，十分に良いS/Nで測定できます．

スペクトラム・アナライザではスペクトラムを連続して測定しますが，ネットワーク・アナライザでは測定ポイント以外は測定しないので，RBWを小さくしてもそれほど測定時間がかかるようにはなりません．まず，測定ポイント数を少なくしてだいたいの特性を高速に取ったあと，測定ポイント数を大きくしたもので最終的な詳細データを得るようにするとよいです．

● 振幅，位相，群遅延を測定

APB-3では振幅，位相，群遅延を測定します．上記信号処理で得られたDC値になったI信号とQ信号の絶対値が振幅特性，偏角が位相特性になります．群遅延は位相から計算で求めます(後述)．

1回の測定でこれら3種類を一度に測定しますので，測定後でも自由に表示項目を選べます．

測定前は必ずキャリブレーションする

● DUTがあるときとないときの2回測る

単純にDUTの出力を測っただけでも，振幅特性はわりと帯域内フラットです．しかし，位相特性は出力信号からA-D変換するまでの処理時間のために大きく回転していますので，このままでは何を測っているのかわからなくなります．

そのため，一度入出力をつないだ特性を測り，正規化(ノーマライズ・キャリブレーション)をしてからDUTをつないで測定します．つまり，直結した状態を基準状態とし，DUTをつないだときを基準からのずれとして測定するわけです．

オシロスコープ用のプローブを使う場合は，DUTの入力を測って正規化し，DUTの出力を測れば，プローブの特性も含めて補正できます．さらに応用として，回路の途中の測定値で正規化すれば，それ以降の回路の周波数特性を測定できます．

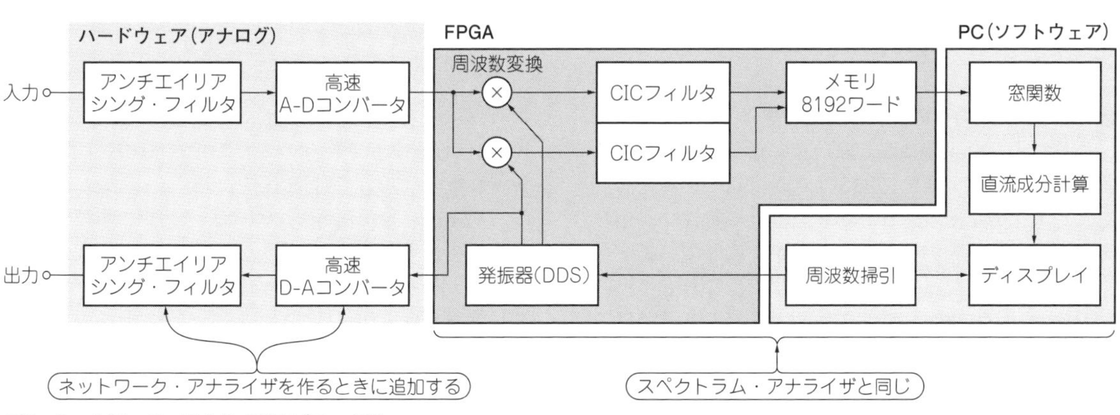

図2 ネットワーク・アナライザのブロック図

窓関数は本当に必要？ それとも不要？ Column 2

周波数変換したあとに2倍の周波数成分が発生します．矩形窓だとこれのサイド・ローブが本来必要なDC成分にかぶってしまいますが，サンプル数を測定信号周期の整数倍になるようにするか，ゼロ・クロス点を検出してサンプリングをやめるようにすれば，サイド・ローブの影響をなくすことができ，窓関数が不要になります．

そうすると移動平均が使えるので，メモリに取り込む必要がなくなるため測定を高速化でき，そのぶん同じ測定時間ならサンプリング数を大きくする(帯域幅を狭くする)ことができるようになります．

ちなみに，2倍の周波数成分が発生するのは，実信号$\cos(\omega t)$が正の周波数成分と負の周波数成分をもち，周波数変換する($e^{j\omega t}$をかける)と負の周波数成分は直流になり，正の周波数成分は2倍の周波数になるからです．振幅が半分になるのは，正の周波数成分と負の周波数成分がそれぞれ振幅0.5だからです．

当然ながら，これらは三角関数を掛け算した結果と一致しています．面白いですね． 〈小川 一朗〉

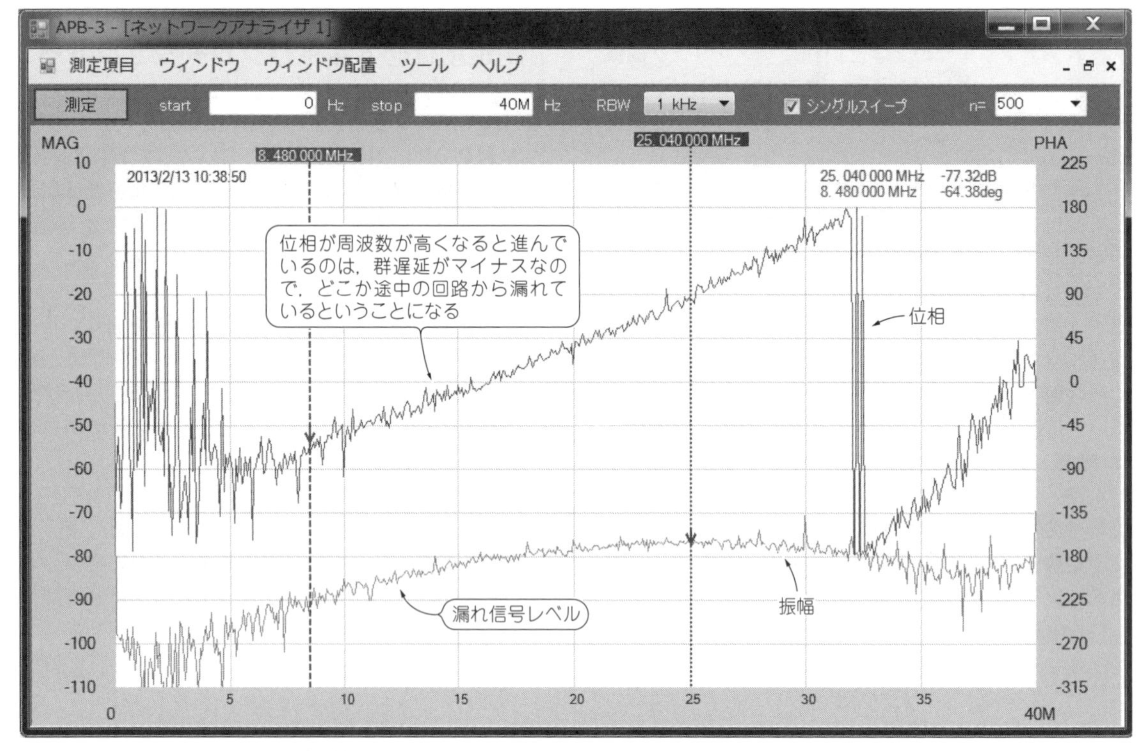

図3 APB-3の出力から入力への洩れ性能

● 出力から入力への漏れは無視できる

これで大きな誤差は取り除けましたが，実はまだ誤差要因が残っています．**図3**は，直結して正規化したあと，入出力をそれぞれ終端したときの特性で，信号出力がどの程度入力に漏れているかを表しています．

市販のネットワーク・アナライザではこれもキャリブレーションで補正できるのですが，APB-3ではこの補正を入れていませんので誤差要因になります．とはいっても，**図3**を見ればわかるように一番悪い周波数(25 MHz付近)でも－77 dB程度なので，－60 dB程度までの測定ではほとんど誤差は生じません．10 MHz程度までで使うのでしたら－90 dB以下です．

▶漏れ電流は基板で対策

－77 dBの漏れ信号レベルは，APB-3基板での部品配置や回路構成だけでの素の値です．APB-3基板上にはシールド板やフェライトなどの，かぶり/ノイズ対策部品は一切付いていませんが，これら対策部品を追加することで，さらに漏れ信号レベルを減らすことも可能です．

基板上にシールド板を付けるためのパターンもあり

APB-3は－100 dBの信号を検出できる Column 3

APB-3のネットワーク・アナライザ機能は，ある意味でロックイン・アンプ(lock-in amplifier)そのものなので，ロックイン・アンプとしての応用(微小信号検出器)も考えられます．**－100 dBくらいの信号も検出可能です．**

いまはRBW = 7 Hzが最小なので，ノイズが多い用途ではもっと狭い帯域(例えば数十mHzとか)が必要になるかもしれません．その場合，CICフィルタの出力にFIRフィルタを付けて帯域幅をもっと狭くするとか，どうせDC成分しか使わないのでCICフィルタの段数を減らしてそのぶんデシメーション率を上げるといった工夫が必要になります．

周波数変換した出力をすぐに移動平均フィルタ(単純な加算器)に通すというのもいいかもしれません．移動平均でよいのなら，いくらでも加算回数を増やせます．

外部から参照信号を入力できるようにして，ディジタルPLLを組むと完全にロックイン・アンプですね．

〈小川 一朗〉

ます．フェライト・コアをICやパターンの上に置いても改善されます．変化するのが測定値として目で見てわかります．

こういったノイズ対策の実験をして，どういう対策をするとどういう効果が得られるかを体験しておくと，いざというときにきっと役にたちます．思ってもいないところからかぶりが発生していたりして，趣味でやるならかぶり対策は面白いです．

ところで，あらためて**図3**を見ると，－100 dB(正規化しているので実際の信号入力レベルは－110 dBに相当する)程度の小信号まで位相が測れています．APB-3の回路構成でのダイナミック・レンジの広さがわかりますね．

群遅延の計算

群遅延は，APB-3で測れる重要なネットワーク測定機能の1つです．ここで群遅延の意味と測定方法を紹介しましょう．

● 群遅延とは

変調された信号のキャリアやサイド・バンドといったいろいろな周波数成分が，群れとなって一緒に移動するときに，それぞれの周波数成分でどれくらい移動時間がかかるかが群遅延です．

ほとんどの場合，平均群遅延の大小は群れ全体の移動時間が大小するだけなので問題にはなりません．群れの一部分が他より遅れたり進んだりしていないか，つまり群遅延に乱れがないかが問題になります．

群遅延が乱れると問題になるのはわかっていても，アナログ回路では群遅延を一定にするのは大変で，位相補償回路などが必要になることもあります．

ディジタル変調した信号を伝送する場合でも群遅延が一定でないと波形が歪みますが，これは一種のFM-AM変換が起きたと考えられます．ディジタル変調信号の場合は，ディジタル的に波形等化回路(イコライザ)を入れて補正をかけたりします．

● アパーチャと誤差

群遅延DG(group delay)は，位相ϕ [radian] を角周波数ω [radian/sec] で微分したもので，次式で定義されます．

$$DG = -\frac{d\phi}{d\omega}$$

微分したものにマイナスが付いていることに注意してください．

群遅延は，上記の定義式のように位相を角周波数で微分して得ますが，実際の測定では微分を微小角周波数差で近似して，

群遅延＝－位相差/角周波数差

で計算します．この角周波数差のことをアパーチャ(aperture)といいます．

アパーチャが小さいほど理想的な微分になりますが，位相差も小さくなるので位相測定誤差の影響を大きく受け，結果として群遅延測定誤差が大きくなります．

アパーチャを独立に設定できるネットワーク・アナライザもありますが，APB-3では，隣接する2つの測定点の周波数差をアパーチャとしています．そのため測定する周波数スパン，測定ポイント数によってアパーチャが変化します．

例えば，細かい変化を見たいと思って測定ポイント数を増やすとアパーチャが小さくなり，2測定ポイント間での位相差が小さくなるのでかえって誤差(ばらつき)が大きくなります．群遅延がばらついて見にくいときは，測定ポイント数を減らしてアパーチャを大きくするといった工夫が必要です．

● フィルタ回路の群遅延特性

群遅延は定義からわかるように，位相の変化の大きいところで大きくなります．フィルタでは肩のところ(通過域から減衰域に移るところ)で位相が大きく回るので，群遅延も大きくなります．また，遮断特性の良いものほど大きくなります．

アナログ回路では振幅特性を良くしようとすると，振幅と位相の双方が変化してしまいます．群遅延特性を良くするためには，ベッセル・フィルタなどの遮断特性がなだらかなものを使うか，遮断特性の良いフィルタに位相補償回路を組み合わせます．

● 良い伝送路は群遅延がフラット

群遅延は，変調した信号を伝送する際の伝送路の評価に使います．変調した信号の伝送帯域内に群遅延差がある(フラットではない)と伝送歪みが生じ，変調した信号がFM(PM)変調だった場合はFM(PM)-AM変換(FM変調成分がAM変調成分に変化すること)が起きます．また，AM変調の場合はAM-FM(PM)変換(AM変調成分がFM変調成分に変化すること)が起きます．

変調した信号にこういった変換が起きると，復調しても当然元の信号には戻りません．すなわち，伝送路でこのような変換を起こさないための必要条件が，群遅延がフラットであることです．

● 群遅延が引き起こすFM-AM変換

図4に示すように，群遅延がUSBとLSBで異なると，ベクトル図上でUSBとLSBの位相が変化し，その結果，

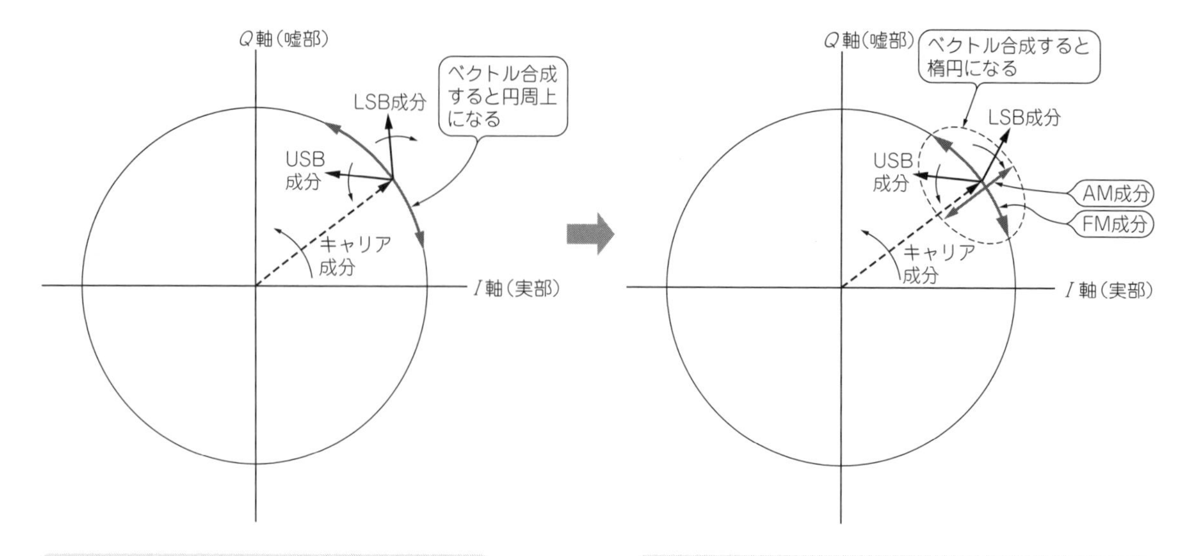

(a) FM変調　　(b) FM-AM変換後

図4　FM-AM変換のベクトル図

FM変調成分(ベクトルとしては回転方向成分)がAM変調成分(振幅方向の成分)に変換されてしまいます．

図4はFM変調の場合を描いていますが，AM変調の場合も同様なことが起きます．その場合はAM-FM変換といいます．

FM変調(特にFM変調指数が小さいとき)とAM変調は，ベクトル図で見るとUSBとLSBの位相が違うくらいでほとんど同じなので，位相が変化するとすぐに相互の変換が起きてしまいます．逆に，これらの変換を積極的に使うこともあります．

FM(PM)-AM変換は，群遅延歪みだけで起きるものではなく，振幅特性がフラットでないときも起きてしまいます．例えば，フィルタのスロープ部分を使ったスロープFM検波は，USBとLSBの振幅差を使ったFM-AM変換といえます．

APB-3のD-Aコンバータ周辺回路

ほとんどスペクトラム・アナライザと同じハードウェアを使いますが，信号出力するためにD-A変換器が必要です．

● D-Aコンバータの周辺回路

D-A変換に使っているのはAD9707(アナログ・デバイセズ)で，14ビット，175 Mspsです．APB-3ではA-Dコンバータと同じく100 Mspsで使いますので，クロック入力には水晶発振器からの100 MHzを直接シングルエンドで入力しています(**図5**)．

A-DコンバータもD-Aコンバータも，ビット数が多くなるにつれてクロックの純度(ジッタ)やクロックへの他の信号からのかぶりに注意が必要です．AD9707のクロック入力端子とGND間にR_{38}(470Ω)が入っていますが，これはクロック・ラインのインピーダンスを下げることで他からのかぶりを低減するためです．

また，基板のクロック・パターンでは，他の信号線から離す，間にGNDを入れるなどの対策をしています．

FPGAとAD9707間の信号線に直列に入っているRB_1，RB_2(33Ω)の抵抗は，ディジタル信号の立ち上がり/立ち下がり時の過渡的な電流を制限して，ノイズの発生を抑えるためのものです．AD9707の入力端子の容量ぶんを充放電する過渡電流を制限することで，DGNDに流れるディジタル・ノイズを軽減します．ディジタル信号ラインのインピーダンス・マッチング抵抗ではありません．だいたい，こんなに短い配線ではインピーダンス・マッチングする必要はありません．

● 電源とグラウンド

AD9707のDGNDとAGNDはIC直下で接続します．A-DコンバータでもD-Aコンバータでも，ICのDGNDとAGNDは直下で最短距離で接続するのが鉄則です．A-D/D-AコンバータのDGNDは，IC内部のアナログ部にディジタル・ノイズが入らないように分離して設けてあるもので，長々と引き伸ばしてシス

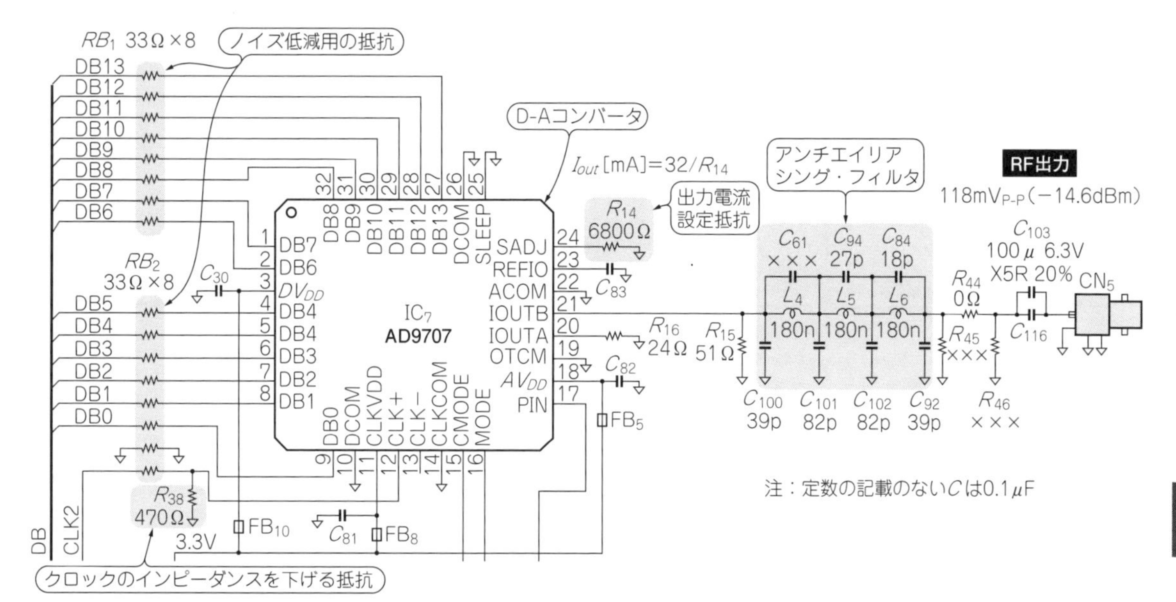

図5　D-Aコンバータ周辺の回路

テムのDGNDに接続するためのものではありません．

AD9707の直下GNDはグラウンド・プレーンになっていて，FPGAと最短距離で接続してあり，FPGAからAD9707に接続した信号線のリターン電流を最短/低インピーダンスでFPGAに戻しています．

各電源ピンは，最短距離に置いたデカップリング・コンデンサでインピーダンスを下げ，直列のフェライト・ビーズでインピーダンスを上げています．各電源の対GNDインピーダンスは小さく，電源とのインピーダンスを大きくすることで，ノイズ電流をすべて直近でGNDに戻すようにします．

● 出力は118 mV$_{P-P}$

AD9707は電流出力になっていて，フルビット時の電流値はR_{14}で設定でき，32/R_{14}になります．APB-3ではR_{14} = 6800 Ωなので，32/6800 = 4.7 mAになります．50 Ωシングルエンド出力にしているので，50Ωの負荷がつながると4.7 mA × 25 Ω = 118 mV$_{P-P}$(− 14.6 dBm)の信号出力になります．

ちょっと出力が小さいですが，へたにアンプを入れると特性が悪くなりそうなので，そのまま出力しています．出力にはA-Dコンバータの入力に入れたのと同じアンチエイリアシング・フィルタが入っています．

測定の準備

● 10：1プローブの調整

APB-3の入力インピーダンスは，50 Ωと1 MΩの切り替えができます．

1 MΩ入力にしてオシロスコープ用の10：1プローブを使うと，接続することによるDUT(Device Under Test，被測定回路)への影響を低減できますし，測定点への接続も簡単になります．最近はオシロスコープ用プローブも安価で入手できますので，専用に1本購入しておくと便利です．

オシロスコープ用プローブは，使う前に調整が必要です．製作したネットワーク・アナライザを使って調整します．

● 10：1プローブの内部回路

図6に，10：1プローブの内部等価回路を示します．

ここで使ったプローブは入力容量が18 pFなので，入力の9 MΩの抵抗に並列に入っているコンデンサは20 pF，BNCコネクタのところに入るコンデンサは9倍の180 pFとなります．

180 pFのコンデンサは可変になっていて，±40 pFくらいの調整範囲があるようです．また，×1への切り替えができますが，これは入力の9 MΩの抵抗をショートしていると思われます．

● プローブの調整

プローブは使う前に調整が必要です．プローブを“×1”にしてAPB-3の出力を測り，正規化します．

次に，プローブを“×10”にして，周波数特性が正確に−20 dBでフラットに，位相が0°になるようにプローブを調整します．

図7が実際の測定例です．プローブの時定数が0.数msなので，数kHzのところで周波数特性が大きく変化しています．**オシロスコープのプローブ調整用矩形波の周波数が1 kHzなのは，調整によって数kHzの振**

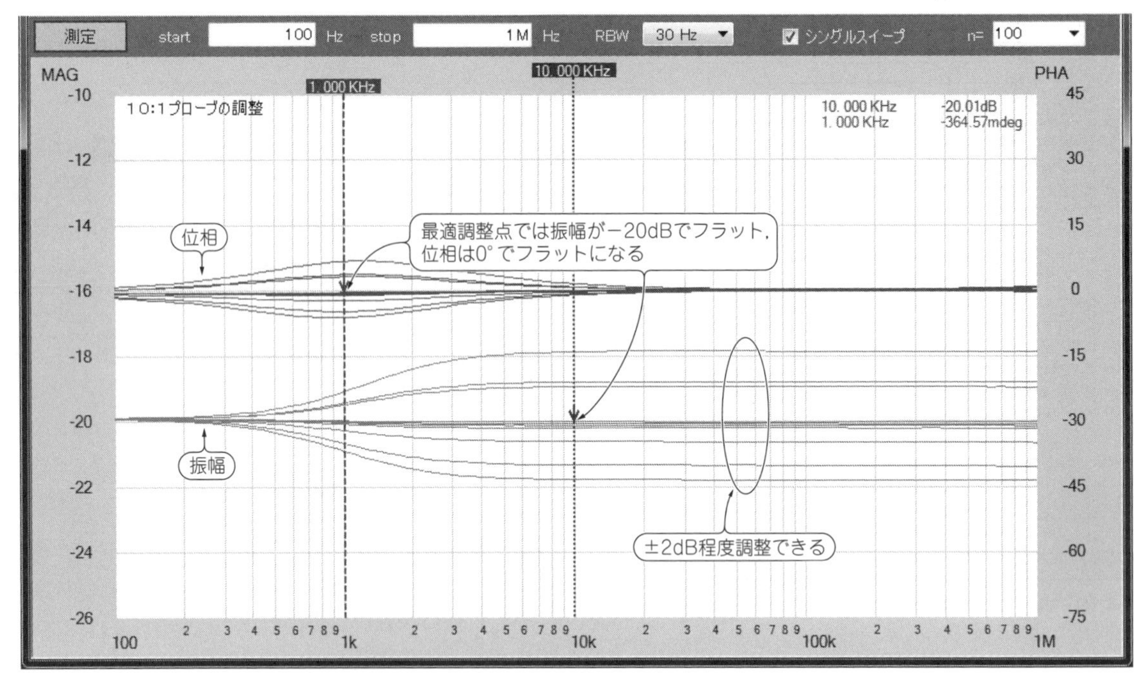

図7　10：1プローブの調整が合っていないと振幅と位相の周波数特性に起伏ができる（APB-3による測定結果）
プローブの調整ねじを回したときにどのような周波数特性になるかを見たもの

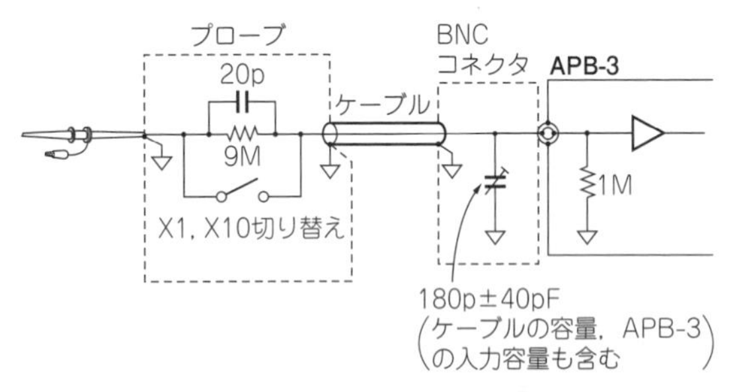

図6　10：1プローブの調整が必要な理由は内部回路からわかる

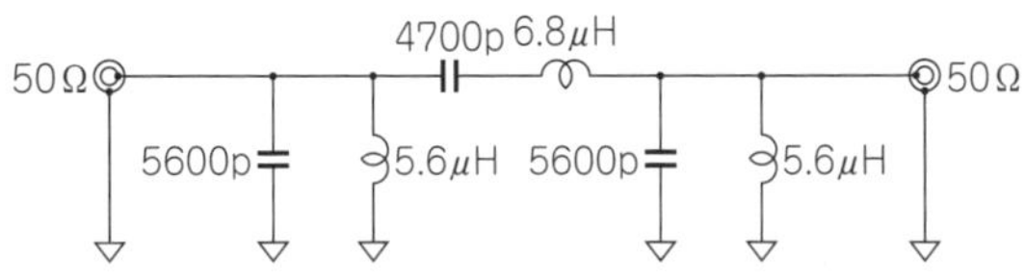

図8　AMラジオ放送用BPFの回路

幅が大きく変化するからだというのがよくわかります．

測定例1…バンドパス・フィルタの周波数特性

ネットワーク・アナライザの応用はもっとも基本的なフィルタの測定例です．**図8**に示すAMラジオ放送用の500 k～1600 kHzのBPFを測定してみました．

● 減衰量と群遅延の測定

図9が実際の測定結果で，群遅延がフィルタの肩（通過域から減衰域に移るところ）で大きくなっているのがわかります．一般的に，BPFではこのように鬼の角のような群遅延特性になります．

この例では，群遅延が大きく変化しているところでもAMラジオ放送では帯域が±10 kHz程度なので，帯域内では群遅延の差は小さく問題にはなりません．

前回で述べたように，群遅延が問題になるのは変調波の帯域内に差がある場合です．

ちなみに，フィルタの周波数特性を見る場合，**図9**のように対数周波数軸にすると対称形になって見やすいです．

測定例2…コンデンサのインピーダンスの周波数特性

秋月電子通商（秋葉原にある有名部品店）に寄ったところ，オーディオ用電解コンデンサが何種類かありました．オーディオ用と称されるものはコンデンサとして理想に近い特性なんだろうなと思い，いくつか購入し，どのような特性をしているのか簡単に測ってみました．

単純に，信号とGND間に被測定コンデンサを入れて，どの程度減衰するかを見ただけです．**写真1**に示すように，比較のため手持ちの「OSコン」，普通の電解コンデンサ，チップ・セラミックも一緒に測ってみました．容量はどれも100 μFですが，耐圧は異なっています．

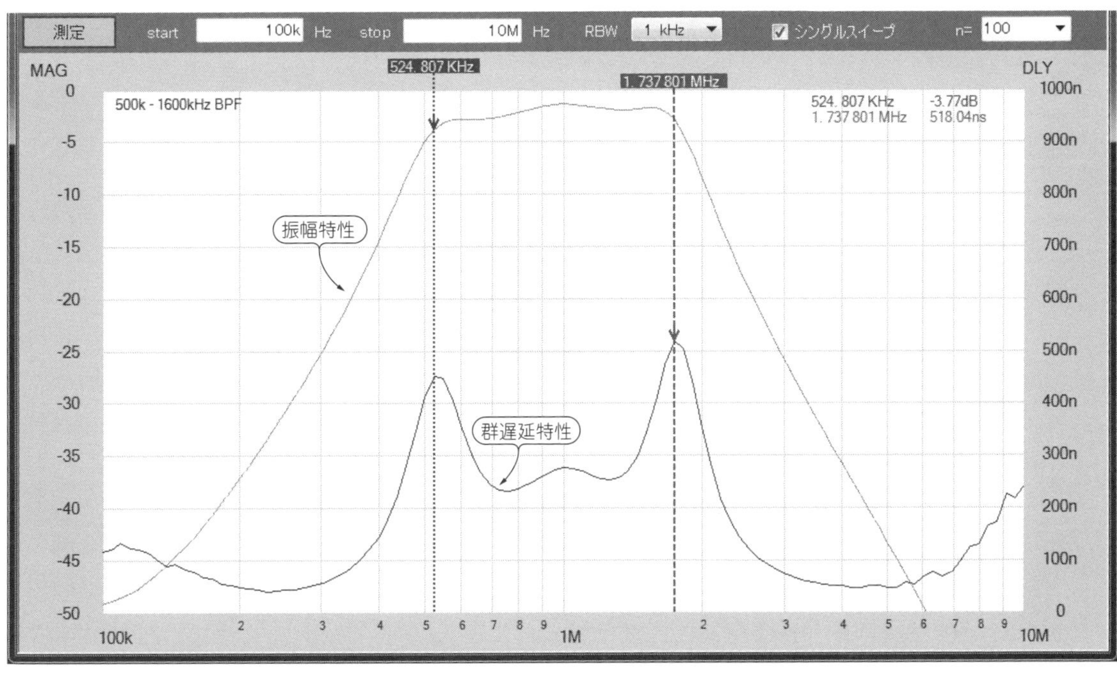

図9　AMラジオ放送用BPFのゲインと群遅延の周波数特性(APB-3による測定結果)

● 測定結果

図10(p.192)が測定結果です．振幅特性が200 kHz前後まで落ちたあとで上昇しているのは共振しているからです．共振周波数200 kHzから，等価直列インダクタンスは6.3 nHと計算できます．

このインダクタンス成分は，測定時のリード線(ワイヤは1 cmで大体7 nHのインダクタンスになる)も含んでいます．

● コンデンサの等価直列抵抗が明らかに

共振時(ディップ点の周波数)の振幅特性から等価直列抵抗を計算すると，**表1**のようになりました．

チップ・コンデンサが一番小さいのは当然として，普通の電解コンデンサでもオーディオ用として売られているタイプより小さな値です．

直列に低抵抗を入れて反共振を抑えるというテクニックもありますし，等価直列抵抗が音質にどのように影響するかはわかりませんが，予想に反する結果が得られて面白いなと思いました．

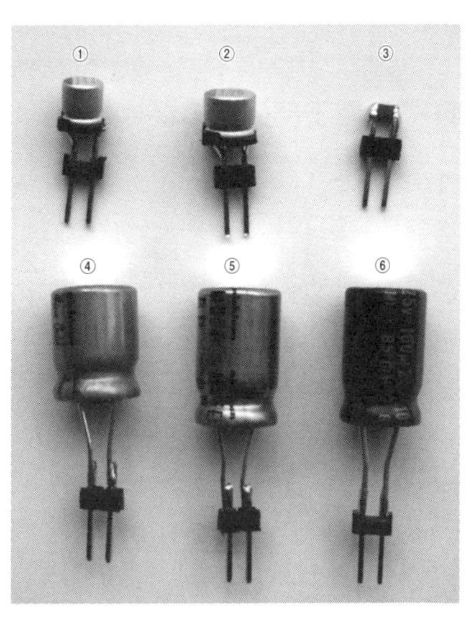

写真1　APB-3で測定したコンデンサの外観(容量：100 μF)
①OSコン(6 V)，②アルミ電解コンデンサ(6.3 V)，③チップ・セラミック(6.3 V)，④ニチコンFG(35 V)，⑤ニチコンMUSE(25 V)，⑥ニチコンMUSE ES(25 V)

表1　コンデンサの等価直列抵抗

種　類	振幅［dB］	直列抵抗値［Ω］
OSコン	− 58.37	0.030
アルミ電解	− 59.36	0.027
チップ・セラミック	− 65.99	0.013
FG(ニチコン)	− 41.85	0.204
MUSE(ニチコン)	− 44.35	0.153
MUSE ES(ニチコン)	− 42.33	0.193

◆参考文献◆

(1) アナログ・デバイセズ：AD9704/9705/9706/9797データシート．

(初出：「トランジスタ技術」2013年5月号，6月号)

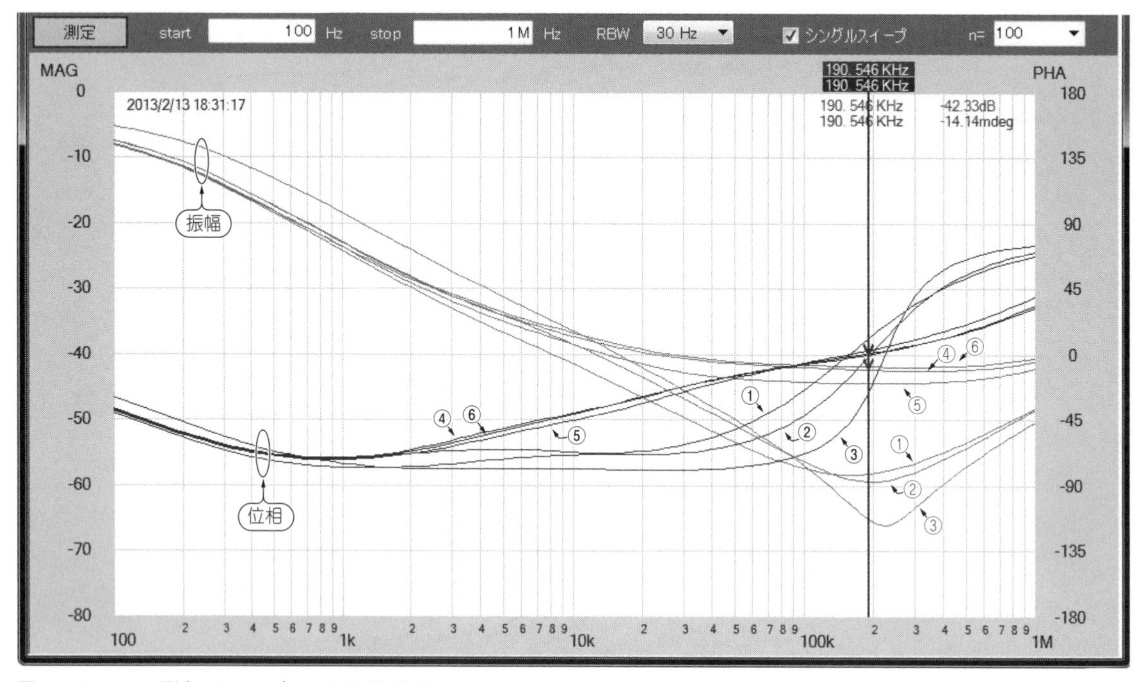

図10　APB-3で測定したコンデンサの周波数特性
①OSコン(6 V)，②アルミ電解コンデンサ(6.3 V)，③チップ・セラミック(6.3 V)，④ニチコンFG(35 V)，⑤ニチコンMUSE(25 V)，⑥ニチコンMUSE ES(25 V)

APB-3と電子部品とのつなぎ方　Column 4

APB-3のネットワーク・アナライザは，S_{21}を測定するものです．DUT(Device Under Test；被試験デバイス)として抵抗やコンデンサ，インダクタなどの受動素子をつなげば，そのインピーダンスの周波数特性S_{21}を求めることができます．

APB-3とDUTの接続には，**図A(a)**のように並列に入れる方法と，**図A(b)**のように直列に入れる方法の2種類があります・

インピーダンスは，得られたS_{21}から，それぞれ次式で求められます．

$$Z_P = R\frac{S_{21}}{2(1-S_{21})} \cdots\cdots(1)$$

$$Z_S = R\frac{2(1-S_{21})}{S_{21}} \cdots\cdots(2)$$

本文で測定したOSコンの場合，−58.37 dBなので，

$$S_{21} = 10^{(-58.37/20)} = 0.0012$$

となり，式(1)より，

$$Z_P = 50 \times \frac{0.0012}{2 \times (1-0.0012)} = 0.03\ \Omega$$

となり，共振して実部だけなので，等価直列抵抗値が得られます．

ここで示したのは簡易的な方法で，精度を上げる場合はDUTの前後にアッテネータを追加します．

DUTとの接続方法は，インピーダンスがR(50Ω)より小さければ並列，大きければ直列にします．

〈小川　一朗〉

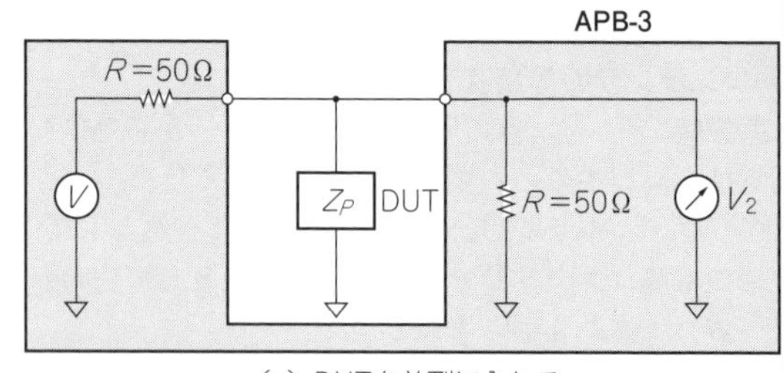

(a) DUTを並列に入れる

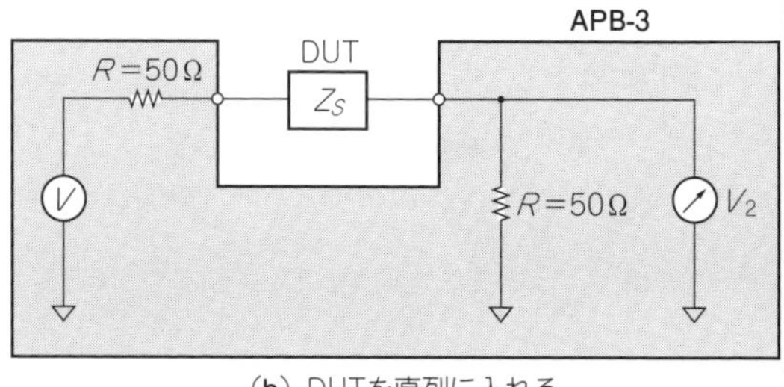

(b) DUTを直列に入れる

図A　APB-3と電子部品との接続方法には並列と直列がある

第8章 20Hz〜40MHzでAM/DSB/FM変調付き

信号発生器を作る

小川 一朗(おじさん工房) Ichiro Ogawa

APB-3の信号発生器では，オーディオ帯域の20 Hzから40 MHz程度までの，AM/DSB/FM変調をかけた信号を発生させることができます．正弦波の生成は第3章で説明したDDSと同じです．本章では，AM/DSB/FM変調について説明します．

今までの信号発生器では，変調信号源が内部オーディオ信号発生器だけでしたが，外部オーディオ入力でも変調をかけられるように改造しました．また，これにともないFMプリエンファシス回路をIIRフィルタで作りましたので，これらについても説明します．

リスト1　AM/DSB変調のVHDLプログラム(dds_vhdより抜粋)

```
01 process( DDSCLK ) begin
02  if( rising_edge(DDSCLK) ) then
03   if( DSB = '1' ) then
04    AMP1MOD <= AMLEVEL(31 downto 14);
05   elsif( AM1 = "0000" ) then
06    AMP1MOD <= "0" & AMP1 & "0";
07   else
08    AMP1MOD <= "010000000000000000" + AMLEVEL(31 downto 14);
09   end if;
10  end if;
11 end process;
```

DSBのとき

AM変調しないときは出力レベルを使う

0.5 + AM

AM変調，DSB変調

AM(Amplitude Modulation)/DSB(Double Side Band)変調は，どちらも振幅を変化させる振幅変調の一種です．D-A変換器AD9704の出力レベル調整用に乗算器を入れてあるので，これをAM/DSB変調の振幅変化に使います．そのため，AM/DSB変調時は信号出力レベルの調整ができなくなっています．

● AM変調波のスペクトラム

リスト1のVHDLプログラムの8行目がAM変調部分で，直流成分0.5(“010000000000000000” は18ビット符号付き小数で0.5を表す)と変調信号を足したものを振幅としています．4行目はDSB変調の部分ですが，変調信号をそのまま振幅としています．つまり，AMとDSBの差は直流成分の有無だけです．

図1にAM変調のスペクトラムを示します．搬送波は直流成分0.5に相当し，変調をかけないときに比べて－6 dB(0.5)のレベルになっています．変調度を変

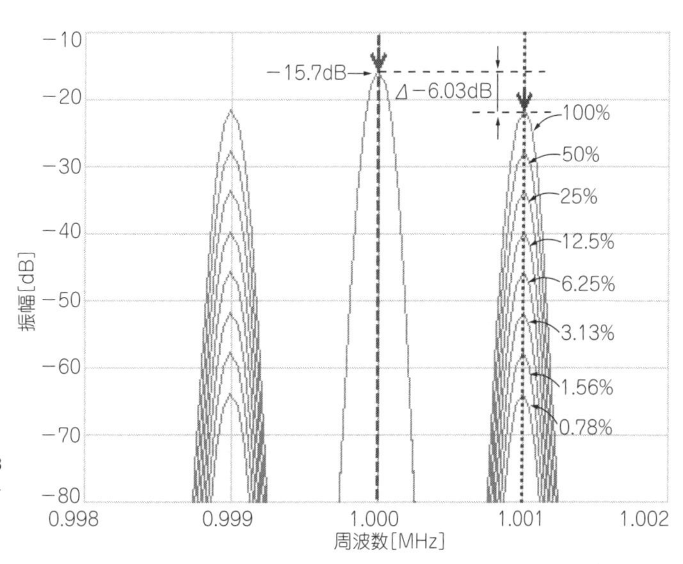

center：1 MHz
Span：10 kHz
RBW：100 Hz
シングル・スイープ

図1　AM変調スペクトラム
AM変調度が100%，50%，25%，12.5%，6.25%，3.13%，1.56%，0.78%のときのスペクトラム．変調度が半分になるごとにサイド・バンドのレベルは－6 dBになるが，搬送波は変化しない

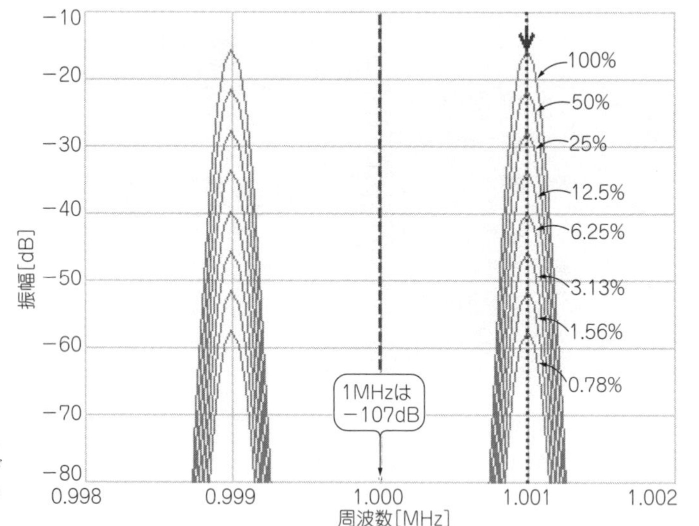

図2　DSB変調スペクトラム
DSB変調度が100 %，50 %，25 %，12.5 %，6.25 %，3.13%，1.56%，0.78%のときのスペクトラム．変調度が半分になるごとにサイド・バンドのレベルは－6 dBになるが，搬送波がないので全体のレベルが下がったのと同じ

化させると両サイド・バンドのレベルだけが変化し，搬送波は一定(－6 dB)なことがわかります．

搬送波が一定なので受信機のAGCを作りやすく，復調は包絡線検波が使えますので，ラジオが簡単に作れます．

一方，送信する側からすると，音声(変調信号)がないときも搬送波が残っているので電力効率が悪いです．そこで，搬送波をなくして両サイド・バンドだけにしたのがDSB，さらにサイド・バンドをどちらか片側だけにして電力効率を上げたのがSSB(Single Side Band)です．AM変調はA級アンプ，DSB，SSBはB級アンプみたいな感じでしょうか．

● DSB変調波のスペクトラム

図2がDSB変調波のスペクトラムで，**図1**のAM変調波の搬送波がなくなって両サイド・バンドだけになっています．DSBは復調回路がSSBと同じくらい複雑なうえ，電力効率はSSBの半分，占有帯域幅が2倍…とメリットがないので，そのまま使うことはまずありません．アナログ回路でSSBを作るときに，DSBをまず作り，急峻なフィルタでSSBにするのに使うくらいです．

ちなみに，ディジタル信号処理ではDSBを介することなく位相方式でSSBを作るほうが簡単なので，DSBはまったく出番がありません．

このように，実際には使われていない変調方式なので，信号発生器にDSBは不要かと思いましたが，簡単に作れるし，**図2**のようにスペクトラムが2信号になるので相互変調歪み(*IMD*；Inter - Modulation Distortion)の測定用に使えるかなと思い実装することにしました．ちゃんとした2信号(別々に作成した信号をコンバイナで電力合成したもの)ではないので，D - A変換器(AD9707)自身の2信号特性による歪み成分がありますが，変調度を変えると6 dBステップで信号レベルを変えられますし，簡易的には十分に使えると思います．

FM変調

● 数行のHDLでOK！

リスト2がFM変調(Frequency Modulation)のVHDLプログラムで，6行目がFM変調部分です．DDSの周波数設定値(中心周波数)に変調信号を足しているだけで，説明の必要もないくらい簡単です．

アナログ回路でのFM変調は，ひずみや周波数特性を良くしようとするとかなり大変なのですが，ディジタルではこれだけで理想的なFM変調ができます．

● FM変調波

図3は周波数偏移が± 24.4 kHzのときのFM変調波のスペクトラムです．**図1**のAMや**図2**のDSBに比べるとサイド・バンドがたくさんあるのがわかります．

FM変調のスペクトラムは第1種ベッセル関数(**図4**)で表され，$J_0(m)$が搬送波(中心周波数)の振幅，$J_1(m)$が変調信号の周波数分だけずれたサイド・バンドの振幅，$J_2(m)$が変調信号の周波数の2倍分ずれたサイド・

リスト2　FM変調のVHDLプログラム
(dds_vhdより抜粋)

```
01 process ( DDSCLK ) begin
02   if( rising_edge(DDSCLK) ) then
03     if( FM1 = "0000" ) then
04       FREQ1MOD <= FREQ1;  ←── 無変調
05     else
06       FREQ1MOD <= FREQ1 + FMLEVEL;  ← FM変調
07     end if;
08   end if;
09 end process;
```

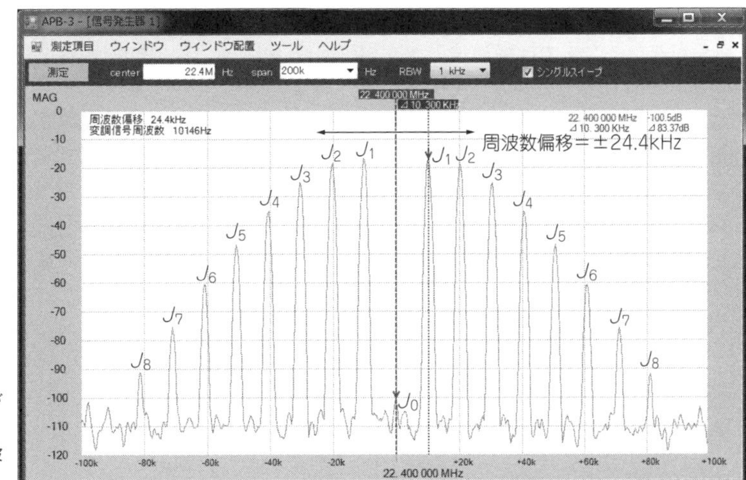

図3　FM変調波のスペクトラム
周波数偏移が±24.4 kHz，変調信号周波数が10146 Hzのとき搬送波(J_0)がなくなる．サイド・バンドが無限にあるのでスペクトラムからは周波数偏移を測ることはできない

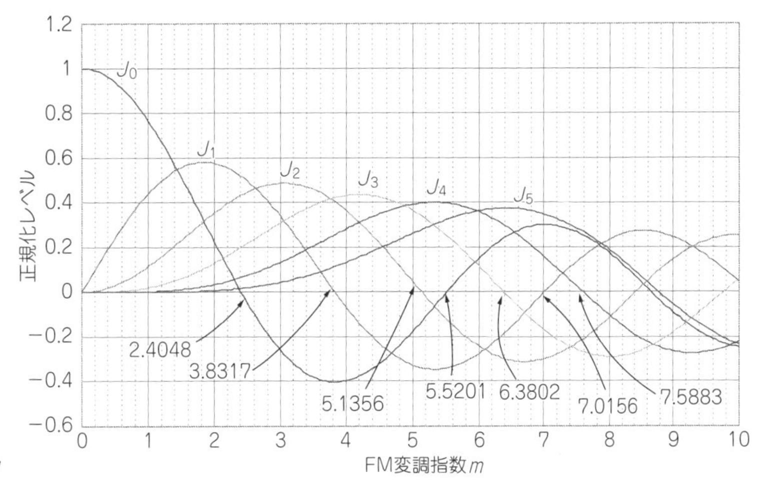

図4　第1種ベッセル関数グラフ

バンドの振幅…と，無限にサイド・バンドが続きます．mはFM変調指数で，次式で表されます．

$$m = \frac{\text{周波数偏移}}{\text{変調信号周波数}}$$

変調指数は，AM変調での変調度に相当します．

● 変調指数とサイド・バンド

図4のベッセル関数のグラフを見るとわかるように，$J_0(m)$，$J_1(m)$，…がゼロになるところがあります．

狭帯域 FM 変調＝AM変調　Column 1

ベッセル関数グラフ(**図4**)からわかるように，mが小さい(0.5以下くらい)ときは$J_0(m) \fallingdotseq 1$，$J_1(m) \fallingdotseq m/2$で，$J_2$以上の成分はほとんどゼロになります．つまり，搬送波と±変調信号周波数のサイド・バンドだけになり，スペクトラム的にはAM変調とほとんど同じです．

AM変調との差はサイド・バンドの位相だけで，位相が変化すればAM変調になってしまいます(第7章で説明したAM-FM変換の逆変換)．

FM-AM変換が起きるのは，狭帯域FMだけではなく広帯域FMでも同じです．FM放送では周波数偏移は±75 kHzですが，実際には過変調になることもあり，200 %変調の±150 kHz程度までを考慮しておかないといけないようです．この±150 kHzの帯域の中で群遅延ひずみがあると，復調周波数特性にうねりが生じます．　〈小川　一朗〉

$J_0(m)$がゼロになるのは搬送波がなくなるということ，$J_1(m)$がゼロになるのは搬送波のすぐ両脇のサイド・バンドがゼロになるということ…と，以下同様になります．

mを変化させたとき，FM変調波の搬送波とサイド・バンドがどのように変化するかを実際に試してみます．

図4より，$m = 2.4048$のときJ_0がゼロになるので，周波数偏移を±24 kHz（正確には24.4 kHz = 100 MHz/4096），変調信号周波数を10146 Hz（= 24400/2.4048）と設定して，出力をAPB-3のスペクトラム・アナライザで見てみると見事に搬送波がなくなっています（実は**図3**はこのようにして搬送波がなくなったスペクトラム）．

$m = 3.8317$のときはJ_1がゼロになりますので，変調信号周波数を6368 Hz（= 24400/3.8317）とすると，搬送波のすぐ両側のサイド・バンドがなくなります．

このようにして，**図4**のゼロになるmの数値から変調信号の周波数を計算して入力し，スペクトラムを見ると狙ったとおりのサイド・バンドが消えていき，マジシャンになったみたいです．

APB-3で作るMy AM/FM放送局　Column 2

● AMミニ放送局

AMミニ放送局はAPB-3で直接出力できる周波数なので簡単に作ることができます．例えば，周波数を1 MHzにして，APB-3の出力に60 cmくらいのビニル線をループ・アンテナにしてつなぐだけです．

残念ながらAPB-3の出力は－15 dBmなので電波は弱く，届くのは1 mくらいまでです．お風呂に置いたラジオまで飛ばすには力不足です．

● FMミニ放送局：その1

FMミニ放送局ですが，APB-3はそのままではFM放送周波数（76 M～90 MHz）の信号を出力することはできません．そこで，以下に説明する方法を取ります．

以下は，77.6 MHzに出力する場合の例です．FM放送のない周波数を選んで実験してください．また，周波数偏移はプリエンファシスをかけることを考慮して±24 kHzにします．

まずは，APB-3の出力を歪ませて高調波を作る方法です．ダイオードを直列に入れて，60 cmくらいのビニル線をループにしてグラウンドにつなぎます．D-A変換器の出力電圧が低いので効率は良くなく，ゲルマニウム・ダイオード（1N60）を使うとループの近くにラジオを置けば受信できる程度，ショットキー・バリア・ダイオード（RB751）だと1N60より10 dBくらいレベルが低く，かろうじて受信できる程度になりました．

信号発生器の周波数を38.8 MHz（77.6 MHz/2）に設定して第2高調波を使います．25.867 MHzの第3高調波でも受信できましたが，かなり弱くなりました．第2高調波を使うと周波数偏移は2倍に，第3高調波だと3倍になるので，ラジオで受信した音が大きくなるのがわかります．

● FMミニ放送局：その2

次は，APB-3の基板のD-A変換器出力を直接取り出す方法です．D-A変換器の出力にはサンプリング周波数100 MHzで折り返した成分があるのですが，アンチエイリアシング・フィルタが入っているため76 M～90 MHzの信号はほとんど出てきません．

そこで**写真A**のように，APB-3基板のD-A変換器AD9707の20番ピン出力にビニル線を直接つないで取り出し，もう片方をまっすぐ伸ばしてアンテナにします（ループにはしない）．AD9707の出力に入っているアンチエイリアシング・フィルタを取ってしまって（R_{15}のところでパターン・カットし，R_{44}を取り去りったところとビニル線でつなぐ），BNCコネクタ出力にアンテナとなるビニル線をつないでもOKです．

信号発生器の周波数は22.4 MHz（100 MHz－77.6 MHz）に設定します．実験では60 cmのビニル線を繋いだだけで家中で受信できるようになり，お風呂ラジオへの送信用に使えそうです．あまり長いビニル線をつなぐと電波法に抵触しますので注意してください．

〈小川 一朗〉

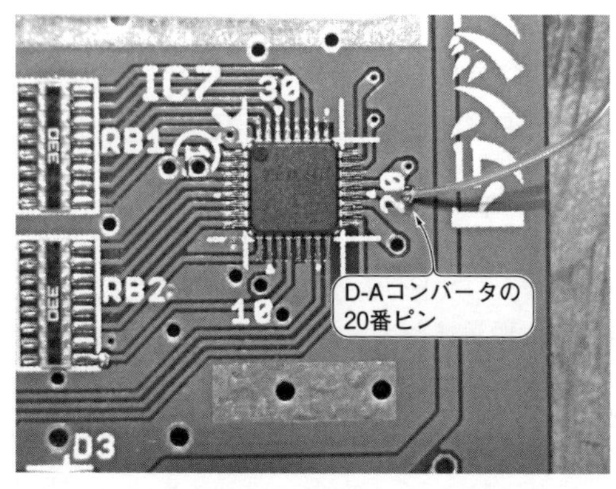

写真A　FMミニ放送局その2…APB-3にビニル線をつなぐ

ここでは周波数偏移からゼロになる変調信号周波数を計算して求めましたが，逆に変調信号周波数を変化させて搬送波がゼロになったときの周波数を測ることで周波数偏移を測定することができます．

サイド・バンドが無限にあるのでスペクトラム・アナライザでは周波数偏移を正確に読み取ることはできないのですが，この方法なら変調信号の周波数を1 Hzずらしただけで搬送波のレベルが大きく変化するので，正確に求めることができます．

また，APB-3にはFMアナライザ機能（次章で紹介）があり，これを使ってもかなり正確に周波数偏移を測ることができますので試してみてください．

外部オーディオ信号で変調する

変調の実験をいろいろしていると，昔ワイヤレス・マイクを作ったことを思い出しました．テープ・レコーダからの音楽を流したりして放送局の気分を味わったものです．

そこで，外部オーディオ端子から入力した信号で変

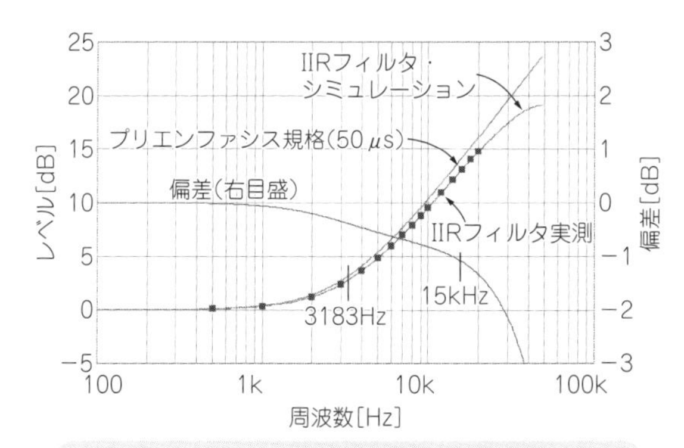

IIRフィルタで作ったプリエンファシス回路は低域で−18dBのゲインだが，プリエンファシス規格と比較しやすいように0dBに正規化してある．30kHz以上でゲインが0dBを超えるが，FMでは15kHzまでなので問題ない．偏差は−1dB@15kHz程度に収まっているのがわかる

図5　プリエンファシス規格とIIRフィルタ特性

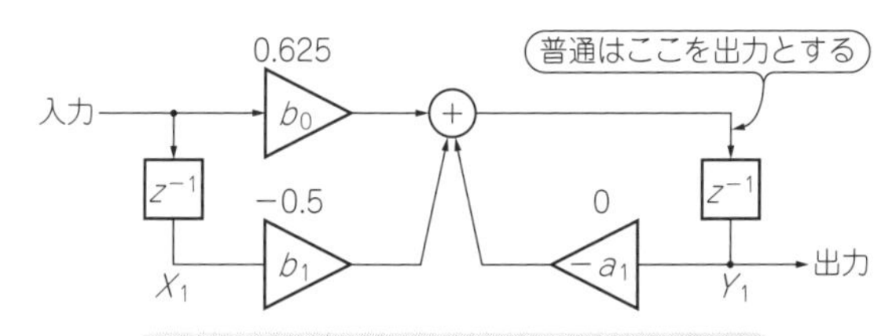

伝達関数：$\dfrac{b_0+b_1z^{-1}}{1+a_1z^{-1}}$

z^{-1} は，1サンプリング時間の遅れで，VHDLではラッチと同じ．普通は加算器の出力をフィルタの出力とするが，ここではラッチ出力Y_1にしている．どちらでもフィルタの特性は変わらないが，ラッチ出力のほうが高速動作できる

図6　1次IIRフィルタの構成と伝達関数

調をかけられるようにAPB-3のソフトウェアを改造してみました．外部オーディオ端子は0.5 V_{RMS}(1.41 V_{p-p})でフルスケールになるので，マイクをつなぐ場合は別途マイク・アンプが必要ですが，MP3プレーヤなどはそのままつないでミニ放送局になります．外部入力可能なソフトウェアはダウンロードできるようにする予定です．実際に試してみてください．

早速改造したソフトウェアで，MP3プレーヤをつないでFMチューナで聴いてみましたが，高域の落ちたこもった音になってしまいました．FM放送で必要なプリエンファシス（pre-emphasis）がかかっていないためです．

FM変調用プリエンファシス回路

FM放送ではFM変調特有の三角ノイズ（周波数が高くなるにつれノイズが増え，ノイズのスペクトラムが三角形になる）を軽減するため放送時にプリエンファシスをかけて高域を持ち上げ，受信時にディエンファシスをかけて元に戻しています．

日本のFM放送のプリエンファシスは時定数50 μsと規定されていて，これは3183 Hz（$=1/2/\pi/50^{-6}$）で＋3 dB，それ以上は＋6 dB/octで大きくなる周波数特性ということです（**図5**）．

余談ですが，無限にゲインが上がるこんな特性のHPFはたとえ周波数が最大15 kHzまでとしてもなかなか正確なものは作れません．1次のLPFの逆特性にしたのでしょうが，シェルフ特性にしてくれればよかったのに，と思います．

● 1次のIIRフィルタで実現

プリエンファシスは1次のフィルタなので，**図6**の

FM変調波をスロープ検波してみる　Column 3

スロープ検波は，AMラジオのIFフィルタの減衰域部分を周波数弁別器として使うものなので，あまり広帯域のFMは復調することができません．

ここでは，周波数偏移を一番狭い±1526 Hzにして，1 kHzでFM変調して実験しました．周波数（搬送波）を1 MHzにしてラジオを1 MHzぴったりから数kHz上下どちらかにずらす（スロープ部分にする）と，1 kHzの音が大きく聞こえてきました．

ラジオのIFフィルタによって聴こえ方が異なりますので，いろいろ設定を変更してみてください．

〈小川 一朗〉

リスト3　プリエンファシス用IIRフィルタのVHDLプログラム

```
01 process( RESET, CLK ) begin
02  if( RESET='1' ) then
03   X1 <= (others =>'0');
04   Y1 <= (others =>'0');
05  elsif( rising_edge(CLK) ) then
06   if( ND = '1' ) then
07    Y1 <=  ( SIG_IN(17)&SIG_IN(17 downto 1) )
08       + ( SIG_IN(17)&SIG_IN(17)&SIG_IN(17)
&SIG_IN(17 downto 3) )
09       - ( X1(17)&X1(17 downto 1) )
10       ;
11    X1 <= SIG_IN;
12   end if;
13  end if;
14 end process;
```

f_S = 97.7kHzのとき
b_0=0.5+0.125
b_1=−0.5

1次のIIRフィルタで近い特性のものを作ることができます．

まず，参考文献(1)のshelf_bassの計算式で低域カットオフ周波数を3183 Hzにして各係数を求めます．次に，係数を2^{-n}の加算に丸めたものをシミュレーションし，項数が少なくて特性が規格に合うものを探しました．

最終的に，$b_0 = 0.625(0.5 + 0.125)$，$b_1 = -0.5$，$a_1 = 0$としました．実は，$b_0 = 0.609375(0.5 + 0.125 - 0.015625)$とすると，偏差が＋0.2 dB/－0 dBに改善されるのですが，$b_0 = 0.625$でも－1 dB@15 kHz程度の偏差と許容範囲なので，少しでも簡単にするため$b_0 = 0.625$のほうを採用しました．

図5に示す実測値はシミュレーションとほとんど一

プリエンファシス用IIRフィルタの測定方法　Column 4

図Aのように信号発生器の出力をそのまま入力(BNCケーブルで入出力をつなぐ)して，FMアナライザで復調します．FMアナライザの変換周波数は信号発生器と同じ周波数に，FM復調は±195 kにします．

FMアナライザでは，入力された信号をFM復調してオーディオ出力に出しているので，これをパソコンに取り込んでWaveSpectraでレベルを測ります．変調信号の周波数を500 Hz，1 kHz，…と変化させてプリエンファシスOFFのときとプリエンファシスONのときの差を取れば，プリエンファシスの周波数特性が得られます．　〈小川 一朗〉

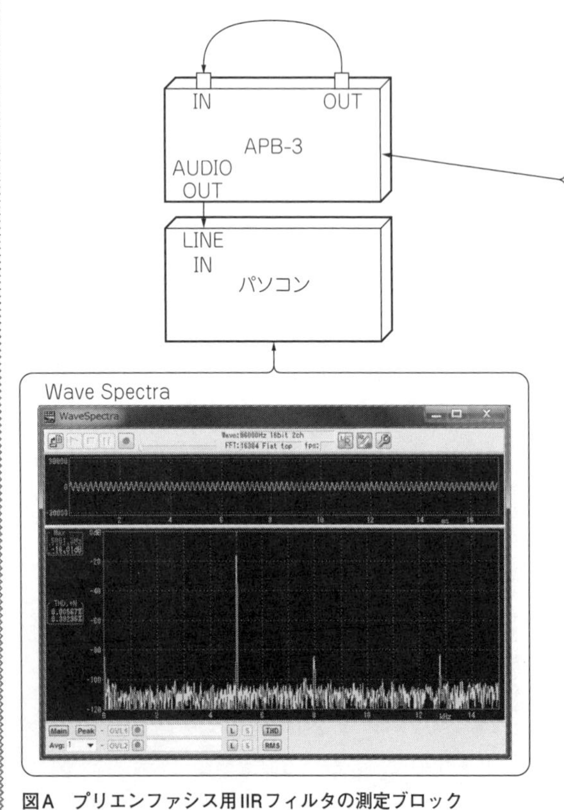

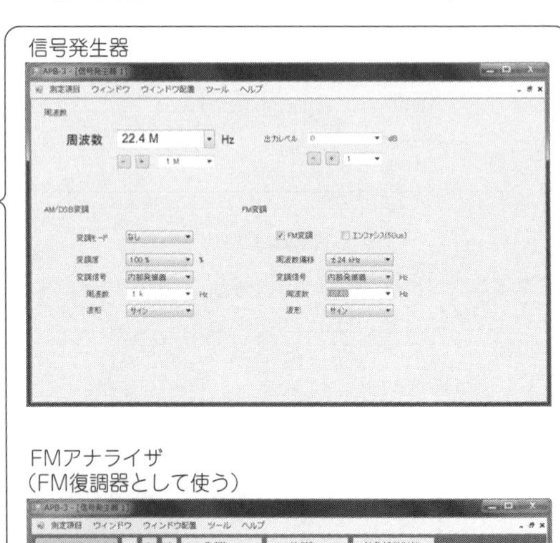

図A　プリエンファシス用IIRフィルタの測定ブロック

致しています．アナログ回路ではシミュレーション後の実測での確認が欠かせませんが，ディジタルではシミュレーションだけでも十分です．

● プリエンファシス用IIRフィルタのVHDLコード

リスト3に，作成したプリエンファシス用IIRフィルタのVHDLプログラムを示します．7～11行が**図6**のブロック図の加算器に相当する部分です．普通，この部分は各項に係数を乗算して順次加算するMAC(Multiply and ACcumulation；積和演算)になるのですが，前述したように係数を2^{-n}の加算になるようにしたので各項をシフトしたものの加算となり，スライス使用数も37/5720個と1%以下になりました．

フィルタ特性が固定の場合は，このように係数を2^{-n}の加算の形に丸めると，簡単なプログラムで作ることができます．

手持ちのラジオの周波数特性を測ってみた

プリエンファシス回路を付けたので，FM受信機のディエンファシスを含めた周波数特性を測定できます．手元にあったラジオ(DEGENのDE1103)のFMとAMの周波数特性を測ってみました(**図7**)．

FMのプリエンファシスOFFのときの－3dBになる周波数がディエンファシス時定数になりますが，**図7**を見るとどうも日本の規格の50μs(3183Hz)ではなく，米国規格の75μs(2122Hz)になっているようです．当然，プリエンファシスONにしても周波数特性はフラットになりませんでした．

このラジオはFMは周波数偏移が±98kHzでひずむし，AMは25%変調以上でクリップするうえ，TONEがNEWSモードになっていないかと思わず確認するくらいひどいダラ落ちの周波数特性と，人気のわりに基本特性の悪いことがわかって，測定しなければよかったとがっかりしました．

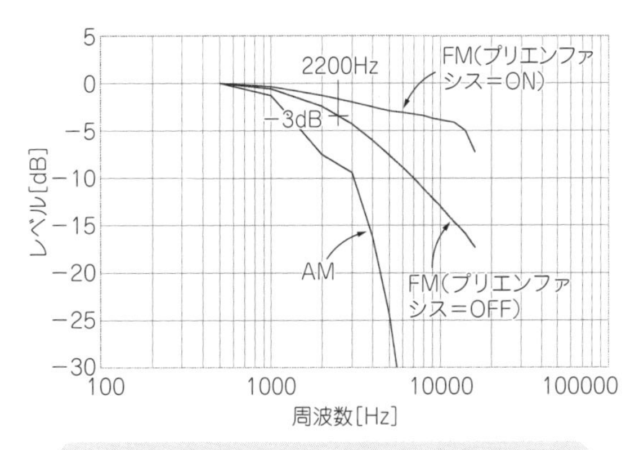

図7　DE1103の実測結果

＊

この原稿はパソコンで音楽を再生し，APB-3でFMチューナに飛ばしたものをBGMにして書いていますが，モノラルなのがちょっと寂しいです．時間があれば，FMステレオ変調に挑戦してみようかなと思っています．

◆参考文献◆

(1) Christopher Moore；First Order Digital Filters--An Audio Cookbook, SEVEN WOODS AUDIO, inc. AN-11.

(初出：「トランジスタ技術」2013年9月号)

IIRフィルタの周波数特性の計算方法　Column 5

ディジタル・フィルタの周波数特性を計算するというと，何かかなり面倒なもののように思ってしまいますが，実はExcelで簡単にできます．

今回のプリエンファシス用IIRフィルタの場合，伝達関数をHとすると，

$H = 0.625 - 0.5 \times z^{-1}$

$z^{-1} = \exp(-j2\pi f/f_S)$

f_S：サンプリング周波数(97656 Hz)

を計算すればよいのです．

例えば，$f = 1000$の場合は，

```
Z=IMEXP(COMPLEX(0,-2*PI()*1000/97656))
 =0.9979-6.430E-002 i
H=IMSUM(0.625,IMPRODUCT(-0.5,Z))
 =0.1260+3.215E-002 i
```

(この式中のZはz^{-1}と読み替える)

振幅：`20*LOG(IMABS(H))=-17.72` [dB]

位相：`IMARGUMENT(H)*180/PI()=14.31`[deg]

となります．あとは，周波数fを変化させてグラフを描くだけで，**図5**のグラフはこうやって描いたものです．係数を変化させてシミュレーションするにはExcelだとすぐに結果が出るので便利です．

なお，ここで使ったIMEXP()などの複素数を扱う関数を使うには分析ツール・アドインを組み込む必要があります．〈小川 一朗〉

第9章 周波数の時間変化を見る

FMアナライザを作る

小川 一朗(おじさん工房) Ichiro Ogawa

FMアナライザは市販品も少なく，あまりなじみのない測定機能ではないかと思います．FMという名前がついているので，FM変調した信号を解析する専用の測定機能かな，と思われるかもしれません．FMアナライザは，FM変調信号を調べたり復調したりといったことも当然できますが，そのほかにもPLL(Phase Locked Loop)の応答特性を調べたり，発振器のノイズを調べたり…と，信号周波数の時間的変化を見ることができる応用範囲の広い測定機能です．

本章では，FMアナライザの心臓部であるディジタル回路でのFM復調方法について説明したあと，FMアナライザの測定例を紹介します．

周波数とは何か？

「周波数とは何でしょうか？」と問われると，オシロスコープで波形を見たときに1秒間に波形が何個あるかとか，周波数カウンタのように1秒間のパルス数を思い浮かべる方が多いのではないでしょうか．

実は，周波数は「位相を時間微分し2πで割ったもの」なのです．こう書くと数学嫌いの方は猫またぎして，これ以降を読み飛ばしてしまいそうです．

しかし，周波数を物理的な振動数ではなく，位相の変化(微分)だと頭を切り替えて(一種のパラダイム・シフトして)理解しないと，後述の周波数検出回路やディジタル信号処理での負の周波数などが理解できません．がまんして付き合ってください．

● 瞬時位相を時間微分して2πで割ったもの

サイン信号は，

$$A\sin(\omega t)$$

ω：角周波数［rad/sec］，$\omega = 2\pi f$

と表されます．

この信号の瞬時位相ϕ［rad］は，

$$\phi = \omega t$$

です．

両辺を時間tで微分すると，

$$\frac{d\phi}{dt} = \omega$$

となり，角周波数ωが得られます．

これから周波数f［Hz］は，

振動数と周波数 Column 1

1秒間に何回転するかとか，1秒間に何パルスあるか(周波数カウンタですね)といった物理的な現象を表すときは，周波数ではなく振動数と考えたほうがよいように思います．振動数は周波数とは別物だけど，ときどき一致します．数学での自然数と整数のような関係です．

ディジタル信号処理では負の周波数が出てきますが，負の周波数を負の振動数と考えてしまうと，1秒間にマイナス回数回転するとかマイナス回数のパルスがあるということになり意味がわからなくなってしまいます(多くの方がここで挫折しているような気がします)．周波数は1秒間あたりの位相変化量なので，負の周波数は位相変化が負だと考えればよく，すんなり理解できますね．

振動数の単位を昔の周波数の単位だったc(サイクル)/s(秒)とし，周波数のHzとはっきり区別すれば悩まずにすむと思いますが，英語では振動数も周波数もどちらもfrequencyになり同じなので，国際的には無理ですね．

〈小川 一朗〉

$$f = \frac{\omega}{2\pi} = \frac{d\phi}{dt} \cdot \frac{1}{2\pi}$$

となり，瞬時位相を時間で微分して，2πで割ったものになります．2πで割っているのは，瞬時位相ϕをラジアン(radian)で表したためです．

ディジタル値で表す場合，例えば16ビット符号付き整数なら，$\pm\pi$を± 32768に対応させれば，2πで割る必要はなく，$+\pi(=+32768)$が$-\pi(=-32768)$になるので自動的に処理されます．πが3.1416だから固定小数点で表現して…，などと考えなくても大丈夫です．このあたりのことは，DDSでの位相と周波数の関係と同じです(第3章を参照)．

FM復調(＝周波数検出)方法

● ディジタルFM復調に向いている方式の検討

アナログ回路では，レシオ検波(ratio detector)，クアドラチュア検波(quadrature detector)など，いろいろなFM復調方式があります．アナログ回路でいろいろな回路方式が考案されてきたのは，どれも復調直線性や安定性，AM抑圧特性などに難があり，理想的な特性の回路がなかったためです．

それでは，ディジタル回路ではどういう方式が良いのでしょうか．アナログ回路での方法はどれも共振回路を使っていてディジタル回路でそのまま作るのは難しいですし，なにもわざわざ性能に難のある方式を使わなくても，ディジタル信号処理に向いたもっと良い方法があります．

ディジタル信号処理でFM復調するには，下記の方法があります．

(1)位相を微分する
(2)arctan(Q/I)を直接微分する
(3)PLLをかける
(4)パルス・カウント(周期カウント)する

(3)は結局は位相計算が必要になるので，それなら(1)の方法でやればよく，わざわざPLLをかけるメリットがなさそうです．

(4)のパルス・カウントする方式は，ディジタル回路的には簡単ですが誤差が大きそうです(あくまで感覚的ですが)．

そこで(3)，(4)はパスし，本稿では(1)の位相を微分する方式と，(2)のarctan(Q/I)を直接微分する方式の2種類を取り上げます．

しかし,「位相を微分」と「arctan(Q/I)を直接微分」では何が違うのでしょうか．arctan(Q/I)は位相のことなので同じじゃないのか，という声が聞こえてきそうです．たしかに数学的な微分では両者は同じになりますが，実際の回路では微分を微小時間での差分として計算するので，回路，特性に差が生じます(後述)．

● 方法1：位相を微分する

「位相を微分する」というのは，前述したように周波数の定義そのものです．これが簡単にできるなら他の方式の出る幕はありません．

アナログ回路では位相を得ることが難しかったのでこの方式を使うことはありませんでしたが，ディジタル信号処理ではI，Qの複素信号になっているので，瞬時位相(ある時点での位相)を計算でき，この方式を使うことができます．

▶CORDICというアルゴリズムで位相計算

瞬時位相はarctan(Q/I)で得ることができます．arctanの計算はソフトウェアでならテイラー(Taylor)展開するのでしょうが，ハードウェアでは面倒になるので，ここではCORDIC(COordinate Rotation DIgital Computer[1])を使いました．

CORDICは三角関数などの計算を高速に行えるアルゴリズムで，もともとハードウェアで関数計算することを目的に考案されたこともあり，VHDLでの実装がしやすいです．APB-3ではほかにも，AM復調やオーディオ用DDSなどでCORDICを使っています．三角関数だけではなく，いろいろな関数の計算もできます[2]．

図1のように，yの値がゼロになるように座標回転(正確には90°方向への座標移動)を繰り返して，絶対値と偏角(位相)を同時に求めます．

座標回転ではなく座標移動にすることで，三角関数の掛け算をビット・シフトと加減算にしたところがミソです．1回繰り返すごとに1有効ビットが得られますので，ここでは16回繰り返して16ビットを得ています．実際の精度は1～2ビットぶん落ちるようです．

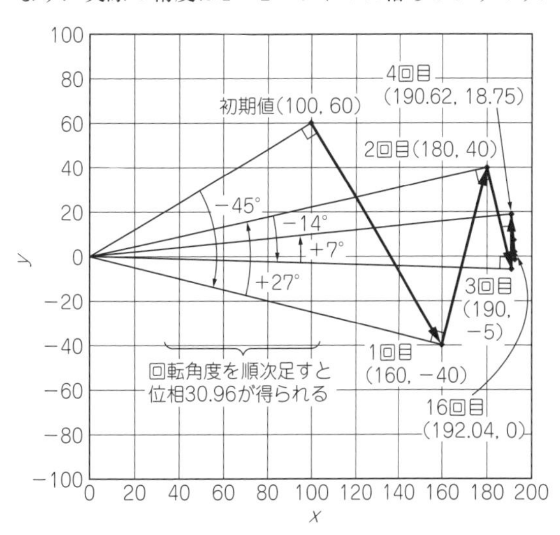

図1　CORDICで位相の計算がどのように行われるか
yがゼロになるようにyの符号に応じて回転方向を変える

リスト1
CORDICのVHDLコード

```
subtype D18 is STD_LOGIC_VECTOR (17 downto 0);
type ATNTABLE is array (0 to 15) of D18;
constant ATN :ATNTABLE := (                                         -- Atan(2^-i)のテーブル
  "001000000000000000", "000100101110010000", "000010011111101101", "000001010001000100",
  "000000101000101100", "000000010100010111", "000000001010001100", "000000000101000110",
  "000000000010100011", "000000000001010001", "000000000000101001", "000000000000010100",
  "000000000000001010", "000000000000000101", "000000000000000011", "000000000000000001"
);

 … 省略 …

QUAD0 <= Y_IN(15) & X_IN(15);                                       -- 入力信号の象限
X_ABS <= X_IN when( X_IN(15) = '0' ) else (not X_IN) + 1;           -- 入力信号の絶対値を取り
Y_ABS <= Y_IN when( Y_IN(15) = '0' ) else (not Y_IN) + 1;

X0    <= X_ABS when( QUAD0 = "00" or QUAD0 = "11" ) else Y_ABS;     -- 回転して第1象限に変換する
Y0    <= Y_ABS when( QUAD0 = "00" or QUAD0 = "11" ) else X_ABS;

ARG0  <= Z(17 downto 2)            when( QUAD = "00" ) else         -- 得られた角度を入力の象限に戻す
         Z(17 downto 2) + X"4000" when( QUAD = "01" ) else
         Z(17 downto 2) + X"C000" when( QUAD = "10" ) else
         Z(17 downto 2) + X"8000";

-------------------------------------------------------------------
--      CORDICで絶対値,偏角を計算
-------------------------------------------------------------------
process( CLK ) begin
  if( rising_edge(CLK) ) then

    if( ND='1' ) then                   -- 新しい入力データ
      QUAD <= QUAD0;
      X <= "0" & X0 & "0";              -- 1.65倍してもオーバーフローしないように
      Y <= "0" & Y0 & "0";              -- MSBに0を追加して入力振幅を1/2にする
      Z <= (others => '0');
      N <= (others => '0');

    elsif( N(4)='0' ) then              -- 16回繰り返す
      if( Y(17)='0' ) then              -- Y≧0ならマイナス方向座標回転
        X <= X + YN;
        Y <= Y - XN;
        Z <= Z + ATN(CONV_INTEGER(N(3 downto 0)));
      else                              -- Y<0ならプラス方向座標回転
        X <= X - YN;
        Y <= Y + XN;
        Z <= Z - ATN(CONV_INTEGER(N(3 downto 0)));
      end if;
      N <= N+1;

    else
      if( N(0)='0' ) then               -- 計算終了した
        ABS_OUT <= X(17 downto 2);      -- 絶対値は1.65/2倍されている
        ARG_OUT <= ARG0;                -- 偏角
        OD <= '1';
        N <= N+1;
      else
        OD <= '0';
      end if;

    end if;

  end if;
end process;
```

CORDICのVHDLコードを**リスト1**に示します.

▶微分計算

位相が計算できたら次はこれを微分します.微分は微小時間の差分として計算しますので,1サンプリング前に計算した位相と今計算した位相との差をとるだけです.1サンプリング時間での位相変化量が$\pm\pi$以下の周波数まで正常に測定でき,これは±1/2×サンプリング周波数になります.

FMアナライザでは「帯域」の設定で正常に測定できる範囲を選択できますが,これはCICフィルタのデシメーション率,つまりサンプリング周波数を変更しています.

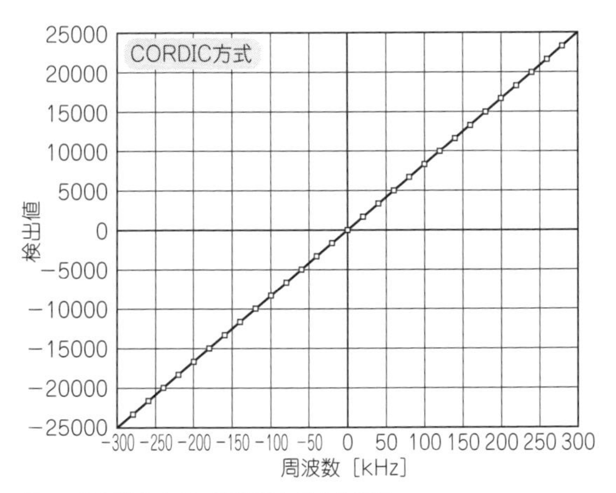

図2　位相微分方式で周波数を検出(実測)
周波数に対してきれいに直線になっている

サンプリング周波数はそのまま時間分解能なので，帯域が広いと周波数分解能は悪いのですが時間分解能が良く，狭いと周波数分解能は良いのですが時間分解能が悪くなります．実際の周波数分解能は，実測でサンプリング周波数の1/8000程度(13ビット相当)と，かなり細かい周波数変化まで見ることができます．

▶位相微分方式での周波数検出特性

図2にCORDICで位相を計算して周波数検出した回路の特性を実測したグラフを示します．周波数に対してきれいに直線になっていて，さすがに周波数の定義そのものから計算したという感じです．

● **方法2：arctan(*Q/I*)を直接微分する**

位相ϕ = arctan(Q/I)を微分したものが周波数fになりますので，

$$f = \frac{d\phi}{dt} = \frac{d}{dt}\arctan(Q/I)$$

位相と周波数と時間　Column 2

位相ϕの式，

$$\phi = \omega t$$

の両辺を角周波数ωで微分すると，

$$\frac{d\phi}{d\omega} = t$$

となり，時間tが得られます．

これは，角周波数ωでの遅れ時間に相当し，群遅延の式(第7章を参照)と同じです．

群遅延の式では遅延をプラス値で表現するためマイナス符号が付いています．〈小川 一朗〉

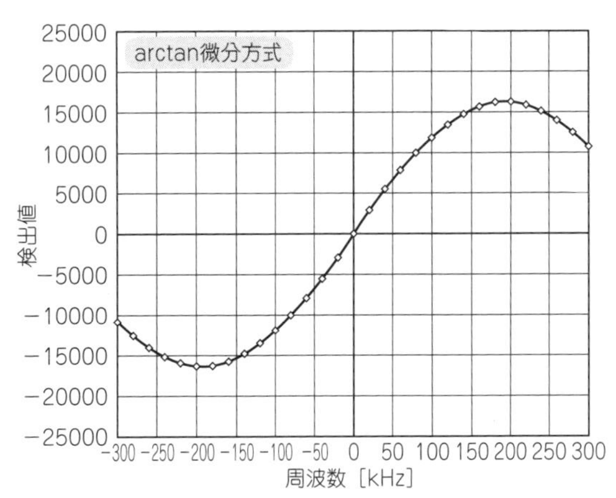

図3　arctanを直接微分する方式で周波数を検出(実測)
いわゆるS字特性になっている

です．

arctan(x)の微分は$1/(1+x^2)$なので，

$$f = \frac{1}{1+(Q/I)^2}\cdot\frac{d}{dt}(Q/I) = \frac{\frac{d}{dt}(Q)I - Q\frac{d}{dt}(I)}{I^2+Q^2}$$

となります．QやIの微分は1サンプリング前との差分とすると，

$$f = \frac{IQ' - I'Q}{I^2+Q^2}$$

ただし，I'，Q'は1サンプリング前のI，Q

となり，面倒な位相を計算することなく簡単な式で周波数を計算することができます．

▶arctan(*Q/I*)を直接微分方式での周波数検出特性

図3に実測特性を示しますが，周波数に対してS字形に大きくうねっていて，アナログ回路でのFM復調器のようです．CORDICではきれいな直線になりましたが，arctan直接微分方式でこのようにうねってし

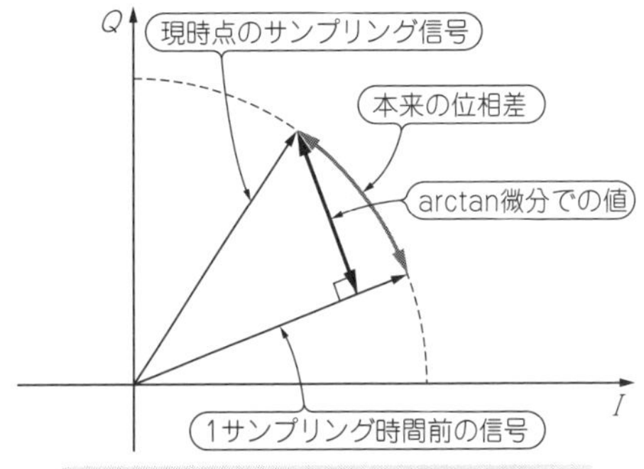

図4　周波数検出するときの図

9
FMアナライザを作る

まうのはなぜでしょうか.

どちらも位相を微分して周波数を得るという意味では同じですが，実際の回路で微分を微小時間の差分で近似したときに，変数が位相のままか，媒介変数を使ったかの違いで，このように大きな差が生じたのです.

図4のように，位相は単位円の円周の長さで表されますが，arctan直接微分で得られる値は垂線の長さに相当するので，周波数が高くなってサンプリング点間(微小時間)での位相差が大きくなると，arctan直接微分で得られる値は円周の長さと大きく乖離していきます．位相の微分を避けてI，Q信号の微分に帰結したツケがまわってきたというところでしょうか.

arctan直接微分方式は，入力信号の振幅が一定値ならI^2+Q^2(＝振幅^2)が一定なので，割り算を省略できてさらに簡単になります．精度がそれほど必要ではない用途(FSK復調とか)には使えるかなと思いますが，直線性が必要なFMアナライザには使えません.

FMアナライザ

FMアナライザは直線性が重要なので，CORDICで位相を計算して差分を取る方式を使います．実際には，CORDICで計算した位相と，位相がオーバーフローした回数をメモリに取り込んで，周波数の計算はパソコン側のソフトウェア(C#)で行っています.

● メモリへの取り込み間隔

FMアナライザの画面を見ると「Sampling Aq」という選択項目がありますが，これは何回のサンプリングごとにメモリに取り込むかという設定です.

取り込み回数をサンプリングの2回に1回とか，4回に1回などと少なくすることで周波数分解能を上げ，取り込み時間を長くできます．しかし，**図5**のように位相が1周期を超えてオーバーフローしてしまいます(信号をサンプリングするときのエイリアシングと同じ現象).

そこで，サンプリングごとにオーバーフロー検出(前回と今回で位相の符号が変化していないか)をして，オーバーフローした回数をカウントし正確な周波数を得られるようにしています.

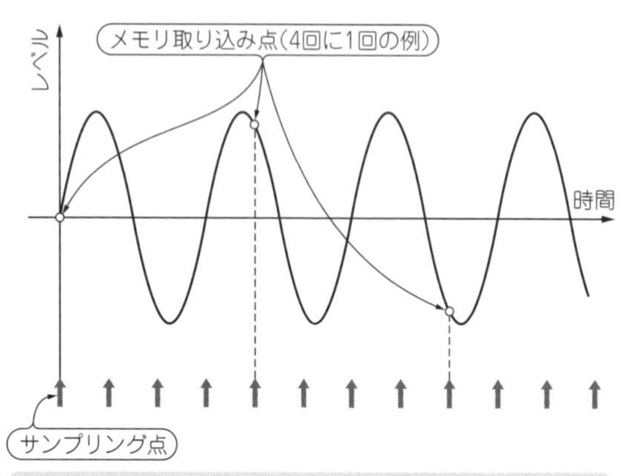

図5　メモリへの取り込み間隔が広いときオーバーフローする

● 動作確認

図6はFMアナライザで，10MHzを周波数偏移±24kHzの三角波でFM変調した信号を見たものです．FM復調した結果をオーディオ出力していますので，アンプ付きスピーカやイヤホンをつなげば復調音声を聞くことができます.

実測例

● PLLの時間応答特性を測ってみた

FMアナライザでPLLの時間応答特性を測定してみます．PLLは，ループ・フィルタを変えることで応答特性や近傍ノイズが変化します．適切なループ・フィルタを使わないと応答が悪くなり，最悪の場合はロックしないこともあります．近傍ノイズ特性も重要ですが，時間応答特性も大切です.

FMアナライザがないときはVCO入力電圧をオシロスコープで測って時間応答を測定していましたが，VCO制御感度が非線形なので正確な特性は得られませんでした.

例えば制御感度が40MHz/Vのとき10kHzの変化を

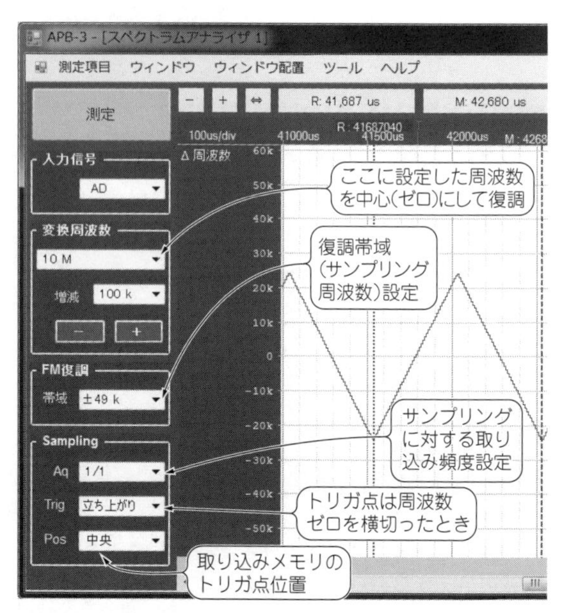

図6　FM変調信号をFMアナライザで見たところ

見ようとすると，VCO電圧は0.25mVの変化しかなく，オシロスコープで見るのはちょっと難しいです．FMアナライザなら周波数の変化を精度良く直接見ることができます．

ここではPLLとして，ちょうど周波数拡張基板(**写真1**)で実験中のADF4351(アナログ・デバイセズ)を取り上げます．ループ・フィルタ部の回路を**図7**に示します．このICは，1チップでPLLを構成でき，出力周波数は34M～4400MHzと広範囲で，しかも近傍ノイズも小さく面白いICです．もうちょっと低い周波数まで出せるともっと良いのですが….

▶ループ帯域が50kHzのとき

図8にループ帯域が50kHzのときの時間応答を，**図9**に近傍スペクトラムを示します．

ADF4351は，その内部にVCO(Voltage Controlled Oscillator)を3個もっており，さらにそれぞれのVCOを16のバンドに分割して，VCOの制御感度を低く一定値になるようにしています．周波数を変更するとまず，①どのVCOを使うか，②どのバンドを使うか，というプロセスがあり，そのあとで通常のPLL動作に移ります．

VCO選択とバンド選択には10PFD(Phase Frequency Detector；位相周波数検波器)サイクルがかかり，1PFDサイクルは8 μsなので80 μsかかります[1]．**図8**を見ると，最初の3PFDサイクル(0～24 μs)でVCO選択，続く7PFDサイクル(24～80 μs)でバンド選択しているのでしょう，周波数がステップ状に大きく変動しているのがわかります．

この初期プロセスが終わった80 μs以降が，通常のPLLの時間応答特性になります．時間応答特性の初期に何回かうねっているところはサイクル・スリップしているところ(PFDが周波数検出器として動作しているところ)で，その後が位相比較器として動作しているところです．ロックするまで約32 μsかかっているのが読み取れます．

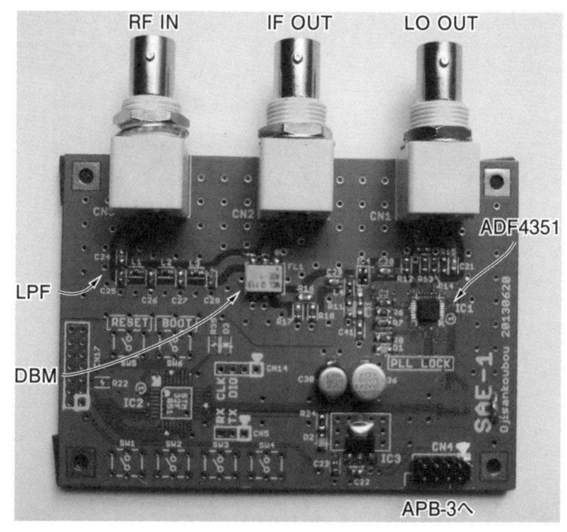

写真1　ADF4351を使った周波数拡張基板

▶ループ・フィルタの時定数を大きくしたとき

スプリアスを抑えるためにはチャージ・ポンプ出力に付いているキャパシタを大きくしてスプリアス周波数のレスポンスを落としたいところですが，安易に大きくするとループが不安定になります．ここでは実験的に，C_1を2200pFから22000pFとしてみました．

図8と比べると，**図10**ではPLLの応答の振動が長く続いているのがわかります．また，**図11**のようにスペクトラムにはノイズにピークが現れました．これらは，ループの位相余裕が小さくなって不安定になっ

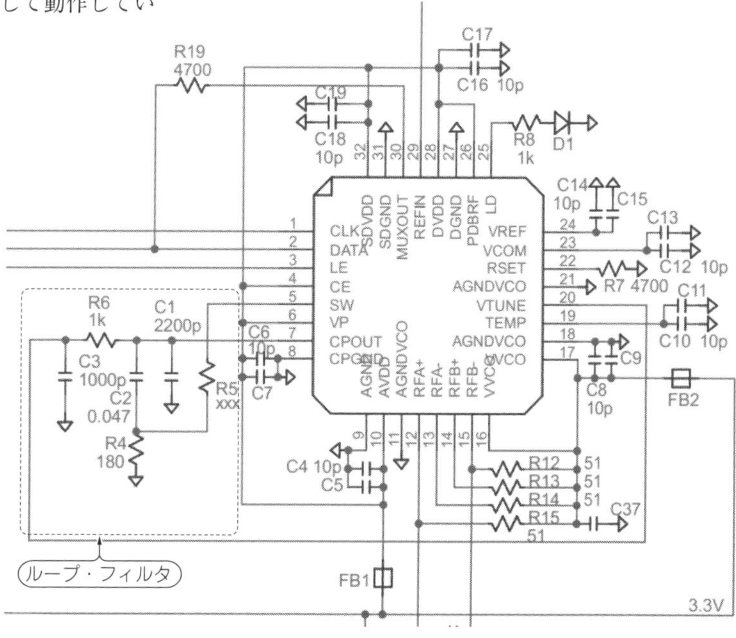

図7　周波数拡張基板のループ・フィルタ周辺の回路

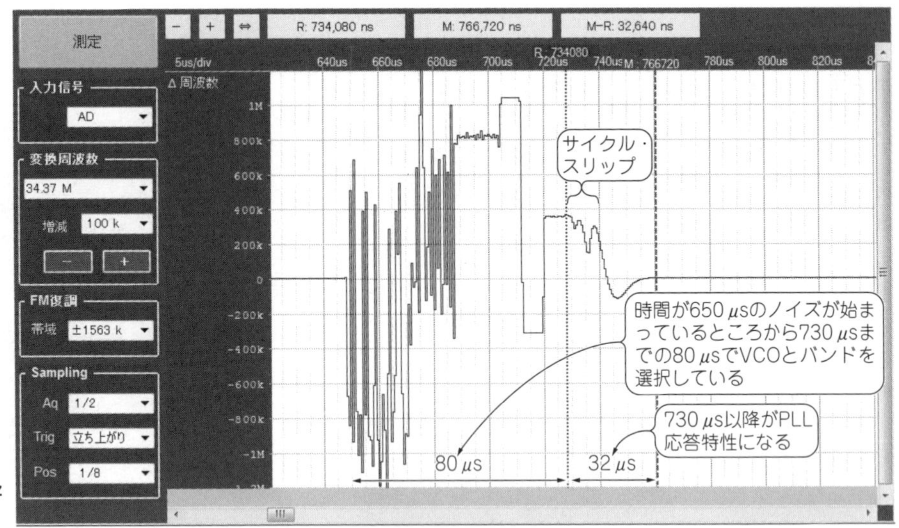

図8　ループ帯域が50kHzのときの応答特性

ていることを示しています．

▶ループ帯域を15kHzとしたとき

図12，**図13**にループ帯域を15kHzと狭くしたときの特性を示します．このように，ちゃんとループ・フィルタを設計した場合は不安定になることはありません．しかし，サイクル・スリップが長く続き，ロックするまでの時間が**図8**のときに比べて10倍以上の373 μsもかかるようになってしまいました．

＊

このようにループ帯域を狭くした場合，PLLのロック時間が長くなってしまいますが，ADF4351にはこれを改善する2つの機能“Cycle Slip Reduction”と“FAST LOCK”があります．

Cycle Slip Reductionは，Cycle Slip(サイクル・スリップ；周波数が大きくずれていてPLL応答が間に合わない状態)を検出すると，PFD出力に一定値の電流を加減算して周波数を大きく変化させる機能です．一定値なのでループ特性は変化しません．

FAST LOCKは，周波数変更時に最初はループ帯域を広げて応答を速くし，ループが安定した後は元の

位相検出器の周波数測定への応用　Column 3

位相検出器は実測で13ビットくらいの精度が得られていますので，これを周波数測定に使えば1秒ゲートで0.0001Hz(1/8192Hz，13ビット相当)程度の分解能の測定ができそうです．

レシプロカル(reciprocal；逆数)周波数カウンタでは分解能が一定(APB-3だと1秒ゲートで8桁)なので，数kHz以下の周波数ならこれくらいの桁まで表示できますが，数kHz以上ではゲート時間を増やさないといけません．位相を使う方式ならすべての周波数で同じ分解能で測定できます．

今のAPB-3の周波数カウンタはレシプロカル・モードだけですが，周波数変換して位相から計算するモードを高分解能モードとして実装する予定です．ハードウェア(VHDL)はすでにできているものをそのまま使えますので，あとは測定プログラム(C#)を書けばできあがりです．まずは普通の周波数カウンタでラフに周波数を測定し，得られた周波数を変換周波数として位相測定するようにすればよいと思います．

測定中に周波数がずれて正常に測定できる帯域を越えるとおかしな測定値になってしまいますが，測定中に数kHzもずれるものを高分解能測定することはないでしょう．

また，JJY(40kHzや60kHzの日本標準電波)を受信してその位相を測ることで，APB-3の水晶発振器の周波数補正ができそうです．普通の周波数カウンタではJJYの周波数が低いためゲート時間を長くしないと必要な分解能が得られませんが，位相で周波数測定すれば上述のように高分解能で測定できますので，短時間で十分な分解能が得られます．

ただし，JJYはA1B変調がかかっているので，振幅を見て位相の確度の高いところを探すといったアルゴリズムが必要になり，ちょっと面倒です．

ここまで高精度にするとAPB-3の水晶発振器の安定度が問題になりそうです．そのうちOCXOを使ったり，ルビジウムなどの外部高精度発振器でPLLをかけるといったことが必要になってくるかもしれません．

〈小川　一朗〉

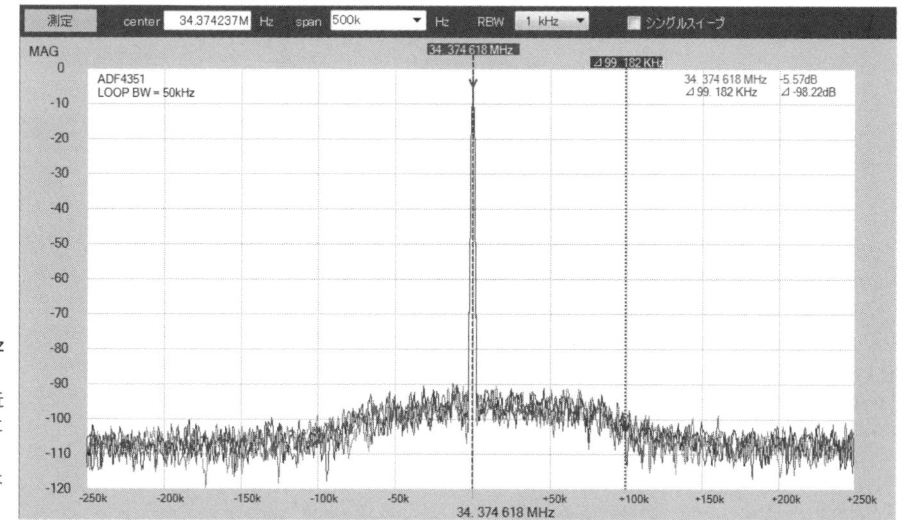

図9 ループ帯域が50kHzのときのスペクトラム
ループ帯域が50kHzなので近傍ノイズは±100kHz以内に収まっている．近傍ノイズ・スペクトラムに変なピークはない

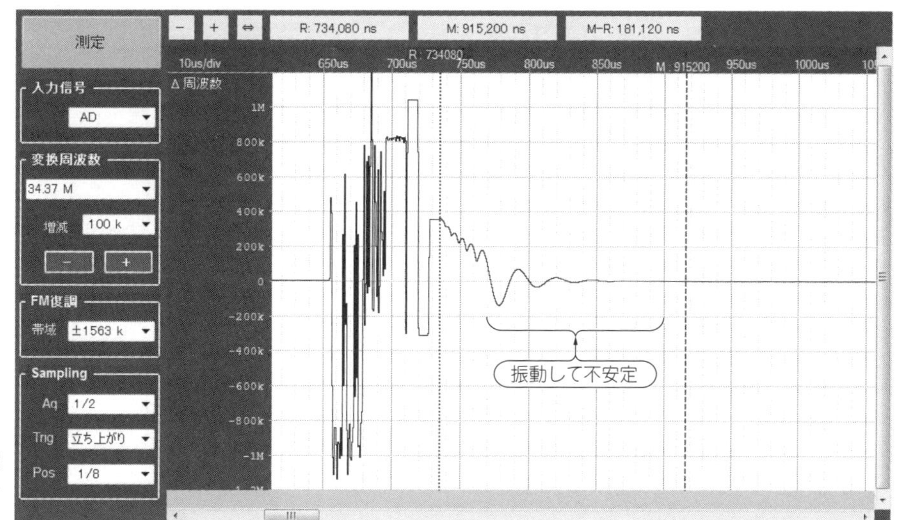

図10 ループ・フィルタの時定数を大きくしたときの応答特性
C_1を2200pF→22000pFと大きくした．ループが不安定になり，応答が収束するのに振動し，時間がかかっている

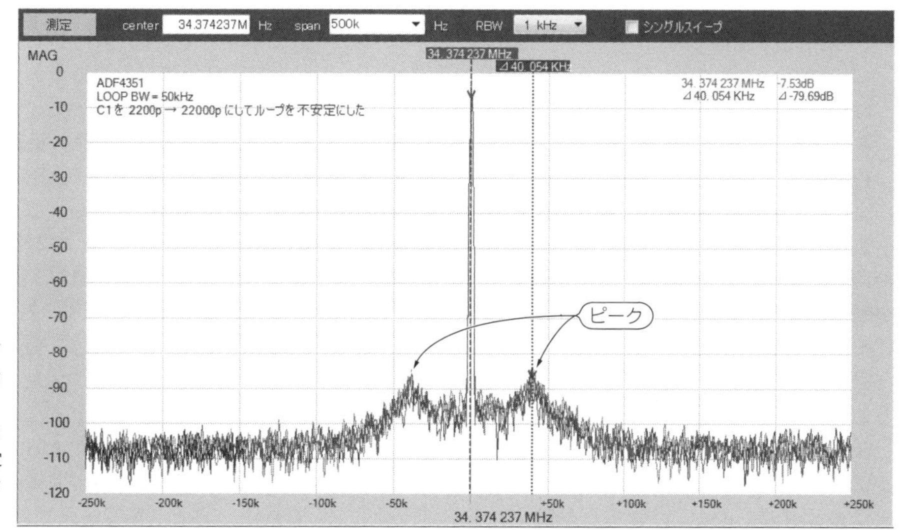

図11 ループ・フィルタの時定数を大きくしたときのスペクトラム
C_1を2200pF→22000pFと大きくした．ループが不安定になり，近傍ノイズにピークがある

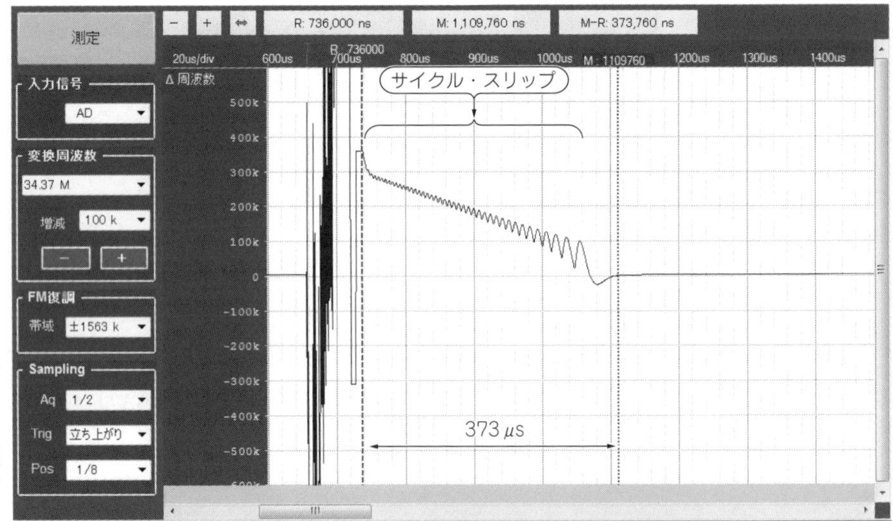

図12 ループ帯域が15kHzのときの応答特性
ループ帯域15kHzのときは，サイクル・スリップが長く続き，ループが安定するまでの時間が長い

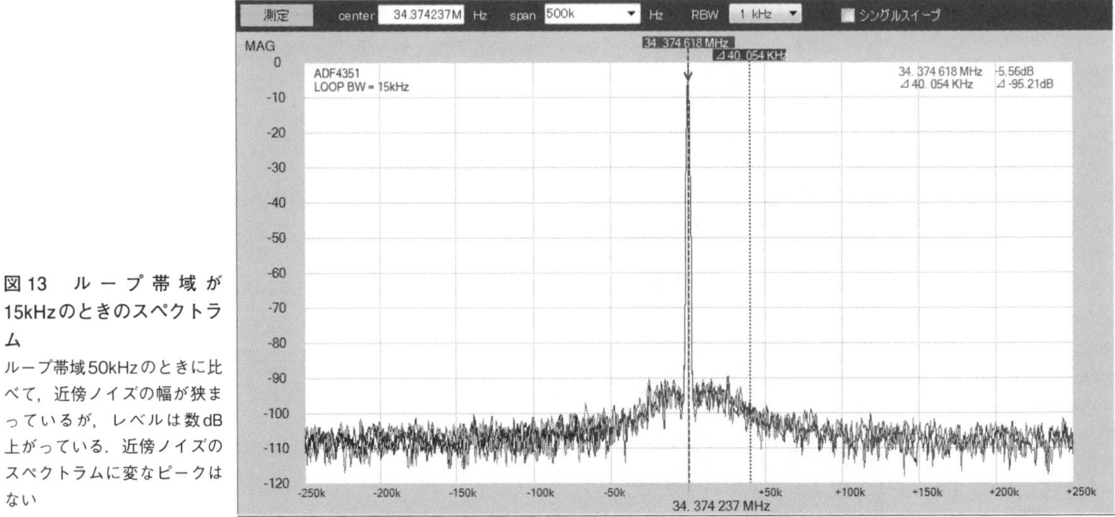

図13 ループ帯域が15kHzのときのスペクトラム
ループ帯域50kHzのときに比べて，近傍ノイズの幅が狭まっているが，レベルは数dB上がっている．近傍ノイズのスペクトラムに変なピークはない

ループ帯域にしてスプリアスを低減するものです．

▶Cycle Slip Reduction

ここでは，Cycle Slip Reductionを使ってみます．とはいっても，単にADF4351のレジスタR3にあるCSR設定ビットをEnableにするだけなので簡単です．

仕様書には書いてないようですが，CSRをEnableにするとCharge Pump Currentの設定を無視して最小値に切り替わるようなので，この機能を使う可能性のあるときはあらかじめCharge Pump Currentの最小値設定でループ・フィルタを設計しておかないといけません．

図14がCSRをEnableにしたときで，**図12**と比べるとPLL応答の最初のサイクル・スリップ部分がなくなり，134 μsとロックが速くなっているのがわかります．

このように，FMアナライザを使うとスペクトラム・アナライザではわからない時間軸での変化が見えるようになります．スペクトラム・アナライザと合わせて使えば，PLLの挙動がよくわかります．

● FM放送をFMアナライザで見てみる

PLL IC ADF4351で70MHzの信号を作り，DBM（Double Balanced Mixer）でFM放送帯域76M～90MHzを6M～20MHzに周波数変換します．これをAPB-3のRF入力に入れて，FMアナライザの変換周波数を10MHz，復調帯域を±195kHzにすると80MHz（東京FM）の放送を受信できます．

復調出力はディエンファシスの入っていない素のままなので高域が持ち上がった音声になりますが，オーディオ出力端子から放送を聞くことができます．復調帯域を±98kHzにすると復調音声の音量は大きくなりますが，ときどき雑音が入るようになります．これは放

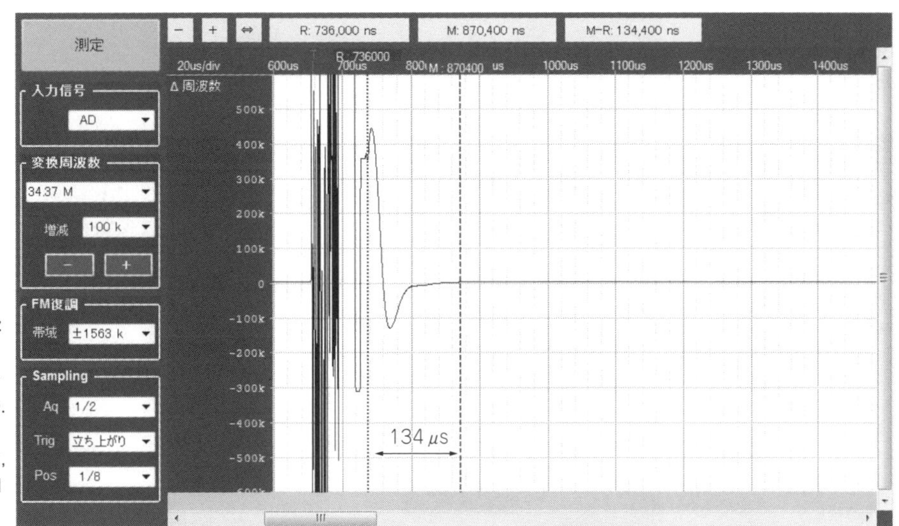

図14 ループ帯域15kHzでのCSRの効果
ループ帯域15kHzのままでCSRをイネーブルにしたもの．サイクル・スリップしている時間がほとんどゼロになって，ループが安定するまでの時間が短くなっているのがわかる

送規格が±75kHzのところ，実際の放送では±100kHz以上の周波数偏移になっているからです（**図15**）．

第8章で述べたように，スペクトラム・アナライザでは周波数偏移はなかなか正確には測れないのですが，FMアナライザで見ると放送局が規格違反しているのが一目瞭然です．復調範囲を超えた信号が入力されると，アナログFM復調ではS字特性が幸いして歪むだけですが，ディジタルFM復調では超えたとたんに符号反転して大きなノイズになってしまいます．

FMアナライザの表示している波形は瞬時周波数（＝FM復調した音声信号）ですが，**図15**ではノイズが載ったように線が太くなっています．実は，これはノイズではなく，19kHzのステレオ放送パイロット信号が10%（±7500Hz）のレベルで入っているのが見えているものです．FMアナライザの時間軸を拡大すると，**図16**のように19kHz成分であることがわかります．

◆参考文献◆

(1) Jack E. Volder；The CORDIC Trigonometric Computing Technique, IRE Trans. Electron. Comput., EC - 8:330 - 334, 1959.
(2) J. S. Walther；A unified algorithm for elementary functions, Spring Joint Computer Conference, 1971.
(3) アナログ・デバイセズ；ADF4351 Data Sheet, rev.0. p.23.

（初出：「トランジスタ技術」2013年10月号）

PLLループ帯域はどうやって決めるのか　Column 4

使うアプリケーションごとにどういう特性が必要かを勘案して決めますが，基本的にはループ帯域がなるべく広いときの，スプリアスのレベルを見ながら，という感じでしょうか．

PLLのループ帯域を広くすると，

(1) ノイズ抑圧帯域が広くなり近傍ノイズが減る
(2) 周波数を変更したときの応答が速くなる

と，いろいろ良くなることが多いのですが，

(3) 比較周波数や分数分周器のスプリアスが抑圧されなくなる

と悪くなるところもあります．

特に分数分周器（fractional - N）を使ったときは，分数分周率（fractional modulus）が2，3，6の倍数のときに周波数ステップより低い周波数にスプリアスが出ることがあり注意が必要です[3]．

ADF4351には，分数分周スプリアス（fractional spurs）を軽減するモード（要はスプリアス誤差をノイズで拡散するモード）がありますが，近傍ノイズが増えてしまいます．例えば，1MHzステップのPLLを作るのに，比較周波数を24MHz，分数分周率を24（6の倍数）とすると，分数分周スプリアスが1MHz/6の167kHzに発生し，ループ帯域を狭くしないとスプリアスが抑圧できなくなります．

ここでは比較周波数を25MHz，分数分周率を25（2，3，6の倍数ではない）にしましたので，分数分周スプリアスは1MHz以上になり，あまりスプリアスを気にしなくてもよくなりました．ループ帯域は，基準発振器とVCOのノイズ特性がクロスするあたりに設定すると一番近傍ノイズが少なくなります．ここでは50kHzとしました．〈小川 一朗〉

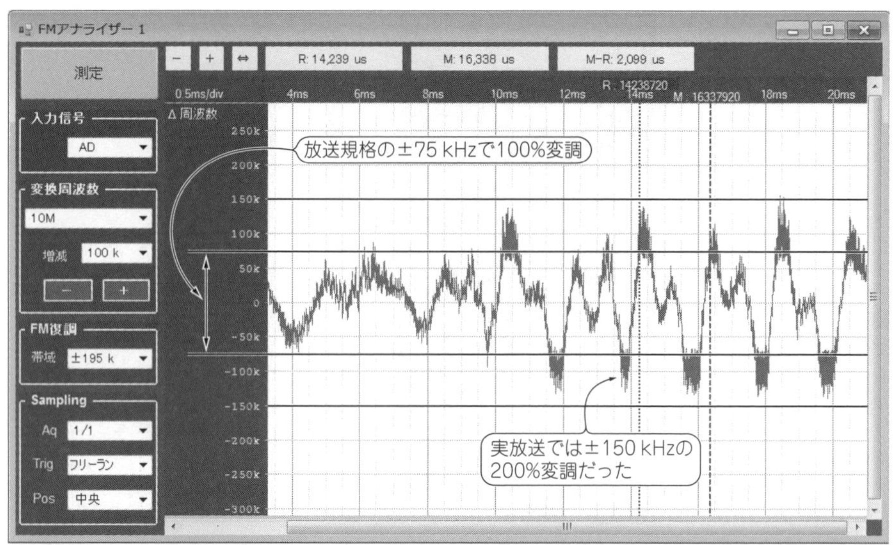

図15　FM放送をFMアナライザで見る
周波数偏移は放送規格では±75kHzで100%変調だが，実放送では最大±150kHzと200%変調になっていることがわかる．偏移の大きいほうが音が大きくなるし，*S/N*もよくなるので，なるべく大きくしたいのはわかるが，かなり頻繁に200%変調になっているのはひどいと思う．波形が太くなっているのはノイズではなくステレオ・パイロット信号である

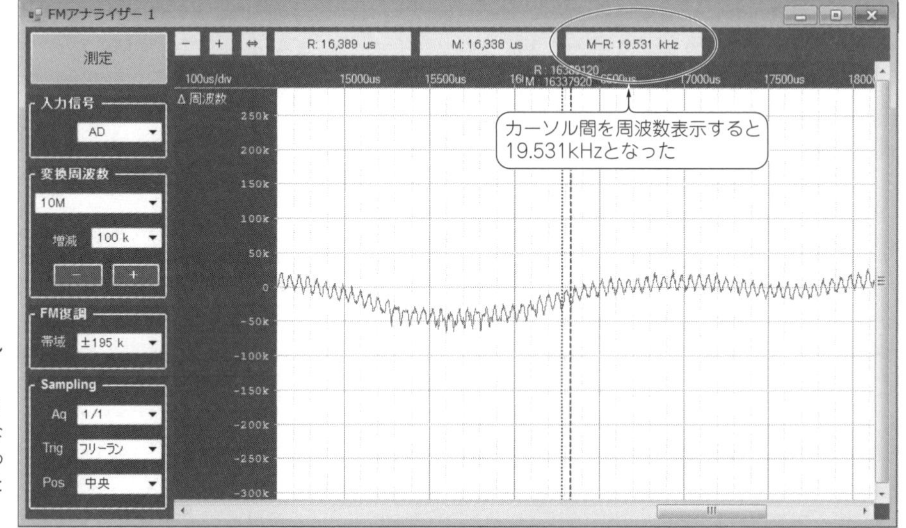

図16　FM放送のステレオ・パイロット信号
時間軸を拡大して見ると太くなっているのはノイズではなく19kHz成分であることがわかる．振幅は20kHz$_{p-p}$弱と読み取れる

FMステレオ放送はAM-FM方式

Column 5

FMステレオ放送では*L*＋*R*(左右のチャネルをミックスした)信号をベースバンドとし，*L*－*R*の差分成分を38kHzをキャリアとしてDSB変調したもの(これがAMと称されている)と，この38kHzキャリアを1/2した19kHzのパイロット信号をミックスした信号でFM変調しています(**図A**)．

FMチューナでは，パイロット信号の有無でステレオ放送かモノラル放送かを検出しています．ステレオ放送をモノラル受信したときはベースバンドの*L*＋*R*成分が復調されるので，問題なく聴くことができます．

〈小川　一朗〉

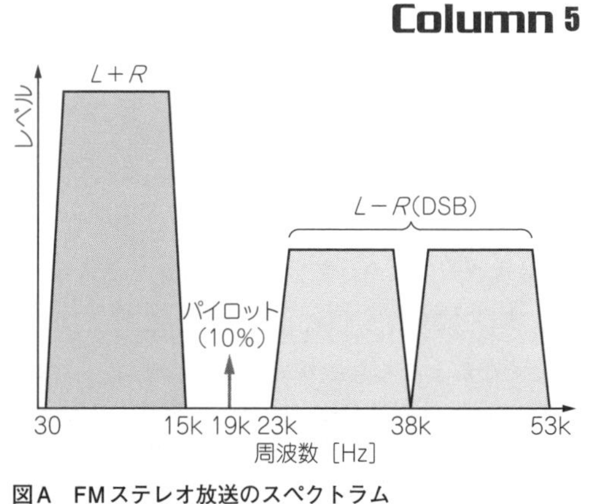

図A　FMステレオ放送のスペクトラム

第10章 音声帯域9kHzまで完全フラット！スプリアス抑圧比80dB！

SSB信号発生器を作る

小川 一朗(おじさん工房) Ichiro Ogawa

ここまで，APB-3基板を測定器として使う場合に，内部でどのようなディジタル信号処理をしているかについて説明してきました．

信号発生器の説明(第8章)ではAM，DSB，FMについて説明しましたが，アマチュア無線で主流のSSB(Single Side Band)の生成方法については説明しませんでした．本章では，残っていたSSB信号発生方法について説明します．これで，アナログ変調方式はひととおり説明することになります．

SSB変調のメリットとデメリット

振幅変調の仲間には，AM，DSB，SSBがあり，AMはキャリア＋両サイド・バンド，DSBは両サイド・バンド，SSBは片サイド・バンドになります(**図1**)．

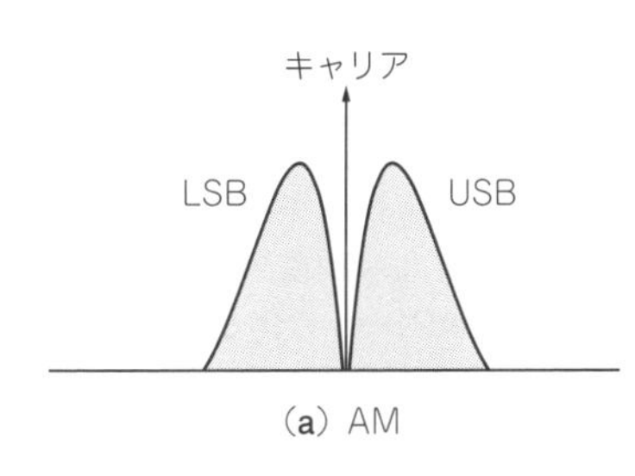

(a) AM

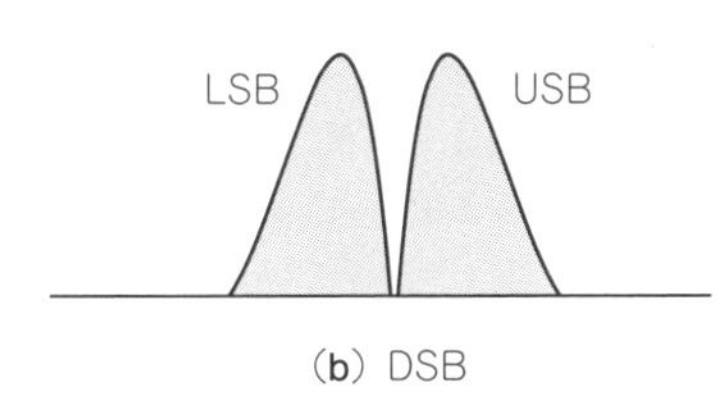

(b) DSB

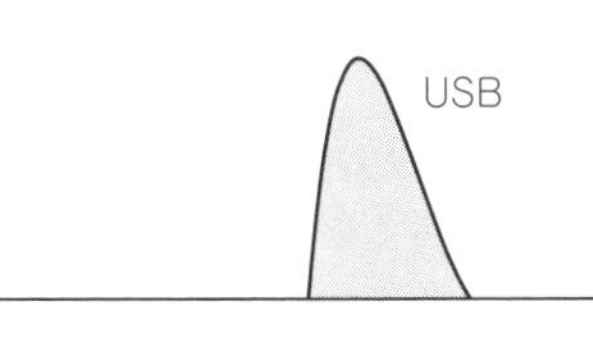

(c) SSB(USBの場合)

図1 各変調方式のスペクトラム

AM，DSB，SSBは俗称です．正式な電波型式はAM(**図2**)とDSBがA3E，SSBがJ3Eです．電波型式上はAMもDSBもA3Eと同じです．

SSB変調方式の良い点，悪い点をまとめると次のようになります．

● 良い点1：電力の利用効率が高い！ AMの6倍以上

図3は単一信号で100％変調したときのスペクトラムで，AMではキャリアのレベルを0dBとすると両サイド・バンドが−6dBです．例えば，キャリアを1Wとすると両サイド・バンドはそれぞれ0.25Wです．AMではトータル1.5W(1＋0.25＋0.25)，DSBでは0.5W(0.25＋0.25)，SSBでは0.25Wです．

情報はサイド・バンドだけにあるので，同じ情報量を送る電力効率は，SSBはAMの6倍(1.5/0.25)良いことになります．この計算は100％変調時であり，普通は数十％以下なので6倍よりさらに差が開きます．無変調時のSSBは送信電力0W，AMは1Wです．

● 良い点2：必要帯域幅が狭い

SSBは片方のサイド・バンドしか使わないので，必要な周波数帯域がAMの半分でよく，周波数利用効率

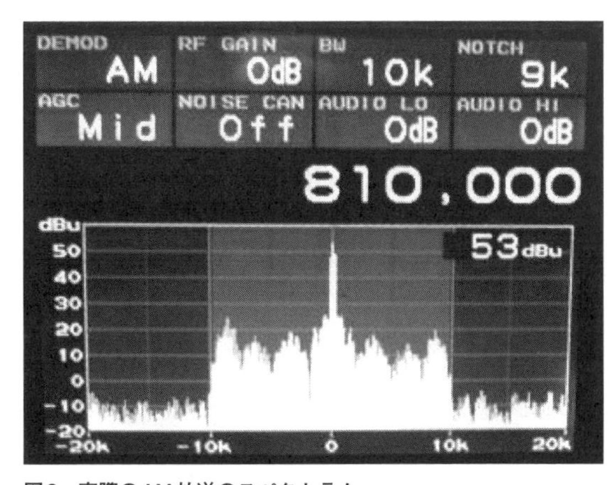

図2 実際のAM放送のスペクトラム
中心にキャリアがあり±10kHzの帯域でLSBとUSBがある

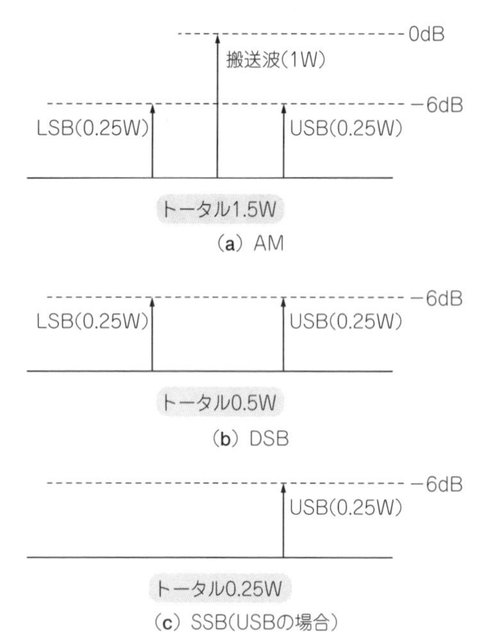

図3　各変調方式で必要な電力

が高いです．

アナログ変調の音声伝送では，これ以上効率の高い方式はありません．

● **悪い点1：復調が面倒**

SSBの問題はいくつかありますが，1つ目は簡単に復調できないということです．

AMではダイオードを使った包絡線検波が使えますが，SSBではBFO(Beat Frequency Oscillator)が別途必要です．そのため，AMは単純なストレート方式のラジオやゲルマニウム・ラジオでも受信できますが，SSBではダイレクト・コンバージョン方式やスーパーヘテロダイン方式＋BFOが必要になり，簡単に受信するというわけにはいきません．

● **悪い点2：ピッチを合わせるのが面倒**

放送で使われない一番大きな問題が，音声ピッチがずれるということです．SSB復調する際に**受信周波数を送信周波数と正確に合わせないと，受信音声のピッチがずれて変な音になってしまいます**．しかし，合わせるといっても基準がないので耳で聞いて合わせるしかなく，正確に合わせるのは不可能です．音声なら厳密に合わせなくても内容は聞き取れますが，**音楽放送では聴取者からクレームがきます**．

短波放送は将来的にAMから残留キャリアSSBに移行予定だそうですが，これなら残留キャリアを基準にしてピッチ合わせが正確にできそうです．

余談ですが，既存の短波ラジオで聞けなくなってしまうのはどうするのでしょうか．どうせ互換性がないのなら，アナログTVを地デジに移行したように，いっそのことDRM(Digital Radio Mondiale)に移行したほうがメリットがありそうです．

● **悪い点3：AGCが面倒**

電波が強すぎても弱すぎても受信信号レベルを一定にするAGC(Automatic Gain Control)はラジオの重要な機能です．SSBでは音声がないときには信号がなくなるなど常に変動しているので基準となるものがなく，尖頭値や平均値でAGCをかけるしかありません．

一方，AMではキャリアが常に同じレベルで存在するのでキャリアが一定になるようにすればよく，AGCが簡単に作れます．

＊

こうしてみると，SSBは，電力効率が良く，必要な帯域が狭い…と，省エネ時代にマッチした良い変調方式のように思えますが，灯台放送でUSB＋キャリア(H3E)方式が使われているくらいで，中波/短波放送ではAMが主流です．一般放送に使うにはメリットよりデメリットのほうが大きいということでしょうか．

アマチュア無線でSSBが使われているのは電力効率の良さや必要帯域が狭いという特徴を活かせ，音声だけなのでピッチのずれが気にならないからです．昔，船舶無線にSSBを使っていたのも同じ理由だと思われます．

● **通説：SSBは音が悪い？**

SSBは音が悪いものだと思っている方が多いと思いますが，本質的に音が悪くなる要素はありません． 今までのSSB信号発生器は狭帯域フィルタを使っているので音声帯域が狭く，帯域内の周波数特性が悪いためこのような印象をもたれるのだと思います．

今回，APB-3で作ったSSB信号発生器は110 Hz～9 kHzの帯域をもち，周波数特性はフラットです． 当然，受信する側もSSBを周波数特性フラットで受信できるものでないと性能を活かせません．

外部オーディオ入力にMP-3プレーヤから音楽を入れて，SSB受信機で受信すると，かなり良い音で音楽を楽しむことができます．あまりに音が良いので，本当にSSBになっているのかなと，思わず周波数を少しずらしてピッチを変えてみたくなります．

SSB信号の生成方法

● **アナログ方式**

SSBは古くからある変調方式で，当然アナログ回路で構成されていました．

アナログ回路でのSSB発生方法としては**図4**に示す

ように，フィルタ方式と位相方式の2つが主に使われています．第3の方式としてWeaver方式がありますが，直流成分による中心周波数のビート音の問題があり，アナログ回路ではほとんど使われていないようです．

フィルタ方式は，まずDBM(Double Balanced Mixer)でDSB(Double Side Band)信号を作り，次にクリスタル・フィルタなどの急峻なフィルタで不要なサイド・バンドを取り除くという方式で，アナログでSSBを発生させる際の主流です．フィルタで作れるのはUSBかLSBのどちらか片方です．

位相方式は，PSN(Phase Shift Network)を使って0°/90°の2相オーディオ信号を作り，0°/90°の2相キャリア信号で周波数変換したあと加減算してSSBを生成する方式です．PSNで正確な0°/90°のオーディオ信号を作るところが難しく，調整箇所の多さや温度安定性などに難があります．そのため，アマチュアが実験的に作ることが多いようです．

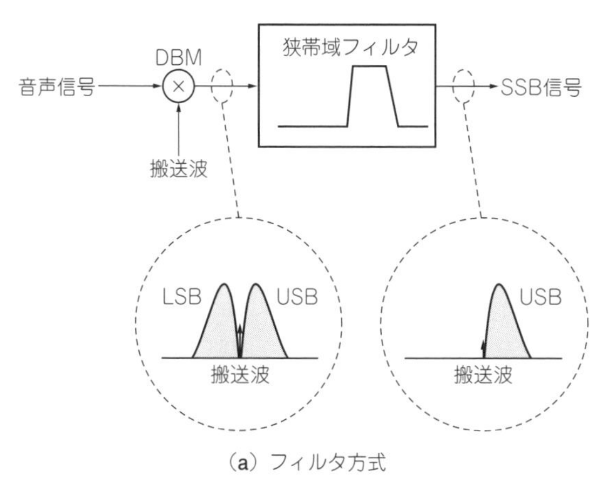

(a) フィルタ方式

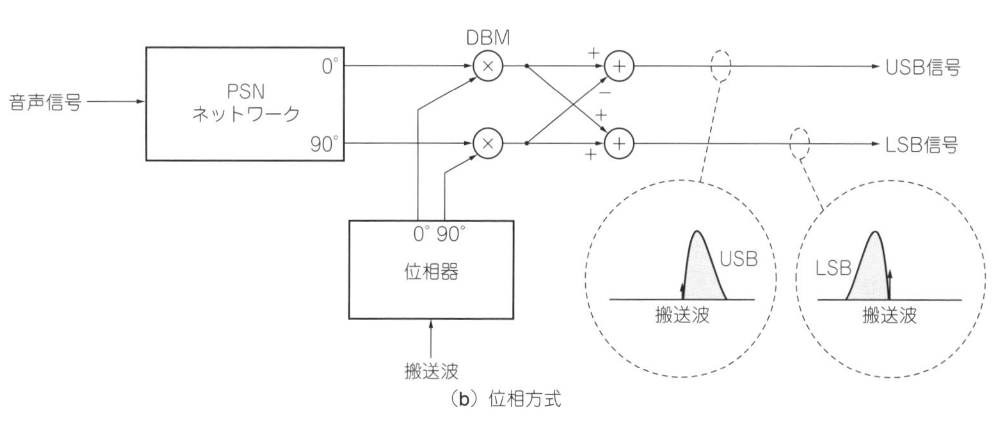

(b) 位相方式

図4 アナログでのSSB信号発生方法

● ディジタル方式

一方，ディジタル信号処理でSSBを発生させるには，位相方式とWeaver方式の2つがあります．

位相方式は，アナログでの位相方式と同じです．0°/90°の位相差を発生させるのにディジタル・フィルタを使うことにより，無調整で設計どおりの特性が得られ，しかも温度変化に安定な回路となります．

Weaver方式は，オーディオ信号をSSB帯域幅の半分だけ周波数変換し，急峻なLPFでサイド・バンドを除去する方式です(**図5**)．周波数変換をしてから急峻なLPFをかけるのは，位相方式よりハードウェア

位相方式は複素信号処理と同じ　Column 1

アナログ回路での位相方式の原理説明では，三角関数の掛け算，加減算で最終的に片方のサイド・バンドが残るという説明がされています．

しかし位相方式は，複素信号処理として見たほうがすっきり理解できるのではないかと思います．

0°/90°の2相オーディオ信号をI信号/Q信号とすると，正と負の周波数成分をもった実信号を正の周波数成分だけをもった複素信号に変換したことになります．正の周波数成分だけということは，この時点ですでにSSBになっているということです．あとは目的とするキャリアの周波数に複素周波数変換するだけで，この流れはディジタル信号処理そのものです．

アナログ時代に考案された回路方式をそのままディジタル信号処理に置き換えられることはほとんどなかったので，**昔からある位相方式がディジタル信号処理と親和性が高い**のはおもしろいと思いました．

〈小川 一朗〉

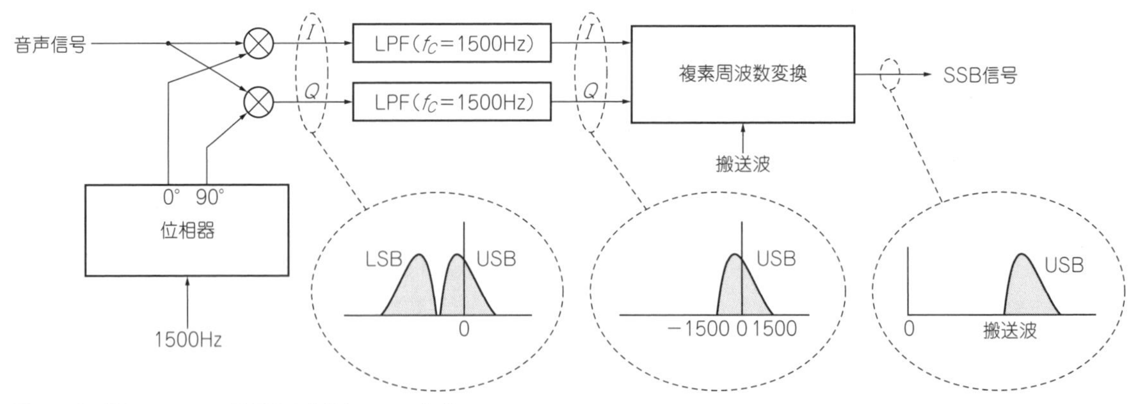

図5 ディジタルでのSSB信号発生方法(Weaver方式)

規模が大きくなるだけで，性能的なアドバンテージはありません．

逆に，ちょっとした信号処理で直流成分が生じて中心周波数のビート音が発生することがあり，積極的に採用する理由がありません．その割にディジタルでのSSB信号処理にWeaver方式を使っていることが多いのは，図で説明されると理解しやすいからでしょうか．

位相方式，Weaver方式，どちらもアナログ回路でも試みられてきた方式ですが，アナログ回路では性能や安定性に難があり主流にはなれなかった回路です．ディジタル信号処理のもつ，

(1)無調整で設計どおりの特性が得られる
(2)温度や電圧などの外部要因による特性変化がない

という特徴によって，はじめて実用になるものが作れるようになりました．今まで省みられることがなかったアナログ回路が**ディジタルでは実用になる，ディジタルでは簡単に作れる**，ということがよくあります．

0°/90°の2相信号を作る

本稿では，位相方式でSSB信号発生器を作ることにしました．位相方式では0°/90°の2相オーディオ信号を作るところが一番大きな問題で，アナログ回路では前述のようにPSNを使っていました．

ディジタル信号処理では，

(1)FIRで振幅特性が一致して位相特性の違うフィルタを使う方法[1]
(2)FIRでヒルベルト(Hilbert)フィルタを作る方法
(3)IIRでAPF(All Path Filter)を作る方法

などがあります．

振幅特性の一致するフィルタのほうは，以前に実験したとき[2]にFIRフィルタのタップ数が255程度では振幅特性があまり一致せず，逆サイド・バンド抑圧比が20～30 dB程度しか取れませんでした．

ヒルベルト・フィルタの設計ツールがあること，90°

2で割るのに算術右シフトを使ってはいけない？ Column 2

C言語では，2で割るときに算術右シフト(符号ビットはそのままで右シフトすること)を使うことが多いと思います．しかし，2で割ることと算術右シフトは微妙に違いがあり，ディジタル信号処理では大きな問題となることがあるので気を付けないといけません．

確かに一見，2で割ったのと算術右シフトは合っているように思えますが，算術右シフトは丸め方向がマイナス無限大方向なので，正数と負数で結果が微妙に違います．例えば，2の補数表現による4ビット整数で正数の7(0111)を算術右シフトすると3(0011)になり，負数の－7(1001)を算術右シフトすると－4(1100)になります．正数と負数で結果の絶対値が異なっているので，ディジタル信号処理に算術右シフトを使うと－0.5の直流成分(積分した場合のオフセット)が発生してしまいます．

直流成分が発生しないようにするには，負数のときだけ最下位ビットを足す処理を追加します．これで丸め方向がゼロ方向になり，－7の場合は－3(1101)と正数の場合と絶対値が一致しますので，直流成分は発生しません．

2で割るのに算術右シフトを使うときには，－0.5の直流成分が発生しても問題ないかどうかを考えてから使うようようにします．〈小川 一朗〉

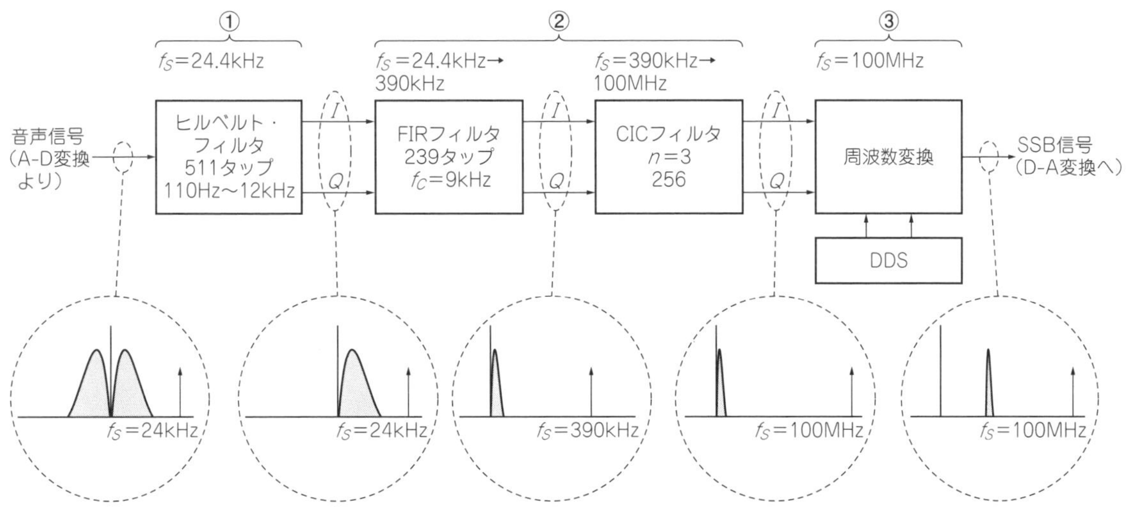

図6　ディジタルSSB信号発生器の全体ブロック図

位相器はヒルベルト・フィルタを使うのが一般的ということから，本稿ではヒルベルト・フィルタを使いました.

IIRでAPFを作る方法は将来的に試してみたいとは思いますが，今回はパスしました.

試作器のあらまし

試作した位相方式のSSB信号発生器は，以下の処理をしています．ソフトウェア・ラジオ(SDR)でのSSB受信信号処理のちょうど逆になります.

① 音声信号を正の周波数だけにする(USBにする)
② 音声信号のサンプリング周波数をアップ・サンプリングしてキャリアのサンプリング周波数と同じにする
③ 音声信号をキャリアで周波数変換する(これで任意の周波数のSSB信号ができる)
④ できあがったSSB信号をD-A変換して実際の信号にする

● SSB信号発生器のブロック構成

図6にブロック図を示します．音声が入ってから最終的にSSB信号になるまで，処理番号ごとにスペクトラム，サンプリング周波数がどうなっていくかを見てください.

ディジタル信号処理では，サンプリング周波数を変更するとエイリアスが発生するので，それをどのように除去するかが問題です.ここでは,エイリアスを－80 dB以下に抑えるように各ブロックを設計しています.

図7はパソコン上のアプリケーションで発生周波数を設定しているところです.

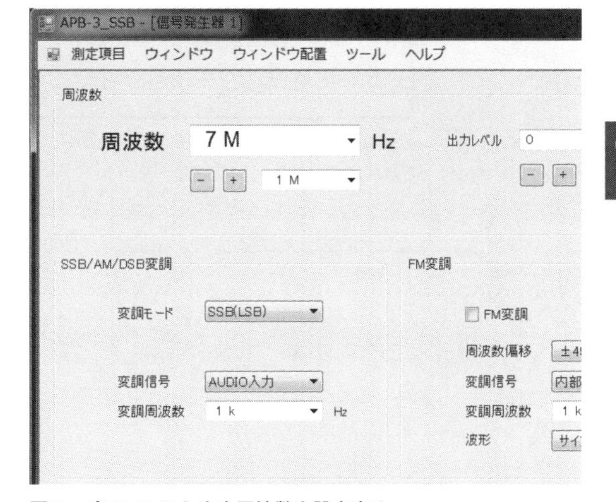

図7　パソコンから出力周波数を設定する

以降は，**図6**に示した全体ブロック図での信号処理の順番にそって，各ブロックの詳細説明をしていきます．各ブロックでの処理がなぜ必要なのかに気を付けて読んでいただけると，理解が深まると思います.

① 音声信号を正の周波数だけにする

● ヒルベルト・フィルタの作成

ヒルベルト・フィルタはFIR(Finite Impulse Response；有限インパルス応答)の一種で，位相は－90°一定で，振幅特性はバンドパス・フィルタになります．ヒルベルト・フィルタの係数設計は，参考文献(3)で紹介されている“FIRtool”を使いました.設計は,タップ数と通過帯域幅，リプルのトレードオフになります.

ここでは，VHDLの必要ハードウェア規模から最初に511タップと決め，あとは逆サイド抑圧比(リプル)

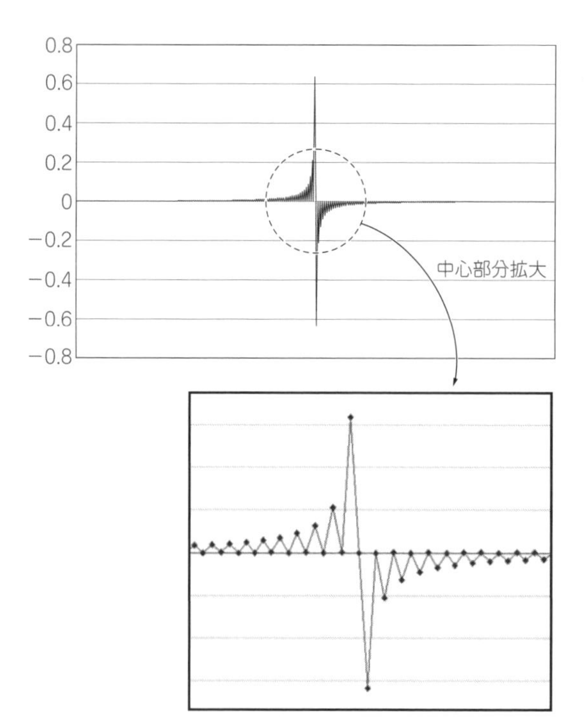

図8 ヒルベルト・フィルタの係数
係数は奇対称(中心から点対称)で1つおきにゼロになっている

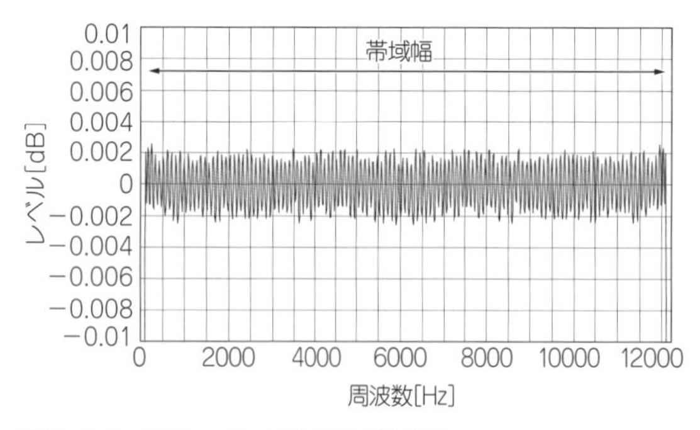

図9 ヒルベルト・フィルタの周波数特性
110 Hz～12.1 kHzのバンドパス・フィルタでナイキスト周波数(12.2kHz)の1/2(6.1 kHz)を中心とした対称形．帯域内には±0.002dBのリプルがある．位相は90°で一定

が80 dB程度になるように帯域幅を決めました．ここで使ったVHDLで作ったFIRフィルタ・プログラムは，データ，係数が18ビットなので，80 dB以上の逆サイド・バンド特性にしようとしても量子化誤差があるので無駄です．そのぶんを帯域幅に振り分けます．

図8に，今回使ったヒルベルト・フィルタの係数を示します．この図を見るとわかるように，ヒルベルトフィルタの係数は，奇対称でしかも1つおきにほとんどゼロになる，という特徴があります．このことを利用してフィルタの計算量を削減することができます．

以前に作ったAVRマイコンでSSB復調する際(4)にはずいぶん高速化できました．今回も計算量を削減してタップ数を増やせないか検討してみましたが，そのぶんバッファ・メモリも増やさなくてはならず，またタップ数511で十分な特性が得られましたので，今回は普通のFIRのままです．FPGAなので，演算クロック数さえ足りれば，なにもわざわざ面倒なことはしなくてもよいということもあります．

リスト2 ヒルベルト・フィルタのVHDL記述(fir511_hilbert.vhdから抜粋)

```
process( RESET, CLK ) begin
 if( RESET = '1' ) then
  MEMWE <="0";
  MEMADR <= (others =>'0');
  DATACNT <= (others =>'0');
 elsif( rising_edge(CLK) ) then
  if( CNT(10) = '0' ) then        --
   if( CNT(9 downto 0) = "0000000000" ) then      -- =0
    MEMWE <= "1";              -- 入力データを一番最後のアドレスに書く
   else
    MEMWE <="0";
   end if;
   if( CNT(0) = '0' ) then      -- 偶数のときは遅延データの読み出し
    MEMADR <= "1" & DATACNT;
    DATACNT <= DATACNT + 1;
    DATA  <= MEMDATAOUT;
    if( CNT(9 downto 0) = "1000000000" ) then     -- =516
     DLY255 <= MEMDATAOUT;  -- 位相ゼロのデータ(センタ・タップ)
    end if;
   else                         -- 奇数のときはフィルタ係数の読み出し
    MEMADR <= "0" & CNT( 9 downto 1 );
    if( CNT(9 downto 0) = "0000000001" ) then     -- =1  演算終了
     DATACNT <= DATACNT + 1;
     FIR_OUT <= MAC( 34 downto 17 );
     DLY_OUT <= DLY255;       -- ラッチしておいたディレイ・データを出力
     MAC   <= (others => '0');
    else
     MAC   <= MAC + MULOUT;  -- 積和演算
    end if;
   end if;
  end if;
 end if;
end process;
```

図9に，ヒルベルト・フィルタの周波数特性を示します．音声サンプリング周波数が24.4 kHzなので，ナイキスト周波数12.2 kHzの1/2の6.1 kHzを中心周波数とした周波数対称形バンドパス・フィルタの形になります．この通過域が，ヒルベルト変換器として使える帯域です．

SSB信号発生器に使う場合，ヒルベルト・フィルタは位相は－90°と一定なので，帯域内振幅誤差(±0.002 dB)が逆サイド・バンド抑圧比を決定します．

ヒルベルト・フィルタを通すとフィルタ・タップ数÷2だけ信号が遅れるので，そのぶんだけ入力信号をディレイさせた信号を0°信号にします．

実際には，FIRフィルタは内部に入力信号のバッファをもっているので，ディレイさせるのはバッファから読み出すだけで簡単です．MAC演算の途中でバッファ中央のデータを読み出したときにラッチして，演算終了したら同時出力しています(**リスト2**)．ほかは，ロー・パス・フィルタなどで使っているFIRフィルタとほとんど同じです．

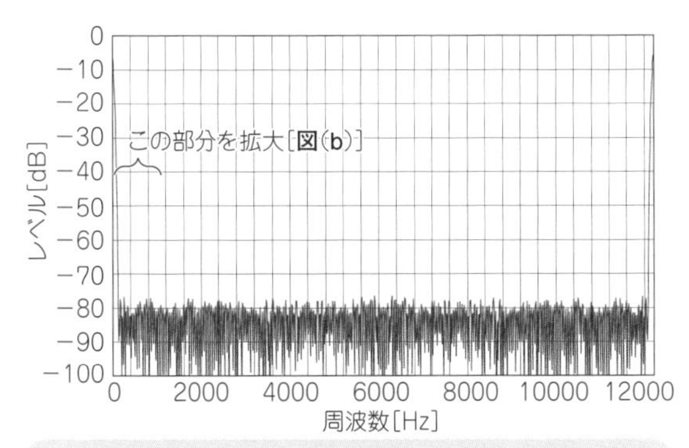

ヒルベルト・フィルタの帯域110 Hz～12.1 kHzで逆サイド・バンド抑圧比が－80 dB程度になっている

(a) 広域特性

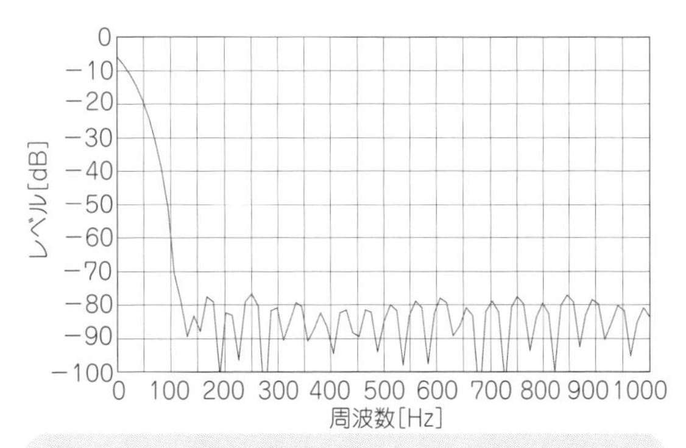

逆サイド・バンド抑圧比はDC～110 Hzが悪く，110 Hz以上で－80 dB程度になっている

(b) 0～1000 Hz

図10　逆サイド・バンド抑圧比の周波数特性

● 音声信号を複素信号のUSBに変換

ヒルベルト・フィルタができあがりましたので，これを使って音声信号を複素信号のUSBに変換します．

A-D変換した音声信号は正と負の周波数成分をもっていますが，ヒルベルト・フィルタを通した信号(－90°)をQ信号，ディレイだけした信号(0°)をI信号とすると，正の周波数成分(USB)だけの複素信号になります．

ヒルベルト・フィルタは，$0.0045 f_S$～$0.4955 f_S$の帯域で設計しました．音声サンプリング周波数は24.4 kHz(100 MHz/4096)なので，110 Hz～12.1 kHzの帯域で約－80 dBの逆サイド・バンド抑圧比になります(**図10**)．

② 音声信号のサンプリング周波数を上げる

● 2段階で100 Mspsまでアップ・サンプリング

任意の周波数のSSB信号を得るために周波数変換をしますが，その前に音声信号のサンプリング周波数をキャリアのサンプリング周波数と同じにしておかないとスプリアスが発生してしまいます．

キャリアのサンプリング周波数はFPGAのクロック周波数と同じ100 MHzです．1クロックでアップ・サンプリングするにはCICフィルタを使わざるをえませんが，3段のCICフィルタではDC～$0.03 f_S$までの範囲のエイリアシングしか除去できません．音声信号帯域をDC～10 kHzとすると，CICのサンプリング周波数は10 kHz/0.03＝333 kHz以上である必要があり，ここでは390 kHz(100 MHz/256)としました．

そうするとCICの前に，サンプリング周波数を音声サンプリング周波数の24.4 kHzから390 kHzに上げなくてはいけません．そこで，24.4 kHz→390 kHzにサンプリング周波数を上げることで，発生したエイリアシングをFIRフィルタで取ることにします．

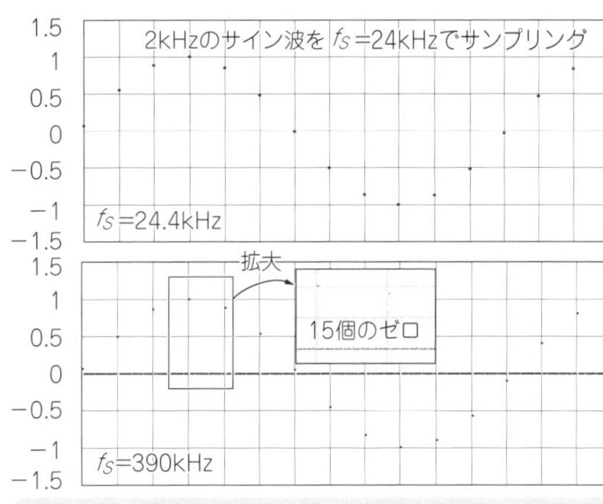

f_S＝390 kHzにするのに，f_S＝24 kHzのサンプリング点ではない15カ所にはゼロを挿入する

図11　ゼロで補間した波形

つまり，まず最初にFIRフィルタでサンプリング周波数を24.4 kHz→390 kHzにして，次にCICフィルタで390 kHz→100 MHzと，2段階に分けてアップ・サンプリングします．

● 音声サンプリング周波数を390 kHzにする

音声サンプリング周波数24.4 kHzを390 kHz(24.4 kHz×16倍)にするために，まずデータのないサンプリング点15個をゼロにします(**図11**)．こうして作られたサンプリング周波数390 kHzの信号には，元のサンプリング周波数24.4 kHzの整数倍の上下にエイリアスがあるので，エイリアスを除去するフィルタが必要です(**図12**)．

使ったFIRフィルタは239タップのLPFで，通過域(0.5 dB)が9 kHz，減衰域(－80 dB)が14 kHzです(**図13**)．サンプリング周波数(390 kHz)に比べカットオフ周波数が低いため239タップではあまり急峻なフィルタを作ることができず，減衰域を元のナイキスト周

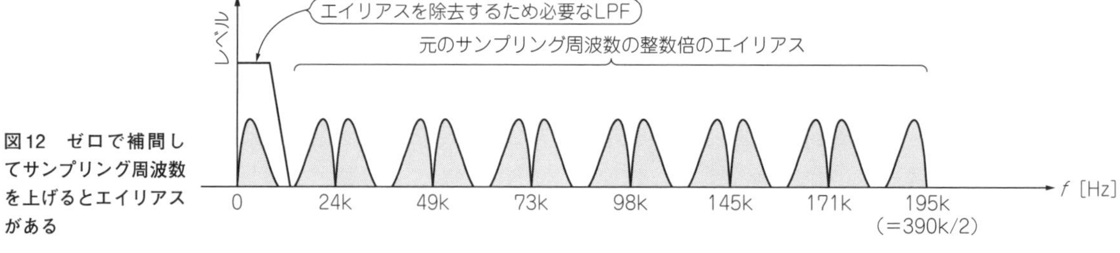

図12　ゼロで補間してサンプリング周波数を上げるとエイリアスがある

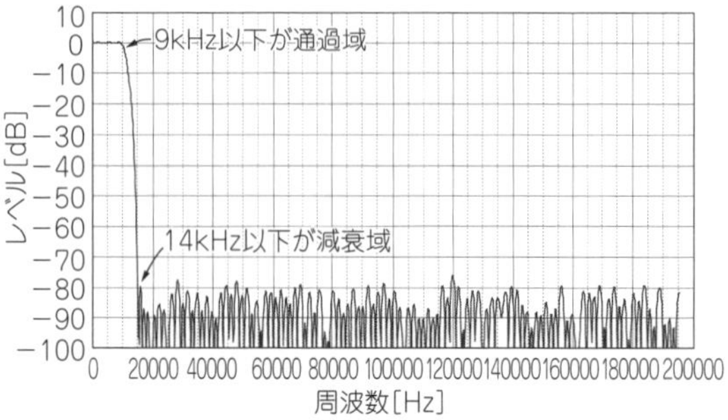

図13　FIRフィルタの周波数特性

波数12.2 kHzより高い14 kHzにしたため12.2 kHz～14 kHzにエイリアシングが残ってしまいます．本稿では入れていませんが，音声用A-Dコンバータの前にアナログLPFを入れるとか，音声用A-Dコンバータの後にIIRフィルタを追加するなどして，エイリアシングになる10.4 kHz(24.4 kHz - 14 kHz)以上をあらかじめ除去する必要があります．

このFIRフィルタのサンプリング周波数は390 kHzなので，256(100 MHz/390 kHz)クロックしか使えず，普通に考えるとフィルタ係数の読み出しに1クロック，データの読み出しに1クロックかかるのでぜんぜん演算クロックが足りません．

しかし，よく考えてみるとサンプリング周波数を24.4 kHzから390 kHzにするときにゼロを15個挿入していますが，このゼロのところはフィルタ係数をかけてもゼロなのでMAC演算は不要で，このことを利用して演算量を1/16に減らしています(**図14**)．

これで音声サンプリング周波数が390 kHzになったので，CICフィルタ(n = 3)を使って100 MHzまで一気にアップ･サンプリングします．CICフィルタは第4章で説明したものとほぼ同じなので，説明は割愛します．

③ 音声信号をキャリアで周波数変換する

キャリア信号はDDSで2相信号を生成したものです．

音声信号をキャリアで周波数変換(複素数の掛け算)しますが，D-A変換に必要なのはどちらか片方だけなので，もう片側のパス(**図15**の破線部分)は削除でき，ちょっとだけ簡単になります．

音声信号は正の周波数成分だけになっているので，

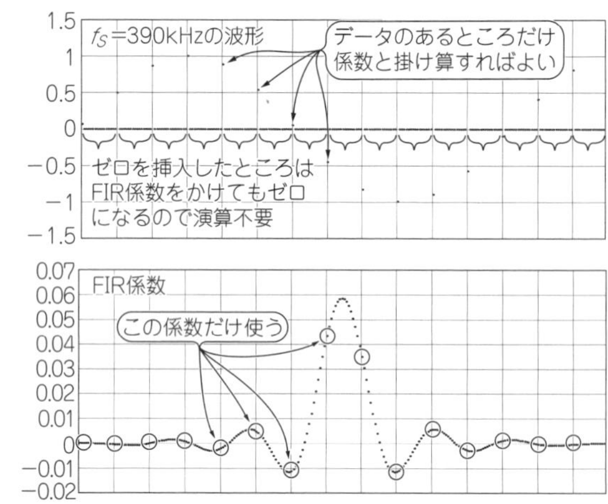

図14　FIRフィルタの演算量を削減する

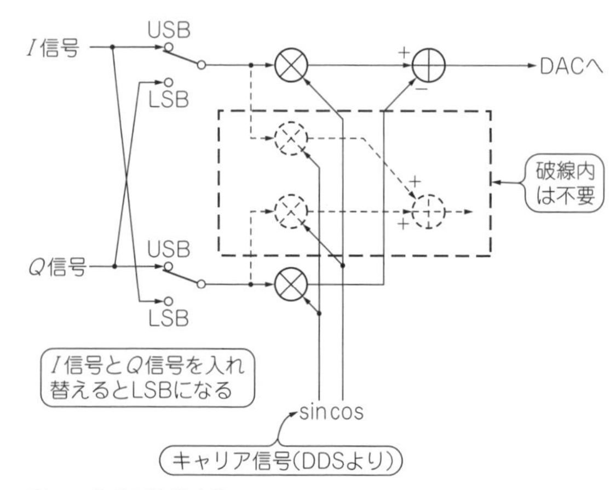

図15　複素周波数変換

このまま複素周波数変換するとUSBになります．音声信号のIとQを入れ換えると，周波数軸が反転して負の周波数になり，下記のようにLSBが得られます．

正の周波数は，

$$\exp(j\omega t) = \cos(\omega t) + j\sin(\omega t)$$

と表されます．ここでIとQを入れ換えると，右辺は

$$\sin(\omega t) + j\cos(\omega t)$$

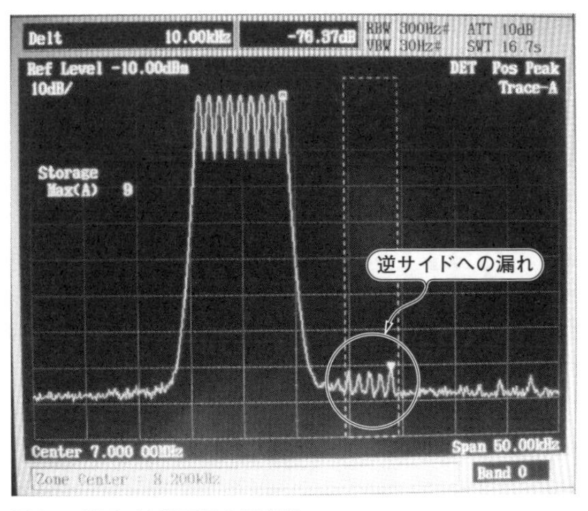

写真1　逆サイド抑圧比の測定例
センタ周波数：7 MHz，スパン：50 kHz．キャリア7 MHzのLSB信号を発生させた．音声入力に1 k～9 kHzまで1 kHzステップのサイン信号を入れてマックス・ホールドした．逆サイド抑圧比は最悪値で76.37 dB＠9 kHzになった．通過域は完全にフラット

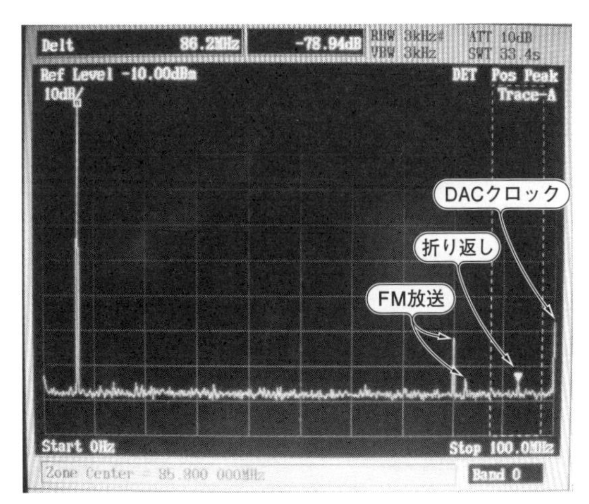

写真2　広域スプリアスの測定例
スタート：0 Hz，ストップ：100 MHz．キャリア7 MHzのLSB信号．音声入力は1 kHzのサイン信号．折り返し(93 MHz)とD-Aコンバータのクロック(100 MHz)が見えるが，その他のスプリアスは80 dB以下．80 MHz，82.5 MHzに見えるのはスプリアスではなく東京FMとNHK FMである

になります．三角関数の公式から，

$$\begin{aligned}&\sin(\omega t)+j\cos(\omega t)\\&=\cos(\omega t-\pi/2)-j\sin(\omega t-\pi/2)\\&=\exp(-j(\omega t-\pi/2))\end{aligned}$$

となり，負の周波数(LSB)に変換したことになります．

④ SSB信号をD-A変換して実際の信号にする

● 逆サイド抑圧比

できあがったSSB信号をD-A変換すると，現実の信号になります．実際に，APB-3でD-A変換出力したSSBのスペクトラムを測定しました．

写真1に帯域内周波数特性と逆サイド・バンド抑圧比を測定結果を示します．LSBで測定したので，通過域は搬送波(スペクトラム・アナライザのセンタ周波数)より低い周波数になります．音声信号として1 k～9 kHzを入れてマックス・ホールドしていますが，各スペクトラムの頭がきれいにそろい，通過帯域で周波数特性がフラットになっているのがわかります．

搬送波より高い周波数は逆サイド・バンド成分で，最悪値で－76 dB取れています．キャリア・リークはここで使ったスペアナではノイズ・レベル(－82 dB)以下で測定できなかったので，APB-3のスペアナ機能で測定したところ－93 dBでした．

● 広域スプリアス特性

写真2は広域スプリアス特性です．エイリアスは－80 dB以下になるように設計しているので，ディジタル信号処理の途中で飽和するなどがなければ，あとはD-A変換器の特性次第になります．

APB-3のD-A変換器は14ビットで，不要スプリアスは－80 dB以下になっているようでほとんど見えません．93 MHzにD-Aの折り返し，100 MHzにD-Aのクロックがありますが，D-Aの出力に入っているアンチエイリアシング・フィルタで十分に抑圧されているようです．

実際に電波として出す場合は何らかのBPFを入れたほうが良いと思いますが，このままでもかなりきれいなスペクトラムです．

＊

これでディジタル信号処理でのSSB信号発生器ができあがりました．最終周波数でダイレクトにSSB信号を発生させるのは，今まで他の文献で読んだことがなくかなり珍しいと思います．D-A変換器の特性が十分なら，ダイレクト信号発生は*S/N*などの点で有利なので，今後主流になるかもしれません．

◆参考文献◆

(1) Rob Frohne；A High-Performance, Single-Signal, Direct-Conversion Receiver with DSP Filtering, QST, April/1998.
(http://www.arrl.org/files/file/Technology/tis/info/pdf/9804x040.pdf)
(2) http://ojisankoubou.web.fc2.com/apb-1/radio.html
(3) 西村 芳一；ディジタル信号処理による通信システム設計，2006年6月，CQ出版社．
(4) http://ojisankoubou.web.fc2.com/sdr-1/index.html

(初出：「トランジスタ技術」2014年1月号，2月号)

第11章 USB-FPGA信号処理実験基板とRFフロントエンド・アダプタで作る

1GHzディジタル・シグナル・アナライザの製作

小川 一朗(おじさん工房) Ichiro Ogawa

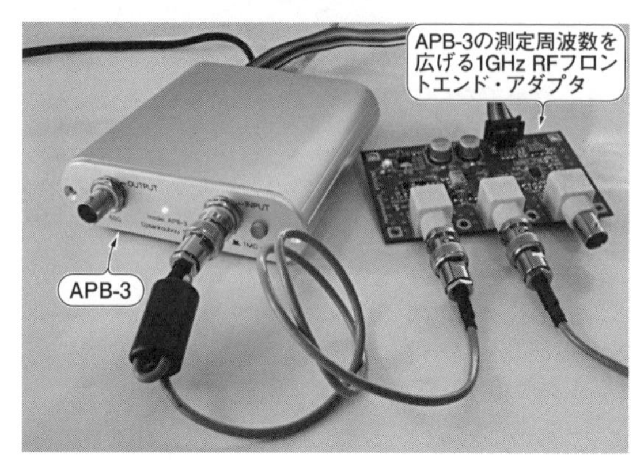

写真1 1GHzまで使えるAPB-3周波数拡張スペクトラム・アナライザを製作

APB-3とRFフロントエンド・アダプタ SAE-1を接続するケーブルはAPB-3のリアパネルをはずして通している．APB-3と接続している同軸ケーブルの大きなフェライト・コアは100MHzの整数倍スプリアス対策

表1 APB-3単体と1GHz RFフロントエンド・アダプタを使ったときの周波数範囲

機能		APB-3単体	APB-3+RFフロントエンド・アダプタ
スペクトラム・アナライザ		20 Hz～50 MHz	30 MHz～1000 MHz
信号発生器	無変調	20 Hz～50 MHz	35 MHz～1000 MHz 1000 MHz～4400 MHz (出力レベル変動あり)
	AM, FM変調	20 Hz～50 MHz	30 MHz～1000 MHz

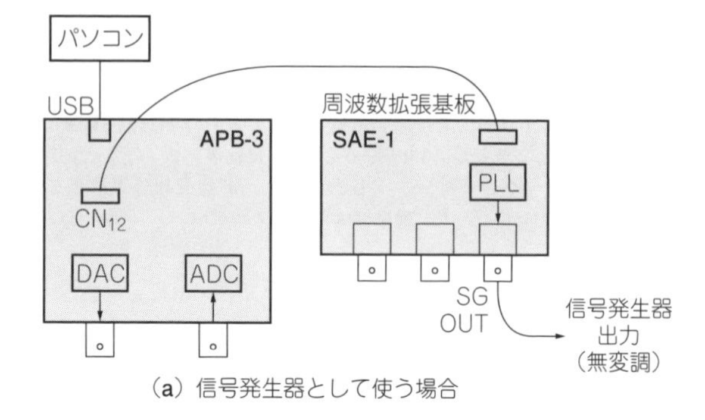

(a) 信号発生器として使う場合

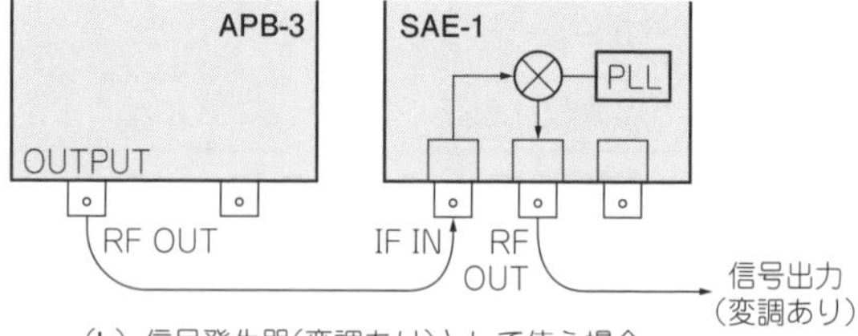

(b) 信号発生器(変調あり)として使う場合

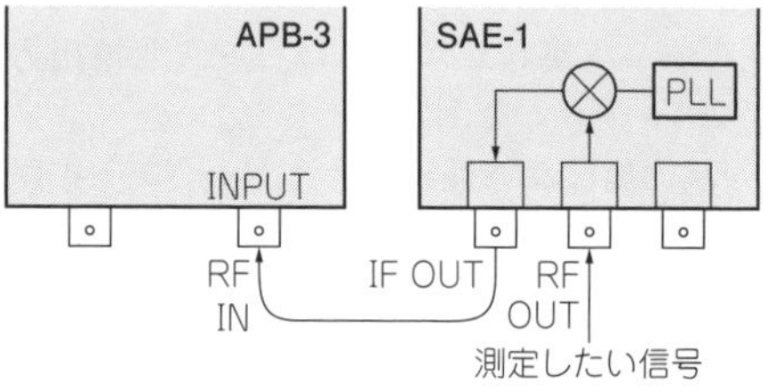

(c) 周波数拡張スペクトラム・アナライザとして使う場合

図1 USB-FPGA信号処理実験基板APB-3との接続

ここまで使ってきたAPB-3基板は，クロック周波数百MHzのA-D変換器やD-A変換器を使っており，扱える周波数はナイキスト周波数の50MHzまでです．もちろん入出力に入っているLPFを変更してサブナイキスト・バンドを使うようにすれば，もっと高い周波数でも扱うことができますが，手軽にというわけにはいきません．

そこで，一番使うであろうスペクトラム・アナライザと信号発生器の周波数範囲を拡大することができる，APB-3用の1GHz RFフロントエンド・アダプタSAE-1(以下，RFフロントエンド・アダプタ)を作りました．APB-3単体での周波数範囲と，RFフロントエンド・アダプタを使ったときの周波数範囲を**表1**に示します．

RFフロントエンド・アダプタは，APB-3基板と**図1**のように接続して使います．使い方によって接続方法が変わり，ケーブルの抜き差しで対応します．

図2はRFフロントエンド・アダプタのブロック構成です．信号生成用のPLL ICと周波数変換用のDBM(Double Balanced Mixer)が載っています．

第9章では，APB-3のFMアナライザの測定例として，試作段階だった周波数拡張基板を使ってADF4351のPLL特性やFM放送のデビエーションを測定した例を紹介しました．その後，何回か基板の試作を繰り返しほぼ満足のいく特性が得られるようになりました．本章では，製作したRFフロントエンド・アダプタのハードウェアの詳細と，この基板を使って周波数範囲を拡大する実験例を紹介し，最後に製作した帯域1 GHzのディジタル・シグナル・アナライザ(APB-3周波数拡張スペクトラム・アナライザ)を紹介します(**写真1**)．

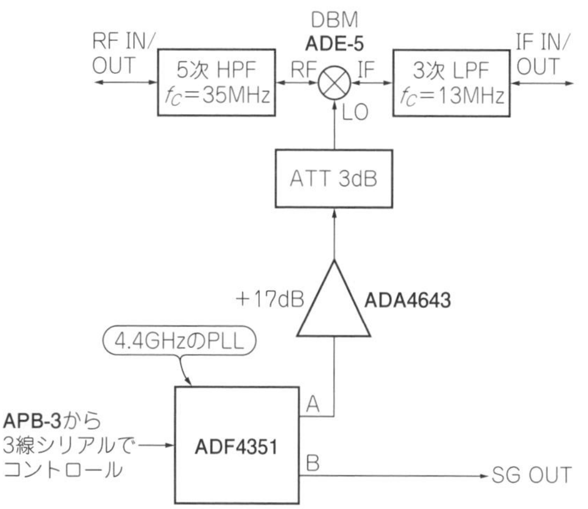

図2　1 GHz RFフロントエンド・アダプタSAE-1のブロック図

APB-3用1GHz RFフロントエンド・アダプタの製作

■ こんなアダプタ

図3(p.222)にRFフロントエンド・アダプタSAE-1の回路図を，**写真2**に基板外観を示します．このRFフロントエンド・アダプタは，大きく分けて信号発生部分と周波数変換部分の2つのブロックでできています．

信号発生部で発生した信号は，1つは周波数変換用の局部発振，もう1つは信号発生器出力になります．周波数変換の入出力と信号発生器出力は，外部接続するコネクタに出ています．**写真2**の基板ではBNCコネクタが付いていますが，基板にはSMAコネクタも付けられるようになっています．

ただ，ここで目標としている1 GHz程度までなら，BNCコネクタで十分です．BNCのほうが取り扱いが楽ですし，APB-3もBNCなのでアダプタなしに直接接続できます．とはいっても，マイクロ波領域でBNCでどの程度の特性が得られるのか(どの程度悪く

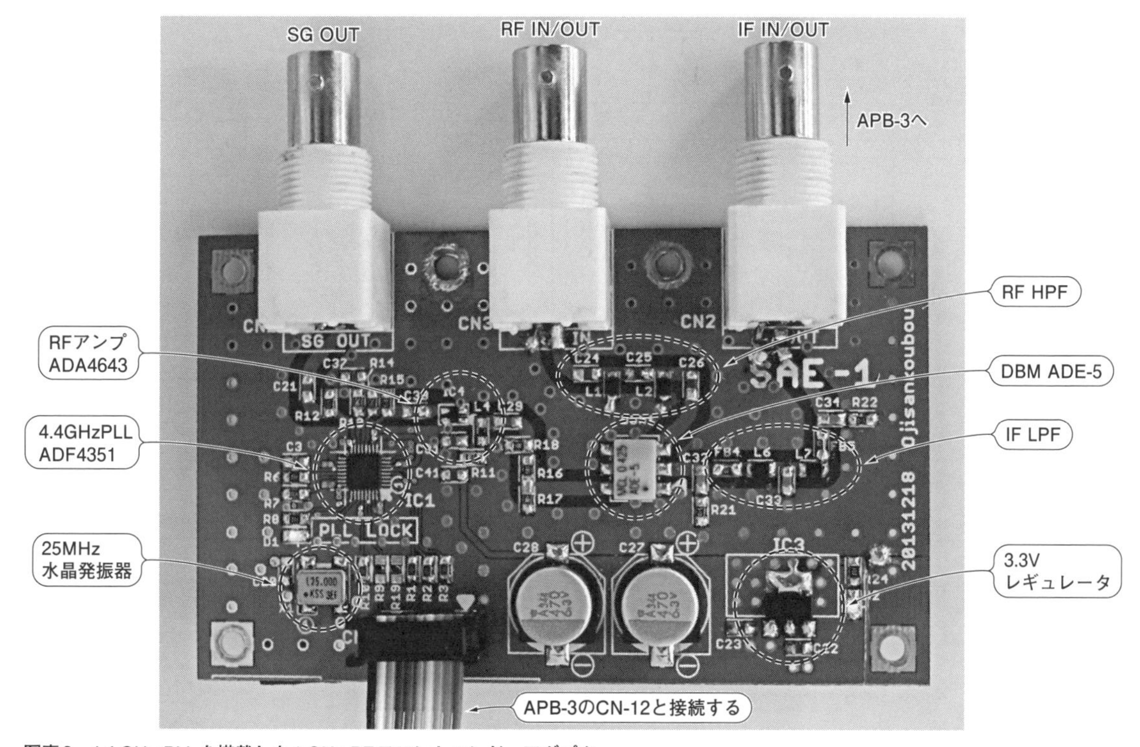

写真2　4.4 GHz PLLを搭載した1 GHz RFフロントエンド・アダプタ

USB-FPGA信号処理実験基板 APB-3と組み合わせることで，スタンドアロンで使える帯域1GHzの信号発生機能付きディジタル・シグナル・アナライザを作ることができる

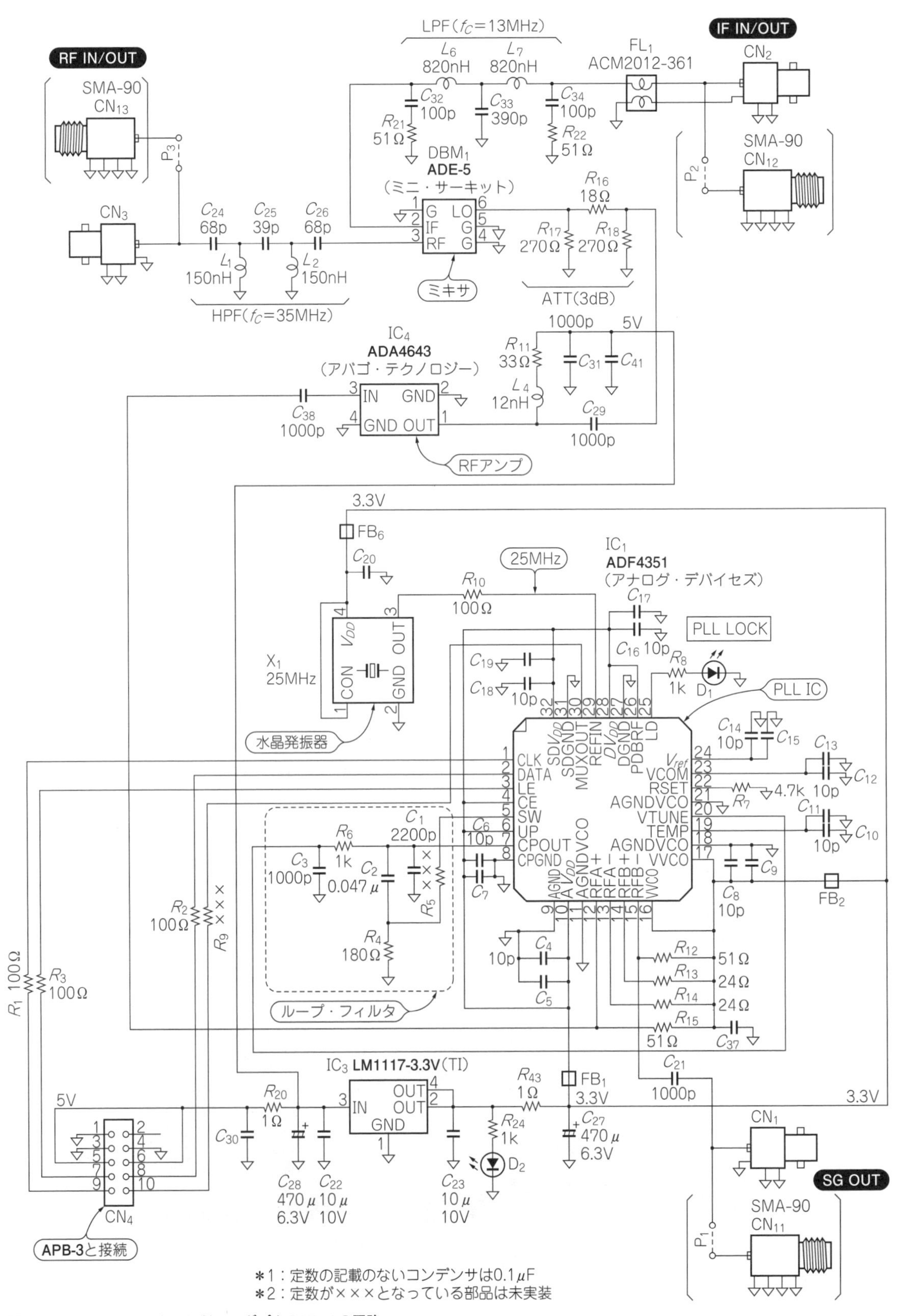

図3　1 GHz RF フロントエンド・アダプタ SAE-1の回路

なるのか)気になりますので，信号発生器出力の4.4 GHzまでの周波数特性を測定しました(後述).

■ 4.4 GHzの広帯域PLLを搭載

信号発生部分には，アナログ・デバイセズ社のPLL IC(ADF4351)を使って35 M～4400 MHzの信号を生成しています.

● 信号出力

ADF4351の信号出力にはRFOUT-A(12-13ピン)とRFOUT-B(14-15ピン)の2系統があり，RFOUT-AをDBM(Double Balanced Mixer)の局部発振器(以下LO；Local Oscillator)として，RFOUT-Bを信号発生器出力として使っています.

どちらの出力も抵抗マッチングで取り出していますので，本来の出力レベルの－6 dBになり，例えば出力レベルを+5 dBmに設定すると－1 dBm出力になります.

ここに抵抗ではなくトランス(1＋1：1)を使えば本来の信号レベルが得られるのですが，トランスの周波数特性がどの程度フラットなのか心配なこと，抵抗のほうが手軽といったこともあり，今回は抵抗にしました．もし，トランスで＋7 dBmが直接得られるのであればLO用アンプが不要になり，回路が簡略化できるのでトランスを使ったと思います.

● 基準周波数

ADF4351は，基準周波数入力として10 M～250 MHzが使えます．APB-3の100 MHzを共通に使えれば，それぞれの周波数誤差を1カ所で管理できるので便利なのですが，さすがに100 MHzを引き回すのはためらわれ，基板上に水晶発振器を載せることにしました.

APB-3との周波数ずれは，周波数拡張スペクトラム・アナライザを作るときに*RBW*が小さくなるほど影響が大きくなりますが，*RBW*によってイメージ除去周波数の変化幅を切り替えることで解決できました.

PLLの比較周波数は，分周比が2，3，6の倍数になると分数分周スプリアスが増えます(6の場合が一番悪い)．比較周波数はなるべく高くしたほうが特性が良くなりますが，ADF4351の分数分周モードでの位相周波数検出器(Phase Frequency Detector)は最大32 MHzです．1 MHzステップのVCO周波数とすると，2，3，6の倍数を除いて32 MHz以下になるのは23 MHz，25 MHz，29 MHz，31 MHzくらいで，ここでは入手性の良い25 MHzにしました.

● ループ・フィルタ

ADF4351だけに限らず，PLLを使ううえで一番重要なのがループ・フィルタです．どの特性を重視するかによってループ・フィルタの設計は変わります．ここではロック時間やノイズを重視してループ・フィルタの帯域を広くしています.

信号発生器として使う場合は，VCOの比較周波数を低くしたほうが発振周波数間隔が小さくなって便利ですが，位相周波数検出器から出る比較周波数成分がループ・フィルタで落とせなくなり，比較周波数スプリアスが悪化します.

その場合はループ・フィルタを狭くします．ノイズ特性は悪化しますが，ADF4351のレジスタでロー・スプリアス・モードにする(ディザーをONにする)という手もあります.

実際のADF4351でループ・フィルタを変えたときのPLL特性は第9章で説明していますので，そちらを

4.4 GHz PLL ADF4351の不可解な仕様 Column 1

本文に述べたように，ADF4351には2系統の出力があり，レジスタでそれぞれの出力レベルやON/OFFの設定ができます．当然，この2系統は独立して設定できるものと思ってプログラムを書いていたのですが，どうもRFOUT-AをディセーブルにするとRFOUT-Bもディセーブルになってしまうようなのです．データシートのブロック図やレジスタ機能説明では，2系統は独立しているように見えますが，よくよく読んでみると「RFOUT-BはRFOUT-Aを使用中のときだけ使うことができる」という記述を見つけました.

確かに隅から隅まで仕様書を読み込まなかった私が悪いのですが，こんな変な仕様はICの設計ミスをあとから仕様書に加えた(よくある話)のではないかと思っています.

また，PLLのロック状態を示すLD(Lock Detect)ピンは，ディジタル・ロックか“H”か“L”を選んで出力することができるようになっていますが，アナログ・ロックは選択できません．MUX OUTピンにはディジタル・ロックもアナログ・ロックも選択できるのにおかしな仕様なので，これもICの設計ミスかなと思っています.

こういう変なところ(現物合わせ仕様？)を探すのも，仕様書を読む楽しみの1つだったりします.

〈小川 一朗〉

参照してください.

● ロック検出

基板上のLED(D_1)は, ADF4351のLD(25ピン)に接続していて, ADF4351内部のディジタル・ロック信号が"H"になる(PLLがロックする)と点灯するようになっています. 電源を入れた直後は消灯していますが, パソコンから周波数設定すると点灯しますので, ADF4351さらには基板の接続やパソコン側のソフトウェアも含めて, 正常動作しているかどうかが目で確認できます. マイコン基板の「Lチカ」みたいなもので, 基板を作ったり新しいICを試したりするときには, 必ずこのように簡単に動作確認できるものを入れて, 一番最初に試しています.

ディジタル・ロック信号は, 位相周波数検出器が周波数比較から位相比較に移ったことを検出しているのでしょうか, 出力周波数が安定するよりまえに"H"になるようです. そのため周波数が本当に安定して使えるようになったかどうかの検出には使えないので, 実際のソフトウェアではADF4351の周波数を変更したとき, 次の処理に移るまで一定時間(1 ms)待つようにしました.

■ ミキサとその周辺回路

ADF4351のRFOUT-AをDBMのLO入力にするのですが, ここで使ったミニサーキット社のDBM ADE-5では, LOレベルに+7 dBm以上が必要です. しかし, ADF4351の出力を最大の+5 dBmに設定しても, 抵抗マッチングで-6 dBされるので-1 dBmしか得られず, 全然レベルが足りません.

● RFフロントエンドの出力信号(LO信号)を増幅する

そこで, アバゴ・テクノロジー社のRFアンプIC ADA4643で+17 dB増幅することにします. ADA4643の使用周波数帯域はDC～2.5 GHzで, 今回の目標周波数帯域を十分にカバーしています. これでADF4351の出力を+2 dBmに設定すると, ADA4636の出力レベルは+2 dBm－6 dB+17 dBの+13 dBmになります.

ADA4643は, $P_{1\,dB}$(出力レベルがリニア領域から1 dB落ちたところ)が+13.4 dBm@900 MHzなので, ちょうどクリップし始めるところで使うことになります. しかし, LOはDBM内部のダイオードを大振幅でドライブしてスイッチとして動作させるのに使いますので, ちょっとぐらいの歪みはまったく問題になりません(というかサイン波形より導通角が大きくなり挿入損失が小さくなる).

● DBMはインピーダンス・マッチングして使う

DBMは, 各端子をインピーダンス・マッチングして使わないと特性が悪化します. ADA4643のリターン・ロスは－12 dB程度なので, DBMのLO端子のマッチングを改善するため, ADA4643の出力とDBM間に－3 dBのアッテネータ(R_{16}, R_{17}, R_{18})を入れています.

余談ですが, アッテネータではアッテネート量(今回の場合なら3 dB)だけNFが悪化するので, アッテネータでインピーダンス・マッチングを取るのは今回のようなノイズが問題にならない大信号の回路だけです.

最終的に, DBMのLO入力レベルは+10 dBm(+13 dBm－3 dB)になり, +7 dBm以上が得られました.

● DBMの各端子間のアイソレーションを改善する

このDBMは, 周波数帯域がLO/RF端子は5 M～1500 MHz, IF端子はDC～1000 MHzとなっていて, 今回の目標仕様にぴったりです. LO/RFとIFで扱える周波数帯域が違うのは, 内部構造の差によるものです.

また, 変換ロスは50 M～750 MHzで最大7.5 dBです. つまり, NFが7.5 dB悪化するということです.

図3の回路図を見ると, DBMのRF端子にはカットオフ周波数f_Cが35 MHzのHPFが, IF端子にはf_Cが13 MHzのLPFが入っています. DBMはそれぞれの端子間でアイソレーションがあるのですが, しょせんアナログ回路なので最悪値で20 dB程度しかとれません. そこで, IF周波数を13 MHz以下に制限してRF周波数と重ならないようにし, RF端子に13 MHz以下の信号が入力された場合にはHPFでカットしてIF側に洩れないようにしています.

RF端子に入っているHPFは, ごく普通の5次HPFです. IF端子に入っているLPFは一見5次のLPFに見えますが, 実は3次LPFです. フィルタの入出力に並列に入っている抵抗とコンデンサの直列回路は, フィルタの次数を稼ぐものではありません. それでは, この抵抗とコンデンサは何のために入っているのでしょうか.

● フィルタのインピーダンス・マッチング

LOドライブ信号のところでも述べましたが, DBMは各入出力端子のインピーダンス・マッチングを取っていないと特性が悪化してしまいます. DBMのIF端子に入っている3次LPFはカットオフ周波数f_Cが13 MHzなので, 13 MHzより十分に低い周波数では入出力インピーダンスが50 Ωになりますが, 13 MHzを超えるとインピーダンスは上昇し全反射に近くなります(S_{11}が悪化し0 dBに近くなる).

DBMは少なくとも使用周波数範囲でインピーダンス・マッチングを取る必要があり, このRFフロントエンド・アダプタでは50 M～1000 MHz程度で使用することを見込んでいますので, この範囲でインピー

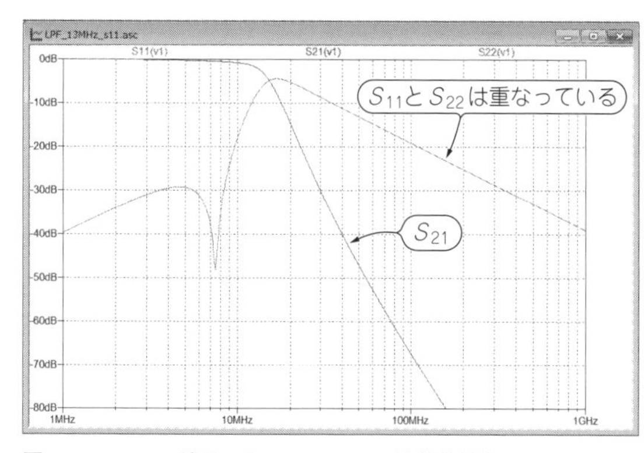

図4　DBMのIF端子に入れるLPFの周波数特性（S_{11}とS_{21}のシミュレーション）

S_{11}，S_{22}は40 MHz以上で－10 dB，100 MHz以上で－20 dB以下になっている

ダンスが50 Ωに近くなる（S_{11}が小さくなる）ようにしないといけません．

そこで，このLPFの入出力に抵抗とコンデンサの直列回路を入れて，高周波数域でインピーダンス・マッチングを取るようにしました．抵抗はマッチングを取るので50 Ωに決まりで，コンデンサの値はシミュレーションでLPFの特性とS_{11}，S_{22}を勘案して決めました（もしかしたらちゃんとした設計法があるのかもしれないが，不勉強なので手軽にシミュレーションでカット＆トライした）．**図4**が設計したLPFの周波数特性です．S_{11}，S_{22}は100 MHz以上で－20 dB程度は取れましたので十分でしょう．

RF入出力端子に入っているHPFは使用周波数帯域がフィルタ通過域になるのでS_{11}，S_{22}は小さくなり（インピーダンス・マッチングが取れている），そのままで問題ありません．

● DBMの端子は用途/入出力方向を自由に決めてよい

DBMにはLO入力，RF入力，IF出力の端子がありますが，実は端子を入れ換えてどの端子をどの用途に使っても問題ありません．

今回のRFフロントエンド・アダプタでも回路図でRF IN/OUT，IF IN/OUTとなっているように，RF入力とIF出力をそれぞれ入出力逆にして使うことも想定しています．通常は，RF端子に入力した信号を低い周波数（IF）に周波数変換して使いますが，後述する実験例のように逆にIF端子に低い周波数の信号を入力して，RF端子から高い周波数に変換した信号を取り出すこともできます．

RF端子やIF端子に入っているHPFやLPFはパッシブ・フィルタなので，入出力を逆にしても特性はまったく変わらず問題ありません．

＊

以上でハードウェアの説明は終わりです．次は，できあがったRFフロントエンド・アダプタの特性評価，使用例の説明，そしてスペクトラム・アナライザの周波数拡張です．

信号発生器の実力

● 出力スペクトラム

まずは，もっとも基本的な高周波信号発生器部分の目標周波数1 GHzまでの特性はどうなのか，さらにもっと上の4.4 GHzではどうなっているのかを見てみます．

ADF4351が4.4 GHzまで信号出力できるとはいっても，FR-4の2層基板にBNCコネクタと，マイクロ波の専門家が見たら眉をひそめてしまいそうな構成なので，実際にはどの程度，信号が減衰/反射してしまう

フィルタ作りはできるだけインダクタを使わずに　Column 2

LPFにはインダクタ・インプット型とコンデンサ・インプット型の2種類があります．インピーダンス補正をしていないフィルタでは，通過帯域ではインピーダンス・マッチングが取れていますが，帯域外ではインピーダンスが大きくなって通過しないよう阻止するか，小さくなってグラウンドにショートする形になっています．

ここで使ったインダクタ・インプット型LPFでは，帯域外でインピーダンスが大きくなりますので，コンデンサと抵抗の直列回路を並列に入れる形でインピーダンス補正できます．

コンデンサ・インプット型LPFの場合は，帯域外でインピーダンスが小さくなりますので，インダクタと抵抗の並列回路を直列に入れることで同じく補正ができます．

つまり，インピーダンス補正した3次LPFを作るのに，インダクタ・インプット型ではインダクタが2個，コンデンサ・インプット型ではインダクタが3個必要になります．インダクタは高価なうえ特性の悪い部品なのでなるべく使いたくなく，今回の基板ではインダクタ・インプット型を選択しました．

帯域外のインピーダンス補正が不要な場合は，コンデンサ・インプット型のほうがインダクタの数が少なくなりますので，通常はコンデンサ・インプット型を選択することが多いです．

〈小川 一朗〉

のかが気になります．あまりにひどいときは基板の再設計になってしまうかもしれません．どきどきしながら測定してみました．結果を**図5**に示します．

RFフロントエンド・アダプタから両端BNCコネクタの1.5D2V同軸ケーブル(約30 cm)で，BNC-N変換アダプタを経由してスペクトラム・アナライザにつなぎ，－10 dBm，100 MHzステップで4400 MHzまで出力したときの信号レベルをマックス・ホールドしました．

この図を見ると，目標の1 GHz程度までならレベル変動も±1 dB程度と問題なさそうです．1 GHz以上では信号レベルが大きくうねって減衰していきますが，4.4 GHzでも－5 dB程度に収まっているので，簡易信号源としてなら十分に使えそうです．思ったよりまともな特性が得られてほっとしました．

● 読者の皆さんの実験に期待

この1 GHz以上の領域での信号レベルのうねりや減衰が，基板設計，基板材質，コネクタ，ケーブルなどいろいろ考えられるなかのどの要因によるものかは明らかではありません．BNCコネクタとケーブルが一番怪しいとは思いますが，目標周波数の1 GHzまでは十分な特性が得られたことから，私の実験はここまでにしておきます．

あとは，この記事を読んで疑問に思った読者の皆さんが各自で実験してみてください．頭だけではなく，実際に手を動かすのが重要です．記事を読んでもわからなかったことが，自分の手を動かして実験するとおもしろいように理解できます．

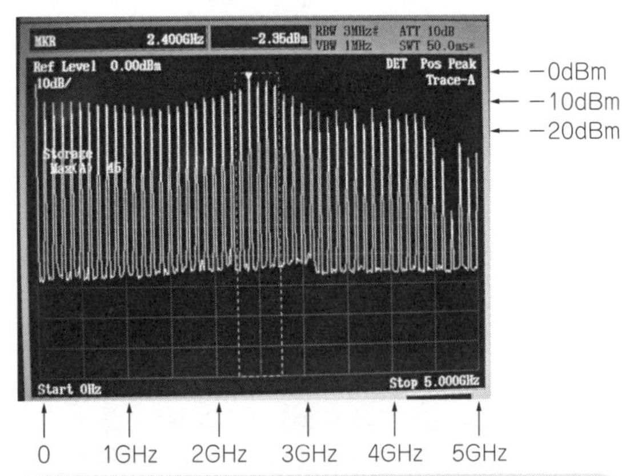

図5　高周波信号発生器の出力スペクトラム(0～5 GHz，*REF*：0 dBm，*RBW*：3 MHz，*VBW*：1 MHz)

応用例

● 高い周波数の変調信号を作る

RFフロントエンド・アダプタの高周波信号発生器では変調をかけることができませんが，APB-3の信号発生器で変調をかけた信号を周波数変換することで，任意の周波数で変調のかかった信号を作ることができます．

ADF4351の発振周波数をf_{LO}，IFに入力する周波数をf_{IF}として周波数変換すると，RF OUTからは$f_{LO}-f_{IF}$と$f_{LO}+f_{IF}$の2つの周波数成分が出てきます．

FM変調やAM変調では上下側波帯がキャリアを中心に対称なので上側ヘテロダイン(heterodyne)，下側ヘテロダインのどちらにしても問題ないのですが，SSB変調では上側ヘテロダインにして$f_{LO}-f_{IF}$を使うようにすると，LSBとUSBが入れ替わってしまいます．逆に，このことを利用してLSBとUSBを相互変換することができます．

● FMワイヤレス・マイク

第8章でFM変調器を使ってワイヤレス・マイクの実験をしたときは，D-A変換器の信号からちょっとトリッキーな方法でFM放送帯域の信号にしました．今回は正統派の方法で，77.6 MHz(私の地域で放送のない周波数)のFMワイヤレス・マイクを作ります．

図6のように，ADF4351の発振周波数を70 MHzにします．APB-3の信号発生器は，7.6 MHzでFM変調をかけプリエンファシスをONにします．APB-3のオーディオ外部入力にMP3プレーヤなどの適当な音源をつなぎます．APB-3の信号出力をRFフロントエンド・アダプタのIF INにつなぎ，RF OUTにアンテナとして50 cm程度のビニール線をつなげば，室内のFMチューナから70 MHz＋7.6 MHzの77.6 MHzでMP3プレーヤの音が聞こえてきます．今もレディー・ガガの“Alejandro”を聞きながらこの原稿を書いています．

この状態で，APB-3の信号発生器のAM変調をONにしても，出てくる音には影響がほとんどなく，FM復調でAM成分が抑圧されているのが実験できます．

周波数は，IF周波数が13 MHz以下であれば自由に決めることができます．77.6 MHzの場合なら，例えばADF4351を65 MHz，APB-3の信号発生器を12.6 MHzとしてもかまいません．

● 高い周波数のスペクトラムを見る

測定したい周波数がわかっている場合は，その周波数が5 MHz程度に周波数変換されるようにf_{LO}を設定します．例えば，FM放送の80 MHzを観測したい場

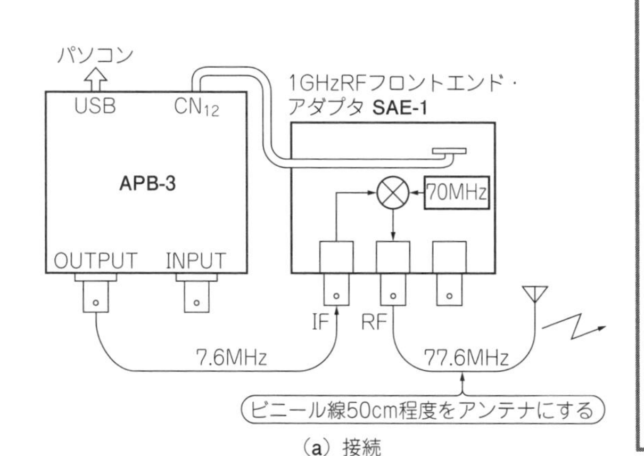

(a) 接続

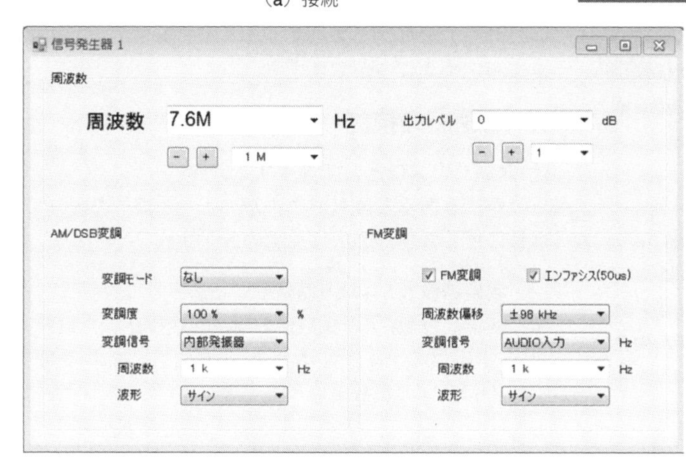

(b) 信号発生器の設定

(c) 信号発生器の設定

図6　APB-3とSAE-1の接続と設定例

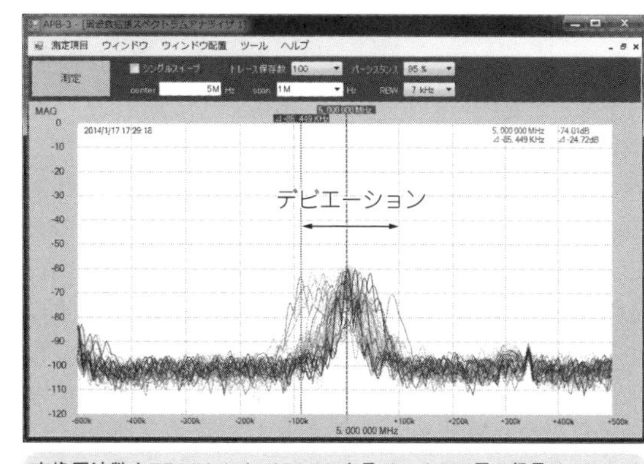

変換周波数を75 MHzにして5 MHzを見ているので元の信号は80 MHzのFM放送になる

図7　FM放送のスペクトラム

合は，f_{LO}として75 MHzか85 MHzのどちらかを使えばよいわけです．一般的には，下側ヘテロダインの75 MHzのほうがサイド・バンドや周波数の上下関係がそのまま5 MHzに平行移動するだけなので，スペクトラム・アナライザ画面で見たときに理解しやすくて良いです．

しかし，イメージ(image；周波数変換で生じる2つのスペクトラムのうち不要なほう)になる70 MHzに何か他の信号がある場合には，f_{LO}として75 MHzを使うと70 MHzの信号も同じ5 MHzに周波数変換され，スペクトラムが重なってしまうので観測するのが難しくなります．こういったときには上側ヘテロダインの85 MHzを使うか，少しf_{LO}周波数をずらしてスペクトラムが重ならないようにします．

図7は，そのようにしてFM放送のスペクトラムを見たものです．何回ものスペクトラムを重ねて表示することで，だいたいのデビエーションがわかります．ここでは示しませんが，APB-3のFMアナライザで測定すると実際の放送のデビエーションが直読できます(第9章を参照)．

APB-3周波数拡張スペクトラム・アナライザの製作

■ 課題の整理

測定したい周波数がわかっている場合は，上述の方法でf_{LO}を適切な周波数に設定して，APB-3をスペクトラム・アナライザ・モードにして測定すればOKです．

しかし，周波数がわからない，または広帯域に広がるスペクトラムを見たい，などといったときにいちいち手操作でf_{LO}を設定して測定するのは大変です．できれば普通のスペクトラム・アナライザのように，広帯域を掃引して観測し，その後で必要な周波数のところを拡大するといった使い方ができるようなものが欲しいなぁと思ってしまいます．

そこで，広帯域を掃引して測定できる1 GHzディジタル・シグナル・アナライザ・プログラムを作りました．

● 上側ヘテロダインを使う

まずは，周波数掃引で下側/上側ヘテロダインのどちらを使うかを決めます．今まで述べてきたように，下側ヘテロダインのほうが周波数軸が平行移動するだけなので計算が簡単で良いのですが，ADF4351の最低出力周波数が35 MHzと高く，IFを5 MHz程度とすると40 MHzより上の周波数でしか使えません．できるだけAPB-3単体と測定周波数がオーバーラップするようにしたいので，上側ヘテロダインを使うことにしました．

あとは，IF周波数が5 MHzになるようにf_{LO}を測定周波数の＋5 MHzにして掃引すれば周波数拡張スペクトラム・アナライザのできあがり！…というわけには問屋がおろしません．

市販のスペクトラム・アナライザに比べ，こんなに簡単な回路でスペクトラム・アナライザを作ろうとするといろいろ問題があります．性能や使い勝手で妥協が必要なところもあります．また，そうでなければ市販の巨大で高価なスペクトラム・アナライザの立つ瀬がありません．

● 課題1…スプリアスだらけ

一番大きな問題は，いろいろなスプリアス(spurious；不要な周波数成分)が発生することです．**図8**は，実際に110 MHzの矩形波信号を測定したものですが，センタにある本来の110 MHzの信号以外にたくさんのスプリアス成分が見え，本来の信号がどこにあるのかもわからないくらいです．

● 課題2…掃引時間

2番目は，広帯域を測定しようとすると掃引速度が遅いことです．第2章で，アナログ・スペクトラム・アナライザの掃引時間がRBWの2乗に反比例するので狭帯域になればなるほど遅くなると説明しましたが，逆にいうとRBWが大きいときはアナログ・スペクトラム・アナライザのほうが高速に掃引できるということです．

FFT処理以外に，f_{LO}を変えてADF4351のPLLがロックするのを待つ時間も必要なうえ，さらにイメージ除去(後述)までするとどうしても時間がかかります．実際に，RBW = 60 kHz，イメージ除去2回で0～1000 MHzの帯域を測定すると46秒かかりました．イメージ除去回数を増やすとさらに時間がかかりますが，とりあえず待てないことはないというレベルだと思います．

狭帯域を測定する場合はf_{LO}を変化させる必要がないので，アナログ・スペクトラム・アナライザより高速に測定することができます．

■ 問題点の検討

● スプリアスはどこで発生するのか

ほかにもあるとは思いますが，ざっと調べた限りでは目に付くスプリアスは，次の3つです．

① 変換周波数f_{LO}の上側信号のイメージ
② 変換周波数f_{LO}の整数倍で周波数変換された信号
③ APB-3のA-D変換クロックとf_{LO}によって100 MHzの整数倍に出るもの

以下に，それぞれのスプリアスがどうして発生するのか，またどう対処する(した)のかを説明します．

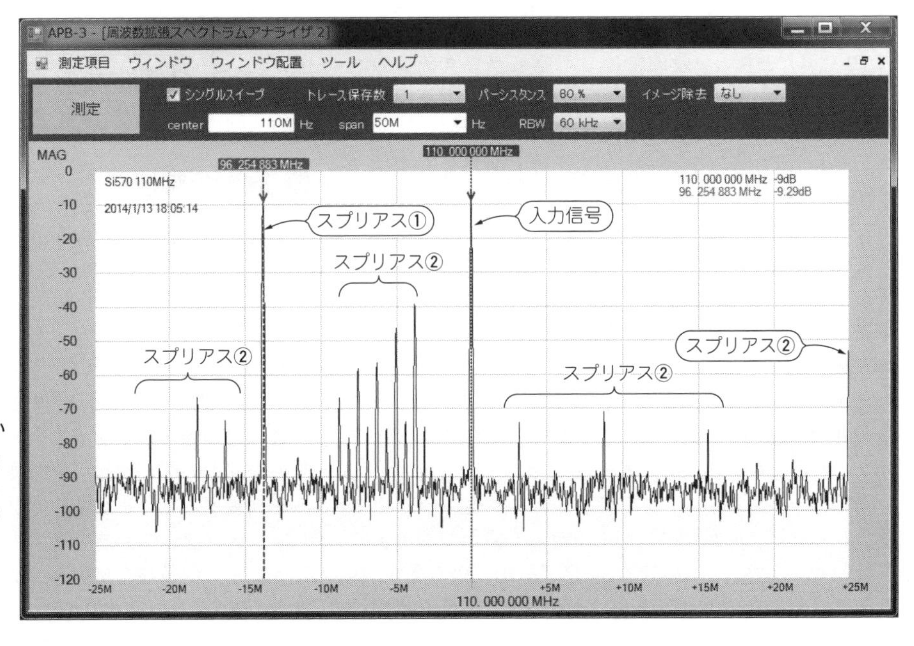

図8　スプリアスがいっぱい

VCXO(Si570)で作った110 MHz矩形波をイメージ除去しないで測定した．本来の110 MHz以外にたくさん出ているスペクトラムはすべてスプリアス

① 変換周波数f_{LO}の上側信号のイメージ

f_{LO}の上側信号のイメージは，周波数変換がもつ本質的なものです．今まで説明してきたように，周波数変換では$f_{LO} \pm f_{IF}$の信号は同じf_{IF}に変換されて区別がつきません．上下の2つの周波数のどちらかを欲しい信号とすれば，もう片方がイメージ信号となります．ここではf_{LO}を上側へテロダインで掃引していますので，f_{LO}が本来の信号の下側になるときに同じIF周波数に周波数変換されたイメージがスプリアスになります．

発生原理からわかるように，このスプリアスは本来の信号の$2 \times f_{IF}$(約12 MHz)下の周波数に本来の信号と同じレベルで発生します．周波数スパンがf_{IF}より小さい数MHz以下のときには発生しません．

図8の96.254 MHzが，このようにして発生したスプリアスです．

図9のように，f_{LO}が103.127 MHzのとき，110 MHzの信号が下側へテロダインで周波数変換されて6.873 MHzになり，スペクトラム・アナライザのソフトウェアは上側へテロダインと思って掃引しているので，103.127 MHz − 6.873 MHzの96.254 MHzに信号があると表示しているのです．**図8**では，本来の110 MHzとまったく同じレベルになっているのがわかります．

まったく同じ原理で，測定しようとしている周波数の$2 \times f_{IF}$上の周波数に何か信号がある場合も，イメージ信号になってスプリアスになります．

② 変換周波数f_{LO}の整数倍で周波数変換された信号

f_{LO}の整数倍で周波数変換された信号はちょっと複雑です．DBMの説明で，LO信号はDBM内部のダイオード・スイッチをドライブしていると述べましたが，ダイオードをスイッチ素子として使うということは，f_{LO}だけではなく$3 \times f_{LO}$, $5 \times f_{LO}$, …といったf_{LO}の奇数倍の周波数成分とも掛け算をしていることになります．

実際には素子のアンバランスがありますので，f_{LO}の奇数倍の周波数だけではなく，偶数倍の周波数でも効率は低いですが掛け算器として動作しています．つまり，f_{LO}の整数倍の周波数$\pm f_{IF}$に信号があれば同じf_{IF}周波数のIF信号となり，スプリアスとなって画面上に表示されます(**図10**)．

このように，LOの高調波でも周波数変換器として動作することをハーモニクス・ミキシング(harmonics mixing)といい，これを積極的に使うこともありますが，今回はスプリアス発生の邪魔者です．高調波は基本波に比べてレベルが小さいので，スプリアスのレベルは本来の信号より小さく，偶数次高調波では効率が低いのでさらに小さくなります．

図8では本来の信号の110 MHzと①のイメージ信号96.254 MHz以外が，入力した110 MHz矩形波の高調波とf_{LO}の整数倍の周波数でハーモニクス・ミキシングして生じたスプリアスです．

こんなにいろいろなスプリアスが出るのではスペクトラム・アナライザとしては使いものにならないんじゃないかと思ってしまいますが，実は①と②の原因で生じたスプリアスはソフトウェアで除去することができます(後述のイメージ除去を参照)．

③ APB-3のA-D変換クロックとf_{LO}によって100 MHzの整数倍に出るもの

問題なのがこのスプリアスです．APB-3のA-D変換クロックとf_{LO}によって100 MHzの整数倍に出るスプリアスは，次の2つの発生経路があります．

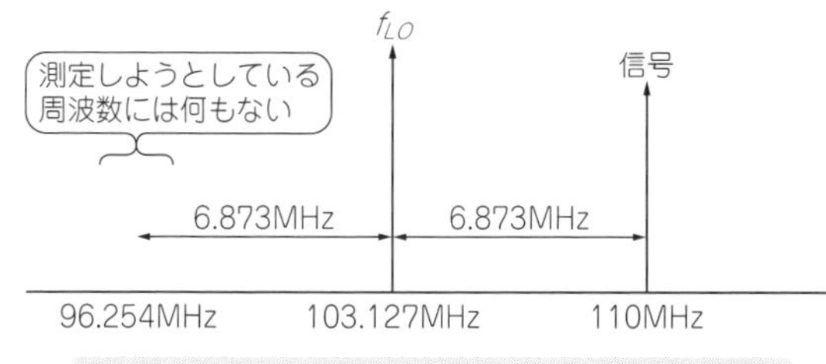

(a) DBMに入力される信号周波数

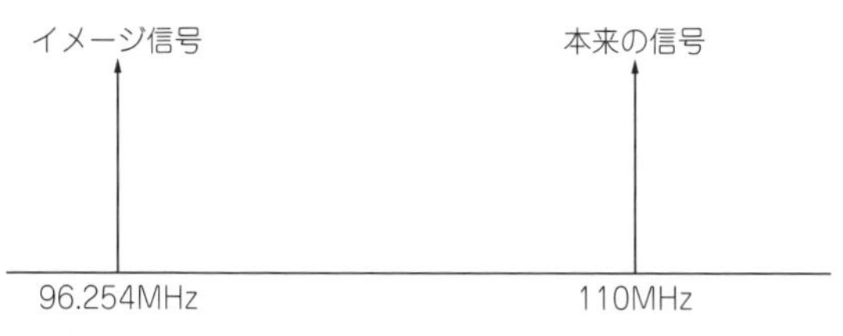

(b) スペクトラム・アナライザ表示

図9　変換周波数の上側信号がイメージになる

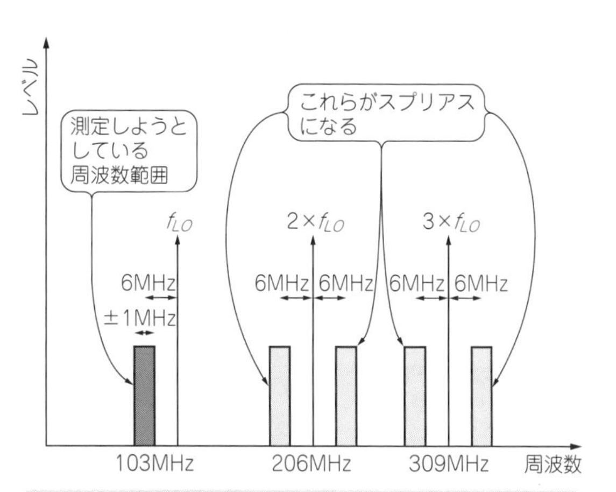

図10　ハーモニクス・ミキシングで出るスプリアス

11
1GHzディジタル・シグナル・アナライザの製作

(1) APB-3基板で使っている100 MHzの高調波がRFフロントエンド・アダプタの入力や電源，グラウンドなどから飛び込む
(2) 周波数拡張基板で作ったLOがAPB-3のA-Dコンバータに入り，100 MHzでアンダーサンプリングされる

どちらの経路でも正確に100 MHzおきに発生しますので，周波数からはどちらなのか区別がつきません．残念ながら，このスプリアスはソフトウェアで除去することはできませんので，ハードウェアで発生経路を絶つしかありません．

イメージ対策

■ ハードウェアで除去

回路図のIF端子に入っているFL_1(ACM2012)のCMF(Common Mode Filter)や，使用時(**写真1**)のIF信号接続同軸ケーブルのフェライト・コアなどで，スプリアスはかなり改善できました．しかし，RFにケーブルをつなぐとそのケーブルに載ってきて悪化したり，ケーブルの引き回しでも大きく変化します．数百MHzという高周波では空中や電源，グラウンド，ケーブルなど侵入経路が多岐にわたり，完全には除去できませんでした(**図11**)．

このスプリアスを完全に除去するには，市販のスペクトラム・アナライザのようにがっちりとシールドした中に各ブロックを入れてアイソレーションを完全にするしかないと思います．簡易スペクトラム・アナライザということで，この程度のスプリアスはしかたがないと妥協して使うことにしました．

■ ソフトウェアでもイメージ除去

さて，盛大に発生する①や②の原因で発生するスプリアスを除去する方法です．①，②で発生するスプリアスは周波数変換で発生するイメージ信号なので，以下ではイメージ除去と呼びます．

● f_{LO}の変化とイメージ信号の挙動

周波数変換で発生するイメージ信号は，f_{LO}によって発生周波数が変化します．あるf_{LO}で発生したイメージ信号は，f_{LO}を少しずらしてやると周波数が本来の信号とは逆方向にずれたり，f_{LO}のずれの整数倍ずれたりします．

イメージ除去は，このようにf_{LO}をずらしたときに本来の信号とイメージで挙動が違うことを利用しています．ある周波数を測定するのにf_{LO}の周波数をいろいろ変化させて測定し，そのなかから変化しないスペクトラムだけを取り出す(実際にはミニマム・ホールドする)とイメージが消えて，本来の信号だけがあぶりだしのように残ります．

図12は110 MHzの信号を測定しているときにf_{LO}をずらすとイメージ周波数がどうなるか示しています．

周波数拡張スペクトラム・アナライザの画面の「イメージ除去」というボタンで，何種類のf_{LO}を使うかを設定できます．

図8がイメージ除去しないときで，2回だと**図13**(a)，4回で**図13**(b)と，だんだんスプリアスが除去されて本来のスペクトラム(ここでは110 MHzの信号だけ)

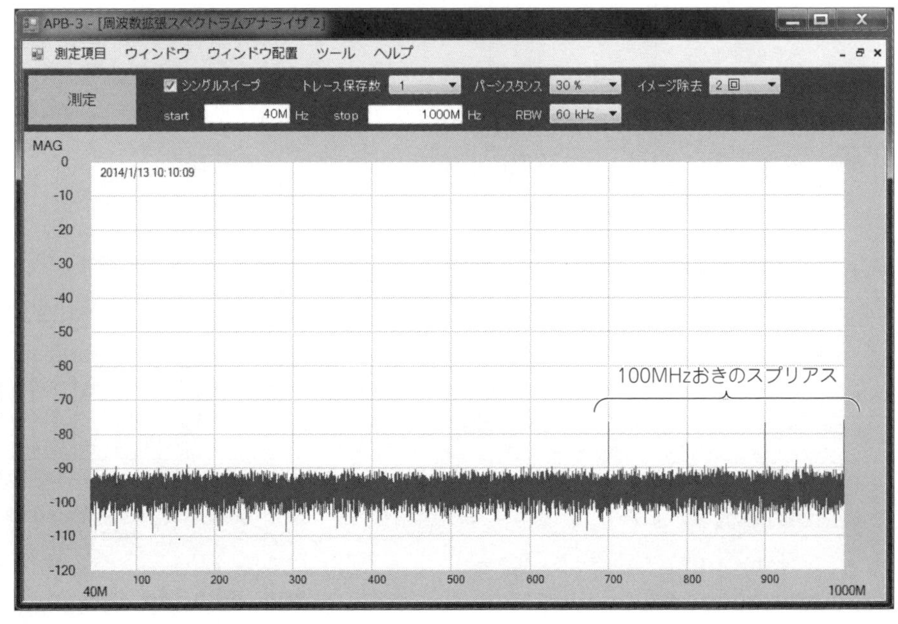

図11　製作したAPB-3周波数拡張スペクトラム・アナライザのスプリアス(ソフトウェアによる除去前の実力)

RF端子に終端器をつないで無信号状態での40 M～1000 MHzのスペクトラム

に近づいていきます．

除去回数を多くすればするほどスプリアス除去できる可能性が上がりますが，何回も繰り返して測定することになるので，そのぶん測定時間が長くなります．うまくイメージ除去できるかどうかは確率の問題なので何回やれば十分とは言えませんが，だいたい2～4回でほとんど除去できるようです．試作した周波数拡張スペクトラム・アナライザのプログラムでは，8回まで設定できるようになっています．

● 測定のコツ

イメージ除去では何回かf_{LO}をずらして測定したデータをミニマム・ホールドすると説明しましたが，裏を返すと，時間的に変化するスペクトラムは除去されてしまう可能性があるということになります．例えば，変調された信号を狭いRBWで測定する場合や，周波数が安定していないで時間とともにずれていく信号を測定する場合に問題になります．

これを防ぐため，まず最初に広いRBWで「イメージ除去」を例えば4回にして測定したい信号の周波数のあたりをつけ，次に狭いRBWで「イメージ除去」を「なし」にして測定するという手順を踏みます．つまり，測定しているスペクトラムがイメージではないことをまず確認してから詳細測定するわけです．

見ている信号がイメージじゃないかと疑義が生じたときは「イメージ除去」回数を多くするか，その信号がセンタになるようにするなどして，周波数関係を変えてみて消えないか確認します．ちょっとコツがいりますが慣れれば問題ないでしょう．

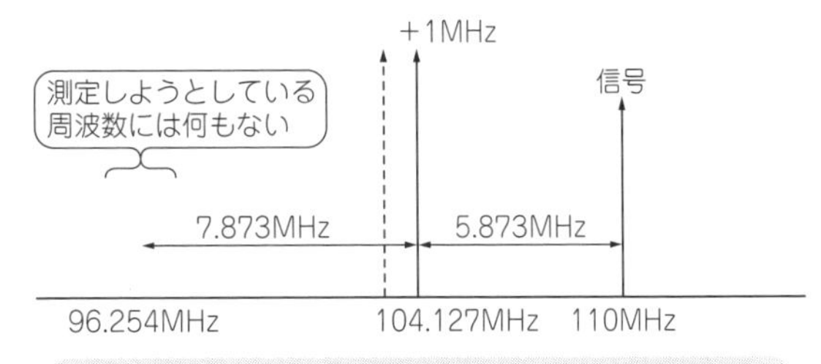

（a）DBMに入力される信号周波数

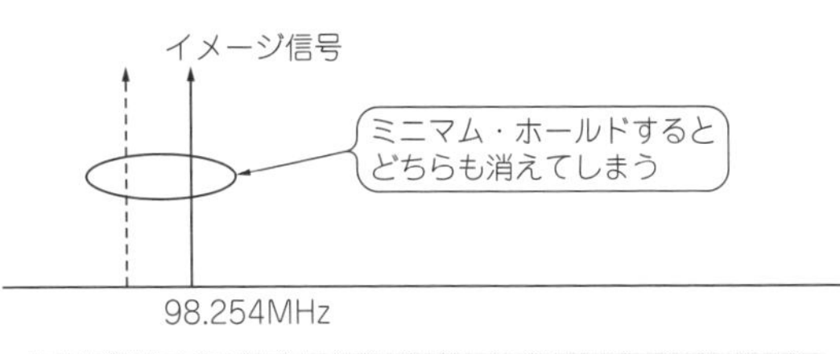

（b）スペクトラム・アナライザ表示

図12　イメージ除去の方法

製作したAPB-3周波数拡張スペクトラム・アナライザの実力

図14に，100 MHzステップで1000 MHzまで－10 dBmの信号を入力したときの周波数特性の実測例を示します．1000 MHzまでだらだら下がりになっていますが，なんとか使えそうです．さらに上では2000 MHz

変換周波数f_{LO}を上手にずらしてインテリジェントにイメージ除去　Column 3

ディジタル・イメージ・リジェクションで，f_{LO}をどの程度ずらすのが効果的かというのはおもしろい(悩ましい)問題です．単一信号を相手にするのでしたらスペクトラムの裾が重ならないようにRBWの数倍くらいずらせばよいのですが，信号の近傍スプリアスが悪い場合には除去できません．また，複数回イメージ除去するときに同じ間隔でf_{LO}をずらすと，振幅変調された信号のように同じ周波数間隔で側波帯がある場合にイメージ除去できません．

なるべく少ない回数で効果的なスプリアス除去が可能な周波数間隔はどのようなものなのか，いろいろ実験してみました．複数回ずらすときの周波数間隔をフィボナッチ数列にしてみたり，上下へテロダインを変えてみたりといろいろ試してみましたが，除去効果はあまり変わりませんでした．

結局，f_{LO}周波数差は，例えばRBW = 60 kHzのときは，

2回：＋1.13 e6
4回：－1.13 e6,　＋0.7 e6
6回：－0.43 e6,　＋0.27 e6
8回：－0.16 e6,　＋0.1 e6

と，ずらし量が整数倍関係にならないようにしているだけです．

スペクトラムのピークを見て，もしそれがイメージなら消えるような変換周波数を選ぶようにすると良いのかもしれません．インテリジェント・イメージ除去ですね．〈小川 一朗〉

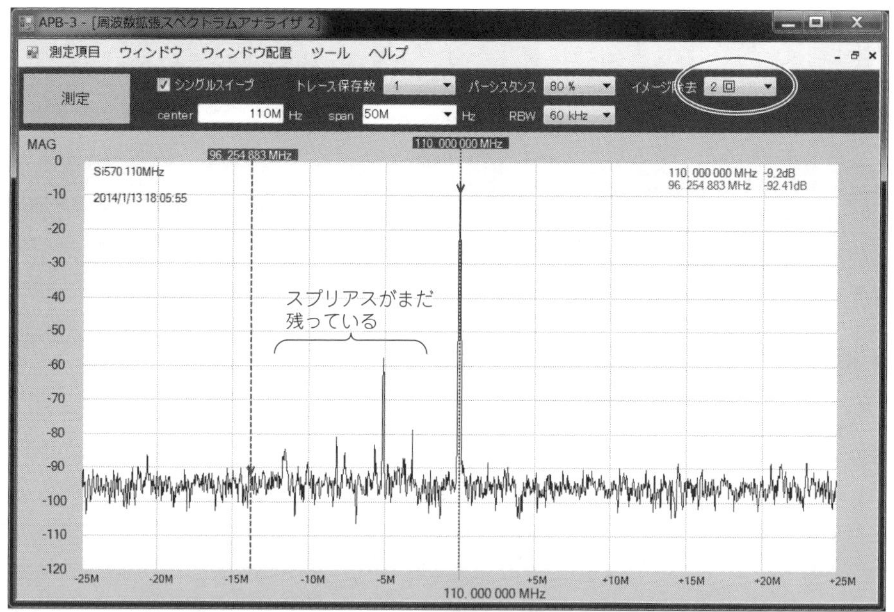

（a）イメージ除去回数が2回（まだ完全には除去しきれていない）

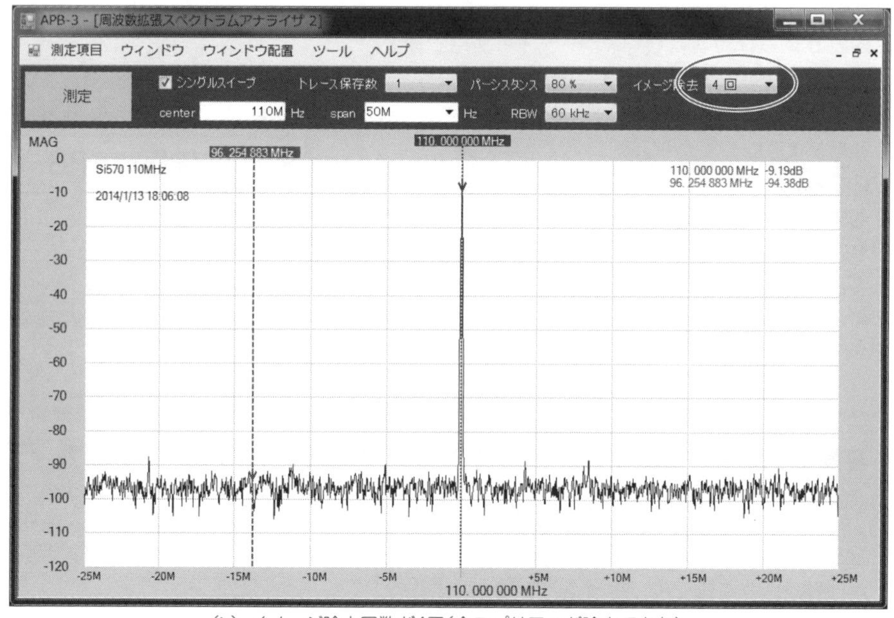

（b）イメージ除去回数が4回（全スプリアスが除去できた）

図13　イメージ除去回数とスプリアスの変化

で－6 dB，2400 MHzで－14 dBと悪化していきます．使用したミキサ（ADE-5）の周波数範囲が1500 MHzまでなので，仕様どおりです．

入力信号レベルは－10 dBmですが，**図14**では－14.6 dB@100 MHzと測定されました．APB-3のスペクトラム・アナライザはA-Dコンバータのフルスケールが0 dBで，これはだいたい－4.5 dBmに相当します．つまり，－14.6 dBは－19.1 dBmに相当し，この基板の挿入損失は約9.1 dBということになります．ADE－5の変換ロスの仕様である－7.5 dBより約1.6 dB挿入損失が大きいのは，入出力に入っているフィルタやコネクタ，ケーブルなどのロスがあるためだと思われます．

図15に狭帯域での測定例を示します．APB-3の特徴である狭帯域測定も問題なくできます．前述したように，狭帯域測定なら掃引時間も短くストレスなく使えます．

ここまで説明してきたように市販のスペクトラム・アナライザとの違いは，スプリアスに気をつけなくてはいけないこと，広帯域測定では掃引が遅いことです．

しかし，こんなにいろいろな制限や測定にコツが必

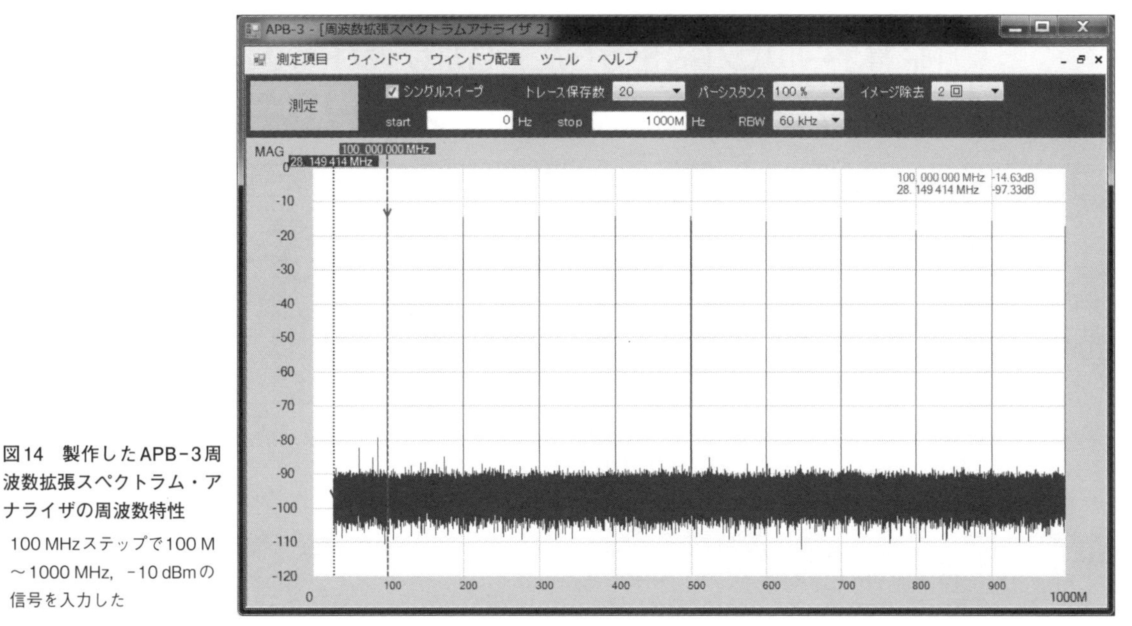

図14 製作したAPB-3周波数拡張スペクトラム・アナライザの周波数特性

100 MHzステップで100 M～1000 MHz，－10 dBmの信号を入力した

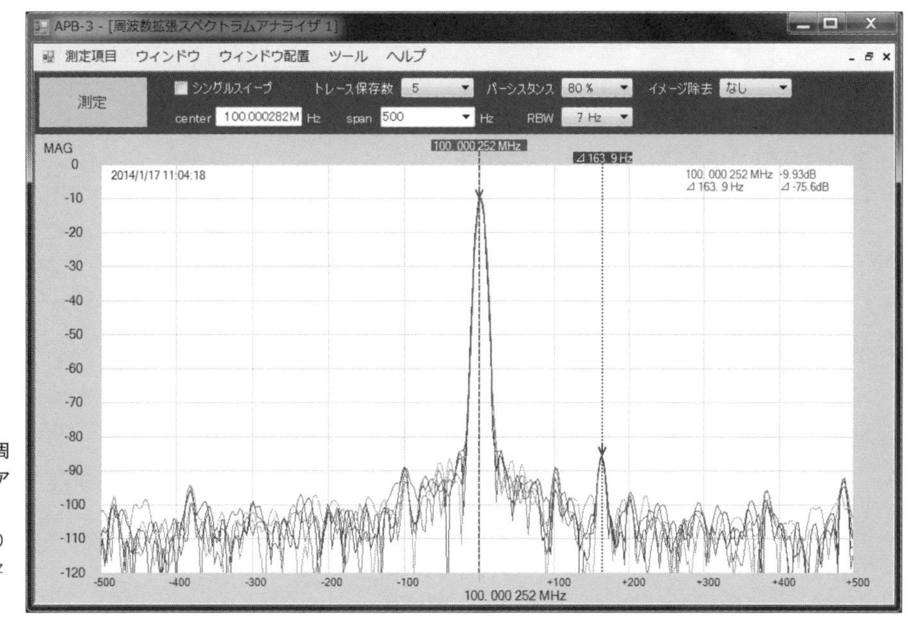

図15 製作したAPB-3周波数拡張スペクトラム・アナライザの狭帯域特性

VCXO(Si570)で作った100 MHzの信号を*RBW*＝7 Hzで測定した

要なスペクトラム・アナライザでも，あるとないとでは大違いです．ノイズ・フロア・レベルなどは市販のスペクトラム・アナライザを凌駕する性能をもっていますし，大きなスペクトラム・アナライザと違い，気軽にデスクトップで使うことができるのは本当に便利です．

＊

APB-3は発表以来いろいろ進歩してきましたが，最近はパソコンを立ち上げないと測定できないということに不便を感じてきており，単体で動作するものを考えています．手軽に使うときは単体で，凝った使い方や大画面で見たいときはパソコンとつないで，…とシチュエーションに合わせて使い方を変えられる「いつでもどこでも測定器」です．そのときは今回のRFフロントエンド・アダプタも一緒に一体化する予定です．

◆参考文献◆

(1) Wideband Synthesizer with Integrated VCO ADF4351, Rev.0, 2012, アナログ・デバイセズ.
(2) Frequency Mixer Level 7(LO Power＋7 dBm)5to1500MHz ADE-5, Rev.D, Mini-Circuits.
(3) ADA - 4643 Silicon Bipolar Darlington Amplifier, June 8, 2012, アバゴ・テクノロジー.

(初出：「トランジスタ技術」2014年4月号)

Appendix 5

HF帯オールバンド＆出力5W！ 回路もソフトも全公開！
ダイレクト・コンバージョン式SDRトランシーバ・キット「mcHF」

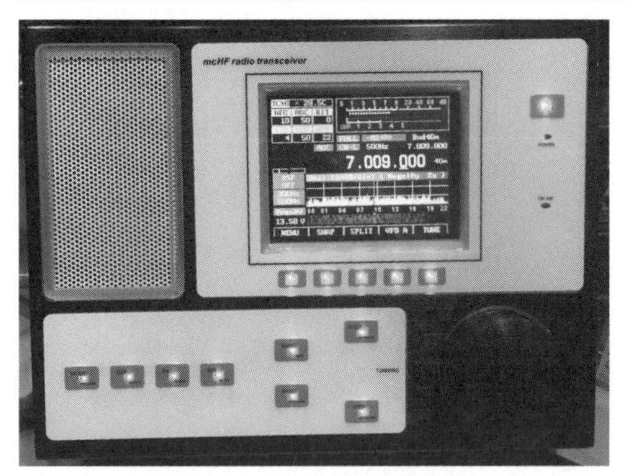

写真1　ダイレクト・コンバージョン式SDRトランシーバ製作キット「mcHF」（rev 0.7，筆者が組み立てたもの）

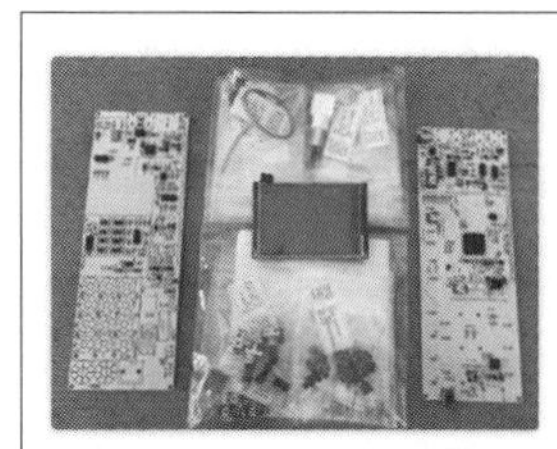

mcHF Kit

What is included:

– **Pre-assembled** UI board(all SMD parts)
– **Pre-assembled** RF board(all SMD parts)
– Two bags with post assembly parts (self assembly required)
– 2.8 inch LCD

図1　mcHFのサイトで購入できるキットの例

あらまし

● 実用性の高いHF SDRトランシーバ製作キット

これまで自作キットSDRと言えば，RF信号をアナログ直交ミキサでベースバンド信号に変換するものがほとんどでした．ダイレクト・サンプリング・タイプもなくはないですが，ベースバンド信号を得るフロントエンドに，復調やFFTなどの信号処理，表示はパソコンで行うものばかりでした．

写真1に示すのは，ARM Cortex‐M4内蔵のSTM32F4 32ビット・マイコンを使ったスタンドアロンのダイレクト・コンバージョン式SDRトランシーバ・キット「mcHF」（rev 0.7）です．HF帯オールバンド，オールモードな5W出力のQRPトランシーバに仕上がっています．従来の安価なパソコン接続型SDRトランシーバよりレイテンシが少なく，CWモードの運用でももたつきを感じることはありません．

ハードウェアもソフトウェアも公開されています．自分の手で改良したり，機能を追加したりできます．

GitHubや登録制のM0NKA‐mcHF Yahoo Group（https://uk.groups.yahoo.com/neo/groups/M0NKA‐mcHF/info）でさまざまな意見交換が行われています．

● 入手法

mcHFは，開発者のM0NKA Chris氏のサイトで注文できます（**図1**）．日本からはPayPalで購入可能です．

http://www.m0nka.co.uk/?page_id=740

mcHFの詳細は次の作者のサイトで閲覧できます．

http://www.m0nka.co.uk/

表面実装部品を装着済みの基板と自分ではんだ付けする部品，LCDをセットにしたキットなどが頒布されています[注1]．終段増幅回路に使うMOSFETだけは付属しておらず，自分で調達する必要があります（日本国内で入手することが可能）．

なお，mcHF rev 0.6のコピー完成品が出回っています．改良報告を参考に最低限の改良は行われているようですが，送信波スプリアスの特性は未検証です．M0NKA Chris氏は自身のサイトで，ライセンス違反と明言していますので，Chris氏のサイトからキットを購入することをお勧めします．

ファームウェアは，現在UHSDRプロジェクトとして開発進行中で，mcHFより高性能なOVI‐40など，ほかのハードウェアもサポートするようになりました．サイトのURLは次のとおりです．

https://github.com/df8oe/UHSDR/

● ハードウェア

図2に，mcHFのブロック・ダイヤグラムを示します．rev 0.6とrev 0.7の内容はほぼ同じです（rev 0.6.3で少々ハードウェアの変更があるが，基本的な構成は変わらない）．

プログラマブルPLL発振器（Si570）で発生させた局発信号から74ACT74のジョンソン・カウンタで4分周した2つの90°位相差信号を生成し，受信用，送信用直交ミキサでそれぞれ受信RF信号をベースバンド信号に，ベースバンド信号を送信RF信号に周波数変換します．

注1：2019年2月現在，rev 0.6.3のみを頒布中．rev 0.7は頒布を終了し，rev 0.8が開発中となっている．

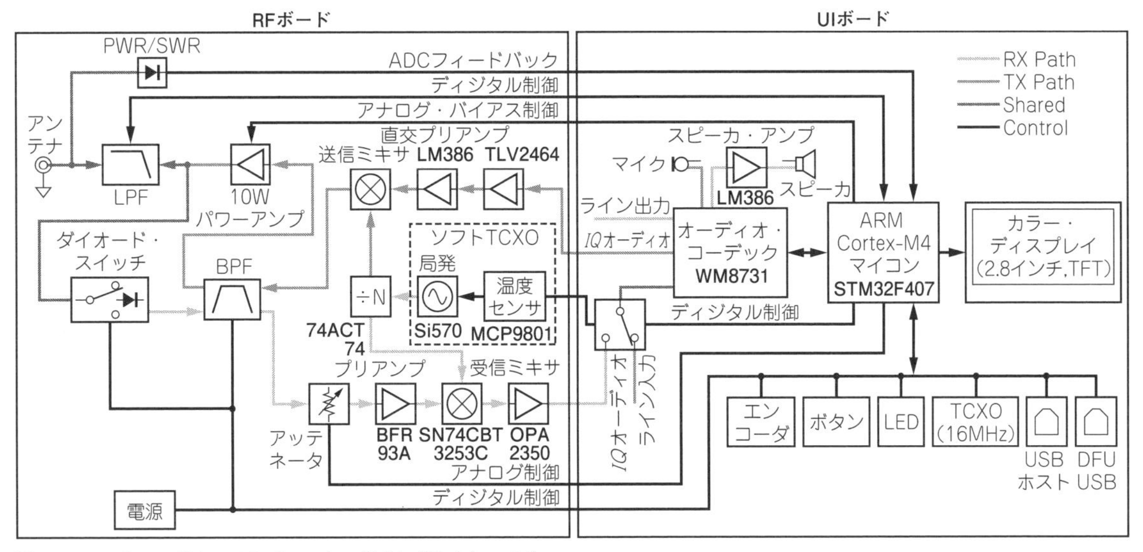

図2　mcHFのハードウェアのブロック・ダイヤグラム(rev 0.6)

複素化されたベースバンド信号は，オーディオ・コーデックIC(WM8731，24ビットのΔΣ型で，最高サンプリング周波数96 kHz)でA-D/D-A変換して，ARMマイコン(STM32F4)に入力しています．STM32F4マイコンは，ディジタル化されたベースバンド信号にモードの変調，復調などのさまざまな信号処理やFFT表示，送受の切り替え，フィルタ(LPF，BPF)バンクの切り替えなどの制御を行います．

送信波の増幅回路では，終段に高周波増幅用MOSFET RD16HHF1(三菱電機製)のプッシュプル増幅回路で5W以上の出力を得ています．

ベースバンド信号とRF信号を変換する直交ミキサには，マルチプレクサIC(CBT3253)が使用されています．

実運用するための改造のアイデアと実験レポート

日本でアマチュア無線局免許を取得して，mcHFを実運用するためには，ハードウェアとソフトウェアの改修が必要です．wiki内のrecommend modificationやmcHFフォーラムにサインアップして，各自で情報を得るようにしてください．

①局発として使用しているSi570の最低発振周波数

Si570の最低発振周波数(公称)は10 MHzですから，ジョンソン・カウンタで4分周した2.5 MHzがmcHFの最低周波数です．本来1.8/1.9 MHz帯では使えないはずですが，実際は問題なく発振するので一応使用できます．実際の限界は，約1 MHz(Si570で4 MHz)のようです．

1.8/1.9 MHz帯よりも周波数の低い475 kHz帯や135 kHz帯で使おうとすると，ハードウェアの改造が必要になります(ジョンソン・カウンタの前に分周器を挿入するか，発振器をSi5351Aに置き換えるなど)．

②送信波スプリアスの低減策

日本でのアマチュア無線機として免許申請するとき，送信波スプリアスを減らす必要があります．

平成17年(2005年)に改正された新スプリアス基準によると，基本周波数帯が30 MHz以下で空中線電力が1 Wを超え5 W以下の場合は，帯域外不要輻射は50 mW以下，かつ基本波平均電力より－40 dB以下，高調波を含むスプリアス領域では50 μW以下(つまり，空中線電力が5 Wちょうどの場合は－50 dB以下)と定められています．

図3(a)に示すのは，10 MHz帯の送信波です．2次高調波のレベルは基本波に対して－29.41 dBcで，十分に抑制されていません．**図3**(b)に示すのは，18 MHz帯の送信波のスペクトラムです．2次高調波は－23.37 dBcで，これも抑制は十分ではありません．

測定の結果，WARCバンドの10 MHzや18 MHzでの2次高調波の抑制が十分でないことがわかりました．また，1.8/1.9 MHzにはもともと専用のLPFが入っていません．ほかにも新スプリアス基準ぎりぎりのほかのバンドがあり，アマチュア無線局の免許申請を行うためには，改造が必要です．

▶具体策と実験

高調波スプリアスは，LPFを改造すれば改善できます．

図4に，各バンドのLPFのアンテナ側のインダクタ(L_{21}，L_{22}，L_{23}，L_{24})と並列に1つずつコンデンサを追加したときのスプリアス特性を示します(Wayne

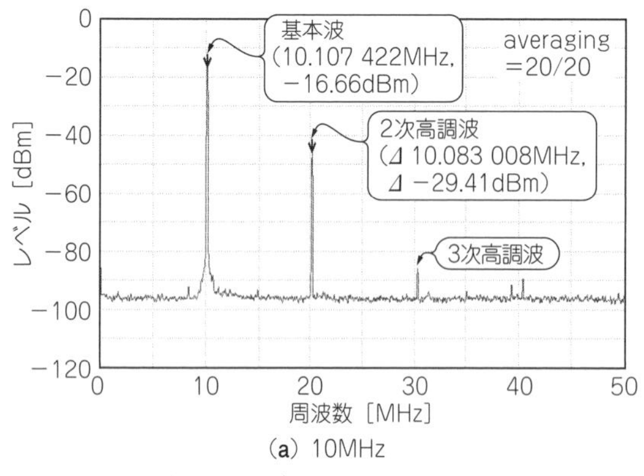

(a) 10MHz

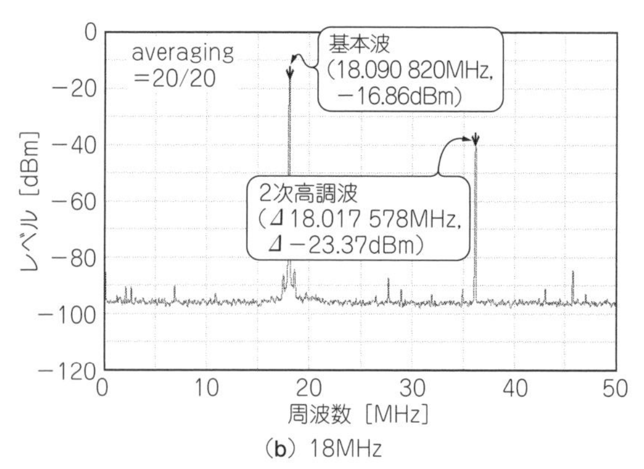

(b) 18MHz

図3　mcHFの送信波のスプリアスは大きいので，運用する前に対策が必要

McHF Spectral Purity Tests
22 April 2017
Wayne NB6M

These spectral purity tests were made after all alignment and adjustment procedures had been performed, at the five watt level on a stock Version 6 McHF transceiver, using a 40 dB Tap and a Rigol DSA815 Spectrum Analyzer.

The requirement in the US is that all spurious output be at least 43 dB below the fundamental.

Test results showing harmonic levels as compared to the fundamental:

これら4つのコンデンサを追加した

- 220pF paralleled L21 in the 80 Meter filter.
- 150pF paralleled L22 in the 60/40 Meter filter.
- 100pF paralleled L23 in the 30/20 Meter filter.
- 56pF paralleled L24 in the 17/15/12/10 Meter filter.

改造前のスプリアス特性

	2nd	3rd	4th
1.8MHz	**−20dBc**	**−19dBc**	−47dBc
3.5MHz	**−41.5dBc**	−69dBc	
5.251MHz	**−32.3dBc**	−73dBc	
7MHz	−52dBc	−71dBc	
10.1MHz	**−31dBc**	−79dBc	
14MHz	−62dBc	−74dBc	
18.1MHz	**−23dBc**	−59dBc	
21MHz	**−32dBc**	−72dBc	
24.9MHz	−56dBc	−70dBc	
28MHz	−57dBc	−74dBc	

改造後のスプリアス特性

	2nd	3rd	4th
3.5MHz	−55dBc	−69dBc	
5.251MHz	−55dBc	−70dBc	
7MHz	−71dBc	−73dBc	
10.1MHz	−60dBc	−73dBc	
14MHz	−62dBc	−74dBc	
18.1MHz	−51dBc	−64dBc	
21MHz	−55dBc	−63dBc	
24.9MHz	−58dBc	−67.7dBc	
28MHz	−54dBc	−61dBc	

図4　各バンドのLPFの改造で送信波スプリアスを減らせるという実験報告を発見(Wayne NB6M氏が発表した資料から引用)

NB6M氏が発表した資料からの引用).

私も実際に，RFボードの指定の場所に計4つのコンデンサを追加し，あらためて10 MHz帯と18 MHz帯の送信波をチェックしてみました．結果を**図5**に示します．ちょっとした改造ですが，スプリアスを抑制できました．

1.8/1.9 MHz帯は，専用のLPFが内蔵されていないので(3.5 MHz用のLPFにつながっている)．2次高調波はほとんど抑制されないまま出力されます．直接アンテナ端子につないで運用してはいけません．専用の外付けLPFを追加してください．

③帯域外不要輻射の低減策

帯域外不要輻射とは，中心周波数から占有帯域の2.5倍前後にある不要輻射のことです．mcHFの主な帯域外不要輻射の原因は，増幅器系のひずみを除くと，主にアナログ直交ミキサで発生するイメージ信号と局発信号漏れです．

図6は，CWモードで連続キャリアを送信したときの送信ミキサ出力のスペクトラムです．基本波から約750 Hz上の信号は局発信号漏れ，さらに約750 Hz上の信号はイメージ信号です．局発信号漏れのレベルは基本波に対して－35.17 dBcでした．

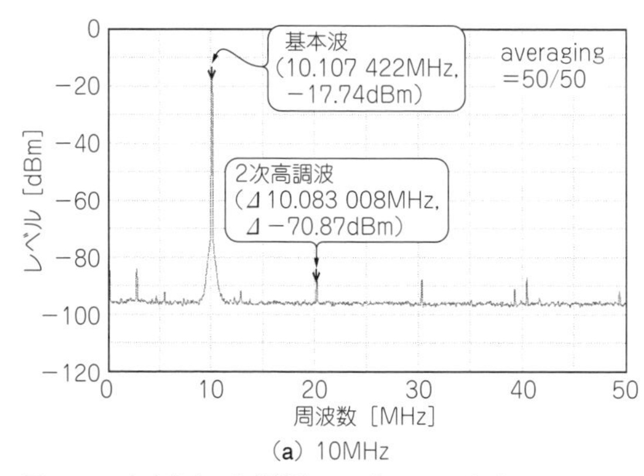

(a) 10MHz

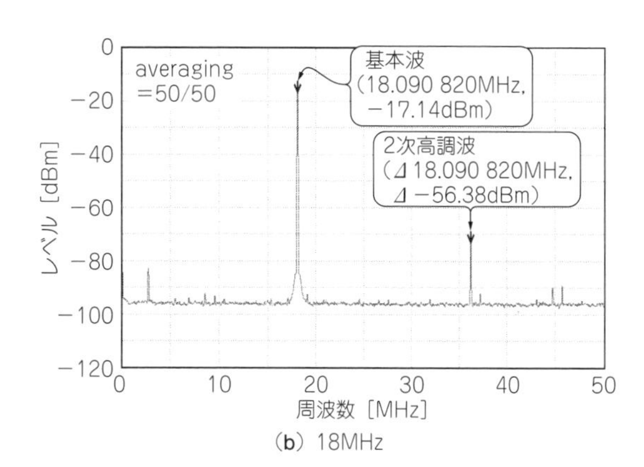

(b) 18MHz

図5 LPFを改造すると送信波のスプリアスは激減した

mcHFは，CWモードでは750 Hz，ほかのモードでは12 kHzを信号波としています．アナログ直交ミキサでは，イメージ信号と局発信号漏れが十分抑制されない可能性があります．

▶イメージの低減策

mcHFのpreferenceメニューから3.5 MHz帯と28 MHz帯のI/Qバランス調整を行うとイメージ信号が小さくなります(**図7**)．局発信号漏れは，調整前後でほとんど変化はありませんでした．

▶局発信号漏れの低減策

キャリア・バランスは調整できないので，局発信号漏れによる帯域外不要輻射が抑えきれない可能性があります．実測すると，HF帯では許容範囲ですが，VHF帯のトランスバータを付加する場合は微妙です．

キャリア・バランスを調整したいときは，送信部の直交ミキサ回路にバイアス電圧を与える部分で，5 VをR_{69}とR_{70}の抵抗で分圧してミキサ出力トランス1次側の中点にバイアス電圧として供給します(**図8**)．R_{69}とR_{70}を5 kΩ程度のポテンショメータで置き換えてバイアス電圧を微調整できるようにします．

図9(**a**)に示すのは，未調整時の局発信号漏れです．7 MHz帯SSBモードで，送信ミキサ出力を測定しました．スペクトラム・アナライザで観察しながらポテンショメータを調整すると，7.045 MHzの元信号より約12 kHz下にある局発信号漏れが**図9**(**b**)のように20 dB程度改善しました．

バランス・ポイントは，バンドによって異なります．バンドを切り替えるごとにいちいちポテンショメータを微調整するのは現実的でないので，許容範囲の中で妥協します．

ディジタル・ポテンショメータを直交ミキサに追加してキャリア・バランス調整としてSTM32F4から制

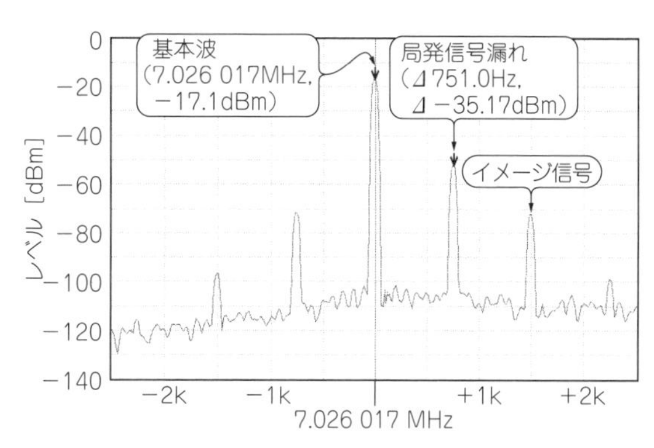

図6 帯域外不要輻射の原因である送信ミキサ出力の局発信号漏れ

CWモードで連続キャリアを送信

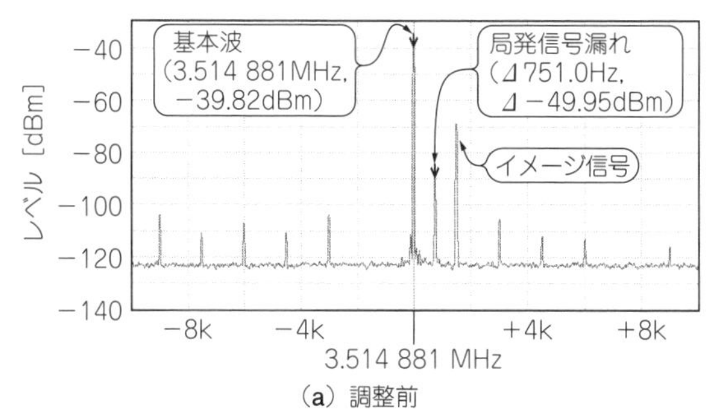

(a) 調整前

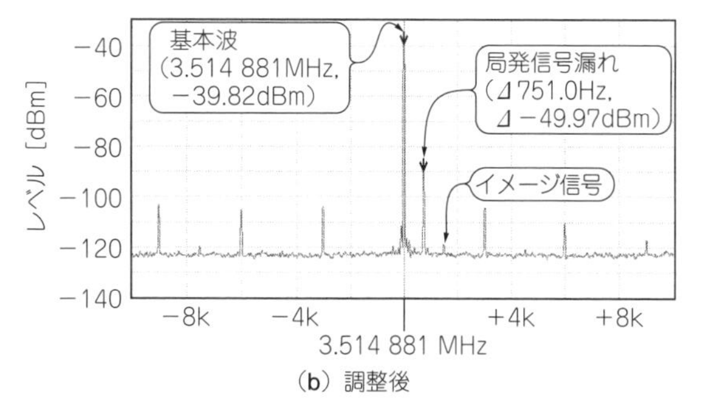

(b) 調整後

図7 *I/Q*バランス調整を行うとイメージ信号を減らせる

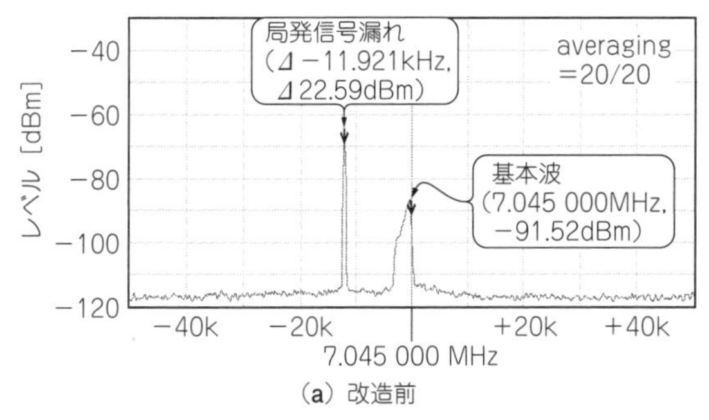

(a) 改造前

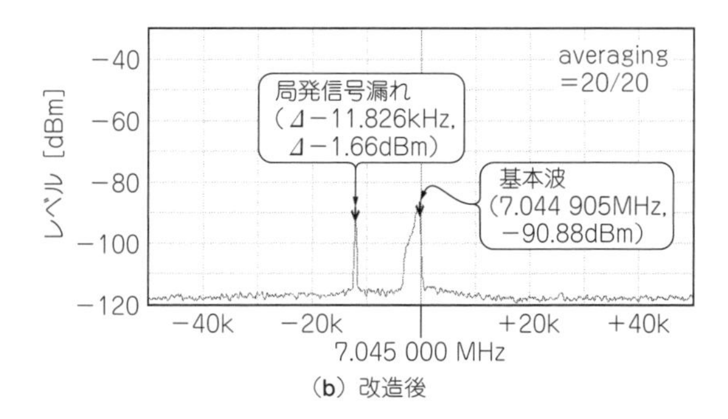

(b) 改造後

図9　図8の局発信号漏れ対策の効果

リスト1　アマチュア・バンド外周波数での送信禁止のためのファームウェアの変更箇所(radio_management.c, 一部)

```
97   const BandInfo bandInfo[] =
98   {
99       { .tune = 3500000, .size = 500000, .name = "80m"} , // Region 2
100      { .tune = 5250000, .size = 200000, .name = "60m"} , // should cover all regions
101      { .tune = 7000000, .size = 300000, .name = "40m"} , // Region 2
102      { .tune = 10100000, .size = 50000, .name = "30m"} ,
103      { .tune = 14000000, .size = 350000, .name = "20m"} ,
104      { .tune = 18068000, .size = 100000, .name = "17m"} ,
105      { .tune = 21000000, .size = 450000, .name = "15m"} ,
106      { .tune = 24890000, .size = 100000, .name = "12m"} ,
107      { .tune = 28000000, .size = 1700000, .name = "10m"} ,
108      { .tune = 50000000, .size = 2000000, .name = "6m"} , // Region 2
109      { .tune = 70000000, .size = 500000, .name = "4m"} ,
110      { .tune = 144000000, .size = 2000000, .name = "2m"} , // Region 1
111      { .tune = 430000000, .size = 10000000, .name = "70cm"} , // Region 1
112      { .tune = 1240000000, .size = 60000000, .name = "23cm"} , // Region 1
113      { .tune = 135.7000, .size = 2.1000, .name = "2200m"} , // Region 1
114      { .tune = 472000, .size = 7000, .name = "630m"} , // Region 1
115      { .tune = 1810000, .size = 190000, .name = "160m"} ,
116      { .tune = 0, .size = 0, .name = "Gen"} ,
117  };
```

5 MHz帯を定義している場所

御し，バンドごとに調整できるようにファームウェアを改造するのも面白いでしょう．

④アマチュア・バンド外周波数での送信禁止のためのファームウェア変更

mcHFのpreferenceメニューから，アマチュア・バンド外周波数での送信禁止を設定できます．

日本では5 MHz帯は開放されていないので，無線局免許のためJARDやTSSに保証認定を申請する場合，開放されていない5 MHz帯の送信を止める措置を施さなくてはいけません(2019年2月時点)．ほかにも許可される運用バンドの設定についても異なる部分が見られるため，日本の規則に合わせる必要があります．

各アマチュア・バンドは，mchf-eclipse/drivers/ui/radio_management.cファイル内で定義されています(2019年2月時点)．具体的には**リスト1**に示す100行目が5 MHz帯を定義している箇所であり，該当部分を3.8 MHz帯などに変更します．そのほかのバンドもバンド幅などを日本の規定に合わせて数値を書き換えてから，再ビルドします．

〈小野 邦春〉

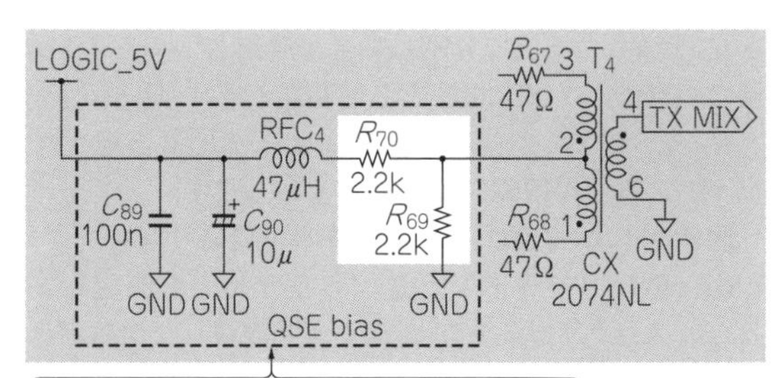

図8　キャリア・バランスを調整するときの回路の改造方法
送信部の直交ミキサ回路(TX Mixer)にバイアス電圧を与える部分を改造する

※本キット(完成品)の操作ムービや，ファームウェアを改造するための環境構築法をWebサイトで紹介しています．

索　引

【アルファベット】
ALSA(Advanced Linux Sound Architecture)…54, 90
AM変調/AM復調……12, 62, 193
BPSK(Binary Phase Shift Keying)……79, 127
CICフィルタ……41, 144, 160
dBm……72
DDS(Direct Digital Synthesizer)……144, 152
DSB(Double Side Band)……79, 193
EVM(Error Vector Magnitude)……99, 116
FFT(高速フーリエ変換)……54, 171
FIRフィルタ……41, 50, 84, 160
FM変調/FM復調……13, 52, 188, 194, 200
GNU Radio……8
IIRフィルタ……42, 61, 84, 160, 198
I/*Q*変調……13, 38, 85, 99
LOフィードスルー……32, 142
M系列……97
QAM(Quadrature Amplitude Moduration)…99, 114
QPSK(Quadrature Phase Shift Keying)‥99, 114, 119
Raised Cosineフィルタ……103
RBW(Resolution Band Width)……54, 141, 151, 158
Root Raised Cosineフィルタ……107
SDR(Software Defined Radio)……6
SSB(Single Side Band)……63, 79, 211
TCXO(温度補償型水晶発振器)……34
VBW(Video Band Width)……54, 141, 143
VCO(電圧制御発振器)……33
*XY*モード……99, 102, 113

【あ・ア行】
アナログ変調……12, 78
位相……14, 39, 85, 119, 201
位相雑音(*C*/*N*)……34
イメージ信号……155, 229, 230, 236
インピーダンス・マッチング……183
エイリアシング……144, 152, 156, 158

【か・カ行】
疑似ノイズ(Psudo Noise：PN)……94, 127
局発信号漏れ……236
局部発振器(Local Oscillator，局発)……25, 141
局部発振周波数(ローカル信号周波数)……30, 33
群遅延……187
コンスタレーション……116
コンフィグレーション・モード(FPGA)……177

【さ・サ行】
サイド・ローブ……166, 169
サンプリング……42, 158, 217
受信感度……23
受信帯域幅……23
振幅……14, 39, 85
シンボル間干渉……103, 108
シンボル同期……114
スカート特性……142
スカロップ・ロス……167, 169
スプリアス……30, 103, 144, 228, 235
スペクトラム拡散……94, 124
素子感度……146
ソフトウェア・ラジオ……6

【た・タ行】
帯域外不要輻射……236
ダイレクト・サンプリング……6, 14
中間周波数(Intermediate Frequency：IF)……14, 141
直交復調器(*I*/*Q*復調器)……30, 39
ディジタル変調……12, 39, 79
デシメーション……42, 144, 158

【な・ナ行】
ナイキスト周波数……144
ノイズ・フィギュア(*NF*)……29, 36
ノイズ・フロア……55, 128

【は・ハ行】
バイアス・ティー……75
ハイ・インピーダンス・バッファ……145
バッファ……45
ヒルベルト・フィルタ……64, 215
複素信号……13, 155
負の周波数……155, 200, 219
フレーム・レート……57
ベースバンド信号……30, 79, 85, 100, 101
ホワイト・ノイズ……95

【ま・マ行】
窓関数……166, 185
ミアンダ配線……149, 151
ミキサ(乗算器)……20, 30, 80, 88
モールス信号(CW)……78, 236

【ら・ラ行】
ローカル信号……30, 33, 85
ロー・ノイズ・アンプ(LNA)……29, 70

信号処理プログラミングで操るソフトウェア無線機&計測機

編　集　トランジスタ技術SPECIAL編集部
発行人　寺前 裕司
発行所　CQ出版株式会社
〒112-8619　東京都文京区千石4-29-14
電　話　編集 03-5395-2148
広告 03-5395-2131
販売 03-5395-2141

2019年4月1日発行

定価は裏表紙に表示してあります
乱丁，落丁本はお取り替えします
編集担当者　島田 義人/平岡 志磨子/内門 和良
DTP・印刷・製本　三晃印刷株式会社
Printed in Japan